绿色低碳数字化岩土工程技术新进展

——第五届全国岩土工程施工技术与装备创新论坛论文集

王卫东　　龚秀刚　　主编

中国建筑工业出版社

图书在版编目（CIP）数据

绿色低碳数字化岩土工程技术新进展：第五届全国
岩土工程施工技术与装备创新论坛论文集 / 王卫东，龚
秀刚主编. -- 北京：中国建筑工业出版社，2025. 8.
ISBN 978-7-112-31513-0

Ⅰ. TU4-53

中国国家版本馆 CIP 数据核字第 2025PX7194 号

责任编辑：杨 允 李静伟
责任校对：张惠雯

绿色低碳数字化岩土工程技术新进展
——第五届全国岩土工程施工技术与装备创新论坛论文集
王卫东 龚秀刚 主编

*
中国建筑工业出版社出版、发行（北京海淀三里河路 9 号）
各地新华书店、建筑书店经销
国排高科（北京）人工智能科技有限公司制版
建工社（河北）印刷有限公司印刷
*
开本：787 毫米×1092 毫米 1/16 印张：33 ½ 字数：811 千字
2025 年 8 月第一版 2025 年 8 月第一次印刷
定价：**128.00** 元
ISBN 978-7-112-31513-0
（45381）

编辑委员会

主编：王卫东　龚秀刚

编委：陈锦剑　常林越　李耀良　李　青　徐中华　胡　耘　李明广
　　　王理想　潘　越　顾正瑞　王汉宝　叶冠林　黄　辉　邵　静
　　　郁文博

前　言　Preface

　　国家政府工作报告指出，我国城镇化还有很大发展提升空间，要积极推进新型城镇化，稳步实施城市更新行动，推进城乡建设发展绿色转型。在当前城镇化建设和经济社会发展的新形势下，如何推动岩土工程技术和装备的创新发展，以满足新型城镇化、绿色低碳以及高质量发展的建设需求，是岩土工程面临的新挑战和机遇。"全国岩土工程施工技术与装备创新论坛"是中国土木工程学会土力学及岩土工程分会主办的全国性学术会议，每两年召开一次，至今已举办四届（先后在上海、郑州、武汉、宜兴召开），对推动岩土工程施工技术和装备的创新发展、加强施工技术与装备等多企业的交流合作以及新技术和装备在全国的推广应用起到了积极作用。

　　第五届全国岩土工程施工技术与装备创新论坛于2024年11月23～25日在上海召开，会议由中国土木工程学会土力学及岩土工程分会、上海工程机械厂有限公司联合主办，围绕"绿色、低碳、数字化"的主题，来自全国各地的专家学者、教育科研人员、工程技术人员、施工企业及技术人员、施工装备研发企业及技术人员共聚沪上，聚焦新型城镇化、城市更新、绿色发展转型等新形势下岩土工程施工新技术、新方法、新装备、新材料、重大工程和难点问题开展交流研讨。本次会议也组织了征文活动，经全国各地岩土工程专家学者的积极投稿、论文编辑委员会专家评审，共收录了54篇论文，以本论文集的形式予以出版。论文主题包括岩土工程施工技术、施工装备、设计与试验方法等方面，内容涉及微扰动压入式沉井技术、数字化微扰动搅拌桩技术、植桩技术、伺服混凝土支撑技术、斜桩支撑技术、焊接机器人设备、免共振桩锤设备、智能植桩搅拌钻机设备、装配式竖井施工控制设备等，反映了全国各地专家学者以及一线工程人员在岩土工程施工领域取得的新进展，期望论文集的出版能为相关新技术与装备在全国的推广起到促进作用。

　　本次征文活动得到全国各地专家学者以及一线工程人员的大力支持，得到主办单位、承办单位与协办单位的积极协助，得到中国建筑工业出版社的通力合作，在此谨向论文作者和相关单位与个人表示谢意！

编辑委员会

2024 年 11 月

目 录 Contents

一、施工技术

二、施工装备

三、设计与试验方法

一、施工技术

数字化微扰动压入式沉井下沉施工环境影响实测分析

熊菲，于顺利，卢荣，陈文

（上海市基础工程集团有限公司，上海 200433）

摘 要： 本文结合项目实测数据着重介绍了 DMPC 工法沉井下沉施工过程中，井体姿态、土体变形及周边环境影响情况。通过实测数据分析，说明了 DMPC 工法沉井下沉过程中井体姿态控制良好，且挤土效应与开挖效应并存；土体水平位移、土体分层沉降、地表沉降、建（构）筑物沉降、管线沉降、抗拔桩水平位移等均随沉井下沉深度的增加而增大，并随着距沉井井壁距离增大而减小；在距井壁 5～15m 范围内地表沉降、距井壁 3.0～5.0m 范围内的管线、建（构）筑物沉降影响可控制在毫米级水准，充分说明了 DMPC 工法沉井下沉过程环境影响微小，并为该工法在复杂敏感环境中应用提供参考。

关键词： DMPC 工法；沉井下沉；土体变形；环境影响

0 引言

沉井结构具有整体性好，刚度大，稳定性强等优点。现已广泛应用于桥梁深基础、港湾构筑物、地下水池、地下泵房、盾构工作井、污水处理设施、隧道等工程建设中[1-3]。

在中心城区建造大深度工作井，由于场地狭小、周边环境复杂、交通组织困难，施工场地难以布置。而传统沉井依靠自重下沉，过程中需不断取土减少下沉阻力以保证井体具有足够的下沉系数，施工工效较低，对周边环境影响大，地下连续墙施工[4,5]场地占用大，导致地下空间资源浪费、材料消耗多。亟需研发适用于中心城区深井建造的工艺及配套设备[6]。

压入式沉井施工，由于下压力的存在，可在施工过程中不断调整下沉系数并及时进行沉井姿态纠偏，同时可在井内留有一定高度的土塞，且在井内保留一定土塞的工况下依然有足够的下沉系数，达到减少对土体的扰动、大大降低对周边环境影响的目标，可适用于周边环境复杂的工程施工[7-10]。

1 工程概况

1.1 项目概况

合流污水一期复线工程（总管部分）FXZ1.1 标工程内容主要包括：1 号盾构井沉井、Z1 阀门井、Z1 闸门井与 1 号盾构井间的连接箱涵。1 号盾构沉井周边环境十分复杂紧凑，周边建（构）筑物环境平面图详见图 1。

图 1 主要建（构）筑物平面图

本工程新建 1 号盾构井（沉井）为超深圆形沉井，内径约 16m，下沉深度 26.7m，下部壁厚 1.5m，上部壁厚 1.2m，总制作高度为 28.9m，设计刃脚底标高−22.4m（图 2）。

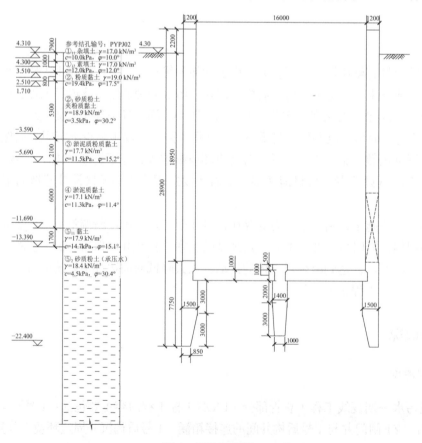

图 2 沉井结构图

沉井所处位置水位较高，在+3.0m 左右，根据实际开挖情况，地表下约 2m 范围均为填土，由于水位高，对沉井基坑垫层施工、下卧层承载力、下沉施工极为不利。沉井穿越土层复杂、土质软硬不均，沉井在此类复杂、软硬不均的土层中下沉对周边环境影响控制较困难，沉井下沉穿越土层情况见表1。

土层情况 表1

土层名称	土层厚度/m	承载力特征值/kPa	井壁摩阻力/kPa
②₁黏质粉土	0.8	75	18
②₃砂质粉土夹粉质黏土	5.3	80	18
③淤泥质粉质黏土	2.1	50	15
④淤泥质黏土	6	45	15
⑤₁₁黏土	1.7	65	30
⑤₂砂质粉土（微承压水）	9.01	100	18

1.2 监测内容

本沉井周边建（构）筑物、管线较多，其中需要重点监测的建（构）筑物和管线汇总见表2、表3。

监测建（构）筑物汇总表 表2

序号	名称	最近距离/m	备注
1	房屋	5.0	条形基础
2	防汛墙	15.4	桩基础
3	原进水箱涵	20.0	截面尺寸 5.0m×5.0m；埋深地下 8.45m；外侧有 600mm 地下连续墙围护

监测管线汇总表 表3

序号	名称	（测点距离/管线埋深）/m	规格	材质
1	给水管	4.1/0.5	φ110	PE
2	雨水管	4.5/0.85	φ300	铜
3	信息管	4.3/0.30	1孔	铜
4	电力管	5.0/0.60	1孔	铜

防汛墙下部采用φ600@2000 钻孔灌注桩，上部采用钢筋混凝土挡墙，具体如图 3 所示。

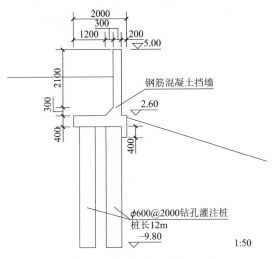

图 3　彭越浦河防汛墙剖面图

针对沉井周边环境情况及保护对象需要，特布设环境影响及土体变形监测点见图4、图5。

环境监测点包括地表沉降监测点、建筑物、防汛墙、原进水箱涵监测点、管线监测点以及抗拔桩桩身倾斜、桩顶沉降监测点。

土体变形监测点包括在距离沉井5.0m、10.0m处设置测点对深层土体变形进行监测，监测项目包括土体分层沉降、土体水平位移、孔隙水压力。每组测点孔有6个点位，测点间距依次为：3.05m、3.7m、4.05m、3.85m、14.0m、1.15m，测孔总深度为32m。另外在围护桩和井壁之间进行了土体水平位移测量，布置有两个测孔X01和X02，距离井壁1.0m，深度32.0m。

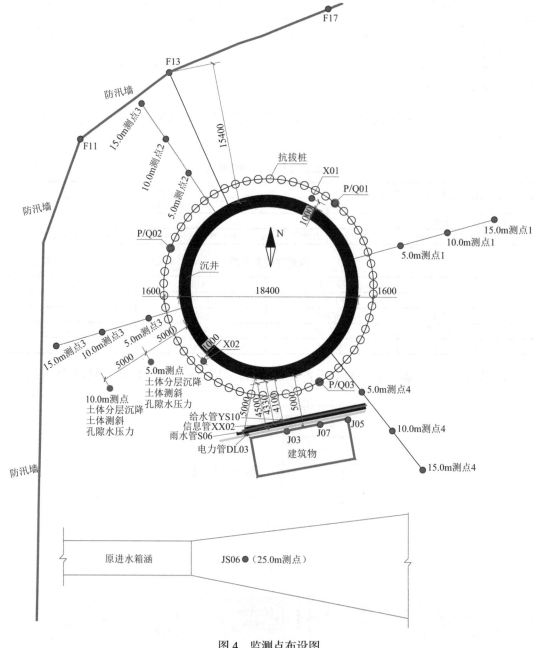

图4 监测点布设图

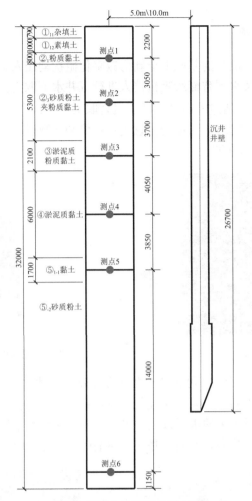

图 5　深层土体监测点的布置

2　DMPC 工法简介

沉井工艺经过不断的技术革新，在压入式沉井工法基础上逐步发展为数字化微扰动压入式沉井（DMPC 工法），并结合数字化、智能化施工理念研究开发了 8 个工作与控制系统，确保沉井姿态可控、微扰动影响、安全高效下沉（图 6）。

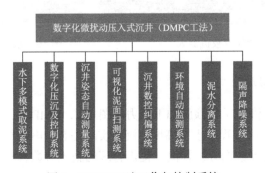

图 6　DMPC 工法工作与控制系统

2.1 水下多模式取泥系统

本项目沉井在压入式沉井的基础上革新为数字化微扰动压入式沉井（DMPC 工法）施工，采用电动液压抓斗及水下智能绞吸机器人进行沉井水下取土。

电动液压抓斗（图 7）通过液压助力加压提高取土效率，并采用 UWB 定位技术，将沉井按区域进行网格化定位管理，对抓泥位置进行定位和次数进行统计记录并生成泥面模拟图（图 8），实现网格化精准取土。

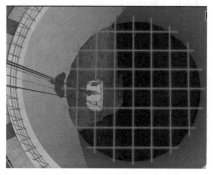

(a) 抓斗统计　　　　　　(b) 抓斗三维图

图 7　电动液压抓斗　　　　　　　　　　图 8　泥面模拟图

水下智能绞吸机器人（图 9）可实现沉井下方无死角自动化取土，实现井内取土规范化（图 10），取土原则为"对称、均匀、不超挖"，每层取土厚度为 20～30cm，遇到软硬不均土层时，机械臂前端搭载专用的水下绞吸头也可以同时对软硬土层进行均匀破坏。同时，可结合泥面扫测数据、沉井姿态数据对井底"纠偏性"非对称取土。

图 9　水下智能绞吸机器人　　　　　　图 10　水下智能绞吸机器人取泥

2.2 数字化压沉及控制系统

沉井压沉系统通过液压千斤顶施加下压力（图 11），DMPC 工法数字化压沉及控制系统（图 12）基于沉井下沉过程中土塞高度、沉井实时姿态、声呐扫测泥面数据及周边环境监控数据，通过软件进行数据分析预测，提供合理的施工参数，实现可控、可视、自动化压沉施工。

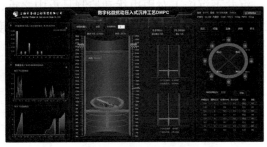

图 11　压沉示意图　　　　　　　　　图 12　数字化压沉及控制系统

2.3　可视化泥面扫测系统

　　DMPC 工法可视化泥面扫测系统可实时监测沉井下沉工程中土塞高度情况，可视化泥面扫测系统采用遥控无人船搭载多波束声呐（图 13），扫测井内现状泥面线，将实际泥面数据反馈至相关软件分析处理，形成实时三维图像（图 14），从而及时调整取土顺序和范围，实现沉井"可测、可控"下沉。

图 13　泥面扫测无人船

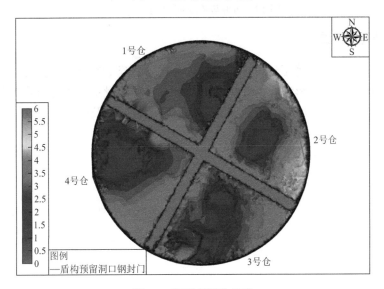

图 14　泥面可视化显示

9

沉井下沉施工对周边扰动控制是重中之重，为了减少对周边环境扰动，沉井采用带土塞、不排水下沉方式[11-15]。井内土塞、水位高度控制情况见图15、图16。

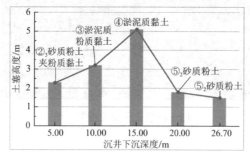

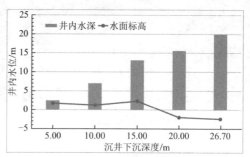

图15　井内土塞高度　　　　　　　　图16　井内水位高度

2.4　沉井姿态自动测量系统

沉井姿态自动测量系统，见图17。通过在井壁及场地上设置测量设备，用于监测沉井下沉深度、四角高差、井体倾斜量、偏移量、旋转量，可实时准确地通过数据端口反馈至压沉控制系统，为纠偏施工提供必要参数，指导沉井施工，实现沉井下沉过程中偏差可控。

图17　沉井姿态实时自动测量系统

2.5　环境自动监测系统

DMPC工法沉井下沉施工过程中，环境自动监测系统（图18）可实时监测沉井周边土体变形、建（构）筑物变形情况，并结合沉井姿态自动测量系统实时监测沉井姿态数据，如发现周边环境变形量或沉井姿态数据异常，及时调整取泥及压沉施工。

图18　环境自动监测系统

3 实测结果与分析

本文选取合流复线 1.1 标工程 1 号盾构井（沉井）下沉施工期间，对沉井姿态、土体变形及环境监测数据进行分析，为 DMPC 工法沉井施工沉井姿态控制、对深层土体及周边环境影响提供参考。本文涉及数据正负号情况说明：竖向位移数据为"＋"表示测点向上位移，为"－"表示测点向下位移；水平位移数据为"＋"表示测点向着沉井方向位移，为"－"表示测点背离沉井方向位移。

3.1 井体姿态实测结果与分析

合流 1.1 标 1 号盾构井（沉井）施工过程中及沉井终沉姿态良好，刃脚四角最大高差 2.8cm，远小于规范要求，沉井姿态数据见表 4。

沉井姿态数据 　　　　　　　　　　　　　　　　表 4

序号	检查项目	（允许偏差/允许值）/mm	实测值（终沉）/mm
1	刃脚平均标高	±70	+32
2	刃脚中心线位移	186.9	10
3	四角中任何两角高差	128.8	28

结合井体姿态实测数据，分析总结控制沉井姿态的关键施工技术如下：首先通过沉井姿态自动测量系统做到沉井姿态数据监测准确并及时反馈至数字化集成系统，然后采用可视化泥面扫测系统及水下多模式取泥系统实现取土规范化，并通过数字化压沉控制系统及沉井数控纠偏系统实现下压及纠偏精准化。

3.2 土体变形实测结果与分析

1. 土体水平位移

沉井在下沉过程中，最前端的刃脚不断破坏并向两侧挤压土体，挤土效应明显。随着沉井下沉，井内挖土深度增加，井内外土体高差增大，井外土体在自重作用下的滑移力超过刃脚底部土的极限承载力时，沿刃脚底部涌入井内，开挖效应开始显现。挤土效应使周边土体偏离沉井移动，而开挖效应使其偏向沉井移动。

沉井下沉期间深层土体水平位移，如图 19 所示。

距井壁 1.0m 测孔土体位移为正值代表向沉井方向位移，反映开挖效应，距井壁 5.0m、10.0m 测孔土体位移为负值代表背对沉井方向位移，反映挤土效应。从图中可以看出，随着沉井下沉深度的增加，土体水平位移逐渐增大，且在同一沉井下沉深度，随着土体测点深度的增加，水平位移先增大而后减小。

距井壁 1.0m 测孔最大水平位移出现在距地表深度 12.5m 的位置，沉井终沉后，X01 测孔土体最大水平位移为+5.53mm，X02 测孔土体最大水平位移为+6.62mm。距井壁 5.0m 测孔最大水平位移出现在距地表深度 6m 的位置，沉井终沉后，在深度 6.0m 位置处土体最大水平位移为−15.5mm。距井壁 10.0m 测孔最大水平位移出现在距地表深度 6m 的位置，沉井终沉后，在深度 6.0m 位置处土体最大水平位移为−11.0mm。

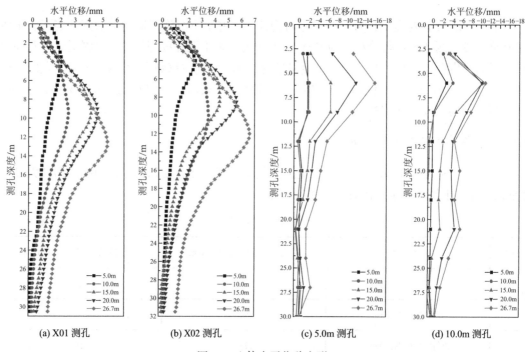

(a) X01 测孔　　　(b) X02 测孔　　　(c) 5.0m 测孔　　　(d) 10.0m 测孔

图 19　土体水平位移变形

从图中深层土体水平位移数据可以看出，其土体水平位移曲线变化规律一致，沉井终沉后，距井壁 1.0m 测孔深层土体水平位移受抗拔桩和井壁限制，变形量较小。距井壁 10m处水平位移数据相较于距井壁 5m 处水平位移数据小，整体土体水平位移增加较缓慢，故在抗拔桩外随着距离沉井井壁距离增大，土体整体水平位移变小。

2. 土体孔隙水压力

沉井下沉期间土体孔隙水压力变化，如图 20 所示。

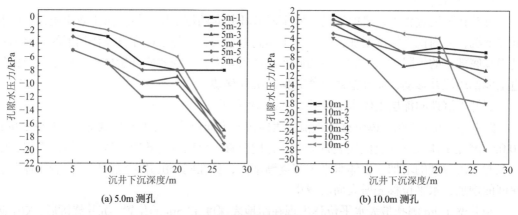

(a) 5.0m 测孔　　　　　　　　　　(b) 10.0m 测孔

图 20　土体孔隙水压力

从图中可以看出随着沉井下沉深度变化孔隙水压力的增减情况，同一测点深度，随着沉井下沉深度增大，孔隙水压力逐渐增大，5m 处整体孔隙水压力值不超过 20kPa，10m 处整体孔隙水压力值不超过 30kPa。考虑现场实际情况，距井壁 10m 点位处的孔隙水压力比 5m 处的略大是因为 10.0m 测孔存在设备碾压等因素影响。

3. 土体分层沉降

对土体分层沉降的监测包括距井壁 5m、10m 共 12 个测点，其中测点部分损坏，采用正常测点数据绘制土体分层沉降如图 21 所示。

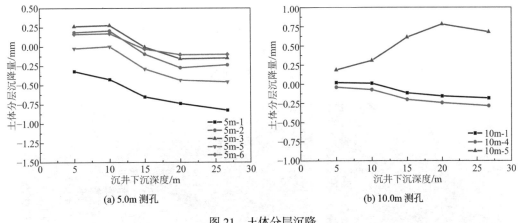

(a) 5.0m 测孔   (b) 10.0m 测孔

图 21　土体分层沉降

从图 21 中可以看出，距离井壁 5m 处的 5m-1 测点在沉井终沉时分层沉降最大为 −0.82mm。同一深度测点，距井壁 10m 处较距井壁 5m 处沉降量更小。

3.3　环境影响实测结果与分析

1. 地表沉降

根据地表沉降监测点数据，绘制沉井下沉过程中地表沉降见图 22。

其中第 1 组和第 2 组测点位于场地通道处，存在渣土车、起重机等车辆反复碾压因素（图 23），导致数据波动较大；第 3 组测点因施工现场起重机、材料、设备堆放等因素导致测点异常，故舍弃（图 24）；第 4 组测点干扰因素较少，测点监测数据可供参考。

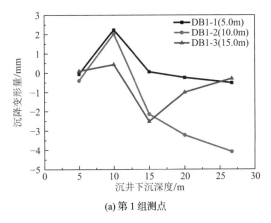

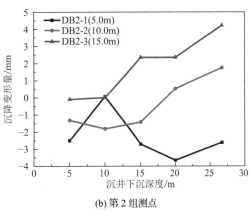

(a) 第 1 组测点   (b) 第 2 组测点

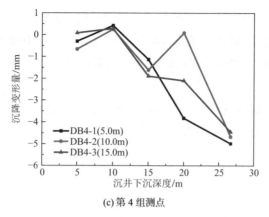

(c) 第4组测点

图22 地表沉降曲线

图23 第1、2组测点位置

图24 第3组测点位置

由图22可以看出随着沉井下沉深度逐渐增加，地表沉降值也逐渐增加，结合第1、2、4组测点数据分析，地表沉降量均控制在±5mm范围内。

随着距沉井距离逐渐增加，地表沉降量逐渐减小，以第4组测点为例，沉井终沉时5.0m处测点最大沉降值−4.98mm，10.0m处测点最大沉降值−4.67mm，15.0m处测点最大沉降值−4.45mm。

2. 管线沉降

由于管线上布测点较多，本次分析只选取距离井壁最近测点，包括雨水管测点YS10距离井壁4.1m、给水测点S06距离井壁4.5m、信息管测点XX02距离井壁4.3m、电力管测点DL03距离井壁5.0m，沉井下沉期间周边管线沉降见图25。

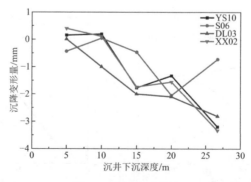

图25 管线沉降曲线

由图 25 可以看出随着沉井下沉深度逐渐增加，管线沉降变形值也呈现逐渐增大趋势，沉井终沉时雨水管（YS10）最大沉降−3.20mm，信息管（XX02）最大沉降−3.33mm，电力管（DL03）最大沉降−2.81mm，给水管（S06）沉降−0.73mm，其中沉井下沉期间给水管（S06）最大沉降−2.45mm。

3. 建筑物沉降

距离井壁5.0m处的建筑物需要进行监测保护，选取距沉井井壁距离分别为5.0m、5.3m、5.4m 三个测点 J03、J05、J07 数据绘制沉降曲线见图 26。

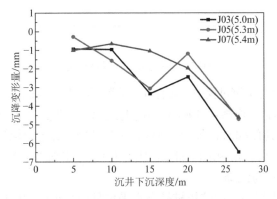

图 26　建筑物沉降曲线

由图 26 可以看出沉井下沉过程中，随着距井壁距离增加，沉降值逐渐减小，且随着沉井下沉深度逐渐增加，建筑物沉降值也逐渐增加，沉井终沉时测点 J03（5.0m）最大沉降值−6.48mm。

4. 防汛墙沉降

沉井下沉过程中防汛墙需要重点监测保护，取测点 F13、F11、F17，距沉井井壁距离分别为 15.4m、20.0m、25m，沉降变形曲线见图 27。

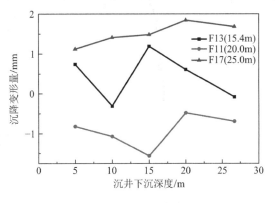

图 27　防汛墙沉降曲线

由图 27 可以看出随着沉井下沉深度逐渐增加，防汛墙沉降变化幅度不大，且呈现波动变化，在河水冲刷和沉井下沉综合作用下，距离井壁最近测点 F13 最大沉降仅为−0.08mm，距离沉井较远测点 F17 最大沉降值为+1.68mm。

5. 原进水箱涵沉降

原进水箱涵距离沉井最近处约 20.0m，布置测点 JS01～JS06，其中 JS01、JS02 距离井壁较远，JS03～JS05 测点被压，故选取 JS06（25.0m）数据绘制沉降曲线见图 28。

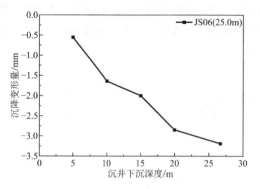

图 28　原进水箱涵沉降曲线

由图 28 可以看出沉井下沉过程中，随着沉井下沉深度逐渐增加，原进水箱涵沉降值也逐渐增加，其中 25.0m 测点最大沉降−3.19mm。由于原进水箱涵仍在正常运行，箱涵内部水流量较大，且原进水箱涵外侧具有 600mm 厚地下连续墙围护结构，结合土体分层沉降监测数据进行对比分析，故此沉降值可以认为是箱涵本身工作压力（主要）和沉井下沉施工综合作用影响结果。

6. 抗拔桩水平位移与沉降

DMPC 工法沉井下沉施工中抗拔桩桩身水平位移曲线见图 29，抗拔桩桩顶沉降曲线见图 30。

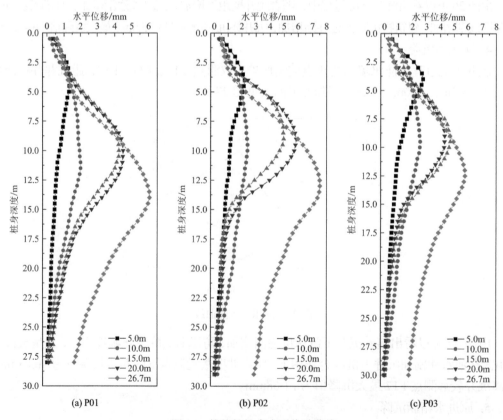

(a) P01　　　　　　　(b) P02　　　　　　　(c) P03

图 29　抗拔桩桩身水平位移曲线

抗拔桩中心距离沉井外壁 1.6m，由图 29 可以看出随着沉井下沉深度逐渐增加，抗拔桩桩身倾斜量也逐渐增加，沉井终沉后桩身水平位移量最大。测斜点 P01 深度 28m，沉井终沉后在桩身 14.0m 测点处最大位移量+6.05mm；测斜点 P02 深度 29m，沉井终沉后在桩身 13.0m 测点处最大位移量+7.52mm；测斜点 P03 深度 30m，沉井终沉后在桩身 12.5m 测点处最大位移量+5.79mm。

结合抗拔桩和井壁间测孔 X01、X02 孔深 32m，最大水平位移出现在距地表深度 12.5m 的位置，沉井终沉后，土体最大水平位移分别为+5.53mm、+6.62mm，可以得出，抗拔桩和土层保持协调变形，且抗拔桩和土层最大水平位移均位于 0.4～0.5 倍桩身（孔深）位置处。

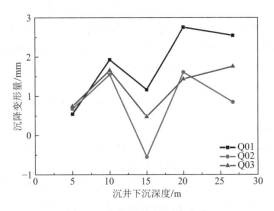

图 30　抗拔桩桩顶沉降曲线

随着沉井下沉深度逐渐增加，所需压沉力逐渐增加，故作用在环梁上拉拔力逐渐增加，抗拔桩桩顶隆起量也逐渐增加（图 30），沉井终沉后桩身隆起量最大，Q01、Q02、Q03 分别为+2.55mm、+0.85mm、+1.76mm。

4　总结

目前，合流 1.1 标 1 号盾构井已经顺利下沉到位，本文结合项目实测数据着重介绍了 DMPC 工法、沉井下沉施工过程中，井体姿态、土体及周边环境的变形情况。通过分析土体水平位移变形、土体分层沉降、孔隙水压力、地表沉降、抗拔桩水平位移、建（构）筑物及管线沉降情况，初步得出如下结论，可供工程借鉴。

（1）DMPC 工法沉井下沉施工过程中及沉井终沉姿态良好，刃脚四角最大高差远小于规范要求。

（2）DMPC 工法沉井下沉过程中挤土效应与开挖效应并存。随着沉井下沉深度的增加，土体水平位移、孔隙水压力、土体分层沉降均逐渐增大。抗拔桩外，随着距井壁距离的增大，土体水平位移、土体分层沉降均逐渐减小。

（3）随着 DMPC 工法沉井下沉深度逐渐增加，建筑物沉降值、地表沉降值均逐渐增加，且随着距井壁距离增加，沉降值均逐渐减小，沉井终沉时建筑物（5.0m）最大沉降值 −6.48mm，地表（5.0m）沉降值−4.98mm。

（4）DMPC 工法沉井周边管线沉降量均控制在−4mm 范围内。结合防汛墙沉降、原进水箱涵沉降变化数据分析，具有桩基础的防汛墙、具有地下连续墙围护的原进水箱涵受沉井下沉施工影响均十分微小。

（5）随着DMPC工法沉井下沉深度逐渐增加，抗拔桩桩顶隆起量逐渐增加，抗拔桩桩身水平位移量也逐渐增加，且桩身及桩和井壁之间土层保持协调变形，沉井终沉后桩身、土体最大水平位移均位于0.4～0.5倍桩身（孔深）位置处。

参考文献

[1] 赵军文. 大型沉井施工技术的研究与应用[J]. 工程技术研究, 2021, 3(8): 73-74.

[2] 张鸿, 蒋振雄, 李镇, 等. 深水超大沉井基础建造的创新突破[J]. 中国公路, 2023(11): 56-63.

[3] 张永涛, 杨钊, 李德杰, 等. 桥梁大型沉井基础建造技术发展与展望[J]. 桥梁建设, 2023, 53(2): 17-26.

[4] 刘鹏飞. 关于地下连续墙施工技术的研究[J]. 中文科技期刊数据库 (全文版) 工程技术, 2024(3): 0.

[5] 陈铭辉. 上海软土地层超深地下连续墙施工质量控制研究[J]. 建设监理, 2024(1): 87-92+97.

[6] 徐杰, 刘修成, 管政霖. 大型桥梁沉井不排水下沉取土设备研究与实践[J]. 施工技术, 2022, 51(5): 70-74.

[7] 杨子松, 王海俊, 姚人杰, 等. 压入式钢壳沉井施工工艺及其在工程中的应用[J]. 建筑施工, 2022, 44(8): 1904-1906+1919.

[8] 刘桂荣. 压入式沉井施工环境效应及其影响因素分析[J]. 绿色建筑, 2022, 14(3): 159-164.

[9] 刘桂荣. 复杂环境下微扰动压入式薄壁钢沉井工艺研究[J]. 山西建筑, 2022, 48(6): 71-74.

[10] 徐英武. 临江侧硬质土层超深沉井压沉施工技术研究[J]. 山西建筑, 2020, 46(10): 60-61.

[11] 易琼, 廖少明, 朱继文, 等. 软土地层中压入式沉井下沉的土塞效应及其影响[J]. 浙江大学学报: 工学版, 2020, 54(7): 1380-1389.

[12] 张世彬. 土塞效应在基坑工程中的研究与应用[J]. 城市道桥与防洪, 2021(8): 329-332.

[13] 刘新星. 不排水下沉施工技术在市政沉井工程中的应用[J]. 建筑技术开发, 2023, 50(4): 87-89.

[14] 郝胜利, 许国亮, 纪晓壮, 等. 南京长江第四大桥北锚碇沉井不排水下沉施工关键技术[J]. 公路, 2010(6): 11-15.

[15] 赵敏杰. 超深沉井下沉周边环境效应与控制措施[J]. 建筑施工, 2020, 42(6): 1079-1084.

劲性复合桩在软土地区高速公路工程中的应用研究

张超哲[1,2]，刘松玉[*2]，刘宜昭[2]，孙彦晓[2]，孙家伟[2]

（1. 南京理工大学机械工程学院，江苏 南京 210094；

2. 东南大学岩土工程研究所，江苏 南京 211189）

摘　要：劲性复合桩作为一种新型复合桩技术被广泛应用于软土地区建筑桩基，而在公路、铁路等交通工程软基加固领域应用较少。本文依托京沪高速公路改扩建江苏段某软基处理工程，采用劲性复合桩、劲性复合桩联合水泥土桩所形成的多元复合地基两种方法加固高速公路软土路基，通过开展现场试验探究了桩土应力和沉降、桩间土超孔压以及路基水平位移随时间的变化规律。研究结果：劲性复合桩和多元复合地基两种加固软土路基稳定期的桩间土沉降和最大水平位移分别不超过 36mm 和 20.4mm，最大桩土应力比为 10，验证了两种地基处理技术在软土路基加固的可行性。研究成果可为劲性复合桩加固软土路基的设计、工程应用和推广提供参考。

关键词：路基工程；软土；劲性复合桩；桩承路堤；工程应用

0　引言

　　沿江沿海等发达地区广泛分布着强度低、沉降变形大、稳定性和抗震性能差的深厚软弱土地基，给工程建设带来了极大的挑战，高效处理软弱土地基成为各类工程建设中的关键技术难题之一[1]。近年来，通过向水泥土桩或高压旋喷桩（外芯）插入高强度的预制混凝土桩（内芯或芯桩）而形成的劲性复合桩以其独特的技术优势在地基处理领域得到广泛的应用[2,3]。该复合桩发挥刚柔并济的特点，既可发挥预制桩强度高和承载力大的优势，又能规避水泥土桩强度低的劣势但同时能利用其提高桩周土强度的特点，呈现出突出的承载能力、控制沉降和提高地基稳定性的优势[4]。

　　目前劲性复合桩主要应用于软弱土地区工业与民用建筑工程领域，国内外学者对劲性复合桩在刚性荷载作用下的承载特性与理论计算方法进行了大量研究，主要包括内外芯界面特性[5,6]、竖向和水平承载特性以及抗震特性等[7-9]。然而在公路、铁路等交通工程领域应用较少，由于路基工程除了考虑承受作为柔性荷载的竖向荷载外，还需承受水平荷载和交通荷载等。鉴于此，本文依托京沪高速改扩建江苏段某软基处理工程，采用劲性复合桩、劲性复合桩联合水泥土桩所形成的多元复合地基两种方法加固软土路基，通过开展现场试验验证两种地基加固技术的可行性。研究成果可为劲性复合桩承载路堤的设计、工程应用

基金项目：国家自然科学基金（No.52078129&42277146）。

作者简介：张超哲，博士，主要从事桩基础与软弱土地基处理方面研究；E-mail：chaozhe_zhang@163.com。

通信作者：刘松玉，教授，博士，主要从事特殊地基与路基稳定、原位测试技术等研究；E-mail：liusy@seu.edu.cn。

和推广提供参考。

1 试验段及工程地质概况

1.1 几何参数

京沪高速公路某扩建工程江苏段沿线地质条件复杂，地层主要为全新统松散层及上更新统黏性土、粉土等深厚软土，局部厚度超过 30m。控制路基工后沉降成为高速公路改扩建地基处理的主要难点之一。该软土层具有高压缩性，低承载力等特点，地下水位埋深在 0.50～1.30m。原加固设计方案采用直径 400mm 的 PHC 管桩，设置长度为 28～35m，由于劲性复合桩兼具高承载力和经济性的双重优势，故采用劲性复合桩对软土路基进行加固处理，其中试验段 K950＋440～K950＋510（试验段 I）的路堤填筑高度为 4.0m，采用劲性复合桩（长桩）联合水泥土桩（短桩）进行加固，两种桩型采用正方形交叉混打的布桩形式，劲性复合桩桩间距为 4m ［图 1 （a）］。试验段 K950＋054～K950＋158（试验段 II）采用正方形布桩形式 ［图 1 （c）］，桩间距为 3.5m，路堤填筑高度为 3m，边坡为 1：1.5。通过现场静力触探测试和室内土工试验获得试验段的土层分布情况和土体基本物理力学指标，如图 2 和表 1 所示。试验段 I 和 II 中劲性复合桩内芯管桩桩长分别为 28m 和 32m，桩径 r_P 为 0.4m，壁厚为 95mm，混凝土强度等级为 C60。外芯水泥土桩长 L_P 为 12m，外芯水泥土桩的桩径 r_D 为 0.8m，桩长 L_D 为 12m，桩顶采用边长为 1.6m 的方形桩帽。作为短桩的水泥土桩的所有参数与劲性复合桩的外芯相同。在试验段的路基中采用级配碎石铺设厚度为 0.3m 的垫层，每层 10cm 共 3 层摊铺并使用压路机进行压实，同时在碎石垫层内铺设双向拉伸土工格栅，路堤边坡为 $1V：1.5H$。

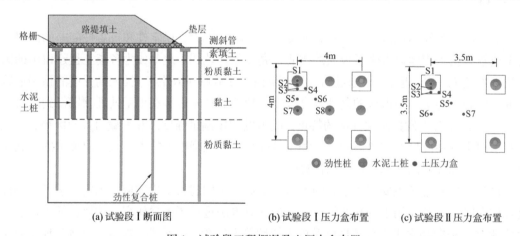

(a) 试验段 I 断面图　　　　(b) 试验段 I 压力盒布置　　　(c) 试验段 II 压力盒布置

图 1　试验段工程概况及土压力盒布置

试验场地土层物理力学指标　　　　　　　　　　　　表 1

土层名称	厚度/m	w/%	γ/（kN/m³）	e	I_L	I_P	E_s/MPa	c/kPa	φ/°
素填土	1.5	26.1	20.1	0.706	0.31	17.5	3.96	37.6	12.8
淤泥质粉质黏土	3.5	43.7	18.1	1.204	1.10	19.2	1.67	15.0	11.5
黏土	7.0	29.3	19.1	0.821	0.96	6.8	5.42	14.5	20.9
粉质黏土	21	30.0	19.4	0.823	0.67	17.0	3.36	28.5	11.0

注：w 为天然含水率；γ 为土体重度；e 为孔隙比；I_L 为液性指数；I_P 为塑性指数；E_s 为压缩模量；c 为黏聚力；φ 为内摩擦角。

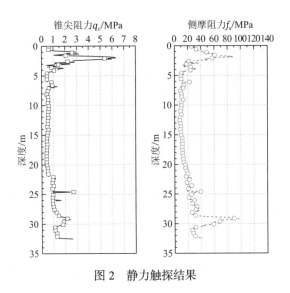

图 2　静力触探结果

2　计算结果分析

2.1　桩土应力随时间的变化

图 3 为试验段 Ⅰ 的桩土应力随时间的变化关系。由图 3 可知随着路堤的填筑，劲性复合桩和水泥土桩桩顶及桩间土的应力近似沿线性趋势增加，至路堤堆载结束后 S5 测得的桩间土应力接近平稳，劲性复合桩和水泥土桩桩顶应力仍有增加。此外，劲性复合桩桩帽上不同位置布设的土压力盒所测得的应力值在路堤填筑阶段较为接近，填筑结束后存在一定差异，其中位于桩帽中心 S1 和边缘 S3 和 S4 的应力比其他位置的监测结果大。同时，不同位置水泥土桩桩顶应力也呈现相似的发展趋势，但 S8（位于单元中心的水泥土桩）测得数据高于 S7。劲性复合桩和水泥土桩的最大应力值分别为 330.0kPa 和 132.9kPa。图 4 为试验段 Ⅱ 的桩土应力随时间的变化关系，由图可知劲性复合桩和桩间土的应力也具有相同的增长规律，由于有桩帽的存在，劲性复合桩桩顶的应力相对较小，最大值为 194.2kPa。

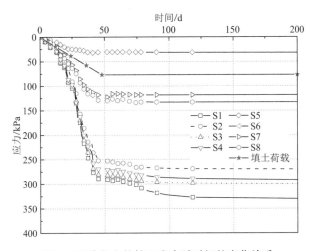

图 3　试验段 Ⅰ 的桩土应力随时间的变化关系

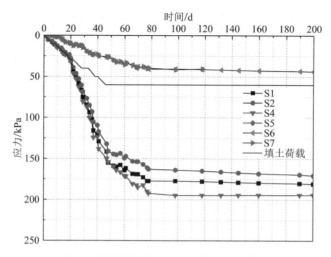

图 4　试验段 II 的桩土应力随时间的变化

2.2　桩土应力比随时间的变化

图 5 为试验段 I 的桩土应力比随时间的变化关系，从图可以看出在路堤填筑初期，劲性复合桩-土应力比和水泥土桩-土应力比均急剧上升，但随后出现下滑，分析原因可能是由于填筑初期桩土应力较小，土压力盒的误差导致。随着路堤荷载的增加，劲性复合桩桩帽上各观测点测得的桩-土应力比不断增加，但与桩顶应力相同，桩帽中心和边缘的桩-土应力比大于其他位置，劲性复合桩的桩-土应力比在 9.1～10.3 之间，由于桩帽的边长（1.8m）较大，应力得到较好的分散，整体小于传统管桩加固地基的桩-土应力比。水泥土桩的桩-土应力比在 3.6～4.2 之间。劲性复合桩的桩-土应力比明显高于水泥土桩，说明劲性复合桩应力集中比较明显，且长桩可以通长发挥作用，较好地将上部荷载传到桩体深部，有效地控制沉降。而对于试验段 II，劲性复合桩的桩-土应力比随着路堤填筑而增加并伴有小幅度的波动，填筑结束后桩土应力比沿线性趋势增长后逐渐发展平稳，最大应力比在 5.6～6.0 之间，如图 6 所示。

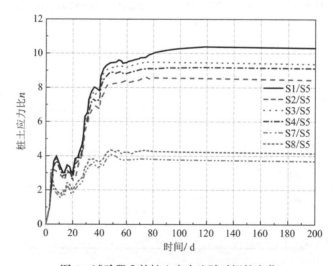

图 5　试验段 I 的桩土应力比随时间的变化

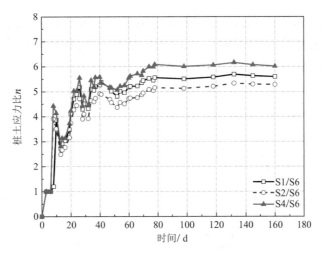

图6 试验段Ⅱ的桩土应力比随时间的变化

2.3 桩间土超静孔压随时间的变化

在试验段Ⅰ路基桩间土位置深度分别为7m、12m、21m、28m处各埋设一个孔压计。图7为试验段Ⅱ的桩间土超静孔压随时间的变化关系，由图可知桩间土各深度的超静孔压均随着填土荷载的增加而增加。由于填土荷载对地基土产生的附加应力随着深度的增加而减小，超静孔压也随着深度的增加而减小，不同深度的超静孔压值分别为27.4kPa、22.1kPa、13.9kPa 和 6.25kPa。当填筑结束后，超静孔压呈现先快后慢的消散速度，当填筑后 200d 时，最大超静孔压仅为5.7kPa。

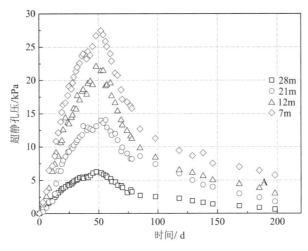

图7 试验段Ⅰ中桩间土超静孔压随时间的变化

2.4 桩土沉降随时间的变化

图8为试验段Ⅰ的桩土沉降历时曲线。由图可知，劲性复合桩联合水泥土桩多元复合地基加固软土路基效果较为明显，在路堤填筑结束时，劲性复合桩、水泥土桩和桩间土的沉降分别为10.3mm、14.5mm 和35.6mm，随着桩间土超孔压的消散，桩间土的沉降逐渐增大，但劲性复合桩和水泥土桩的沉降发展较为缓慢，在工后 100d 后，沉降曲

线已趋于平缓，基本达到了稳定。试验段Ⅱ的桩土沉降历时曲线如图9所示，劲性复合桩的沉降量主要发生在填筑阶段，沉降稳定后桩土沉降最大值分别为 13.0mm 和 33.7mm。

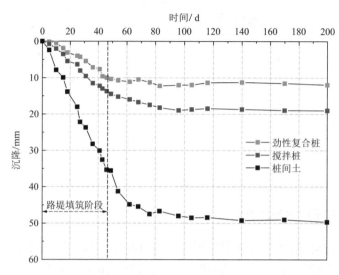

图 8　试验段Ⅰ的桩土沉降随时间的变化关系

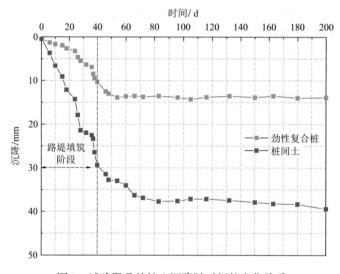

图 9　试验段Ⅱ的桩土沉降随时间的变化关系

2.5　路基侧向变形

试验段Ⅰ的水平位移-时间曲线可见图10。地基水平位移随着填筑荷载的增加而增大，沿地基深度的增加而减小，当填筑高度为4.0m时，侧向位移最大值达5.0mm，但是随着地基土的固结坡脚水平位移继续增加，侧向位移均主要发生在地面下 0～12m 的范围内，到350d时，侧向位移达到最大值为20.4mm。图11为试验段Ⅱ路基水平位移随时间的变化曲线，在路堤填筑结束后，实测得到的最大水平位移发生在桩深 1m 处达到 4.8mm，在工后 210d 后最大水平位移为 13mm。

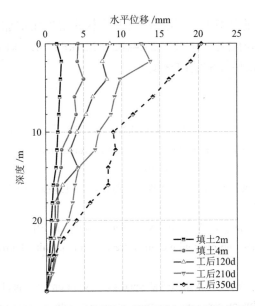

图 10　试验段 I 的路基水平位移随时间的变化关系

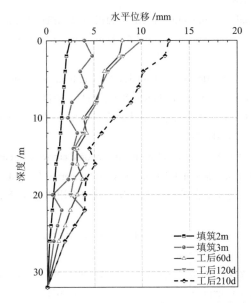

图 11　试验段 II 的路基水平位移随时间的变化关系

3　结论

本文通过劲性复合桩、劲性复合桩联合水泥土桩加固软土路基工程案例，验证了两种地基处理技术在软土路基处理的可行性。通过以上分析，主要结论如下：

（1）劲性复合桩联合水泥土桩多元复合地基加固软土路基稳定期桩间土沉降仅为35.6mm，地基最大水平位移为20.4mm。

（2）劲性复合桩加固软土路基稳定期桩间土沉降仅为33.7mm，桩土应力比约为6，地基最大水平位移为13mm。

（3）桩间土各深度的超静孔压均随着填土荷载的增加而增加，随着深度的增加而减小，不同深度的最大超静孔压值分别为 27.4kPa、22.1kPa、13.9kPa 和 6.25kPa。当填筑结束后，超静孔压呈现先快后慢的消散速度。

参考文献

[1] 刘松玉, 周建, 章定文, 等. 地基处理技术进展[J]. 土木工程学报, 2020, 53(4): 93-110.

[2] Liu S Y, Zhou J, Zhang D W, et al. State of the art of the ground improvement technology in China. China Civil Engineering Journal, 2020, 53(4): 93-110.

[3] 王安辉, 袁春坤, 章定文, 等. 桩筏连接形式对劲芯复合桩地震响应影响试验研究[J]. 中国公路学报, 2021, 34(5): 24-36.

[4] Wang A H, Yuan C K, Zhang D W, et al. Experimental Study on Effect of Pile-raft Connection Type on Seismic Response of Piles Improved with Cement-treated Soil[J]. China Journal of Highway and Transport, 2021, 34(5): 24-36.

[5] Zhang C, Liu S, Zhang D W, et al. A modified equal-strain solution for consolidation behavior of composite foundation reinforced by precast concrete piles improved with cement-treated soil[J]. Computers and Geotechnics, 2022, 150: 104905.

[6] Zhang Z, Rao F, Ye G. Analytical modeling on consolidation of stiffened deep mixed column-reinforced soft soil under embankment[J]. International Journal for Numerical and Analytical Methods in Geomechanics, 2020, 44(1): 137-158.

[7] Zhou J, Yu J, Gong X, et al. The effect of cemented soil strength on the frictional capacity of precast concrete pile-cemented soil interface[J]. Acta geotechnica, 2020, 15(11): 3271.

[8] 俞建霖, 徐嘉诚, 周佳锦, 等. 混凝土芯水泥土复合桩混凝土-水泥土界面摩擦特性试验研究[J]. 土木工程学报, 2022, 55(8): 93-104, 117.

[9] Yu J L, Xu J C, Zhou J J, et al. Experimental study on frictional capacity of concrete-cemented soil interface of concrete-cored cemented soil column[J]. China Civil Engineering Journal, 2022, 55(8): 93-104, 117.

[10] 朱锐, 周峰, 陈廷柱等. 劲性复合桩挤土效应及承载力作用机制研究[J]. 岩土力学, 2023, 44(12): 3577-3586.

[11] Zhu R, Zhou F, Chen T Z, et al. Soil squeezing effect and bearing mechanism of strength composite pile[J]. Rock and Soil Mechanics, 2023, 44(12): 3577-3586.

[12] Wang A, Zhang D, Deng Y. Lateral response of single piles in cement-improved soil: numerical and theoretical investigation[J]. Computers and Geotechnics, 2018, 102: 164-178.

[13] Zhang D, Wang A, Ding X. Seismic response of pile groups improved with deep cement mixing columns in liquefiable sand: shaking table tests[J]. Canadian geotechnical journal, 2022, 59(6): 994-1006.

上海地区轨道交通地下工程预制装配技术研究

凌辉[1]，张中杰[1]，徐薇娜[2]

（1. 上海市城市建设设计研究总院（集团）有限公司，上海 200125；

2. 上海市隧道工程轨道交通设计研究院，上海 200235）

摘　要： 预制装配式结构具有工厂生产和现场施工安全高效、质量可控、施工速度快、标准化程度高、环境污染小等优点。分析总结了近年来上海地区轨道交通地下工程预制装配技术的实践经验，对预制装配式围护墙、拱形叠合顶板、预制楼梯、预制站台板、预制轨顶风道、预制中隔墙等技术要点进行论述，探讨研究了预制构件的尺寸大小、分块方式以及连接接头构造等，为轨道交通地下工程的装配化、标准化提供技术支撑。

关键词： 轨道交通地下工程；预制装配式围护墙；拱形叠合顶板；预制楼梯；预制站台板；预制轨顶风道；预制中隔墙

0　引言

根据国务院印发的《2030 年前碳达峰行动方案》，在我国大力推行碳减排背景下，建筑行业的自身特点决定了其在助力我国"碳达峰、碳中和"目标实现中将发挥关键作用。目前，我国建筑行业普遍面临碳排放总量大、用能效率低等问题。为实现"碳达峰、碳中和"目标，必须推动建筑行业绿色转型。近年来，国务院、住房和城乡建设部、交通运输部等先后出台了《关于大力发展装配式建筑的指导意见》《关于推动智能建造与建筑工业化协同发展的指导意见》等文件，明确提出了发展装配式建筑的指导意见，推广预制装配技术，促进建筑工业化升级和产业化发展，实现绿色环保、节能高效的智能建造将成为我国轨道交通地下工程建设的重要发展趋势。

相对于传统的现浇钢筋混凝土结构，预制构件能有效减少现场的钢筋绑扎量、模板架设量、混凝土现浇量、人工使用量，具有相当明显的效率优势，现场作业环境整洁，有效避免传统施工作业现场脏、乱场景。预制装配式技术在轨道交通地下工程中得到了蓬勃发展和广泛应用，主要包括基坑围护墙、地下车站主体结构和内部结构、盾构区间内部结构等方面，形成了成套的设计与施工技术[1-3]。本文结合上海地区轨道交通地下工程预制装配技术的实践经验，对地下工程预制装配式结构的技术要点进行分析和总结，借此促进轨道交通地下工程预制装配技术的推广应用。

1　基坑围护墙预制装配技术

传统的现浇地下连续墙存在施工过程中泥浆排放对生态环境污染严重，钢筋加工、钢

作者简介：凌辉，工学硕士，高级工程师，主要从事地下结构和地基基础的设计与咨询工作。E-mail: linghui@sucdri.com。

筋笼制作需要占用大量的场地空间，重型吊装机械的施工功效低、能耗高等问题。预制装配式围护墙具有低排泥、墙体质量可靠、施工效率高、变形控制效果好等优点，已在诸多轨道交通基坑工程中得到应用，例如：劲芯水泥土墙内插预制混凝土矩形板桩（TAD 工法）已应用于浦东机场 T3 航站楼新建捷运线基坑工程；锁扣型钢地下连续墙（NS-BOX 工法）已应用于轨道交通 19 号线世博大道站换乘通道基坑工程；预制地下连续墙已应用于轨道交通 18 号线繁荣路站附属结构基坑工程。

劲芯水泥土墙技术是在水泥土搅拌桩或等厚度水泥土搅拌墙中插入大刚度预制钢构件或混凝土构件，形成复合隔水挡土结构[4]。水泥土墙厚度和深度应满足芯材插入要求，墙体厚度宜超过芯材截面高度 100mm 以上，墙体深度宜超过芯材插入深度 500mm 以上。内插芯材可选用 H 型钢、锁扣型钢、预制 H 形混凝土桩、预制混凝土矩形板桩等，芯材的适用范围如表 1 所示。当芯材竖向需分节连接时，连接接头不宜超过 2 个，接头位置应避开墙身受力较大位置，相邻幅竖向接头错开不应小于 1m，且距离基坑底面不宜小于 2m。

劲芯水泥土墙内插芯材适用范围　　　　　　　　　　　　　　表 1

名称	基坑深度	可否两墙合一	可否参与抗浮	可否回收
锁扣型钢	≤20m	可	不宜	可
预制混凝土矩形板桩	≤15m	可	可	不应
H 型钢	≤12m	不应	不应	可
预制 H 形混凝土桩	≤12m	不宜	不宜	不应

预制地下连续墙是在泥浆护壁的条件下，由专用机械成槽后放入预制钢筋混凝土墙，形成连续的具有防渗和挡土功能的地下墙体[5]。由于预制地下连续墙受吊装及现场运输条件限制，其墙厚较现浇地下连续墙小，且为使预制墙段顺利沉放入槽，预制地下连续墙墙体厚度一般较成槽宽度小 20mm 左右，目前常用墙厚有 580mm、780mm 等。为控制墙段重量，预制墙段可设计为空心截面，并尽量减小墙段分幅宽度，幅宽 3～4m 较为适宜。此外，还可采取分节制作吊放的方法减轻起吊重量，单节长度不宜超过 15m。相邻预制地下连续墙的水平向分幅接头可采用现浇混凝土接头或榫卯式接头，现浇混凝土接头止水抗渗效果较好，且施工相对简单，因此在工程中较为常用。现浇混凝土接头构造示意如图 1 所示，开挖面范围内采用暗埋式壁柱作为二次防水构造措施。预制地下连续墙的竖向分节接头可采用干式连接接头，上、下节接头应保证等强度连接，抗弯性能不低于墙身的抗弯刚度，接头应避开墙身弯矩或剪力较大位置，相邻地下连续墙的接头位置在竖向应相互错开不小于 1m，且距离基坑底面不宜小于 2m。预制地下连续墙成槽施工宜采用连续成槽法进行，吊放 3～5 个预制墙段后再进行接头桩和压密注浆施工。接头混凝土宜分两次进行浇筑，以避免或减少接头混凝土浇筑时的挤压影响，防止预制墙体的移动。

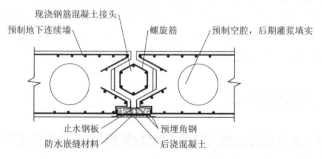

图 1　预制地下连续墙钢筋混凝土现浇接头示意图

2 车站主体结构拱形叠合顶板技术

根据富水软土地区轨道交通建设经验，地下车站底板由于防水要求，同时为了尽快封闭基坑，宜采用现浇钢筋混凝土结构。侧墙尺寸厚大，受吊装能力控制，若采用预制装配式结构，则构件宽度小，拼装接缝多，对结构受力与防水均不利。因此，上海地区地下车站的底板和侧墙不宜采用预制装配式构件。地下车站顶板可采用叠合板，后期在预制板上层整体浇筑叠合层混凝土，结构的防水性能等同于整体现浇混凝土结构。轨道交通 15 号线吴中路站主体结构顶板采用了"预制 + 现浇"叠合拱壳结构，对无柱大跨地铁车站的设计进行了有益尝试，其横断面示意如图 2 所示[6]。

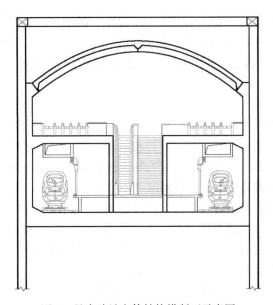

图 2 吴中路站主体结构横断面示意图

拱形叠合顶板的矢跨比应根据车站宽度、埋深、管线复位等因素综合确定，宜取 1 : 5～1 : 3。叠合拱壳结构的组成包括预制层、现浇层、拱座，其施工工艺为：将工厂预制混凝土拱壳运输至现场后组成三铰拱底模，然后在其上进行钢筋绑扎和混凝土浇筑，从而形成无铰叠合的拱壳结构。因此，结构设计方案需满足不同施工阶段的结构强度、刚度、稳定性要求。预制层采用预制双肋混凝土拱板，沿拱壳的跨度方向以固定间距满跨布置钢筋桁架，以满足现场浇筑混凝土时两侧悬臂端的承载要求，如图 3 所示。该结构既能减轻构件质量、方便施工，又能提高构件的抗弯刚度，满足吊装和运输要求。现浇混凝土宜采用低收缩、高抗裂混凝土，浇筑总体方向由拱脚向拱顶分层对称浇筑，严格控制两侧混凝土浇筑速度。

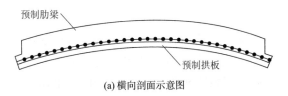

(a) 横向剖面示意图

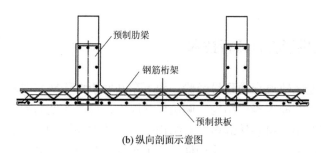

(b) 纵向剖面示意图

图 3 预制拱壳结构示意图

3 车站内部结构预制装配技术

　　地下车站内部结构（楼梯、站台板、轨顶风道等）采用预制装配式施工方法，具有缩短施工工期、简化施工工序、保障施工质量、降低施工成本等优势。内部结构的预制构件尺寸小、重量轻，便于通用化、模数化、标准化设计，已在多个地下车站的内部结构中得以应用[7]。

3.1 预制楼梯

　　地铁车站内部公共区楼梯和出入口楼梯多为直跑楼梯，便于模块化制作，适合采用"预制梯段板＋现浇梯梁、梯柱"的形式。直跑楼梯的立面布置，如图4所示。对于预制混凝土板式楼梯，吊装、运输及安装过程中受力状况比较复杂，且与使用阶段工况不同，为保证构件的承载力及控制裂缝宽度，梯段板厚度不宜小于120mm，梯段板顶、底均应配置通长纵向受力钢筋。预制梯段板支座处应采用销键连接，高端支座宜采用固定铰支座，低端支座宜采用滑动铰支座，以减小楼梯对主体结构刚度的影响，避免强震时楼梯的破坏。铰支座应具有足够的转动及滑动变形能力，满足结构层间位移要求。由于地铁车站内部公共区楼梯底部位于站台板及底板上，地铁车辆运行引起的结构振动对预制楼梯与支座处的连接也提出了较高要求，因此在连接处宜增设柔性垫片以减少列车振动对梯段板的影响。

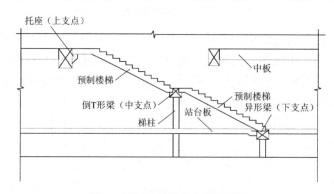

图 4 预制楼梯结构布置示意图

3.2 预制站台板

　　预制站台板结构由预制站台板和预制π形支墩组成，如图5所示。预制站台板的分块设计以及柱脚和底板的连接设计是预制站台板结构的关键环节[8]。π形支墩的间距应根据面板受力合理性、构件规格、施工安装便利性等因素综合确定，间距宜为2～4m。π形支墩柱脚宜通过套筒灌浆或浆锚搭接与底板预留插筋连接，柱底与底板面后浇混凝土高度不宜小于100mm。π形支墩横梁与面板宜采用搭接或螺栓连接，预制站台板拼装完后，除安全门的安装位置外再浇筑一层约50mm的现浇混凝土，提高站台板结构的整体性。

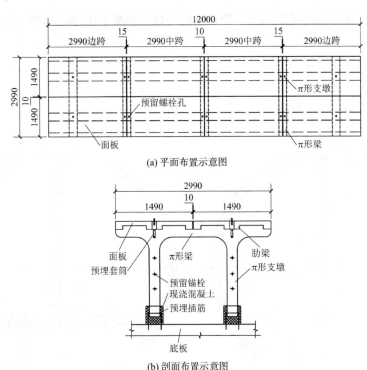

(a) 平面布置示意图

(b) 剖面布置示意图

图5 预制站台板结构布置示意图

3.3 预制轨顶风道

轨顶风道与车站中板进行整体预制、同步施工时，现场作业空间大，便于安装，同时可缩短工期和减少支架与模板。若单个构件重量较大，运输吊装困难，可将中板设计为叠合板，预制构件作为中板的底模，安装就位后现浇中板上部混凝土形成整体。若由于区间施工占用轨顶风道空间，主体结构已完成再施工预制轨顶风道时，需保证车站内有足够的吊装空间以及与中板连接节点和浇灌浆孔的施工质量。分期施工的预制轨顶风道剖面示意，如图6所示[9]。相邻预制轨顶风道的管节接缝处宜采用凹凸榫槽接口连接，并采用不燃、耐高温防火材料严密填塞，满足防火要求。吊装时，预制轨顶风道应平稳并采取防翻转措施。安装完成后，应具有良好的密封性能。

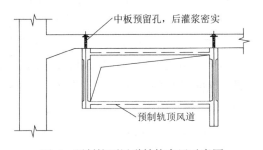

图6 预制轨顶风道结构布置示意图

4 盾构区间内部结构预制装配技术

传统的盾构法区间隧道采用预制管片结构与现浇混凝土内部结构相结合，由于隧道内部空间狭小，现浇模筑法施工效率低，施工工期长。而预制结构采用流水线作业与机械化施工，标准化程度高且构件制作精度好，能有效提高施工质量和进度。因此，轨道交通盾构法区间隧道内部结构采用预制装配技术已成为发展趋势。轨道交通 16 号线和市域铁路机场联络线大盾构区间横断面示意，如图 7 所示。

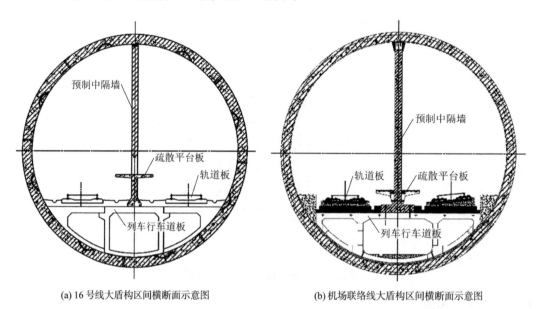

(a) 16 号线大盾构区间横断面示意图   (b) 机场联络线大盾构区间横断面示意图

图 7   轨道交通 16 号线和市域铁路机场联络线大盾构区间横断面示意图

国内相关计算研究结果表明，空气动力学效应引起的隧道附加荷载会反复作用于隧道内部结构及其安装连接部位上，不容忽视。目前，上海盾构区间有内部结构的代表性轨道交通主要有轨道交通 16 号线（A 型车，最高列车时速 120km，内径 10.4m，外径 11.36m）和市域铁路机场联络线（市域 C 型车，最高列车时速 160km，内径 12.5m，外径 13.6m），均为单洞双线。根据现行行业标准《地铁快线设计标准》CJJ/T 298 的相关规定，当最高列车时速为 120km 时，位于区间上下行隧道之间的分隔结构应满足±3.5kPa 空气压力作用下的结构安全及抗疲劳强度；位于区间隧道内的结构和设施应满足±2kPa 空气压力作用下的结构安全及抗疲劳强度。针对中隔墙与圆隧道衬砌节点做法，16 号线与机场联络线有所区别：16 号线采用管片内预留钢筋接驳器，中隔墙预留内灌黄油的金属帽，插入传力杆与接驳器连接，管片与中隔墙之间设置岩棉；机场联络线采用拱顶管片后植螺杆，中隔墙顶部固定弧形钢构件，纵向安装预制钢筋笼，待管片变形稳定后填充混凝土，后浇混凝土与管片之间设置 EVA 海绵垫。中隔墙与衬砌节点示意，如图 8 所示。中隔墙结构及其与圆形隧道衬砌连接构造节点，应考虑衬砌环从盾构拼装至运营期全过程的变形富余量[10]。

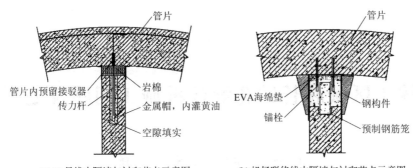

(a) 16 号线中隔墙与衬砌节点示意图　　　(b) 机场联络线中隔墙与衬砌节点示意图

图 8　轨道交通 16 号线和市域铁路机场联络线中隔墙与衬砌节点示意图

5　结语

　　目前轨道交通地下工程预制装配技术仍处于探索阶段，本文仅对预制装配式围护墙、拱形叠合顶板、预制楼梯、预制站台板、预制轨顶风道、盾构区间预制中隔墙的技术要点进行了探讨。关于预制装配式结构的节点连接、防水及抗震要求等仍需要进一步研究与实践，以期形成地下工程预制装配式结构的技术标准，推动轨道交通地下工程绿色低碳建造技术的发展。

参考文献

[1]　杨秀仁. 城市轨道交通明挖装配式地下结构设计技术及方法[J]. 隧道建设 (中英文) , 2022, 42(3): 355-362.

[2]　王卫东, 丁文其, 杨秀仁, 等. 基坑工程与地下工程——高效节能、环境低影响及可持续发展新技术[J]. 土木工程学报, 2020, 53(7): 78-98.

[3]　朱旻, 孙晓辉, 陈湘生, 等. 地铁地下车站绿色高效智能建造的思考[J]. 隧道建设 (中英文) , 2021, 41(12): 2037-2047.

[4]　宋青君. 预制混凝土构件在基坑围护墙中的应用研究[J]. 建筑施工, 2024, 46(8): 1290-1292.

[5]　谭斌. 分节预制地下连续墙在轨道交通工程中的应用[J]. 建筑施工, 2021, 43(7): 1232-1235.

[6]　冯云, 陈文艳. 软土地区复杂环境下大跨全无柱叠合拱车站结构创新实践[J]. 隧道与轨道交通, 2021(S1): 27-31.

[7]　何肖健, 曹挺, 丰阳东. 地下车站预制楼梯标准化设计关键技术研究[J]. 建筑技术开发, 2018, 45(24): 13-16.

[8]　路清泉, 苏立勇, 张志伟, 等. 地铁车站装配式站台板拆分设计与连接方法研究[J]. 施工技术, 2021, 50(4): 12-16.

[9]　蒋盛钢. 地铁车站装配式轨顶风道力学性能研究[J]. 建筑结构, 2022, 52(S2): 1673-1677.

[10]　朱美恒, 陈思睿, 黄忠凯, 等. 地表超载作用下大直径全预制装配盾构隧道受力变形规律研究[J]. 现代隧道技术, 2024, 61(4): 161-171.

天津软土区域超长钻孔灌注桩施工问题及处理措施

王玉琢[1]，刘永超[1,2]，陆鸿宇[1]，崔强[1]

（1. 天津建城基业集团有限公司，天津 300301；2. 天津大学建筑工程学院，天津 300350）

摘　要：随着我国经济的高速发展，工程建设取得了非常大的发展，工程的数量和规模不断增加。城市空间的利用进一步向超深基坑和超高层摩天大楼方向发展，由此超长桩工程施工技术得以充分应用。本文以实际工程为例，介绍了天津软土区域超长径比灌注桩工程施工要点、工序技术参数控制和过程质量监控的有效措施。

关键词：超长桩；硬质合金钻头；卡笼；软钻辅助；泥浆处理

0　引言

钻孔灌注桩适用于地下水位以下的黏性土、粉土、砂土、填土、碎石土、风化岩层及地质情况复杂、夹层多、风化不均、软硬变化较大的岩层。钻孔灌注桩以其单桩承载力高、沉降小、适应性强、成本适中、施工简便等特点，在工程界得到广泛应用[1]。在钻孔灌注桩被广泛应用于不同工程中时，由于钻孔灌注桩施工工艺的复杂性、受工程地质条件影响较大、工程隐蔽性强等原因，钻孔灌注桩在施工过程中难免会出现一些问题，而超深桩较一般钻孔灌注桩更容易出现质量问题[2]。

钻孔灌注桩施工中，桩径越大，深度越深，施工成孔时间越长，施工质量影响因素越多，如出现塌孔、桩孔局部缩颈、桩孔偏移倾斜、掉钻、钢筋笼上浮或下沉、卡笼等现象。因此，超深钻孔灌注桩施工的技术质量控制是尤其重要的，经现场反复试验，采取改进钻具和钻进工艺参数等措施，有效保证了施工质量。本文根据工程实例，对超长灌注桩的施工关键环节、质量管控要点进行了分析，为提高相关工程施工技术质量控制提供参考。

1　工程概况

本工程位于天津市河东区，桩基采用混凝土灌注桩，总桩数 1536 根，设计桩径分别为 700mm、900mm、1000mm，设计桩长为 32～73m，钻孔深度 53～94m，基坑深度 21.3m，其中超长桩径为 1000mm，钻孔深度 94m。

作者简介：王玉琢，工程师，主要从事地基与基础工程的施工与研究工作。E-mail：765759893@qq.com。

2 工程地质条件

2.1 场地地形地貌

天津地处华北平原东端，根据天津地质环境图集中的天津市地貌图，本次勘察区域属海积低平原地貌。

勘察时：地势有一定起伏，各孔孔口标高介于 2.95～3.83m 之间。

2.2 场地地层分布规律及土质特征

地层信息见表 1，地质剖面图见图 1。

地层信息表 表1

地层	土体类别	w/%	γ/（kN/m³）	e	厚度/m	岩性描述
人工填土层（Qml）	①₁素填土	29.3	18.8	0.883	0.60～4.50	松散状态
	①₂素填土				0.30～3.70	软塑—可塑状态
新近冲积层（Q₄³ᴺal）	③₁黏土	33.8	18.6	0.986	0.50～3.70	软塑状态
	③₂粉土	25.7	19.6	0.724	1.00～3.90	稍密状态
	③₄粉质黏土	29.5	19.1	0.832	1.20～5.30	流塑—软塑状态
全新统上组陆相冲积层（Q₄³al）	④₁粉质黏土	26.6	19.5	0.766	0.90～3.40	可塑状态
	④₂粉土	26.4	19.5	0.746	0.60～3.50	稍密—中密状态
全新统中组海相沉积层（Q₄²m）	⑥₁粉质黏土	30.3	19.0	0.866	1.50～2.50	软塑状态
	⑥₄粉质黏土	28.6	19.2	0.822	5.0～7.80	软塑—可塑状态
全新统下组沼泽相沉积层（Q₄¹h）	⑦粉质黏土	23.5	20.1	0.671	0.80～2.20	可塑状态
全新统下组陆相冲积层（Q₄¹al）	⑧₁粉质黏土	23.1	20.1	0.660	1.80～6.70	可塑状态
	⑧₂粉土	23.0	20.1	0.639	1.00～5.00	密实状态
上更新统第五组陆相冲积层（Q₃ᵉal）	⑨₁粉质黏土	23.3	20.1	0.658	0.90～4.20	可塑状态
	⑨₂粉土	20.7	20.6	0.600	5.70～11.30	密实状态
上更新统第三组陆相冲积层（Q₃ᵉal）	⑪₁粉质黏土	21.08	20.4	0.591	2.00～5.30	可塑状态
	⑪₂粉砂	19.9	20.5	0.574	2.60～6.50	密实状态
	⑪₃粉质黏土	23.3	20.0	0.679	6.50～11.20	可塑状态
	⑪₄粉砂	19.1	20.5	0.568	2.80～6.00	密实状态
上更新统第二组海相沉积层（Q₃ᵇm）	⑫₁黏土	29.6	19.3	0.846	3.40～6.30	可塑状态
上更新统第一组陆相冲积层（Q₃ᵃal）	⑬₁黏土	27.2	19.5	0.795	7.00～13.10	可塑状态
	⑬₂粉砂	20.0	20.2	0.602	1.70～6.00	密实状态
	⑬₃粉质黏土	22.8	19.9	0.653	1.50～7.20	可塑状态
	⑬₄粉砂	22.4	20.2	0.610	2.50～5.20	密实状态
中更新统上组滨海三角洲沉积层（Q₂³mc）	⑭₁粉质黏土	24.0	19.9	0.698	6.70～10.50	可塑态
	⑭₂粉砂	20.0	20.0	0.614	14.70～19.10	密实状态

地层	土体类别	$w/\%$	$\gamma/(kN/m^3)$	e	厚度/m	岩性描述
中更新统河流三级阶地冲积层（Q$_2^2$al）	⑮$_1$ 粉质黏土	22.9	20.0	0.672	4.00～10.30	可塑状态
	⑮$_2$ 粉砂	20.7	20.0	0.624	2.00～6.10	密实状态
	⑮$_3$ 粉质黏土	21.2	20.2	0.634	7.20～12.90	可塑状态
	⑮$_4$ 粉土	19.7	20.3	0.582	22.60～24.30	密实状态
中更新统下组滨海三角洲沉积层（Q$_2^1$mc）	⑯$_1$ 粉质黏土	21.8	20.3	0.628	7.20～10.80	硬塑状态
	⑯$_2$ 粉砂	19.3	20.4	0.579	3.00～5.50	密实状态
	⑯$_3$ 粉质黏土	22.5	20.2	0.648	1.70～4.90	硬塑—可塑状态
	⑯$_4$ 粉砂	19.9	20.1	0.604	3.30～8.30	密实状态
	⑯$_5$ 黏土	23.9	20.0	0.698	6.70	硬塑状态

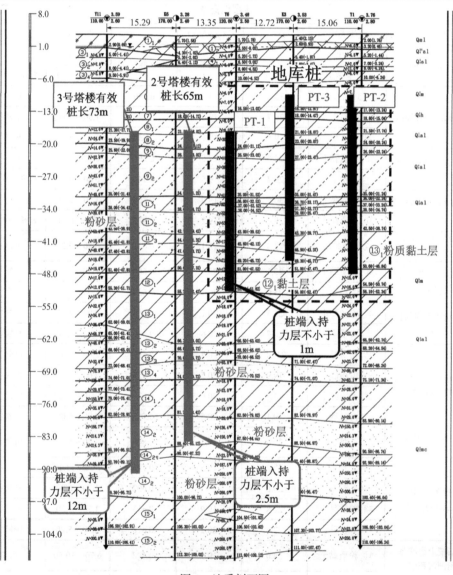

图 1 地质剖面图

2.3 水文地质条件

根据地基土的岩性分布、室内渗透试验结果综合分析，场地埋深约 60.00m 以上可分为三个含水段：

（1）上层滞水含水段；

（2）潜水含水段；

（3）微承压含水段。

地下水位一般埋深在 1～2m，表层主要为孔隙潜水，其下为砂黏交互的土层分布特征，含水层上下均有相对隔水层，而形成微承压水层，水头压力随埋深增加而加大[3]。

3 施工中遇到的问题及解决措施

因为成孔孔深大、地层土质情况变化大，为了保证成孔垂直度满足设计要求，需选用底盘稳固的成孔机具，为此选择了扭矩大、钻机稳、功率大的 GPS-10 磨盘循环钻机。

3.1 试成孔及工效改进

本工程桩基成孔主要采用 GPS-10 磨盘循环钻机，坚持"控制钻速、减压钻进"的工艺原则。初期试成孔钻头结构形式为双环式三翼钻头，翼板为带有平齿状硬质合金的三翼板，齿块前面镶嵌圆柱状硬质合金，圆环对称两侧焊有研磨合金块，钻头直径 947mm，见图 2，每节钻杆长度 4700mm。成孔深度 94m 的过程中，在钻杆进尺至第 9 节、第 13 节、第 18 节，相应深度分别为 40m、60m、80m 孔深时出现进尺缓慢及进尺困难情况，钻头磨损严重，见图 3。磨损率达到 36.9%，试成孔平均耗时 25.02h，见表 2。40m 孔深处进入⑪$_2$粉砂层，密实状态，平均标贯值为 46，孔隙比平均值 0.574；60m 孔深处进入⑬$_1$黏土层，可塑状态，平均标贯值为 21.3；80m 孔深处进入⑭$_2$粉砂层，密实状态，平均标贯值为 145.6，孔隙比平均值 0.614。

改进前进尺效率统计表　　　　　　　　　　　　　　　　表 2

钻杆		成孔耗时/h			均值
节数	深度	1 号桩	2 号桩	3 号桩	
No.1	4.7	0.83	0.8	0.89	0.84
No.2	9.4	0.42	0.46	0.34	0.41
No.3	14.1	0.37	0.4	0.46	0.41
No.4	18.8	0.5	0.46	0.47	0.48
No.5	23.5	1.08	1.1	1.21	1.13
No.6	28.2	1.25	1.3	1.3	1.28
No.7	32.9	1.17	1.01	1.23	1.14
No.8	37.6	1.68	1.5	1.7	1.63

钻杆		成孔耗时/h			均值
节数	深度	1号桩	2号桩	3号桩	
No.9	42.3	2.37	2.4	2.1	2.29
No.10	47	1.25	1.15	1.17	1.19
No.11	51.7	0.45	0.54	0.5	0.5
No.12	56.4	0.47	0.45	0.36	0.43
No.13	61.1	2.88	2.77	2.79	2.81
No.14	65.8	1.37	1.27	1.63	1.42
No.15	70.5	1.65	1.36	1.7	1.57
No.16	75.2	1.42	1.6	1.39	1.47
No.17	79.9	1.18	1.03	1.17	1.13
No.18	84.6	2	2.07	1.86	1.98
No.19	89.3	0.83	0.62	0.96	0.8
No.20	94	2	2.3	2.06	2.15
小计		25.17	24.59	26.19	25.02

图2 改进前钻头图片

图3 钻头磨损图片

影响钻进速度的主要因素：钻杆轴向力的大小、合金块的几何形状、合金块在钻头工作唇面上的布置方式、钻速。

进一步分析地勘，根据合金块的磨钝情况分析，考虑粉砂和姜石在研磨作用下不易破坏，将增加钻头阻力，减弱齿面与岩体间的有效接触，最终影响钻进速度。

首先，对钻头合金块的结构形式进行了改造，将原来圆柱形合金块更换为锯齿形合金块，工作原理由原来的研磨作用改为切削作用。其次，对合金块的数量、排列方式及切削角度进行调整，增加楔型合金块数量，采用密布式排列方式（图4）进一步增大切削面积。最后，通过钻头旋转作用完成工作[4]。

图 4　改进后钻头图片

钻头改进后的试成孔钻进速度明显提高，成孔平均耗时由 25.02h 缩短到 9.6h（表 3），降低了 61.63%；进尺速度由原来的 3.76m/h 提高到 9.79m/h，提高了 160.62%，有效地提高了施工工效，降低了施工成本，见图 5。

改进后进尺效率统计表　　　　　　　　　　　　　　　　表 3

钻杆		成孔耗时/h			均值
节数	深度	4 号桩	5 号桩	6 号桩	
No.1	4.7	0.58	0.53	0.52	0.54
No.2	9.4	0.37	0.38	0.36	0.37
No.3	14.1	0.17	0.11	0.15	0.14
No.4	18.8	0.25	0.26	0.21	0.24
No.5	23.5	0.53	0.51	0.52	0.52
No.6	28.2	0.25	0.26	0.26	0.26
No.7	32.9	0.33	0.37	0.39	0.36
No.8	37.6	0.42	0.39	0.46	0.42
No.9	42.3	0.33	0.29	0.38	0.33
No.10	47	0.42	0.46	0.47	0.45
No.11	51.7	0.42	0.46	0.42	0.43
No.12	56.4	0.33	0.3	0.27	0.3
No.13	61.1	1.1	1.07	1.02	1.06
No.14	65.8	0.53	0.52	0.46	0.5
No.15	70.5	0.4	0.17	0.18	0.25
No.16	75.2	0.9	0.99	0.9	0.93
No.17	79.9	0.58	0.36	0.47	0.47
No.18	84.6	1	1.03	0.4	0.81
No.19	89.3	0.51	0.4	0.4	0.44
No.20	94	0.7	0.79	0.8	0.76
小计		10.12	9.65	9.04	9.6

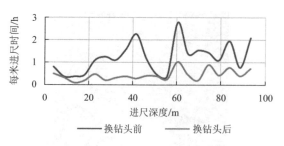

图 5　每米进尺耗时对比

3.2　卡钢筋笼问题及解决措施

7 号桩钢筋笼下放过程中卡顿，提出钢筋笼，利用钻机回钻后，再次下放钢筋笼，钢筋笼仍无法下放，起重机上提未果，利用起拔器起拔钢筋笼，再次回钻，第三次下放钢筋笼距设计标高 7m 钢筋笼无法下放、起拔，钢筋笼卡住。

结合地勘分析，该孔穿越④$_2$粉土、⑧$_2$粉土、⑨$_2$粉土、⑪$_2$粉砂、⑪$_4$粉砂、⑬$_2$粉砂、⑬$_4$粉土、⑭$_2$粉砂共 8 层粉土、粉砂层，厚度约 34m，易塌孔，因钢筋笼反复下放扰动且停孔时间长，孔壁坍塌掩埋造成钢筋笼卡住。

基于孔壁坍塌掩埋造成卡笼的原因分析，研究制作了软钻头装置扫孔，其切削搅拌齿使用具有一定刚度又相对柔软的钢丝绳，在不伤及钢筋笼的情况下可以有效清除钢筋笼上附着物，也可钻至钢筋笼下清除淤积的沉渣。

1. 工艺原理

软钻头装置：特定钻尖，在施工过程中碰到坚硬物体时可以拨让，便于钻进，且在特定钻尖上镶有合金刀头，在钻进过程中能减少特定钻尖的磨损；钻头芯管由钢管制成，在钻进过程中，软钻扫孔同时注射泥浆，使沉渣浮起循环出孔口；软钻装置的切削搅拌齿使用具有一定刚度又相对柔软的钢丝绳；由于紧固螺栓和固定芯管的作用，使切削搅拌齿与钻头芯管固定在一起，在钻进过程中不宜脱落；接头内部使用圆螺纹，便于与主钻杆连接，见图 6。

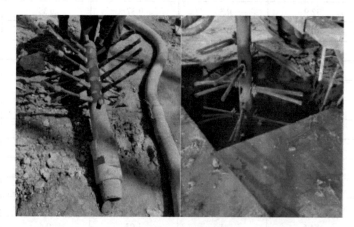

图 6　软钻头装置实物

2. 关键技术

用于清理沉渣的简易软钻装置，见图 7，主要包括钻头、钻管、切削搅动齿等。钻管为长 1200mm，壁厚 ≥ 10mm 的钢管，便于钻进过程中注射泥浆，沿管壁呈螺旋式钻有多个通孔，钻孔 ϕ28mm，孔内侧用螺纹套丝。

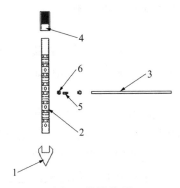

图 7 软钻装置
1—钻头；2—钻管；3—切削搅动齿；4—接头；5—固定芯管；6—紧固螺栓

在钻管管壁上呈螺旋状钻 ϕ28mm 通孔，可以使切削搅动齿平均分布，既能充分发挥切削搅拌齿作用，又避免过度损伤芯管影响钻管强度。每个通孔内设置一个切削搅动齿，且若干切削搅动齿均互不干涉，每个切削搅动齿与钻管均相互垂直设置，且切削搅动齿用于搅动覆土或沉渣，适用于泥浆护壁成孔灌注桩施工过程中孔内掉物打捞工作。泥浆护壁成孔灌注桩施工过程中不慎掉入钻头、钻杆、钢筋笼等，因放置时间过长导致孔内塌孔，掉入物体被掩埋增加打捞难度；利用软钻装置清理被埋物体上覆盖的沉渣，便于掉入物体打捞，具有操作方便、处理效果好、安全可靠、制备及使用成本低的特点。

切削搅动齿由具有一定刚度又相对柔软的钢丝绳制作而成，切削搅拌齿穿过通孔后由固定芯管固定在钻管内部，切削搅拌齿在钻管上呈"米"字形分布，切削搅拌齿长度可根据实际情况定。

固定芯管两半圆管拼接夹住切削搅动齿穿过钻管，固定芯管挤压固定切削搅动齿，避免切削搅动齿在施工过程中脱落，固定芯管位于钻管内，切削搅动齿的一端穿过通孔后位于固定芯管内圈，通孔侧壁设有螺纹，紧固螺栓中部有穿孔，紧固螺栓的外围螺纹连接至通孔内，固定芯管的第一端内圈抵接至穿孔内。

为了实现由钻管向下注浆的需求，钻头的横截面是三角形结构，钻头的上端设有 U 形槽，钻管的下端外围固定连接至 U 形槽内，且在实施时需确保钻头的厚度小于钻管的内径。

3.3 压滤法泥浆固化

该项目地处天津市中心地带，周边环境保护要求高，白天禁止大型工程车辆行驶，仅夜间外运废弃泥浆，无法满足施工要求。

本工程钻孔灌注桩 1536 根，总方量约 3.8 万 m^3，产生泥浆约 11.5 万 m^3，预计用水约 9.6 万 t，产生的泥浆全部采用泥浆固化工艺，泥浆处理率达 100%，实际用水约 4 万 t，节约用水量达到 58.3%，实现泥浆零排放和水资源循环利用，达到了绿色环保的目标[5]。

1. 泥浆循环及检测

鉴于场地上部以黏性土为主，在成孔过程中黏性土与水混合产生泥浆，可实现桩身护壁、携渣、冷却钻具、润滑等功能。施工中，泥浆循环至总泥浆池通过沉淀过滤，每 6h 检测一次黏度、密度、含砂率等技术指标，符合要求的循环使用。

当技术指标劣化时（密度＞1.40g/cm³，黏度＞28s，含砂率＞8%），产生的废弃泥浆采用压滤法将废弃泥浆固化减少了对环境的影响[6]。

2. 泥浆预处理

（1）废弃泥浆与外加剂（生石灰、絮凝剂等）在集水池内充分融合。

（2）施工现场可根据要处理泥浆工程数量，储存足够数量生石灰、絮凝剂等外加剂。

3. 压滤机泥浆固化

（1）进料压榨。满足要求后泥浆与外加剂（生石灰、絮凝剂等）混合搅拌后，料浆在进料泵的推动下，经止推板上的进料口进入各滤室，并借进料泵产生的压力进行过滤。由于滤布的作用，固体留在滤室内形成滤饼，滤液由水嘴（明流）或出液阀（暗流）排出[6]。

（2）清水过滤及泥饼出料。泥浆压榨后，从滤板侧边水嘴和设置好的水槽流出清水，并排放至指定的清水池。经压榨固化的泥饼运送到泥饼堆放场地。

4. 清水及泥饼处理

集中堆放的泥饼定期用渣土车清运至外场指定地点进行废弃或再利用，如路基填筑、场地回填等。

经过处理的清水排放至清水池，继续用于桩基施工。

4 结语

针对天津地区超长钻孔灌注桩施工过程中存在的系列问题，现场实践了相应的解决措施，收到良好的效果。

（1）超长钻孔灌注桩施工初期，应根据现场情况，结合地勘，选择成孔设备并组织试成孔，验证设备选型及工艺效果，同时优化钻具。在确保施工质量的前提下，提高工效。

（2）针对卡笼等施工问题，使用软钻头装置可以便捷、高效地清除孔内掩埋泥砂辅助钢筋笼沉放到位。

（3）钻孔灌注桩施工泥浆采用传统沉淀处理方式周期长、费用高、效果差且污染环境，安全隐患大，采用厢式压滤机现场处理装置，为钻孔桩等地下工程施工提供了很好的借鉴，实现施工绿色环保的目标。

参考文献

[1] 余地华, 叶建, 侯玉杰, 等. 超大长径比钻孔灌注桩超重钢筋笼施工关键技术[J]. 施工技术, 2016, 45(8): 6-8+29.

[2] 罗浩方, 李翔, 李永康. 超深钻孔灌注桩施工要点[J]. 山西建筑, 2019, 45(12): 74-75.

[3] 王宝德, 高海彦, 高丙山. 天津软土地区大直径超长灌注桩泥浆循环利用技术的研究与应用[J]. 建筑施工, 2014, 36(10): 1115-1116.

[4] 杜磊, 林文. 适用于黏土地层的回旋钻钻头改造工艺[J]. 居舍, 2017(31): 29-30.

[5] 李海龙. 桥梁钻孔弃浆压滤固化处理再利用技术[J]. 交通科技与管理, 2024, 5(5): 102-104.

[6] 周莉, 闫相明, 周星中. 应用厢式压滤机进行桩基废弃泥浆固化处理[J]. 建筑施工, 2021, 43(4): 668-670.

CSM 工法 + 岩土固化剂在填埋场防渗治理工程的应用研究

沈国勤[1]，沈蕾[1]，许建文[1]，姚杰[2]，刘益均[2]，李彬[2]，韩晓峰[3]

（1. 建基建设集团有限公司，江苏 宜兴 214200；2. 哈尔滨工业大学，黑龙江 哈尔滨 150000；
3. 深圳宏业基岩土科技股份有限公司，广东 深圳 518057）

摘　要： 以哈尔滨地区生活垃圾填埋场防渗治理工程应用为例，首次采用 CSM 工法 + 岩土固化剂技术取得了良好的效果，为同类工程提供借鉴。在大量塑料垃圾、密实砂层、强风化泥岩以及高标准防渗要求下，新工艺 + 新材料的成功应用具有良好的适用性。CSM 工法动力大，容易穿透坚硬地层和破碎塑料垃圾，且防渗墙不存在分幅接缝；而岩土固化剂与黏土颗粒反应具有相比水泥土更高的强度和抗渗性。根据检测结果，CSM 工法和岩土固化剂在垃圾填埋场的应用，其防渗效果远远优于水泥材料。

关键词： CSM 工法；土壤固化剂；垃圾填埋地层；防渗墙

0　引言

20 世纪 80～90 年代，国内环保意识普遍欠缺，垃圾处理技术落后。大部分城市生活垃圾在未经过分类、无害化处理就直接被弃运至河塘、洼地等填埋处理。这些非正规垃圾填埋场由于无任何防渗措施，大量垃圾渗滤液随着降雨及地下水向周围土壤中渗透扩散。垃圾渗滤液成分复杂，重金属、氮、磷等有害物质严重超标，对周边土壤和地下水环境造成巨大风险[1]。在我国，存在大量的这类简易非正规生活垃圾填埋场。近年来已经发生多起垃圾填埋场渗滤液污染事件，如 2019 年小昆山镇简易生活垃圾填埋场渗滤液渗漏导致周边水体污染超标，2020 年大韩庄生活垃圾填埋场约 26 万 t 渗滤液发生泄漏[2]。这些都表明，我国的非正规生活垃圾填埋场防渗治理面临严峻的挑战。针对这些垃圾填埋场，目前大多采用垂直防渗措施围合封闭治理，防止垃圾渗滤液进一步扩散[3,4]。

本文通过哈尔滨两个生活垃圾填埋场渗滤液对阿什河的污染情况，结合场地情况采用新工艺 + 新材料（CSM 工法 + 岩土固化剂）技术防渗治理的案例，对设计、施工中存在的问题进行了探讨，为类似工程实施提供一定的借鉴。

1　工程概况

哈尔滨道外区韩家洼子与东部地区生活垃圾填埋场位于天恒大街以南，先锋路以北，分布于阿什河两岸。韩家洼子填埋场于 1991 年建场，1995 年封场，占地面积 19 万 m²。东部地区填埋场于 1997 建场，2005 年封场，总占地面积 60 万 m²。两个填埋场堆填大量的生活垃圾、工业废塑料等，在封场时仅在表面覆土后碾压处理便作为物流仓库及停车场使用，此外并未采取任何控制防渗措施（图1）。大量垃圾渗滤液渗透进入阿什河，对阿什河水质造成严重污染。根据本项目土壤污染初步测算，韩家洼子垃圾填埋场对周边地层、阿什河的渗漏量分别为83.25m³/d、27.75m³/d；东部地区垃圾填埋场对周边地层、阿什河的渗漏量分别为95.22m³/d、31.78m³/d。根据阿什河水质检测结果，垃圾填埋场附近水质为劣Ⅳ类水质。

(a) 阿什河岸的洼地

(b) 两个垃圾场平面位置

(c) 封场前的生活垃圾

(d) 封场后的物流场地

图 1　两个垃圾填埋场

根据勘察报告，两个垃圾填埋场地层自上而下依次为：①生活垃圾、②粉质黏土、③粗砂、④黏土、⑤粗砂、⑥强风化泥岩、⑦微风化泥岩。其中①、③层均受到渗滤液的严重污染，④、⑤层也受到一定程度的污染。各土层渗透指标如表1所示，典型地质剖面如图2所示。

场地土层渗透系数　　　　　　　　　　　　　　　　　表 1

层号	土层名称	渗透系数/（cm/s）	备注
①	生活垃圾	2.12×10^{-3}	
②	粉质黏土	1.07×10^{-5}	被污染
③	粗砂	6.30×10^{-3}	被污染
④	黏土	1.70×10^{-6}	被污染
⑤	粗砂	6.69×10^{-3}	被污染
⑥	强风化泥岩	$< 1.0 \times 10^{-7}$	未污染
⑦	微风化泥岩	$< 1.0 \times 10^{-7}$	未污染

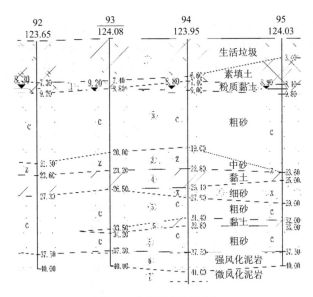

图 2　典型地质剖面图

2　设计方案

结合场地垃圾渗滤液对阿什河以及周边土壤的污染情况，为隔绝垃圾渗滤液，对垃圾填埋场周围设置封闭垂直防渗帷幕。结合本项目场地地质条件、周边环境、高标准防渗要求，本次设置的防渗帷幕厚度为 0.7m，底部进入不透水的强风化岩层不小于 1.0m，且要求帷幕的渗透系数控制在 10^{-7}cm/s 量级。

2.1　施工工艺

目前在垃圾填埋场的防渗治理工程中，岩土工作者采用各种防渗帷幕进行了施工。孙晓东[5]等在大型垃圾填埋场污染治理项目中采用了刚-柔性复合垂直防渗墙，成槽机成槽后，在上部松散覆盖层采用 HDPE 土工膜的柔性材料，下部基岩采用水泥膨润土浆液垂直防渗帷幕。刘晨阳[6]等对垃圾填埋场防渗工程采用渠式切割水泥土连续墙（TRD）联合高压旋喷桩，取得较好效果。刘军[7]等采用水泥搅拌桩防渗帷幕阻断了渗沥液对土壤和地下水的污染。房飞祥[8]等在简易垃圾场采用水泥灌浆工艺作为垂直防渗帷幕。虽然常规防渗帷幕以水泥搅拌桩、TRD、高压旋喷桩或水泥灌浆为主，但是上述工艺存在防渗效果不佳或坚硬地层难以施工的问题。铣削深层搅拌工法（Cutter Soil Mixing，CSM）作为一种新型防渗墙工艺，近年来在一些工程中已经开始应用。胡文东[9]等在广州项目、易娟[10]在上海大悦城项目采用 CSM 工艺施工止水帷幕均取得了很好的效果。刘松玉[11]和韩晓峰[12]等分别对多种垂直防渗帷幕施工工艺进行了对比，认为灌浆工艺虽然施工简便，但是后期渗漏较为严重，易造成二次污染；深层搅拌桩工艺技术相对成熟，但是在坚硬地层难以施工；高压旋喷桩工艺虽然可以在复杂地层施工，但是搭接效果较差；TRD 防渗墙具有较高的防渗效果，但是无法在坚硬地层施工，且造价极高。

本项目设置的垂直防渗帷幕需穿透中粗砂层，进入强风化泥岩 1m 以上，施工深度达到 40m 左右（图 3）。而且考虑到可能存在大量工业塑料垃圾缠绕钻头阻碍施工，为保证良好的防渗效果，最终采用CSM工法防渗墙工艺。CSM工法根据地下连续墙入岩双轮铣改进而来，具有强大的动力可以轻松在坚硬的砂卵石、泥岩和砂岩地层成槽施工。该工法每一幅墙体宽度达到2.8m，厚度在0.6～1.2m，在连续施工的情况下不存在墙体接缝，因此具有良好的防渗效果。

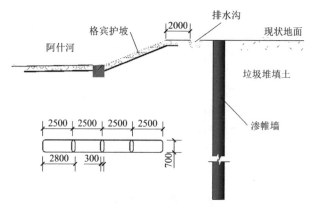

图3　防渗墙剖面图

2.2　防渗材料

大多防渗帷幕基本采用水泥、膨润土[3]、粉煤灰[13]或低强度等级塑性混凝土等作为注浆材料。近年来，以工业固废为主要原料制备的水硬性固废基胶凝材料——岩土固化剂，在地基基础加固、防渗治理中得到了广泛应用[14,15]。李湛江[16]等采用试验配制的固化剂材料，对兴丰生活垃圾卫生填埋场污泥原位固化处理。力乙鹏[17]等研究了不同类别岩土固化剂的固化机理，并对其力学性能、耐久性能和动力特性进行了归纳。丘科毅[15]等总结了4种岩土固化剂的优缺点、适用范围以及对土壤的加固效果，提出了主要改进措施。相比传统的水泥或膨润土注浆材料，岩土固化剂具有强度高、防渗效果好、抗侵蚀能力高等优点正被大量应用于地基防渗工程（表2）。

加固材料性能对比　　　　　　　　　　　　　　　　表2

材料	渗透系数/（cm/s）	耐久性	强度
水泥	10^{-6}～10^{-5}	对酸类和盐类抗侵蚀能力差，抗冻融能力差	较高
膨润土	$n \times 10^{-7}$	抗渗滤液、油类或纯有机液体，抗冻融能力一般	低
岩土固化剂	$n \times 10^{-7}$	对酸类和盐类抗侵蚀能力强，抗冻融能力高	高

水泥作为注浆材料用于防渗，在大部分搅拌桩或旋喷桩工艺中的渗透系数很难达到10^{-7}cm/s的量级。而岩土固化剂与水泥相比，可以与黏性土生成更多的水化产物，因此具有更高的抗渗性。考虑到垃圾填埋场的渗滤液侵蚀、抗渗、抗冻融能力等要求，本项目采用岩土固化剂作为注浆材料。

3　施工工艺

本项目的CSM工法防渗墙选用SC-55型双轮铣搅拌桩墙设备，配备JCM8型号铣头，扭矩达到 80kN·m，完全可以进入风化泥岩。施工过程中各墙段不跳槽施工，连续 24h 作业，以确保防渗帷幕连续无接缝。桩机的下钻速度为 1.2～1.4m/min，提升速度为 0.28～0.5m/min。采用岩土固化剂拌制注浆浆液，固化剂掺量为被加固土体重量的 22%～25%，水灰比为 0.6～0.8。

施工地层上部为垃圾层，含泥量低、空隙比大，大量废旧塑料等容易缠绕铣轮；而中下部为较为坚硬的中粗砂层，底部为风化泥岩。因此，施工过程中应根据地层情况采用不同的铣轮转速和压力（图 4）。施工时还注意应采取以下措施：

（1）施工前应根据防渗墙轴线位置，开挖宽度 1～1.2m，深度 2～2.5m，长度超过 10m 的返浆槽，主要用于清除表层混凝土、块石等地下异物以及解决铣削掘进过程中的废浆储存和浆液补给。

（2）在拌制的浆液中应加入适量的黏土、膨润土、增稠剂等，膨润土应提前 24h 水化。主要目的是增加注浆浆液的黏度，避免在钻进搅拌过程中泥浆通过垃圾缝隙过量流失。

（3）当发现铣轮被废弃塑料等缠绕而转动困难时，应及时提升铣轮利用铣轮自转和高压空气、浆液喷射冲散并破碎塑料为较小的碎片后继续进行铣削作业［图 4（b）］。

（4）遇到较大尺寸建筑垃圾、块石等异物时，应降低铣轮转速和压力进行研磨破碎。如仍旧无法处理大块异物，则采用旋挖钻机进行引孔作业。

(a) 双轮铣搅拌桩机

(b) 被铣轮破碎的塑料垃圾

(c) 防渗墙施工

图 4　施工过程

4　防渗墙质量检验及分析

为验证新材料的防渗效果，本项目实施过程中分别采用 P·O 42.5R 水泥和岩土固化剂作为注浆材料进行试桩施工，其中 5 幅墙采用岩土固化剂作为注浆材料，2 幅墙采用水泥作为注浆材料。施工完成后，分别进行了不同材料防渗墙的抽芯强度检测和注水渗透试验。

4.1 抗压强度

试桩施工时，在槽内采集搅拌浆液，制作 70.7mm × 70.7mm × 70.7mm 的标准试块。现场分别制作了 27 个固化剂和 6 个水泥材料的混合浆液试块。将试块标准养护 28d 后，测试其无侧限抗压强度（图 5）。

从抗压试验结果可知，固化剂混合浆液试块强度在 1.85～2.98MPa 之间，平均值为 2.45MPa。而水泥混合浆液试块强度在 1.68～1.83MPa 之间，平均值为 1.75MPa。总体来看，固化剂浆液试块的强度是 P·O 水泥浆液试块强度的 1.5 倍。

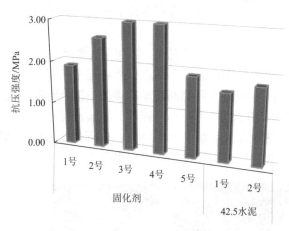

图 5　槽内浆液标养试块抗压结果

另外，施工完成 2 个月后，在现场对固化剂和水泥防渗墙分别进行了 9、3 个孔的钻孔取芯。从外观来看，固化剂墙的芯样总体好于水泥墙芯样（图 6）。同时将芯样制作成 ϕ90mm × 90mm 的试样进行抗压强度试验，试验结果如图 7 所示。由图可见，固化剂防渗墙芯样的抗压强度在 1.88～4.78MPa 之间，平均值为 2.98MPa。而水泥土防渗墙芯样的抗压强度在 1.34～3.6MPa 之间，平均值为 2.51MPa。总体来看，固化剂防渗墙芯样的强度是 P·O 42.5 水泥防渗墙芯样强度的 1.2 倍。

(a) 水泥防渗墙芯样　　　　　(b) 固化剂防渗墙芯样

图 6　现场钻孔取芯芯样

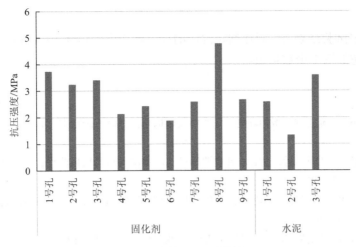

图 7　芯样抗压试验结果

4.2　抗渗性

在固化剂防渗墙段进行了 6 个取芯孔的现场注水试验,分别为 1 号、2 号、3 号、5 号、7 号和 9 号钻孔。在水泥防渗墙段进行了 1 个孔的现场注水试验(图 8)。

从注水试验结果可知,固化剂防渗墙的渗透系数在 $1.14 \times 10^{-7} \sim 3.55 \times 10^{-7}$ cm/s,平均值为 2.03×10^{-7} cm/s。水泥防渗墙的渗透系数为 2.82×10^{-6} cm/s。固化剂防渗墙的渗透系数相比水泥防渗墙要小 1 个数量级,防渗能力要远优于后者。

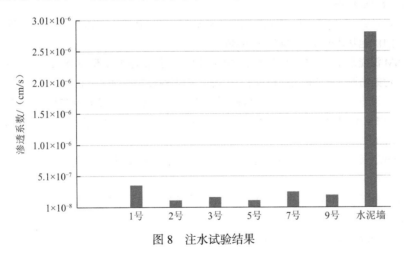

图 8　注水试验结果

5　结语

(1)CSM 工法强劲的铣轮可以在较为坚硬的砂砾层、泥岩地层施工,且可以轻易破碎塑料垃圾等其他钻头难以处理的废弃物。在生活垃圾填埋场防渗帷幕工程中,具有较好的适用性。

(2)从槽孔内采集的浆液试块以及现场钻孔取芯结果来看,固化剂防渗墙芯样完整程度明显高于水泥防渗墙。固化剂防渗墙的浆液试块强度和抽芯强度是水泥防渗墙的 1.5 倍和 1.2 倍。

（3）从注水试验结果看，固化剂防渗墙的抗渗能力可以达到 10^{-7}cm/s 量级，其防渗能力要优于水泥防渗墙 1 个数量级。

参考文献

[1] 刘能胜, 曹恒明. 非正规垃圾填埋场地下水污染模拟与控制措施研究[J]. 环境影响评价, 2024, 46(1): 49-56.

[2] 张帅, 周弋铃, 彭靖宇, 等. 生活垃圾填埋场渗滤液渗漏场地污染风险评价体系[J]. 环境科学研究, 2024, 37(7): 1583-1591.

[3] 代国忠, 盛炎民, 李书进, 等. 垃圾填埋场 PBFC 防渗浆材吸附性能试验研究[J]. 防灾减灾工程学报, 2021, 41(3): 470-476.

[4] 邹晨阳, 张双喜, 陈芳. 垃圾填埋场垂直防渗帷幕综合检测方法研究[J]. 环境工程, 2020, 38(9): 194-199.

[5] 孙晓东, 黄志亮, 曹占强. 刚-柔性垂直防渗墙在填埋场污染治理中的应用[J]. 西部资源, 2024(1): 33-35+91.

[6] 刘晨阳, 叶更强, 徐晓兵, 等. TRD 在某垃圾填埋场垂直防渗工程中的应用研究[J]. 地基处理, 2024, 6(3): 284-295.

[7] 刘军, 赵慧慧, 戴昕, 等. 三维全方位阻断简易生活垃圾填埋场污染扩散——以天津某简易生活垃圾填埋场为例[J]. 广东化工, 2019, 46(21): 102-103.

[8] 房飞祥, 高洪振, 孙大朋, 等. 帷幕灌浆在牛山简易垃圾填埋场垂直防渗中的应用[J]. 环境卫生工程, 2018, 26(1): 95-96.

[9] 胡文东, 揭光焕, 蔡铭辉, 等. 双轮铣削搅拌水泥土墙 (CSM 工法) 在砂、岩复杂地质条件下深基坑中的应用[J]. 地基处理, 2021, 3(5): 440-446.

[10] 易娟. CSM 深搅水泥土墙在上海某深基坑项目中的应用[J]. 施工技术, 2018, 47 (S4): 134-136.

[11] 刘松玉. 污染场地测试评价与处理技术[J]. 岩土工程学报, 2018, 40(1): 1-37.

[12] 韩晓峰, 张领帅. 老垃圾填埋场垂直防渗工艺比选[J]. 价值工程, 2020, 39(13): 185-187.

[13] 章泽南, 代国忠, 史贵才, 等. 垃圾填埋场改性膨润土浆材力学性能研究[J]. 硅酸盐通报, 2020, 39(01): 137-143.

[14] 褚锋, 吴思, 吴传山, 等. 多源固废协同制备土壤固化剂及固化机理[J]. 森林工程, 2024, 41(1): 195-204.

[15] 丘科毅, 曾国东, 舒本安, 等. 基于不同固化机理类型的土壤固化剂研究进展[J]. 混凝土世界, 2022(11): 61-70.

[16] 李湛江, 苏兴国, 宋树祥. 兴丰生活垃圾卫生填埋场污泥原位固化工程案例分析[J]. 环境卫生工程, 2020, 28(4): 70-75.

[17] 力乙鹏, 李婷. 土壤固化剂的固化机理与研究进展[J]. 材料导报, 2020, 34(Z2): 273-277+298.

DMP 工法在软土地区深基坑承压水阻隔中的应用研究

杜策 [1,2,3]，娄荣祥 [3]，周振 [3]，张振 [1,2]，叶怀文 [3]

（1. 同济大学 土木工程学院 地下建筑与工程系，上海 200092；2. 同济大学 岩土及地下工程教育部重点实验室，上海 200092；3. 上海渊丰地下工程技术有限公司，上海 201015）

摘 要：针对传统搅拌桩成桩能力不足、数字化程度低、施工扰动不可控等问题，研发了数字化微扰动搅拌桩（DMP 工法），并在上海曹家渡项目中成功应用。结果表明，DMP 工法配置的数字化施工控制系统可实现按照预先输入的施工参数进行自动化成桩，桩体成功穿越近 10m 厚中密粉土层，施工深度达到 44m。通过配置多通道异形钻杆、差速叶片、地内压力监控系统，实现施工过程对周边环境的微小扰动，实测邻近的天然地基建筑及煤气管线沉降较小。通过添加新型土体固化添加剂，并结合 DMP 工法搅拌桩的成桩均匀性，形成的截水帷幕能够有效阻隔上海市第一承压含水层。研究成果对于提升搅拌桩施工深度、成桩质量和数字化水平具有重要的实践意义。

关键词：数字化微扰动搅拌桩；DMP 工法；地内压力；微扰动；截水帷幕

0 引言

水泥土搅拌桩于 20 世纪 80 年代引入我国后，广泛应用于建筑、铁路、水利、机场等工程建设中。常用的搅拌桩类型主要有单轴搅拌桩、双轴搅拌桩、三轴搅拌桩等[1]。一般的双轴搅拌桩施工深度约 18m，三轴搅拌桩施工深度 30～35m[2]。深基坑工程中，常常需要较大深度的截水帷幕来阻隔承压水，减少降水对周边环境的影响[3]。在深厚砂层等土体强度较高的土层中，搅拌桩的施工能力受到限制[4]，这制约了搅拌桩技术的发展。同时，随着城市更新的不断发展，水泥土搅拌桩装备向着更大深度、更低的施工扰动发展。叶观宝等[5]总结了搅拌桩施工产生扰动的原因为搅拌叶片对周边土体的挤压和拉裂作用，以及水泥浆液的渗透和劈裂作用。随着搅拌桩工艺的逐渐发展，传统搅拌桩由于数字化程度低、施工扰动不可控，制约了其在敏感环境工程中的应用[6]。张振等[7]结合远程监测系统，以段灰量、搅拌次数和桩长作为控制指标，建立了搅拌桩施工质量评定办法，是搅拌桩数字化的一种推动。

数字化微扰动搅拌桩，又称 DMP 工法，是一种全新自主研发的自动化程度高的搅拌桩工艺[8]。施工装备配置先进的数字化施工控制系统[9]，能够便捷地控制施工过程的各种施工参数。本文详细介绍了 DMP 工法在上海曹家渡项目中的应用。

1 工程概况

1.1 基坑概况

上海曹家渡社区项目位于上海市静安区，项目地下 3 层，基坑面积 8138m²，开挖深度

15.85m，围护周长约448m，基坑形状呈狭矩形，图1为基地环境总平面图。

基坑南侧、西侧、东侧分布有多幢天然地基居民楼，居民楼于1985—1991年建成，年代较久，采用砖混结构筏形基础，各居民楼有不同程度的沉降及倾斜。项目用地红线紧贴相邻小区围墙，红线内有相邻小区的出入通道，工程施工期间不得影响居民通道的畅通。同时，居民楼有较多进户管线分布，尤其对变形较为敏感的煤气、上水等硬质管线，环境保护要求较为苛刻。

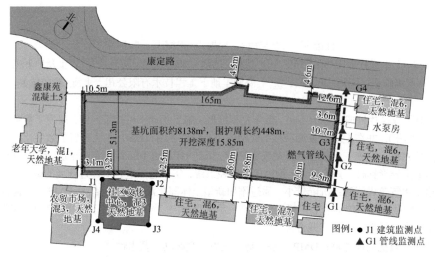

图1 基地环境总平面图

1.2 地质概况

图2为基坑施工影响范围内典型地层剖面图，由图可以看出，场地浅部的淤泥质土层厚度达到13m左右，呈饱和流塑状态，具有压缩性高的特点，并且局部夹少量有机质及薄层粉性土，土质不均匀。基坑围护施工及土方开挖主要在③、④层淤泥质土中进行，施工容易引起周边土层的扰动及变形。邻近的天然地基住宅基础位于②层粉质黏土，但该层层厚较薄，其下卧层主要为淤泥质土，对变形也极其敏感。综上所述，基坑围护结构需要采用微扰动的施工工艺，最大限度地降低施工对周边环境的影响。

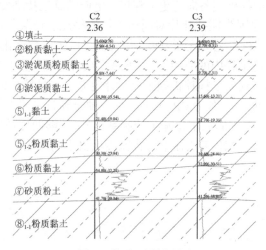

图2 典型土层剖面图

同时，场地深部分布有第⑦层承压水，根据上海市的长期水位观测资料，承压水水位呈年周期性变化，水位埋深约 3.0～12.0m。项目勘察期间共布置 2 个承压水观测孔，观测期间第⑦层的承压水水头埋深在 4.02～4.29m 之间。根据抗突涌稳定性验算，本项目基坑临界开挖深度约 14.3m，即基坑开挖时，大面积区域第⑦层承压水有突涌的可能性。由于前述项目周边分布大量天然地基住宅，大面积降低承压水势必会造成住宅较大幅度的沉降，所以需要采取合理的承压水控制措施。

2 围护设计

2.1 受力结构

本基坑开挖深度 16.0m 左右，按照上海市一般经验，围护结构采用地下连续墙结合三道钢筋混凝土支撑的形式。由于用地范围狭小，为减小围护结构的占地空间，地下连续墙采用两墙合一形式，其中北侧长边邻近道路区域地下连续墙厚 800mm，其他区域邻近住宅地下连续墙厚 1000mm。为降低地下连续墙施工的扰动及在淤泥质土中成槽的稳定性，地下连续墙两侧设置槽壁加固。同时，考虑到坑外天然地基建筑较多，且主要分布在基坑的长边，因此在靠近居民住宅区域的第二道和第三道支撑处设置混凝土伺服支撑系统，控制开挖期间的基坑变形。

2.2 截水帷幕

由于基坑周边环境复杂，截水帷幕需要隔断承压含水层即第⑦层砂质粉土，以避免减压降水对周边环境的影响，帷幕施工深度需要大于 44.0m。第⑦层承压含水层厚度约 10.0m，呈密实—中密状态，土层比贯入阻力 10.87kPa，标贯击数达到 33.9 击，土体强度较高。常规可以选用的截水帷幕主要有 TRD、CSM、素混凝土地下连续墙等措施。

数字化微扰动搅拌桩（DMP 工法）的桩架具有较强的挂载能力[2]，动力头功率为 264kW，不接钻杆的施工深度可达 50m，能够满足隔断承压含水层的要求。同时，DMP 工法具有施工微扰动的特点[10]，相较于常规截水帷幕工艺，能够有效保证帷幕施工期间邻近居民住宅及管线的安全。基于以上原因，基坑截水帷幕采用了 DMP 工法，其中地下连续墙外侧 DMP 工法桩采用套接一孔施工方式，桩长 44m，隔断⑦层并进入其下不透水土层 1.3～2.6m；地下连续墙内侧 DMP 工法桩采用搭接施工方式，桩长 20.75m，进入坑底以下约 5m。图 3 为截水帷幕的平面和剖面图。

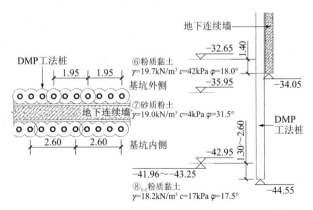

图 3　截水帷幕平面和剖面图（单位：m）

3 帷幕施工关键技术

3.1 施工微扰动

本工程环境保护要求较高，截水帷幕紧靠居民住宅施工，施工设备和工艺需要最大限度地降低对周边土体的扰动。DMP工法通过4个方面降低对周边土层的影响[6]：（1）装备具有4根异形钻杆，每根钻杆采用了三通的设置，一根通道同钻头底部的喷气口连通，剩余两根通道同钻头上下部的喷浆口连通，在钻头下沉时，下部喷浆口喷射的浆液降低了钻头底部的土体强度，还可以润滑钻头起到减小搅拌阻力的作用。（2）异形钻杆在旋转过程中形成圆形孔道，异形钻杆和圆形孔道间形成了浆气压力释放通道，从而避免了搅拌钻头附近浆气压力因缺少通道不断累积增大并对周边地层产生较大侧压力的情况。（3）钻杆设置差速叶片，差速叶片和钻杆滑动连接，同刚接的普通叶片在旋转时速度不一致，都能够防止黏土黏附钻杆和泥球的形成。（4）搅拌钻头上配备地内压力监控系统，成桩全过程实时监测地内压力变化。

3.2 深厚砂层成桩

截水帷幕的施工深度比较大，浅部土层相对软弱，而深部的⑥、⑦等土层的强度相对较高。为便于钻进同时提高桩体强度，DMP工法下沉和提升阶段采用不同的水灰比，其中下沉阶段水灰比相对较大，便于钻进同时减小施工扰动。提升阶段采用较低的水灰比，这样桩体总的用水量将显著减小，水泥土强度得到了保证。变水灰比由数字化施工控制系统自动控制，减少了人工干预，显著提升了控制精度和施工便利性。施工参数见表1。

施工参数表　　　　　　　　　　　　　　　　　表 1

参数	单位	下沉阶段	提升阶段
水胶比	无量纲	2.2	1.0
钻头转速	r/min	25	30
成桩速度	m/min	0.8	1.2
喷浆占比	%	40	60
浆液流量	L/min	100	120
加气压力	MPa	0.2～1.0	0
地内压力控制系数	无量纲	1.6	1.6

同时，为了降低钻头在砂层中的钻进阻力，减少固化剂浆液随地下水的运移，提高砂层的止水性能，当钻进至砂层时，在水泥浆液中添加具有悬浮和护壁功能的土体固化添加剂。该添加剂以矿粉、脱硫灰为主要原料，以减水剂、增稠剂为改性辅料，替代传统的膨润土，并且使用时无需事先水化，便于现场操作。

4 工程实施

4.1 自动化施工

DMP工法设备按照预先设定的参数进行成桩施工，成桩历时曲线如图4所示，设备配置的数字化施工控制系统按照5s一次采集了成桩数据,单桩施工时长约6425s,即107min。其中,下沉阶段用时较长,约60min,"W"底复喷复搅拌阶段约7min,提升阶段约40min。成桩曲线在砂质粉土层斜率较小,证明土体强度较高,钻进速度减缓。提升阶段从下至上曲线斜率基本未发生变化,证明土体已经呈现浆土混合物状态,阻力作用较小。

新型土体固化添加剂在砂层成桩过程中起到了减阻作用,成桩下沉速度没有明显降低。

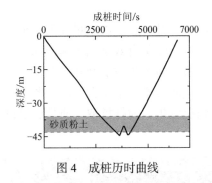

图4 成桩历时曲线

数字化施工控制系统控制浆液流量同下沉或者提升速度相匹配,图5为单杆浆液流量、钻头下沉速度同深度的对应变化情况,可以看出随着钻进深度增加,下沉速度受到土层不均等因素影响有所波动,进入砂层后钻进速度降低,浆液用量也随之变化。

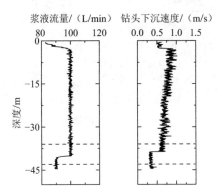

图5 单杆浆液量同下沉速度曲线

4.2 地内压力控制

图6为试成桩过程中地内压力控制情况,图中地层静止土压力为P_0,三根试成桩施工过程中,由数字化施工控制系统记录的地内压力在0~12m范围内小于静止土压力,随着成桩深度的增加,地内压力增长明显,桩端位置显著大于静止土压力。同时可以看出,地内压力控制系数ξ在0~12m范围小于1.3,随着深度增加,桩孔内地内压力增大,但总体不超过控制系数1.6,证明地内压力得到了有效控制。

图1中基坑东南角外侧为街道社区文化中心,3层的天然地基建筑,DMP工法桩距离建筑最近约2.7m,此区域共计施工30幅44m长截水帷幕桩,用时8d,建筑角点竖向位移监测点J1~J4观

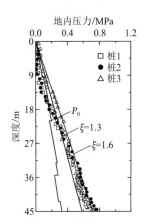

图6 地内压力控制曲线

测显示，沉降变化分别为−0.83mm、−0.54mm、−0.54mm、0.02mm，变形较小。

基坑东侧分布有直径 150mm 钢制燃气管，埋深 0.85m，DMP 工法桩距离燃气管 3.9～4.5m，此区域也施工 30 幅 44m 长截水帷幕桩用时 8d，燃气管线实测变形在区间−0.43～+0.25mm 内。由此可见，DMP 工法桩施工引起的变形较小，土层扰动得到了很好的控制。

4.3 成桩质量

基坑开挖后，坑内减压降水井开启后，出水量逐渐减小，部分井出现断流，坑外环境监测点附加变形不明显，证明截水帷幕有效阻隔了承压水，坑内降水并未引起坑外水位的大幅度变化，说明通过添加新型土体固化添加剂并结合 DMP 工法搅拌桩的成桩均匀性，形成的截水帷幕能够有效阻隔上海市第一承压含水层。图 7 为现场开挖实景图，开挖后地下连续墙接缝没有明显漏水情况发生，搅拌桩取芯质量满足设计要求，证明截水帷幕成桩质量较好。

图 7　基坑开挖情况

5　结语

本文通过在上海曹家渡项目中成功应用 DMP 工法，现场实测施工环境影响小，截水帷幕有效隔断了承压含水层，具体结论如下：

（1）数字化施工控制系统可实现按照预先输入的施工参数进行自动化成桩，设备成桩能力较强，桩体成功穿越近 10m 厚中密粉土层，成桩深度达到 44m。

（2）DMP 工法通过配置多通道异形钻杆、差速叶片、地内压力监控系统，调节地内压力控制系数，控制施工过程对邻近地层的扰动，实测邻近天然地基建筑沉降−0.83～+0.02mm，管线变形−0.43～+0.25mm，属于微小扰动。

（3）通过添加新型土体固化添加剂，并结合 DMP 工法搅拌桩的成桩均匀性，形成的截水帷幕能够有效阻隔上海市第一承压含水层，桩体质量高。

参考文献

[1]　M Kitazume, M Terashi. The Deep Mixing Method [M]. 1st Edition ed :CRC Press, 2013.

[2]　杜策, 李青, 张振, 等. 45m 超深微扰动四轴搅拌桩施工工艺现场试验[C]//岩土工程施工技术与装备

新进展 2022——第四届全国岩土工程施工技术与装备创新论坛论文集. 北京: 中国建筑工业出版社, 2023.

[3] 兰韡, 王卫东, 常林越. 超大规模深基坑工程现场抽水试验及土层变形规律研究[J]. 岩土力学, 2022(10): 1-13.

[4] 叶鹏, 李庆, 陈世龙. 三轴搅拌桩组合高压旋喷桩入岩落底式止水帷幕施工技术[J]. 建筑技术, 2024, 55(5): 569-572.

[5] 叶观宝, 王艳. 如何控制水泥土搅拌法对土体的扰动[J]. 地下空间与工程学报, 2007, 3(2): 263-267.

[6] 李青, 杜策, 王理想, 等. 数字化微扰动搅拌桩技术与现场试验研究[J]. 施工技术 (中英文) , 2023, 52(11): 113-118.

[7] 张振, 沈鸿辉, 程义, 等. 基于物联网技术的水泥土搅拌桩施工质量评价[J]. 施工技术, 2020, 49(19): 7-11.

[8] 上海市土木工程学会. 微扰动四轴搅拌桩技术标准: T/SSCE 0002—2022[S]. 北京: 中国建筑工业出版社, 2022.

[9] 杜策, 张振, 张力, 等. 微扰动四轴搅拌桩数字化施工应用研究[J]. 水文地质工程地质, 2023, 50(6): 109-116.

[10] 王卫东. 软土深基坑变形及环境影响分析方法与控制技术[J]. 岩土工程学报, 2024, 46(1): 1-25.

基于静压工艺的预制混凝土斜向支撑桩技术及应用

李飞[1]，黄炳德[1,2]，张扬[1]

（1. 中基科工（上海）岩土有限公司，上海 200062；
2. 上海善于建筑科技有限公司，上海 201103）

摘　要： 基于静压工艺的斜向支撑桩技术是一种新型基坑先撑后挖的内支撑技术，该支撑采用预制混凝土矩形构件形式，利用定制化设备将预制化构件在基坑开挖前斜向静压至土体，与竖向围护形成具备抗倾覆、抗滑移、抗隆起等作用的基坑支护体系。依托上海某基坑工程确定定制化设备的施工能力、施工工艺和施工参数，同时在开挖全过程进行斜向支撑桩承载能力监测试验，为斜向支撑桩的设计理论提供依据。试验结果表明定制化设备及施工工艺能实现 0～40°内斜向支撑桩的快速化、标准化施工，斜向支撑桩的单桩承载能力能够满足基坑开挖全过程工况，最危险工况下桩身轴力约为设计值的 85%，验证了基于变形协调的迭代设计方法的安全性、合理性和经济性。

关键词： 预制斜向支撑桩；静压施工；单桩承载力；现场试验

0　引言

随着城市化和地下空间的不断开发利用，基坑工程呈现发展速度快、分布区域广、基坑面积大、深度深、周边环境复杂等特点。上海地区软土具有含水量大、孔隙比高、压缩性大、强度低，土体受施工扰动后强度明显降低、变形增大的特性，对基坑变形的时空效应和控制能力提出更高的要求[1]。

《国务院办公厅关于大力发展装配式建筑的指导意见》（国办发〔2016〕71 号）为装配式、预制化的设计和施工指明了方向。目前基坑工程中内支撑构件多以混凝土现浇结构为主，施工效率、质量和能耗上均存在一定局限性。

斜向支撑桩（Precast Inclined Strut，PIS）技术突破传统水平支撑体系，针对先开挖后支撑带来的变形控制滞后性，提出"先撑后挖、构件预制化、支撑装配式"理念，形成一种新型基坑支撑技术。

基于静压工艺的混凝土预制化斜向支撑桩技术是利用定制化静压设备将预制混凝土桩基（矩形、方形、圆形等）在基坑开挖前斜向（0～40°）静压至坑内，斜向构件与竖向围护形成具备抗倾覆、抗滑移、抗隆起等作用的基坑支护体系[2-4]。该技术具有内部开挖便捷、支撑用量少、施工速度快等优点。

作者简介：李飞，博士，高级工程师，E-mail：18721689274@163.com。

1 斜向支撑桩与竖向围护结合的支护体系

1.1 斜向支撑形式

目前斜向支撑技术在预制构件形式、施工工艺、承载机理上各有不同[5,6]，并根据工艺的不同，对基坑开挖和变形控制具有不同的效果。根据构件、工艺、承载等划分斜向支撑形式，见表1。

基于静压工艺的混凝土预制化斜向支撑桩技术在众多斜向支撑技术中具有质量稳定、安全可靠、单桩承载力高、成本低、静压施工无噪声、无泥浆排放、施工高效、绿色环保等优点。

斜向支撑形式对比表　　　　　　　　　　　　　　　　　　　　表1

序号	构件	工艺	承载	优势	不足
1	钢管	斜抛撑	底板反力	成本低	支撑作用滞后 土方开挖不便利
2	钢管	原状土内机械手振动压桩	端部注浆复合承载	施工便捷	角度控制一般 构件强度略低
3	H型钢	IMS搅拌桩内机械手植桩	搅拌桩加固复合承载	施工便捷	角度控制一般 构件强度略低
4	格构柱＋混凝土预制方桩	搅拌桩引孔，顶部千斤顶植桩	搅拌桩加固复合承载	施工便捷 承载能力较高	角度控制一般
5	格构柱	搅拌桩内同步顶压植桩	搅拌桩加固复合承载	施工便捷 承载能力较高	角度控制一般
6	钢管	旋喷桩内同步顶压植桩	旋喷桩加固复合承载	施工便捷 倾角控制较好	钢管顶端以千斤顶连接圈梁，易偏心
7	混凝土预制桩	原状土内静压桩	天然土体侧摩阻力和端阻力	倾角控制好 承载能力高	静压设备需要一定施工空间

1.2 斜向支撑桩与竖向围护结合

常规竖向围护结构仅发挥竖向地基梁作用，主要承担水平向的水、土压力，用于抵抗围护的水平向滑移。围护结构自身的自重、摩阻力对基坑倾覆、坑底隆起稳定和变形控制的影响很小。

斜向支撑桩与竖向围护结构通过圈梁或牛腿连接，在充分发挥弹性地基梁抵抗水平滑移作用的同时，斜向支撑桩的水平分力用于抵抗基坑倾覆、竖向分力用于抵抗坑底隆起，将竖向（围护）、斜向（支撑桩）、水平向（坑底土体）连接形成一个具有一定刚度的三角形稳定刚架（图1）。目前斜向支撑桩可与常规的 SMW 工法桩、钻孔灌注桩、全钢围护墙（HC、HUW 等）结合形成整体支护体系。

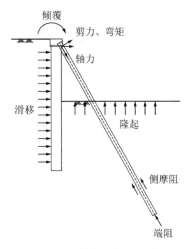

图1　斜向支撑桩结合竖向围护变形示意图

2 斜向支撑桩设计与计算

2.1 斜向与竖向结合支护体系受力模型

斜向与竖向结合支护体系的竖向围护受力分析（图2）可按照板式支护的弹性地基梁模型计算，斜向支撑桩的受力分析按照斜向与竖向连接节点的受力模型（图3）计算。其中 N_z 为斜向支撑桩由于轴向压缩产生的轴向反力，Q_z 为斜向支撑桩由于弯曲变形产生的切向反力，θ 为斜向支撑桩与竖向夹角。

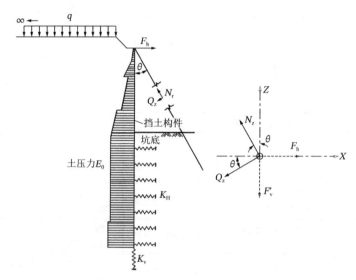

图2 竖向围护受力分析图　　图3 节点受力分析图

2.2 斜向支撑桩设计

1. 总体设计

斜向支撑桩设计包括平面布置、桩基设计、基坑设计等方面，采用变形协调多次迭代的方式进行设计，总体设计迭代流程详见图4。

2. 承载能力及沉降计算

斜向支撑桩单桩承载力可参照上海市《地基基础设计标准》DGJ08—11—2018第7.2.5条进行初步计算，后续进行现场载荷试验确定，单桩承载能力的设计计算主要采用分项系数法。

$$R_{\mathrm{d}} = \frac{R_{\mathrm{sk}}}{\gamma_{\mathrm{s}}} + \frac{R_{\mathrm{pk}}}{\gamma_{\mathrm{p}}} = \frac{u_{\mathrm{p}} \sum f_{si} l_i}{\gamma_{\mathrm{s}}} + \frac{\alpha_{\mathrm{b}} p_{\mathrm{sb}} A_{\mathrm{p}}}{\gamma_{\mathrm{p}}}$$

式中：γ_{s}——桩侧摩阻力分项系数；

　　　γ_{p}——桩端阻力分项系数；

其余各项为桩身参数和土体参数，详见《地基基础设计标准》DGJ08—11—2018。

斜向支撑桩作为基坑临时支撑结构，与永久性的工程桩结构在承载力安全系数上应存在一定差异，可参考《建筑基坑支护技术规程》JGJ 120—2012第4.7.2条锚杆抗拔安全系数(二级 1.6、三级 1.4),建议斜桩承载力安全系数为二级基坑取值 1.8,三级基坑取值 1.6。

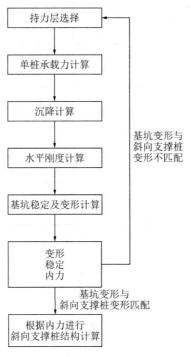

图 4　总体设计迭代流程图

斜向支撑桩沉降计算可参照上海市《地基基础设计标准》DGJ08—11—2018 第 7.4.2 条进行最终沉降量计算,并结合斜桩桩端以下土层固结系数和开挖工期估算基坑开挖期间的阶段沉降量。

3　定制化设备与施工工艺

3.1　定制化设备

斜向支撑桩施工设备充分考虑基坑工程平面特性和斜桩定位施工需求,依托传统静压桩设备改造后形成专业定制化设备,设备参数详见表 2,构造详见图 5。主要改造内容如下:
（1）基于基坑围护边线特性,将静压夹具由设备中部调整至设备边缘。
（2）新增侧向液压控制杆件,实现预制桩夹具的精准倾斜。
（3）新增尾部防水平滑移装置,确保斜向支撑桩压桩时的设备稳定性。

斜向支撑桩设备参数表　　　　　　　　　　　　　　　　　　　　表 2

项目		单位	一代设备	二代设备
最大压桩力	直桩	kN	2000	3000
	斜桩		1500	2000
最大倾斜角度		°	30	40
最小边桩距	纵向	m	2.4	—

项目	单位	一代设备	二代设备
斜向支撑桩入土点最小边距	m	3.8	3
适用圆桩规格	mm	$\phi400$ $\phi500$	$\phi400$ $\phi500$ $\phi600$
适用方桩规格	mm	400×400	400×400 500×500 600×600
适用矩形桩规格	mm	450×350	450×350 500×400 550×450 600×500
适用 H 形板桩规格	mm	850	850 750 650

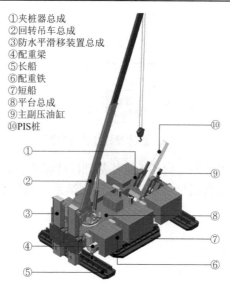

①夹桩器总成
②回转吊车总成
③防水平滑移装置总成
④配重梁
⑤长船
⑥配重铁
⑦短船
⑧平台总成
⑨主副压油缸
⑩PIS桩

图 5　斜向支撑桩设备示意图

3.2 施工工艺

依托上述定制化设备，可在场地地坪上实现多型号的 0°～40°斜桩静压施工，施工全过程监控压桩轴力和沉桩标高，预制混凝土桩端进入设计指定持力层后，可提供较高的承载能力。斜向支撑桩的具体施工工艺流程，见图 6。

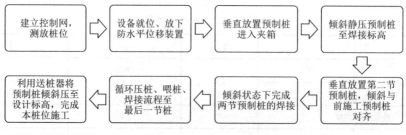

图 6　斜向支撑桩施工流程图

4 工程应用

4.1 工程概况

上海静安区某项目拟建地下 1 层地下室,基坑面积约 11400m²,基坑周长约 435m,基坑开挖深度 5.6~6.9m。基坑安全等级为三级、环境保护等级为三级。

本项目场地四周均为道路,东侧、南侧为内部道路,西侧和北侧为市政道路,其中西侧距离基坑边线 4.8~6.9m 处现存 1 条高压线,线路净高约 8m。

本工程虽然开挖深度一般,但部分区域基坑边线与场地红线距离较小;且基坑开挖深度范围内主要为③层和④层淤泥质土,开挖时极易产生流变、蠕变等现象,对基坑开挖不利。

4.2 基坑支护总体方案

(1)南侧:围护采用 H850B 型@1200 钢筋混凝土板桩内插 ϕ950@600 五轴搅拌桩(桩长 15m),局部深坑处插二跳一(桩长 18m);支撑采用 ϕ609×16 钢管角撑。

(2)东侧、北侧:围护采用双轴搅拌桩重力坝,坝体宽度 5.2/5.7m。

(3)西侧:围护采用 H850B 型@1200 钢筋混凝土板桩内插 ϕ950@600 五轴搅拌桩(桩长 15m),局部深坑处插二跳一(桩长 18m);支撑采用 350mm×450mm 矩形预制混凝土斜桩,桩长 25m,与竖向围护夹角 30°。斜向支撑桩承载力设计值为 1100kN。

4.3 斜向支撑桩轴力监测方案

为进一步开展斜向支撑桩承载力机理和刚度分析,在本项目中选定 2 根斜向支撑桩,监测斜向支撑桩在基坑开挖全过程桩身轴力变化情况,每根监测桩沿桩身长度方向设置 3 个监测断面,每个断面布置 4 个轴力计。

本次轴力监测设备选用振弦式钢筋应力计传感器,每个界面内埋设 4 个传感器,选取 4 个传感器的均值作为该监测界面的桩身轴力值。轴力传感器初始频率采集在斜桩围檩施工完成后基坑开挖前,连续 3d 对轴力传感器进行初始频率采集,取均值作为初始值。在基坑开挖过程中根据监测频率重复测量应变计频率,通过频率变化计算支撑轴力,监测数据采集固定时间为每天下午 5 时左右,避免由于温差影响数据采集精度。

基坑支撑、监测试验桩及土方开挖分区平面位置详见图 7,基坑典型剖面及轴力监测点沿桩身布置示意详见图 8。

本项目土方开挖采用分区开挖布置,总体开挖顺序为:1 区→3 区→2 区→4 区,总体施工工况及时间节点详见表 3。本次选取平面位置和施工工况更具有代表性的 1 号监测桩作为分析对象。

与斜向支撑桩相关区域施工工况及时间节点表   表 3

位置	基坑开挖	底板浇筑	地下室施工	斜向支撑桩拆除
1 区	6/9~6/26	6/27~7/14	7/15~8/14	8/14
2 区	7/14~7/28	7/29~8/7	8/8~8/14	8/14
3 区	6/9~6/26	6/27~7/14	7/15~8/14	8/14
4 区	8/9~8/15			

注:表内记录时间均为 2023 年。

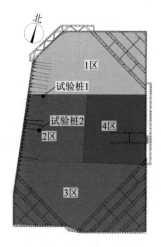 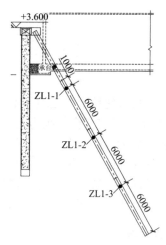

图 7　基坑支撑、监测试验桩　图 8　基坑典型剖面及轴力监
及土方开挖分区平面布置图　　测点布置示意图

4.4　监测数据及分析

1 号监测桩位于 1 区和 2 区边界，桩身轴力随着施工工况总体呈现 4 个阶段（图 9）：

（1）相邻土方开挖阶段：由于距离 1 区较近，在 1 区土方开挖过程中，侧向土方卸荷引起圈梁整体变形，导致 1 号监测桩轴力总体呈线性增长，该阶段最大轴力约为 350kN。

（2）斜桩土方开挖阶段：由于 1 区土方开挖过程中，1 号监测桩轴力已提前发挥作用，在 2 区土方开挖过程中总体呈现相对平稳状态，从上阶段的 350kN 线性增长至 450kN。

（3）邻桩提前拆除阶段：因桩基承台布筋及支模施工需要，在底板未浇筑至竖向围护边界的情况下，提前拆除了 1 号监测桩相邻的斜向支撑桩，1 号监测桩与邻近斜向支撑桩的间距从 3m 提升至 6m 以上，导致轴力在单日内出现明显的增长，轴力值从 450kN 陡增至 660kN，随后达到新的变形稳定和内力平衡状态。

（4）底板施工阶段：在 1 区底板及换撑浇筑完成并达到设计强度后，1 号监测桩北侧斜向支撑桩逐级拆除，导致 1 号监测桩的桩身轴力一直呈线性增长，增幅高于前期土方开挖阶段，轴力值从 660kN 增长至 950kN。

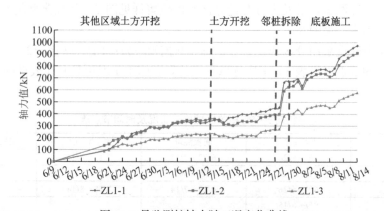

图 9　1 号监测桩轴力随工况变化曲线

1号监测桩在桩身 7m、13m 和 19m 处分别设置轴力监测断面,以监测基坑开挖面以下的斜向支撑桩顶部、中部和端部位置轴力情况,轴力沿桩身分布曲线详见图10。

从图10可知,1号监测桩轴力沿桩身长度方向呈消减趋势,在基坑开挖面处的 ZL1-1 断面轴力最大,且随着开挖过程土体变形不断增大,增幅高于其他两个监测断面。主要是由于不断开挖卸荷导致土体对 ZL1-1 断面处桩身侧向约束减弱,且土体不断变形带来的弯矩叠加导致该断面桩身轴力增大,最后峰值达到 950kN。

按前文所述计算方法,确定本项目斜向支撑桩承载力设计值为 1100kN。总体而言,斜向支撑桩的承载能力能满足承载要求,且迭代确定的斜向支撑桩刚度基本符合最危险工况下的实际情况。

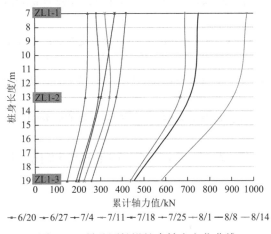

图 10   1号监测桩沿桩身轴力变化曲线

5 结语

水平向现浇混凝土支撑在大型基坑工程中作为临时结构存在工程量大、浇筑时间长、拆除对环境影响恶劣等不足。而基于静压工艺的预制混凝土斜向支撑桩技术,具有施工快、工效高、成本低、低碳环保等优势。本文依托项目开展斜向支撑桩的静压施工工艺和承载能力的研究,得到如下结论:

(1)斜向支撑体系具有"先撑后挖"的技术特点,竖向围护与斜向支撑在地坪同步流水施工,在施工工序、施工效率、工程量等方面相较传统水平支撑具有明显优势,可有效降低工程成本和工期。

(2)基于桩基承载力和基坑板式支护弹性地基梁理论,通过变形协调迭代的方式,形成斜向支撑桩承载能力和基坑稳定的总体设计方法;在大量迭代计算基础上确定适合上海地区土层条件的斜向支撑桩水平向刚度为 6~8MN/m²。

(3)通过对传统静压桩基的改造,形成能够精准控制 0°~40° 内倾斜压桩的小型化设备,且配置防水平滑移装置后,进一步提高定制化设备斜向压桩力达到 2000kN,能满足上海地区斜向支撑桩施工要求。

(4)依托项目开展基坑开挖全过程斜向支撑桩轴力监测,分析监测数据得到斜向支撑桩轴力随施工工况逐渐增大,最危险工况为周边斜桩逐渐拆除后,单桩轴力峰值为 950kN,

约达到单桩承载能力设计值（1100kN）的85%，验证了迭代设计方法的安全性、合理性和经济性。

（5）本文主要侧重基于静压工艺的预制混凝土斜向支撑桩的施工和试验分析，对支护体系的承载与变形特征研究有待进一步的理论分析和现场足尺试验验证，根据后续研究结论再提出斜向支撑桩技术的发展、改进方向及方法。

参考文献

[1] 邸国恩, 黄炳德, 王卫东. 敏感环境条件下深基坑工程设计与实践[J]. 岩土工程学报, 2010, 32(S1): 383-87.

[2] 郑刚, 王玉萍, 程雪松, 等. 基坑倾斜桩支护性能及机理大型模型试验研究[J]. 岩土工程学报, 2021, 43(9):1581-1591.

[3] 刘永超, 张宗俊, 程雪松, 等. 软土地区基坑斜-直交替支护桩性能研究及实测分析[J]. 建筑科学, 2021, 37(1): 23-29.

[4] 周海祚, 郑刚, 何晓佩, 等. 基坑倾斜桩支护稳定特性及分析方法研究[J]. 岩土工程学报, 2022, 44(2): 271-277.

[5] 刁钰, 苏奕铭, 郑刚. 主动式斜直交替倾斜桩支护基坑数值研究[J]. 岩土工程学报, 2019, 41(S1): 161-164.

[6] 郑刚, 何晓佩, 周海祚, 等. 基坑斜-直交替支护桩工作机理分析[J]. 岩土工程学报, 2019, 41 (S1): 97-100.

软土地区邻近轨交深基坑轴力
伺服混凝土支撑技术研究

史俊

（上海普盛建设工程有限公司，上海 201112）

摘　要： 为满足邻近敏感环境设施的大面积深基坑工程微变形控制需求，轴力伺服混凝土支撑技术通过对支撑轴力进行动态调控可有效控制基坑变形，相较于轴力伺服钢支撑系统的应用场景更灵活。本文以邻近轨交 16 号线的面积约 16400m²、挖深达 23～25m 的某基坑为背景工程，介绍了轴力伺服混凝土支撑系统的布置、具体施工工序、加载流程等系列配套关键施工技术。基坑施工全过程实测数据表明，基坑围护结构变形在控制目标范围内，轨交 16 号线柱墩沉降值仅约 4mm，验证了轴力伺服混凝土支撑技术有效控制了大面积深基坑变形，保障了轨交高架结构安全，应用前景广阔。

关键词： 深基坑；轨交高架线路；软土；轴力伺服混凝土支撑系统

0　引言

随着城市化进程的加速和地下空间开发的不断深入，深大基坑工程不断涌现，尤其是沿海软土地区大型城市，复杂的地质条件和密集的周边环境对基坑支护技术提出了更高的要求。混凝土支撑作为一种传统的基坑支护方式，因其刚度大、承载力强、布局灵活等优点被广泛应用[1]。然而，传统混凝土支撑也存在一些不足，如被动受力、难以主动调控前期变形、易受混凝土收缩徐变及温度影响等。这些问题在软土基坑工程中尤为突出，因为软土具有高压缩性、低强度和高灵敏度等特性，容易导致基坑变形过大，进而影响周边环境的安全[2]。

为了克服传统混凝土支撑的不足，混凝土支撑伺服系统技术应运而生。该技术通过在混凝土支撑中融入液压千斤顶，形成一个能够实时、动态、主动控制的支撑系统[3]。这种系统不仅能够有效应对混凝土收缩和徐变等问题，还能显著提高支撑的实际刚度，从而更好地控制基坑变形。在建筑基坑工程中，混凝土支撑伺服系统特别适用于周边环境保护要求高、基坑平面尺寸宽大或形状不规则的软土基坑[4]。

近年来，关于混凝土支撑伺服系统在建筑基坑工程中的应用研究逐渐增多，例如：邻近轨交 6 号线的上海前滩 21-03 地块项目[5]，邻近轨交 13 号线的浦东新区张江科学城核心区 A2 分区基坑[6,7]，虹口区邻近轨交 10 号线的 105 号、106 号地块 A 区基坑[8,9]，浦东新区邻近轨交 12 号线的某基坑[10]，虹口区某邻近浅基础老式住宅基坑[11]，上海邻近地铁站房的某铁路枢纽基坑[12]，上海露香园二期 A 地块紧邻地铁车站及隧道区间的 A1 分区基坑[13]。本文结合上海浦东新区邻近运营中的轨交高架线路敏感环境条件下的某深大基坑工程实例，介绍了轴力伺服混凝土支撑技术的施工技术及实施情况，为类似敏感环境大规模软土深基坑工程提供参考。

1 工程简介及基坑支护方案

1.1 基坑概况

本项目基坑总面积约为 16400m²,周边延长米约为 600m,基坑普遍区域挖深为 23.05m,塔楼核心筒区域挖深为 24.25~25.05m。本工程地块四侧由规划道路合围,现状均为待建空地,北侧邻近轨交 16 号线高架线路、磁悬浮线,轨道交通 16 号线高架线路距基坑最近约 28m,位于基坑 2 倍挖深影响范围内,环境条件十分敏感、保护要求高。

本工程位于长江三角洲滨海平原。从地表至约 18m 深范围内主要分布有软弱的填土、呈流塑的淤泥质黏土层,18~32m 深范围内则以软塑状的粉质黏土为主,为典型的上海软土层;其下厚度约 35m 为⑦层砂质粉土及粉砂层,为第 I 承压含水层,水量补给丰富且渗透系数较大,勘察期间水头埋深约 5.0m,不满足坑内承压水抗突涌稳定性要求,水头降深需求为 18m;⑦层底部为⑧层粉质黏土与砂质粉土互层,为相对隔水层。土层剖面,如图 1 所示。

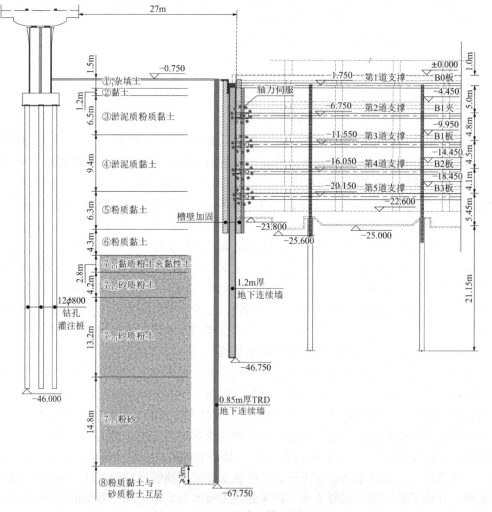

图 1　土层及基坑支护体系剖面图

1.2 基坑支护方案

本基坑整体采用顺作法方案，采用地下连续墙作为围护结构，竖向设置 5 道钢筋混凝土水平支撑。地下连续墙采用"两墙合一"的形式，混凝土强度等级为 C35，北侧邻近轨交侧的墙厚为 1.2m，墙底入土深度为 46m。基坑支护结构剖面图，如图 1 所示。

本基坑工程平面基本呈矩形，支撑布置采用对撑、角撑、边桁架体系，混凝土强度等级为 C45。本基坑北侧邻近运营中的轨交 16 号线，该侧环境保护等级为一级，根据上海市《基坑工程技术标准》DG/TJ08—61—2018[14]规定以及地铁管理单位双重要求，对应北侧围护结构变形控制值为 25mm。为控制邻近轨交侧地下连续墙的变形，减小基坑开挖对轨交的影响，基坑北侧第 2～5 道混凝土围檩上各设置 73 套轴力伺服系统装置。支撑平面布置，如图 2 所示。

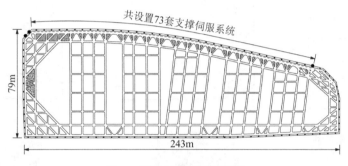

图 2　基坑支撑平面布置图

邻近轨交侧的每幅地下连续墙范围对应设置两个 1.5m × 0.8m 的凹槽，凹槽中心距两端地下连续墙分缝距离为 1.5m，将轴力伺服千斤顶设置在凹槽内，并用钢板与地下连续墙和围檩钢筋焊接确保连接紧密，凹槽间支墩与地下连续墙不连接，且邻近一跨的八字撑区域设置封板利于千斤顶均匀传力。具体的节点图，如图 3 所示。

图 3　伺服系统布置节点图

2 伺服混凝土支撑系统施工

2.1 伺服混凝土支撑系统施工工序

伺服混凝土支撑系统施工过程如下:(1)开挖土方至每道支撑底标高后,24h 内完成支撑钢筋绑扎、模板施工、浇筑混凝土;(2)拆除支撑模板、凿出地下连续墙钢筋、焊接吊耳、安装地下连续墙侧埋板、浇筑高强度灌浆;(3)将伺服设备运输至支撑面,利用吊耳悬挂受拉葫芦平移设备直至在凹槽内吊装就位,如图 4 所示;(4)伺服系统连接控制箱,调试后逐级加载,同时利用回弹仪测定围檩区域混凝土强度值,确认各级加载值。

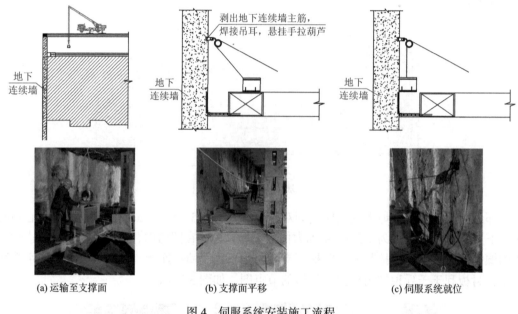

(a) 运输至支撑面   (b) 支撑面平移   (c) 伺服系统就位

图 4　伺服系统安装施工流程

2.2 轴力伺服加载

本工程根据对撑及角撑的布置,共设置 11 个伺服加载分区,每道支撑共设置 73 套伺服系统,每个加载分区对应 2~5 幅地下连续墙,每幅地下连续墙对应 2 个伺服千斤顶,加载的最小单位是单幅地下连续墙(对应 2 个伺服千斤顶)。基坑开挖遵循"对称、限时、分层、分块"的原则,及时形成对撑、角撑传力体系,地铁侧按单根混凝土支撑范围分块开挖,确保开挖至浇筑混凝土时间控制在 24h 内。伺服支撑控制系统,如图 5 所示。

采用分区、分级加载方法进行加载,各个分区的混凝土支撑伺服系统加载需待该分区混凝土强度达到各分级加载的强度要求,且邻近两侧分区的混凝土支撑混凝土浇筑完成。各分区根据混凝土回弹测试的强度结果,结合轴力伺服系统加载顺序分段分级加载。以第 3 道混凝土支撑轴力伺服加载记录为例,其加载过程如表 1 所示。

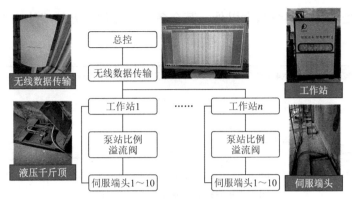

图 5　伺服支撑控制系统

第 3 道混凝土支撑轴力伺服分级加载记录　　　　　　　　　　表 1

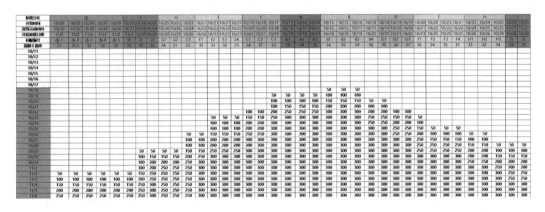

2.3　轴力伺服系统运行

　　每级加载前后 2h，对基坑地下连续墙测斜变形、支墩脱开量、立柱水平变形、支撑轴力等进行密切监测，无异常情况后方可继续加载。加载后如变形稳定时则可保压，如变形持续增加，则按 25t 一级继续加载，但最大加载量不超过极限值。保压后支撑标高处地下连续墙的日变形超过 2mm 或累计值达控制目标值 70%，按 25t 一级进行加载。如出现地下连续墙向外位移过多、上道混凝土支撑受拉、混凝土支撑出现裂缝、钢格构柱位移过大且超过 2cm 等现象，则应适当降低轴力控制值，以 25t 为一档递减，减力后应继续监测和观察，直至稳定。

3　实施效果

3.1　地下连续墙测斜变形

　　为分析实际施工过程中的地下连续墙测斜变形控制效果，绘制伺服区所有地下连续墙测斜测点的各道支撑标高处监测位移在基坑开挖过程中的历时变化曲线，如图 6 所示。由图可知，各道支撑标高位置处的墙体测斜量在该道支撑预加力施加完成后的变形增量趋于平缓，基坑开挖至基底工况下的伺服支撑区域第 2~5 道支撑标高位置处对应的地下连续墙侧向位移均值分别为 6.3mm、8.3mm、15.1mm、21.5mm，可见除第

5 道支撑位置处墙体测斜量略大以外，其余各道支撑位置处的墙体测斜量均在可控范围内。

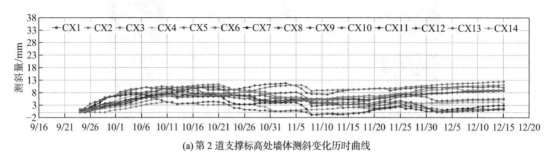

(a) 第 2 道支撑标高处墙体测斜变化历时曲线

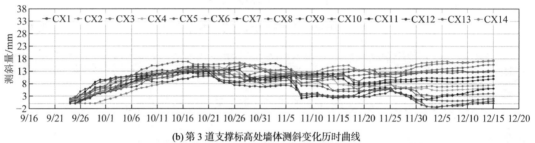

(b) 第 3 道支撑标高处墙体测斜变化历时曲线

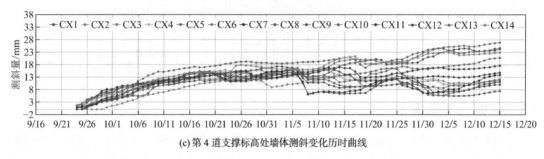

(c) 第 4 道支撑标高处墙体测斜变化历时曲线

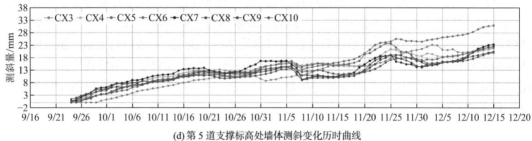

(d) 第 5 道支撑标高处墙体测斜变化历时曲线

图 6　伺服支撑区域的地下连续墙测斜变化历时曲线

3.2　邻近轨交 16 号线桥墩沉降

基坑北侧邻近的轨交 16 号线桥墩在基坑开挖期间的竖向位移历时变化曲线，如图 7 所示。由图可知，在基坑施工前两道支撑时，沉降量增加显著，后续随着土方开挖及各道支撑预加力实施，柱墩竖向位移有所回弹。基坑开挖期间的轨交 16 号线柱墩最大沉降值仅为3.96mm，满足 5mm 的变形控制要求。由此可见，轴力伺服混凝土支撑有效控制了基坑开挖对轨交高架线路变形的影响。

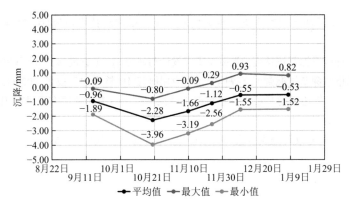

图7　轨交16号线柱墩沉降实测历时曲线

4　结论

上海软土地区某项目基坑总面积约 16400m², 挖深达 23～25m, 北侧邻近运营中的轨交 16 号线高架桥段, 为控制基坑施工对邻近轨交线路的影响, 达到微变形控制目标, 邻近轨交侧采用 1.2m 地下连续墙结合 5 道钢筋混凝土水平支撑, 其中第 2～5 道采用混凝土支撑轴力伺服系统的支护方式。结合背景工程案例, 总结了伺服支撑系统的布置、具体施工工序、加载流程等系列配套关键施工技术。根据现场实际施工情况及实测数据, 各道支撑施工周期基本控制在两周左右, 基坑围护变形控制符合目标控制值要求, 轨交 16 号线柱墩最大沉降值仅约 4mm, 满足轨交变形控制要求。验证了该技术在邻近敏感环境设施的大规模基坑工程中应用的科学性、合理性、可靠性, 为类似基坑工程提供了很好的借鉴。

参考文献

[1] 孙汉清, 卢景义, 陈卫南, 等. 基于混凝土支撑轴力伺服技术的深基坑开挖数值模拟与监测分析[J]. 土木工程, 2024, 13(8): 1364-1379.

[2] 魏建华, 鹿存亮, 罗成恒, 等. 软土深基坑预应力混凝土伺服支撑设计与实践[J]. 岩土工程技术, 2023, 37(6): 737-743.

[3] 周珽, 邹紫霆, 刘绍振. 基于轴力伺服系统的混凝土内支撑施工技术[C]//中国土木工程学会总工程师工作委员会. 中国土木工程学会总工程师工作委员会 2021 年度学术年会暨首届总工论坛会议论文集. 2021.

[4] 翟杰群, 贾坚, 谢小林. 混凝土支撑伺服系统在某深基坑工程的应用研究[J]. 建筑结构, 2022, 52(12): 148-152+147.

[5] 满海达. 混凝土支撑变形主动调控系统的研究与应用[J]. 建筑施工, 2023, 45(11): 2174-2176+2184.

[6] 杨万锋. 混凝土支撑伺服系统技术的应用分析——以上海某深基坑工程为例[J]. 四川建筑, 2024, 44(5): 226-228.

[7] 单正猷. 混凝土支撑伺服系统在紧邻城市轨道交通深基坑工程中的应用[J]. 建设监理, 2023(6): 103-107.

[8] 王浩华. 混凝土支撑轴力伺服系统在某深基坑中的应用[J]. 绿色建筑, 2022, 14(3): 138-141.

[9] 邹文豪. 软土地区深基坑预应力钢筋混凝土支撑对邻近地铁隧道变形影响分析[J]. 地基处理, 2023, 5(2): 152-158+173.

[10] 颜昊. 邻近地铁深基坑混凝土支撑轴力伺服系统分段加载技术研究[J]. 建筑施工, 2024, 46(7): 1080-1084.

[11] 鹿存亮. 敏感环境下深基坑预应力混凝土支撑设计与研究[J]. 工程勘察, 2024, 52(9): 19-24.

[12] 涂仁盼. 铁路枢纽深基坑混凝土支撑伺服系统应用研究[J]. 铁道建筑技术, 2024(12): 14-18.

[13] 徐利彬, 尤雪春. 周边敏感环境下深基坑施工微扰动技术与主动补偿方法研究[J]. 建筑施工, 2024, 46(9): 1481-1484.

[14] 上海市住房和城乡建设管理委员会. 基坑工程技术标准: DG/TJ 08—61—2018[S]. 上海: 同济大学出版社, 2018.

软土地层深基坑超长距离轴力
伺服钢支撑应用实践

史志军

（上海普盛建设工程有限公司，上海 201112）

摘　要： 本文依托上海市徐汇滨江西岸金融城 E 地块项目，针对超长距离伺服钢支撑体系在变形控制中的作用进行了介绍。突破传统的短距离伺服钢支撑的应用限制，70m 超长距离两端耦合伺服钢支撑技术成功应用于超 1 万 m² 的深大基坑中。整体实施结果表明，在超长距离两端耦合伺服钢支撑控制下，地铁隧道侧地下连续墙变形控制在 0.14% 倍开挖深度以内，最大变形普遍位于开挖面以下约 5m 附近，实现了在软土地层邻近敏感环境设施的大规模深基坑工程的微扰动变形控制目标；相较传统的窄条分坑方案，该技术的应用节约工期超过 6 个月，在绿色环保的同时实现了经济性。本项目验证了 70m 超长距离两端耦合伺服钢支撑系统在面积超 1 万 m²、环境保护要求严格的软土深基坑中应用的可靠性和稳定性，为类似基坑工程提供了很好的借鉴。

关键词： 软土；深基坑；伺服系统；长距离钢支撑

0　引言

　　随着城市地下空间开发的日新月异[2]，控制基坑工程对周边环境的影响是基坑工程的关键。软土地区中紧邻保护要求很高的对象（如地铁）的深基坑往往采用分坑的形式减小基坑开挖对周边环境的影响，通过轴力伺服钢支撑主动变形调控系统，实时动态调整支撑轴力控制窄条小分坑的变形。传统的轴力伺服钢支撑结构大多应用于宽度小于 20m 的基坑[1-3]，为了进一步提高轴力伺服钢支撑系统的支护能力以及应用范围，需要对大跨度深基坑围护结构和轴力伺服钢支撑系统进行整体设计。

　　贾坚[4]等结合"大上海会德丰广场"深大基坑工程案例，利用分区卸荷和钢支撑轴力伺服系统控制了紧邻运营地铁隧道的深基坑变形。孙九春等[5]从结构影响性原理角度对软土地铁基坑钢支撑轴力伺服系统进行了研究，认为轴力伺服系统进行支撑轴力的主动调整可实现围护结构侧向变形的精细化控制。曹虹[6]等基于有限分析和原位测试分析了主动控制下基坑围护结构侧向变形与迎土侧土压力演变规律。张秀川[7]等结合邻近地铁狭长深基坑工程案例，研究认为自动应力补偿系统钢支撑技术在进度、环保和安全方面性能效益明显。

　　近年来，紧邻保护要求很高的深基坑工程逐渐增多，相较分坑卸载技术，整坑实施在满足微变形控制的前提下更具有缩短工期、降低造价等优势。例如长距离（50m）伺服钢支撑系统在上海市御桥 11A-06 地块项目基坑的成功应用，验证了长距离钢支撑结构体系的可靠性和稳定性。本文结合上海徐汇滨江西岸金融城 E 地块邻近运营中的地铁 12 号线敏感环境条件下的深大基坑工程实例，介绍了 70m 超长距离两端耦合伺服钢支撑系统的施工技术及实施情况，为类似敏感环境大规模软土深基坑工程提供参考。

1 工程简介及基坑支护方案

1.1 基坑概况

徐汇滨江西岸金融城 E 地块项目总占地面积为 7.8 万 m²，整体设置 2～3 层地下室，分 5 个分区先后开挖，如图 1 所示。项目基坑总面积约为 62170m²，基坑普遍区域挖深为 11.3～15.8m，塔楼核心筒区域最大挖深约 19.1m。其中，A 区基坑面积约 12260m²，开挖深度为 11.1～13.0m，为本次研究的超长距离两端耦合伺服钢支撑系统应用区域。

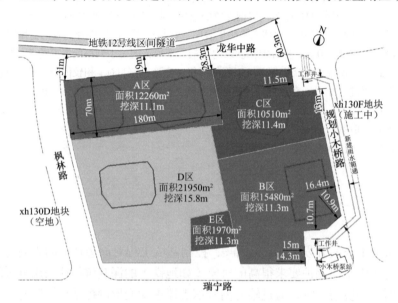

图 1　基坑环境平面布置图

本工程场地为滨海平原地貌类型，位于长江三角洲冲积平原。场地土层分布较稳定，为典型的上海软土，从地表至 42m 深范围内以淤泥质黏土和粉质黏土为主，其下为砂质粉土、粉砂和中砂。场地浅部地下水属潜水类型，主要赋存于填土、黏性土和粉性土中，水位埋深约 0.5～1.5m。第④$_T$砂质粉土、第⑦层粉砂、第⑨层中砂为承压含水层，需要考虑第④$_T$砂质粉土微承压含水层对本基坑开挖的影响。

本工程位于徐汇区龙华中路枫林路交叉口，西至枫林路，南至瑞宁路，北至龙华中路、东至小木桥路。地铁 12 号线运营区间隧道位于基坑北侧，为龙华中路站大木桥路站区间，隧道外径为 6.2m，隧道顶埋深 21.1～23m，隧顶标高在本基坑开挖面以下约 10m。地铁隧道距离基坑最近约 19.0m，位于基坑 2 倍挖深影响范围内，环境条件十分敏感、保护要求高。

1.2 基坑支护方案

本基坑整体采用分坑顺作法方案，首先施工 A 区和 B 区，待 A 区和 B 区地下结构施工完成后再实施 C 区和 E 区，最后施工 D 区基坑。A 区、D 区及 C 区北侧邻近地铁隧道区域采用地下连续墙作为围护结构，其他区域采用钻孔灌注桩。竖向普遍设置 2～3 道钢筋混凝土水平支撑，其中 A 区第 2、3 道采用长距离轴力伺服钢支撑系统。

A 区地下连续墙混凝土强度等级为 C35，北侧邻近地铁隧道侧的墙厚为 1.0m，其余侧墙厚为 0.8m，北侧、南侧、其余各侧的墙底入土深度分别为 30m、36.5m、25m。地下连续墙两侧采用三轴水泥土搅拌桩止水帷幕方案，入土深度同地下连续墙，以隔断第④$_T$砂质粉土微承压含水层。A 区基坑支护结构剖面图，如图 2 所示。

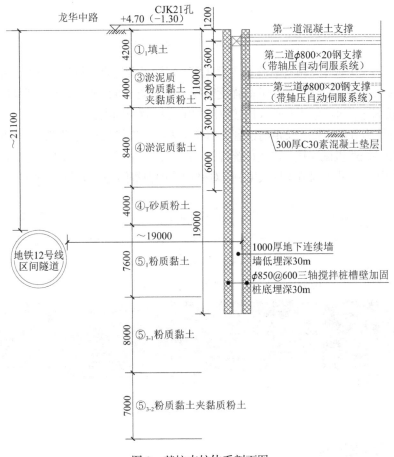

图 2　基坑支护体系剖面图

1.3　超长距离伺服钢支撑布置

A 区基坑工程平面基本呈矩形，两端角部支撑采用钢筋混凝土支撑，混凝土强度等级为 C35，中部为带两端耦合伺服系统的 70m ϕ800mm 超长距离钢支撑。第一道混凝土支撑中心标高为 −2.500m，第二、三道钢支撑中心标高为 −6.100m、−9.400m。每两根钢支撑为一组，每道钢支撑共 13 组，围檩采用 H800mm × 300mm × 14mm × 26mm 双拼型钢。第二、三道钢支撑设计轴力值为 3000kN，所有钢支撑端部设置机电液一体化控制系统，对钢支撑轴力进行不间断监测并适时进行轴力调节补偿，加载采用分级加载方式，首次加载轴力值为设计轴力值。支撑平面布置，如图 3 所示。

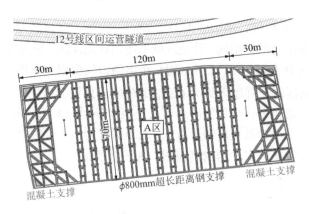

图 3   基坑支撑平面布置图

超长距离钢支撑选用螺旋焊管作为支撑用管，螺旋焊管比直焊焊管性能好，抗压能力更均匀。管节通过法兰拼接，法兰使用的高强度螺栓等级不低于8.8级。支撑中部采用固定式连接以减小支撑长细比，两端采用套管式连接以施加钢支撑侧向约束，有效地提高了支撑构件的整体刚度、承载能力和稳定性。长距离钢管支撑体系采取标准模块化装配节点，实现现场快速施工，采用螺栓等快速机械连接，取代传统焊接，高效且质量可靠；套筒式、抱箍式和传统固定式节点联合使用，可灵活调节支撑长度，应对格构柱偏斜等问题。具体的节点图，如图4所示。

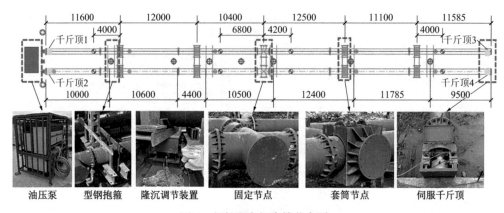

油压泵　　　型钢抱箍　　　隆沉调节装置　　　固定节点　　　套筒节点　　　伺服千斤顶

图 4   超长距离钢支撑节点图

2   超长距离钢支撑施工

2.1   现场足尺试验

为验证钢支撑在长距离基坑的实施可行性，现场进行了足尺试验，先后进行了非同步分级加载试验、非同步分级卸载试验、单侧失效加载试验、两端伺服和单侧伺服试验与竖向隆起顶升试验。现场足尺试验如图5所示，千斤顶1、2为靠地铁侧千斤顶（北侧），千斤顶3、4为中隔墙侧千斤顶（南侧），为控制支撑长细比，钢支撑中部设置1个固定式节点，每17.5m设置1个套管式节点，共布置4个。

试验结果表明，在70m宽度基坑中，将千斤顶加载至4300kN，伺服支撑结构安全可靠，未发现薄弱环节，可满足软土地区常规基坑开挖的受力要求。在非同步分级加载、非同步分级卸载、单侧失效加载等不利工况下钢支撑体系均安全稳定，但两端同步加载更有利于控制变形。在钢支撑中部位置主动加压顶升 2.5cm 的情况下，支撑体系稳定可靠。通过本次试验，充分验证了 70m 超长距离两端耦合伺服钢支撑系统在各种不利工况下的安全性和稳定性，该技术具备工程实施的可行性。

图 5　超长距离伺服钢支撑足尺试验实景

2.2　超长距离钢支撑系统施工工序

超长距离钢支撑系统经过多次迭代升级，目前常用的钢支撑伺服已实现自动化控制。通过在钢支撑上增设机电液一体化系统，对支撑轴力进行不间断监测，并根据高精度传感器所测参数对支撑轴力进行实时自动补偿来达到控制基坑变形的目的。

采用 24h 连续作业，A 区施工钢支撑安装采用 4 个班组施工，白天 2 个班组施工，夜间 2 个班组施工，根据现场实际施工情况及进度需要，具备条件可再另外调整施工班组。保证 A 区南侧钢支撑在土方开挖完成后 24h 内，完成钢支撑安装。A 区北侧土方开挖控制在 4h，钢支撑安装控制在 8h，保证开挖到钢支撑完成在 12h 之内。具体施工流程，如图 6 所示。

土方开挖　　连杆及托架安装　　固定节点及支撑安装　　套筒节点安装　　型钢抱箍安装

轴力分级施加　　活络头安装　　钢围檩安装　　钢围檩托架安装　　墙面处理

图 6　伺服系统安装施工流程

2.3 轴力伺服系统运行

伺服系统包含中央监控系统（图7）、液压动力控制系统和轴力补偿执行系统。中央监控系统功能可以设定支撑轴力等技术参数、实时采集钢支撑轴力等施工过程数据、对监控数据进行自动分析处理、自动调节液压动力控制系统、监控数据、系统设备故障自动报警、应急供电。液压动力控制系统有设定溢流阈值、保证液压锁能稳定等保障系统自身安全的风险防控功能，以及独立控制每个液压千斤顶的功能。轴力补偿执行系统包括液压动力控制系统加载、维持或卸载钢支撑轴力，具有自动双机械锁功能和自动报警功能。

钢支撑架设完成后，在预加应力时，必须分两次预加，第一次预加70%，通过检查栓紧螺母，无异常后，施加第二次应力，达到设计值要求。每次持荷不少于10min。加载超过设计值后，每次压力改变量不应超过设定压力值200kN，加力完成后锁紧机械锁保护装置。

图7 超长距离伺服钢支撑控制系统

3 实施效果

3.1 项目施工进度及监测点布置

A区基坑的施工流程为：首先完成主体工程桩、基坑围护体施工，然后分区分段逐步开挖四皮土方并施工三道支撑；开挖至基底并施工底板。本工程根据分层开挖的步骤，基坑整体施工进度如表1所示。

基坑整体施工进度   表1

工况	施工内容	完成时间
Stage0	围护结构施工	
Stage1	开挖至第一道支撑底标高，并形成第一道支撑	2024.06.20
Stage2	开挖至第二道支撑底标高，并形成第二道支撑	2024.07.03
Stage3	开挖至第三道支撑底标高，并形成第三道支撑	2024.07.17
Stage4	开挖至裙楼基底标高，并形成基础底板	2024.07.31
Stage5	开挖至塔楼基底标高，并形成基础底板	2024.08.20

从开挖第二皮土方到第二、三道钢支撑分区分段挖土、架设支撑并安装伺服系统、施加预加力，仅用时 27d，大大减少了基坑暴露时间，有效降低了基坑开挖的变形及对周边环境的影响。总体而言，A 区基坑从第二皮土方开挖至全部底板浇筑完成总计 61d，相较传统的窄条分坑方案，节约工期约 6 个月。

为了及时反馈超长距离钢支撑系统的变形控制效果，A 区基坑北侧邻近地铁隧道区域设置了 5 个地下连续墙测斜监测点，东、西两侧设置两个监测点。具体的监测点平面分布图如图 8 所示，现场实施情况如图 9 所示。

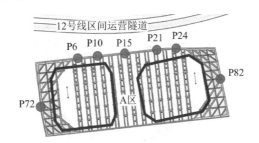

图 8　监测点平面布置图

图 9　现场实施情况

3.2　地下连续墙侧移

图 10 为 A 区基坑北侧邻近地铁隧道区域测点在底板施工完成后的变形曲线分布图。由图可知，各测点的侧移量和变形形态规律较一致，普遍呈现浅部变形较小，第二道支撑以下变形逐渐增加，变形最大值发生在开挖面以下约 5m 深度位置。最大变形发生在测点 P15 处，深度约 17m，最大值仅为 16.8m。A 区北侧地下连续墙测斜变形平均值为 15.0mm，为裙房开挖深度的 0.135%，为塔楼开挖深度的 0.106%。徐中华[8]统计分析得出，上海软土地基在采用地下连续墙并搭配钢筋混凝土支撑的情况下，顺作基坑工程的最大侧向位移平均值在 $0.4\%H$（H 为基坑挖深）左右。从这里可以看出，本基坑开挖结束后超长距离钢支撑系统控制下地下连续墙最大侧移量远小于上海地区常规支撑的地下连续墙变形统计均值，说明超长距离钢支撑系统设计很好地控制了地下连续墙的侧移。

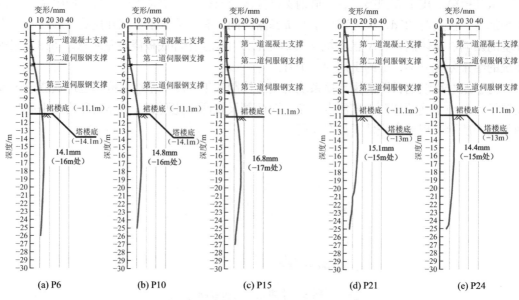

(a) P6   (b) P10   (c) P15   (d) P21   (e) P24

图 10　伺服支撑区域的地下连续墙测斜曲线

　　从图 11 中对比可以看出，测点 P72（西侧混凝土支撑）和测点 P82（东侧混凝土支撑）变形整体形态为典型的"纺锤形"，最大变形位置发生在开挖面附近。而在超长距离钢支撑系统控制下测点 P15（北侧伺服钢支撑）的地下连续墙变形形态明显不同，测点 P15 的侧移量远小于 P72 和 P82，在伺服系统加载作用下，地下连续墙在第二、三道支撑附近变形量很小，最大变形发生在开挖面以下约 5m 深度附近。从变形最大值来看，P15 点最大变形相比 P72 点减少 72.5%，相比 P82 点减少 77.5%。

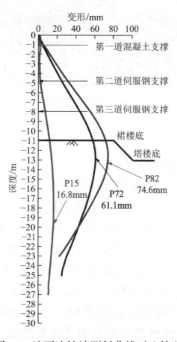

图 11　地下连续墙测斜曲线对比情况

4 结语

徐汇滨江西岸金融城 E 地块项目 A 区基坑面积约 12260m²，开挖深度为 11.1～13.0m。70m 超长距离两端耦合伺服钢支撑系统成功应用于 A 区基坑，实现了微扰动控制目标，地铁隧道侧地下连续墙变形控制在 0.14%倍开挖深度以内。相较传统的窄条分坑方案，节约工期至少 6 个月。验证了 70m 超长距离两端耦合伺服钢支撑系统在面积超 1.2 万 m² 深基坑中应用的可靠性和稳定性。实现了在软土地层邻近敏感环境设施的大规模深基坑工程的微扰动变形控制目标，为类似基坑工程提供了很好的借鉴。

参考文献

[1] 徐中华，宗露丹，沈健，等. 邻近地铁隧道的软土深基坑变形实测分析[J]. 岩土工程学报, 2019, 41(S1): 41-44.
[2] 上海市土木工程学会. 轴力自动补偿钢支撑技术规程: T/SSCE 0001—2021[S]. 北京, 中国建筑工业出版社, 2021.
[3] 上海市住房和城乡建设管理委员会. 城市轨道交通结构安全保护技术标准: DG/TJ 08—2434—2023[S]. 上海: 同济大学出版社, 2023.
[4] 贾坚，谢小林，罗发扬，等. 控制深基坑变形的支撑轴力伺服系统[J]. 上海交通大学学报, 2009, 43(10): 1589-1594.
[5] 孙九春，白廷辉. 地铁基坑钢支撑轴力伺服系统设置方式研究[J]. 地下空间与工程学报, 2019, 15(S1): 195-204.
[6] 张秀川，郑彬，闫磊，等. 伺服系统钢支撑同步施工技术在临近地铁狭长深基坑中的应用[J]. 施工技术, 2016, 45(19): 23-26.
[7] 曹虹，孙九春，王悦. 主动控制下软土基坑围护结构侧向变形与迎土面土压力演化规律[J]. 施工技术 (中英文) , 2024, 53(15): 94-101.
[8] 徐中华. 上海地区支护结构与主体地下结构相结合的深基坑变形性状研究[D]. 上海: 上海交通大学, 2007.

钢筋混凝土支撑伺服系统对围护及
周边环境变形影响分析

邹文豪，沈玺，李筱旻

（上海地铁维护保障有限公司工务分公司，上海 200233）

摘　要： 依托上海地区一基坑项目，邻近地铁侧采用钢筋混凝土伺服系统，通过伺服千斤顶施加轴力，控制围护结构变形，从而减少基坑开挖对地铁结构变形影响，解决了基坑开挖施工过程对邻近隧道影响较大的技术难题。基坑第二道支撑采用钢筋混凝土支撑伺服系统，通过千斤顶施加 2000kN 轴力使围护结构变形减少 2～3mm，但不改变围护结构变形趋势，轴力保压后围护结构持续向坑内移动。施加轴力过程中地铁结构变形趋于稳定甚至减小，最终地铁结构变形控制在 5mm 以内。

关键词： 钢筋混凝土支撑伺服系统；基坑；水平位移；竖向位移

0　引言

　　近年来，由于上海轨道交通发展迅速，超过 800km 的运营线路给市民出行带来便利，同时因土体集约发展，导致邻近轨道交通线路的基坑工程越来越多。

　　为平衡轨道交通和城市发展之间的关系，刘建航等专家根据"地铁要保，大楼要建"的原则，提出基坑"时空效应"理论，即通过控制基坑开挖面积，及时形成支撑，控制基坑暴露时间以控制土体位移，提高基坑施工安全性。

　　混凝土支撑具有支撑体系稳定、截面尺寸可控、受压能力强、抗弯强度大、松弛变形小、结构稳定等优点。诸多邻近轨道交通项目采用钢筋混凝土支撑[1-9]。

　　传统钢筋混凝土支撑因混凝土收缩、徐变较大且轴力不可控，导致基坑围护结构及周边轨道交通结构变形较大。基于此，上海勘察设计研究院（集团）有限公司首先提出"预应力钢筋混凝土支撑"技术，即在普通钢筋混凝土系统中引入伺服式千斤顶（也称轴力自动补偿）系统，向基坑围护结构实时、动态、主动施加预应力[10,11]。

　　钢筋混凝土支撑伺服系统具有传统钢筋混凝土支撑的优点。在施工过程中可减少混凝土养护时间，加快开挖进度。通过伺服系统主动施加轴力能克服混凝土支撑轴力不可调状态，干预基坑围护变形。伺服千斤顶工作行程可弥补混凝土收缩、徐变，保障支撑体系稳定。邻近轨道交通基坑采用钢筋混凝土支撑，能有效保护地铁安全运营。翟杰群、单正猷等对钢筋混凝土伺服系统的优越性及对隧道的影响进行详细阐述[12,13]。本文主要分析邻近地铁高架基坑项目采用预应力钢筋混凝土支撑伺服系统的变形特性及对周边环境影响。

　　彭一小区旧住房拆除重建工程第二道支撑采用该系统，本文通过该项目分析围护结构变形规律及对周边环境的影响。

　　　　作者简介：邹文豪，硕士，工程师，E-mail：zwh_980@163.com。

1 工程概况

彭一小区旧住房拆除重建工程（公建部分）项目邻近轨道交通 1 号线彭浦新村站车站，见图 1。基坑面积约 10800m²，分 2 个区施工。I 区基坑面积约 5200m²，一般开挖深度约 9.55m（局部深坑 11.05m）；II 区基坑面积约 5600m²，一般开挖深度约 9.55m（局部深坑 11.05m）；先开挖施工 I 区，待地下室结构回筑至±0.00 后，再施工 II 区。基坑围护体采用钻孔灌注桩。基坑地下两层，为保护运营中的彭浦新村地铁站，该车站为高架区间，邻近附属 1 号出入口。该项目邻近地铁侧第二道支撑采用双围檩形式预应力钢筋混凝土伺服支撑系统。

基坑邻近主要采用直径 950mm 钻孔灌注桩，有效桩长 22.0m。止水体系主要采用双排三轴搅拌桩，桩长 17.5～19.0m，水泥掺量 20%，搅拌桩与灌注桩间净距 150mm，围护灌注桩与搅拌桩间设压密注浆。

该项目 II 区基坑采用两道支撑，第一道支撑采用普通钢筋混凝土支撑，第二道支撑采用双围檩形式的钢筋混凝土支撑伺服系统。双围檩形式，即围护结构设置外圈梁，钢筋混凝土支撑体系设置内圈梁，圈梁间浇筑钢筋混凝土支墩并设置伺服式预应力系统。

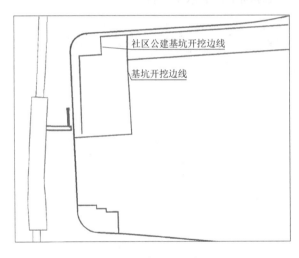

图 1　项目平面图

2 施工工艺

（1）在第二道混凝土支撑浇筑时，提前将轴力自动补偿系统设备（千斤顶、液压站、控制柜等）进场。

（2）II 区块第二道为带轴力自动补偿系统的伺服混凝土支撑，需等第二道相应区域围檩及混凝土支撑制作完成，混凝土养护强度达到 C20 后进行安装。先形成支撑区域先安装轴力补偿系统。需等每道围檩及混凝土支撑制作完成，养护期间进行安装。

（3）待每块区域混凝土内圈梁及混凝土板带养护强度达到 C20 后，使用 25t 汽车起重机将叉车及轴力补偿设备吊入基坑。叉车在内圈梁及混凝土板带上行驶，将轴力自动补偿系统设备运送至安装区域，液压站及控制柜放置在内侧圈梁或混凝土板带上，将安装有挂铁的千斤顶钢套箱吊至安装位，挂铁挂于内外侧圈梁上。

（4）待支撑系统钢筋混凝土完成，且强度达到C35后施加伺服轴力。

（5）加载完毕支墩和内圈梁脱开后，缝隙浇筑HC60灌浆料。后续如继续加力，又出现裂缝，则继续灌封。

彭一小区旧住房拆除重建工程（公建部分）邻近地铁侧基坑第二层土方开挖时间为2013年11月15日，2023年12月7日支撑完成，其中12月6日伺服系统加载至1000kN，分两级加载，每级500kN，时间间隔2h。12月7日加载至2000kN，每级500kN，时间间隔2h。2024年1月6日，Ⅱ区底板完成。

3 Ⅱ区开挖施工对围护结构变形影响

本项目围护结构采用钻孔灌注桩形式。选取靠近地铁侧围护结构中点及两侧点和未施加轴力的点作为研究对象，同时选取一未采用钢筋混凝土支撑轴力伺服系统的点作为对比，围护结构监测布点见图2。围护结构水平位移由预埋在桩内的测斜管进行测量，同时通过全站仪复核桩顶位移，最终确定桩的水平位移。

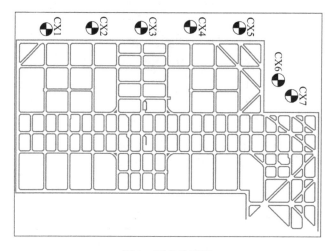

图 2　测点位置图

基坑开挖过程中，坑内土压力受土体卸载影响而减小，使围护结构受坑外主动土压力和坑内被动土压力作用产生形变，随挖深增加，坑内外土压力差同时增加，导致围护结构不断向坑内方向移动。

为控制围护结构持续向坑内方向移动，通过钢筋混凝土支撑伺服不断向围护结构施加轴力，改变围护结构受力状态，保持围护结构稳定性。为探究钢筋混凝土支撑伺服系统对围护结构的影响，选取2023年11月11日第二土方开挖时、2023年12月5日第二道支撑加力前、2023年12月8日第二道支撑加力后、2024年1月6日底板完成时变形数据进行对比分析。图3～图6分别为CX1、CX3、CX5、CX7桩身水平位移随深度变化曲线。

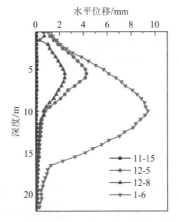 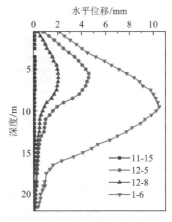

图 3　CX1 墙身水平位移随深度变化图　图 4　CX3 墙身水平位移随深度变化图

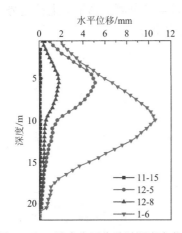 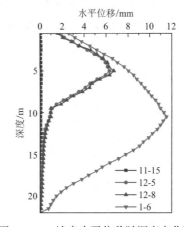

图 5　CX5 墙身水平位移随深度变化图　图 6　CX7 墙身水平位移随深度变化图

该项目Ⅱ区基坑挖深 9.5m，第二层土方深度 5.5m，由图可见，围护结构水平变化量最大位置为开挖面对应围护结构深度位置，同时围护结构中点变形量略大于围护结构两侧变形量。施加轴力前，围护结构水平位移随挖深增加持续向坑内移动。

12 月 5 日基坑第二道支撑完成，CX1、CX3、CX5 点伺服系统施加轴力前围护结构水平最大位移为 4～5mm，施加轴力后，围护结构水平最大位移控制在 2mm 以内，钢筋混凝土支撑伺服系统施加轴力有效控制了围护结构的变形，使得围护结构受力良好，但随着开挖深度不断增加至底板完成，围护结构受坑外土体影响，持续向坑内变形。

CX7 测点未施加轴力，12 月 8 日围护结构变形量较 12 月 5 日略有增加，随着开挖深度不断增加，该测点水平位移量不断增加，变形最大同时随开挖深度增加不断下移。将 CX1、CX3、CX5 与 CX7 测点对比可知，基坑开挖完成后，采用伺服系统的钢筋混凝土支撑对应围护结构的变形量小于未采用伺服系统的围护结构变形量。

4　Ⅱ区开挖施工对邻近地铁结构变形影响

该项目邻近彭浦新村地铁站 1 号口，该出口沉降采用全站仪测量，布置 16 个监测点，监测布点见图 7。

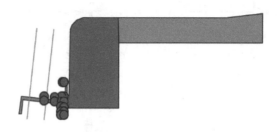

图 7　地铁测点布置图

图 8 为地铁结构监测点竖向位移变化图。从基坑二层土方开挖开始至底板浇筑完成,邻近高架段彭浦新村地铁站 1 号口变形量最大不超过 5mm,基坑开挖控制比较稳定,附属结构变形较小。由图可见,12 月 7 日至 12 月 10 日附属结构各测量结果有明显稳定过程,较第二层土方及第三层土方开挖变形减缓明显,甚至部分测量结果呈上抬趋势。由此可见,钢筋混凝土支撑伺服系统可有效控制地铁附属结构变形。

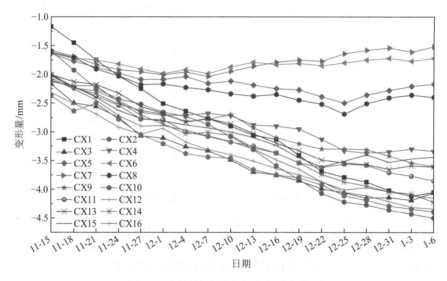

图 8　地铁结构监测点竖向位移变化图

5　结语

（1）基坑使用钢筋混凝土支撑伺服系统可控制围护结构变形向坑外方向发展,同时不改变围护结构变形的整体趋势。伺服千斤顶保压后,围护结构继续向坑内方向变形。

（2）采用伺服系统的钢筋混凝土支撑对应围护结构的变形量小于未采用伺服系统的围护结构变形量。

（3）钢筋混凝土支撑伺服系统可有效控制地铁附属结构变形。施加轴力期间地铁附属结构变形稳定,甚至可减小部分结构变形量。

（4）在邻近保护要求较高的基坑施工过程中,采用钢筋混凝土支撑轴力系统可有效控制对周边环境的影响。

参考文献

[1] 刘建航, 刘国彬. 软土基坑工程中时空效应理论与实践 (上)[J]. 地下工程与隧道, 1999(3): 7-12+47.

[2] 刘建航, 刘国彬. 软土基坑工程中时空效应理论与实践 (下)[J]. 地下工程与隧道, 1999(4): 10-14.

[3] 王术亮, 郝黎明, 王四久, 等. 深基坑支撑拆除及梁与板结构换撑施工技术[J]. 施工技术 (中英文), 2023, 52(5): 136-139.

[4] 张治国, 张孟喜, 王卫东. 基坑开挖对临近地铁隧道影响的两阶段分析方法[J]. 岩土力学, 2011, 32(7): 2085-2092.

[5] 肖同刚. 基坑开挖施工监控对临近地铁隧道影响分析[J]. 地下空间与工程学报, 2011(7): 1013-1017.

[6] 马少俊, 李鑫家, 王乔坎, 等. 某深基坑开挖对邻近既有盾构隧道影响实测分析[J]. 隧道与地下工程灾害防治, 2022, 4(1): 86-94.

[7] 姬建华, 刘亚伟, 任鹏, 等. 复杂条件下超大深基坑预应力悬臂围护桩施工技术[J]. 施工技术 (中英文), 2022, 51(19): 29-33.

[8] 夏明. 某基坑开挖对邻近区间隧道的影响分析[J]. 土工基础, 2020, 34(4): 469-473.

[9] 张兵兵, 卢伟晓, 李为腾. 基坑开挖对邻近既有地铁隧道影响分析[J]. 科学技术与工程, 2020, 20(35): 14673-14680.

[10] 邹文豪. 软土地区深基坑钢筋混凝土支撑对邻近地铁隧道变形影响分析[J]. 地基处理, 2023, 5(2): 152-158+173.

[11] 尹骥, 卫佳琦, 李想, 等. 一种主动控制基坑位移的支撑系统: CN208105276U[P]. 2018-11-16.

[12] 翟杰群, 贾坚, 谢小林. 混凝土支撑伺服系统在某深基坑工程的应用研究[J]. 建筑结构, 2022, 52(12): 148-152+147.

[13] 单正猷. 混凝土支撑伺服系统在紧邻城市轨道交通深基坑工程中的应用[J]. 建设监理, 2023(6): 103-107.

软土地区三轴搅拌桩施工对环境扰动影响现场试验*

沈恺伦 [1]，陈煌华 [2]，徐晓兵 [2]，胡琦 [3]，李元彤丞 [2]，方华建 [3]

（1. 浙江中林勘察研究股份有限公司，浙江 绍兴 312400；2. 广西大学土木建筑工程学院，广西 南宁 530004；3. 东通岩土科技股份有限公司，浙江 杭州 310020）

摘　要：以上海软土地区某基坑工程为依托，开展了三轴搅拌桩试桩试验，对软土地区典型施工参数条件下的土体变形进行了监测与分析，并与相关工程案例进行对比分析，以获得软土地区三轴搅拌桩施工参数优化的建议。试桩试验结果表明：在三组试桩第 3 根桩成桩 24h 后的最大土体侧向位移和最大地表竖向位移基本满足规范要求，沉桩、提升和成桩完成后各阶段土体侧向位移和地表竖向位移的方向没有明显的规律性，最后成桩 24h 阶段主要表现为一定的挤土效应。基于文献对比分析建议：三轴搅拌桩试桩方案应能考虑前序桩施工带来的时空效应，监测点位置应根据受保护对象位置确定，可重点考虑较高的水泥掺量、较慢的施工速度以及跳打方案优化对减少土体扰动的贡献。

关键词：三轴搅拌桩；扰动；软土；沉降；侧向位移

0　引言

三轴搅拌桩是通过长螺旋桩机，同时利用三个螺旋钻孔施工，将水泥浆液喷入土体内并充分搅拌，从而形成水泥土桩体，在各桩单元之间采取重叠搭接咬合方式施工[1]。三轴搅拌桩在基坑围护工程中起到重要的作用，一种是搅拌桩桩体内不插芯材，只作为止水帷幕用；另一种是搅拌桩桩体内插芯材（如 H 型钢，俗称 SMW 工法）既可以起到止水作用亦可以作挡土墙，其次还可以用于地下连续墙施工前的槽壁加固以及坑内土体的加固[1-4]。由于三轴搅拌桩具有施工设备相对简单、操作方便、适应复杂地质条件以及成本低的优点，因此在基坑围护工程中得到了广泛应用。

随着我国城市化进程的发展，越来越多的基坑围护项目会紧邻既有建（构）筑物和管线，比如地铁隧道、桥梁、水利电力管线等，这些对基坑围护项目的变形控制提出了更高的要求。考虑到三轴搅拌桩施工过程会对周边土体产生一定的扰动，因此有必要研究其微扰动施工工艺参数，以尽可能减少三轴搅拌桩施工对既有建（构）筑物和管线的影响[2-4]。文新伦[2]指出软土地区三轴搅拌桩施工过程中造成旁侧隧道隆起，施工结束后，隧道呈下沉趋势，三轴搅拌桩下沉过慢及注浆量偏大会引起更大的扰动。王占生等[3]研究了软土地区明挖隧道基坑对下卧隧道的影响，基坑围护结构及下卧隧道隔离结构均采用 SMW 工法，结果表明 SMW 工法桩施工顺序、施工荷载和施工范围对下卧隧道有一定影响，下卧隧道

*浙江省建设科研项目（2023K195）。

作者简介：沈恺伦，高级工程师，工学博士，E-mail：shenkailun@163.com。

在其两侧工法桩施工期间的下沉速率较大，其正上方施工期的变形较小，施工结束后隧道变形稍有回弹。刘飞和韩建勇[4]通过试桩试验确定了三轴搅拌桩的优化施工参数，工程实测结果表明该优化施工参数对软土地层中既有地铁区间的影响很小。此外，三轴搅拌桩施工过程中对周边土体扰动情况（深层土体水平位移、土体孔压、地表沉降等）的相关研究也有了一定积累[5-8]，这也为三轴搅拌桩的微扰动施工参数的确定提供了借鉴。本文依托上海市松江南站 E 区基坑工程，针对三轴搅拌桩开展了试桩试验，对软土地区典型施工参数条件下的土体变形（深层土体水平位移及地表竖向位移）进行了监测与分析；在此基础上，通过与软土地区已有三轴搅拌桩施工案例的对比分析，总结其施工参数优化建议，以期为软土地区三轴搅拌桩的设计与施工提供借鉴。

1 工程概况

新建松江南站项目（图 1）位于上海市松江区，玉阳路以南，人民南路以西，富永路以东，站房规模 6 万 m²，雨棚 4.23 万 m²。项目地处滨海平原区，地形平坦，为城郊接合部，周边主要为工业与建筑用地及农田、村落，市政与乡村道路畅通，交通较为便利。项目 03 承轨层及相关工程 E 区轨道交通 9 号线两侧承台基坑（简称 E 区基坑）的开挖深度为 2.20m，开挖面积约为 2400m²。

图 1 项目效果图

1.1 工程地质与水文条件

拟建场地分布有深厚软土，从上至下的土层及相关物理力学性质如表 1 所示。场区软土主要为第四系全新统流塑状淤泥质土，含水率大、压缩性高、孔隙比大、强度低，设计与施工应考虑其对工程安全的不利影响。

拟建场地地下水由浅部土层中的潜水和下部粉（砂）性土层中的承压水组成，地下水补给来源主要为大气降水和地表。场地潜水水位埋深为 0.20～2.90m。根据上海地区经验，潜水水位年平均高水位埋深为 0.5m，年平均低水位为 1.5m。拟建场地分布的承压水主要有⑦层及以下粉（砂）性土层中的承压水。对本工程有影响的承压水为⑦₁层粉砂夹粉土、⑦₂层粉砂中的承压水（⑦₁层和⑦₂层相互连通可视为同一含水层）。承压水埋深 2.94～3.49m，水位−1.38～−1.22m。在预定建设区域，未发现活动断裂、岩溶、泥石流、崩塌、滑坡或地裂缝等不良地质状况。

1.2 基坑设计方案

根据《基坑工程技术标准》DG/TJ08—61—2018[9]，E 区基坑设计安全等级为三级，环境保护等级为一级。由于开挖深度较浅，为了节省资源和工期，采用无内支撑的围护桩悬臂支护形式。考虑到基坑开挖会引起周边管线、道路及地铁设施沉降或差异沉降过大，将影响其正常使用甚至破坏，所以选择了两种围护方案确保周边环境安全（图2和图3）。

场地土层物理力学性质 表 1

土层	层厚/m	含水率 w/%	重度 γ/(kN/m³)	压缩模量 E_{s1-2}/MPa	黏聚力 c/kPa	内摩擦角 φ/°
①人工填土	0.4～4.8	31.7	18.5	4.35	8	10
②粉质黏土	0.6～3.5	29.6	18.8	5.36	21	18
③淤泥质粉质黏土	1.0～14.6	41.2	17.6	3.25	12	16
④淤泥质黏土	1.4～14.6	47.1	17.1	2.35	12	12
⑤₁层黏土	0.8～15.2	40.0	17.7	3.07	15	13
⑤₂层粉土	1.9～11.5	28.8	18.6	10.09	6	29
⑥粉质黏土	0.6～9.6	23.1	19.8	7.15	38	18
⑦₁层粉砂夹粉土	0.7～10.3	26.6	18.9	11.33	5	31
⑦₂粉砂	3.1～32.4	22.9	19.5	13.03	3	32.5
⑧₁层粉质黏土	2.8～4.9	24.3	19.5	7.05	50	20.5
⑧₂₋₁粉质黏土	0.7～13.9	24.1	19.5	7.08	51	21.1
⑧₂₋₂粉土夹粉砂	1.5～20.8	23.9	19.2	12.33	6	33
⑧₂₋₃粉质黏土夹粉土	1.79～20.7	25.1	19.4	7.35	21	17

（1）对于邻近地铁 9 号线一侧，采用三轴搅拌桩套打止水帷幕（ϕ850@1200，桩长 26m，水泥掺量 > 25%），隔一插打 H700 × 300 × 13 × 24 型钢（Q355b，桩长 26m），顶部设钢筋混凝土圈梁。

（2）对于外侧防护，工程采用双轴搅拌桩搭接止水帷幕（ϕ700@500，桩长 9m，水泥掺量 15%），隔一插打 H500 × 300 × 11 × 18 型钢（Q355b，桩长 9m），顶部设钢筋混凝土圈梁。

（3）坑底至坑底以下 2m（加固范围相对高程−13.95～−11.95m）采用三轴搅拌桩满堂加固（ϕ850@600，水泥掺量 > 20%），加固体以上土体采用低水泥掺量10%对扰动土体进行补强。

（4）坑内三轴搅拌桩加固体与围护结构间留 300mm 左右空隙，空隙处采用三重管高压旋喷桩填充加固（ϕ800@600，水泥掺量 > 25%），加固范围相对高程−13.95～−9.75m。

1.3 基坑施工方案

围护结构施工按以下顺序进行：三轴搅拌桩止水帷幕及 SMW 工法桩→围护钻孔灌注

桩→三轴搅拌桩坑内加固→三轴搅拌桩加固区域工程桩（已施工三轴搅拌桩加固区域宜两周以内施工工程桩）→三重管高压旋喷桩填充加固及坑内加固。止水帷幕达到设计强度后，才能施工围护钻孔灌注桩。

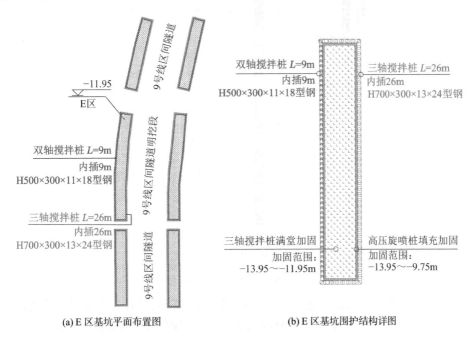

(a) E 区基坑平面布置图　　　　(b) E 区基坑围护结构详图

图 2　E 区基坑平面图（单位：mm）

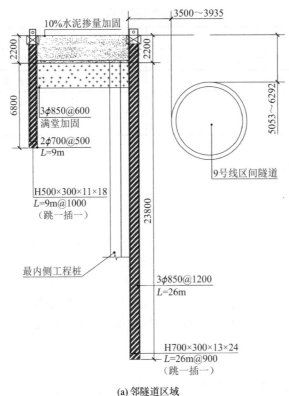

(a) 邻隧道区域

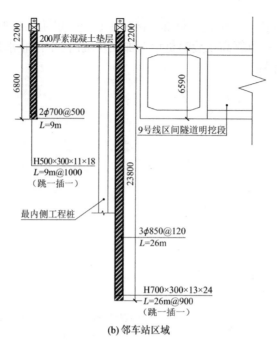

图 3　E 区基坑剖面图（单位：mm）

按《建筑基坑工程监测技术标准》GB 50497—2019[10]及设计文件要求，基坑施工阶段针对坑外土体和管线的监测项目报警值如表 2 所示。三轴搅拌桩的施工参数，应使施工期间引起的土体扰动满足该要求。

基坑监测报警值　　　　　　　　　　　　　　　　　　　　　表 2

监测项目	报警值
围护结构测斜	日变形 1mm/d，累计变形 4mm
围护顶竖向位移	日变形 1mm/d，累计变形 2mm
坑外地表沉降	日变形 1mm/d，累计变形 3mm
周边管线位移	日变形 2mm/d，累计变形 10mm

2　施工扰动试验方案

2.1　试验目的

如前所述，场区分布有深厚软土，基坑围护结构的设计和施工应考虑其不利影响。对于 E 区基坑邻地铁侧三轴搅拌桩，设计要求施工前应在坑内进行非原位试验，试验不少于 3 组，并在距离三轴搅拌桩试验桩 6m 位置处布设土体测斜管及地面沉降观测点，测点数量及深度与三轴搅拌桩组数及桩长相对应。通过试验了解三轴搅拌桩在不同施工参数下对邻近土体的影响，并通过试验优化施工参数，以减少三轴搅拌桩成桩施工的挤土影响。

2.2　试验组别

根据设计要求，在 E 区开展非原位三轴搅拌桩试打工作，三组试桩东西向一字形排列，每组试桩净间距 1.4m。试打桩的桩径 850mm，桩长 26m，水泥（P·O 42.5）掺量 25%，施工顺序采用间隔跳打。

根据现场土样取样送检且经监理现场见证取样，通过试验检测确定土样湿密度为 1950kg/m³，结合设计文件要求，水泥掺量为 25%，水灰比为 1.5。因此，每延米土柱质量 m_s 和水泥掺入量 m_c 分别为 1106kg/m 和 276.5kg/m，试验所用泥浆密度为 1.36g/cm³。

2.3 试验步骤

试验步骤如下：

（1）搅拌下沉第一次喷浆

启动压浆泵压入清水润湿管道后，打开灰浆输送泵，进行喷浆。浆液正常后启动搅拌机，后缓慢钻进，下沉速度控制在 0.3m/min。

（2）上升搅拌第二次喷浆

钻头到达桩底后，开启喷浆系统并进行 30s 的强力搅拌。此后，慢慢上升钻头，同时持续进行喷浆和搅拌作业。上升速度控制在 0.5m/min。

（3）移机

搅拌完成后，上升钻头离开设计桩位地面，将钻机移至下一个桩位重复施工。

（4）钻桩顺序

根据设计要求，三轴搅拌桩采用套打/搭接两喷两搅工艺，每组试桩 3 根，共 3 组，钻桩顺序为 1-1→1-2→1-3→2-1……→3-3（图 4）。每组试桩的第 1 根桩施工完成后停止了约 15h 再施工第 2 根，第 2 根桩施工完立刻施工第 3 根桩，每组试桩完成后，立刻施工下一组。

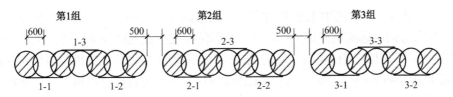

图 4　试桩平面布置图（单位：mm）

2.4 监测方案

根据设计要求及本工程特点，对每一组试桩布置 1 个土体测斜孔和一组地表竖向位移点。土体测斜孔距离试桩 6m，孔深 40m；地表竖向位移点每组布置 10 个，间隔距离为 2m。监测点平面布置，如图 5 所示。

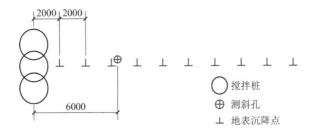

图 5　试桩监测点平面布置图（单位：mm）

用测斜仪（RDIS1030S，瑞茨柏）沿测斜管自下而上依次测出每个测量段（一般 0.5m）上下两点的相对位移情况，然后对位移进行叠加计算，即可计算出各测斜管不同深度位置的位移量。用水准仪（DiNi03，天宝）从已知基准点开始，逐点依次观测各监测点的高程，计算监测点位置前后两次观测时的高程变化以及本次观测高程与初始高程的差值，即可得出该监测点的竖向位移速率和累计竖向位移量。在试桩施工开始前完成了所有监测点的埋设，并对初始监测值进行了校准。各项监测内容的监测频率，见表 3。

试桩监测频率 表 3

施工阶段	6m 外土体测斜	地表竖向位移
下搅到 15m	对应测点 1 次	对应测点 1 次
施工阶段	6m 外土体测斜	地表竖向位移
上升到 15m	对应测点 1 次	对应测点 1 次
上升到桩顶	对应测点 1 次	对应测点 1 次
成桩 6h 后	对应测点 1 次	对应测点 1 次
成桩 24h 后	对应测点 1 次	对应测点 1 次

3 施工扰动试验结果分析

3.1 第一组试验

第一组试桩的深层土体侧向位移如图 6 所示，正值表示向试验桩侧位移，负值表示远离试验桩方向。第一组试桩的地表竖向位移如图 7 所示，正值表示隆起，负值表示沉降。

在 1-1 工况下，三轴搅拌桩沉桩过程中，由于高压注浆和桩头下沉会产生挤土效应，土体侧向位移方向为远离试验桩一侧，最大侧向位移发生在地层浅部；在上升至 15m 阶段时，深度 17m 以下出现向试验桩一侧的侧向位移，地层浅部远离试验桩的侧向位移进一步增大（最大值约−9.8mm）；随后，深部土体侧向位移恢复为远离试验桩方向，浅部土体侧向位移有所减小，最终的最大土体侧向位移为−4.5mm，出现在深度 9m 处。成桩过程中，地表竖向位移基本表现为沉降，在成桩完成后，地表竖向位移转变为隆起，隆起量随着离试桩距离的增加而减小，最大隆起约为 9.0mm，出现在成桩 24h 阶段的离桩最近的监测点。

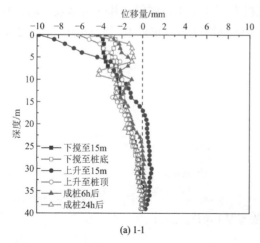

(a) 1-1

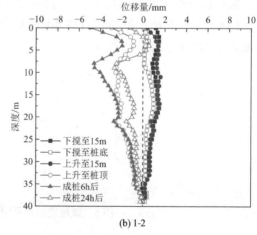

(b) 1-2

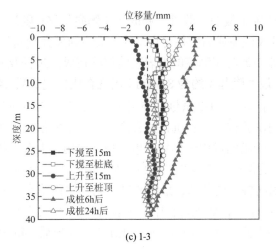

(c) 1-3

图 6　第一组试桩深层土体侧向位移

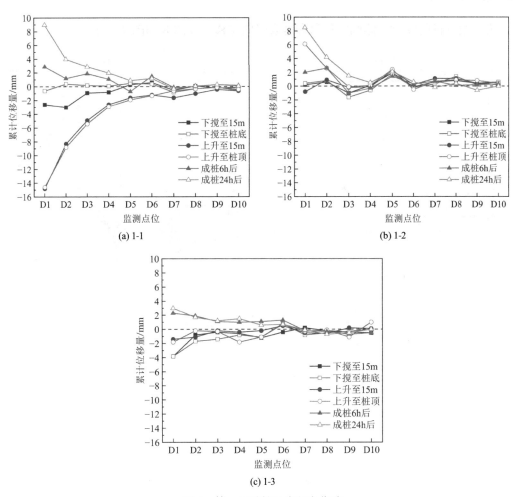

(a) 1-1　　　　　　　　　　　　　　(b) 1-2

(c) 1-3

图 7　第一组试桩地表竖向位移

　　在 1-2 工况下，由于 1-1 试桩的施工影响，试桩 1-2 对应测点的土体侧向位移量在 1-2 沉桩前处于偏向试验桩一侧；沉桩过程产生了一定的挤土作用；与 1-1 工况一样，在上升至 15m 阶段时，同样产生了偏向试验桩一侧的土体侧向位移；随后，土体整体产生了远离试验桩的侧向位移，且成桩完成后整体有所减小，最终的最大侧向位移约为−2.5mm，发生在深度约 8m 处。试桩 1-2 对应测点的地表竖向位移在成桩过程及完成后均整体表现为隆起；与 1-1 工况一样，最大隆起（约为 8.6mm）出现在成桩完成后 24h 离桩最近的监测点。

在 1-3 工况下，由于 1-1 和 1-2 试桩的施工影响，试桩 1-3 对应测点的土体侧向位移量在 1-3 沉桩前处于偏向试验桩一侧；沉桩过程产生了一定的挤土作用；不同于 1-1 工况和 1-2 工况，上升至 15m 阶段的过程中仍然产生了挤土作用，上升至桩顶阶段以及成桩完成后 6h 相继产生了明显的偏向于试验桩一侧的土体侧向位移，成桩 24h 后产生了一定的挤土作用，但仍表现为偏向桩侧的位移；最终的最大侧向位移约为 3mm，发生在地表。试桩 1-3 对应测点的地表竖向位移在成桩过程中整体表现为沉降；沉桩完成后整体表现为隆起；与 1-2 工况一样，最大隆起（约为 3.1mm）出现在成桩完成后 24h 离桩最近的监测点。

3.2 第二组试验

第二组试桩的深层土体侧向位移和地表竖向位移，如图 8 和图 9 所示。

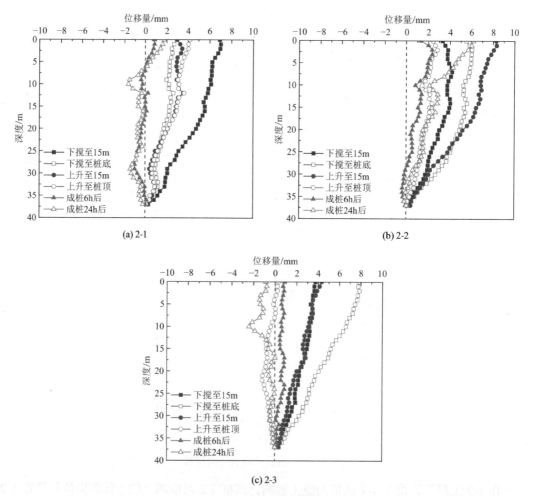

(a) 2-1

(b) 2-2

(c) 2-3

图 8　第二组试桩深层土体侧向位移

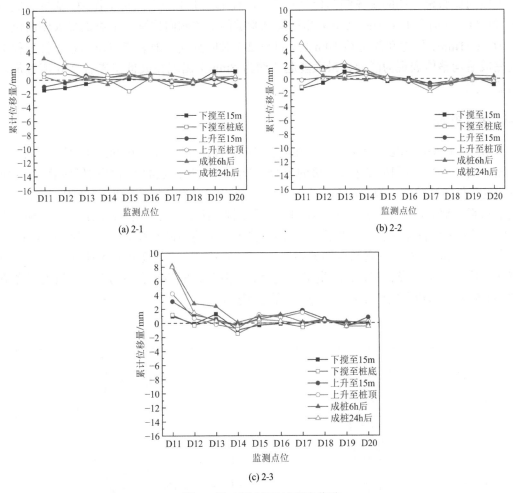

图9 第二组试桩地表竖向位移

在 2-1 工况下，由于第一组试验桩的施工影响，试桩 2-1 对应测点的土体侧向位移量在 2-1 沉桩前处于偏向试验桩一侧；沉桩过程产生了一定的挤土作用；与 1-2 工况一样，上升至 15m 阶段时，同样产生了偏向试验桩一侧的土体侧向位移；成桩完成后，土体整体产生了远离试验桩的侧向位移，最终的最大侧向位移为−1.60mm，发生在深度约 10m 处。试桩 2-1 对应测点的地表竖向位移在成桩过程及完成后均整体表现为隆起；最大隆起（约为 8.5mm）出现在成桩完成后 24h 离桩最近的监测点。

在 2-2 工况下，由于第一组和试桩 2-1 的施工影响，试桩 2-2 对应测点的土体侧向位移量在 2-2 沉桩前处于偏向试验桩一侧；不同于前面的工况，沉桩过程以及上升至 15m 的过程中，产生了偏向试验桩一侧的土体侧向位移；随后，土体整体产生了远离试验桩的侧向位移，且成桩 24h 后相比前期又有一定程度的偏向试验桩一侧的土体侧向位移；最终的最大侧向位移为 6.14mm，发生在地表。试桩 2-2 对应测点的地表竖向位移在成桩过程及完成后均整体表现为隆起；最大隆起（约为 5.2 mm）出现在成桩完成后 24h 离桩最近的监测点。

在 2-3 工况下，由于第一组以及试桩 2-1 和 2-2 的施工影响，试桩 2-3 对应测点的土体侧向位移量在 2-3 沉桩前处于偏向试验桩一侧；与 2-2 工况一样，2-3 沉桩过程产生了偏向试验桩一侧的土体侧向位移；提升过程中产生了一定的挤土作用；成桩完成后6h和24h分别产生了偏向试验桩和远离试验桩的土体侧向位移；最终的最大侧向位移约为−2.41mm，发生在深度约10m处。试桩2-3对应测点的地表竖向位移在成桩过程中及完成后均整体表现为隆起；最大隆起（约为8mm）出现在成桩完成后24h离桩最近的监测点。

3.3 第三组试验

第三组试桩的深层土体侧向位移和地表竖向位移，分别如图10和图11所示。在3-1工况下，由于第一组和第二组试验桩的影响，试桩3-1对应测点的土体侧向位移量在3-1沉桩前处于偏向试验桩一侧；沉桩过程产生了一定的挤土作用；与1-3和2-3工况一样，上升至15m阶段时，产生了一定的挤土作用；上升至桩顶阶段，又产生了偏向试验桩一侧的土体侧向位移；成桩完成后，产生了一定的挤土作用，最终的最大侧向位移约为−4.4mm，发生在地表。试桩3-1对应测点的地表竖向位移在沉桩阶段的变化并不明显，在上升至15m阶段产生了沉降；随后，产生了一定隆起；但在成桩24h表现为沉降，最大沉降值（约−1.5mm）出现在成桩24h的离桩4m的监测点。

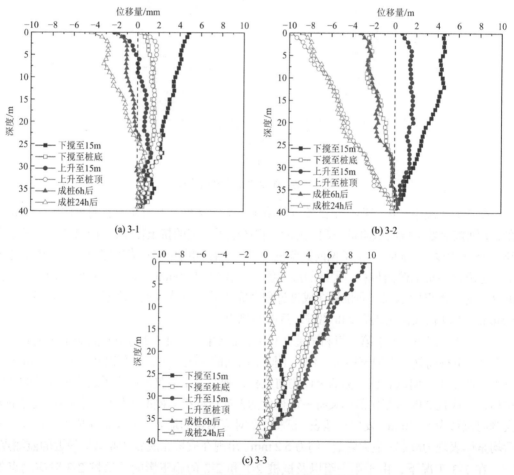

图10　第三组试桩深层土体侧向位移

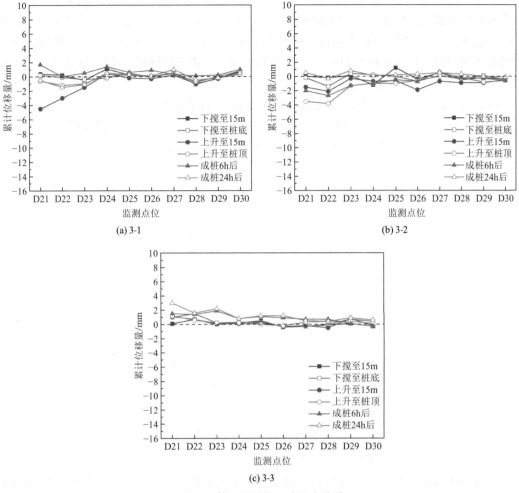

(a) 3-1

(b) 3-2

(c) 3-3

图 11 第三组试桩地表竖向位移

在 3-2 工况下，由于第一组、第二组和 3-1 试验桩的施工影响，试桩 3-2 对应测点的土体侧向位移量在 3-2 沉桩前处于偏向试验桩一侧；沉桩过程中产生了一定的挤土作用；与 1-2 和 2-2 工况一样，在上升至 15m 阶段，产生了偏向试验桩一侧的土体侧向位移；上升至桩顶阶段，土体整体产生了远离试验桩的侧向位移；成桩 6h 后产生了偏向试验桩一侧的土体侧向位移，但成桩 24h 产生了一定的挤土作用；最终的最大侧向位移约为 −8.75mm，发生在地表。试桩 3-2 对应测点的地表竖向位移在成桩过程及完成后均表现为沉降；最大沉降（约为 0.8mm）出现在成桩完成后 24h 离桩最近的监测点。

在 3-3 工况下，由于第一组、第二组、3-1 和 3-2 试验桩的施工影响，试桩 3-3 对应测点的土体侧向位移量在 3-3 沉桩前处于偏向试验桩一侧；与 2-2 和 2-3 工况一样，沉桩过程产生了偏向试验桩一侧的土体侧向位移；上升至 15m 阶段，与 1-2、2-1 和 2-2 工况一样产生了偏向试验桩一侧的土体侧向位移；上升至桩顶阶段、成桩 6h 以及成桩 24h 后分别产生了远离、靠近以及远离试验桩的土体侧向位移；最终的最大侧向位移为 1.71mm，发生在地表。试桩 3-1 对应测点的地表竖向位移在成桩过程及成桩完成后均整体表现为隆起；最大隆起值（约为 3mm）出现在成桩完成后 24h 离桩最近的监测点。

三组试桩成桩 24h 后的侧向和竖向位移汇总，如图 12 所示。对于侧向位移，三组试桩的位移量均满足表 2 的要求。三组试桩结果对比发现，3-3 工况的最大侧向位移量小于 1-3 和 2-3 工况；1-3 与 3-3 工况的最大侧向位移发生在地表且土体位移方向为靠近试验桩侧，2-3 工况的最大侧向位移发生在深度 10m 且土体位移方向为远离试验桩侧。对于竖向位移，三组试桩的竖向位移表现为隆起，2-3 工况的最大隆起量为 8mm，不满足表 2 的要求。三组试桩成桩 24h 后的土体侧向位移方向大都为远离桩侧，最大位移量出现在地表或深度 8～10m 位置。三组试桩成桩 24h 后的土体侧向位移为隆起。由于每组试桩施工后 24h 的监测数据受到后续施工桩成桩的影响，因此三组试验不管在水平位移还是竖向沉降方面都存在差异。

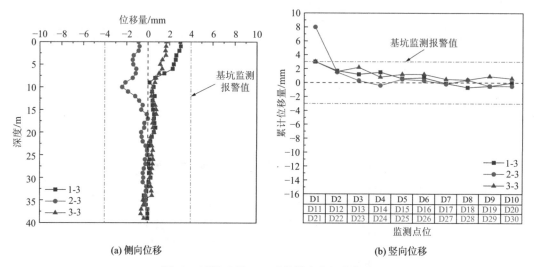

(a) 侧向位移   (b) 竖向位移

图 12　试桩成桩 24h 后的侧向和竖向位移

总体而言，本项目试桩试验结果表明：

（1）随着深度的增加，土体侧向位移量有减少的趋势；土体侧向位移集中在 25m 深度以上，与桩长 26m 相吻合。

（2）由于受到前序桩施工的影响，新施工桩对应测点的土体侧向位移量在其沉桩前处于偏向试验桩一侧；沉桩、提升和成桩完成后各阶段土体侧向位移和地表竖向位移的方向没有明显的规律性，只是在最后的成桩 24h 阶段大都表现为一定的挤土效应。

（3）三组试桩第 3 根桩成桩 24h 后的最大土体侧向位移分别为 3mm、−2.41mm 和 1.71mm，满足表 2 的要求。各桩的最大土体侧向位移基本发生在地表或深度 8～10m 处。

（4）三组试桩各根桩在成桩 24h 后大都表现为隆起；其中，第一组和第二组试桩的地表隆起值最大达到 9mm，不满足表 2 的要求，第三组的地表隆起值最大为 3mm，满足表 2 的要求。

（5）试桩施工阶段的监测数据会受到前序施工桩的累积影响，试桩完成后的监测数据会受到后续施工桩成桩的影响，因此三组试桩最终的侧向和竖向位移存在差异。

4　施工扰动影响讨论

表 4 对比总结了软土地区三轴搅拌桩施工对土体扰动研究的相关案例，结果表明，在

软土地区，三轴水泥土搅拌桩的施工参数一般为 1.2～1.6 的水灰比，18%～25% 的水泥掺量，0.2～0.5m/min 的下沉速度与 0.4～1.2m/min 的提升速度。成桩完成后的最大土体侧向位移分布在 −21.70～14.2mm，最终并不都产生挤土作用，主要发生在地层浅部；成桩完成后的地表最大竖向位移分布在 −9.36～3mm，最终并不都是隆起，主要发生在离桩较近的位置。本文的水灰比为 1.5，然而文新伦[2]、沈荣飞[6]、刘飞和韩建勇[4]的水灰比均小于本文，但是本文的最大土体侧向位移量较小，原因可能是本文的水泥掺量较高，以及下沉与提升的速度更慢。需要指出的是，目前的扰动研究试验方案大都未关注泥浆密度的影响，而且每个测点监测数据往往反映前序桩施工的累积影响（时间效应和空间效应的同时影响），也存在监测数据不完整的情况，对于明晰不同类型施工参数的取值对土体扰动的影响机制不利。

此外，文新伦[2]的试桩试验结果表明：随着三轴搅拌桩的施工，土体侧向位移（远离桩侧）有逐渐增大的趋势，施工完成后 24h 内土体的侧向位移仍有较大幅度的增大，最大侧向位移的位置有向地表移动的趋势。郑坚杰[5]的工程实测结果表明：当施工各参数相同时，无论是在施工过程中，还是在施工完成后的收敛期内，距离三轴搅拌桩较远处土体竖向位移较小且非常稳定，距离较近处（0.8m）土体竖向位移和波动较大；施工过程中，深度 10m 以上土体水平位移向桩侧移动，深度 10m 以下土体水平位移远离桩侧移动；减慢下沉和提升速度，增加水泥掺量，减少泵送流量，对周边土体侧向位移有一定的影响（向桩侧移动趋势）；水灰比对土体侧向变形的影响不大。沈荣飞[6]的试桩试验结果表明：地下连续墙外侧三轴搅拌桩施工阶段对土体扰动较大，土体侧向位移比较明显，施工完内侧三轴搅拌桩时土体变形回落一部分，在开始地下连续墙导墙施工时继续回落，在地下连续墙成槽施工时土体又继续小幅位移。刘飞和韩建勇[4]的试桩试验结果表明：土体竖向位移浅部表现为隆起，深部表现为沉降；考虑到保护侧方既有地铁隧道时侧向位移控制为重点，确定了对土体水位位移影响较小的施工参数（高水灰比和水泥掺量）。詹崇谦等[7]的实测数据表明：三轴搅拌桩施工开始的前 23h 内孔隙水压力随时间增长并达到最大，之后随时间逐渐减小；土层较深处的孔隙水压力相对增加较大；土体深层水平位移朝桩体方向，且随着深度逐渐减小；地表竖向位移表现为沉降。

三轴搅拌桩施工对土体扰动影响案例 表 4

文献	土层	桩径/mm	桩长/m	水灰比	水泥掺量/%	泥浆密度/（g/cm³）	下沉与提升速度/（m/min）	最大土体侧向位移/mm 与深度/m	最大地表竖向位移/mm 与水平距离/m
文新伦（2010）[2]a	上海软土	850	32	1.2	20	1.41～1.44	0.2、0.5	−14.08、1	—
							0.3、0.8	−13.94、13	
							0.4、1.0	−21.70、9	
							0.3、0.8	−12.76、12	
							0.2、0.5	−11.98、8	
郑坚杰（2018）[5]b	苏州软土	850	—	1.5	20	—	0.5、0.7	3.0、8	−2.5、0.8
				1.6	22	—	0.25、0.4	5.2、8	−5、0.8
沈荣飞（2018）[6]c	苏州软土	850	23	1.2～1.5	20	—	0.5、1.0	−3.12	—
				1.2	18	—	0.3、0.5		

文献	土层	桩径/mm	桩长/m	水灰比	水泥掺量/%	泥浆密度/（g/cm³）	下沉与提升速度/（m/min）	最大土体侧向位移/mm与深度/m	最大地表竖向位移/mm与水平距离/m
刘飞和韩建勇（2020）[4]d	上海砂质粉土粉砂	650	26	1.2	20	—	0.5、1.2	−2.70、12	3、1.5
				1.5	24	—		−2.38、9	1、1.5
詹崇谦等（2023）[7]e	苏州黏土粉质黏土	850	9.6	—	—	—	14.2、2	−9.36～−2.72	
本文 f	上海淤泥质黏土	850	26	1.5	25	1.36	0.3、0.5	1.71、0	3、2

注：a 土层信息不详，泵送压力 1.8MPa，跳 2 或跳 1 打 1，测斜管对应试桩 6m；
　　b 土层信息不详，跳打顺序不详，给出了桩编号 S5-S7 以及 S8-S11 两组（泵送流量分别为 145L/min 和 90L/min）施工时的监测结果，测斜管和分层沉降距桩轴线 0.8m，竖向位移数据为深度 6m 处的；
　　c 土层信息不详，跳 5 打 2，测斜管距对应试桩 6m，土体侧向位移为槽壁加固和地下连续墙施工完成后的最终值；
　　d 泵送流量 200L/min，跳 3 打 1，测斜管和分层沉降（均只有 1 个测点）距试桩轴线 1.5m；
　　e 跳打顺序不详，区域性的满堂加固，测斜管和地表沉降沿桩轴线方向（非垂直于桩轴线），距桩 2.5～10m；
　　f 跳 1 打 1，测斜管距对应试桩 6m，土体位移数据为三组桩全部施工完成后的最终值。

综合以上分析，为了减少三轴搅拌桩施工对软土的扰动影响，建议：

（1）三轴搅拌桩试桩方案应能考虑前序桩施工带来的时空效应，监测点位置应根据受保护对象位置确定。

（2）重点考虑较高的水泥掺量和较慢的施工速度对减少土体扰动的贡献，跳打方案也是值得关注的优化内容。

5 结论

通过对上海市某基坑工程软土地区典型施工参数条件下试桩试验的土体变形监测数据进行整理分析，以及与软土地区已有三轴搅拌桩施工案例进行对比分析，得到以下结论和建议：

（1）随着深度的增加，土体侧向位移量有减少的趋势；土体侧向位移集中在 25m 深度以上，与桩长 26m 相吻合；各桩的最大土体位移基本发生在地表或深度 8～10m 处；由于受到前序桩施工的影响，新施工桩对应测点的土体侧向位移量在其沉桩前处于偏向试验桩一侧。

（2）在三组试桩第 3 根桩成桩 24h 后的最大土体侧向位移和地表竖向位移基本满足规范要求；沉桩、提升和成桩完成后各阶段土体侧向位移和地表竖向位移的方向没有明显的规律性，最后成桩 24h 阶段主要表现为一定的挤土效应。

（3）制定三轴搅拌桩试桩方案时应能考虑前序施工带来的时空效应，监测点位置应根据受保护对象位置确定，可重点考虑较高的水泥掺量、较慢的施工速度以及跳打方案优化对减少土体扰动的贡献。

参考文献
[1] 蒋恺, 张陆新, 姚基伟. 三轴搅拌桩和 MJS 工法桩对运营地铁隧道的保护研究[J]. 地基处理, 2022,

4(2): 170-177.

[2] 文新伦. 紧邻地铁隧道的三轴搅拌桩施工参数选择与应用[J]. 建筑施工, 2010, 32(4): 316-318.

[3] 王占生, 潘皇宋, 庄群虎, 等. 基坑围护 SMW 工法桩施工对下卧盾构隧道变形影响分析[J]. 岩土工程学报, 2019, 41(Z1): 53-56.

[4] 刘飞, 韩建勇. 近地铁轨行区微扰动三轴搅拌桩试验研究[J]. 地基基础, 2020, 42(10): 1838-1840.

[5] 郑坚杰. 三轴搅拌桩微扰动施工工艺参数比选[J]. 基础与结构工程, 2018, 36(2): 173-176+180.

[6] 沈荣飞. 深基坑围护工程施工对邻近运营中地铁的影响分析[J]. 科学研究, 2018, 40(9): 1650-1652.

[7] 詹崇谦, 李干艳, 宋泽安, 等. 三轴搅拌桩施工对周边土体影响实测分析[J]. 山西建筑, 2023, 49(1): 74-76.

[8] 袁伟力. 三轴搅拌桩优化施工参数的研究及应用[J]. 水科学与工程技术, 2023(6): 63-65.

[9] 上海市住房和城乡建设管理委员会. 基坑工程技术标准: DG/TJ 08—61—2018[S]. 上海: 同济大学出版社, 2018.

[10] 中华人民共和国住房和城乡建设部. 建筑基坑工程监测技术标准: GB 50497—2019[S]. 北京: 中国计划出版社, 2019.

CCM 工艺在劲性复合桩工程中的应用

毕平均，许绮炎，胡廖琪，毕永军

（上海强劲地基工程股份有限公司，上海 201800）

摘　要： 劲性复合桩是适用于软土地基的一种新桩型，通过把刚性桩插入单轴水泥搅拌桩内以提高单桩竖向承载力，近些年已有很多应用案例。传统单轴搅拌桩在软土中由于存在搅拌不均匀、"黏土抱钻"等现象，导致桩身质量不可靠、承载力低等问题。为提高劲性复合桩的单桩承载力，本文采用自主研制的 CCM 工艺（笼式切割搅拌工艺）替代传统搅拌桩工艺，并基于上海某高层建筑桩基试桩数据分析，表明 CCM 工艺是可靠的，且能有效提高单桩竖向承载力。

关键词： 笼式切割搅拌；劲性复合桩；单轴水泥搅拌桩；CCM 工艺；竖向承载力

0　引言

　　近年来，随着桩基工程的快速发展，越来越多的实践证明单一桩型往往具有一定的局限性[1]。例如，在淤泥质层中采用 PHC 管桩等刚性桩时，尽管其桩身材料承载力很大，但由于桩身直径小、与土体接触面积小，桩身材料的强度不能很好地发挥出来，并存在易倾斜、易断桩等风险；采用大直径的水泥土类桩等半刚性桩可增加桩侧摩阻力，但受桩身材料、施工工艺影响，单桩承载力低、桩顶常常先被压碎[2]。在这种背景下，劲性复合桩得到迅猛发展和广泛应用，劲性复合桩是由单轴搅拌桩和刚性预制桩组合而成，采用专用搅拌钻机先形成柱状水泥土桩体，然后再插入刚性预制桩，待水泥土固化后，形成了一个大直径的复合桩体，由于大直径搅拌桩增加了与软弱土层的接触面积以及水泥浆渗透到桩周土中产生的加固作用，桩侧、桩端阻力得到了显著提高[3,4]。劲性复合桩不但可以提高单桩承载力，还可以解决预制桩挤土、沉桩阻力大等施工问题，无灌注桩的泥浆排放问题，具有多方面的应用价值。

　　然而，与双轴搅拌桩、三轴搅拌桩、四轴搅拌桩等多轴搅拌桩相比，单轴搅拌桩设备搅拌叶片少，缺少相邻钻杆搅拌叶片的搭接错切，在软黏土层中施工时，叶片容易被土体黏附而无法将土体破碎，甚至出现整个钻头被黏土团团抱住的现象，搅拌叶片被黏性土包裹使原位土体无法破碎和灌入固化剂浆液，喷入的固化剂浆液沿搅拌桩孔向上和四周流失严重，没有被有效利用，最后形成无效搅拌（图 1）。特别是高含水量的淤泥层和有机质含量高的区域，搅拌桩体强度极低，搅拌桩取芯强度有时甚至不及 0.2MPa。

　　传统单轴搅拌桩属于一种落后技术，2019 年浙江省交通运输厅发布的《浙江省公路水

作者简介：毕平均，硕士，高级工程师，注册岩土工程师，主要从事桩基工程、基坑工程以及软基处理的设计研究工作（E-mail：cybersky2046@126.com）。

运工程落后施工工艺、设备和材料的淘汰目录（第一批）》及 2020 年交通运输部、应急管理部发布的《公路水运工程淘汰危及生产安全施工工艺、设备和材料目录》，均将单轴搅拌桩设备明确列入禁止使用的落后工艺。

图 1   传统单轴搅拌桩黏土抱钻照片

在劲性复合桩技术中，仍需用到单轴搅拌桩设备，若不加以改进，必将影响成桩质量甚至主体结构的安全。基于此，自主研发了一种笼式切割搅拌工艺（Caged Cutting and Mixing，简称 CCM），该工艺的搅拌钻头如图 2 所示，具有以下先进性：

（1）在搅拌钻头的外侧增设一个镂空的搅拌笼（图 2），形象地称之为笼式切割搅拌技术。搅拌笼通过轴套套在钻杆外侧，不随钻杆转动；搅拌笼的内侧设有差速叶片，差速叶片与内轴上的叶片相互错层布置，在钻杆带动内轴叶片转动时，差速叶片与内轴叶片实现错位切割，强制将土团打散，避免黏土附着于搅拌叶片上形成土团，有效避免"黏土抱钻"现象的发生，减少了未经搅拌的"生土"的存在，提高了搅拌桩的成桩质量。

（2）搅拌桩钻机具有高转速，能满足对土体的切割搅拌次数要求。

（3）搅拌桩配有上、下两个喷浆口，在下钻采用下喷浆口，提钻时采用上喷浆口，实现对水泥浆液的即喷即搅，提高搅拌效果和施工效率。

（4）采用数字化施工控制系统，由程序自动控制下钻孔速度、提钻速度、转速、浆液水灰比等参数，避免人工操作产生的误差。

（5）由于是笼式切割搅拌，"两搅一喷"施工工艺便可保证搅拌桩成桩质量，取芯抗压强度达到设计要求，同时大大提高了施工效率。

这些改进使 CCM 工艺在加固淤泥质软黏土方面具有显著的效果，大大拓宽了搅拌桩的适用性。

东南大学刘松玉等[5,6]研发了一种水泥土桩新工艺——双向水泥土搅拌桩。双向水泥土搅拌桩是指在水泥土搅拌桩成桩过程中，由动力系统带动分别安装在内、外同心钻杆上的两组搅拌叶片，同时正、反向旋转搅拌水泥土而形成的水泥土搅拌桩。正反向旋转叶片同时双向搅拌，把水泥浆控制在两组叶片之间，使水泥土充分搅拌均匀，保证了成桩质量。此工艺能够增加搅拌次数，提高工效，一定程度上阻断冒浆现象及保证水泥渗入量，但未能有效解决在软土中的"抱钻"顽疾。

练财宗等[7]通过对比笼式切割搅拌工艺和传统单轴搅拌两种不同工艺下试块芯样的外观、无侧限抗压强度，表明 CCM 工艺的成桩质量及强度均优于传统单轴搅拌桩。

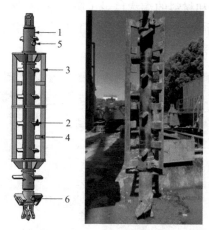

1—钻杆；2—内轴叶片；3—搅拌笼（架）；4—差速叶片；5—上喷浆品；6—下喷浆口

图2　CCM工艺搅拌钻头图示

为进一步研究 CCM 工艺对劲性复合桩的适用性,本文采用 CCM 工艺替代传统搅拌工艺,并基于上海某高层建筑桩基的试桩数据,研究分析 CCM 工艺施工劲性复合桩的可靠性。

1　工程概况

本工程位于上海,软土层厚度大、压缩性高、承载力低,不能满足上部结构荷载的需要,原设计方案采用 PHC 管桩,桩底进入较理想的⑦$_{1-2}$砂质粉土层,单桩承载力极限值 3600kN,自地表起所需桩长约 34m。由于场地东南侧有很多房龄超过 30 年的老房子,并且项目周边分布诸多市政道路管线,考虑到静压管桩是挤土桩[3],施工会对周边房子及管线造成较大影响。经对比分析,为尽可能减少对周边环境的影响,工程桩形式改用劲性复合桩。

劲性复合桩设计桩长 37m,搅拌桩直径 800mm,内插 ϕ500mm 的 PHC 管桩,桩端进入⑦$_{1-2}$砂质粉土。水泥掺量 20%,采用 P·O 42.5 硅酸盐水泥。

地基土为第四纪全新世（Q$_4^3$）—晚更新世（Q$_3^2$）沉积层,主要由填土、淤泥质土、黏性土、粉性土、砂土组成。主要土层的物理力学性质参数,见表 1。

地基土主要物理力学性质　　　　　　　表 1

层号及土层名称	重度/（kN/m³）	压缩模量E_s/MPa	桩侧阻力q_s/kPa
②粉质黏土	18.7	5.04	15
③淤泥质粉质黏土	17.6	3.09	15
④淤泥质黏土	16.8	2.24	15
⑤$_{1-1}$灰色黏土	17.8	3.95	25
⑤$_{1-2}$砂质粉土	18.6	10.88	30
⑤$_{1-3}$粉质黏土	18.3	4.40	30
⑥粉质黏土	19.7	6.94	55
⑦$_{1-1}$砂质粉土	18.9	11.40	55
⑦$_{1-2}$砂质粉土	18.7	11.72	70

注：q_s为侧壁摩阻力标准值。

本次劲性复合桩施工，单轴水泥搅拌桩采用 CCM 工艺施工。在搅拌桩初凝前将 PHC 管桩分三节依次压入水泥搅拌桩，形成劲性复合桩。

2 试验研究

2.1 试桩试验加载

现场静载荷试验采用慢速维持荷载法。加载反力装置采用压重平台，混凝土方块做配重，总配重不少于最大试验荷载的 1.2 倍。试验荷载采用电动液压油泵通过两台 320t 千斤顶进行加载，采用桩基静载全自动测试系统检测。试验严格按照《建筑基桩检测技术规范》JGJ 106—2014 进行。

荷载分级施加，本试验采用逐级等量加载的方式，分级荷载取最大加载量的 1/10。按设计要求，本工程单桩静载试验的最大加载量拟定为 4350kN，分为 9 级（首级加倍）。

2.2 静载荷试桩结果

试桩数据见图 3、图 4。如图 3 所示，随着桩顶荷载的增加，劲性复合桩的（桩顶）沉降量逐渐增大，沉降随荷载近似同步增长，整个 $Q\text{-}s$ 曲线呈缓变型。试桩累计沉降量为 21.48mm，最大回弹量 16.02mm，回弹率 74.58%，承载力满足设计要求。

如图 4 所示，试桩各级加载稳定时间分别为 120、120、150、180、150、150、150、150、210min，每一级沉降稳定时间不完全一致，主要受施工质量及压屈影响。

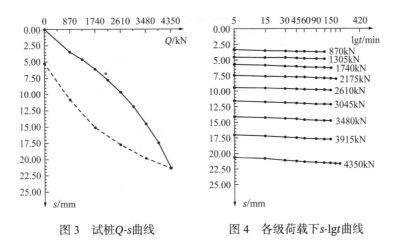

图 3 试桩 $Q\text{-}s$ 曲线   图 4 各级荷载下 $s\text{-}\lg t$ 曲线

2.3 与规范计算结果比较分析

参照行业标准《劲性复合技术规程》JGJ/T 327—2014 及上海市地方标准《地基基础设计规范》DGJ08—11—2010，劲性复合桩可按下式估算单桩竖向抗压承载力设计值 R_d：

$$R_{\mathrm{d}} = \frac{R_{\mathrm{sk}}}{\gamma_{\mathrm{s}}} + \frac{R_{\mathrm{pk}}}{\gamma_{\mathrm{p}}} = \frac{u\sum \xi_{si}q_{sik}l_i}{\gamma_{\mathrm{s}}} + \frac{\alpha\xi_{\mathrm{p}}q_{\mathrm{pk}}A_{\mathrm{P}}}{\gamma_{\mathrm{p}}} \tag{1}$$

各参数详见《劲性复合技术规程》JGJ/T 327—2014[4]。

参照规程，淤泥质黏性土、黏性土、粉性土侧阻调整系数 ξ_{s1}、ξ_{s2}、ξ_{s3} 分别取 1.3、1.5、

1.6，端阻调整系数ξ_p取 2.2，桩端地基承载力折减系数取 0.7，经计算，

$R_{sk} = 4625.8kN$，$R_{pk} = 193.4kN$，$\rho_p = R_{pk}/(R_{sk} + R_{pk}) = 0.04$ 查表得，$\gamma_s = 2.09$，$\gamma_p = 1.08$。

根据以上数值及式(1)，可求得单桩竖向抗压承载力设计估算值R_d =2392.4kN。试桩荷载加到 4350kN 时，桩顶沉降尚处于缓变过程，结合s-lg$t$曲线，可判断试桩承载力设计值不小于 2175kN。估算值与试桩结果较为接近，说明规范的估算是合理的、可行的。根据试桩结果，设计单位取单桩竖向抗压设计值为 2000kN，较为保守。

3 有限元模型的建立与分析

本文数值计算采用 Midas/GTS 软件进行模拟。Midas/GTS 是大型通用有限元软件，主要针对岩土、隧道等领域结构分析所需要的功能直接开发的程序。Midas 提供了多样化的建模方式，强大的分析功能，利用最新求解器获得最快的分析速度。

3.1 计算模型及参数建立

1. 计算模型几何参数及边界条件

土体立体尺寸为 50m × 50m × 50m，劲性复合桩直径、长度及土层厚度根据实际尺寸建模。土体网格划分单元尺寸为 5m，劲性复合桩简化为梁单元，嵌入土体内，通过桩接触与土体作用，如图 5 所示。土体的边界条件采用系统默认的地面支承条件。

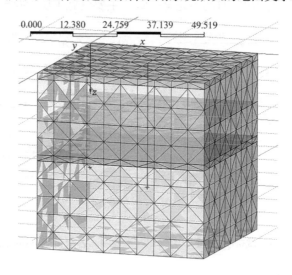

图 5 有限元模型及网格划分示意

2. 计算模型材料参数

为简化计算，不考虑①层填土的作用，根据土层性质相近合并原则，③、④层土合并，⑤₁-₁、⑤₁-₂、⑤₁-₃ 层土合并，⑦₁-₁、⑦₁-₂ 层土合并，合并后的土层参数取其厚度的加权平均值。土层本构模型选用摩尔-库仑模型，该模型中表征土的材料特性参数是黏聚力c和内摩擦角φ。参照相关文献[8,9]，黏性土、粉性土泊松比分别取 0.3、0.25，土体的弹性模量与压缩模量的换算关系按照弹性模量$E_c = 8.2E_s$换算，压缩模量E_s取值见表 1。

劲性复合桩参数中，直径取水泥土搅拌桩的直径，弹性模量取芯桩和水泥土的面积加权平均值。芯桩采用 C80 预应力高强管桩，混凝土弹性模量取 3.8×10^4MPa，水泥土的弹性模量取 100MPa[10]。

桩土接触特性参数根据桩侧阻、桩端阻确定。计算模型材料其余参数的取值对计算结果影响不大，故取程序中提供的默认值。

3. 计算工况

加载条件：荷载采取试桩的实际荷载，（垂直地面）直接作用于桩顶节点上，不考虑地下水的作用（不考虑孔压），因此施工阶段仅一个工况，即施工竖向力 4350kN。通过有限元模拟作以下分析：（1）桩顶位移与荷载的关系；（2）不同竖向荷载下劲性复合桩的荷载传递特性；（3）端阻比。

3.2 有限元计算结果及分析

试桩结果和有限元计算结果的 Q-s 曲线对比，见图 6。由图可知，相比试桩结果，有限元计算结果的桩顶位移偏大，但差别较小，且总体趋势是相符的，可以印证劲性复合桩有限元模型的合理性。有限元计算结果偏大，是因为模型是建立在简化的理想状态条件下的，而实际工程中的一些有利因素难以考虑进去。比如，桩径沿土体深度的分布是有差异的，而这种桩径的差异与土体形成的相互咬合作用是有利于提高桩基竖向承载力的。

由图 7、图 8 可知，桩顶荷载沿桩身向下传递，桩身轴力逐渐减小，当传到桩端时已经很小，端阻比约为 0.052，说明劲性复合桩是摩擦型桩。

随着桩顶荷载的增大，端阻比有变大趋势，但增大幅度很有限，端阻比仅从 0.04 增大到 0.052，这是由于随着荷载的增加，桩端位移逐渐变大，端阻力得到了发挥。但由于桩顶荷载已由桩侧摩阻承担大部分，因此劲性复合桩的端阻很小。上文规范估算得出的端阻比为 0.04，稍小于有限元计算结果（0.04～0.052）。

由于上海地区土是深厚软土层，设计时为了充分利用端阻力，工程桩往往需要进入硬土层，导致桩长较长，这会造成工程造价高，而且施工难度大、工期慢。而劲性复合桩是摩擦型桩，桩端可以不进入硬土层，因此劲性复合桩在江浙沪等深厚软土地区的应用前景是很广阔的。

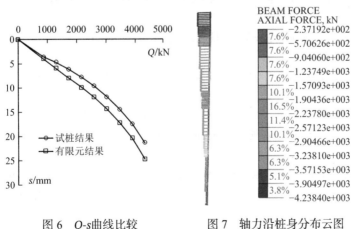

图 6　Q-s 曲线比较　　　图 7　轴力沿桩身分布云图
（ Q = 4350kN ）

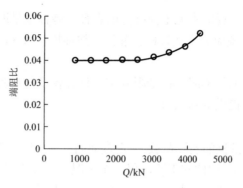

图 8　不同荷载下的端阻比

4　结论

（1）采用 CCM 工艺施工劲性复合桩，其试桩抗压承载力满足设计要求，且有一定富余量，说明 CCM 工艺是可靠的，且能有效提高单桩竖向承载力。

（2）劲性复合桩承载特性主要体现为摩擦型特性，传递到桩端的竖向荷载很小，此特性有利于劲性复合桩在上海及类似深厚软土层地区的应用及推广。

（3）CCM 工艺在搅拌桩钻头上做的技术改进，能够有效避免"黏土抱粘"现象，可明显提高单轴搅拌桩的工效及桩身强度。

（4）劲性复合桩作为永久建筑的一部分，不宜采用传统单轴搅拌桩这种落后技术，可采用 CCM 工艺进行技术迭代升级。

（5）CCM 工艺施工的搅拌桩，不仅可以用于劲性复合桩，还可用于道路、堆场、仓库以及建筑物下的复合地基加固，具有非常广阔的应用前景。

参考文献

[1]　左名麟. 基础工程设计与地基处理[M]. 北京: 中国铁道出版社, 2000.

[2]　彭涛等. 水泥土-混凝土界面特性试验研究[J]. 现代交通技术, 2017, 14(3): 19-23.

[3]　中华人民共和国住房和城乡建设部. 建筑桩基技术规范: JGJ 94—2008[S]. 北京: 中国建筑工业出版社, 2008.

[4]　中华人民共和国住房和城乡建设部. 劲性复合桩技术规程: JGJ/T 327—2014[S]. 北京: 中国建筑工业出版社, 2014.

[5]　刘松玉, 席培胜, 储海岩, 等. 双向水泥土搅拌桩加固软土地基试验研究[J]. 岩土力学, 2007, 28(3): 560-564.

[6]　席培胜, 宫能和, 储海岩, 等. 双向搅拌桩加固软土地基应用研究[J]. 施工技术, 2007(1): 10-13.

[7]　练财宗, 刘全林, 黄伟. 多向切割搅拌桩机的工作机理与搅拌桩性能研究[J]. 地基处理, 2022, 4(5): 408-413.

[8]　《工程地质手册》编委会. 工程地质手册[M]. 4 版. 北京: 中国建筑工业出版社, 2007.

[9]　贾堤, 石峰, 郑刚, 等. 深基坑工程数值模拟土体弹性模量取值的探讨[J]. 岩土工程学报, 2008, 30(S1): 155-158.

[10]　秦建庆, 孟杰武. 考虑土的非线性的水泥土桩复合地基特性分析[J]. 岩土力学, 1998(3): 54-58.

灌注桩底微型锚桩入岩技术应用实践

叶松[1]，张启军[2]，陈爱青[2]，许兆杰[2]，李连祥[*,3]

（1. 光大水务（青岛）有限公司，山东 青岛 266100；

2. 青岛业高建设工程有限公司，山东 青岛 266011；3. 山东大学土建与水利学院 山东 济南 250061）

摘　要： 对于上部土层、下部岩层的土岩双元深基坑，常规大直径围护灌注桩设计需要入坚硬岩石时，入岩工艺速度慢、成本高、污染重。灌注桩底微型锚桩入岩技术，是在灌注桩成孔施工至坚硬岩石面后，利用锚杆或微型桩继续向下进入坚硬岩石进行锚固接长，来弥补嵌岩深度的不足。该创新技术在诸多工程项目中应用实践，均达到了预期效果，使得进度得以加快，成本大大降低，低碳环保效果显著，具有明显的经济效益与社会效益。

关键词： 土岩双元；灌注桩入岩；微型锚桩；嵌固

0　前言

在深基坑支护工程中，经常遇到上部土层、下部岩层的土岩双元地质条件，设计的围护灌注桩需要入坚硬岩石，能够入岩的工艺主要有以下几种：

（1）冲击钻成孔，利用重量很大的铁锤低频锤击岩体成粉末，通过泥浆循环出渣成孔。

（2）人工挖孔桩，岩层采用爆破方法松动后，人工使用风镐、铁锹出渣成孔。

（3）旋挖钻成孔，配以岩体专用钻具将岩体取芯成孔。

（4）潜孔锤成孔，钻机配以空压机利用大直径潜孔锤高频冲击将岩体打成粉末，高压风吹出粉末或利用设备吸出粉末成孔。

以上几种方法均成本很高，不同工艺的自身问题为：①冲击钻成孔速度很慢，振动大影响远，泥浆污染严重；②人工挖孔桩工艺，采用爆破时有诸多安全隐患，目前挖孔桩的爆破各地基本不能获批；③旋挖钻入岩越硬，速度越慢，截齿损耗越大，其成本成倍增加；④潜孔锤成孔需要多台大功率空压机，能耗非常大，噪声大，粉尘处理不好污染严重。

微型桩技术已经在基坑支护工程中得到了较为广泛的应用[1-5]，灌注桩底微型锚桩入岩技术是一种组合工法，是在灌注桩成孔施工至坚硬岩石面后，利用锚杆或微型桩向下锚固接长，来弥补嵌固深度的不足。该创新技术在多个工程项目中进行了应用，实施后达到了预期效果，基坑安全稳定，获得了成功，并总结形成了多项专利和工法。该技术

作者简介：叶松，男，市政工程，工程师。

通讯作者：李连祥，男，岩土工程/结构工程，教授。

的应用，使进度得以加快，低碳环保效果显著，成本大大降低，具有明显的经济效益与社会效益。

1 方案设计

各种工艺灌注桩施工至坚硬基岩速度显著降低后停止，采用锚杆或微型桩向下继续进入硬岩锚固接长，主要有如下几种应用场景：

（1）对于无地下水或水量很小可随时抽干的稳定地层，采用人工挖孔、旋挖等工艺干作业成孔，至坚硬岩层后在孔底施工多支单束小直径锚杆锚固接长，或在孔口施工多支多束小直径锚杆接长。

（2）对于地下水较为丰富的地层，采用机械成孔，至坚硬岩层后按实际桩长制作钢筋笼，并在钢筋笼内侧焊接固定多根钢管作为钻孔通道，浇筑混凝土后通过钢管钻孔通道向下继续钻小直径孔，施工微型桩接长。

（3）对于机械成孔的双排吊脚支护桩，后排桩可在桩身内采用单束预应力锚杆向下锚固于基底标高以下，锚入方式可以在钢筋笼内侧焊接一根钢管作为钻孔通道，桩长不是很长时，也可以直接在桩内成孔，向下继续入岩成小直径孔锚固。

（4）上述各种组合式的应用设计。

以下通过工程实例，介绍几种典型应用情况。

2 锚杆锚固接长实例

2.1 工程概况

青岛海伦广场项目，拟建建筑物为 2 层地下车库，基坑挖深 9.5～15.4m，靠近楼房部位采用桩锚支护结构，靠近道路部位采用微型桩锚杆支护。地层情况如下：

①层杂填土：层厚 6～10m，松散—稍密，以回填中粗砂为主，混煤渣及碎砖屑。

⑰层中等风化花岗岩：层厚 0.3～1m，属较破碎的较软—较硬岩，岩体基本质量等级Ⅳ级。

⑱层微风化花岗岩：厚度 4.3～15.5m，属较破碎的较硬—坚硬岩，岩体基本质量等级Ⅱ级。

2.2 设计情况

设计支护挖孔桩桩径 800mm，设计嵌入基岩 1.0m。由于该场区为老冲沟，回填土开挖完毕后，基岩为中—微风化花岗岩，十分坚硬，邻近居民楼，不允许爆破，将桩底采用锚杆锚固，数量为 6～8 根 ϕ25mm 锚杆，深度 0.8m，上部锚入桩体 0.8m，见图 1。

2.3 工艺流程

孔底锚杆施工主要适用于人工挖孔护壁桩，工人可以在孔内安全操作，采用轻便凿岩机钻孔锚固即可，施工工艺流程见图 2。

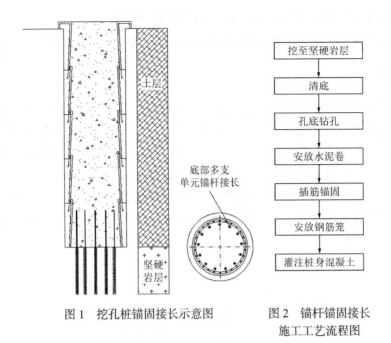

图 1　挖孔桩锚固接长示意图　　　图 2　锚杆锚固接长
施工工艺流程图

图2流程框内容：挖至坚硬岩层 → 清底 → 孔底钻孔 → 安放水泥卷 → 插筋锚固 → 安放钢筋笼 → 灌注桩身混凝土

图1标注：土层、坚硬岩层、底部多支单元锚杆接长

2.4　操作要点

（1）人工挖孔，每节 80～100cm，软岩采用风镐凿岩，至坚硬后终止清底。

（2）锚杆钻孔采用轻便风动凿岩机，钻孔孔径 35～40mm，钻孔深度一般 3m 以内。

（3）锚固一般采用水泥卷，水泥采用 42.5 级，钢筋锚杆直接打入孔内即可。

（4）按设计布设锚杆根数。

（5）灌注桩混凝土前底部应清理干净，先使用水泥浆打底。

2.5　工程效果

本方案解决了不能爆破的施工难度问题。桩底采用锚杆锚固，经试验抗拔力达到钢筋屈服强度，锚固效果较好。每根桩锚杆施工时间 1～1.5h，施工速度快、效率高。本项目施工全过程支护体系整体稳定，监测各项指标均控制良好，满足国家规范及地方标准要求。该技术在本项目中节约成本约 50%。

3　微型桩锚固接长实例

3.1　工程概况

该项目位于青岛市市北区，开发云岭世家小区，基坑深度 11.6m，西侧紧邻施工中的地铁竖井，基坑安全等级一级。地层情况如下：

①层杂填土，厚度 4.9m；

⑪层粉质黏土，厚度 1.4m；

⑯层强风化花岗岩，厚度 8.4m，岩芯呈土柱状、角砾状；

⑰层中风化花岗岩，厚度 2.3m，岩芯呈碎块状—块状；

⑱层微风化花岗岩，揭露厚度 10.2～14.3m，岩芯呈短柱状，块状。

3.2 设计情况

设计双排支护灌注桩桩径 800mm，设计嵌入基底以下 7.0m。上部杂填土地层，由于地势原因，稳定性差，基岩主要为中—微风化花岗岩，十分坚硬，由于邻近竖井，不允许振动大的冲击工艺。设计采用旋挖成孔工艺，第一序在第四系土层以及强风化花岗岩内成孔，挖至坚硬的花岗岩中风化带时停止。钢筋笼内固定 4 根直径 180mm 钢管作为钻孔通道，安放钢筋笼，浇筑混凝土。混凝土凝固后，在预埋的钢管内采用潜孔钻钻进花岗岩中—微风化带，安插 127×10 微型桩，与灌注桩搭接 2m，注浆锚固，以此达到设计要求的嵌固深度。见图 3、图 4。

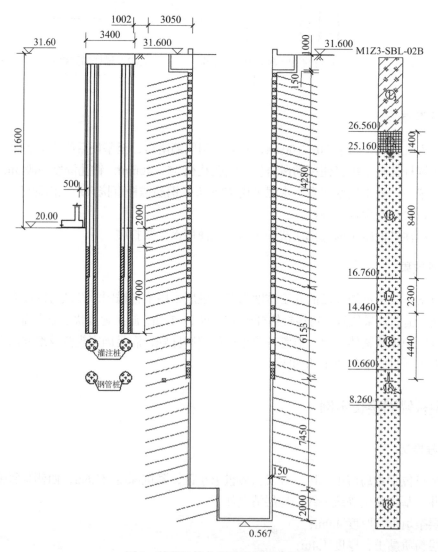

图 3　挖孔桩接长微型桩剖面示意图

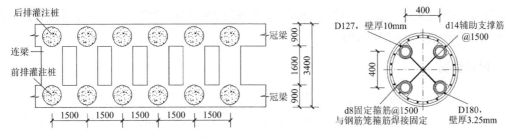

图 4　双排桩平面及微型桩布置图

3.3　工艺流程

孔口微型桩施工方法适用于各种桩型的接长处理，采用潜孔钻成孔锚固即可，施工工艺流程见图 5。

3.4　操作要点

（1）定位后旋挖成孔，采取护筒护壁，至坚硬岩石后终止清底。

（2）制作钢筋笼内侧焊接固定预留孔道的钢管，钢管底部采用密目网包裹，避免浇筑混凝土时进入管内。

（3）钢筋笼安装后要在孔口对其进行固定，避免浇筑过程中上浮。

（4）混凝土浇筑后 2～3d，可以采用潜孔钻成孔，潜孔钻钻杆钻具直接放入固定在钢筋笼的钢管内钻进即可，钻头直径 150～165mm，比设计深度一般超深 50cm，到底后高压风吹出沉渣。

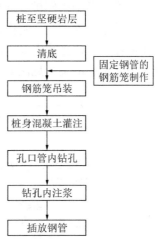

图 5　微型桩接长施工工艺流程图

（5）注浆宜采用纯水泥浆，强度等级采用 42.5 级，注浆后钢管直接下入孔内即可。

3.5　工程效果

本项目施工全过程支护体系整体稳定，监测各项指标均控制良好，满足国家规范及地方标准要求，该技术在本项目中节约成本约 55%。

4　微型桩与锚杆组合锚固接长实例

4.1　工程概况

青岛华润中心万象城项目，位于青岛市市南区山东路 10 号，基坑南侧香格里拉二期地下室外墙距离华润二期用地红线仅 5m，基坑深度 25～29m，地层情况如下：

①层素填土：层厚 0.20～1.0m，松散—稍密。回填成分主要为粗砂，混有较多黏性土，局部地段以风化碎屑为主。

⑯上层强风化上亚带：揭露厚度 3～4m，岩体属极破碎的软岩，基本质量等级 Ⅴ 级。地基承载力特征值 $f_{ak} = 1000kPa$。

⑯下层强风化下亚带：揭露厚度 0～6m，岩体属极破碎的软岩，基本质量等级 Ⅴ 级。地基承载力特征值 $f_{ak} = 1500kPa$。

⑰层中等风化带：揭露厚度 4～8m，岩体属较破碎的较软岩，基本质量等级Ⅳ级。地基承载力特征值$f_{ak} = 2500kPa$。

4.2 设计情况

基坑支护设计上部强—中风化岩部分双排灌注桩桩锚支护，下部中—微风化岩部分微型桩桩锚支护，双排灌注桩桩径均为 1000mm，设计进入中风化基岩较大深度，后排桩中心设一根预应力锚杆（索）锚固于基底以下。由于该部位邻近使用中酒店，不能爆破，采用旋挖工艺挖桩未能达到设计深度，技术人员与基坑设计反复探索分析，后采用了微型桩接长方案，其中内侧桩设 4 根微型桩接长，外侧桩设前后 2 根微型桩接长。施工时，旋挖灌注桩挖最大深度后，制作钢筋笼在内侧焊接钢套管，套管选用 Q235 钢，$\phi180mm$，桩混凝土灌注后，在套管内采用潜孔钻向下钻孔，插放接长钢管$\phi146 \times 10$，钻孔及套管内均压注水泥浆锚固灌实。见图 6、图 7。

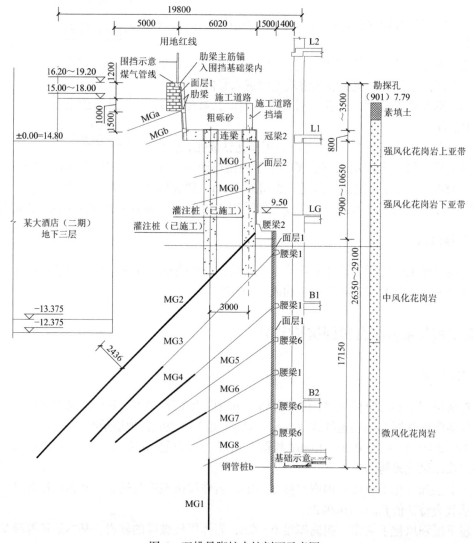

图 6　双排吊脚桩支护剖面示意图

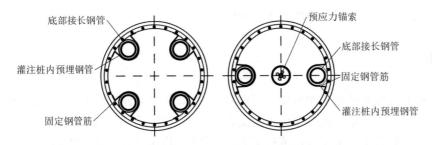

图 7　双排桩微型桩与锚索组合锚固接长平面布置图

4.3　工艺流程

孔口微型桩与锚索施工方法适用于各种桩型的接长处理，采用潜孔钻成孔锚固即可，施工工艺流程见图8。

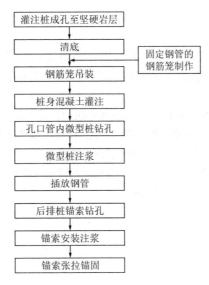

图 8　微型桩与锚杆组合锚固接长施工工艺流程图

4.4　操作要点

（1）钢筋笼固定的钢管底端做好封堵措施，避免混凝土灌入管内。

（2）潜孔钻钻孔孔径150～200mm，钻孔深度一般为2～10m，钻头钻杆直接固定在钢筋笼的钢管内钻进即可。

（3）注浆采用水泥浆，水泥采用42.5级，注浆后钢管直接下入孔内即可。

（4）微型桩接长支数根据桩径调整，桩径1000mm时一般布置2～6支。

（5）后排桩预应力锚索采用地质钻机取芯的方式成孔，重点是控制垂直度，以底部偏差不大于20cm为准。

4.5　工程效果

本项目每根微型桩接长施工时间约2h，预应力锚索施工时间约1.5h，施工速度快、效率高。施工全过程支护体系整体稳定，监测各项指标均控制良好，满足国家规范及地方标准要求。该技术在本项目中节约成本约 60%。

5 结语

大直径灌注桩成孔施工至坚硬岩石面后，在桩底采用锚杆或微型桩向下继续锚固接长，来弥补嵌固深度的不足。该技术施工速度快，大大节省了工期和成本。

小直径锚固技术避免了冲击成孔工艺产生的振动影响与大量泥浆污染，避免了人工挖孔桩爆破振动对周边的影响及施工安全隐患，避免了旋挖钻长时间研磨岩石的能源高消耗和大直径潜孔锤的巨大噪声与大量粉尘污染，与城市绿色低碳环保施工要求相适应，值得推广。

该技术目前主要应用于深基坑围护工程中，是否可以应用于基桩工程中，需要行业同仁一起探讨、试验和应用研究。

参考文献
[1] 张芳茹, 张启军. 紧邻地下管线条件下深基坑支护设计与施工[J]. 现代矿业, 2009(5): 134-137.
[2] 何小勇, 张芳如. 钢管桩结合预应力锚杆在超深基坑支护工程中的应用[J]. 现代矿业, 2009(10): 123-126.
[3] 张启军, 盖方杰. 微型桩在紧贴既有建筑基坑中的应用[J]. 施工技术, 2010(S1): 30-32.
[4] 张启军, 孟宪浩, 等. 注浆固结+双排钢管桩复合支护结构在深基坑中的应用[C]//中国岩土锚固协会第 25 次学术研讨会论文集. 北京: 人民交通出版社, 2016.
[5] 张昌太, 赵春亭, 张启军. 微型桩在超深岩石基坑中的研究与应用[C]//第十一届深基础工程发展论坛论文集. 北京: 中国建筑工业出版社, 2021.

基坑支撑梁下低净空钻孔桩的
全套管全回转技术及应用

胡谱，程杰林，徐成斌，殷耀斌

（武汉鑫地岩土工程技术有限公司，湖北 武汉 430050）

摘　要：针对超深基坑内支撑体系下复杂地层及周边环境桩基施工的难点，本文以珠海横琴慧天然安信大厦项目为例，针对该项目存在的技术难点，采用全回转全套管跟管钻进施工技术，利用履带型自行走式全套管全回转钻机机身低、行走便利的特点在支撑梁下成孔，基于基坑周边监测数据的分析，基坑周边变形较小，该工艺较好地减少了对场地周边环境的不利影响，解决了深基坑底支撑梁低净空条件下复杂地层钻进成桩的难题，为类似工程提供一定的借鉴。

关键词：超深基坑；内支撑；低净空；全套管全回转钻机；复杂岩土环境

0　引言

全回转钻机是一种可以驱动套管做 360°回转的全套管施工设备，是日本在 20 世纪 80 年代中期在摇动式搓管机的基础上开发的新型贝诺特施工设备。该设备早期的应用领域主要涉及咬合桩施工以及无损拔桩及地下障碍物清除等[1]。该工法具有技术灵活多样、机械化程度高、施工安全、可靠、成孔垂直度高、无泥浆污染等特点，而对于复杂岩土条件下低净空桩基施工的难题技术应用研究较少[2]，随着当今改建扩建项目不断增多，复杂地质条件及环境条件下的桩基工程施工工艺及技术研究已然成为建筑工程发展不可忽视的课题之一。本文以珠海横琴慧天然安信大厦项目为例，为综合解决支撑梁底低净空作业要求、软土成桩缩颈坍塌、砂层高承压水出现管涌、基岩入岩困难等几大难题，根据全套管全回转施工的优势和特点，分析了全回转式全套管施工优势和可行性并制定了详细的施工技术方案，解决了深基坑底支撑梁低净空条件下复杂地层钻进成桩的难题，为类似工程提供一定的借鉴。

1　工程概况

1.1　项目现状

拟建珠海横琴慧天然安信大厦项目位于珠海十字门中央商务区横琴片区，即环岛东路东侧、安临路南侧、福临道西侧、濠江路北侧，交通方便。项目工程用地面积 10000.00m²，设有四层地下室，基坑开挖深度约 20m，基坑采用"钻孔灌注桩 + 被动区加固 + 三层混凝土内支撑"的支护形式；基础形式为钻孔灌注桩，基坑除塔楼部位外均已经开挖到底，支撑系统已经完全形成，因设计变更，地库范围需增加钻孔灌注桩 40 根，桩径 1500mm，桩长为坑底以下约 65m。其中增加的工程桩有 14 根位于支撑梁正下方，11 根紧邻支撑梁或塔式起重机（不足 1m）；工程桩施工受基坑内支撑系统的影响，底板至支撑梁的净空高度仅 5m，且平面施工场地受立柱限制，操作空间较小，具有相当大的困难和挑战性。

1.2 周边环境及岩土工程条件

基坑西侧及北侧紧邻相邻地块的 2 层地下室；南侧及东侧紧邻市政主干道及高架桥；周边环境较为严峻，需对周边道路及建筑的水平及竖向位移进行严格的控制。

根据场地岩土工程勘察报告，场地地层自上而下依次分布有：

①$_1$ 人工填土：由黏性土组成，堆填时间为 5 年。

①$_2$ 人工填土：其堆填时间为 5 年左右，松散状态。

②$_1$ 淤泥：灰黑色，干强度高，韧性低，呈饱和、流塑状态，层厚 10.10～23.00m。

②$_2$ 黏土：褐黄、灰白等色，局部混少量石英砂，干强度及韧性较高，呈饱和、可塑状态。平均值 4.75m。

②$_3$ 淤泥质黏土：灰黑色，局部夹薄层粉细砂，呈饱和、流塑状态。层厚 3.40～25.70m，平均值 14.09m。

②$_4$ 粗砂：褐黄、灰白等色，粒径 1～5cm，呈饱和、中密状态。层厚 7.90～40.70m，平均值 28.42m。

④$_2$ 强风化花岗岩：属极软岩，岩体完整程度为极破碎，合金钻具易钻进。

④$_3$ 中风化花岗岩：属较软岩，岩体完整程度为较破碎，岩芯呈块状及柱状。场地分布有一定的软土层及流砂层，岩土性质较差；高强度花岗岩：工程桩桩端进入持力层 2m，施工钻进有一定的难度。

场区的地下水按其赋存介质的条件可分为两大类：一类为赋存于第四系土层中的孔隙承压水，其含水性较好、透水性中等；另一类为赋存于下伏基岩强、弱风化带中的裂隙水，赋存较小。场地下水主要接受大气降水补给及侧向河流补给。②$_4$ 粗砂层存在高承压水，现场坑底抽芯出现地下水溢水现象。

1.3 施工难点及需要解决的问题

1. 施工前需要解决的问题

（1）设备需满足垂直运输、低净空作业要求。

①受基坑已经开挖的影响，基坑深度达到 17m，而用于本工程桩基施工的设备均为重型设备，垂直运输极为困难，如何安全、顺利将设备送入坑内或退场是一大难题；②部分工程桩位置在支撑梁覆盖范围内，受支撑间净间距及立柱影响，施工空间不足，无法满足正常桩基施工。

（2）支撑体系安全：保证支撑受力满足设计要求、确保坑内支护桩位移稳定。

①基坑周边无设备停放地，施工设备需进入基坑底或放置于施工栈桥上，而支撑的结构设计中未能考虑该垂直方向受力，现有支撑难以满足重型车辆的行走。如何在确保支撑系统的安全情况下满足施工场地荷载需求是本工程的一大重点考虑问题；②部分工程桩邻近基坑边，若施工中出现严重管涌等事故，势必会造成支护桩被动区土体松散，严重影响支护体系的安全。施工中，对基坑周边宜进行适当加强以防意外发生时对基坑安全造成影响。

（3）施工作业场地问题。

①受支撑系统及基坑已开挖影响，现场可提供施工作业面有限，无法提供大面积的作业场地，如何合理的规划现有工作面，选用合适的施工流程是保证工期的一个难点；②补桩工程所需的设备均为重型设备，由于场内已经开挖到基坑底，且基坑底均为软土，若不经过处理将无法满足施工设备的作业要求，容易造成设备倾斜、倾倒事故。

2. 施工过程中需要解决的问题

（1）本工程地质条件复杂，常规的成孔工艺难以保证施工质量及支护体系安全。

①场地第四系覆盖层主要由①人工填土、②₁淤泥、②₂黏土、②₃淤泥质黏土及②₄粗砂组成，在成桩过程中，填土和粗砂层属易坍塌土层，②₁淤泥及②₃淤泥质黏土极易缩径，常规的成孔方式难以保证施工质量；②成桩过程中大部分地段需在细砂及中粗砂层中钻进，平均厚度达到28.4m，砂层厚度大，砂层总孔隙承压水水头高于基坑底部14m，成桩过程中易出现管涌或孔壁坍塌事故，对基坑的安全将形成巨大威胁。成桩过程中如何确保软土不缩颈坍塌、深厚砂层中不发生管涌现象是本坑内补桩工程的重点和难点。

（2）中风化花岗岩倾斜岩入岩困难问题。

本工程的中风化花岗岩强度大于60MPa，位于坑底60m以下，过高的强度及深度给施工工艺的选择带来困难。

（3）孔底沉渣及混凝土浇筑质量的保证。

桩基工程施工需穿越近35m厚度的砂层，桩底进入中风化花岗岩仅约3m，单桩成孔深度近65m，需要达到零沉渣要求难度大。单桩混凝土用量100m³，受城市交通、场地及支撑系统影响，单桩灌注时间在18h以上，灌注工程中保证混凝土的连续性及防止混凝土在未完成前初凝极为关键。

针对该项目面临的问题，结合项目的周边环境、岩土工程条件，场地的施工条件，提出了补桩施工采用全套管全回转施工工艺，钻孔桩清底采用反循环工艺。钻孔内取土采用履带式起重机配合冲抓或反循环工艺进行。

2 全套管全回转施工优势及可行性分析

2.1 施工原理

利用全套管全回转钻机的360°回转转动，使钢套管与土层间的摩阻力大大减小，边加转边压入，同时利用冲抓斗、冲击锤挖掘取土或旋挖取土，直至套管下到桩端持力层为止。挖掘完毕后，立即测量孔深确认持力层，满足要求后进行清孔，安装钢筋笼，最后浇灌混凝土成桩完成[3]。全套管全回转钻机施工流程，见图1。

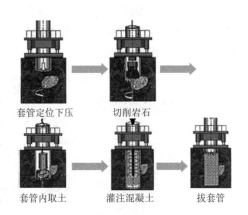

套管定位下压　　切削岩石

套管内取土　　灌注混凝土　　拔套管

图1　全套管全回转钻机施工流程图

2.2 全套管施工优点

全套管全回转钻机是集全液压动力和传动、机电液联合控制于一体、可以驱动套管做

360°回转的新型钻机，压入套管和钻进同时进行，具有新型、高效、环保的特点。可以解决多种复杂、特殊环境下的桩基施工难题。

全回转全套管钻机常见使用于咬合桩、岩溶区钻孔桩、邻地铁钻孔桩、高填方区钻孔桩等，具有以下优势[4,5]：（1）全套管护壁（无需泥浆），不会塌孔、缩颈，对周边环境无影响；（2）遇孤石及斜岩面不易发生偏斜，成孔质量好；（3）利用套管的高度及套管与孔壁的密贴作用，可有效地隔离地下承压水，降低地下水对施工的影响；（4）施工过程中遇到孤石、中风化花岗岩等特殊地层时，可以采用重锤冲击破岩，加快施工进度；（5）全回转钻机采用冲抓斗套管内取土，竖向需要的作业空间小。

2.3 基于全套管全回转钻孔桩施工的技术方案分析

1. 针对非支撑梁覆盖范围内的钻孔灌注桩的施工技术[6-8]。

根据补桩数量及位置的分布特点，布置 1 台履带式全回转钻机及 1 台 75t 履带式起重机、铲车 1 台在基坑底配合全回转钻机进行施工；栈桥上铺垫路基板，设置一台小于 60t 的起重机配合坑内施工，同时设置混凝土泵送的专门区域。

2. 针对支撑梁覆盖范围钻孔灌注桩施工。

采用全套管全回转设备改装成自行走式，减少起吊设备的需要。对起重机进行改造，使起重机可以在狭小作业空间内满足取土及吊装钢筋笼、浇灌混凝土的需要；在栈桥范围内对栈桥进行加固后保证履带式起重机在已经加固好的支撑上行走及施工，对现有桩位的盖板进行开洞处理，利用栈桥上的履带式起重机在孔位作业。具体施工前的准备如下：

（1）拆卸设备。拆解后单体重量（不大于 25t），需保证栈桥的安全；设备作业能力满足设计要求（桩径 1.5m，成孔深度最大 65m，其中砂砾层近 40m）；并满足支撑下移动及取土要求。

（2）对场地条件进行布置及对场地的加固处理。①坑底设置钢筋混凝土连续板硬化；②坑底周边被动区范围内底板先行施工加固；③对基坑围护的支撑系统进行加固。

（3）对坑内地下水的控制。①使套管内保持有高水位；②保证套管超前施工；③使部分有承压水溢出的抽芯检测孔在施工期间不封堵，利用其适当减压降水。

整个施工过程以"冲抓为主、冲击为辅"的原则执行；若遇花岗岩倾斜严重，为保证垂直度及入岩深度，入岩段采用冲锤小冲程冲击、慢速钻进；工艺流程采用气举反循环进行清孔，提高套管内混凝土超过管底高度，一般不小于 20m，整个施工过程中进行及时的检测与监测（图 2）。

图 2 现场施工图

3. 基坑监测分析

在整个全套管全回转桩基施工过程中对基坑进行连续跟踪监测，主要针对基坑周边的地表沉降情况进行监测，选取基坑周边 10 个监测点，分别为 J01～J10，整个桩基施工期间，施工总周期 40d，监测频率 1 次/2d，具体监测数据见图 3。根据数据分析可知，基坑周边地表的沉降累积位移量最大值 3.39mm，变化速率 0.08mm/d，监测结果未见异常，沉降变化速率极小，基坑安全稳定，全套管全回转工法的桩基施工对周边的环境扰动极小。

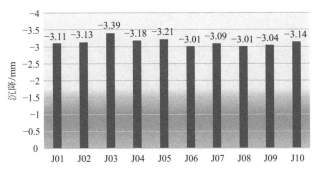

图 3   J01-J10 监测点沉降累计位移量统计图

3 结论

该工程为超大深基坑工程坑底补桩施工，工程地质复杂，施工环境特殊，采用全套管全回转钻机设备对支撑梁覆盖范围内钻孔灌注桩进行施工，不仅克服了支撑梁底低净空作业、软土缩颈坍塌、深厚砂层管涌的难题，而且解决了倾斜岩入岩困难问题。该工程补桩施工完成后，对施工完成的 3 根工程桩进行了声波检测，桩身效果良好；桩基施工过程中基坑监测连续跟进，监测结果未见异常，基坑安全稳定；该工程桩基单桩成孔时间约 36h，成桩时间约 3d，整体施工进度可控，设备选型及适当的改造使用合理、可靠。

本项目采用全回转式全套管钻孔灌注桩施工工法不仅可以很好地解决桩基垂直度问题、斜岩、松散地层塌孔护壁问题、控制孔底零沉渣以及地下水的影响问题；而且可以利用套管的作用很好地减少了对场地周边环境的不利影响。综上，基于全回转式全套管跟管钻进施工技术在复杂岩土环境条件下成桩的优势，该技术工法不仅可以解决低净空复杂地层条件下的工程施工难题，也可以解决超厚填土区、强发育岩溶区、邻地铁扰动小的各类复杂工程难题，作为一种绿色环保、安全的无循环桩基施工新设备和新技术，在桩基施工工艺选择上提供了新的思路，也为类似工程提供一定的借鉴。

参考文献

[1] 刘春晓. 我国全套管灌注桩研究及应用现状[J]. 广东土木与建筑, 2021, 28(1): 62-66.

[2] 邓飞. 全回转套管施工技术研究[J]. 施工技术, 2019, 48(S1): 177-179.

[3] 杨言. 全套管全回转钻机成桩施工技术在工程实践中的应用[J]. 低碳世界, 2020, 10(6): 114-115.

[4] 孙彬. 全套管全回转钻机在断裂带软硬交互岩层大直径超深成桩中的应用[J]. 资源信息与工程, 2023, 38(1): 76-79.

[5] 杨保全, 廖敏. 浅谈大直径全套筒全回转钻机灌注桩施工工艺[J]. 工程技术交流, 2023, 38(1): 76-79.

[6] 周学民, 王兴康, 赵建立复杂地质及周边环境超长全回转全套管灌注桩施工技术[J]. 施工技术. 2017. 46(8): 28-31.

[7] 毛忠良, 时洪斌, 陈晓莉. 低净空全套管灌注桩机研制及施工影响分析[J]. 路基工程, 2019(1): 98-105.

[8] 王胜, 董海龙. 深嵌硬质岩变径咬合桩低净空施工关键技术研究[J]. 建筑机械, 2025(2): 48-52.

大断面多刀盘矩形顶管遇障碍物
处理措施及实践

姜林华

（上海市基础工程集团有限公司，上海 200000）

摘　要： 以天津地铁 4 号线增设 B 出入口工程矩形顶管通道施工为背景，针对多刀盘大断面矩形顶管顶进过程中遭遇冻结管障碍物的处理措施及施工实践进行系统阐述。通过分析冻结管遗留的背景及空间分布特征，结合矩形顶管设备性能与地层条件，提出以刀盘贯入度为核心的控制技术，指导顶管机安全穿越冻结管障碍区，最终实现顺利接收进洞。本工程实践为类似地层条件下的障碍物处理提供了可借鉴的技术经验。

关键词： 矩形顶管；冻结管；障碍区；刀盘贯入度

0　引言

随着城市化进程的持续推进，城市地下空间的开发与利用需求日益增长，矩形顶管工程的应用也变得越加广泛。与此相伴的是顶管技术的逐步成熟以及顶管设备性能的显著提升。

天津地铁 4 号线增设 B 出入口工程位于红星路与成林道交叉口，需采用矩形顶管法施工连接车站负二层站厅层。施工区域地层以粉质黏土、粉土承压水层为主，且需下穿市政道路、管线及既有桥梁桩基，技术难度较高。本工程在接收井洞门破除阶段采用了水平冷冻加固工艺，但在冻结管拔除过程中发生断裂，导致 4 根冻结管遗留在顶管路径内。此类冻结管障碍物在常规顶管工程中较为罕见，其处理需结合设备性能与地层特性制定专项技术方案。

既有研究在障碍物处理技术领域已取得系列成果：陈键[1]在广州地铁 6 号线某站 V 号出入口通道矩形顶管工程中，总结了刀盘刀具改良与化学注浆技术协同的技术措施，采用气压法人工出仓成功清除加固体素混凝土墙内残存钢筋、地层密布旧木桩和花岗岩条石、水下进洞端残存旋喷桩钻杆致刀盘被卡等障碍物；宋炳锐等[2]提出的"竖井取出维修法"在南京某穿河工程中有效处理了顶管机前方河堤护坡块石及刀盘修复等问题，并建立了事前控制指标体系；参考文献[3]中研究表明合理控制推力可以有效增加刀盘与岩体之间的荷载，从而提高贯入度，进而提升盾构掘进速度，增强施工效率。

既有研究成果在障碍物处理等方面积累了成功经验，然而现有成果对冻结管等特殊金属障碍物的切削机理研究仍有欠缺，且刀盘贯入度的应用多集中在硬岩等地层处理。

本文将围绕多刀盘矩形顶管在处理冻结管障碍物方面展开深入研究，重点分析并阐述以"刀盘贯入度"为核心控制技术措施在处理冻结管障碍区的应用。结合施工试验与现场实践，总结出可行的技术措施和施工经验，为今后类似工程提供参考和借鉴。

1 工程背景

1.1 工程概况

该工程(图 1)矩形顶管为土压平衡式顶管,顶管通道断面尺寸为 7m × 5m,长度 71.5m,1%下坡顶进,覆土深度为 13.9～14.6m,下穿市政道路、多条市政管线、侧穿东风桥桩,与4 号线已运行区间相平行。穿越⑦₁层粉质黏土、⑧₁层粉质黏土及⑧₂层粉土(承压水层)。

施工需克服承压水影响,并确保地面道路、邻近管线与桥梁桩基的安全。

顶管通道的西侧设有始发井,东侧设有接收井。始发井的围护结构为地下连续墙,接收井采用明挖法施工。

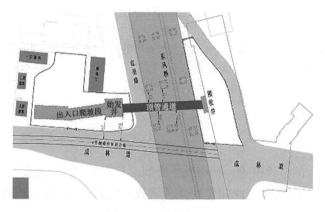

图 1　工程平面概况图

1.2 常规矩形顶管工艺

常规矩形顶管施工主要包含顶管始发准备工作、设备安装、始发施工、正常推进、接收施工、收尾工作。顶管施工工艺流程,见图 2。

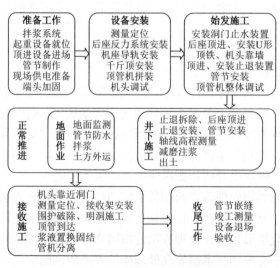

图 2　顶管施工工艺流程

1.3 工艺调整

本工程采取了水平冻结加固 + 弃壳接收 + 钢套箱结合接收的方式，为规避顶管机在冻结壁内卡滞[4]及承压水喷涌施工风险，主要对顶管接收方式进行了调整，调整工艺如下：

冻结帷幕提前解冻。接收井洞门破除后停止冷冻，待帷幕自然解冻后再进行顶管始发。

2 冻结管障碍区概况

2.1 冻结管打设方式及断裂背景

冻结孔打设采用钻孔设备为 MD-80A 钻机，配用 BW250 型泥浆泵，冻结管作钻杆打设。冻结管采用 20 号低碳钢无缝钢管，壁厚 8mm，设计长度 4.5m，受接收井净宽限制，洞圈内外冻结管采用螺纹 + 对焊连接，单根长度为 0.8m，接头抗拉强度需达母管80%。施工期间因焊接质量缺陷、冻胀变形及洞门破除振动等因素，4 根冻结管（编号C3、D7、F6、G6）断裂并遗留于地层中，残留相对应长度为 1.6m、2.5m、2.55m、2.61m（图 3）。

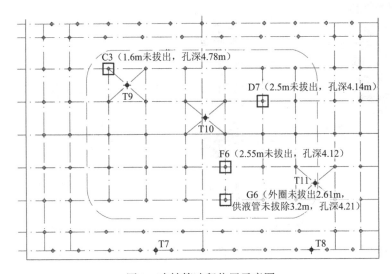

图 3　冻结管遗留位置示意图

2.2 冻结管空间分布特征

地下连续墙与顶管顶进轴线的夹角为 79°，冻结管在打设方向与顶管轴线相平行（图 5）。

残留冻结管与顶管机空间位置关系如下：

（1）平面分布：残留管体初始位置，分别位于刀盘的中心、刀盘边界、刀盘相交处（图 4、图 5）。

（2）剖面关系：部分管端嵌入 MJS 加固体内，嵌入长度约 0.8m（图 6）。

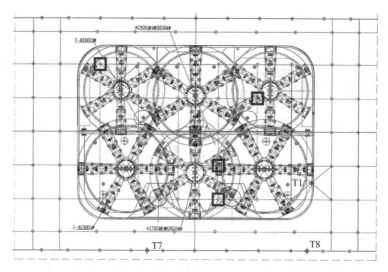

图 4　遗留冻结管与顶管机刀盘对应位置关系图

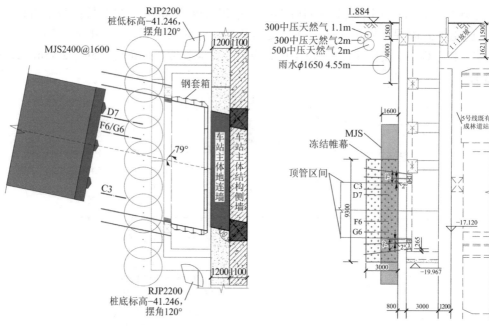

图 5　顶管机与遗留冻结管平面位置关系图　　　　图 6　遗留冻结管剖面位置关系图

3　技术措施分析

　　为处理在顶管区间所遗留的 4 根冻结管，综合考虑周边环境、管线、顶管接收进洞安全、经济等因素，不考虑采取直接从地面清障处理的施工措施，拟采取通过顶管机直接进行处理的方式。

3.1　冻结管材质及力学性能

　　冻结管材质为 20 号低碳钢，力学性能详见表 1。

20 号低碳钢力学性能参数表　　　　表 1

直径D/mm	壁厚t/mm	截面积A/mm²	抗弯截面系数W/mm³	抗拉强度σ_s/MPa	抗剪强度τ/MPa
89	8	2035	37894	499	349

注：其中抗剪强度为估算值，按 0.7 倍抗拉强度估算。

3.2 顶管机设备性能概况

矩形顶管刀盘形式采用 6 只大小刀盘叠加组合，刀盘全部采用辐条式结构，共由均布的 6 根辐条（刀臂）及一圈加强杆组成，刀盘技术参数见表 2。螺旋机：$\phi560$，30kW-6，变频调速 0～13r/min，最大理论排土量 59m³/h。

刀盘技术参数表　　　　表 2

D2900 后置刀盘		D2600 前置刀盘	
行星减速机	SL4004FE；$i=259.1$（减速比，无量纲）	行星减速机	SL4004FE；$i=259.1$（减速比，无量纲）
刀盘驱动电机	3 台 30kW，1470r/min	刀盘驱动电机	3 台 30kW，1470r/min
刀盘转速	1.32r/min（变频调速）	刀盘转速	1.54r/min（变频调速）
刀盘转矩	650kN·m	刀盘转矩	550kN·m

刀盘在刀具配置、布局方面进行强化，先行刀安装高度 100mm，切削刀 60mm，每个方向轨迹上均配备 2 把先行刀，4 把切削刀，轨迹间距为 90～100mm（图 7），具体配置见表 3。

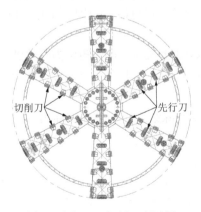

图 7　先行刀、切削刀配置图

刀具技术参数表　　　　表 3

刀具类型	数量/把	安装高度/mm
先行刀	28	100
切削刀	44	60
中心鱼尾刀	1	280

刀具类型	数量/把	安装高度/mm
周边刮刀	12	60

3.3 冻结管-土-刀盘关系研究与分析

主要分析冻结管、刀盘、土体三者之间的关系，相互之间是一个特别复杂的力学效应关系。在进行计算分析研究时，假设两种较为简化的模型计算作为支撑。

假设一：主要验证刀盘刀具是否具备使冻结管破坏的能力。

假设土体足够坚硬，能为冻结管提供足够的刚性约束，冻结管在刀盘作用下的受力情况可以简化为剪切破坏模型。

能够满足使钢管受到剪切破坏的力计算如下：

$$F_1 = \tau_1 \times A_1 = 96.7\text{kN} \tag{1}$$

式中：τ_1——冻结管抗剪强度（MPa）；

A_1——刀具剪切面积以钢管内径处弦高计算，面积为 277mm²。

刀盘最远端刀具所产生的力：

$$F_2 = T/R = 423\text{kN} \tag{2}$$

式中：T——刀盘扭矩，取最大值为 550kN·m；

R——刀盘半径，取 1.3m。

根据相关参考文献[5-10]，刀盘扭矩主要由 4 个部分组成，公式表示为：

$$T = T_1 + T_2 + T_3 + T_4 \tag{3}$$

式中：T 为刀盘的总扭矩（kN·m）；T_1 为切削土体产生的扭矩（kN·m）；T_2 为刀盘面板摩擦产生的扭矩（kN·m）；T_3 为刀盘搅拌产生的扭矩（kN·m）；T_4 为机械损失的扭矩（kN·m）。

有关研究显示，刀盘扭矩中仅 32%~45% 转化为有效破碎能，其余通过摩擦、振动等形式耗散，那么按照 32% 的有效破碎力考虑，刀盘最远端所产生的破碎力约为 135kN，仍大于使冻结管剪切破坏的力。

综上，刀盘扭矩足够具备使冻结管剪切破坏的能力。通常在矩形顶管施工过程中，刀盘面板摩阻力占比较大，一般会采取土体改良、掌子面注浆等技术措施，降低刀盘扭矩，故刀盘扭矩有更充足的富余量。

假设二：在假设一刀具使冻结管受到剪切破坏的剪切力为 $F_1 = 96.7\text{kN}$ 条件下，根据三轴不固结不排水（UU 试验）被穿越土层的抗剪强度（表 4），核算土层抗剪强度是否使冻结管纯剪连续剪切破坏。以管 D7 为例，1.7m 长冻结管在天然土层内，0.8m 长在 MJS 加固体内。加固区按照抗压强度 1.0MPa 考虑，加固区抗剪强度按照抗压强度的 1/3 考虑，抗剪强度为 0.333MPa。

三轴不固结不排水剪（UU 试验） 表 4

穿越土层	c/kPa	厚度/m
⑦粉质黏土	29.32	1.7

穿越土层	c/kPa	厚度/m
⑧$_1$粉质黏土	32.75	2.3
⑧$_2$粉土	36.00	2.0
⑨粉质黏土	37.00	2.5

经计算取土层加权平均抗剪强度约为 34kPa，钢管最远端土体极限承载力约为$F = 90$kN。

综上，$F < F_1$，可以得出当刀盘刀具作用于冻结管时，冻结管周边的土体开始剪切变形，无法约束钢管受剪切破坏。

根据两种假设分析结果，得出刀盘与冻结管之间存在 3 种理论状态：

状态一：随着顶管机的顶进，冻结管一直在刀盘正前方，跟随刀盘转动做旋转运动。

状态二：冻结管进入刀盘条幅，被刀盘条幅压扁变形剪断。

状态三：最坏情况，刀盘被冻结管卡死，无法转动。

3.4 技术措施制定

（1）以控制刀盘贯入度为核心要素

刀盘贯入度指刀盘每旋转一圈进入土壤的深度，刀盘贯入度的公式为掘进速度 ÷ 刀盘转速 = 刀盘贯入度，单位为 mm/r。通过这个公式可以直观地看出，刀盘的贯入度和掘进速度、刀盘转速之间的关系。通过调整掘进速度和刀盘转速，可以有效控制贯入度，充分切割影响冻结管。

主要工作原理分析：

先行刀安装高度比切削刀高 40mm，那么在顶管顶进过程中，刀盘先行刀先于切削刀接触冻结管。通过上述计算分析，先行刀产生的作用力会对冻结管造成剪切破坏、位移等效果。

刀盘贯入度降低，刀盘先行刀对冻结管的切割作用次数会增加，使冻结管在先行刀的作用力下，不断产生位移变化，从而避免冻结管进入刀盘条幅中。故在刀盘转速恒定情况下，降低掘进速度即减小刀盘的贯入度。因此，控制刀盘的转速与顶进速度的平衡至关重要，以确保刀盘的正常运转。

（2）以刀盘扭矩为重要判断依据

在顶管施工，尤其是在冻结管障碍区的顶进过程中，刀盘扭矩是一个关键的控制参数。刀盘扭矩不仅决定了刀盘的切削能力，还直接影响了施工的安全性和效率。通常以70%刀盘额定扭矩设定为控制界限，采取一些控制措施降低刀盘扭矩[10]，包括：掌子面注浆减小土体的阻力，降低刀盘扭矩；对土体改良处理[10,11]，使其更适合刀盘切削，减少对刀盘的阻力；调整顶进速度等。当刀盘扭矩未达到负载最小扭矩时，顶管机方可停止刀盘运行。

根据扭矩计算公式[12]：

$$P = nT/9.55\mu \tag{4}$$

式中：T——刀盘扭矩（kN·m）；

P——电动机功率（kW）；

n——刀盘转速（r/min）；

μ——机械效率。

该公式表明，在电动机功率恒定的情况下，刀盘的扭矩与刀盘转速成反比。当转速减小时，刀盘的扭矩会相应增大。在冻结管障碍区的顶进过程中，为了保证刀盘具备足够的扭矩来切割冻结管，往往需要降低刀盘转速。

由于顶管机控制系统的操控界面通常不能直接显示刀盘扭矩和刀盘转速的数值，而是以刀盘频率和刀盘电流作为显示参数，操控人员需要通过这两个数据来间接判断刀盘的运行状态。

因此，操控人员需要控制刀盘频率和观察电流的变化趋势，实时调整顶进速度和其他操作参数，以确保刀盘在冻结管障碍区能够顺利完成顶进。

4 试验模拟

在顶管施工准备阶段，进行了顶管刀盘对冻结管的剪切破坏试验。

试验方式：冻结管一端采用 H 型钢与地下连续墙进行焊接固定，另一端为自由端，顶管慢速空推切割冻结管（图 8）。

图 8   冻结管剪切破坏试验

试验参数：试验参数按刀盘贯入度小于 40mm/r 为要求进行设定。

试验过程：整个过程顶管空推距离约 150mm，时间 18 分 23 秒。综合推进速度约 8.5mm/min，刀盘转速实际测定约 0.5r/min，刀盘贯入度为 17mm/r。

试验终止：冻结管焊接端出现焊接破坏松动，刀盘为空转电流时停止刀盘转动，停止试验。试验过程详见图 9～图 13。

具体试验结果如下：（1）刀盘每转动一圈，对冻结管切割 4～6 次，随着冻结管被刀盘刀具切割受力变形，冻结管自由端与刀具轨迹位置关系发生变化，切割次数随之发生变化；（2）刀盘切割过程中电流保持在 58.6～59.1A 变动，基本为空转电流。（3）冻结管自由端管口被刀具剪切破坏，详见图 14。

图 9　起始位置　　　　图 10　先行刀冻结管　　　图 11　先行刀切削
　　　　　　　　　　　　　　　　开始接触　　　　　　　　冻结管

图 12　先行刀与　　　　图 13　试验结束　　　　图 14　冻结管受
　　　冻结管脱离　　　　　　　　　　　　　　　　　剪切破坏

通过对试验结果进行分析和论证，证明了刀盘具备使冻结管剪切破坏的能力。同时试验过程也表明，在冻结管两端没有约束的条件下，土层无法提供抗剪强度时，刀盘会带着冻结管做旋转运动。

5　施工效果

以理论假设分析为依据，以试验模拟成果为基础，在实施过程主要采取了降低推进速度、降低刀盘转速、掌子面注浆土体改良等措施，确保顶管正常顶进，避免了状态二、状态三的出现。

5.1　关键参数搜集与记录

顶管施工准备阶段与顶进施工阶段，对各项关键基础数据进行搜集与记录，对后续施工数据分析至关重要。

在顶管开始顶进准备阶段，对各刀盘空转电流以及正常顶进阶段刀盘负载最小电流分别进行了统计和记录，详见表 5。

刀盘电流参数表   表 5

刀盘部位	左上	左下	中上	中下	右上	右下
刀盘频率/Hz	30.2	33.4	30.7	31.4	30.5	31.6
刀盘空载电流/A	57.3	58.4	60	57	58	70
刀盘负载最小电流/A	62.4	64.1	70.6	74.9	61.4	79.8

注：刀盘频率反映刀盘转速快慢，刀盘电流上下浮动，为平均值。

5.2 施工过程控制

顶管正常段推进速度为 7~10mm/min，在进入切削冷洞管遗留障碍区前 0.5m，提前降低顶管推进速度至 2~3mm/min[13]。根据相关研究影响刀盘扭矩最大因素为摩擦扭矩[10]，实时采用高分子聚合物浆液改良掌子面土体[11]，以起到降低刀盘扭矩、稳定开挖面土体等作用。

顶管顶进过程中，时刻关注刀盘电流大小。在顶进过程中，各刀盘电流基本保持在负载最小电流上浮 10~15A 之间，为正常区间，个别刀盘瞬时电流达到 100A 的情形，基本推断刀盘切割冻结管，立即采取了降低推进速度或停止顶进的措施。当刀盘电流恢复到刀盘最小负载电流范围波动时再恢复顶进，以避免冻结管进入刀盘辐条。

5.3 施工成果

整个障碍区顶进接收进洞里程为 65m 到 71.5m，共计推进 6.5m，时间从 2024 年 1 月 16 日 9 点 02 分到 2024 年 1 月 19 日 8 点 24 分，工期用时共计约 4d，顺利进洞停机。

经计算刀盘贯入度为 2.72~4.54mm/r，小于控制数值及试验数值。

因采取钢套箱接收施工工艺，待洞门注浆封闭完成后，采用人工清理的方式清理钢套箱内渣土。在清理渣土过程中，可以发现冻结管基本在刀盘前处于竖直、水平、倾斜等状态（图 15~图 17）。

刀具受出洞加固体强度高、冻结管障碍区顶进等因素影响，局部刀具出现局部缺角等不同程度的磨损，共计 31 把，磨损率约为 6%（图 18）。

图 15　冻结管与刀盘关系（竖直）　　图 16　冻结管与刀盘关系（水平）　　图 17　冻结管与刀盘关系（倾斜）　　图 18　冻结管取出实物

6 结论

本文依托工程实践，以理论分析为依据，制定以"控制刀盘贯入度"为技术控制措施，配合相应的顶管施工配套措施，顺利穿越冻结管障碍区。在暗挖工程领域，结合顶管机设备性能特点，采取适当的技术措施，通过顶管机解决障碍物的做法是较为安全且经济的，避免了从地面管线切改、清障处理等技术手段，为同类工程遇到相似障碍物处理方式提供经验及借鉴。

参考文献

[1] 陈键. 矩形顶管施工技术[J]. 建筑工程技术与设计, 2014(5): 57.

[2] 宋炳锐, 陈伟民. 浅谈矩形顶管机顶进中遭遇障碍物的处理[J]. 现代交通技术, 2012, 9(4): 53-56.

[3] 卢泽霖, 王旭春, 曹云飞, 等. 富水硬岩地层泥水平衡盾构掘进参数的优化分析[J]. 施工技术, 2022(10): 159-164.

[4] 申志. 顶管工程接收井出机洞口水平冷冻工艺设计及实施研究[J]. 地下水, 2023, 45(5): 329-330.

[5] 江玉生, 王丽娜, 杨志勇, 等. 土压平衡式盾构刀盘扭矩计算方法研究[C]//2011中国盾构技术学术研讨会论文集. 北京, 2011.

[6] 林键. 土体改良降低土压平衡式盾构刀盘扭矩的机理研究[D]. 南京: 河海大学, 2006.

[7] 黄清飞. 砂卵石地层盾构刀盘刀具与土相互作用及其选型设计研究[D]. 北京: 北京交通大学, 2010.

[8] 管会生, 高波. 盾构刀盘扭矩估算的理论模型[J]. 西南交通大学学报, 2008, 43(2): 213-217 + 226.

[9] 陆文稽, 蔡洪斌, 杨聪怀, 等. 矩形顶管机刀盘的扭矩计算及受力分析[J]. 广东造船, 2015, 34(4): 50-52.

[10] 许有俊, 黄正东, 张旭, 等. 大断面土压平衡矩形顶管多刀盘实测扭矩参数研究[J]. 现代隧道技术, 2021, 58(5): 96-103.

[11] 许有俊, 文中坤, 闫履顺, 等. 多刀盘土压平衡矩形顶管隧道土体改良试验研究[J]. 岩土工程学报, 2016, 38(2): 288-296.

[12] 上海市住房和城乡建设管理委员会. 顶管工程施工规程: DG/TJ 08—2048—2016[S]. 上海: 同济大学出版社, 2017.

[13] 中国工程建设标准化协会. 矩形顶管工程技术规程: T/CECS 716—2020[S]. 北京: 中国建筑工业出版社, 2020.

某电厂工程静钻根植桩试验研究

陈春保 [1]，陈克伟 [1,2]，李宗辉 [1]

（1. 上海中淳高科桩业有限公司，上海 201500；

2. 宁波中淳高科股份有限公司，浙江 宁波 315145）

摘　要：静钻根植桩是一种预钻孔植桩技术，具有质量稳定、材料消耗量少、泥浆排放少及无挤土、无噪声污染等优势，上海地区常用静钻根植桩桩长为 30～60m，超长桩工况下的适用性和可靠性有待进一步研究。本文结合上海外高桥电厂 2×1000MW 绿色高效煤电项目做了一系列试桩研究，试验表明：静钻根植桩在 72m 桩长下成桩效果好、施工质量可靠，竖向抗压、抗水平承载能力满足工程设计要求，为该技术在上海地区的推广应用积累可靠经验和数据。

关键词：静钻根植桩；静载试验；抗压承载力；水平承载力；高、低应变

1　研究背景

随着国内建筑行业产业升级，智能、节能、环保、装配式将是国家重点发展方向。目前桩基施工常用的静压、锤击法施工预应力管桩会使桩身受到不同程度的损伤，对周边土体的扰动则限制了其使用场景，传统的钻孔灌注桩施工对周边环境影响小，但无法兼顾节能减耗、绿色环保的要求。国内外均在开发植桩技术替代钻孔灌注桩，以日本为例，2019年高承载力植桩工法市占率已高达 78%，静钻根植桩技术 2013 年起在国内逐步得到推广应用[1]，静钻根植桩是采用带搅拌叶片和扩底翼的单轴钻机进行钻孔、扩底，在扩底段和非扩底段注入不同配合比的固化浆液并搅拌形成外桩，然后在浆液初凝前采用自重、静压方法将芯桩植入形成的复合桩。预制桩下部采用竹节管桩、桩端采用扩大头的方式以提高桩基承载力，采用数字化施工设备对施工过程整体把控，成桩质量高，具有施工效率高、无挤土、泥浆排放少、低噪低碳等优点。静钻根植桩作为一种新工艺，具有独特的桩身结构和工艺特性，众多学者针对其受力特性已经做了深入剖析[2-4]，但上海地区常用静钻根植桩桩长为 30～60m，超长桩工况下的适用性和可靠性有待进一步研究，因此基于上海外高桥电厂 2×1000MW 绿色高效煤电项目进行了 72m 试桩研究，对静钻根植桩在超长桩工况下的施工工艺、承载力、成桩效果进行分析。

2　静钻根植桩工艺特点

静钻根植桩采用专用单轴搅拌钻机按照设定深度钻孔，桩端部按照设定尺寸（直径与高度）扩孔，通过搅拌、注浆形成水泥土桩孔后，靠预制组合桩的桩身自重将其植入孔内，

桩周、桩端水泥土固化后形成水泥土包裹刚性桩体的植入桩成为一个整体。制成由预制桩身、桩端水泥浆和土体共同承载的静钻根植桩基础[2]。静钻根植桩施工流程示意图，见图1。桩端水泥浆的水灰比宜取 0.6～0.7，注浆量不应小于扩底部分的体积，桩周水泥浆的水灰比宜取 1.0～1.2，注浆量不宜小于有效桩长的钻孔体积减去桩端水泥浆体积及植入桩桩身体积后的30%。

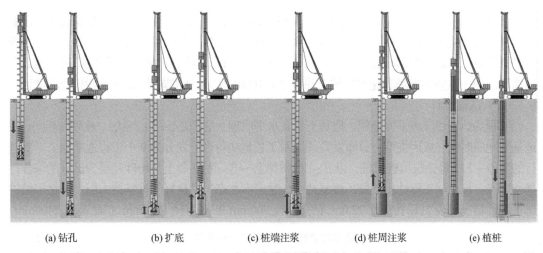

(a) 钻孔　　　　(b) 扩底　　　　(c) 桩端注浆　　　　(d) 桩周注浆　　　　(e) 植桩

图1　静钻根植桩施工流程示意图

静钻根植桩桩芯采用预制组合桩的形式（表1）：最下节桩采用静钻根植先张法预应力混凝土竹节桩，简称竹节桩，代号 PHDC（图2）；上部分桩根据承载力需求选用复合配筋先张法预应力混凝土管桩，简称复合配筋桩，代号 PRHC 或先张法预应力高强混凝土管桩，简称管桩，代号 PHC。静钻根植桩开挖实物，见图3。

桩型组合　　　　　　　　　　　　　　　　　　　　　　表1

位置	组合一（适用于抗压工况）	组合二（适用于抗拔、水平力、抗震工况）
上节	PHC	PRHC
中段	PHDC 或 PHC 或 PHDC + PHC	PRHC 或 PHC 或 PHDC + PHC
下节	PHDC	PHDC

图2　竹节桩实物

图3　静钻根植桩开挖实物

3 试桩设计及施工

3.1 试桩设计

（1）工程概况

上海外高桥发电厂厂址位于上海市浦东新区，厂址位于长江口南岸。厂址北隔长江南港航道与长兴岛相望，南侧为外高桥保税区，西侧为外高桥港区，东侧紧靠竹园污水处理厂。上海外高桥发电厂厂址由西向东依次为一厂、二厂和三厂厂区，本期工程拟在一厂主厂房西侧老厂用地范围内（主要为煤场和化水区域）建设 2×1000MW 高效超临界二次再热燃煤发电机组。

（2）试桩设计

工程场地属于滨海平原地貌，地基土具有水平层理，呈"夹心饼干"状，"软硬"相间。按地基土地质时代、成因类型、分布发育规律及工程地质特性，划分为 9 个工程地质层。本次进行的 T10～T12 静钻根植桩试桩，以⑧$_{2-1}$ 粉质黏土～⑧$_{2-3}$ 粉质黏土与粉砂互层为试桩的综合桩基持力层。该土层工程性质良好，埋藏适中，呈密实状态，是良好的桩基持力层。静钻根植桩试桩设计情况见表2，钻孔深度 72.0m，钻孔直径 800mm，扩底直径 1200mm，扩底高度 2400mm。

静钻根植桩试桩设计情况一览表   表 2

桩号	配桩方式（由上至下）	桩长/m	单桩竖向抗压极限承载力/kN	单桩水平承载力特征值/kN
T10～T12	PHC 700(130)B-15 C100 + PHC 700 (130) AB-15,15,12 C100 + PHDC 700-550 (125) AB-15 C100	72	≥9000	260

3.2 试桩施工

本次试桩采用全液压步履式打桩架（型号为 JB170M）进行钻孔，采用液压静力压桩机（不带配重）进行沉桩（图4）。在施工前和施工过程中，进行周密的施工质量控制方案设计，包括：打桩流程安排、桩机就位控制、桩机偏差质量控制、垂直度控制、钻孔过程各参数控制、修孔各参数控制、焊接质量控制、水泥用量控制、施工数据监控及分析、钻孔过程与地质情况比较等。静钻根植桩钻孔、扩孔、注浆成孔平均时间为 3.68h，沉桩平均时间为 2.68h，由于试桩施工过程中需要进行各项施工参数复核及拍照，作业时间较正常施工时间长，静钻根植桩施工记录汇总表见表3。

(a) 全液压步履式打桩架　　　　　(b) 液压静力压桩机

(c) 可视化操作室   (d) 自动注浆控制室

图 4　静钻根植桩施工设备

静钻根植桩施工记录汇总表　　　　　　　　　　　　　　　　表 3

桩号	桩长/m	钻孔、注浆时间/min	沉桩时间/min	桩端水灰比	桩周水灰比	桩端水泥用量/t	桩周水泥用量/t
T10	72	218	123	0.6	1	2.96	4.30
T11	72	250	153	0.6	1	2.96	4.30
T12	72	213	182	0.6	1	2.96	4.30

4　试桩检测

4.1　检测内容及方案

1）试桩施工完成后，对静钻根植桩进行低应变检测。根据现场实测的 3 根不同龄期的低应变曲线安排后续低应变检测时间计划，直至低应变曲线无明显变化时终止。通过试验，检测静钻根植桩的桩身完整性，以及水泥土固化对桩基完整性检测的影响。

2）试桩达到检测龄期后进行抗压静载荷试验，第一级荷载取 1600kN，每级加荷 800kN，卸载量为加载量的两倍。当存在下列任一情况时，终止加载。

（1）某级荷载作用下，桩的沉降量大于前一级荷载作用下沉降量的 5 倍，且桩顶总沉降量超过 40mm。

（2）某级荷载作用下，桩的沉降量大于前一级荷载作用下沉降量的 2 倍，且经 24h 尚未达到相对稳定标准。

（3）已达到设计要求的最大加载量且沉降达到稳定，或已达到反力装置提供的最大加载量或桩身出现明显破坏。

（4）当荷载-沉降曲线呈缓变型时，可加载至桩顶总沉降量 60～80mm；当桩端阻力尚未充分发挥时，可加载至桩顶累计沉降量超过 80mm。

3）抗压静载荷试验结束后，采用单向多循环加卸载法进行水平荷载试验，利用 2 根锚桩提供水平试验的反力，每级加荷增量取 20kN。当存在下列任一情况时，终止加载。

（1）桩身折断。

（2）水平位移超过 30~40mm，软土中的桩或大直径桩时可取高值。

（3）达到设计要求的最大加载量或最大水平位移。

4）以上试验结束后，对 3 根试桩进行高应变动测试验。

4.2 检测数据及分析

（1）低应变检测

采用 PIT 桩身完整性检测仪进行低应变检测，低应变检测实测曲线如图 5 所示。

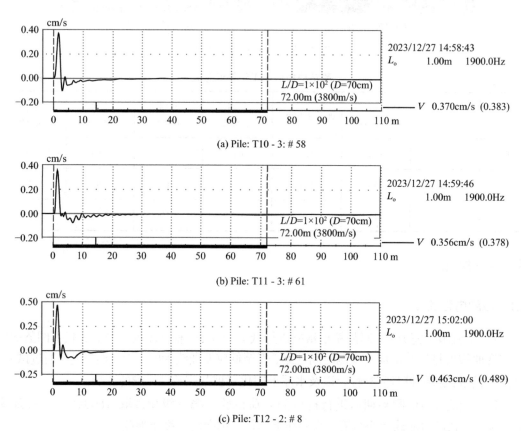

图 5 静载试验前低应变检测实测曲线

由图 5 所示的小应变曲线可知，在小应变的有效检测范围内，所施工的 3 根试验桩桩身完整性皆良好，属 I 类桩。

（2）单桩竖向静载试验

对 T10~T12 进行单桩竖向抗压静载试验。由图 7 可以看出 T11 单桩竖向抗压极限承载力主要受桩周土阻力控制，土阻力完全发挥，主要表现在沉降量突然增大，出现陡降，Q-s 曲线发生明显陡降，静载试验后低应变检测桩身结构完整；由图 6 和图 8 可以看出，T10 因出现锚桩钢筋拉断，稳定后转入卸载，T12 因出现锚桩钢筋连续拉断，转入卸载，土阻力均未完全发挥，单桩竖向抗压极限承载力均不小于 11200kN，主要表现在单桩竖向抗压极限承载力时沉降量小、桩顶回弹率大。单桩竖向抗压静载试验成果汇总，见表 4。

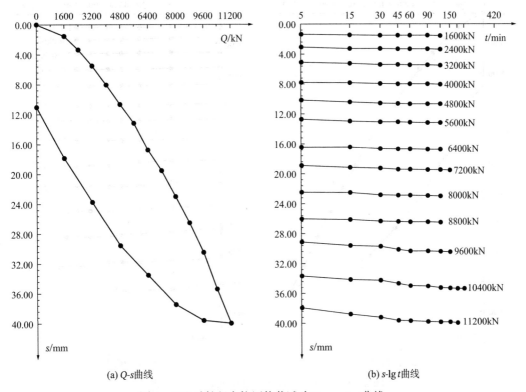

(a) Q-s曲线 (b) s-lg t曲线

图 6 T10 试桩竖向抗压静载试验Q-s、s-lg t曲线

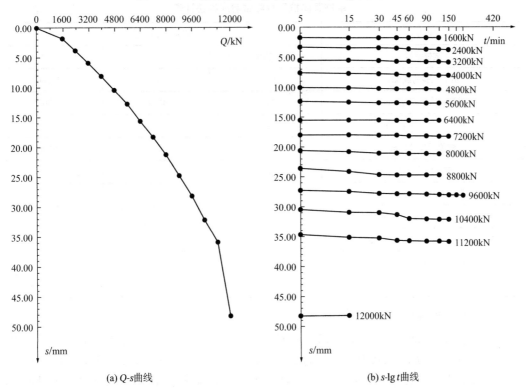

(a) Q-s曲线 (b) s-lg t曲线

图 7 T11 试桩竖向抗压静载试验Q-s、s-lg t曲线

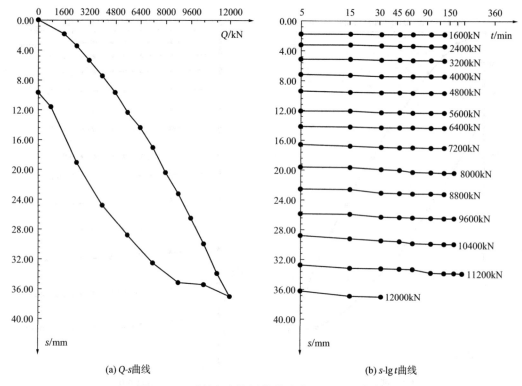

(a) Q-s曲线　　　　　　　　　　　　(b) s-lg$t$曲线

图8　T12试桩竖向抗压静载试验Q-s、s-lg$t$曲线

单桩竖向抗压静载试验成果统计表　　　　　　　　表4

桩型	D700 静钻根植桩		
试桩编号	T10	T11	T12
最大试验荷载/kN	11200	12000	12000
桩顶最大沉降量/mm	39.92	48.20	37.01
桩顶残余沉降量/mm	11.04	—	9.73
桩顶回弹量/mm	28.88	—	27.28
桩顶回弹率/%	72.34	—	73.71
单桩竖向抗压极限承载力/kN	11200	11200	11200
极限承载力对应的沉降量/mm	39.92	35.84	33.92
单桩竖向抗压极限承载力标准值/kN	≥11200		
单桩竖向抗压承载力特征值R_a/kN	≥5600		
破坏方式	锚桩钢筋拉断	桩周土破坏	锚桩钢筋连续拉断

（3）水平静载试验

采用单向多循环加卸载法对T10～T12进行水平静载试验。由图9～图11可以看出，T10～T12的水平极限承载力平均值为260kN，对应于水平位移为6mm、10mm的单桩水平承载力特征值平均值分别为149kN、173kN。单桩水平承载力临界值为186kN，桩身不允许裂缝时承载力特征值为139kN。单桩水平静载试验成果统计表，见表5。

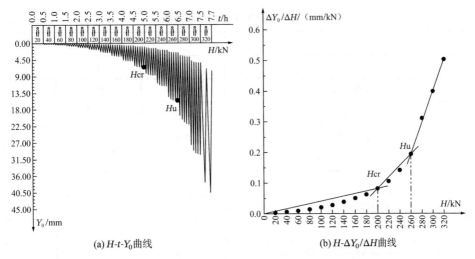

(a) H-t-Y_0曲线　　　　　(b) H-$\Delta Y_0/\Delta H$曲线

图9　T10试桩H-t-Y_0关系曲线和H-$\Delta Y_0/\Delta H$关系曲线

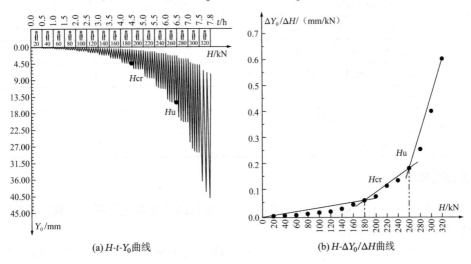

(a) H-t-Y_0曲线　　　　　(b) H-$\Delta Y_0/\Delta H$曲线

图10　T11试桩H-t-Y_0关系曲线和H-$\Delta Y_0/\Delta H$关系曲线

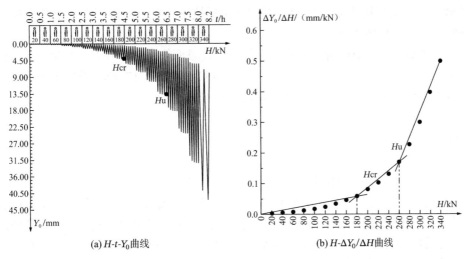

(a) H-t-Y_0曲线　　　　　(b) H-$\Delta Y_0/\Delta H$曲线

图11　T12试桩H-t-Y_0关系曲线和H-$\Delta Y_0/\Delta H$关系曲线

<table>
<tr><th colspan="2">单桩水平静载试验成果统计表</th><th colspan="3" style="text-align:right">表 5</th></tr>
</table>

桩型	D700 静钻根植桩		
桩号	T10	T11	T12
最大试验荷载/kN	320	320	340
最大水平位移量/mm	40.55	41.06	42.36
单桩水平临界荷载/kN	200	180	180
临界荷载对应的位移量/mm	6.49	4.42	4.08
单桩水平极限承载力/kN	260	260	260
极限荷载对应的位移量/mm	15.58	15.11	13.76
水平位移为 6mm 对应的荷载/kN	194	200	203
水平位移为 6mm 对应的承载力特征值/kN	145	150	152
水平位移为 10mm 对应的荷载/kN	229	231	237
水平位移为 10mm 对应的承载力特征值/kN	171	173	177
单桩水平极限承载力平均值/kN	260		
水平位移为 6mm 对应的承载力特征值平均值/kN	149		
水平位移为 10mm 对应的承载力特征值平均值/kN	173		
单桩水平承载力临界值/kN	186		
桩身不允许裂缝时承载力特征值/kN	139		

4.3 数据分析结论

（1）根据 T10～T11 静钻根植桩的高、低应变检测实测曲线分析，静载试验前、后试桩桩身结构完整，属 I 类桩。

（2）竖向抗压静载试验结果表明，T10～T12 均处于桩身弹性变形阶段；T10、T12 的破坏形式为锚桩钢筋拉断，桩周土阻力未完全发挥，T11 桩周土进入塑性变形阶段，抗压极限承载力主要受桩周土阻力控制，因此静钻根植桩单桩竖向抗压极限承载力标准值 ≥ 11200kN，特征值 ≥ 5600kN。

（3）本次试验的 D700 静钻根植桩单桩水平极限承载力为 260kN。对应于水平位移为 6mm、10mm 的单桩水平承载力特征值平均值分别为 149kN、173kN。单桩水平承载力临界值为 186kN，桩身不允许裂缝时承载力特征值为 139kN。

5 结论

静钻根植桩在本项目的施工过程顺利，质量控制点明确，易监控，材料消耗量少，泥浆排放少，无噪声污染，达到安全文明施工的要求[5]。检测结果表明：静钻根植桩在超长桩工况下的施工质量可靠，具有良好的竖向抗压、抗水平承载能力，能够满足桩基的设计要求。此外，静钻根植桩具有良好的经济效益。随着城市化进程的不断推进，具有显著挤土效应的传统预桩及泥浆排放污染严重的钻孔灌注桩在城市中心区都会受限，而静钻根植桩技术是一种良好的替代技术，采用埋入法施工无挤土、泥浆外排少的相关施工工艺将是我国未来桩基行业的发展方向。因此，静钻根植桩技术从技术和经济角度均具有显著效益，符合可持续发展理念，推广前景良好。

参考文献

[1] 张日红,吴磊磊, 孔清华. 静钻根植桩基础研究与实践[J]. 岩土工程学报, 2013, 35(S2): 1200-1203.

[2] 周佳锦, 龚晓南, 王奎华, 等. 静钻根植竹节桩荷载传递机理模型试验[J]. 浙江大学学报 (工学版) , 2015, 49(3): 531-537+546.

[3] 周佳锦, 龚晓南, 王奎华, 等. 静钻根植竹节桩在软土地基中的应用及其承载力计算[J]. 岩石力学与工程学报, 2014, 33(S2): 4359-4366.

[4] 陈必权. 竹节型管桩抗拔承载性能试验研究[J]. 岩土工程学报, 2020(16): 54-56.

[5] 王卫东, 凌造, 吴江斌, 等. 上海地区静钻根植桩承载特性现场试验研究[J]. 建筑结构学报, 2019, 40(2): 238-245.

搅拌植入桩端后注浆预制桩工艺原理
及试验研究

胡玉银[1]，庞作会[1]，石端学[1]，陈建兰[2]

（1. 上海同人里岩土工程技术有限公司，上海 200122；

2. 同济大学建筑设计研究院（集团）有限公司，上海 200122）

摘　要：预制桩具有承载性能高、施工速度快、施工质量好和工程造价低的优点，因此在工程建设中得到广泛应用。但是受制于地基承载力，预制桩的桩身强度往往得不到充分发挥，造成资源浪费。另外，预制桩沉桩过程中存在强烈的挤土效应，环境影响比较大，因此在环境保护要求高的中心城区和重要设施附近应用受到限制。为此开发了搅拌植入桩端后注浆预制桩，通过搅拌植入减轻沉桩挤土效应，通过桩端后注浆提高预制桩承载力；为实现桩端后注浆，开发了注浆器内置式注浆桩尖。试验研究和工程应用表明，搅拌植入桩端后注浆预制桩具有承载力性能高、环境影响小、施工效率高和工程造价低的优点，具有良好的推广应用前景。

关键词：预制桩；搅拌植入；桩端后注浆；环境影响

0　引言

　　预制桩具有承载性能高、施工速度快、施工质量好和工程造价低的优点，因此在工程建设中得到广泛应用。但是受制于地基承载力，预制桩的桩身强度往往得不到充分发挥，造成资源浪费。另外，预制桩沉桩过程中存在强烈的挤土效应，环境影响比较大，因此在环境保护要求高的中心城区和重要建筑与设施附近应用受到限制。

　　为提高预制桩桩基承载力，充分发挥预制桩桩身强度高的优势，胡玉银等发明了注浆器内置的注浆桩尖[1]，开发了桩端后注浆预制桩技术，并成功应用于广东肇庆世茂广场、云南昆明旭辉铂宸府和上海香港置地徐汇滨江西岸金融城 F 地块等多个项目[2]，产生了良好的经济效益，共计节约成本近 3000 万元。

　　预制桩无论采用锤击沉桩还是静压沉桩都存在严重的挤土效应，环境影响大。在中心城区建筑密集、重要设施和管线多，环境保护要求非常高，预制桩传统的锤击沉桩和静压沉桩工艺难以满足中心城区环境保护要求。为此，日本开发了许多预制桩植桩工法。根据植桩工艺不同，植桩法分为两大类：引孔植桩和搅拌植桩。

　　为减少沉桩环境影响，日本开发了中掘工法[3]。中掘工法指在开口的 PC 管桩、PHC 管桩及钢管桩等的中空部插入专用钻具，边钻孔取土边将桩埋入土层中；为增大其桩侧摩阻力，可采取边注入水泥浆边钻孔边将桩埋入土层中，由水泥浆充填桩周间隙；为增大其桩端阻力，可采取最终打击方式、桩端加固方式及桩端扩大头加固方式。唐孟雄借鉴日本中

　　　　作者简介：胡玉银，教授级高级工程，E-mail：2143083834@qq.com。

掘工法，开发了大直径随钻跟管桩工法并实现了工程应用[4]。

撹拌植桩是采用单桩撹拌桩机将桩周一定范围的土层软化，然后将预制桩植入水泥土中，如图1所示。由于桩周土体已经软化，因此沉桩过程中，挤土效应大为减弱，能够满足中心城区环境保护要求。撹拌植桩发源于日本，目前在日本应用非常广泛，相关工法多种多样、层出不穷，主要有 GMTOP 和 Hyper-MEGA 工法等。宁波中淳高科股份有限公司借鉴日本同行做法，开发了静钻根植桩技术，在浙江省等地得到推广应用[5]。

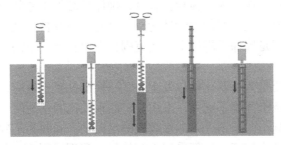

图1 撹拌植桩工艺流程

为减轻预制桩沉桩环境影响、提高预制桩承载力，将撹拌植入沉桩传统工艺与预制桩桩端后注浆创新工艺相结合，开发了撹拌植入桩端后注浆预制桩，并先后在上海徐汇滨江西岸金融城 D 地块、军工路快速路新建工程等4个项目进行了工程试验。试验研究表明，撹拌植入桩端后注浆预制桩技术上是可行的，具有承载性能高、环境影响小、施工效率高和工程造价低的优点，推广应用前景良好。

1 工艺原理

撹拌植入桩端后注浆预制桩采用单轴撹拌 + 静压沉桩 + 桩端后注浆工艺。单轴撹拌和静压沉桩都是传统工艺，预制桩桩端后注浆为创新工艺，传统和创新相结合，工艺简洁、明确，施工工艺流程如图2所示。撹拌植入桩端后注浆预制桩既降低了沉桩环境影响，又提高了桩基承载力，同时还提升了施工效率。

预制桩端后注浆工艺原理为：通过在预制桩桩身中设置注浆管，在桩端安装具有注浆功能的桩尖，在预制桩桩身中形成注浆回路。预制桩沉桩到位后，通过注浆回路向预制桩桩端压注高压水泥浆，加固桩端和桩侧土体，达到提高地基承载力和桩基承载力的目的，如图3所示。

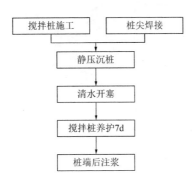

图2 施工工艺流程示意图　　图3 预制桩桩端后注浆工艺原理

2 关键技术

2.1 桩基设计

搅拌植入桩端后注浆预制桩桩身宜采用超高强管桩，以充分发挥桩端后注浆加固后的高地基承载力。预制桩长度应大于搅拌桩长度，确保桩端处于原状土中，主要基于三方面考虑：一是充分利用原状土良好的力学性能；二是防止注浆桩尖处于水泥土中，水泥土硬化后堵塞注浆桩尖；三是确保桩端以上一定范围存在原状土，以约束水泥浆，避免跑浆，保证注浆施工质量。

采用搅拌植入主要是为了弱化桩位处土层，减轻沉桩挤土效应，因此对水泥浆的水灰比有一定要求。浅部挤土环境影响大，采用 1.8 的水胶比的水泥浆，以增加水泥土的流动性；深部挤土环境影响小，采用 1.2 的水胶比的水泥浆。同时为了确保水泥土强度和桩基承载力，水泥掺量要求比较高。浅部采用 10%掺量，深部采用 20%掺量。

2.2 桩基施工

搅拌植入桩端后注浆预制桩施工主要包括搅拌桩施工、静压沉桩和桩端后注浆。其中搅拌桩施工和静压沉桩属于传统工艺，比较成熟。搅拌桩施工采用单轴搅拌桩机，一搅一喷工艺。静压沉桩关键在于保证终压力满足设计要求。预制桩桩端后注浆属于创新工艺，需要重点关注。

预制桩桩端后注浆施工需要重点关注以下环节：一是要采用如图 4 所示注浆器内置的注浆桩尖，注浆桩尖必须具备很强的穿透能力和止回功能。二是要保证注浆管安装质量，确保注浆管路通畅和不漏浆。三是要及时清水开塞，将沉桩过程中渗入注浆桩尖的水泥浆清洗干净，防止注浆桩尖堵塞。四是要采用强度等级不低于 42.5 级的普通硅酸盐水泥配置水泥浆，水泥浆水胶比一般取 0.55，对于渗透性强的砂土持力层，水胶比可以适当减小，但不应小于 0.45。五是要采用高压注浆泵进行清水开塞和注浆，注浆泵的额定工作压力不小于 20MPa，防止注浆泵额定工作压力不足造成注浆失败和注浆管路堵塞。注浆流量应控制在 75L/min 以内，防止注浆流量过大造成跑浆。

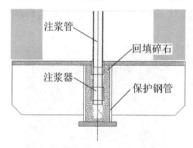

图 4　注浆器内置的注浆桩尖

3 工程试验

为检验搅拌植入桩端后注浆预制桩的技术可行性，在香港置地、上海公路投资集团和上海建工四建集团的大力支持下，先后在上海和无锡进行了 4 次工程试验，取得了良好效果，如表 1 所示。

工程试验一览表   表 1

项目名称	试桩设计	最大加载值/kN	承载力极限值/kN
上海徐汇滨江西岸金融城 D 地块	搅拌桩 700mm×49m，管桩 UHC600AB130×50m，持力层为粉砂，桩端后注浆 2.0	7000	堆载失稳终止
		10400	9800
		9800	9200
		9200	8600
上海军工路快速路新建工程	搅拌桩 700mm×50m，管桩 UHC600AB130×60m，持力层为粉砂，桩端后注浆 2.5	9000	≥9000
		9000	≥9000
		9000	≥9000
无锡半导体项目	搅拌桩 650mm×31m，管桩 PHC600AB130×34m，持力层为砂质粉土，桩端后注浆 2.0	9600	9200
		9600	9200
		9000	8800
上海张江二厂配套项目	搅拌桩 700mm×39m，管桩 UHC600AB130×34m，持力层为粉砂，桩端后注浆 2.5	9000	≥9000
		9000	≥9000
		9000	≥9000

3.1 上海徐汇滨江西岸金融城 D 地块

（1）试验场地

上海徐汇滨江西岸金融 D 地块拟建塔楼高度在 120～140m 之间，对桩基承载力要求高；塔楼位于地铁 50m 附近，桩基施工的环境影响控制要求高。为检验搅拌植入桩端后注浆预制桩的承载性能，并研究其环境影响效应，进行了 4 根搅拌植入桩端后注浆 UHC 管桩设计试桩，并对其中一根桩施工过程产生的环境影响进行监测和分析。试验场地详见图 5。

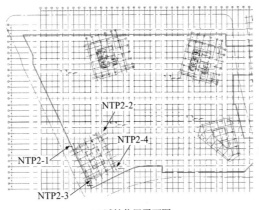

(a) 试桩位置平面图

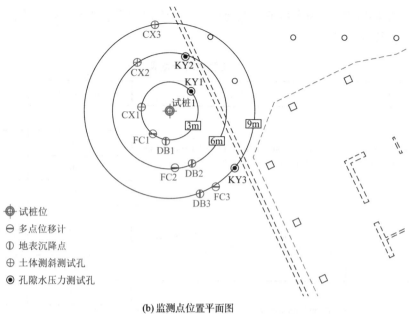

⊕ 试桩位
⊖ 多点位移计
① 地表沉降点
⊕ 土体测斜测试孔
◉ 孔隙水压力测试孔

(b) 监测点位置平面图

图 5　试桩位置

（2）地质概况

按上海地貌单元分区图，本工程场地土层自上而下可划分为 11 大层及若干亚层。上部为差的江滩土和淤泥质土，中部为一般的粉土和黏土，下部为力学性能好的⑦$_{21}$ 粉砂，其埋深约为 46m。地勘报告提供的桩基设计参数，详见表 2。

<table>
<tr><td colspan="5">桩基设计参数表 表 2 </td></tr>
<tr><td rowspan="2">层序</td><td rowspan="2">土层名称</td><td rowspan="2">静力触探
P_s/MPa</td><td colspan="2">PHC 桩</td></tr>
<tr><td>f_s/kPa</td><td>f_p/kPa</td></tr>
<tr><td>①$_3$</td><td>江滩土</td><td>1.03</td><td>15～20</td><td></td></tr>
<tr><td>②</td><td>粉质黏土</td><td>0.74</td><td>15</td><td></td></tr>
<tr><td>③</td><td>淤泥质粉质黏土夹黏质粉土</td><td>0.56</td><td>15～20</td><td></td></tr>
<tr><td>④$_T$</td><td>淤泥质黏土</td><td>4.01</td><td>50</td><td></td></tr>
<tr><td>⑤$_1$</td><td>粉质黏土</td><td>1.03</td><td>40（35）</td><td></td></tr>
<tr><td>⑤$_{31}$</td><td>粉质黏土</td><td>1.32</td><td>55（50）</td><td></td></tr>
<tr><td>⑤$_{32}$</td><td>粉质黏土夹黏质粉土</td><td>1.78</td><td>60（50）</td><td>1800</td></tr>
<tr><td>⑤$_4$</td><td>灰黏质粉土</td><td>2.49</td><td>70</td><td>2200</td></tr>
<tr><td>⑦$_{21}$</td><td>粉砂夹粉质黏土</td><td>12.12</td><td>95</td><td>6000</td></tr>
<tr><td>⑦$_夹$</td><td>粉质黏土</td><td>2.96</td><td>70</td><td>2500</td></tr>
<tr><td>⑦$_{22}$</td><td>粉砂</td><td>17.05</td><td>110</td><td>7000</td></tr>
</table>

（3）试桩设计

根据地质及周边环境条件，选择采用搅拌植入桩端后注浆 UHC 管桩作为试桩桩型，具体试桩参数详见表3。

试桩设计参数表   表3

管桩型号	试桩长度/m	桩端持力层	预估承载力特征值/kN	搅拌桩直径/mm	搅拌桩深度/m	搅拌桩施工技术参数	桩端后注浆设计		试桩加载值/kN
							水灰比	水泥用量/t	
UHC600（AB130）	50	⑦$_{21}$层粉砂夹粉质黏土	4100	700	49	地面以下24m，掺量10%，水灰比1.8	0.6	2.0	12000
						地面24m以下掺量20%，水灰比1.2			

（4）试桩施工

4 根试桩沉桩终压力分别 2700kN、1500kN、1500kN、1800kN。沉桩到位后，立即进行清水开塞，开塞压力约 1.0MPa。开塞成功后，持续注水约 2min。搅拌桩施工 7d 后进行桩端后注浆，后注浆浆液采用 P·O42.5 普通硅酸盐水泥拌制，水灰比 0.6，泥浆相对密度 1.71，单桩注浆水泥用量为 2.0t。注浆压力在 2.7～3.0MPa 之间。

（5）试验结果

试桩养护 28d 后，采用慢速维持荷载法检测试桩承载力，最大加载值为 7000～10400kN，其中一根试桩最大加载值为 7000kN，是因为堆载出现失稳风险，终止加载。从试验可得承载力极限值为 8600～9800kN，达到了试桩设计目标。试桩静载检测结果，详见表4。

试桩静载检测结果汇总表   表4

序号	最终压桩力/kN	最大试验荷载/kN	最大沉降量/mm	承载力极限值/kN
NPT2-1	2700	7000	26.33	≥7000
NPT2-2	1500	10400	111.43	9800
NPT2-2	1500	9800	107.4	9200
NPT2-41	1800	9200	103.30	8600

（6）环境影响

针对试桩的搅拌桩施工、沉桩以及注浆三个环节，进行其环境影响监测和分析。监测内容包括深层土体水平位移、土体分层沉降、孔隙水压力。监测点布置在距离桩位 3m、6m、9m 的圆周上。多点位移计布置到 28.5m 深，测斜仪和孔隙水压力计深度均超过 50m。

参考业界广泛采用的土体扰动度，即扰动产生的超静孔隙水压与扰动前土体有效应力的比值，来评估三个环节产生扰动的程度。在对周围土体扰动最大的压桩环节，不同距离

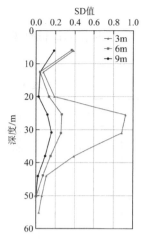

图 6　压桩环节的扰动度

处土体的扰动度曲线为图 6。

通过监测和分析，得出以下结论：（1）综合来看，沉桩环节对土体的影响最大，其次是注浆环节，搅拌桩施工环节的影响最小；（2）距离桩位 3m 处，深层土体水平位移最大值为 54.3mm 发生在深度 25.5m 处，土体分层沉降最大值为 13.21mm 发生在深度 28.5m 处，孔隙水压力增加最大值为 228.2kPa 发生在深度 31m 处；（3）从超静孔隙水压与初始有效应力计算的扰动度来看，距离桩位 3m 在深度 25.5～31m 范围内的扰动度大于 0.7，该范围土体受扰动程度比较严重；距离桩位 9m 处的扰动度在整个监测历程中均小于 0.2，该距离处土体受扰动程度相对较小；土体扰动度规律与土体水平位移规律比较一致。

3.2　上海军工路快速路新建工程[6]

（1）试验场地

上海军工路快速路新建工程，为在现行城市道路上新增高架工程，桩基承载力要求高、施工场地环境复杂。为检验搅拌植入桩端后注浆预制桩的承载性能，在 I 标段进行了 3 根搅拌植入桩端后注浆 UHC 管桩设计试桩，试验场地详见图 7。

图 7　试桩位置

（2）地质概况

按上海地貌单元分区图，本工程场地属滨海平原地貌类型。根据地勘报告，场地内土层自上而下可划分为 9 大层 10 个亚层及 4 个透镜体层。其中上部存在较厚的淤泥质土层，下部⑦₂ 细砂层缺失，⑧₂ 层为灰色粉砂夹黏土层，其层顶埋深约 56.7m。地勘提供的桩基设计参数，详见表 5。

桩基设计参数表　　　　　　　　　　　　　　　　　　　　　表 5

层序	土层名称	静力触探 P_s/MPa	钢管桩、PHC 桩	
			f_s/kPa	f_p/kPa
②₁	粉质黏土	0.709	15	
②₃	砂质粉土	2.771	15～40	
②₃T	淤泥质粉质黏土	—	15	

层序	土层名称	静力触探 P_s/MPa	钢管桩、PHC桩	
			f_s/kPa	f_p/kPa
③	淤泥质粉质黏土	0.931	25	
④	淤泥质黏土	0.724	30	
⑤₁	黏土	1.048	50	
⑤₁T	砂质粉土夹黏土	2.291	50	
⑤₂	砂质粉土与粉质黏土互层	2.934	50	
⑤₃₁	粉质黏土夹粉砂	2.233	60	
⑤₃₂	砂质粉土	4.831	60	2500
⑤₄₁	粉质黏土	2.227	70	
⑤₄₂	黏质粉土	6.440	70	
⑥	粉质黏土	2.577	65	
⑦	砂质粉土	4.491	75	
⑧₁	砂质黏土	2.110	65	
⑧₂	粉砂夹黏土	13.508	85	5000
⑧₂T	粉质黏土夹粉砂	3.835	70	
⑨	粉细砂	19.572	110 kPa	8500 kPa

（3）试桩设计

根据地质及周边环境条件，选择采用搅拌植入桩端后注浆 UHC 管桩作为试桩桩型，具体试桩参数详见表6。

试桩设计参数表　　　　表6

管桩型号	试桩长度/m	桩端持力层	预估承载力特征值/kN	搅拌桩直径/mm	搅拌桩深度/m	搅拌桩施工技术参数	桩端后注浆设计		试桩加载值/kN
							水灰比	水泥用量/t	
UHC600（AB130）	60	⑧粉砂	4250	700	50	地面以下 25m 掺量10%，水灰比1.8 地面 25m 以下掺量 20%，水灰比1.2	0.6	2.5	9000

（4）试桩施工

搅拌桩施工采用上海工程机械厂的 JB180 步履式单轴搅拌桩机，桩架高 60m。搅拌桩长 50m，成桩速度为 90min/根。管桩静压沉桩采用山河智能 ZYJ1060-Ⅲ液压静力压桩机。3 根试桩沉桩终压力分别为 5535kN、6273kN、6273kN，沉桩速度为 2.5h/根。沉桩到位后，立即进行清水开塞，开塞压力在 6~8MPa。开塞成功后，持续注水约 2min。然后进行桩端后注浆，后注浆浆液采用 P·O42.5 水泥拌制，水灰比 0.6，泥浆相对密度 1.71，单桩注浆水泥用量为 2.5t。注浆压力在 2.5～3.5MPa，注浆速度为 1.5h/根。

（5）试验结果

试桩养护 28d 后，采用慢速维持荷载法检测试桩承载力，静载检测最大加载值为 9000kN，试桩仍然未达到承载力极限状态，回弹率高达 65.39%以上，说明试桩存在很大的承载潜力，全部达到了试桩设计目标。试桩静载检测结果，详见表 7。

试桩静载检测结果汇总表　　　　　　　　　　　　　　　表 7

序号	最终压桩力/kN	最大试验荷载/kN	最大沉降量/mm	卸荷回弹量/mm	卸荷回弹率/%
SZ1 号	5535	9000	35.34	23.11	65.39
SZ2 号	6273	9000	27.50	21.02	76.44
SZ3 号	6273	9000	28.26	23.70	83.86

搅拌植入桩端后注浆 UHC 管桩整个施工过程可以分为搅拌桩施工、管桩沉桩和桩端后注浆三个独立工序，流水作业，其中管桩沉桩为关键工序，施工工效为 2.5h/根，相对于钻孔灌注桩施工工效提升 4～5 倍，施工更加高效。采取搅拌植入工艺，挤土效应非常微弱。同时施工过程中水泥土排放很少，根据现场实际弃土估算，单根桩施工产生的弃土量约 6.0m³，相对于钻孔灌注桩施工中所产生的大量泥浆排放量大幅减少。

4 结语

工程试验表明，桩端后注浆预制桩在技术上是可行的，具有显著优点：

（1）承载性能优良。直径 600mm 的搅拌植入桩端后注浆管桩接近或超过 9000kN，较根据地勘报告计算值提高超过 70%，桩端后注浆提升预制桩承载力非常显著。

（2）环境影响减弱。环境影响测试表明，搅拌植入桩端后注浆预制桩的挤土效应主要集中在试桩 3m 附近，距离试桩 9m 影响极小，说明搅拌植入能够有效弱化沉桩挤土效应。

（3）施工效率提升。搅拌植入桩端后注浆预制桩三大工序：搅拌桩施工、沉桩和后注浆可以相对独立进行，流水作业，因此施工工效大为提高，是钻孔灌注桩施工工效的 4～6 倍。

（4）工程造价降低。与钻孔灌注桩相比，搅拌植入桩端后注浆预制桩节约了材料、提高了高效，因此造价大为节约，降本超过 30%。

（5）泥浆排放减少。降本植入桩端后注浆预制桩施工过程中仅有少量水泥土排放，单桩水泥土排放 6～8m³，较钻孔灌注桩的泥浆排放量大为减少。

当然，作为一项创新技术，搅拌植入桩端后注浆预制桩技术还有待完善，特别是群桩施工的环境影响研究有待加强，为推广应用创造良好条件。

参考文献

[1] 胡玉银. 一种预应力管桩后注浆装置: 202020997654.7[P]. 2021-02-02.

[2] 胡玉银, 陈建兰. 桩端后注浆 PHC 管桩原理及工程应用[J]. 施工技术, 2024, 53(13): 93-98.

[3] 沈保汉. 中掘工法和旋转埋设法埋入式桩[J]. 施工技术, 2001, 30(8): 43-45.

[4] 唐孟雄. 大直径随钻跟管桩的研制及工程化[J]. 广州建筑, 2009, 37(5): 3-7.

[5] 张日红, 吴磊磊, 孔清华. 静钻根植桩基础研究与实践[J]. 岩土工程学报, 2013, 35(S2): 1200-1203.

[6] 卫张震. 搅拌植入桩端后注浆 UHC 管桩试验研究[J]. 建筑施工, 2023, 45(11): 2344-2346.

深厚特细砂层中超深地下连续墙施工沉渣控制研究

朱韦亮

（上海市基础工程集团有限公司，上海 200002）

摘　要： 随着城市化进程的不断加快，带动着新一轮地下空间的开发。在软土高水位地区随着基坑开挖深度的不断加深，基坑施工的风险越来越大。为减少基坑施工期间开挖及降承压水对周边环境的影响，超深地下连续墙运用得越来越广泛。该类超深地下连续墙墙趾有时位于砂层中，成槽过程中砂层下沉堆积，往往造成底部有较厚的沉渣。本文以上海轨道交通市域线机场联络线上海浦东国际机场站为例，通过对施工现场超深地下连续墙成槽施工的泥浆配比、成槽用时、清基换浆[1]用时进行研究，探索出一套成渣效果控制比较好的方法。

关键词： 沉渣控制；超厚砂层；超深地下连续墙

1　工程概况

上海轨道交通市域线机场联络线正线全长 67.339km，其中桥梁 4.313km，路基 2.578km，地下段 60.448km。上海轨道交通市域线机场联络线工程浦东国际机场站，位于上海浦东国际机场主进场路迎宾大道正下方，沿南北向布置。

2　工程地质概况

本工程最大钻探深度为 85.0m。场地部分为正常沉积区，部分为古河道沉积区，在勘探深度范围内，地层根据其形成年代、成因类型及工程性质特征自上至下可划分为 6 个大层和若干亚层，其中第①$_1$层为填土层。第②～⑤层为全新世 Q_4 沉积层，第⑦层为晚更新世 Q_3 沉积层，第⑤$_{31}$层～⑤$_4$层为古河道沉积层。

浦东机场站地下连续墙墙体均位于软土区域，地面以下约 30m 为上海地区黏土层②$_3$层灰色黏质粉土、③$_1$层灰色淤泥质粉质黏土、③$_2$层灰色砂质粉土、④$_1$层淤泥质黏土、⑤$_1$层黏土、⑤$_{3-1}$层粉质黏土、⑤$_4$层灰绿色粉质黏土，30m 至墙趾位于⑦$_1$层黏质粉土和⑦$_2$层粉砂，如图 1 所示。

3　地下连续墙概况

上海浦东机场站车站主体采用铣接头地下连续墙，墙深 75m/65m。主体围护地下连续墙端头井厚度 1.2m，标准段厚度 1.0m，成墙完成后均进行墙趾注浆。浦东机场站车站主体沿基坑深度方向布置 3 道混凝土支撑 + 3 道钢支撑（端头井 4 道钢支撑），其中第一、三、五道支撑采用钢筋混凝土支撑，第二、四、六道支撑采用φ800mm钢支撑，如图2所示。

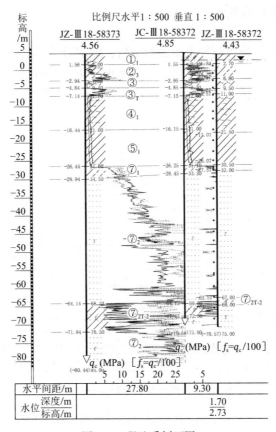

图 1 工程地质剖面图

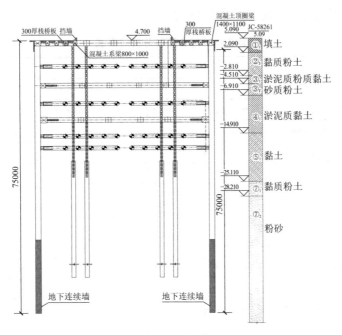

图 2 基坑围护横剖面图

4 土层颗粒粒径研究分析

本工程不同土层的颗粒级配经土工试验分析，除部分③$_1$层、④层、⑤层土为黏土层，其余均为粉土层或粉砂层，槽段整体均处于粒径 0.25mm 以下的特细砂层中，其中⑦$_2$粉砂层粒径 0.05～0.002mm 占比约为 22.7%，土层颗粒级配分析如图 3 所示。

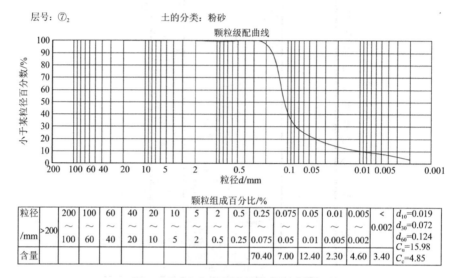

层号：⑦$_2$　　　　　　　　土的分类：粉砂

粒径 /mm	>200	200 ～ 100	100 ～ 60	60 ～ 40	40 ～ 20	20 ～ 10	10 ～ 5	5 ～ 2	2 ～ 0.5	0.5 ～ 0.25	0.25 ～ 0.075	0.075 ～ 0.05	0.05 ～ 0.01	0.01 ～ 0.005	0.005 ～ 0.002	< 0.002	d_{10}=0.019 d_{30}=0.072 d_{60}=0.124 C_u=15.98 C_c=4.85
含量											70.40	7.00	12.40	2.30	4.60	3.40	

图 3　浦东机场站综合颗粒分析成果图

为进一步对比上海不同地区⑦$_2$粉砂层粒径之间的区别，选取上海市轨道交通 14 号线静安寺站、轨道交通 13 号线中科路站、轨道交通 18 号线江浦路站地质勘察报告中颗粒分析成果与浦东机场站进行对比，详见表 1～表 3。

静安寺站综合颗粒分析成果表　　　　　　　　表 1

土样 编号	取土深度/m	颗粒分析									土名
		砾	砂				粉粒			黏粒	
		5～2 mm %	2～1 mm %	1～0.5 mm %	0.5～0.25 mm %	0.25～0.075 mm %	0.075～0.05 mm %	0.05～0.01 mm %	0.01～0.005 mm %	<0.005 mm %	
20	42.00～42.30					76.4	7.7	7.4	1.2	7.3	⑦$_2$ 灰色 粉砂
标 2	42.45～42.75					69.4	9.8	11.8	1.8	7.2	
21	43.00～43.30					73.6	9.4	7.9	0.7	8.4	
标 3	45.15～45.45					81.6	6.5	4.8	0.7	6.4	
22	46.00～46.30					50.0	20.6	25.9	1.2	2.3	
标 4	47.15～47.45					67.0	14.3	14.1	1.3	3.3	
23	48.00～48.30					87.6	2.8	4.5	0.7	4.4	
标 5	49.15～49.41					79.8	10.1	7.5	1.3	1.3	
24	50.00～50.30					85.0	7.2	3.2	1.3	3.3	

中科路站综合颗粒分析成果表　　　　　表 2

土样编号	取土深度/m	颗粒分析				土名
		砂		粉粒	黏粒	
		0.5~0.25	0.25~0.075	0.075~0.05	<0.005	
		mm	mm	mm	mm	
		%	%	%	%	
3	41.10~41.40		71.8	26.1	2.1	
4	41.60~41.90		50.3	42.9	6.8	⑦₂灰色粉砂
5	42.10~42.40		56.0	39.7	4.3	

江浦路站综合颗粒分析成果表　　　　　表 3

土样编号	取土深度/m	颗粒分析					土名
		砂	粉粒			黏粒	
		0.25~0.075	0.075~0.05	0.05~0.01	0.01~0.005	<0.005	
		mm	mm	mm	mm	mm	
		%	%	%	%	%	
24	67.50~67.80	70.4	14.4	11.2	1.6	2.4	⑦₂灰色粉砂
标6	70.15~70.45	80	10.6	6.1	1.5	1.8	

通过上述 3 个地下车站的⑦₂粉砂层综合颗粒成果分析可以看出：静安寺站⑦₂粉砂层粒径 0.002~0.05mm 占比平均值约为 5.2%；中科路站⑦₂粉砂层粒径 0.002~0.05mm 占比平均值约为 4.4%；江浦路站⑦₂粉砂层粒径 0.002~0.05mm 占比平均值约为 4.1%。

浦东机场站该粒范围的占比为 22.7%，同比高于这 3 个站的 5 倍以上，由此可以看出浦东机场站地质条件的特殊性，不仅砂层极厚，而且颗粒极细，远远高于上海市区。

5　沉渣原因及控制方法

5.1　原因分析

超深地下连续墙目前在国内常规采用液压双轮铣槽机，该工法原理是通过自带液压铣轮将单元槽段内原状土体自上而下铣削至设计标高，同时在孔口注入提前配置好的泥浆，从而保证槽段内外压力的平衡，通过设备自带的反循环设备，将槽段内的泥浆返回至后台泥浆处理系统，通过除砂机将槽段内的大颗粒砂过滤后再泵送至内槽段内继续作为循环浆使用[2]，如图 4 所示。

目前行业内采用的常规除砂机能够有效地处理粒径 60μm 及以上颗粒。粒径 5mm 以上颗粒可依靠筛板缝隙直接过滤，小粒径颗粒 60μm~5mm 通过旋流器处理，至于 60μm 以下特细颗粒目前尚无有效处理措施。因此，受设备性能所限，60μm 以下特细颗粒若无有效措施进行解决，不断地沉积在槽段底部，在槽段底部形成不同厚度的沉渣。当厚度大于设计及规范要求时，将影响后期墙身混凝土浇筑质量，具体表现为墙身混凝土含砂率提高，降低支护结构整体强度、降低支护结构抗渗能力，从而极易对基坑施工造成安全风险。

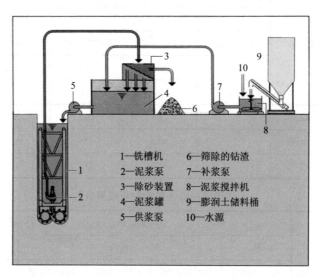

图 4 铣槽机泵吸反循环示意图

1—铣槽机   6—筛除的钻渣
2—泥浆泵   7—补浆泵
3—除砂装置   8—泥浆搅拌机
4—泥浆罐   9—膨润土储料桶
5—供浆泵   10—水源

5.2 控制方法研究

1. 调整泥浆配比

泥浆是超深地下连续墙成槽过程中至关重要的因素[3,4]，根据地质条件的不同，进行合理的泥浆适配。能够较好地保证槽壁稳定，防止槽壁坍塌，进一步提高槽段内泥浆携砂能力，减少槽底沉渣。

本次适配泥浆主要为解决浅层②₃、③ᴛ及⑦层含砂层在成槽过程中特细砂沉淀的问题，新拌泥浆参数如表 4 所示。

新拌泥浆参数表   表 4

不同材料用量/g				
水	膨润土	CMC	纯碱	外加剂
1000	50	5	2	无
1000	50	5	2	10

泥浆的成分及作用如下：

膨润土：选用优质天然钠基膨润土，层间阳离子主要为 Na^+，含量大于 50%，碱性系数大于 1。吸水率和膨胀倍数大；阳离子交换量高；在水介质中分散性好，胶质价高；它的胶体悬浮液触变性、黏度、润滑性好[6]。

增黏剂 CMC：主要作用为提高泥浆黏度，提高泥皮形成性，减少失水量（部分水渗入地层，砂土渗水率高）。不同基浆掺入等量的 CMC，基浆膨润土掺量配比越大，黏度增长越大。

分散剂纯碱 Na_2CO_3：掺入适当含量的 Na_2CO_3，能够提高膨润土的分散性。值得注意的是，应在掺入膨润土之前先加入纯碱，形成 Na_2CO_3 溶液，从而能够极大地提高膨润土的分散性。

外加剂：采用高分子聚合物材料，少量掺入后能显著提高新拌泥浆黏度，提高砂粒悬浮能力。

上述两种配比经搅拌机充分搅拌发酵后各加入粒径不大于0.05mm的天然河砂50g，再次进行搅拌。参考地下连续墙成墙时间，分别观察2h、4h、6h、8h沉淀情况，见图5～图8。

经对比分析可以看出在相同泥浆配比下，通过添加高分子聚合物外加剂能够明显改善泥浆性能，提高了泥浆的携砂能力，极大地减缓了砂粒的沉积时间及沉积数量。

图5　搅拌机搅拌　　　　　　　图6　发酵后溶液

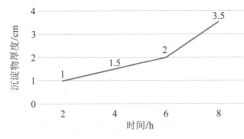
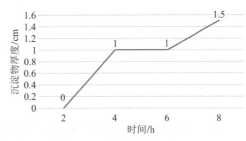

图7　沉淀物厚度与时间关系图　　　图8　沉淀物厚度与时间关系图
（未添加外加剂）　　　　　　　　　　（添加外加剂）

2. 成槽用时

本工程成槽设备选用2台德国宝峨公司铣槽机。该2台设备主机性能略有差异，主要表现为成槽时间长短、最大成槽深度不同。选取由2台不同设备施工的75m深的地下连续墙各5幅，分析研究成槽时间与沉渣厚度的关系，如图9、图10所示。

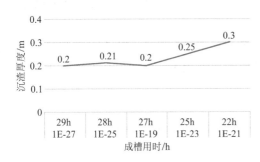
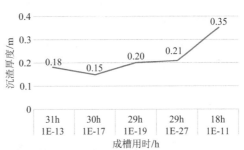

图9　CBC33成槽用时与沉渣厚度关系　　　图10　MC128成槽用时与沉渣厚度关系

由图可以看出成槽时间与沉渣厚度密切相关,成槽时间相对较长的槽段,沉渣厚度较小。主要原因为铣槽机回浆泵回浆速率一定时,成槽用时越长,槽段内循环浆液过滤的次数越多,则槽段内的含砂率越低,槽段底板沉渣越少。

3. 清基换浆用时

超深地下连续墙在成槽施工完成之后,需通过铣槽机自带的泵吸反循环设备对槽段内的浆液置换,主要目的为清除槽段内残留的砂、石及泥块等,减少槽段底部的沉渣,保证墙身混凝土浇筑质量[5-7]。

本工程选取 10 幅清基换浆用时不同的槽段,通过沉渣厚度的不同,来分析两者之间的相互关系,如图 11 所示。

由图可知,清基换浆的时间长短与槽底的沉渣厚度成正比关系,槽段内置换的浆液越多沉渣越少。

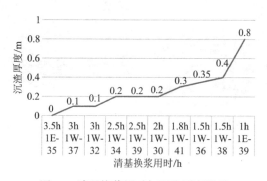

图 11　清基换浆用时与沉渣厚度关系

6　结论

本文以上海轨道交通市域线机场联络线工程浦东国际机场站超深地下连续墙施工为背景,结合现场施工情况,对超深套铣地下连续墙在超厚砂层中沉渣的影响因素及控制方法做了研究和归纳,主要结论如下:

(1)新拌泥浆性能对槽段内的沉渣厚度起决定性作用,其中膨润土的质量好坏又是影响新浆性能的重要因素,应首选优质钠土为宜。施工前应根据土层情况制定合适的泥浆配比参数,并根据现场施工情况进行微调。

(2)不同成槽设备的性能略有差别,成槽用时的长短对沉渣厚度略有影响。在进入砂层阶段可适当放慢铣槽机的铣轮进尺速度,增加槽段内泥浆循环过滤次数,降低槽段内的含砂率,减少槽底沉渣。

(3)增加清基换浆时间,提高槽段内泥浆的置换率对控制槽底沉渣有显著效果。根据不同槽段的大小,制定合理的清基换浆时间能够较好地控制沉渣。

参考文献

[1]　刘国彬, 王卫东. 基坑工程手册[M]. 2 版. 北京: 中国建筑工业出版社, 2009.

[2]　张哲彬. 超深地下连续墙套铣接头施工技术[J]. 建筑施工, 2013, 35(4): 273-275.

[3]　朱敏峰. 超深套铣接头地下连续墙防渗技术[J]. 上海建设科技, 2020(2): 73-75.

[4] 龚振宇, 徐前卫, 孙梓栗, 等. 超深地下连续墙泥浆材料特性及配比试验研究[J]. 水利与建筑工程学报, 2020, 18(6): 101-108.

[5] 陈俊晓, 刘良兵, 陈国飞, 等. 超深地下连续墙施工分析[J]. 房地产世界, 2021(9): 88-90.

[6] 戴亚军, 姜克寒, 王文, 等. 泥浆固相材料含量对泥浆悬浮能力的影响[J]. 江西理工大学学报, 2020, 41(5): 42-47.

[7] 上海市住房和城乡建设管理委员会. 地下连续墙施工规程: DG/TJ 08—2073—2016[S]. 上海: 同济大学出版社, 2017.

复杂环境条件下 Z 形联络通道施工技术及应用

朱敏，王聪，冯东阳

（长江勘测规划设计研究有限责任公司，湖北 武汉 430010）

摘 要：人工冻结法凭借安全、可靠、对地层适应性广等特点，被广泛应用于水平或小高差的地铁联络通道地层加固。在遇到左右线大高差隧道之间设置联络通道时，常采用地面明挖竖井方案。为解决复杂地质条件下左右线大高差隧道之间设置联络通道的难题，本文在常规明挖竖井方案无法实施的基础上，通过调整联络通道平面位置、优化线路纵断面，提出 Z 形联络通道建设方案，即采用在地面布置垂直冻结孔、隧道内布置水平冻结孔的组合布孔方式，确保冻结开挖安全。Z 形联络通道采用冻结法进行地层加固采用矿山法暗挖施工，较传统的地面施工竖井方案，Z 形联络通道建设方案可减少投资、缩短工期，并避免对周边房屋拆迁的不利影响。

关键词：联络通道；冻结法；矿山法暗挖

0 引言

随着城市地铁建设的迅猛发展，轨道交通地下枢纽车站、线路越来越多，新建线路受周边环境制约因素越发显著，出现越来越多的叠线或大高差的上下行区间隧道。在超过 600m 的区间隧道中，根据《地铁设计规范》GB 50157—2013，两条单线区间隧道应设联络通道，相邻两个联络通道之间的距离不应大于 600m；区间排水泵站有条件时，应与区间联络通道或中间风井合建。联络通道是连接同一线路上下行两个行车区间隧道的通道或门洞，在列车于区间遇火灾等灾害、事故停运时，供乘客由事故隧道向无事故隧道安全疏散使用。在上下行隧道之间设置横通道，采用矿山法暗挖施工属联络通道的一般做法，当遇到复杂地质条件时，为保障暗挖期间的作业安全，常常采用冻结法对暗挖周边地层进行加固。

冻结法是一项加固含水地层的特殊工法，即采用盐水或液氮制冷的方法在洞内搭设冻结孔将暗挖周边的含水地层冻结成封闭的冻结体，以隔绝外部地下水并抵抗外部水土压力，该工法适用地层较广，且封水性较好。近年常用于环境保护要求高或富水砂层或软弱地层中的联络通道，已成为轨道交通联络通道最常用的施工方法[1,2]，在各地的轨道交通实践中得到广泛应用。

目前冻结法主要应用于平行或高差不大的左右线隧道[3]，若左右线高差较大，采用一般的冻结暗挖方案难以保障联络通道施工安全，常用的解决方案为地面设置一座明挖竖井，在竖井内布置联络通道[4,5]。在不具备设置地面竖井条件时，可以通过设置暗挖通道以实现疏散功能，如王庆礼[6]研究了地铁盾构叠落区间 C 形联络通道采用冻结法安全实施的问题，石立民等[7]研究了富水砂层叠落区间异形联络通道冻结方案和施工的问题，以上研究内容中的联络通道均布置在左右线隧道的同一侧，导致左右线隧道内疏散平台分布在行车方向的左右两侧，与常规布置在行车方向右侧的疏散平台方向不一致，对后期疏散运营造成一定程度的不便。为便于后期运营疏散，本文以武汉轨道交通某区间隧道为例，提出一种适用于平面叠线、竖向大高差、行车方向右侧布置疏散平台的 Z 形联络通道，详细介绍该通道的技术方案和措施，并通过实际施工应用对冻结法施工技术和现场问题进行分析研究、总结，为后期类似工程提供经验借鉴。

1 工程概况

某区间隧道采用盾构法施工，区间线路从车站 A 以上下重叠隧道的方式出来后，右线线路以 $R = 340m$（左线 $R = 350m$）的曲线下穿多栋房屋后到达主干道，然后沿主干道下穿后到达车站 B（图 1、图 2）。区间两端的车站 A 为地下三层叠岛式车站，车站 B 为地下二层侧式车站。区间隧道右线全长 1485m，左线全长 1487m。区间平面线间距为 0～13.4m，线路平面最小曲线半径为 340m，最大纵坡为 25.3‰。

图 1 区间总平面图

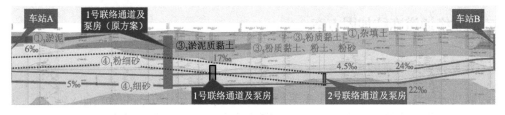

图 2 区间纵断面图

2 工程地质及水文地质概况

工程场地地貌单元主要为河流堆积平原，属长江 I 级阶地，地形平坦，地面高程在 20～22m 之间。表层为松散的人工填土层（Q^{ml}），局部分布有淤泥；上部主要为第四系全新统冲积相（Q_4^{al}）可塑—软塑状态的黏性土，软塑—流塑的淤泥质粉质黏土、粉砂、粉土、粉质黏土互层；中部为稍密—中密的粉细砂，中密—密实状态的细砂、厚度不等的中粗砂夹砾卵石；下伏基岩为白垩—下第三系东湖群（$K-E_{dn}$）砂砾岩、泥质粉砂岩。各土层主要物理力学参数，见表 1。

土层物理力学参数　　　　　　　　　　　　　　　表1

地层层号	岩土名称	密度状态	层厚h	天然重度γ	承载力特征f_{ak}	抗剪强度指标		静止侧压力系数λ	渗透系数k
						c	φ		
			m	kN/m³	kPa	kPa	°		cm/s
①₃	淤泥	流塑	0.7～3.7	17.5	50	11	5	0.75	4.6×10^{-6}
③₂	粉质黏土	软塑	1.3～4.2	18.0	75	15	7	0.61	4.6×10^{-6}
③₃	淤泥质黏土	流塑	2.4～3.5	17.0	55	13	6	0.80	$2.6 \times 10^{-6} \sim$ 7.9×10^{-6}
③₄	粉质黏土夹粉土	软塑	0.8～10.4	18.1	80	15	9	0.64	$2.7 \times 10^{-5} \sim$ 7.2×10^{-5}
③₅	粉砂、粉土、粉质黏土互层	软塑（稍密）	1.2～11.6	18.2	90	12	15	0.55	$6 \times 10^{-4} \sim 60 \times 10^{-4}$
④₁	粉细砂	稍密—中密	2.0～10.9	17.9	170	0	30	0.41	$0.8 \times 10^{-2} \sim$ 1.5×10^{-2}
④₂	细砂	中密	0.5～21.3	18.9	230	0	37	0.38	6×10^{-1}
⑮₁	强风化砂砾岩			22.6	400	100	25		8.57×10^{-4}
⑮ₐ₋₂	中风化泥质粉砂岩			24.2	900	460	38		2.0×10^{-5}
⑮ₐ₋ᵦ	中风化砂砾岩			26.1	1600	2820	39		2.0×10^{-5}

　　场地周边地下水主要类型有上层滞水、孔隙承压水和基岩裂隙水，隧道开挖时③₅层及④层在地下水动力作用下会产生流砂现象，直接影响隧道安全，故承压水对隧道施工影响较大，覆盖层中孔隙承压水对工程的影响最为突出；根据场地周边地下水位监测，承压水一般位于地表以下 7～8m，丰水期上浮 1～2m。基岩裂隙水主要赋存于下部基岩中，主要接受其上部含水层中地下水的下渗及侧向渗流补给，与承压水呈连通关系，水量相对较小，对区间隧道工程施工无影响。

3　Z 形联络通道冻结加固方案

3.1　Z 形联络通道设置的由来

　　为满足区间联络通道和泵房排水要求，原设计方案为出站后 400m 的区域设置一座明挖竖井，在竖井内施作连接上下行区间隧道的结构体，以实现大高差上下行区间隧道之间修建联络通道。该方案受地面环境条件制约，竖井周边拆迁用地难以实施，不具备地面施工明挖竖井后建造区间联络通道的条件，因此提出暗挖联络通道的建设方案（图 3）。

　　在研究暗挖联络通道方案时，需结合地面建（构）筑物、隧道平面线路、隧道纵断面以及联络通道疏散要求整体考虑联络通道的布置。为满足区间隧道平面疏散距离不大于 600m 和区间排水最小纵坡 0.3% 的要求，将原 1 号联络通道兼泵房的平面位置向大里程端平移 100m，并调整右线纵断面的纵坡为 0.5%，将平移后的联络通道位于左右线隧道之间，且具备设置 Z 形结构的平面净空和竖向爬坡条件。

　　1 号联络通道兼泵房位置调整至新位置后，联络通道附近线间距为 12.67～12.87m，具备布置联络通道结构的平面净空；该处地面场地为绿地和小路，地面建筑与联络通道结构平面距离在 9.5m 以上，具备布置地面冻结管的场地条件。

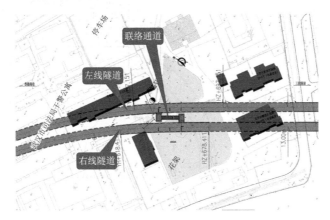

图 3　Z 形联络通道总平面图

3.2　Z 形联络通道结构方案

为便于人员疏散，在大高差上下行区间隧道之间修建联络通道（图 4、图 5），需设置疏散楼梯。根据《民用建筑设计统一标准》GB 50352—2019，疏散楼梯踏步的高宽比应满足宽度 ≥ 0.26m，高度 ≤ 0.17m。

1. 矿山法结构设计和施工要求

在左右线平面相距 19m 处各施做一段横向联络通道，然后沿隧道纵向方向设置纵向联络通道与两端横向联络通道相连形成疏散通道。两端横向联络通道标高相差为 6.6m，水平距离为 19.2m，埋深为 17.7～31.3m，所处地层条件为④₁粉细砂、④₂细砂、④₃中粗砂，均为含承压水层。

联络通道净空根据人员疏散条件确定，通道宽度为 2.5m，其中 1 号联络通道斜通道宽度为 1.5m。联络通道周边地层采用冻结法加固、矿山法施工，复合式衬砌结构进行支护。为避免后期盾构隧道与 Z 形联络通道的不均匀沉降，在联络通道与隧道连接处设置变形缝，减小联络通道施工期及运营期上下行隧道间的相互影响。

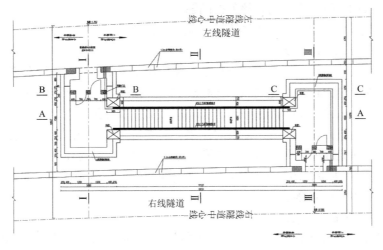

图 4　联络通道结构平面图

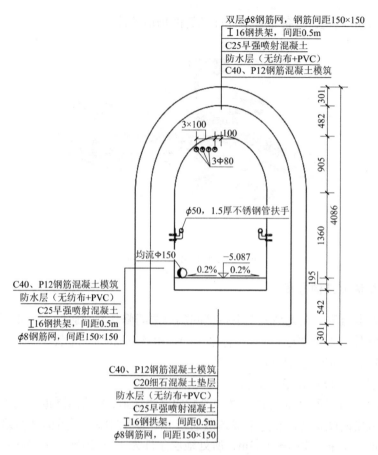

图 5 联络通道支护结构剖面图

矿山法施工技术要求及施工工序

（1）矿山法设计指导原则：暗挖工程遵循"短进尺、强支护、早封闭、勤量测"原则筹划施工措施和管理。

（2）施工过程中应严格控制导线测量、精确定位开挖面、格栅安装、检查成形断面、保证喷混凝土表面平整，避免出现超欠挖问题。

（3）开挖过程中如出现围岩土体松动，应加强初支及二衬背后注浆[8]。

（4）严格保证二衬的密实度。

（5）初支背后充填注浆以初支与土层的密贴为原则，浆液根据地层及现场情况确定，注浆压力控制在 0.5MPa 左右，注浆采用φ42mm 热轧钢管，注浆孔沿隧道拱部及边墙布置，起拱线环向间距 2m，侧墙环向间距 3m，纵向间距 3m，梅花形布置，注浆深度为初支背后 0.5m，每个导洞初支封闭 3m 后，需及时注浆。初支与二衬之间以密贴等强为原则进行回填注浆，浆液采用无收缩水泥浆液，注浆孔布置在拱顶。注浆管在二衬浇筑前预埋，采用φ42mm 热轧钢管，注浆孔环向间距 3m，起拱线以上布 3～5 个孔，纵向间距 5m，梅花形布置。注浆压力不大于 0.2MPa。

2. 矿山法暗挖通道防水设计

（1）联络通道防水遵照"以防为主，刚柔结合，多道设防，因地制宜，综合治理"的原则，采取与其相适应的防水措施。防水设计应定级准确、方案可靠、施工简便、经济合理。

（2）强调结构自防水应保证混凝土、钢筋混凝土结构的自防水能力。为此应采取有效的技术措施，保证防水混凝土达到规范规定的密实性、抗渗性、抗裂性、防腐性和耐久性。加强变形缝环、预埋件、预留孔洞、各型接头的防水措施。针对武汉地区的水文地质以及气候条件，防水层应吸取国内外类似工程结构防水的经验，以达到技术先进、经济合理、安全适用、确保防水的目的。

（3）结构采用防水混凝土，防水等级为二级，抗渗等级为P10、P12。初期支护与二次衬砌之间设柔性防水层。

3.3 Z形联络通道冻结加固方案

Z形联络通道暗挖施工前，周边地层为富水砂层，必须采取相应措施进行地层加固，按照类似地层工程经验，加固方法可采用高压旋喷桩或搅拌桩加固、冻结法加固[9,10]，考虑到本工程高压旋喷桩或搅拌桩加固难以控制高承压水时联络通道暗挖的风险，因此采用冻结法进行地层加固。

结合左右线隧道的平面距离和竖向高差，Z形联络通道冻结时需采用洞内＋地面组合布置冻结管的方式。为便于洞内布置冻结管，左右线隧道在拟布置洞内冻结管区域采用全环钢管片，以便适时调整冻结孔的角度；另外在不便布置洞内冻结管区域，采用地面垂直冻结管进行补强。为保障隧道钢管片开口周边区域隧道安全，在钢管片两侧不开口部位安装临时门式钢架支撑[11]等，以控制联络通道施工时管片变形（图6～图8）。

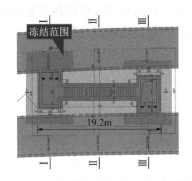

图6　Z形联络通道冻结加固平面图

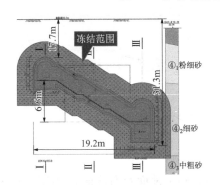 

图7　Z形联络通道冻结加固纵剖面图　图8　Z形联络通道冻结加固横剖面图

加固范围：平行联络通道中线方向为联络通道开挖轮廓线外不小于2.0m、垂直联络通道中线方向为管片与联络通道最底部接口往区间侧不小于2.0m、加固体顶面高出两侧区间外顶面不小于2.0m、加固体底部低于联络通道底面开挖面不小于2.0m。

根据1号联络通道所处位置、埋深及所处地质水文情况，经过结构力学及数值模拟方法验算后，确定冻结壁物理力学参数如表2所示。

冻结壁物理力学参数   表2

项目	单位	指标	备注
冻土抗压强度设计值	MPa	≥4.0	
冻土抗折强度设计值	MPa	≥1.8	
冻土抗剪强度设计值	MPa	≥1.5	
冻结壁设计厚度	m	≥2.0	—
冻结壁平均温度	℃	≤−10	—
积极冻结时间	d	≥45	—
盐水最低温度	℃	−26～−28	7d 盐水温度降到−18℃以下
单孔盐水流量	m³/h	5.0	—
冻结孔数量	个		—
冻结孔成孔控制间距	m	1.3	—
冻结孔允许偏差	mm	≤100	—

根据现场情况，为便于打孔、管路布设及后续各项数据监控量测管理，将左右线区间洞内水平打孔设置为辅助冻结工作面，地面垂直打孔设置为主要冻结工作面。地面垂直冻结孔孔数为123个，洞内水平冻结孔共为90个，地面和洞内的测温孔分别为18、8个，泄压孔个数为4个（图9）。

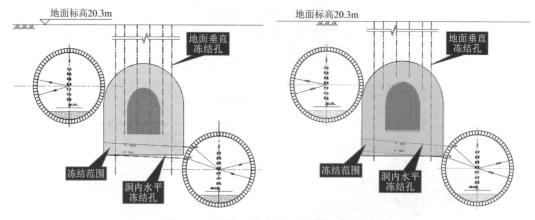

图9　Z形联络通道冻结孔布置典型剖面图

3.4　Z形联络通道施工方案

Z形联络通道施工顺序为：右线隧道洞通，施工地面及右线横通道冻结孔→地面及右线横通道冻结施工→开挖构筑右线横通道→左线隧道洞通后施工左线冻结孔→地面及左线冻结施工→开挖构筑→解除冻结并进行融沉注浆（图10）。

各部分施工先后顺序为：开挖土体、初喷混凝土、挂内侧钢筋网、架立格栅钢架，挂外侧钢筋网，复喷混凝土。喷射混凝土表面找平，铺设防水层后浇筑二次衬砌。拱部及侧墙二次衬砌预留压浆孔后期注浆填充，保证初期支护与二衬之间密实。

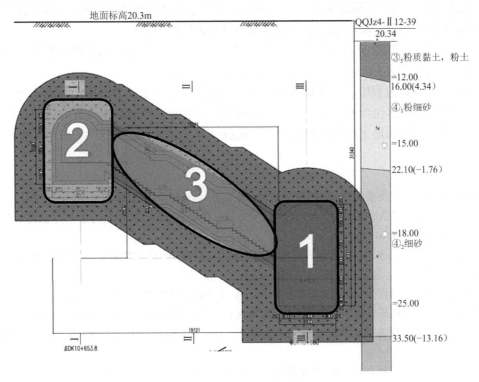

图 10　Z 形联络通道结构分区开挖图

4　实施效果评价

Z 形联络通道在冻结过程中，通过洞内水平冻结和地面辅助冻结，70d 完成积极冻结，开挖前通过测温孔实测冻结体达到设计要求，开挖过程中证明冻结效果良好，通过 50d 紧张有序开挖、支护，整个 Z 形联络通道完成初期支护和二次衬砌结构。

在冻结维护期间，因多个工序交叉作业，冻结壁的温度产生一定程度的上升。针对现场环境温度问题，主要采取加快冷却水循环、增加安装轴流风机、加厚冻结面管片保温层等措施，确保冻结体散热过程可控。在冻结施工的监测过程中，地面最大的冻胀融沉分别为+15mm、−18mm，对周边环境影响可控。

整体而言，Z 形联络通道较好地解决了地面无条件施工竖井时，大高差上下行区间隧道之间无法修建联络通道的难题，采用冻结法进行地层加固后暗挖施工的方案，较传统的地面施工竖井方案可减少投资 2623 万元，缩短工期 5 个月，并且避免了地面房屋拆迁对工期不可控的影响。

5　结论

（1）通过实践证明，Z 形联络通道冻结的设计方案和施工方案可行，冻结效果良好，现场作业人员在冻结体保护下可安全施工，在开挖过程中未发现渗水漏砂现象。

（2）Z形联络通道相比传统的地面施工竖井，竖井内施工联络通道结构可缩短工程投资约2623万元，缩短工期5个月，并减小对征地拆迁和社会环境的影响，对周边建（构）筑物的影响降到最低，在后续地铁工程建设中具有推广价值。

（3）垂直冻结实施前对周边的高大树木进行移栽，在冻结施工的监测过程中，地面最大的冻胀融沉分别为+15mm、−18mm，对周边环境影响可控。

（4）冻结设计过程中，冻结壁的厚度主要取决于外部水土压力，而实际施工过程中的地下水位相比设计水位低6~7m，导致实际冻结体的安全系数较理论计算大。建议后期可结合具体施工时段和地下水位监测情况，优化冻结壁厚以加快冻结速度、减小工程投资。

参考文献

[1] 石立民. 富水砂层交叠联络通道冻结设计方案研究[J]. 隧道建设, 2024, 44(1): 148-154.

[2] 张潮潮, 崔猛. 复杂地质条件下地铁联络通道冻结工程冻土温度场变化规律[J]. 城市轨道交通研究, 2023, 26(9): 150-154+159.

[3] 张志强, 何川. 用冻结法修建地铁联络通道施工力学研究[J]. 岩石力学与工程学报, 2005, 24(18): 3211-3217.

[4] 赵丽君. 地铁叠线区间联络通道设置方案研究[J]. 天津建设科技, 2011, 21(3): 31-34.

[5] 朱敏. 叠线盾构隧道线路条件下联络通道新型施工工艺及应用[J]. 中国高新科技, 2020(8): 124-125.

[6] 王庆礼. 富水砂层冻结暗挖法 C 形联络通道设计与工程实践[J]. 隧道建设 (中英文), 2024, 44(S1): 387-395.

[7] 石立民, 叶玉西, 杜有超, 等. 富水砂层交叠联络通道冻结设计方案研究[J]. 隧道建设 (中英文), 2024, 44(1): 148-154.

[8] 赵彬. 地铁区间冷冻法联络通道融沉注浆施工技术探讨[J]. 现代城市轨道交通, 2020(3): 12-14.

[9] 曾晖, 胡俊, 王效宾. 苏州地铁 1 号线联络通道加固方式比选研究[J]. 铁道建筑, 2012(10): 58-61.

[10] 马恒远, 赵光军, 徐强, 等. 冻结法土体加固在富水粉细砂层联络通道施工中的应用[J]. 建筑技术开发, 2019(19): 87-88.

[11] 李良生. 富水复杂环境下盾构法联络通道施工技术研究[J]. 现代城市轨道交通, 2023(11): 78-84.

压入式钢沉井技术在顶管工作井中的应用

（上海市基础工程集团有限公司第二工程公司，上海 200002）

摘　要：压入式沉井法工艺近年来在国内逐步应用，以上海临港水厂原水管线工程顶管井为例，介绍压入式预制钢沉井在复杂周边环境下小型基坑围护中的应用，通过对压沉工艺研究和施工关键工序的控制，实现周边环境微扰动的目的，取得良好工程效果。
关键词：压入式；钢沉井；顶管井

0　引言

在城市现代化与信息化高速发展的背景下，城市中迫切需要兴建大量给水排水、电力等新管线，常采用顶管或盾构等非开挖技术敷设，此类线性管线工程往往在管道沿线需布置若干工作井。传统沉井法工艺由于存在纠偏困难、下沉缓慢、工期较长、对周边环境影响大等问题，并不适用，但随着沉井辅助下沉工艺的不断发展，压入法沉井工艺克服上述难题，已成功应用于多个复杂环境下的沉井工程。例如刘鸿鸣[1]在白龙港南线东段工程SST2.2 标段工程中对压入式下沉施工进行了研究；杨子松[2]等对压入式沉井工艺在钢壳沉井上的应用进行了研究；刘桂荣[3]对压入式薄壁钢沉井在复杂环境下微扰动施工进行了研究。本文介绍压入法钢沉井的实际应用，为类似工程提供参考。

1　工程概况

上海临港水厂原水管线工程自现有青草沙原水管线南汇支线大治河与 S2 交汇处的分支点，引出两根 DN1400 原水管，沿 S2 沪芦高速、云水路敷设至临港水厂。采用顶管与埋管相结合的形式，顶管段长度为 17.84km，沿线共布置 55 座顶管井。

J42 顶管井属于上海市奉贤区四团拾村，位于川南奉公路东侧，S2 沪芦高速南侧，原设计为圆形工作井，外包直径为 17m，开挖深度为 19.75m，围护结构采用 1m 厚地下连续墙，长度 37m，地下连续墙接缝间采用φ2mRJP 旋喷桩加固（图 1）。

由于井位现状为乡村淤塞河道，东侧距离民房最近约 10m，民房 2～3 层，条形基础，基础埋深 0.6～1.1m。北侧距离民房约 12m，民房为 1 层砖混结构。南侧距离乡村道路约8m，距民房约 14m。附近民房为 20 世纪 80～90 年代填河后建造，砖瓦结构，房龄约 30年以上，房屋基础较为薄弱。地下连续墙施工存在以下难点：（1）顶管井周边场地狭小，无法满足施工布置要求；（2）大型机械设备行走产生的振动对周边民房影响较大；（3）大型钢筋笼吊装作业安全风险高；（4）基坑降水及深基坑开挖渗漏的风险可能导致周边沉降难以满足房屋结构安全要求；（5）该工作井需分别向两端进行顶管施工，基坑暴露时间长，且顶管出洞渗漏风险较高，对周边民房保护极为不利。

图1　J42井周边环境平面示意图

为克服上述难点，需对原设计方案优化，根据物探资料，J41~J42顶管段河道护岸有 200mm×200mm 预制方桩，桩长12m。经沟通协调对顶管轴线上方河岸护桩进行清障拔除，将顶管中心轴线抬高8m 至−4.5m 标高，大大减少基坑开挖深度。考虑到该井位位于管道线形拐点，无法取消，为减少井位施工作业时间，将工作井改为接收井。为减少对周边环境的影响和减少施工占地，井身尺寸要做到尽量小，结合顶管进洞后吊装拆除作业需要，顶管井最小直径为4m。为避免振动对周边民房的不利影响，考虑采用静压的方式进行施工，最终提出压入式钢沉井施工方案。

2 压入式钢沉井工艺及关键技术要点

2.1 压入式钢沉井工艺

压入式钢沉井施工工艺是将分节预制钢井身运至施工现场安装成形后，在钢沉井上部架设压沉钢梁并安装穿心千斤顶，通过锚索连接至地锚反力装置，再顶升穿心千斤顶，对钢沉井施加一个向下的压力，从而将钢沉井压入土体，重复钢井身拼装、下压的过程，最终使钢沉井在本身自重及下压力的作用下下沉至设计标高（图2）。

压入式钢沉井工艺（图3）通过调节千斤顶压力，控制井身垂直度，配合减阻措施可实现在软土地区快速精确施工；钢制井身既有围护功能，也有止水能力，大大降低基坑渗漏风险，从而可以有效降低对周边环境的影响[4,5]，将传统沉井工艺进行了优化，拓宽了工程应用场景。

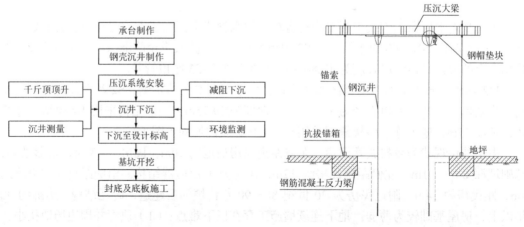

图2　压入式钢沉井工艺流程图　　　　图3　压入式钢沉井工艺示意图

2.2 压入式钢沉井关键技术要点

压沉系统是压入式钢沉井的关键，其主要由反力梁、地锚、锚索、穿心千斤顶、压沉钢梁组成。压沉系统设计主要包括下压力设计、地锚设计、压沉钢梁设计和锚索具设计等内容，以本工程 J42 井为例进行介绍。

1. 钢沉井设计

J42 顶管接收井井身材料为预制拼装钢井身，井身材料为 Q235 钢板圈制而成，壁厚 36mm，内径 4.0m，外径 4.072m，井体高度 14m。井壁共分为 4 节，节段划分为 4m × 3 + 2m × 1 = 14m。节段底板上端口采用 20b 槽钢（Q235）内侧抱箍加强，节段焊缝间采用 30mm 厚钢板内侧抱箍加强。采用两次制作（8m + 6m），两次下沉，压沉过程中井内不取土，待下沉到位后进行土方开挖施工。

2. 地质条件

本工程钢沉井下沉主要穿越土层分别为①$_{1-2}$素填土、②$_1$粉质黏土、②$_3$砂质粉土、③淤泥质粉质黏土、④淤泥质黏土等土层，穿越土层如图 4 所示。

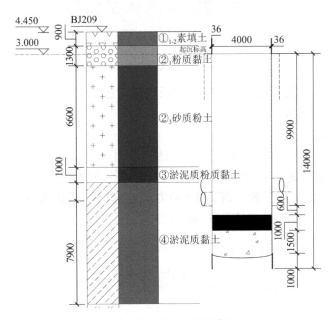

图 4　沉井穿越土层示意图

3. 下压力及反力梁设计

根据钢沉井自重结合地勘报告，在不取土工况下，经计算[6]，钢沉井自重 417kN，其终沉时侧壁摩阻力为 3459kN。因钢制沉井壁厚较薄，不考虑浮力的影响，在下沉系数为 1.1 时，需要施加的辅助下压力约为 3500kN，采用混凝土反力梁和附加配重提供所需反力。

沉井矩形钢筋混凝土反力梁截面 1.5m × 1.5m，长度 24m；两端连梁 1.0m × 1.5m，长度 16m；C30 混凝土，配重加载点作为支点，锚索拉力作为荷载，采用 Midas 建立三维模型进行分析（图 5、图 6）。

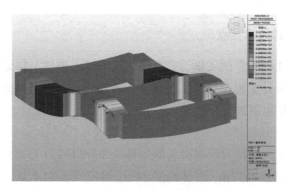

图 5　反力梁最大弯矩 2334kN·m

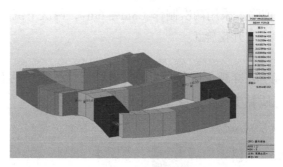

图 6　反力梁最大剪力 1613.6kN

　　根据上面验算，压沉荷载 4000kN（其中反力梁自重 2215kN，附加配重 1785kN）作用下可以保证沉井顺利下沉。

　　4. 压沉钢梁设计

　　综合考虑施工可靠性和加工便捷性，压沉钢梁采用双拼 H700mm × 300mm × 13mm × 24mm。实际每个加载点施加875kN，考虑一定的安全储备，取每个锚点施加最大拉力1000kN，对压沉钢梁应力和变形进行分析。钢梁最大应力发生在中部，钢梁最大位移发生在端部，通过在千斤顶安装位置和钢梁受力处设置 10mm 厚的钢板，满足受压要求（图7～图9）。

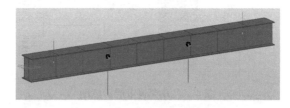

图 7　压力模型荷载作用示意图

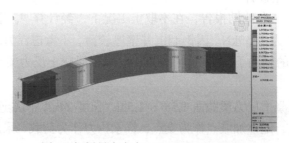

图 8　钢梁最大应力 197.3MPa ＜ 205MPa

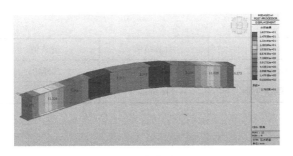

图 9 钢梁最大位移 16.3mm

5. 锚箱及锚索

钢制锚箱（图 10）直径 1300mm，高 1300mm，各钢板厚度 30mm，底部环形锚板与反力梁预埋钢板进行焊接连接，锚箱中间穿索孔需与压沉钢梁上穿心千斤顶对齐。锚箱底板固定点反力最大处为 101kN。锚索采用 7 根 6×37＋FC-ϕ40mm，抗拉强度为 1870MPa 的纤维芯钢丝绳，满足下压力的要求。

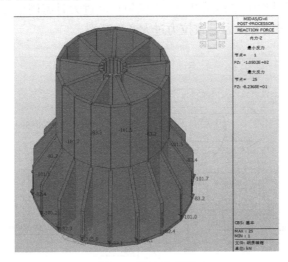

图 10 锚箱示意图

6. 薄壁钢井身结构设计

为降低对周边环境的扰动，加快施工效率，采用预制分节薄壁钢井身，现场焊接拼装，上下环缝采用单边坡口焊接，并在井内侧环缝处增设加强板。下部刃角采用 30mm 钢板圈制，外贴于井身，高度为 1.0m，底部设坡口。

钢沉井下沉到位，沉井在自重、静水压力、土压力作用下，钢沉井受力为最不利[7]。采用 Midas/Civil 2021 软件建立整体模型进行计算。侧壁面板、加劲板、钢护筒采用板单元模拟，水土压力采用朗肯土压力计算。考虑等压荷载和偏压荷载作用两种不利工况（表 1），钢沉井受力和变形满足要求。

不利工况受力及变形验算表   表 1

项目	名称	计算结果	允许值	备注
等压荷载工况	侧壁强度	13.3MPa	205MPa	满足
	侧壁变形	0.089mm		满足

项目	名称	计算结果	允许值	备注
偏压荷载工况	侧壁强度	158.8MPa	205MPa	满足
	侧壁变形	16.5mm		满足

3 施工技术

3.1 钢沉井施工

本工程为双线顶管工程，需布置两个4m直径钢沉井，最小净距为1m，施工顺序是依次施工。每个沉井布置两个压沉钢梁，4个反力作用点，每个点设有一台100t穿心千斤顶，整体提供最大下压力为400t；通过PLC将千斤顶、油泵车与控制台进行连接，可实时了解千斤顶行程、下压力等情况，并可根据沉井倾斜情况选用单点控制或联动控制，实现精准纠偏（图11）。在下沉过程中需勤测勤纠，当倾斜角度过大时需调整穿心千斤顶位置，使之与锚箱垂直，防止锚索偏心受力导致拉力过大产生断裂。

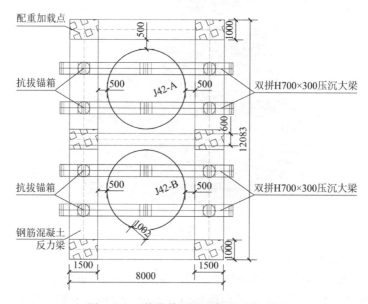

图11 J42接收井压沉系统平面布置图

下沉到位后用钢板将沉井与反力梁预埋件相连接，防止后续施工可能产生的上浮。因不涉及承压水，下沉到位后，直接采用长臂挖机进行取土，挖至设计标高后及时浇筑混凝土垫层并安装预制底板钢筋笼，完成底板施工。

3.2 辅助减阻措施

（1）压注减阻泥浆。在沉井内壁均布4路泥浆管路并预留注浆孔，下沉施工时根据千斤顶压力适时压注，可大幅度减小井壁摩阻力。

（2）井壁涂刷润滑剂。通过在井壁内外侧涂刷润滑剂减少摩擦系数，从而降低侧壁摩阻力。

（3）刃角位置设置高压射水。因本工程需穿越 6.6m 厚砂质粉土，为切削破坏刃角位置土体降低土体承载力，参考钢管桩高压水刀，在刃角位置预埋管路连接至井口，利用柱塞泵压注高压射水。

4　实施效果

（1）采用压入法下沉时沉井姿态平稳，控制容易，纠偏反应及时精确度高。

（2）钢沉井施工时主要大型机械为汽车起重机，场地布置简单，大大降低施工占地，有利于施工场地狭小工程应用，周边同时上部井体可回收，减少地下障碍物的遗留，有利于场地的恢复。

（3）本工程钢沉井两次制作两次下沉，自进场拼接安装开始到压沉设备布置并下沉至最终完成底板浇筑，总工期为一个半月，下沉速度快，相比传统围护基坑开挖回筑工艺，可大幅度节约工期。

（4）沉井下沉过程平稳，对外部土体扰动小，压沉期间进行了周边房屋监测，最大竖向位移 3.82mm，未对房屋产生较大影响，达到预期目标，相比较围护基坑开挖工艺周边建（构）筑物沉降情况明显改善。

5　结语

针对本工程实际情况，通过压入法钢沉井工艺的应用，对压沉工艺及相关系统设计进行了细致描述。相比传统沉井施工工艺的缺陷和地下连续墙等围护基坑的局限性，压入法钢沉井有施工效率高、工期短、施工场地小、对周边环境影响小等优点。为越来越多同类型工程提供可靠经验，拓宽了沉井工艺的使用范围。

参考文献

[1]　刘鸿鸣. 压入式下沉技术在沉井施工中的应用[J]. 建筑施工, 2014, 36(5): 571-572.

[2]　杨子松, 王海俊, 姚人杰, 等. 压入式钢壳沉井施工工艺及其在工程中的应用[J]. 建筑施工, 2022, 44(8): 1904-1919.

[3]　刘桂荣. 复杂环境下微扰动压入式薄壁钢沉井工艺研究[J]. 山西建筑, 2022, 48(6): 71-74.

[4]　赵敏杰. 超深沉井下沉周边环境效应与控制措施[J]. 建筑施工, 2020, 42(6): 1079-1084.

[5]　徐鹏飞, 李耀良, 徐伟. 压入式沉井施工对环境影响的现场监测研究[J]. 岩土力学, 2014,3 5(4): 1084-1094.

[6]　黄丁, 李耀良, 徐伟. 压入式沉井侧摩阻力的监测及分析[J]. 建筑施工, 2012, 34(10): 980-983.

[7]　易琼, 廖少明, 朱继文, 等. 淤泥地层中压入式沉井挤土效应的有限元分析[J]. 隧道建设 (中英文), 2019, 39(12): 1981-1992.

微型桩注浆技术在既有建筑
地基加固中的应用

刘春阳，易帆

（新疆土木建材勘察设计院（有限公司）湖南分公司，湖南 长沙 410000）

摘　要：当基坑开挖邻近既有建筑物，基坑支护结构锚索在地下下穿建筑物地基基础时，易引发地基基础变形，影响建筑物的正常使用及结构安全，本文结合工程实例，分析了既有建筑物地基产生变形的原因，阐述了微型桩注浆加固技术在特殊地段加固设计的基本思路和施工方案。结果表明，通过微型桩注浆加固后的建筑物，在基坑后续施工过程中，其沉降量得到了有效控制，微型桩注浆加固效果明显。

关键词：建筑物；微型桩；注浆；地基加固；沉降

1　工程概况

在建某建筑地下室 2 层，设计基坑深为 9.2～9.9m，采用桩锚支护，帷幕止水，网喷护面。基坑工程东北侧两栋商住楼邻近基坑，相距 2.29～9.39m 不等。其中 A 栋为地上三层框架结构，独立柱基础，持力层为天然粉质黏土，地基承载力标准值为 170kPa，基础埋深 1.8m。B 栋 1～3 层为框架结构商业裙楼、4～6 层为 3 栋砖混结构住宅，并在紧邻基坑处有加建的五层茶楼，亦为独立柱基础，持力层为天然粉质黏土，承载标准值为 180kPa，基础埋深 2.4m。在基坑开挖及第一排锚索施工过程中，上述建筑不同程度出现墙体开裂、地面下沉等现象，开裂情况见图 1。根据地勘报告，该区域各土层的性质如下：

（1）素填土：杂色，稍湿，松散，该层场地内均有分布，主要由卵石、碎石等粗颗粒，混凝土、废砖块等建筑垃圾，生活垃圾等组成，层厚 1.10～6.30m。

（2）粉质黏土：褐黄色，稍湿，可塑，土质较均匀，该层场地内大部分钻孔分布，层厚 0.60～5.80m。

（3）粉质黏土：灰褐色为主，局部褐黄色，可塑—软塑，湿，该层场地内部分钻孔中分布，层厚 0.50～4.10m。

（4）卵石：暗黄色，稍密，上部含泥砂较多呈松散状态，饱和，次圆形，卵石上部松散，下部以稍密状态为主，该层场地内均有分布，层厚 0.70～7.30m。

（5）强风化泥质页岩：青灰色，节理裂隙发育—很发育，该层为拟建场地内下伏基岩，场地内均有分布，层厚 0.7～8.6m。

（6）中风化泥质页岩：青灰色，节理裂隙较发育—发育，该层为拟建场地内下伏稳定基岩，场地内均有分布，层厚 0.60～17.00m。

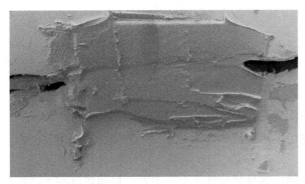

图 1　建筑物墙面开裂

2　原因分析

经调查分析，基坑周边建筑物多处房屋墙体开裂的原因主要是：（1）原有建筑物均为独立浅埋基础，本身结构抗变形能力差；（2）该基坑及房屋所处地层含粉质黏土及卵石层，该层土层孔隙大，富水饱和，受基坑施工影响，造成地层水土流失，土层不均匀压缩沉降；（3）周边房屋违建增层，造成荷载大量增加及部分建筑物本身材料质量原因；（4）基坑第一排锚索施工时措施不当，为赶工期，两台设备在一个区域同时钻孔，因该区域基坑局部为凸字形和 L 形，钻孔后未及时注浆，造成建筑物底部岩层形成蜂窝状空洞，基础局部失稳及地下水流失；（5）基坑开挖后挂网喷浆支护未及时跟上，桩间土垮塌严重。上述各因素导致该区域建筑不同程度出现墙体开裂、下沉等现象，该段基坑在施工仅完成第一排锚索张拉即停止施工，建筑物与基坑平面位置详见图 2。

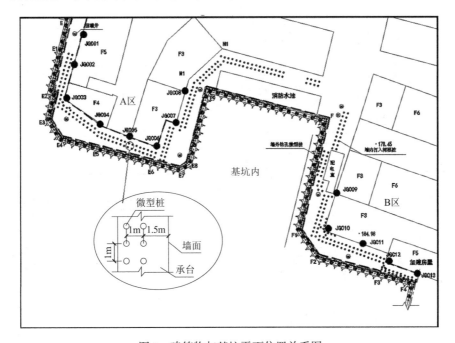

图 2　建筑物与基坑平面位置关系图

3 加固措施与施工技术

1. 施工重难点分析

（1）重点

①严格控制周边建筑物沉降、倾斜率。

②控制施工期间基坑及房屋所在地层的水土流失，避免土层不均匀压缩沉降。

（2）难点

①周边原有建筑物均为独立浅埋基础，本身结构抗变形能力差，目前建筑物下沉量在 −20～−45mm 之间，变形较大，开裂情况较为严重，邻近施工时可能造成建筑结构二次伤害。

②施工场地狭窄，A 区 E1E2 段施工场地宽度约 3.5m，B 区 FF1 段配电室位置施工场地宽度约 3m，B 区 F3F4 段施工场地宽度约 2.5～3.5m，大型机械设备作业困难。

③周边建筑物地下管线复杂，由于属于老城区，管线图纸缺失，仅靠走访大概知道区域内有什么管线，且前期房屋因发生沉降变形，存在部分地下管网破裂的情况，注浆期间可能会造成建筑物内部地面冒浆、地面异常隆起、管网堵塞的情况。

2. 加固方案设计

通过对项目现场实际情况的考察，对比各加固方法，认为本工程适合采用微型桩渗透注浆加固技术，即通过微型桩在建筑物地基基础区域、与基坑之间的土层区域进行注浆，使土层强行固结，形成承载力较高且均匀的加固体，同时可降低地基的不均匀沉降。且该施工方法具有对周围环境影响小，施工用地小，机械化程度高等优势。

施工钻孔分墙下微型桩和墙外微型桩，微型桩平面位置详见图 2，微型桩断面布设详见图 3。

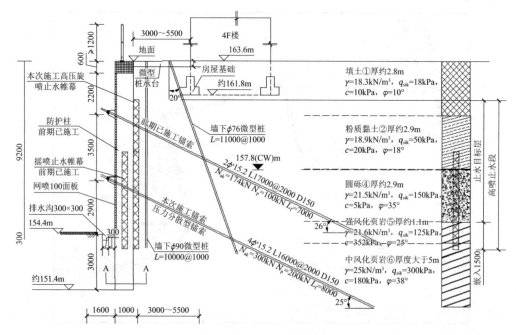

图 3　微型桩支护剖面图

（1）墙下（靠建筑物基础 1.5m）打入 $\phi76$ 微型桩（$\phi76\delta8$ 袖阀钢花管），墙下微型桩原则上为直接钻入，采用袖阀管作为钻杆（钻杆即为桩体），加工合金钻头与钻杆焊接。桩间距 1m，钻入角度为 20°角斜向下钻入建筑物地基下部，特殊位置的钻入角度需要根据现场情况进行调整，达到设计深度后分段注浆。

（2）墙外（离建筑物基础 2.5m）微型桩为先钻孔后下桩体材料钢花管。桩间距 1m，钻孔直径 90mm，钻孔深度达到设计深度后安装 $\phi48\delta4$ 钢花管，并分段注浆形成微型桩。钻孔时，钻杆垂直向下需钻入持力层。

（3）微型桩顶设置尺寸 0.3m × 3.0m 混凝土承台，按构造配筋，钢筋需与钢管桩顶部焊接。

（4）为避免在微型桩钻孔过程中造成水土流失，用水泥浆代替钻孔用清水，在护壁的同时起到固结作用，水泥浆比例可为 0.8∶1、1∶0.8、1∶1.2、1.2∶1，比例可根据现场具体情况进行调整，做到经济且有效。

（5）注浆材料采用复合硅酸盐水泥 P·C42.5 水泥和自来水或无腐蚀性地下水。

3. 施工工艺

（1）墙下微型桩钻进要求钻机适应深孔斜孔钻进，平稳性、导向性良好。钻孔直径不小于设计尺寸，孔口坐标误差不得大于 10cm，钻孔底部的偏斜尺寸不大于设计长度的 1%，有效孔深的超深不大于 10cm，钻孔时应加强钻具的导向作用，及时检查钻孔误差。墙外微型桩终孔验收合格后应做好孔口的保护，防止异物掉入孔中。若钻进过程中出现卡钻、大量涌水或钻进时发现地质情况与原有资料不符应及时汇报。

（2）为了严格控制周边建筑物沉降，微型桩采用跳序法施工，每跳两根施工一根，依次循环施工（根据现场施工情况调整施工间距），施工完墙下桩后再施工墙外桩，直到施工完所有微型桩。

4. 施工技术

（1）采用加工制作的封口设备对注浆孔上部进行封孔，封口设备由 $\phi20mm$ 钢管制作而成，封口深度 0.5m，一端可连接加长杆任意加长，加长杆每根长度 1.5m，加长杆之间用双内丝接头连接，另一端连接注浆导管。

（2）浆液要随拌随用，拌合均匀，拌好的浆液应在初凝前用完。拌浆时要防止杂物混入浆液，作业中途或注浆结束时，及时清洗注浆泵和注浆管。

（3）墙下微型桩采用袖阀管分段注浆，墙外微型桩采用静压注浆；灌浆压力 0.5～1.0MPa；先采用第一级配比（1∶1 纯水泥浆）注浆，当在规定压力（1.0MPa）标准下，单孔吸浆量 ≤2L/min，并延续注浆时间 30min 后，可变换为第二级配比（1∶0.75 纯水泥浆）注浆，终灌标准为压力 0.75MPa，单孔吸浆量 ≤0.1L/min，稳定 30min；单孔注浆完成后移至下一个孔位。墙下微型钢管桩采用分段注浆法，自下而上进行分段注浆，当下部浆压达到设计浆压时，即可停止该段注浆，提升注浆管至上一分段进行注浆，直至整根墙下微型钢管桩注浆完成。

（4）注浆应注意流量的控制，流量过大，易隆起或跑浆，流量过小，压力太小，达不到注浆目的，根据现场试验，暂定为 10L/min，当流量大于 20L/min 时，停止注浆。长时间达不到注浆结束标准时，采用初凝时间较短的浆液。

（5）进行灌注时，需加强各部位巡检工作，如出现跑、冒、漏、串、溢浆现象，采取以下措施：一是降低灌浆压力、速率，采取表面封堵、调整浆液配比等相结合的方法，进行快速处理，继续灌注；二是在降压灌注的同时，采用干稠状水泥浆封堵漏浆部位；三是从外部向漏浆处注射固化剂，促其速凝。如发现有地面隆起现象时，应调整注浆速度和注浆压力；并分析原因，减少下个注浆段的注浆量。注浆时注意周边地表环境，同时记录灌浆量和地表上抬的位移量。

4 沉降观测与效果分析

为确保周边建筑物的安全，安排专职测量人员每天对周边建筑物进行沉降观测，及时了解施工过程中建筑物的位移情况，出现异常情况能及时处理。

（1）观测仪器采用天宝 DiNi03 型电子水准仪，精度为 0.3mm。

（2）观测点布置及监控周期

①沉降观测点布置如图 2 所示，沿用第三方布设的测点，数量为 13 个。

②在施工前对观测点进行初始值的采集，观测不少于 3 次，满足二等水准测量要求，沉降量累加第三方。加固施工期间对周边建筑物进行连续测量，监测频率为 2 次/d，施工完成后监测频率为 1 次/d，持续至该区域基坑土方开挖至底板。

③每次测量结果当天反馈给技术负责人，经数据分析后发送到工作交流群，便于各单位及时了解现场情况。

（3）观测成果分析

微型桩自 2021 年 5 月 20 日开始钻孔施工，于 2021 年 9 月 1 日施工完成，2021 年 10 月 28 日该区域基坑开挖至设计标高，周边建筑物变化量在 −0.74～−6.65mm 之间，该区域建筑物累计变化量在 −12.14～−46.55mm 之间。微型桩开始施工至基坑开挖至底板期间建筑物累计变化量数据成果见表 1，曲线图如图 4 所示。

从加固施工开始到基坑土方开挖完成，周边建筑物监测点变形较为均匀，倾斜未加剧，保障了基坑后续施工的安全，树根桩注浆对周边建筑物地基加固达到了预期效果。

周边建筑物累计沉降值数据（因时间较长取部分数据）　　　　　　　表 1

点号	2021/5/19	2021/6/15	2021/7/15	2021/8/1	2021/9/1	2021/10/1	2021/10/15	2021/11/1	2021/11/28
JGC01	−20.87	−22.71	−22.95	−24.03	−25.20	−23.85	−25.06	−24.14	−24.10
JGC02	−27.37	−30.09	−31.74	−32.23	−32.56	−32.45	−32.15	−31.73	−31.66
JGC03	−31.47	−34.92	−34.67	−35.71	−37.07	−37.09	−35.76	−37.10	−37.12
JGC04	−24.47	−27.43	−27.54	−28.34	−28.10	−28.69	−29.15	−29.33	−29.24
JGC05	−29.49	−31.79	−32.67	−32.66	−32.62	−32.01	−32.19	−31.98	−31.93
JGC06	−31.98	−34.32	−34.76	−35.96	−37.13	−36.17	−35.62	−36.54	−37.59
JGC07	−23.87	−24.58	−26.32	−26.85	−26.40	−26.24	−28.60	−28.38	−26.60
JGC08	−13.32	−13.97	−14.91	−16.03	−15.68	−15.70	−15.58	−16.53	−16.04
JGC09	−39.90	−40.57	−41.48	−41.82	−41.78	−46.15	−46.64	−45.97	−46.55
JGC10	−43.89	−43.97	−45.43	−45.70	−44.91	−45.29	−45.82	−47.35	−47.17

点号	2021/5/19	2021/6/15	2021/7/15	2021/8/1	2021/9/1	2021/10/1	2021/10/15	2021/11/1	2021/11/28
JGC11	−34.72	−36.71	−37.43	−37.85	−37.94	−37.46	−37.44	−37.20	−37.45
JGC12	−26.45	−27.17	−28.05	−28.02	−28.01	−28.88	−27.66	−28.23	−28.02
JGC13	−11.40	−11.67	−12.84	−12.17	−12.52	−12.55	−12.15	−12.25	−12.14

注：数据取微型桩施工至基坑开挖到设计标高期间累计变化值。

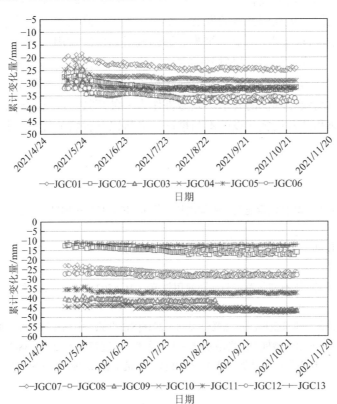

图 4　沉降观测曲线图

5　结论

（1）本文通过微型桩在工程中的实际应用，采用新的微型桩施工工艺，取得了预期的加固效果。

（2）当微型桩地基加固施工完毕后，基坑第二排锚索施工完成以及基坑开挖至设计标高，周边建筑物沉降变化量在 0～−6.65mm 内，由此可看出，利用微型桩在狭窄区域对建筑物地基加固，将荷载传递到较深的土层中，从而改善房屋基础的承载力取得了良好的效果，并且施工方便、工艺简单、灵活性强。

（3）建筑物加固止倾不同于常规地基基础设计，一般以建筑物对地基沉降量或差异沉降的控制要求为主，再验算承载力是否满足要求，当沉降控制能满足要求时，承载力一般也能满足要求。

（4）采用微型桩地基加固处理方法，设计方法明确，对修复受扰动变形地基效果良好，可有效控制建筑物的不均匀沉降。

（5）微型桩地基加固成功的控制了基坑周边建筑物的变形，为基坑第二层地下室的土方开挖提供了安全保障，为甲方增大了地下室的利用空间，提高了经济效益；也为周边的居住者提高了安全保障。

（6）随着工程技术的不断创新，微型桩技术也在不断进步。智能化和自动化的施工设备正在被研发和应用，这些设备能够提高施工效率和质量，降低施工难度和成本。应用领域的扩展也将推动微型桩加固技术的发展，微型桩不仅在高层建筑和城市更新中发挥重要作用，还在边坡稳定性治理、历史建筑改造等领域得到广泛应用。例如，微型桩可用于加固软弱地基、防止沉降或倾斜，提供基础支撑，防止相邻建筑物的损坏，以及提高建筑物对地震作用的抵抗能力等。微型桩具有占地面积小、施工简便、环保节能等优点，能够满足现代建筑工程对高效、环保的要求。微型桩作为一种高效、经济的地基处理技术，随着城市化进程的加速和基础设施建设的不断推进，必将以其独特的优势在各类工程项目中得到广泛应用。

参考文献

[1] 住房和城乡建设部. 既有建筑地基基础加固技术规范: JGJ 123—2012[S]. 北京: 中国建筑工业出版社, 2013.

[2] 住房和城乡建设部. 建筑结构加固工程施工质量验收规范: GB 50550—2010[S]. 北京: 中国建筑工业出版社, 2011.

[3] 住房和城乡建设部. 既有建筑鉴定与加固通用规范: GB 55021—2021[S]. 北京: 中国建筑工业出版社, 2022.

[4] 住房和城乡建设部. 建筑变形测量规范: JGJ 8—2016[S]. 北京: 中国建筑工业出版社, 2016.

[5] 程学军, 押朋举. 采用微型桩加固塔吊基础的工程实践[J]. 建筑技术, 2007, 38(3): 176-177.

[6] 胡德生, 徐清文. 树根桩法基础加固技术的应用[J]. 建筑工程, 2008, 30: 109-111.

[7] 张寒, 郭金雪, 毛安琪, 等. 基于变形控制的既有建筑物微型桩加固实例[J]. 建筑物结构, 2022, 52(S1): 450-454.

高频液压振夯技术在水下基床
夯实施工中的应用

冯欣华

（广东斯巴达重工科技有限公司，广东 佛山 528300）

摘　要： 对于水下基床夯实的施工，高频液压振夯处理技术解决了传统锤夯存在的低效率、夯实质量难保证的难点。液压振夯锤的高频率连续输出可使基床抛石层获得足够的密实度，对基础石层和地基损伤小，可有效减小水下施工水浮力的影响；而且减少了夯锤起落的时间，提高施工效率。同时减少对环境的干扰，符合安全环保要求。

关键词： 高频液压振夯；水下夯实；码头基床处理

1　工程概况

1.1　工程简介

深圳港盐田港区东作业区集装箱码头工程及护岸工程位于深圳港区内，本工程东南角区域尚有 4.6 万 m² 场地未形成陆域，为本次陆域形成范围，陆域形成包括清淤、回填、水下夯实等工作；码头后方新建护岸施工形成的开挖区域需回填处理，包括水下回填石料、分层回填碾压等工作，如图 1～图 3 所示。

1.2　施工环境及条件

（1）潮汐

大鹏湾内潮汐类型属不正规半日混合潮，潮汐判别系数 $F = 1.78$，一般在一月中约 25d 出现半日潮，4～5d 为全日潮，且潮汐日不等现象显著，涨、落潮历时不等。

（2）潮位特征值

工程区特征水位如下：

最高潮位 3.79m（2018.9.16）、最低潮位 −0.34m（1993.02.07）；

平均高潮位 1.72m、平均低潮位 0.65m、平均海平面 1.22m；

最大潮差 2.74m、平均潮差 1.12m；

平均涨潮历时 7h31min、平均落潮历时 6h8min。

（3）设计水位（采用盐田理论最低潮位，下同）

设计水位见表 1。

作者简介：冯欣华，高级工程师，硕士研究生，主要从事桩基础施工机械方面的研发。E-mail：fengxinhua@126.com。

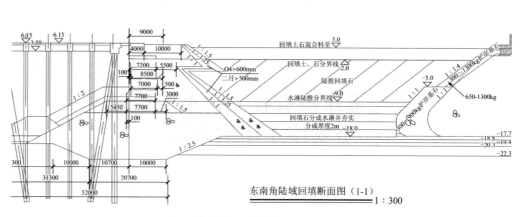

图1 东南角区域陆域形成回填断面图

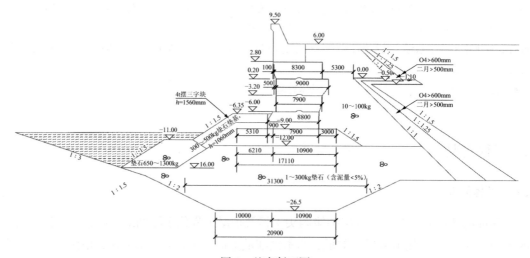

图2 基床断面图

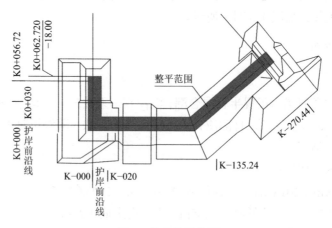

图3 基床整平范围

设计水位表   表1

水位	取值（理论最低潮面）	统计标准
设计高水位	2.26m	高潮累积频率10%
设计低水位	0.22m	低潮累积频率90%

水位	取值（理论最低潮面）	统计标准
极端高水位	3.50m	五十年一遇极值高水位
极端低水位	−0.48m	五十年一遇极值低水位

（4）设计流速

根据实测潮流资料分析并参考邻近工程设计经验，本工程水域处于缓流区，水流动力较弱，海流最大可能流速为0.5m/s，流向与岸线走向基本一致。

（5）设计波浪要素

本工程码头处于湾底附近较为隐蔽位置，波浪的衰减与大鹏湾特殊的地形有关，湾口东侧的大鹏半岛对港址起到较好的掩护作用，外海浪传至湾腹正角咀后，在继续向西推进的过程中还受到鸡公头岛端的遮挡作用，衰减很大。

结合工程海域地形特征、当地风况及盐田东港区平面布置形态，确定影响本工程的主要波浪方向为SE～SSE。

（6）水流

根据实测潮流资料分析并参考邻近工程设计经验，本工程水域处于缓流区，水流动力较弱，海流可能最大流速为0.5m/s，流向与岸线走向基本一致（图4）。

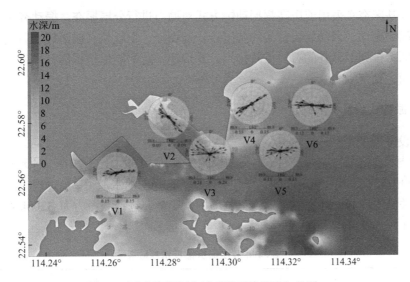

图4　夏季大潮期间各站垂线平均海流矢量图

2　夯实工艺选择

2.1　夯实工艺比选

技术条件书中共列取了两种夯实工艺，即锤夯和振夯。其中，振夯工艺具有以下特点：

通过改造液压振动锤形成高频液压振动夯实工艺，利用液压振动锤的高频振动对基床进行密实，克服了重锤夯实的缺点，实现了安全、环保、经济、高效的目标。相比传统锤夯工艺，振动夯实施工效率高，液压振动锤的高频率连续输出可使基床抛石层获得足够的密实度，对基础石层和地基损伤小，同时减少对环境的干扰，符合安全环保要求。

相比较于传统的重锤夯实方案，液压振动锤小行程可有效减小水下施工水浮力的影响；而且减少了夯锤起落的时间，提高施工效率。

且振动夯实单次冲击的能量远小于锤夯的能量，在一定程度上提高了施工工艺的安全性并减少了对基础石层的损伤，高频率连续输出可保证单位时间内单位面积上的石层获得足够的夯实能量。同时振夯对水下环境的作用影响较小，大大减小对海洋动物的干扰。

不同夯实施工工艺的经济效益对比见表2。

不同夯实施工工艺经济效益对比表　　　　　　　　　　　　　　　表2

序号	项目	基床夯实工艺	
		重锤夯实	液压振动锤夯实
1	安全、环保	对周边海洋生物影响较大、安全风险较低	对周边海洋生物影响较小，安全风险较低
2	夯实质量	夯后面不平整，顶层需粗平	夯后面不平整，顶层无需粗平
3	经济性	一次性投入成本低，分层厚度约为2m/层；500～800m²/台班	一次性投入成本高，分层厚度为 2～3m/层；1500～2000m²/台班

2.2　振夯工艺原理

本工程基床夯实采用液压高频振动锤方式对抛石进行分层振夯，振动夯实是依靠液压振动锤的高频振动，带动需要密实的基床石一起振动，也就是共振原理，通过块石自身的振动使得原本排列不整齐的石块重新排列，并传递一定的能量挤压掉石块或土壤分子间的空气，从而达到密实的效果。

2.3　水下振夯试验及参数确定

（1）设备选型

根据技术规格书补充要求及《码头结构施工规范》JTS 215—2018，对无掩护水域的深水码头，冲击能宜采用150～200kJ/m²，夯锤宜具有竖向泄水通道。经过理论测算和参考类似工程相关施工经验，并考虑水下施工各项因素影响，选择激振力为3200kN 的液压振动锤 SV400（图5），参数见表3。

SV400 液压振夯锤技术参数表　　　　　　　　　　　　　　　表3

液压振动锤型号	单位	SV400
偏心力矩	kN·m	135
最大激振力	kN	3200
最大工作频率	Hz	1450
空载振幅（无振夯底板）	mm	20
空载振幅（带振夯底板）	mm	15.6
最大工作压力	bar	320
最大流量	L/min	1250

液压振动锤型号		单位	SV400
振动锤质量（带振夯底板）		kg	27350
锤体外形尺寸：四夹桩器	A	mm	4000
	B	mm	2500
	C	mm	2857
	D	mm	600
	E	mm	3457

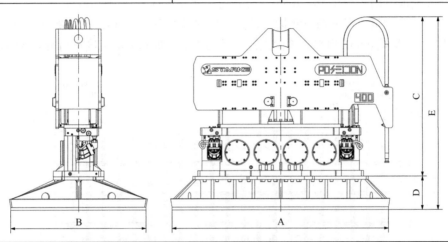

图 5　SV400 高频液压振夯锤

夯实板底平面尺寸为 2.5m×4.0m，重量为 7.5t，通过高强螺栓直接与锤体连接。考虑浮力影响和振动过程中锤体可能发生滑动，夯实板在满足重量要求的基础上增加振动方向的排水孔，夯实板底部焊装耐磨振动齿。

（2）试夯施工参数选择

水下试验的主要目的为在满足 10%～15%夯沉率要求的情况下，确定抛石基床的分层厚度、激振力要求、振夯时间等施工关键参数。通过水下试夯试验来测定夯沉量，确保基床密实效果达到要求。

（3）石料及试验场地准备

对现场堆存的石料进行分拣，石料规格为 1～300kg 块石，含泥量小于 5%；选择场地在 B 段 5-5 断面基槽底标高为 −26.5m，尺寸为 44.5m×31.3m，平均厚度为 2.54m 处试验。抛完后进行扫海测量，根据扫海测量的数据，局部高差小于 30cm，满足要求。为了避免漏夯，相邻夯点间搭接 0.5m，相邻施工段之间搭接为 1m，根据基床的宽度进行夯点布置（图 6）。

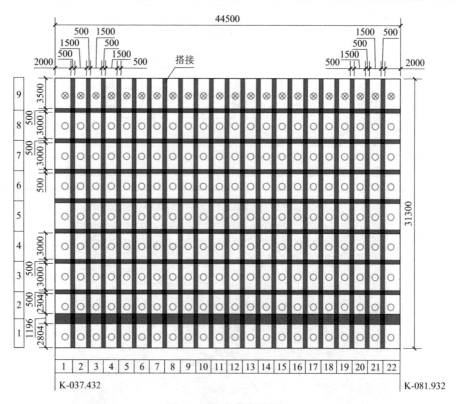

图 6　试夯夯点布置图示

（4）夯前夯后测量

以单速波扫海仪器为主（打水陀方式为辅）进行测量夯前和夯后标高，算出夯沉量。

（5）质量控制要求

抛石面层平整度要求：30cm；振夯完成后及时复测夯后标高并计算夯沉量，夯沉量为 10%～15%。

（6）振夯参数确认

根据水下试夯结果，得出振夯初步的施工参数见表 4。

		振夯初步的施工参数					表 4
序号	平均厚度/m	振动锤转速/（r/min）	振夯时间/s	相邻夯点搭接长度		夯沉量/m	合格夯沉量/m
				长边/m	短边/m		
1	2.54	1400	45	0.5	0.5	0.3	0.25～0.38

通过试验施工数据，选取块石平均厚度为 2.54m，夯沉量 0.3m，夯沉率为 11.82%，满足 10%～15% 的夯沉率要求。后续将按照回填厚度 2.6m 一层进行振夯施工，振动锤转速为 1400r/min，振夯时间为 45s，夯后夯沉量在 0.26～0.39m。

3 水下振夯施工

3.1 基床振夯工艺流程（图 7）

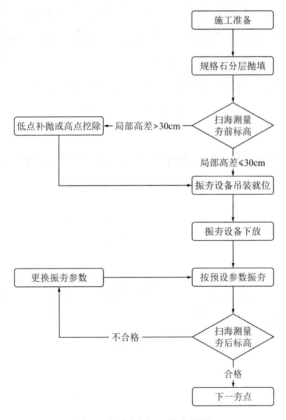

图 7 基床振夯工艺流程图

1. 夯前测量

基床振夯前进行基床标高测量扫海验收，局部高差不应大于 30cm，如基床面高差不满足振夯要求，则应该进行基床低点补抛或高点挖除处理后再进行基床振夯工作，避免因高差过大造成夯板应力集中而导致设备损坏和部分基床架空无法达到密实效果。

2. 夯点图绘制

根据振动锤夯板的尺寸和基床的宽度进行夯点布置和编号（图 8）。为了避免漏夯，相邻夯点间搭接 0.5m，相邻施工段之间搭接为 1m。

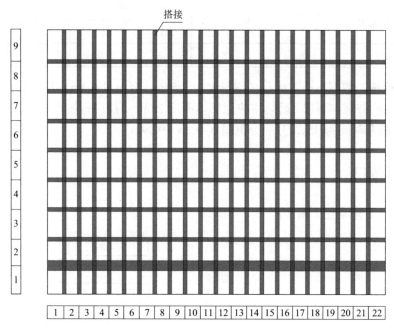

图 8　夯点布置示意图

3. 分层厚度

根据典型施工报告的结果，夯前预留夯沉量，每层抛石厚度控制在 2.6m 左右，夯后层厚控制在 2.25～2.4m（图 9、图 10）。

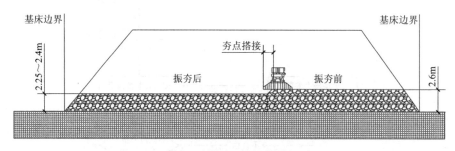

图 9　夯前夯后层厚控制

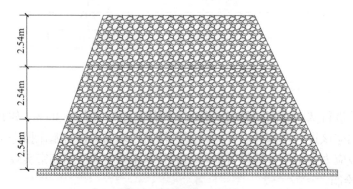

图 10　分层振夯示意图

4. 船舶定位

根据施工区域作业空间的大小，可将船舶平行或垂直基床轴线进行定位，船舶采用双GPS定位系统将振夯船定位至施工区域附近，施工过程中通过松紧锚缆进行船位调整。

5. 夯点定位

在起重机扒杆端部安装GPS，进行夯点定位（图11）。

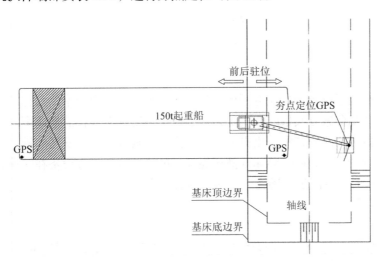

图11 夯点测量定位

6. 夯锤起吊

振夯锤通过起重钢丝绳与起重机吊钩进行连接，采用短钢丝绳穿过夯锤吊耳用长钢丝绳上面连接起重吊钩下面用弓形卸扣连接短钢丝绳。在夯锤长度方向两端上绑上2个留尾牵引绳子，进行夯锤水平角度调整。液压振动锤吊装入水的过程中，辅助工人配合吊机操作手移动液压油管，防止液压油管发生弯折或损坏。

7. 夯前标高记录

分层抛石施工过程，主要利用水砣逐点测量水深及其抛石面标高，严格控制抛石厚度；每层抛石完成后，采用单波束扫海进行夯前水深测量，算出该区域的平均夯前标高，然后进行振夯施工，振夯完成后主要以单波束扫海测量夯后标高（打水砣为辅助测量），算出该区域平均夯沉量；最后，顶层面夯后标高也利用测深仪进行扫描。

根据夯点定位系统将夯锤下放至抛石基床顶部，可根据起重机吊重显示屏的数据变化来判断夯锤是否已经下放至基床顶面，同时通过观察起重钢丝绳的垂直度判断液压振动锤是否存在倾角过大或倒锤的现象。

8. 基床振夯及夯后记录

振夯开始直接开启动力柜转速至选定的转速和振动时间（具体夯实参数由试夯和典型施工确定）以上，夯实施工时钢丝绳始终保持受力状态，以保证夯板处于水平状态，同时观察钢丝绳上水深刻度的下降变化，当夯沉量满足要求时即可停止振动，并记录好单点振夯时间、夯点位置。然后将锤体提高1m左后，根据夯点定位系统摆动起重机扒杆将夯锤移动至下一夯点位继续进行振夯，相邻夯点位搭接0.5m，相邻施工段之间搭接1m，以免漏夯（图12）。基床夯实采取GPS测量定位控制、移船渐进的推移方法。

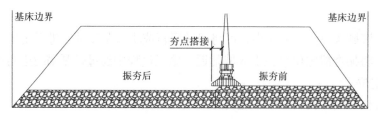

图 12　水下夯实示意图

4　结语

（1）本文介绍了高频液压振夯锤的工作原理及与传统锤夯技术的对比，创新性地采用高频液压振动锤结合振夯底板的夯实工艺，解决了传统锤夯存在的低效率、夯实质量不可控等问题，与传统的锤夯技术相比更加安全、高效，具有广阔的发展前景。

（2）根据现场实测，配套 SV400 液压振动锤的高频液压振夯设备在转速为 1400r/min、振夯时间为 45s 时，可满足现场施工要求，综合效率最高。

参考文献

[1]　交通运输部. 码头结构施工规范: JTS 215—2018[S]. 北京: 人民交通出版社, 2018.
[2]　洪本英. 重力式码头抛石基床夯实施工技术简述[J]. 珠江水运, 2007, 4: 28-29.
[3]　李芙蓉 张建鑫. 重力式码头厚基床重锤夯实分层厚度探讨[J]. 珠江水运, 2018, 9: 25-26.
[4]　童新春, 叶锋等. 重力式码头抛石基床重锤夯实施工效率改进研究[J]. 水运工程, 2013, 3: 199-203.
[5]　冯世晖, 庞善喜. 重力式码头基础施工过程控制[J]. 水运科学研究, 2007, 2: 21-24.

二、施工装备

地下连续墙钢筋笼桁架焊接机器人
生产工艺研究

周铮，王涛，周蓉峰，陈旭阳

（上海市机械施工集团有限公司，上海 200002）

摘 要： 在地下连续墙钢筋笼制作过程中，桁架焊接使用人工完成，人工焊接存在效率低和质量不稳定等问题。本文提出一种单元式流水线焊接工艺，通过桁架固定装置、机器人焊接及转运平台的协同作业，实现纵向桁架的单元式制作，最后将桁架单元进行拼装即可完成整个桁架。新型生产工艺具有焊接效率高、节省人工和焊接质量稳定的优势，为地下连续墙钢筋笼的工业化生产进行了有益探索。

关键词： 地下连续墙钢筋笼；桁架；焊接机器人；桁架单元；建筑工业化

0 引言

在现场制作地下连续墙钢筋笼时，一般根据钢筋笼的宽度设置 2～5 榀纵向桁架，以满足钢筋笼在施工过程中的结构受力要求。桁架结构，如图 1 所示。桁架长度及高度根据钢筋笼规格确定，常规高度为 0.88～1.1m 范围，常规长度范围为 36～60m[1]。W 形桁架须焊 2 条焊缝，X 形桁架有 3 道焊缝，X 形纵向桁架在 W 形桁架基础上焊接补充筋。在制作过程中由人工对桁架进行布筋和桁架焊接，最后再由人工搬运至钢筋笼网片进行拼装。由于纵向桁架焊接完成后无法拆解，故人工制作后搬运至钢筋笼下网片。桁架制作翻面过程及搬运过程通常需要 20 余人，不仅人工消耗大，工人劳动强度大，焊接质量还不稳定。

图 1 桁架结构

针对上述问题，本文提出一种可节省人工、安装方便的单元式桁架流水线生产工艺。将桁架拆分长度为 12m 的桁架单元进行制作，在工装上分步装配，采用焊接机器人进行桁架焊接，最后使用小型吊装设备对桁架进行翻面及堆料。

1 桁架焊接机器人流水线生产平台

1.1 桁架规格

目前常见的钢筋笼桁架分为 X 形和 W 形两种，如图 2 所示，桁架高度为 880～

作者简介：周铮，教授级高工，主要从事地下工程施工研究工作。E-mail：tyfsmcc@163.com。

1080mm[1]。桁架主筋直径为28~36mm，之字筋直径为26~32mm，主筋头部直线距离为36倍钢筋直径，之字筋长为1m。桁架主要组成零件为主筋和之字筋。由于X形和W形桁架之字筋排布方式不同，X形桁架高度略小于W形桁架。

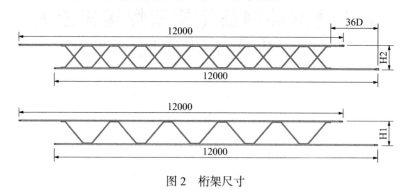

图2　桁架尺寸

1.2　桁架单元

传统桁架采用整体的制作过程，对桁架两头攻丝至钢筋螺纹套筒长，需要将桁架纵筋一次性接长[2]，上料过程通常需要6~8人相配合。

本文提出12m桁架单元制作工艺将纵筋对接方式改为镦粗后一侧攻长至螺纹套筒长，如图3所示，另一侧镦粗后攻丝，12m桁架单元将钢筋螺纹套筒由全丝端反拧至半丝端，满足了桁架单元化拼接要求并对连接处强度不产生破坏。

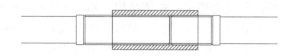

图3　可拆分桁架连接

1.3　桁架焊接机器人

桁架虽然结构细长，但焊缝形式简单，皆为长直焊缝[3]。因此本平台采用焊接机器人对桁架进行焊接，焊接机器人具备焊接及识别模块，可通过触碰之字筋位置，判定焊接起始点，沿平台轨道直线焊接预设长度，经过焊接结束点后自动移至下一焊接位置。

桁架焊接机器人由运输滚轮组、侧向移动滑台、升降支撑模块、行走焊接设备以及纵筋限位板构成。平台可制作0.88~1.08m范围高度的桁架。桁架的焊接状态如图4所示，桁架的运输状态如图5所示。

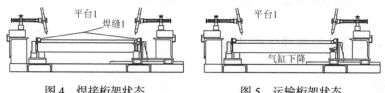

图4　焊接桁架状态　　　　　图5　运输桁架状态

由于在工程中大规模采用相同厚度的地下连续墙钢筋笼，因此同一工程所采用的桁架高度往往是统一规格的。平台模块对桁架纵筋、之字筋的定位装置一侧固定，另一侧可整体侧向移动，以此控制加工出的桁架高度（图6）。

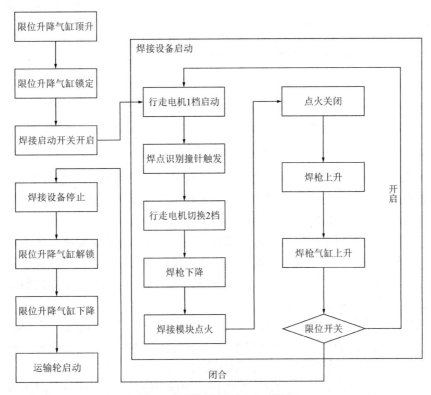

图6 桁架焊接机器人生产流程

1.4 桁架焊接机器人流水线生产工艺

本文对传统桁架制作工艺做出改进，将地下连续墙桁架的整体制作方式改为单元式流水线制作，在加工完成后，调运至下网片平台依次安装。流水线设计可满足X形和W形两种桁架的加工。

整个流水线分为3个平台模块，如图7所示，加工X形桁架过程由3个平台逐一负责3种焊缝的焊接。

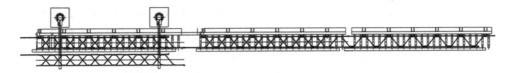

图7 流水线平面图

整体工艺流程如图8所示，W形桁架焊接工艺与传统过程相同，分为布筋、正面焊接、翻身、反面焊接。X形桁架焊接工艺在传统工艺过程上做出改变，由传统的焊接完成W形桁架形态后补充之字筋焊接的方式，更改为布筋、正面焊接、补充之字筋焊接、翻身、反面焊接。此过程优点在于不变更原有桁架耗材的条件下，更符合自动化加工流程且焊接成品相比人工桁架更加美观。桁架焊接完成后均通过3号平台两侧的悬臂起重机在专用吊具上进行堆叠，吊具可由行车吊装后经单人操作在下网片依次排列桁架单元。

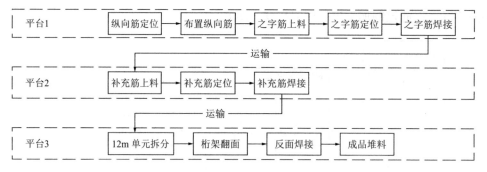

图 8　桁架焊接流程图

在加工 X 形桁架时，由 1 号、2 号、3 号平台采用人工辅助的方式共同流水线作业，平台通过带有升降功能的支撑模块对未焊接桁架起粗定位作用，使之字筋摆放于同一水平面，同时相对应的之字筋摆放点也便于人工进行标识。

在上料过程中，对行走焊接设备进行参数调整，输入经预先试验所得各项焊接参数并对焊枪姿态进行调整。上料完成后，由行走焊接设备自动进行焊接，焊接设备采用探针寻找焊接起始点，到达焊接位置后，焊枪气缸下降，对之字筋与纵筋摆动焊接预设长度，每段焊接完成后，自动行走至下一焊缝起点[4]。

在 1 号平台的焊接过程完成后，纵筋、之字筋支撑模块下降，将桁架置于运输滚轮平面，采用滚轮对半成品件进行运输，并在 2 号平台以同样过程完成补充之字筋焊接。在工件运送至 2 号平台后，由 1 号平台重新上料的桁架纵筋须与 2 号平台桁架始终通过钢筋直螺纹套筒对接，直至两平台焊接完成后进行 12m 单元拆分，由此可确保前后两桁架再次拼接无差错。

当 2 号平台完成焊接后两桁架已基本定型，将 2 号平台经拆分后的 12m 单元运送至 3 号平台，在 3 号平台一侧由悬臂起重机配备 10m 桁架吊具对桁架进行吊装翻身，由于在 1 号、2 号平台焊接过程中两桁架对接处已定型，可在翻身后由行走焊接设备直接对 12m 单元进行焊接。

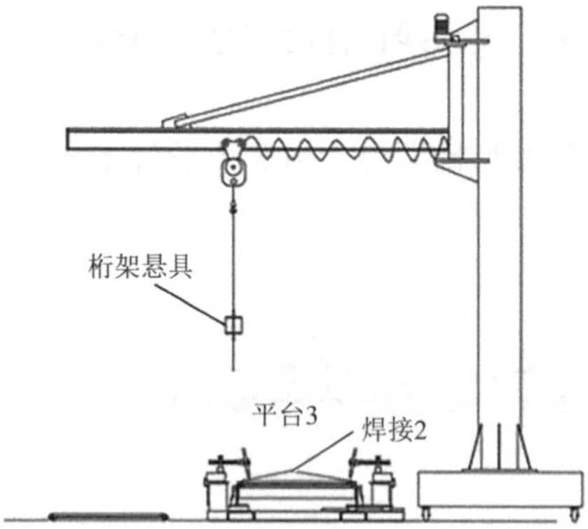

图 9　3 号平台桁架单元堆料

加工 W 形桁架时，采用 2 号与 3 号平台进行作业，2 号平台完成 12m 桁架正面焊接后，输送至 3 号平台，翻面后与 2 号平台上料纵筋对接，随后各自进行焊接，2 号、3 号平台焊接完成后将 3 号平台上 12m 桁架拆分运至成品区，如图 9 所示。

在平台焊接完成后由悬臂起重机将成品送至桁架堆料架上，堆料架可采用吊装设备起吊依序从下到上在钢筋笼下网片铺排，铺排完成后由人工对接钢筋直螺纹套筒，并对桁架对接处补充焊接之字筋完成对接。

2　结论

本研究对地下连续墙钢筋笼的桁架焊接工艺进行了系统性改进，提出基于单元化制作和焊接机器人技术的新型加工工艺。新工艺将传统整体式桁架改为 12m 单元化制作，结合镦粗螺纹套筒技术，解决了分段拼接的强度与精度问题。在传统工艺过程上集成自动化设备，开发了多平台协同的焊接机器人系统，通过焊缝识别与参数自适应技术，实现了直焊缝的自动化焊接。

新型加工工艺实现钢筋笼桁架的生产效率提升 35%，还极大地提高了焊接质量的稳定性，焊缝合格率超过 99%。同时采用新型加工工艺后，不仅降低人工成本，还显著减轻了工人的劳动强度，改善了工作环境，为地下连续墙钢筋笼的工业化生产进行了有益探索。

参考文献

[1]　住房和城乡建设部. 建筑地基基础工程施工规范: GB 51004—2015[S]. 北京: 中国计划出版社, 2015.

[2]　住房和城乡建设部. 钢筋机械连接技术规程: JGJ 107—2019[S]. 北京: 中国建筑工业出版社, 2016.

[3]　国家市场监督管理总局. 钢筋混凝土用钢 第 3 部分: 钢筋焊接网[S]: GB/T 1499.3—2022. 北京: 中国标准出版社, 2022.

[4]　邹家祥. 现代机械设计方法理论[M]. 北京: 科学出版社, 1990.

大偏心矩免共振振动桩锤在
地基处理中的应用

曹小骥[1]，郭传新[2]，曹荣夏[1]

（1. 上海振中建机科技有限公司，上海 201306；2. 北京建筑机械化研究院，北京 065000）

摘　要： 近年来，随着国家对大型、超大型基建工程（如机场、大型码头等）建设的大力推进，对地基加固改良工程技术的要求越来越高，且对工程施工安全性、高效性、节能环保等提出更高的要求。其中振动沉管碎石桩工法，尤其是大深度、大直径振动沉管碎石桩工法，是今后大型地基加固处理工程的重要工法。大深度、大直径沉管的端阻力非常大，故采用大偏心矩、免共振振动锤，可以提高沉桩效率和碎石桩桩身质量。

关键词： 地基加固处理；免共振；大偏心矩；振动桩锤

1　大偏心矩免共振振动桩锤

振动桩锤是通过偏心体转动产生的振动，可将桩体周围的土"液化"，减少桩土阻力，迅速达到沉拔桩的目的。

振动桩锤相较其他桩工机械，同时具备沉桩和拔桩两种功能，可应用于振沉预制工程桩（钢管桩、钢混桩等）、灌注桩施工，也可应用于沉拔临时支护桩（钢管桩、钢板桩等），以及地基改良（挤密砂桩、碎石桩）等工程施工（图1）。

图 1　振动桩锤

1.1　振动桩锤的振动原理

振动桩锤工作时两轴（或双数多轴）上对称装置的偏心体在同步齿轮的带动下相对反向旋转，每成对的两轴上偏心体产生的离心力相合成，则水平方向的离心力相互抵消、垂直方向的离心力相互叠加，成为一个按正弦函数规律变化的激振力（图2、图3）。

作者简介：曹小骥，高级工程师，主要从事桩工机械研究、制造及应用，E-mail：caoxj@zz-p.com。

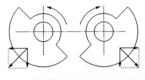

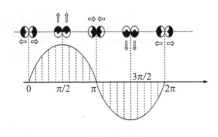

图 2　振动桩锤原理图　　　　图 3　激振力正弦函数规律变化图

1.2　大偏心矩振动桩锤的免共振技术

（1）共振与危害

振动桩锤的振动频率就是偏心轴转动频率，改变偏心轴转动频率，相应的也就是改变振动桩锤的振动频率，但任何物体、设备均有本身的固有频率。在振动桩锤的振动频率接近或等于振动桩锤、桩等振动系统的固有频率时，会使振动桩锤出现强烈的振动，这现象叫"共振"。发生"共振"时，振动的振幅往往达到正常振动振幅的 10 倍以上。"共振"出现会对设备产生破坏，又对施工安全产生影响，是一种危害。

由于振动桩锤及桩组成的系统，其固有频率往往是很低的，通常是几赫兹，远低于振动桩锤正常的振动频率。一般振动桩锤在启动或停机过程都要经"共振"频率区域，所以在启动、停机过程都有"共振"现象出现。

特别说明的是：振动桩锤的"共振"是指设备机械的"共振"，它是危害。有人理解为桩、土的共振是错的。但是，在某一土质条件下，确实存在最佳的振动沉桩频率和最佳的振动拔桩频率。采用这个最佳频率沉桩或拔桩，不仅沉桩拔得快、功率消耗小，而且地表振感也小，这跟"共振"出现时的强烈振动特征是不一样的，所以这种最佳频率下的振动可称为"谐振"。注意的是，不同的土质，其"谐振"频率也是不一样的。

（2）免共振技术

为解决传统振动桩锤启动、停机发生共振的问题，在 20 世纪 90 年代，日本建调株式会社、北京建研院和振中机械合作研发 EP 型无级调矩免共振振动桩锤。标志着以免共振为主要特征的新一代振动桩锤产品的诞生和使用。

大型振动桩锤的免共振技术的核心就是偏心矩无级可调技术。在平时非工作状态下，振动桩锤转轴上的偏心块在重力作用下都处于垂直向下的位置上，此状态偏心矩最大；启动时，通过液压调整机构，使偏心轴上的活动偏心体相对固定偏心体转动 180°，此状态偏心矩为零，实现偏心矩"最大→0"无级连续控制调控；反之，通过液压调整机构也可实现"0→最大"无级连续调控。图 4 所示为免共振振动桩锤偏心矩调节技术示意图。

免共振振动桩锤通过偏心矩的无级调节技术实现零偏心矩启动、零偏心矩停机，避免了由于"共振"产生的激烈振动带来的强烈振动、噪声等环保问题和对设备产生破坏带来的安全隐患；同时实现零偏心矩启动，即空载启动，解决了普通电动振动桩锤带偏心矩启动，即带负载启动需大容量电源的问题，节能效果明显；振幅可从"0～最大"或"最大～

0"无级可调，可适应土质变化，沉桩效率、效果好。

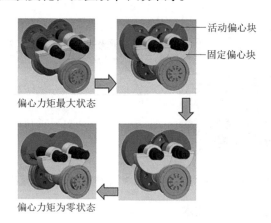

图 4 免共振振动桩锤偏心矩调节示意图

（3）大偏心矩免共振振动锤

振动桩锤的偏心矩就是各偏心体质量m和偏心体质心与转动轴心距离r的乘积的总和，用K表示，偏心矩实际上就是偏心体的偏心质量矩（简称偏心矩），是振动桩锤的主要参数（图 5）。大偏心矩的振动桩锤使桩在土层里拥有更强的贯入能力，尤其是超级大偏心矩的低频振动桩锤更具有显著的冲击作用（图 6）。

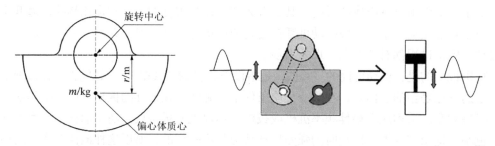

图 5 偏心体的偏心矩概念图　　　　图 6 振动桩锤等效于冲击锤图示

在日本，大偏心矩的振动桩锤的主参数不是激振力，而是"力积"，即"冲量"来表示。"振动冲量I"就是偏心矩K与转动角速度ω的乘积，即$I = K\omega$，它直接反映振动桩锤沉桩的冲击贯入能力。

因此更大偏心矩的大型振动桩锤可称为"振动冲击桩锤"或"高频冲击桩锤"，它既具有低频振动特性又具有高频冲击特性，兼备了传统振动和冲击的优点；同时又克服传统振动和冲击存在某些缺陷，这使振动桩锤的使用领域大为扩大。

2　振动桩锤在地基处理工程上的应用——振动沉管碎石桩

随着国家对经济增长的要求，相信国家政府会增大对水力、机场、大型码头等大型、超大型基建工程建设的大力投入推进，这对地基加固改良处理工程技术的要求越来越高，振动沉管碎石桩工法尤其是大深度、大直径振动沉管碎石桩工法在今后地基加固改良工程中的应用会越来越多。

振动沉管碎石桩主要施工机械有大偏心矩振动桩锤、料斗、振动沉管及桩架组成的一套振动打桩机。大型项目要求碎石桩达到直径 800~1000mm，深度超过 35m。

2.1 振动沉管碎石桩施工的工艺流程（图 7）

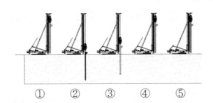

图 7　振动沉管碎石桩施工的工艺流程

①振动沉管碎石桩机就位。

②开启免共振振动桩锤，沉管至设计深度，停止振动或激振力调零，并往管内灌入一定量的碎石。

③开启振动桩锤并调大偏心矩或激振力，提管，活瓣打开；振动上提沉管，期间按需进行留振作业，提高密实度和充盈系数（采用碎石桩用大偏心矩振动桩锤，振动上拔沉管时振幅达 8mm 以上，不需留振作业而使碎石密实度达到中密要求）。

④关闭振动桩锤，提管，移位至下一桩位。

⑤重复第②步，第③步操作，完成施工作业。

2.2 大型振动碎石桩施工的振动桩锤配置

大型振动沉管碎石桩施工的振动桩锤通常采用大偏心矩、低转速的振动桩锤，其主要技术参数如表 1 所示。

大偏心矩免共振振动桩锤主要技术参数　　　　　　　　　　　　　表 1

参数	单位	EP550B	EP550C	EP650B
电机功率	kW	400	400	500
偏心质量矩	kg·m	0~400	0~480	0~580
转速	r/min	640	580	580
激振力	t	0~185	0~181	0~218
振动冲量	N·s	26800	29148	35220
许用拔桩力	t	90	90	120
振动质量	kg	22700	23200	29700
总质量	kg	30700	31200	39460
长×宽×高	mm	2697×2270×4300	2697×2270×4300	2955×2437×4613
端阻降低系数	—	0.033	0.027	0.02
润滑/冷却方式	—	稀油飞溅润滑&强制油循环冷却		

2.3 EP-B/C 系列振动桩锤的优势

在振动沉管碎石桩项目的应用上，EP-B/C 系列免共振大偏心矩可调振动桩锤与传统振动桩锤相比较，显示出了巨大的优越性，主要有：

（1）碎石桩密实效果好

大偏心质量矩的振动桩锤，振动上拔沉管时振幅达 8mm 以上，不需留振作业即可使碎石密实度达到中密要求。

（2）偏心质量矩大，振动冲量大

大偏心质量矩、大振动冲量的振动桩锤，具有强大的克服端承阻力的能力，特别适合于地基加固改良（如砂桩、碎石桩等）施工。甚至在上卧抛石层的软基处理项目上，配置特制桩尖，也可以完成振动沉管碎石桩施工。

（3）免共振启动、停机

应用偏心质量矩无级可调的技术，避免了传统振动桩锤带偏心质量矩启动和停止过程中共振的产生，使机器能平稳自如地启动和停止，防止由共振产生的强烈振动对振动桩锤以及桩机、沉管造成不可预估的破坏。

（4）卧式结构

该机整体结构采用卧式四轴结构，使作业更平稳、安全且工作噪声低；温升低，能满足长时间连续工作。

（5）降低启动能耗

该机可以在无偏心质量矩条件下启动，即空载启动；解决了传统的振动桩锤带载启动而需要大容量电源的问题；配置电源功率一般仅为振动桩锤电机功率的两倍，符合节能减排的要求。

（6）双出轴变频耐振电机

配置的电机是具有自主知识产权的变频耐振电机，电机使用寿命更长。

并且针对地基改良工程的特殊工况，对电机结构进行进一步优化，使其具有更佳的润滑和散热能力，更适应于地基改良工程中通常连续长时间的工作。

另外，电机和振动桩锤均采用前后双出轴结构，使电机轴与振动桩锤的主动轴前后受力更均衡，避免传统振动桩锤上单出轴结构对电机轴以及振动桩锤的主动轴造成单边受力，可以减小轴承最大载荷，降低轴承发热量，提高使用寿命。

（7）低减振系数

EP-B/C 系列振动桩锤的减振系统采用合理的弹簧劲度系数和重质量的减振横梁，使减振系数优化至 0.15，远优于《建筑施工机械与设备 振动桩锤》JB/T 10599—2021 中"减振装置的减振系数应不大于 0.2"的要求。

根据日本资料，起重设备在振动锤振动拔桩时的所需起吊能力与激振力以及减振系数有关。

按公式 $F = W + P\alpha$ 计算。

式中：F——所需起吊能力（t）；

W——桩锤总重（t）；

P——激振力（t）；

α——减振系数。

以 EP550C 为例（图 8）：

桩锤总重 = 30t + 30t = 60t

激振力 = 180t

减振系数 = 0.15

所需起吊能力：

图 8　EP550C

$60 + 180 \times 0.15 = 87t$

210

2.4 施工案例——振动沉管碎石桩（图9～图12）

图9 舟山某超大型码头（一）

（桩深35m，直径1000mm）

图10 舟山某超大型码头（二）

（桩深35m，直径1000mm）

图11 东帝汶集装箱码头碎石桩项目

（桩深28m，直径800mm）

图 12　大连金州湾国际机场地基加固项目

（桩深 30m，直径 800mm）

3　结语

综合以上案例，大偏心矩免共振振动桩锤具有强大冲量带来强大的克服端承阻力的能力，特别适用于振动沉管碎石桩的施工。并且配置优良的润滑与冷却系统，适合于连续长时间作业。其具有高质、环保、高效、安全、经济的特点，是大型地基加固处理项目施工的重要设备。

参考文献

[1]　日本振动桩锤工法技术研究会. 振动桩锤工法的设计施工手册[M].

[2]　日本建调株式会社. 钢管桩振动下沉计算[M].

[3]　何清华. 工程机械手册: 桩工机械[M]. 北京: 清华大学出版社, 2018.

[4]　邓明权, 陶格兰. 现代桩工机械[M]. 北京: 人民交通出版社, 2004.

[5]　郭传新. 振动桩锤原理及研制进展[J]. 建筑机械, 1998(8): 45-47.

[6]　王欣丽. EP180 新型振动桩锤[J]. 建筑机械, 1997(3): 3-4.

[7]　曹荣夏. 上海振中 EP400W 免共振调幅电振动锤[J]. 建筑机械, 2014(8): 44-45.

[8]　王卫东. 岩土工程施工技术与装备新进展——第二届全国岩土工程施工技术与装备创新论坛论文集[M]. 北京: 中国建筑工业出版社, 2018.

[9]　高文生. 桩基工程技术进展 2019[M]. 北京: 中国建筑工业出版社, 2019.

[10]　沈保汉. 中国桩基新技术精集[M]. 北京: 知识产权出版社, 2024.

[11]　中华人民共和国工业和信息化部. 建筑施工机械与设备 振动桩锤: JB/T 10599—2021[S]. 北京: 机械工业出版社, 2022.

ZM80 搅拌钻机的研发与应用

赵美详

（浙江中锐重工科技有限公司，浙江 宁波 315830）

摘　要： 随着城市化建设加快，建筑密度越来越密集，挤土类桩机对周围土体和相邻建筑基础挤压情况时有发生；各省市对基础施工的环保、节能和噪声等方面提出了比较严格的要求，特别是泥浆排放和施工噪声在一、二线城市都有严格要求和限制；城市地下管网布置密集、复杂。工厂化预制管桩和微扰动的施工工艺得到快速发展，优点是施工周期短、经济性好和适用范围广等。搅拌植桩技术在轨道交通、桥梁建设、高层建筑、公路、铁路、厂矿、抢险等领域有了快速发展。

关键词： 搅拌钻机；植桩；预制桩；信息化控制

1　搅拌植桩钻机发展现状

在欧美、日本等发达国家和地区，节能、环保等新型施工技术在快速推广，特别是搅拌植桩技术的占比在不断加大。

国内植桩机械：植桩专用搅拌钻机、桩架式搅拌植桩一体机、多功能桩架钻机、旋挖钻机、长螺旋钻机、静压桩机、振动锤等。目前市场上存量较多的设备是多功能桩架及其变形设计产品、长螺旋产品改进型设备，一般采用双动力头的方式来保证施工深度要求。施工模式为搅拌植桩机加静压桩机的施工模式和搅拌植桩一体机模式。

国内搅拌植桩工艺主要分为劲性复合桩和根植桩两种。

搅拌植桩工艺同时也存在一些缺点。第一，能耗较大，整机功率在 300kW 以上。第二，技术创新能力相对较弱，大多数搅拌钻机与国际先进水平还有差距。第三，产品种类和工法较为单一，适应不同地质条件和工程需求的能力有待提高。第四，现有设备搅拌深度受限。第五，根植桩技术知识产权保护主义严重，技术推广受到较大阻碍。第六，搅拌植桩技术认知度低等问题。目前预制桩大型生产企业联合施工企业在努力推广搅拌植桩技术，专业、高效、智能化的 ZM80 搅拌植桩机能有效解决上述问题。

2　ZM80 智能植桩搅拌钻机关键部件及特点

ZM80 智能植桩搅拌钻机主要由履带横船机构、动力头站和电、液机构、多边形桅杆机构、多工位回转天车、三个主卷扬机构、加压卷扬机构、动力头机构、双通道多边形钻杆、花管机构、大三角稳定机构、无线遥控及驾驶室操作机构、后台无线遥控系统、信息化系统组成。动力头由变频器和电机驱动，其他动作由液压和电气驱动

图 1　ZM80 总装图

（图 1）。

（1）履带横船机构

采用超宽 1600mm 履带；大直径回转支承，平台和履带±90°旋转，原地旋转任何角度行走；接地比≤0.06MPa；四链条四驱动配置，行走通过性强；实现原地旋转任何角度行走（图 2）。

（2）动力站、电气液压机构

集成式动力站。液压驱动电机、液压泵、主阀、弱电控制箱等集成装配。液压系统采用先进的负荷传感技术，主阀采用电比例控制技术。电气采用 CAN-BUS 总线 PLC 和显示器，电气防护等级高，工作故障率低。

（3）多边形桅杆机构

十六边形变截面桅杆结构，结构强度高，重量轻，整机重心低。

（4）多工位回转天车

每一个卷扬位置由多连杆结构组成；轻量化设计；水龙头动滑轮连接，卷扬拉力大；中置结构，垂直度好；三头天车交替接杆，最大钻深度 90m（图 3）。

图 2　履带横船机构

图 3　多工位回转天车

（5）三个主卷扬机构

上车布置连体三个主卷扬机构；每一接驳一个水龙头，1、2、3 号卷扬最大拉力分别为 30t、40t 和 50t，1 号卷扬配有一节 15m 钻杆、12m 花杆、扩底组件和钻头，2、3 号卷扬分别配置 28m 钻杆。

（6）加压卷扬机构

14m 动力头加工轨道，加压起拔行程长。钻进速度 0～8m/min；最大加压力 20t；加压采用电比例控制，调节精准可靠；主副卷扬可实现随动与浮动功能；安装在桅杆中下部，便于日常维护。

（7）动力头机构

动力头由两个特种电机和减速箱组成、电机为变频控制，过载能力强（瞬间超载 250%持续工作 15min）；0～60r/min 无级调速；最大扭矩为 280kN·m，动力头具有钻杆抱夹、微动功能方便钻杆接驳。水泥土搅拌次数可达 360 次/m，搅拌质量好。全程加压钻进，提高施工效率。

（8）双通道多边形钻杆和花管、扩底机构

冷拔厚壁六方钻杆内部配置 2 寸双层钢丝泥浆管和两路扩底油缸油管，六方、沉插、两个固定销锁定模式实现钻杆与钻杆的快速连接和拆解。

（9）大三角稳定机构

前趴起立桅杆结构，铰接结构稳定可靠，拆装桅杆方便快捷，运输时将卧塔架放下来，满足运输高度限制。

（10）后台无线遥控系统

在驾驶室即可操作后台泥浆泵的开关和调速，泥浆流量计动态显示泥浆和水流量，满足注浆注水匹配要求。遥控控制距离大于 500m，多圈电位计可以精确调整泥浆流量。

（11）信息化系统

由 CAN open 协议提供系统 33 组动态参数到网关，网关对数据处理后经过 4G 网络发送到云平台，数据管理中心对数据二次处理，体现在显示大屏上或手机 APP 上，相关管理人员和施工人员按照授权等级进行监测和工作。相关数据为管理层提供了远程决策和管理功能（图 4）。

图 4　信息化显示屏

3　ZM80 智能植桩搅拌钻机运输、操作流程

一台 17.5m 高低板拖车和两台 13.5m 平板车实现整体设备和配件运输（图 5）。

图 5　运输方案

现场装配流程：按照接驳进线电缆、两个履带、两个横船、卧塔架、上桅杆、上桅杆电缆、上桅杆液压管路、水龙头、卷扬钢丝绳、立桅杆、挂动力头、接驳动力头电缆和液压管路、挂钻杆先后顺序组装智能搅拌钻机。拆机顺序反向操作。

将注浆管和后台连接后进入准工作状态，检查设备没有异常可开始下一步工作。

主电控柜上电，驾驶室"急停"开关解除，模式旋钮放置"安装对孔模式"位，采用手机或机载 BDS 定孔位。模式旋钮放置"工作模式"位，打开动力头"正转"开关，速度稳定后，按下"浮动"按钮，前推加压卷扬小手柄，保持在需要的钻机速度数值上，开始钻进工作。需要注水或注浆钻进时，打开后台泥浆泵，并将流量调整到需要数值。需要扩底工艺时，按照工艺要求进行扩底操作。复搅时，主操作右手柄后拉，按照复搅提升速度进行向上复搅，向下复搅时前推加压手柄并保持合适速度进行向下复搅。开始注浆时，按照注浆工艺要求，打开泥浆泵，调整好注浆流量，配合工艺要求的动力头转速和提升速度进行注浆。

4 ZM80 智能植桩搅拌钻机主要施工案例

近两年主要施工案例：

（1）六横大桥柴桥主线桥静钻根植桩工地

在山区坡地施工；桩深 45m，口径 1.2m，管桩直径 800mm；需钻入 20m 深的全风化，强风化岩石；碎石颗粒含量达 40%，且粒径达 2～10cm；静载抗压试验可达 13000kN 以上（图 6）。

（2）宁波威乐电子厂房扩建项目

桩型：桩长 23m，钻孔直径 650mm，以⑤$_3$含圆砾粉质黏土层为持力层，单桩抗压承载力特征值 1800kN。

持力层描述：含圆砾粉质黏土。主要由黏性土及圆砾组成，含 20%～40%的圆砾、卵石、砾砂，一般粒径在 2～6cm。切面粗糙，无摇振反应，干强度中等，韧性中等。中压缩性土，土质不均匀（图 7）。

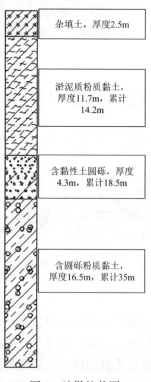

杂填土，厚度2.5m

淤泥质粉质黏土，厚度11.7m，累计14.2m

含黏性土圆砾，厚度4.3m，累计18.5m

含圆砾粉质黏土，厚度16.5m，累计35m

图 6 六横大桥柴桥主线桥静钻根植桩工地　　图 7 地勘柱状图

宁波威乐电子厂房扩建项目工地，见图8。

图8　宁波威乐电子厂房扩建项目工地

（3）国能北仑电厂改造项目

在沿海施工，工况恶劣；最大风力达10级；桩深52m，口径950mm；管桩直径800mm；钻进速度快，最快至3m/min（图9）。

图9　国能北仑电厂改造项目工地

（4）渔山岛项目

采用潜孔锤冲击搅喷水泥土管桩（DJP），工法桩（劲性复合桩），ϕ800mm水泥土外芯桩$+\phi$600mm预应力混凝土管桩。地质情况：①$_1$素填土(抛石层)、①$_2$冲填土、②$_2$淤泥质粉质黏土、②$_{2a}$粉砂、③$_2$粉质黏土、④$_1$粉质黏土；50m深度最短引孔时间86min（图10和图11）。

（5）唐山曹妃甸文丰钢铝融合产业项目

桩型1：桩长51m，钻孔直径1000mm，以⑨层细砂为持力层，抗压承载力特征值5300kN；桩型2：桩长49m，钻孔直径1100mm，以⑨层细砂为持力层，抗压承载力特征值6820kN。

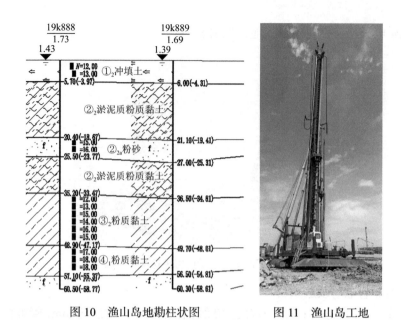

图 10　渔山岛地勘柱状图　　　　　图 11　渔山岛工地

桩数：预脱硅标段 657 根，三线标段 933 根。总工程 90 万延米，30 万 m 工法桩，60 万 m 非工法桩。

持力层概况：⑨层细砂，褐黄色，饱和，密实，以石英长石为主，级配一般，磨圆度中等，含碎贝壳，夹粉土及粉黏薄层。层顶埋深 43.0～54.1m。揭露层厚 8.2～12.2m，承载力特征值 280kPa，地勘见图 12，施工现场见图 13，开挖后桩顶标高见图 14。

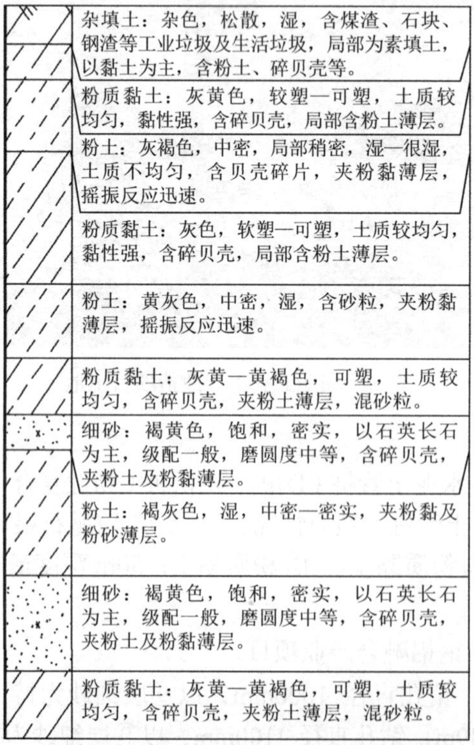

	杂填土：杂色，松散，湿，含煤渣、石块、钢渣等工业垃圾及生活垃圾，局部为素填土，以黏土为主，含粉土、碎贝壳等。
	粉质黏土：灰黄色，较塑—可塑，土质较均匀，黏性强，含碎贝壳，局部含粉土薄层。
	粉土：灰褐色，中密，局部稍密，湿—很湿，土质不均匀，含贝壳碎片，夹粉黏薄层，摇振反应迅速。
	粉质黏土：灰色，软塑—可塑，土质较均匀，黏性强，含碎贝壳，局部含粉土薄层。
	粉土：黄灰色，中密，湿，含砂粒，夹粉黏薄层，摇振反应迅速。
	粉质黏土：灰黄—黄褐色，可塑，土质较均匀，含碎贝壳，夹粉土薄层，混砂粒。
	细砂：褐黄色，饱和，密实，以石英长石为主，级配一般，磨圆度中等，含碎贝壳，夹粉土及粉黏薄层。
	粉土：褐灰色，湿，中密—密实，夹粉黏及粉砂薄层。
	细砂：褐黄色，饱和，密实，以石英长石为主，级配一般，磨圆度中等，含碎贝壳，夹粉土及粉黏薄层。
	粉质黏土：灰黄—黄褐色，可塑，土质较均匀，含碎贝壳，夹粉土薄层，混砂粒。

图 12　唐山曹妃甸文丰钢铝融合产业项目地勘柱状图

图13　施工现场一角

图14　开挖后桩顶标高

（6）杭州安邦护卫浙江公共安全服务中心项目

桩型：桩长52m，钻孔直径750mm，扩孔直径1125mm，以⑨₂圆砾层为持力层，设计静载试验最大荷载7400kN。⑨₂圆砾层：灰色、灰黄色，饱和，中密。粒径大于2mm的颗粒含量约55%～60%，一般粒径5～20mm，最大粒径60～80mm，颗粒呈亚圆形，级配一般，其余为中粗砂及少量黏性土充填，胶结一般。该层场地内均有分布，层顶高程为−52.11～−46.73m，揭露最大厚度为12.80m。桩长51m，送桩深度7m，成孔总长度达58m，3条试验桩简报为：S1号试桩静载试验简报为最大载荷74000kN作用下最大沉降27.68mm，各级沉降逐级递增，Q-s曲线为缓变型，s-lg$t$曲线尾部明显下弯，根据《建筑基桩检测技术规范》JGJ 106—2014的第4.4.2条取值办法判定其承载力不小于74000kN，满足设计要求。S2号试桩静载试验简报为最大载荷74000kN作用下最大沉降21.45mm，各级沉降逐级递增，Q-s曲线为缓变型，s-lg$t$曲线尾部明显下弯，根据《建筑基桩检测技术规范》JGJ 106—2014的第4.4.2条取值办法判定其承载力不小于74000kN，满足设计要求；S3号试桩静载试验简报为最大载荷74000kN作用下最大沉降26.72mm，各级沉降逐级递增，Q-s曲线为缓变型，s-lg$t$曲线尾部明显下弯，根据《建筑基桩检测技术规范》JGJ 106—2014的第4.4.2条取值办法判定其承载力不小于74000kN，满足设计要求。

5 ZM80 智能植桩搅拌钻机数理分析

渔山岛项目统计数据（表 1～表 3）

渔山岛 53m 桩统计数据表

表 1

序号	桩号	桩长	时间节点						总用时/ min
			开始下钻	下钻到位	历时/min	开始注浆	完成注浆	历时/min	
1	C18	53	11:58	13:39	101	13:50	14:52	62	163
2	C55	53	22:13	23:03	50	23:04	0:18	74	124
3	C101	53	1:00	1:50	50	8:50	9:36	46	96
4	C16	53	10:31	11:20	49	13:38	14:24	46	95
5	C56	53	15:30	16:25	55	18:13	18:45	32	87
6	C14	53	22:17	23:09	52	23:29	0:11	42	94
7	C100	53	1:46	2:49	63	5:09	5:51	43	106
8	C97	53	10:13	10:59	46	13:50	14:32	42	88
9	C87	53	3:17	4:31	74	4:34	5:23	49	123
10	C107	53	13:56	15:10	74	15:50	16:37	47	121
11	C77	53	18:52	19:46	54	20:04	20:47	43	97
12	C108	53	0:23	1:16	53	1:17	1:59	42	95
13	C111	53	4:58	6:06	68	6:10	7:11	61	129
14	C106	53	13:20	14:19	59	14:50	15:34	44	103
15	C95	53	22:25	23:39	74	23:44	0:30	46	120
16	C85	53	3:35	4:43	68	5:30	5:59	29	97
17	C79	53	9:00	10:13	73	10:15	10:55	40	113
18	C96	53	12:05	13:03	58	13:12	14:03	51	109
19	C112	53	7:30	8:28	58	9:02	9:39	37	95
20	C84	53	10:27	11:28	61	12:32	13:15	43	104
21	C102	53	16:13	17:10	57	17:22	18:10	48	105
22	C83	53	20:04	20:55	51	23:03	23:50	47	98
23	C81	53	6:07	7:22	75	7:40	8:34	54	129
24	C103	53	9:09	10:06	57	12:13	12:50	37	94
25	C110	53	15:05	15:59	54	16:02	16:47	45	99
26	C88	53	17:29	18:21	52	18:49	19:28	39	91
27	C98	53	6:50	7:54	64	7:58	9:14	76	140
28	C104	53	14:16	15:18	62	15:20	16:04	44	106

序号	桩号	桩长	时间节点						总用时/min
			开始下钻	下钻到位	历时/min	开始注浆	完成注浆	历时/min	
29	C86	53	23:35	0:26	51	0:47	1:33	46	97
30	C99	53	9:20	10:10	50	10:59	11:40	41	91
31	C105	53	15:25	16:31	66	16:40	17:26	46	112
32	C78	53	7:59	8:47	48	8:49	9:42	53	101
33	C80	53	14:03	14:46	43	14:47	15:30	43	86
34	C82	53	19:01	19:57	56	19:58	20:49	51	107
平均耗时/（min/根）			成孔		59.6	注浆		46.7	106.3

渔山岛43m桩统计数据表 表2

序号	桩号	桩长	时间节点						总用时/min
			开始下钻	下钻到位	历时/min	开始注浆	完成注浆	历时/min	
1	C113	43	16:31	17:19	48	18:02	18:39	37	85
2	C92	43	22:22	23:08	46	23:21	23:51	30	76
3	C90	43	9:56	10:38	42	10:59	11:36	37	79
4	C93	43	18:12	19:15	63	19:16	19:55	39	102
5	C89	43	15:26	16:03	37	16:35	17:14	39	76
6	C46	43	20:24	21:23	59	21:23	22:09	46	105
7	C117	43	4:49	5:39	50	6:37	7:13	36	86
8	C118	43	2:45	3:35	50	3:36	4:10	34	84
9	C115	43	23:52	0:54	62	0:55	1:34	39	101
10	C120	43	10:56	11:43	47	12:05	13:25	80	127
11	C91	43	20:36	21:26	50	21:26	22:03	37	87
12	C94	43	12:32	13:23	51	13:45	14:36	51	102
13	C114	43	18:05	19:01	56	19:02	19:44	42	98
14	C48	43	22:06	23:03	57	23:03	23:38	35	92
15	C116	43	0:59	1:43	44	1:45	2:26	41	85
平均耗时/（min/根）			成孔		50.8	注浆		41.5	92.3

渔山岛项目单桩统计数据 表3

1. 钻搅阶段（53m桩，成孔深度56.0m）						49.3min
地层	埋深/m	厚度/m	钻进深度/（m/min）	转速/（r/min）	注水速度/（L/min）	钻孔时间/min
回填土层	0～8	8	1.5m/min	20	30	5.3
淤泥质土	8～22	14	3.0m/min	20	30	4.7

221

1. 钻搅阶段（53m 桩，成孔深度 56.0m）						49.3min
地层	埋深/m	厚度/m	钻进深度/（m/min）	转速/（r/min）	注水速度/（L/min）	钻孔时间/min
粉砂	22～27	5	1.0m/min	35	50	5
淤泥质土	27～37	10	3.0m/min	50	50	3.3
粉砂夹层	37～41	4	1.0m/min	50	50	4
粉质黏土	41～49	8	0.4m/min	50	50	20
粉质黏土	49～56m	7	1.0m/min	50	50	7

总注水量 2.0m³，成孔后泥浆相对密度约为 1.75

2. 动力头空行程（6 次）						6min
3. 拆装钻杆时间（2 次）						10min
4. 注浆	53m		2.5m/min（注浆速率 300L/min）			21min

总注浆量 6.286m³（1.0 水灰比，水泥浆相对密度 1.518）

单轮钻搅时间	86.3min

随钻跟管钻进技术研发及工程应用

吴晓明，朱建新，凡知秀，朱振新，刘翔

（山河智能装备股份有限公司，湖南 长沙 100015）

摘 要：为充分发挥大直径预制管桩质量可靠、绿色环保、承载力高的优势，开发了行业首创的随钻跟管钻进技术及装备，突破了传统管桩施工装备地质适应性差、成桩直径小、作业过程污染的装备瓶颈问题。本文介绍了山河智能随钻跟管钻进技术原理、创新点及工程应用情况。

关键词：大直径预制管桩；随钻跟管钻进；地质适应性；成桩直径

0 引言

预制桩和灌注桩是桩基础常见的两种形式。灌注桩通过现场成孔后安放钢筋笼并灌注混凝土成桩，施工过程中存在泥浆污染、桩身缩颈、沉渣等问题。预制桩采用工厂化大批量生产，相比灌注桩具有质量可靠、绿色环保、承载力高的优点，其中大直径高强度预应力混凝土管桩（简称"管桩"）的应用需求呈迅猛增长趋势。

管桩施工主要采用锤击法和静压法，锤击桩施工环保性差且损坏桩身，静压法一般仅适用于 ϕ600mm 以下管桩。且两者存在挤土效应，扰动周围土体和建筑，施工时存在浮桩和复压的问题，且地质适应性差，难以贯穿硬隔层、厚砂层并贯入中风化岩层。大直径管桩是一种高质量、绿色环保的高承载力桩，是桩基础行业发展趋势，但施工装备及工法限制了其在我国的应用和推广。

为突破大直径管桩推广的技术瓶颈，解决桩基础施工中复杂地层大直径管桩施工的难题，山河智能提出"中掘排土扩孔清渣、预制管桩振动辅助跟随植桩、桩侧桩底注浆成桩的随钻跟管钻机原理及随钻跟管桩施工工法"，研发出随钻跟管钻进技术，拓宽大直径管桩应用范围。

1 随钻跟管钻进技术原理

随钻跟管钻进技术原理如图 1 所示[1-3]，在管桩内部插入螺旋钻杆，钻杆上端穿过跟管驱动装置及排土箱与动力头相连，钻杆下端连接扩孔钻头。动力头驱动螺旋钻杆正转钻进时，扩孔钻头的扩孔翼板打开，在管桩底端旋转掘土成孔，成孔直径略大于管桩外径。钻渣由螺旋钻杆叶片输送，经管桩孔内排出。钻进过程中管桩靠自重跟随钻头下沉，若管桩遇阻、下桩不顺，则启用跟管驱动装置振压管桩跟进。经钻接桩至标定深度后，动力头反转收回扩孔翼板，并清渣。随后，桩底灌注混凝土，跟管驱动装置振压管桩至孔底，抽出钻杆，成桩。

作者简介：吴晓明，工程师，研究方向：桩基础施工设备。

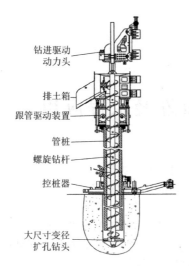

图 1 随钻跟管桩钻进技术原理

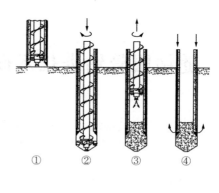

①—管桩定位；②—正转扩底钻进；③—反转提钻、
压灌混凝土；④—压注水泥浆、成桩

图 2 施工流程示意图

施工流程，见图 2。

（1）管桩定位。将控桩器置于预先设置好的桩位，控桩器调平，吊装管桩连同钻杆钻具进入控桩器抱夹装置内，控桩器夹持管桩实施调垂。

（2）实施钻进。移动履带式桩架，连接动力头与钻杆，动力头驱动大尺寸变径钻头正转，扩孔翼板打开，实现扩底钻进—沉桩—排土同步进行。沉桩过程中，管桩下沉遇阻时，适时启动跟管驱动装置实现辅助沉桩。

（3）达到标定深度。经接钻接桩至标定深度后，动力头反转收回扩孔翼板清渣，随即桩底灌注混凝土、启动跟管驱动装置振压预制管桩沉入孔底，抽出钻杆、钻机移位。

（4）成桩。高压注浆泵通过桩身预理的注浆管向管桩底部及桩侧压注水泥浆，提高桩基承载性能。

2 技术创新

2.1 跟管驱动技术

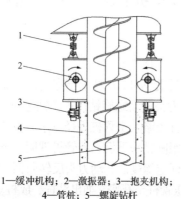

1—缓冲机构；2—激振器；3—抱夹机构；
4—管桩；5—螺旋钻杆

图 3 跟管驱动装置

在随钻跟管桩施工过程中，桩底沉渣的存在极大地影响了大直径预制管桩高承载力性能的发挥，不利于大直径预制管桩的推广。同时，由于地质的差别，管桩跟进过程中也会遇到管桩跟进遇阻沉桩困难的情况。

针对以上问题，研发了跟管驱动技术及装置（图 3），其结构包括用于驱动管桩下沉的液压激振器、阻隔振动传递的缓冲机构以及用于抱紧或松开管桩的抱夹机构。通过激振动力驱动管桩跟进钻头钻进沉桩，解决了管桩跟管驱动难题，钻至标深后，通过振动夯实、清除桩底沉渣，进一步提升大直径管桩高承载力性能。

2.2 大尺寸变径扩孔钻头及硬岩扩孔钻进技术

传统翼翅式大尺寸扩孔钻头提升时依靠翼形钻片在自重下自动收拢，钻孔时翼翅受土层硬度和旋转速度的影响大，成孔直径变化不定。在钻进过程中产生的部分钻渣密实地堆积在翼翅和钻头主体之间，阻碍翼翅的逆向摆动，翼翅难以收回，进而导致钻头无法从桩内取出。如采用单翼翅扩孔钻头由于只有单边扩孔，受泥土阻力不均衡，时常发生钻孔孔心偏移、孔径偏小等问题。

如图4所示，利用钻头回转加压钻进特点，在有限的收缩尺寸下设计了正转翼板打开、反转闭合的大尺寸变径扩孔钻头。且扩孔翼板与钻头主体连接部位采用圆柱同心配合结构，避免了钻渣对扩孔翼板收回的干扰，解决了翼板扩张—收缩可靠性难题，避免了因扩孔翼板无法收回而导致的钻头无法从桩内取出以及钻孔中心偏移、成孔直径发生变化等问题，实现可靠施工。

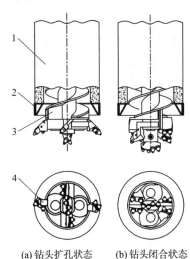

(a) 钻头扩孔状态　　(b) 钻头闭合状态

1—管桩；2—桩靴；3—钻头本体；4—扩孔翼板

图4　大尺寸变径扩孔钻头

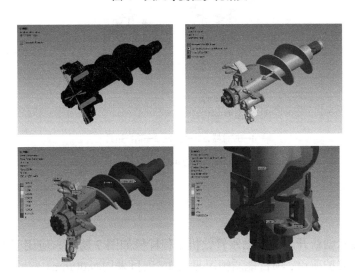

图5　潜孔锤入岩扩孔钻头仿真优化

将大直径预制桩植入风化岩层可以充分发挥桩身承载力，为解决中风化乃至强风化岩层时存在钻齿损耗加大、施工经济性变差甚至难以钻进的问题，在分析冲击破岩机理基础上，如图 5 所示，设计了潜孔锤入岩扩孔钻头，并对钻头结构进行力学分析及优化。利用冲击器锤头在压缩空气驱动下冲击岩层，使岩层出现裂隙及破碎面，减少钻齿切削岩层时所需的钻压及动力头输出扭矩，解决了大尺寸变径扩孔钻头入岩难题，避免了现有技术入岩时扩孔翼板磨损大、钻头故障率高、钻进效率低下等问题，实现了管桩植入中风化地层乃至微风化岩面。大尺寸变径钻头与入岩扩孔钻具组合应用，实现了复杂地层大直径预制管桩的高效施工。

2.3　高稳定控桩技术

在随钻跟管桩施工的管桩定位环节，对于最大ϕ1200mm 长 18m 的单节管桩连同管桩内腔中的螺旋钻杆＋钻头总重接近 30t，其在竖立状态存在重心高甚至倾倒风险的安全问题。为解决上述问题，如图 6 所示，研制了高稳定性控桩器，采用三夹块联动同步抱夹技术，夹持管桩成一体，利用自重来降低管桩定位状态时重心高度，并通过可收展伸缩支腿，实现工作状态大范围撑地。在 18m 长管桩定位中，各方向稳定角均不小于 11°，满足安全施工要求。

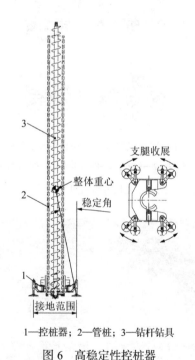

1—控桩器；2—管桩；3—钻杆钻具

图 6　高稳定性控桩器

3　工程应用

应用以上技术创新开发的随钻跟管钻机工程样机如图 7 所示，应用于肇庆砚阳农贸综合体深基坑工程支护项目，项目地质情况见表 1。项目采用ϕ800mm（壁厚 110mm）长 14～16m 预制管桩，桩顶送桩 2.5m。桩位平面布置图，见图 8。

图7　肇庆砚阳农贸综合体项目

项目地质情况　　　　　　　　　　　　　　　　　表1

深度/m	地质	深度/m	地质
0～3	素填土	11～20	卵石
3～6	粉质黏土	20～25	粉质黏土
6～11	淤泥	25～27	中风化石灰岩

随钻跟管钻机在该项目工程采用长单桩施工方法,取消现场桩位接桩,成桩速度为4～5根桩/班,成功达到桩长设计深度且入岩的要求(卵石层不少于5m或硬塑黏土4m),实现了大直径预制管桩的稳定、高效施工。

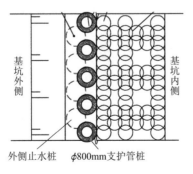

图8　平面布置

4　结语

针对传统管桩施工方法挤土效应大、地质适应性差、成桩直径小等问题,山河智能攻克了辅助沉桩及控桩、大尺寸变径扩孔钻头及硬岩扩孔钻进等关键技术,开发随钻跟管钻机,采用扩底钻进—沉桩—排土同步进行的大直径预制管桩施工技术,实现了复杂地层大直径预制管桩的稳定、高效施工，充分发挥大直径预制桩绿色环保、高承载力的优势。该技术在建筑基础工程中的应用日趋广泛，提高了我国桩工机械施工水平，在降低工程造价、提高工程质量、环保施工等方面发挥了非常重要的作用。

参考文献

[1]　唐孟雄. 大直径随钻跟管桩的研制及工程化[J]. 广州建筑, 2009, 37(5): 3-7.

[2]　住房和城乡建设部. 随钻跟管桩技术规程: JGJ/T 344—2014[S]. 北京: 中国建筑工业出版社, 2014.

[3]　沈保汉. 桩基础施工技术讲座第十六讲—中掘工法和旋转埋设法埋入式桩[J]. 施工技术, 2001(8): 43-45.

ACPP 沉井管片下沉同步控制系统
研制及应用

刘恩平

（上海城建隧道装备有限公司，上海 200137）

摘　要： 沉井下沉施工过程中不可避免地会对周边环境产生干扰，容易导致周围土体沉降，从而对施工区域附近建筑物产生影响。结合某逃生井沉井施工，本文设计一种 ACPP（Active Control Precast Press-in）沉井管片下沉同步控制系统，对管片下沉过程进行校对控制。根据管片行程的变化，自动对系统进行控制，以减小管片下沉过程中的姿态变化，并使管片下沉具备同步性。该控制方式能够控制管片下沉速度，使管片均匀、竖直下沉，减少下沉过程中管片突沉等干扰因素，能较好地保护周边环境，为沉井施工提供新思路。

关键词： 沉井施工；同步性控制；管片下沉

0　引言

沉井作为一种重要的地下工程施工技术，因其稳定性好、适用面广等优点，在市政工程和隧道工程中得到了广泛应用。沉井技术通过将预制井筒结构下沉至预定深度，形成地下空间，常用于地铁站、地下停车场、排水系统等基础设施建设。然而，传统的沉井施工方法存在诸多局限性，影响了其施工效率和质量。传统沉井主要依靠井筒自身的重量实现下沉，这种下沉方式存在明显不足。

首先，下沉速度难以精确控制，容易出现突沉或缓沉现象，导致施工过程中的不稳定性和不可预测性。突沉可能引发井筒结构损坏，而缓沉则会延长施工周期，增加工程成本。其次，传统沉井的下沉过程受多种干扰因素影响，例如井筒与土体之间的摩擦阻力不均匀，可能导致沉井姿态偏离设计轴线，增加纠偏难度[1]。此外，传统沉井施工通常采用先挖空下部土体再进行下沉的方式，这种方式会对周边土体和地下水环境造成显著干扰。挖空土体后，周边土体的应力分布发生变化，可能引发地面沉降或土体位移，进而对邻近建筑物和地下管线造成不利影响[2]。

为了解决传统沉井施工中的这些问题，压入式沉井技术应运而生。压入式沉井通过千斤顶对管片施加压力，将沉井逐步压入土中。这种施工方式能够有效控制下沉速度，避免突沉或缓沉现象的发生，从而提高施工的稳定性和可控性。然而，压入式沉井的成功实施依赖于能否实现稳定、平整的下压过程。如果下压过程中压力分布不均匀或下沉速度不一致，可能导致沉井姿态偏离设计位置，影响最终施工质量。因此，如何确保沉井在压入过程中保持稳定和平整，成为压入式沉井技术的关键问题之一。

综上所述，传统沉井施工方法在速度控制、姿态纠偏和环境影响等方面存在明显不足，而压入式沉井技术虽然在一定程度上解决了这些问题，但仍需进一步优化其下压过程的稳定性和平整性。本文旨在开发一种新型的管片下沉同步控制系统，以提升压入式沉井的施工精度和可靠性，为沉井技术的进一步发展提供技术支持。

1 工程概况

某逃生井采用沉井工艺，其内径 8m，外径 8.7m，地面标高 4.1m，底板深度 27.425m；施工总借地面积约为 2500m²。该逃生井周边建（构）筑物分布示意图如图 1 所示，其位于道路红线外侧，骑跨道路绿线，拆除公共厕所 1 处，距离诸光路地道约 19.8m，距离市南供电公司金丰站约 20.31m，距离金丰小区约 64.5m。

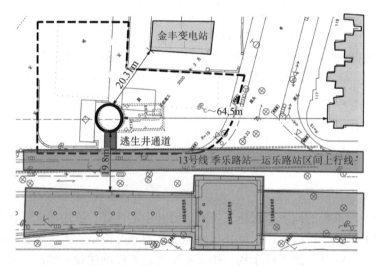

图 1 某逃生井周边建（构）筑物分布示意图

井位基坑开挖土层明细：①₁ 层人工填土、②₁ 层褐黄—灰黄色粉质黏土、②₃₋₁ 层灰黄—灰色黏质粉土、③层灰色淤泥质粉质黏土、④层灰色黏土、⑤₁ 层灰色黏土、⑥层黏土。该工程应用的沉井工艺是在综合吸收国外沉井施工工艺的相关优点（包括沉井压入下沉、井身悬挂、机械化开挖、结构预制拼装的特点）的基础上，形成了一套总体安全可靠、施工高效准确、周边环境影响小的 ACPP 沉井系统。

ACPP 沉井系统主要包括：管片下沉控制系统、取土系统、润滑系统、拼装系统及控制系统。通过一套可视化系统，集成了装备和施工的各项关键数据与信息，用可视化的方式向操作人员直观地呈现施工情况。它包含沉井结构参数模块、关键施工参数与施工进度模块、三维虚拟开挖模块、刀具挖掘轨迹模块、注浆模块、压力矢量模块、土体扰动模块、报警模块、辅助功能模块等，功能完备、便于施工操作。针对管片下沉控制系统，专门设计研制一套管片下沉同步控制系统，保证管片在下压过程中整体姿态平衡不倾斜，下沉速度可控，对周边环境干扰小。

该沉井结构采用预制管片拼装，每环管片均分为 4 块，管片长 6.29m、高 2m、厚 0.35m，体积 4.54m³，重约 11.4t。每块管片均采用梯形设计，外观形状和尺寸均相同，各分块互错拼装成环，错缝角度为 22.5°，每块管片圆周角度为 90°，管片示意如图 2 所示。该工程应用的 ACPP 沉井系统，其管片下沉需要满足主动下沉控制要求，因此需要进行专项设计。

图 2　管片示意图

2　管片下沉同步控制系统

2.1　管片下沉同步控制系统组成

管片下沉同步控制系统主要由 PLC 控制模块、推进泵、推进油缸、行程传感器以及压力传感器等组成，传感器参数如表 1 所示。

传感器参数　　　　　　　　　　　　　　　　　　　　　　　　　　表 1

编号	传感器	通信方式	型号
1	1~4 号行程传感器	cclink	4~20mA　0~2700mm
2	1~4 号有杆腔压力传感器	cclink	4~20mA　0~400bar
3	1~4 号无杆腔压力传感器	cclink	4~20mA　0~400bar
4	1~4 号油缸比例溢流阀	cclink	4~20mA
5	1~4 号油缸比例流量阀	cclink	4~20mA

通过推进泵将液压油打入推进油缸，在推进油缸上安装行程传感器以及压力传感器时刻监控推进油缸所受到的压力以及实际行程。最终，由 PLC 控制模块将来自推进油缸的行程数据以及压力数据采集后，输出相应推进油缸的比例阀块信号控制推进油缸的下压状态，使得推进油缸在推进管片下沉的过程中保持同步性。

2.2　管片下沉同步控制系统原理

1. 管片下沉同步控制系统功能

该逃生井沉井施工所使用的管片下沉同步控制系统实物如图 3 所示，整个管片下沉同步控制系统共布置 4 组提压油缸，用于挖掘机器人的挖掘推进和提起拼装管片；每组提压油缸带行程传感器；4 组提压油缸工作压力和伸缩运动既可单独控制，也可同时控制。其主要功能是控制沉井结构的下沉，配合顶环使用可以在初沉阶段做到受控下沉。压入系统由 4 组提压装置、压环和液压控制系统组成，每组提压装置由结构件、提压油缸、压入块和摆动油缸等组成。

沉井下沉过程中，为减少沉井预制管节井身与土体的接触，沉井每次下沉深度为 40cm，

图3 管片下沉同步控制系统实物图

一环管片2m宽共计下压5次，取土下压完成后再拼装下一节管片下沉施工。在沉井前4m阶段，通过管片提压环悬吊井体管节，可辅助井体管节利用自重下沉；在沉井下压至4m后，通过管片提压环下压井体管节，可控制沉井的下压下沉，当沉井底部开挖量不足甚至遇到障碍物时，在井壁外注入减摩泥浆套，并通过调整增大下压力，也能实现沉井下沉施工；可在不同的施工阶段和不同的施工工况下根据负载大小调整合适的下沉模式，以保证沉井下沉施工的有序、安全进行。通过控制设备同步控制或单独控制组推进悬挂组件同步动作时，能保证沉井的整体平衡和整体下沉，有利于控制下沉量，推进悬挂组件单独动作时，能用于调整沉井的顶面水平度，从而控制沉井的整体倾斜度，进而控制沉井的姿态偏移量，确保均匀、竖向下沉，改善沉井的施工质量。可灵活切换下沉模式，无需依靠超挖或掏空刃脚底部土体实现下沉，避免了压入式沉井法施工过程中可能发生的管片突沉不受控制及间隙填充注浆不及时导致的地面沉降问题，同时也避免了开挖面土体超挖导致地面沉降的问题。具有结构简单、操作便捷、功能性强等特点。

2. 控制模式

管片下沉同步控制系统控制模式分自动模式和手动模式。

在自动模式下，油缸处于同步控制状态，控制4组油缸同步伸缩和锁定，主要用于管片下沉推进过程中使用。在管片下沉开始时，操作人员首先设置好4组油缸的下沉速度，4组油缸的目标行程值，4组油缸通过比例流量设定并控制各油缸速度较为均匀地达到目标行程值，每一时刻各组油缸的行程偏差值控制在±10mm内。同时，还能通过触摸屏观察每组油缸的2腔压力、流量（即对应的比例流量阀阀芯开度比例）、行程、速度、推力/拉力；4组油缸的总推力/拉力、平均行程、平均速度，掌握管片下沉过程中的每一个变化，图4为管片下沉过程中触摸屏操作界面。

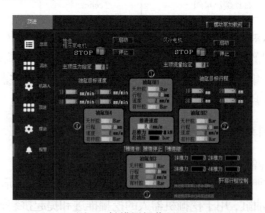

图4 触摸屏操作界面

在手动模式下，单独控制每组推进油缸的伸缩和锁定，主要用于管片安装以及对管片姿态的纠偏。在手动模式下需要设置每组推进油缸的伸缩、锁定指令和工作压力、推进速度；由于平衡阀的工作特性，工作压力的设定值范围为10~34MPa。同样操作人员可以在触摸屏上观察到每组油缸的 2 腔压力、流量（即对应的比例流量阀阀芯开度比例）、行程、速度、推力/拉力。

2.3 管片下沉同步控制系统控制策略

1. 控制参数设计

通过三菱 PLC 的 PID 系统指令来达到对管片下沉同步控制系统 4 组油缸下压过程中同步性的精准操控[3-5]。管片下沉同步控制系统程序设计包括油缸行程数据的采集、输出值和设定值的比较，PID 指令程序设计框图如图 5 所示。

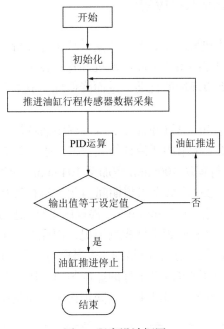

图 5　程序设计框图

PID 系统的参数设定是 PID 控制的关键，通过深入分析油缸行程和推进泵的流量、压力以及动态特性，在不考虑复杂模型无复杂控制规律的情况下简化调参步骤，用于获得比较良好的控制特性。设定采样周期、比例常数、积分常数、微分常数等参数来实现对系统的闭环控制。

对于 PID 系统的参数整定，一般使用的方法是临界比例法，根据压入系统被控过程中表现的特性针对性地确定 PID 系统的各个参数，即比例常数、积分常数、微分常数等。最终确定采样周期 10ms，比例常数 300，积分常数 40，微分常数 0。

2. 控制系统设计

在整个管片下沉同步控制系统中，主要通过 4 组油缸在管片下沉过程中提供一个向下压的力。为了保持下沉过程中沉井姿态不发生变化，使沉井下沉对周围环境扰动最小，则需要 4 组油缸保持同步性，即油缸伸出的行程需要保持一致。

控制系统如图 6 所示，油缸行程变量通过行程传感器采集后，经 A/D 转换模块转换成 PLC 可以读取数据，接着 PLC 将其和行程设定值进行对比，并通过 PID 控制对误差进行计算，计算结果再经过 D/A 转换模块，通过改变油缸输出流量对油缸行程进行调节，最终实现压入系统在下压过程中 4 组油缸的行程闭环控制。

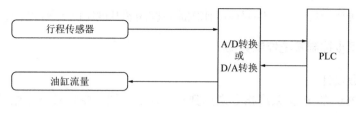

图 6　控制系统图

3　管片下沉同步控制系统工程应用

　　主要对该逃生井第三环和第四环的下压数据进行统计分析，对 4 组油缸的同步情况进行检测并反馈。根据设计的控制系统可以帮助沉井管片在下沉过程中以一种稳定的姿态进行下沉工作，降低施工对周边环境的扰动，进而降低施工成本和风险，确保沉井的质量和安全。

　　通过数据采集系统，每 30s 对沉井管片下压过程中油缸行程数据采集 1 次，图 7 是第三环部分油缸行程数据、图 8 是第四环油缸行程数据。通过图 7 可以看出，在第 143～184 次数据采集期间，4 组油缸行程从 1006mm 增加至 1049mm，通过计算可得，该段油缸速度约为 2mm/min；而在第 215～253 次数据采集期间，4 组油缸行程从 1199mm 增加至 1802mm，通过计算可得，该段油缸速度约为 30mm/min。根据施工日志显示，当油缸行程为 1006mm 时，下压阻力迅速增大，怀疑碰到积土堆积的情况，因此降低了下压速度并增大下压力；当下压阻力减小至正常水平后，根据实际情况，适当提高下压速度以提升工程效率。从图 8 可以看出，在正常工况下，油缸能以设定好的速度匀速下压，并且在下压过程中 4 组油缸均能同步，基本做到了同时开始同时结束，且同步误差能控制在 ±1mm 左右。

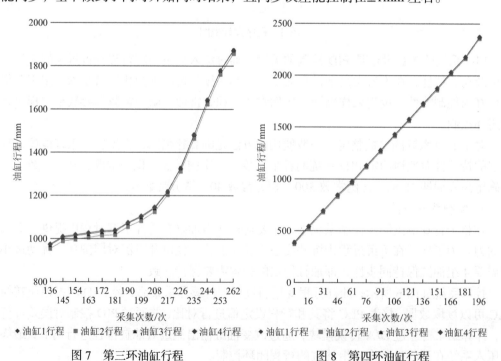

图 7　第三环油缸行程　　　　　　　　图 8　第四环油缸行程

4 结语

在本研究中，我们开发并实施了一种管片下沉同步控制系统，用于控制逃生井沉井施工过程中的管片下压。该系统在实际应用中表现出色，下压同步误差始终控制在±1mm左右，显著优于设计标准要求的±10mm行程误差，从而确保了管片的稳定和平稳下压。此外，该系统在遇到特殊工况时展现了高度的灵活性和适应性。通过自由调整下压速度，系统能够根据不同的负载提供相应的下压力，并调整管片下沉策略。重要的是，这些调整不会影响下压的同步性。在可靠性方面，该系统采用了分次下压策略，每环管片均按此策略进行下压，无需依赖超挖或掏空刃脚底部土体来实现下沉。这种方法有效避免了管片突沉等问题，进一步提高了施工的安全性和可靠性。综上所述，本研究所开发的管片下沉同步控制系统不仅满足了高标准的技术要求，还提供了灵活的操作选项和可靠的施工保障。该系统为未来的沉井施工提供了有价值的参考和借鉴。

参考文献

[1] 王正振, 戴康乐, 苏天涛, 等. 大型沉井下沉过程拉应力影响因素分析[J]. 长安大学学报 (自然科学版), 2024, 44(1): 47-57.

[2] 俞泉. 浅谈复杂环境下沉井施工技术[J]. 福建建设科技, 2023(6): 97-100.

[3] 徐焕宇. 基于PLC的电气自动化控制水处理系统设计[J]. 造纸装备及材, 2022, 51(10): 40-42.

[4] 王群立. 基于PLC控制器PID模块在液位系统的应用研究[J]. 自动化应用, 2022(9): 48-51.

[5] 尚小艺. 基于PLC技术的水箱水位PID控制系统研究[J]. 中国新技术新产品, 2021(3): 33-35.

基于激光雷达的隧道塌落及超欠挖监测设备研发与应用*

胡景 1，王龙岩 2，王金昌 3，孙雅珍 4

（1. 浙江交工路桥建设有限公司，浙江 杭州，311305；2. 沈阳建筑大学土木工程学院，辽宁 沈阳
110168；3. 浙江大学交通工程研究所，浙江 杭州 310058；4. 沈阳建筑大学交通与
测绘工程学院，辽宁 沈阳 110168）

摘　要： 随着现代隧道工程的快速发展，其施工与运营安全问题日益凸显。因此，开发高精度、实时、自动化的隧道监测系统尤为重要。本研究对国内外隧道监测技术的研究现状进行了详细分析，指出了现有技术的不足，开发了一种基于三维固态激光雷达技术的隧道洞内塌落自动监测系统和超欠挖监测设备。该系统能够实时监测隧道内的安全状况，及时发现并预警潜在的塌落风险，同时对隧道超欠挖情况进行精确测量。通过实际工程案例分析，验证了该系统和设备的高效性和可靠性。

关键词： 三维固态激光雷达；隧道塌落；超欠挖；监测设备；开发

0　引言

　　隧道监测技术一直是国内外研究的热点[1]，主要包括隧道结构的安全监测以及施工效果的监测。隧道施工期间掌子面附近坍塌安全问题，仍是现阶段隧道施工单位及行业领域内的主要难点和痛点。隧道施工期间，由于地质情况复杂且施工过程中岩土力学行为的不断变化等原因，会对隧道产生综合影响从而使隧道产生变形，更严重时会引起隧道结构的坍塌，造成经济损失和人员伤亡[2]。针对隧道的施工效果问题，对施工进度及成本影响最严重的即为隧道超欠挖问题。在隧道施工过程中，超挖和欠挖的存在不仅影响施工进度和安全质量，还可能导致开挖费用的增加，以及过量超填混凝土的费用；严重超挖后的处理措施，对结构受力有一定影响，因此需要对隧道的超欠挖量进行精准控制[3]。

　　传统的监测方法主要包括人工观察、机械式测量设备和早期的激光扫描技术。人工监测方法效率低、安全性差；机械式测量设备虽然精度较高，但布设繁琐、成本高昂；早期激光扫描技术虽能提供三维数据，但设备笨重、数据处理复杂，难以满足实时监测的需求。另外，现有技术在实时性、自动化程度、数据处理速度以及环境适应性方面存在不足。特别是在复杂环境下，如何实现高精度、高效率的实时监测，是当前隧道安全监测领域面临的主要挑战[4]。

　　针对现有技术的不足，本研究提出基于三维固态激光雷达的隧道洞内塌落自动监测系

*浙江交工协同创新联合研究中心项目（ZDJG2021004）。

作者简介：胡景，高级工程师。E-mail：3786376421@qq.com。

统和超欠挖监测设备。激光雷达技术是一项全新的高科技立体扫描技术，具有全自动、高精度的优势。相对于传统的地面固定式三维激光扫描仪，固态激光雷达具有价格低、体积小、功耗低、智能化程度高、数据传输便捷等优点。新设备的研究能够有效提升隧道施工与运营期间的安全监测水平，具有重要的实用价值和广阔的市场前景。

1 隧道洞内塌落自动监测系统

1.1 研发思路

如图 1 所示，本次研发的隧道洞内塌落自动监测系统主要可以解决三个方面的技术难题，包括三维形变数据快速自动识别、洞内海量点云数据无线可靠传输以及围岩和衬砌结构的形变数据实时动态采集。为解决上述问题，主要针对点云自动拼接和轴线拟合技术、三维变形快速识别和定位技术、海量数据边缘轻量化处理技术、数据高效传输网络设计、数据安全稳定传输控制策略、低功耗成套无线感知设备研制和高防护等级快拆易安装设计等核心技术层面进行了系统研发与更新。该设备可以实现实时监测掌子面附近变形数据，对可能的坍塌提前预警，保证施工安全；对围岩稳定性第一时间作出准确、快速的评价，优化施工组织设计，指导现场施工，确保隧道施工的安全与质量；除此之外，还可以实现隧道实时全域状态监测，为节省工程投资、提高大断面隧道的施工水平提供科学依据，为隧道施工监测、运营管理实现自动化、信息化、智能化提供技术保障，促进产业升级。

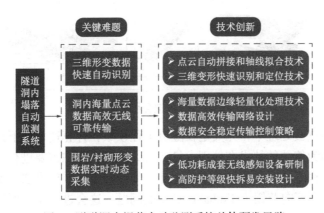

图 1 隧道洞内塌落自动监测系统总体研发思路

1.2 隧道三维形变快速自动识别技术

围岩三维形变快速自动识别技术包括激光雷达隧道点云自动拼接技术、施工隧道点云中轴线自动拟合技术、基于海量点云的三维断面快速计算技术、隧道变形区域自动三维定位技术和隧道变形区域自动三维定位技术。

如图 2（a）所示，针对隧道应用场景，采用自主研发的算法，结合标靶密度去噪和旋转卷积核技术，实现固态激光雷达点云的自动拼接。在图中可以观察到，去噪后，全部的目标均可被识别。点云的拼接效果如图 2（b）所示，拼接精度优于 5mm，优于激光雷达测距误差，本研究方法已取得较好的拼接精度。

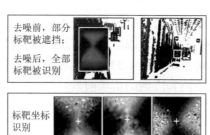

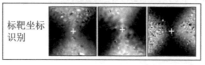

(a) 标靶去噪   (b) 隧道点云自动拼接

图 2 　标靶去噪与拼接技术

在隧道工程领域，隧道轴线的精确拟合对于确保施工质量和监测隧道稳定性至关重要[5]。传统的隧道轴线拟合方法主要依赖于人工操作和简单的自动化算法，这些方法在处理复杂隧道点云数据时存在一定的局限性。基于此问题，本研究对现有隧道拟合方法进一步改进，加入了分段拟合线聚类进行隧道轴线拟合，成功实现复杂隧道点云轴线的自动拟合。如图 3 所示，新提出的隧道轴线自动拟合方法在自动化、精度、适应性等方面都有显著提升，对于提高隧道工程的质量和安全性具有重要意义。

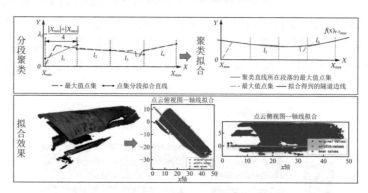

图 3 　分段拟合线聚类

在传统的三维点云处理中，尤其是在隧道工程领域，计算速率低下是一个长期存在的问题。这主要是因为传统的技术在处理大量点云数据时，往往需要进行复杂的迭代计算和数据转换，这些过程既耗时又容易出错。此外，传统的坐标转换方法，如使用欧拉角或旋转矩阵，可能会遇到万向节锁（Gimbal Lock）的问题，这会进一步降低计算的稳定性和准确性。基于四元数坐标转换的点云切片计算方法的出现，为解决这些问题提供了一种有效的技术手段。如表 1 所示，引入该技术后，对于三维点云的计算速度相比于传统计算方法有了大幅度的提高，计算用时仅为之前的 1/7 左右。在隧道施工和运营过程中，对变形区域进行准确的三维定位至关重要，因为其直接关系到结构的稳定性和安全性[6]。本研究基于变形区域三维聚类、三维非连接噪点去除、三维施工干扰点排除等技术，研发了隧道变形区域自动三维定位技术，定位精度达到 1cm 级别。

计算用时对比 　　　　　　　　　　　　　　　　　　　　表 1

计算方法	第 1 次/s	第 2 次/s	第 3 次/s	第 4 次/s	第 5 次/s	平均/s
传统方法	88.1	87.6	86.4	86.2	87.6	87.2

计算方法	第1次/s	第2次/s	第3次/s	第4次/s	第5次/s	平均/s
本研究	12.1	13.2	12.8	12.8	13.3	12.8

1.3 海量点云数据隧洞内高效传输技术

该技术主要包括隧道海量点云数据边缘轻量化处理技术、数据高效传输网络总体设计和数据安全稳定传输控制策略。如图4所示,边缘设备由多级功能模块组成,可自动接收多终端海量点云数据并智能处理,得到0.5MB级别压缩点云数据,并且可以自动诊断断网、断电等造成的故障并自动修复。数据采集与传输硬件系统主要由感知设备和边缘设备组成,感知设备自动采集数据通过全局域网广播方式传输至边缘设备进行多级处理,最终将处理后的数据发送至云端。采用分集合并抗衰落技术和低密度奇偶校验前向纠错技术,保障复杂工况下海量点云数据传输完整性。

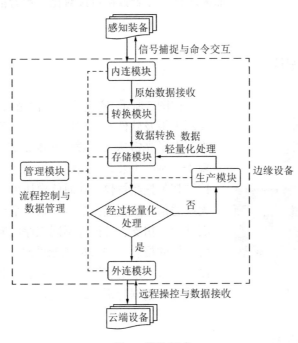

图4 模块组成

1.4 实时动态监测预警设备

实时动态监测预警设备主要包含以下几个方面的内容。

(1)设备组成及安装

包括安全监测仪、监测系统控制仪、EGA系统软件、通信及辅助设备等模块,填补了隧道施工实时三维监测设备国内外空白,实现自主可控。

(2)感知设备组成结构

针对施工隧道的复杂、恶劣条件,研发了主板级设备集成、数据远程控制传输、低功耗、防尘防水防爆等功能的高集成化的感知设备产品。

(3)设备安装部署

无线感知装备水平方向安装方式既可以对称安装也可以交错安装，不同安装方式应对隧道复杂多变环境。

（4）无线感知设备关键参数

激光雷达和高速传输设备作为关键设备，分别具有量程广、采集速率快、虚警率低和传输速率高、主控稳定性好、低功率等优势。

（5）感知设备控制系统设计

配合系统整体需求，实现对激光雷达、通信模块等核心部件的业务运行控制、时序逻辑控制；对空间姿态、电学参数、环境参数等的实时监测。

（6）嵌入式控制程序设计

采用 ST 标准 HAL 库 + FreeRTOS 来构建软件开发环境，嵌入式程序稳定且功能齐全。

（7）多终端自动监测平台

实现实时预警、项目管理、设备管理、数据管理、预警信息管理、数据对比、数据拼接、点云数据展示等功能，具有监测统计、点云数据拼接对比、预警信息详情、结果溯源等功能。

2 隧道超欠挖检测仪

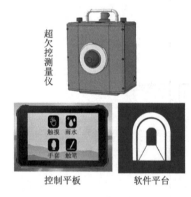

图 5 设备组成

如图 5 所示，隧道超欠挖检测系统由超欠挖测量仪、控制平板及软件平台组成。其中，超欠挖测量仪基于三维固态激光雷达采集隧道开挖轮廓的点云数据，可以实现 15s 内快速采集。控制平板的触控屏幕可用于操作和控制超欠挖测量仪。其通信模块可与超欠挖测量仪进行无线通信，接收点云数据。软件平台可以自动分析掌子面开挖、初支、二衬等不同工序的断面，并自动出具分析结果的报表。进行现场测试时，主要包括以下步骤：设备准备、系统设置、现场安装、数据采集、数据传输与处理、数据分析、结果输出等。

3 实际工程应用案例

3.1 隧道洞内塌落自动监测系统

安羌隧道为久马高速的一座特长隧道，单洞全长 5564m。隧道地处高原、高寒地区，地质条件复杂多变，不良地质占比较高，围岩主要为强风化灰黑色千枚状板岩，呈薄层状结构，节理裂隙发育，围岩等级较低，整体呈散体状和碎裂状，且掌子面渗水较大，开挖时极易出现剥落塌方现象。2023 年 6 月 16 日上午 10 点 30 分，隧道安全监测系统定位隧道掉块，与左洞进口 ZK75 + 347 处发生大小约 0.5m²、厚度 3～7cm 的掉块。图 6 为隧道洞内塌落自动监测系统监测得到掉块位置与实际位置对比结果，经值班人员现场确认，该位置处确实发生了初支掉块，结合隧道洞内施工情况及原始监测点云数据分析发现，该掉块为现场出渣过程中挖机臂及铲斗剐蹭初支引起。

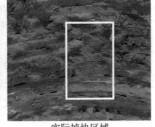

掉块区域自动定位   实际掉块区域

图 6　隧道初支掉块

3.2　隧道超欠挖检测仪

成渝中线高铁是我国"八纵八横"高铁网沿江通道的重要组成部分，正线全长 292km，设计时速 350km，为国内首条预留 400km 时速条件的高速铁路。采用隧道超欠挖检测仪对试验段断面围岩爆破后的超欠挖情况进行量测，大概 11.6s 得出了点云结果。图 7 为得到的点云结果和经处理后得到的超欠挖结果，得出最大欠挖为 3.4cm，最大超挖为 2.1cm，与现场情况吻合度极高，验证了此设备的可行性。

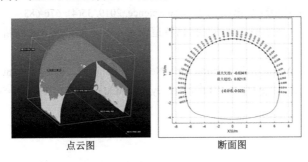

点云图   断面图

图 7　超欠挖监测结果

4　结语

（1）本研究开发的三维固态激光雷达监测系统在隧道施工安全监测方面表现出显著优势，能够实时监测并预警隧道内的塌落风险，同时对超欠挖情况进行精确测量，有效提升了监测的自动化和实时性。

（2）隧道三维形变快速自动识别技术的应用显著提高了监测精度和效率，通过自动拼接、拟合和计算技术，实现了隧道施工过程中形变数据的快速、准确识别，为隧道施工安全提供了有力保障。

（3）实际工程案例的应用证明，隧道超欠挖检测仪能够快速准确地提供超欠挖测量结果，与现场实际情况高度吻合，验证了该设备在提高隧道施工质量和效率方面的实用价值。

参考文献

[1]　黄俊, 张顶立, 梁文灏, 等. 服役期隧道结构安全控制技术研究综述[J]. 铁道标准设计, 2024, 68(4): 1-19.

[2]　Huang J, Zhang D L, Liang W H, et al. Research Status of Safety Control Technology for Tunnel Structures

During Service Period [J]. Railway Standard Design, 2024, 68(4): 1-19.

[3]   陈伟先, 欧孝夺, 吴昱芳, 等. 基于灰色模糊贝叶斯网络的隧道坍塌风险评估方法[J]. 桂林理工大学学报, 2022, 42(3): 642-648.

[4]   Chen W X, Ou X D, Wu Y F, et al. Risk assessment method of tunnel collapse based on grey fuzzy Bayesian network[J]. Journal of Guilin University of Technology, 2022, 42(3): 642-648.

[5]   龚伟毅, 姚颖康, 杜宇翔. 中等断面隧道长进尺直孔掏槽爆破开挖与超欠挖控制现场试验[J]. 爆破, 2024, 41(2): 32-39.

[6]   Gong W Y, Yao Y K, Du Y X. Field Test of Long Footage Burn Cut Blasting Excavation and Control of Overcut and Undercut in Medium Section Tunnel[J]. Blasting, 2024, 41(2): 32-39.

[7]   甘淇匀, 周建. 国内外隧道监控量测技术发展现状综述[J]. 地下空间与工程学报, 2019, 15(S1): 400-415.

[8]   Gan Q Y, Zhou J. Current Research on Tunnel Monitoring and Measurement Technology [J]. Chinese Journal of Underground Space and Engineering, 2019, 15(S1): 400-415.

[9]   王井利, 李华健, 王挥云. 基于中轴线拟合的隧道点云去噪研究[J].沈阳建筑大学学报 (自然科学版) , 2019, 35(4): 676-683.

[10]   Wang J L, Li H J, Wang H Y. Research on Tunnel Point Cloud Denoising Based on Centerline Fitting[J]. Journal of Shenyang Jianzhu University Natural Science, 2019, 35(4): 676-683.

[11]   尤相骏, 詹登峰. 一种新型三维激光扫描隧道测量点云坐标定位方法的精度评估[J]. 测绘通报, 2017(4): 80-84.

[12]   You X J, Zhan D F. Accuracy Evaluation for a New Positioning Method of Point Cloud Acquired by 3D Tunnel Scanning Technology[J]. Bulletin of Surveying and Mapping, 2017(4): 80-84.

超大直径钻孔组合式钻头
改进工艺研究

郑云峰，任世校，雷永生，陈东，张鹏

（中冀建勘集团有限公司，河北 石家庄 050027）

摘　要：以某铁矿竖井工程钻进施工为例，针对目前常规大直径梳齿钻头的结构形式单一和外缘部位磨损快于中心部位问题，采用一种全新的组合结构形式和钻头外缘部位加焊球齿滚刀的方法，提高钻头的整体稳定性和外缘部位的耐磨强度，很好地解决了大直径梳齿钻头的整体稳定性和不均匀磨损问题，减少了钻头护圈的磨损，避免了因钻头磨损造成的成孔直径减小的现象。钻头改进后，减少了提钻维修钻头的辅助时间，提高了钻头使用寿命，缩短了钻孔周期，经济效益显著，拆解后便于运输，提高了钻头使用率。

关键词：超大直径钻孔；梳齿钻头；翼板合金齿；钻头不均匀磨损；滚刀；分体组合

0　引言

随着矿山采掘技术的发展，矿山竖井的直径越来越大，目前国内钻井法施工的竖井钻孔直径已达到了 12m 以上。超大直径竖井的成孔多采用分级扩孔工艺，钻进第四系地层时一般选用梳齿钻头，入岩后则选用滚刀钻头。为了便于运输和工地间的周转，一般将钻头设计为分体组合式结构，运至施工现场后，再进行组装；采用梳齿钻头钻进过程中，钻头外边缘部分的磨损很快，而中心部位的磨损还很小，需要频繁提钻检修，导致钻进效率急剧降低，施工成本增大。本文以唐山地区某铁矿竖井工程的施工为例，针对钻头结构形式单一和不均匀磨损问题，提出一种全新的分体组合式梳齿钻头改进方案。

1　工程概况

1.1　竖井设计参数

某铁矿项目位于河北省滦县、昌黎两县交界地带，施工现场位于滦河古河滩上，矿区地貌属滦河洪冲积平原，河漫滩冲洪积孔隙水强富水亚区，地形开阔、较平坦。矿山设计年开采能力 30 万 t，共设计 4 口竖井，分别是主井、副井、南风井、北风井，竖井主要设计参数见表1。

竖井设计参数　　　　　　　　　　　　　　　　表1

序号	设计参数	主井	副井	南风井	北风井
1	钻孔直径/m	7.0	8.5	5.6	5.6
2	成井净直径/m	5.2	6.6	4.0	4.0

序号	设计参数	主井	副井	南风井	北风井
3	井壁厚度/m	0.50	0.60	0.40	0.35
4	井壁混凝土强度/MPa	C40	C40	C40	C40
5	设计井深/m	116	112	152	97

1.2 井筒位置地质情况

井筒检查孔揭露 4 口竖井位置的地层情况，见表 2。

井筒位置地质情况表   表 2

序号	地层名称	深度/m			
		主井	副井	南风井	北风井
1	粉砂、细砂层	0~5.0	0~5.0	0~5.0	0~5.0
2	卵石、砾石夹薄层细砂、黏土	5.0~61.5	5.0~61.5	5.0~83.2	5.0~72.0
3	煌斑岩	—	—	—	72.0~102.9
4	黑云角闪变粒岩	61.5~93.8	61.5~93.8	83.2~116.4	—
5	破碎带	—	—	116.4~120.5	—
6	混合花岗岩	93.8~104.9	93.8~104.9	120.5~123.7	102.9~200.5
7	破碎带	104.9~107.4	104.9~107.4	123.7~130.5	—
8	混合花岗岩	—	—	130.5~133.5	—
9	黑云角闪变粒岩	107.4~116.6	107.4~116.6	133.5~162.4	—

1.3 竖井成孔工艺

根据本工程的工程地质条件，4 口竖井采用钻井法施工，钻进采用气举反循环分级扩孔成孔工艺。

钻进时，上部第四系覆盖层中采用梳齿钻头钻进成孔，进入岩层后更换为滚刀钻头钻进成孔。根据钻孔直径和钻机能力，4 口竖井的分级钻孔直径依次为：3800、5600、7000、8500mm。按照钻进工艺设计的分级次序，施工过程中分别制作了 3800、5600、7000mm 三种直径梳齿钻头，用于第四系覆盖层钻进施工，其中 ϕ3800mm 钻头为镶焊硬质合金梳齿钻头，ϕ5600mm、ϕ7000mm 钻头为截齿钻头。

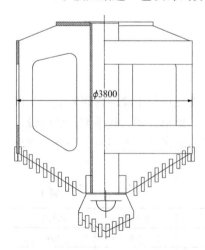

图 1 常用梳齿钻头结构形式

2 传统梳齿钻头使用情况

2.1 梳齿钻头的结构形式

梳齿钻头也称作刮刀钻头，其常用的结构形式如图 1 所示，钻头呈倒锥状，由中心刮刀、翼板（刮刀架）、合金齿、钻头体（护圈）、芯管、法兰等组成，主要用于第四系地层的钻进。

翼板与水平面形成的锥角与地层的性质有关，一般翼板角度控制在45°左右。考虑钻头直径、整体刚度及钻进中切削地层的能力，翼板数量为3～6个。

2.2 合金齿的数量与布置角度

在80mm×220mm厚度30mm钢板上镶焊硬质合金加工成合金齿，合金齿沿垂直方向焊接在钻头翼板上，布置间距及数量结合钻头翼板数量决定，所有翼板上的合金齿在钻头旋转过程中能形成闭合的破岩面，且相邻合金齿的旋转轨迹部分相互重合，防止合金齿侧翼磨损。

2.3 施工遇到的问题

首先钻进ϕ3800mm的前导孔（图2），提钻后发现梳齿钻头的合金齿磨损程度不一致，靠近外边缘部位的合金齿磨损严重，而中心部位的合金齿只出现了轻微磨损。边缘钻齿磨损后钻进效率大幅降低，不得不提钻维修钻头。

图2 现场使用的3.8m梳齿钻头

2.4 钻头磨损原因分析

大直径竖直钻头钻进时造成合金钻齿不均匀磨损的原因主要有两个：一是边缘部位合金齿的破岩面积大，钻头旋转破岩过程中，各个合金齿的破岩宽度基本一致，但外侧合金齿划过的周长大，导致外侧合金齿的破岩面积远远大于内侧的合金齿。二是钻头外边缘部位的合金齿切削土层的线速度远大于中心部位，钻头转动时各合金齿的切削土层的线速度与距离钻头中心点的距离成正比，钻头外边缘的线速度最大。上述原因导致同样的钻进时间，边缘部位的合金齿已出现磨损，而中心部位的合金齿还未磨损。

以直径7.0m钻头（布置6块翼板，合金齿间距120mm）为例，中心部位与边缘部位线速度见表3。

ϕ7000钻头合金齿的线速度及破岩面积   表3

钻头转速/ （r/min）	距中心0.5m处		距中心1.75m处		距中心3.5m处	
	线速度/ （m/min）	破岩面积/m²	线速度/ （m/min）	破岩面积/m²	线速度/ （m/min）	破岩面积/m²
2	6.28	0.09	21.98	0.33	43.98	0.66
3	9.42	0.09	32.97	0.33	65.97	0.66
4	12.57	0.09	43.96	0.33	87.96	0.66

边缘部位翼板上的合金齿出现磨损，如不及时提钻维修，则钻头护圈将出现磨损，直至损坏脱落，所以在钻进中不得不频繁提钻维修钻头，直接降低了钻进效率；只有解决了钻头不均匀磨损的问题，才能降低提钻维修钻头的频率，同时提高钻进效率。

2.5 钻头维修

传统梳齿钻头磨损主要是合金齿磨损，维修时可以采用更换合金齿的办法，将钻头上原来的合金齿割掉，将提前镶焊好硬质合金的合金齿焊接到翼板上，或者在原来合金齿上重新镶焊硬质合金。钻头维修耗时长，费时费力。

3 改进措施及效果

3.1 钻头改进措施

针对钻头外边缘部位相较中心部位磨损速度快的问题，在钻头外边缘部位对称加焊 4 把球齿滚刀，球齿滚刀耐磨强度远大于翼板上镶焊的合金齿的耐磨强度，滚刀破岩角度与梳齿钻头翼板角度保持一致，钻进过程中，滚刀与翼板上镶焊的合金齿同时破碎岩石，球齿滚刀起到了保护合金齿的作用，延长梳齿钻头边缘部位翼板的磨损时间（图 3）。

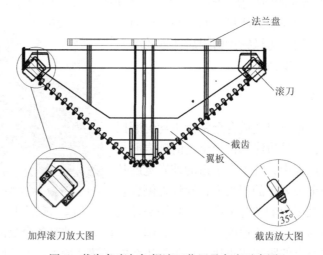

图 3 截齿角度与加焊滚刀位置及角度示意图

焊接滚刀的控制要点：（1）滚刀底座与钻头筋板要焊接牢固，钻进中不得出现断裂脱落现象;（2）滚刀刀齿与翼板上合金齿破岩角度要保持一致,出露高度与合金齿相平;（3）滚刀刀齿外边缘直径与钻头直径相一致。

在梳齿钻头边缘加焊球齿滚刀后的实际效果，见图 4、图 5。

图 4 钻头改装后整体效果　　图 5 钻头边缘部位球齿滚刀

将合金齿改为截齿，在钻头加工过程中，在钻头翼板上直接焊接截齿座，对截齿安装角度进行调整，与垂线的夹角为35°，可适应各种第四系地层，本工程钻进中所遇到的粉砂层、细砂层、卵石层、黏土层等均可适用。截齿维修更换方便，直接将磨损的截齿换下，装上新的截齿，速度快、省时省力。解决大直径钻头运输难的问题，将钻头设计为分体组合式（图6），组合面设计为两张钢板相结合，确保钻头的整体稳定性。

图6　大直径钻头分体组合示意图

3.2　改进效果

钻头改进效果通过平均回次进尺和平均回次钻进时间直观地反映出来。进尺速度显著降低后，说明钻齿磨损严重，只能提出钻头进行维修，改装前后回次进尺和回次钻进时间对比见表4。

改装前后回次进尺和回次钻进时间对比　　　　　　　　　　　表4

钻孔直径	7.0m	地层	卵砾石地层
改装前		改装后	
平均回次钻进时间	回次进尺	平均回次钻进时间	回次进尺
7d	10~15m	15d	20~30m

由表4可看出，钻头改装后提钻检修钻头的频率降低了一半以上，每次提钻检修花费的时间平均为3d，可见钻头改装后提高了钻进效率，缩短了钻孔周期。

分体组合式钻头，现场组装方便，运至现场后可快速组装并投入使用，同时也解决了运输难的问题。

4　结论

（1）大直径梳齿钻头外缘部位磨损快于中心部位的原因：一是外缘部位钻齿的线速度远大于中心部位，二是边缘部位钻齿的破岩面积大。

（2）在钻头外缘部位加焊球齿滚刀，提高外缘部位的耐磨强度，不仅可以很好地解决大直径梳齿钻头的不均匀磨损问题，还减少了钻头护圈的磨损，避免了成孔直径因钻头磨损而减小的现象。

（3）截齿更换方便，通过调整安装角度可适应各种地层，节约辅助时间，提高钻进效率。

（4）以副井为例，覆盖层厚度 60m，钻孔直径 7.0m，采用传统梳齿钻头时成孔时间约为 50d，钻头改进后的施工时间为 35d，节约工期 15d，节省了大量电费和人工费，经济效益显著。

（5）分体组合式钻头，解决了运输转场的问题，同时现场组装方便，可快速投入使用。

参考文献

[1] 魏东. 西部煤矿立井钻井法智能化凿井关键技术装备研发与应用[J]. 智能矿山, 2024, 5(1): 70-75.
[2] 白云飞, 赵国良. 西部地区钻井法施工立井穿越第四系砂层对策[J]. 陕西煤炭, 2022, 41(4): 90-94.
[3] 张爱勇. 深井复杂地层钻井法凿井工艺及井壁设计关键技术[J]. 内蒙古煤炭经济, 2018(19): 47-49.
[4] 郑翔鳎. 西部地区钻井法凿井关键技术研究探讨[J]. 科技创新与应用, 2012(9): 36.
[5] 于中华, 王红旗. 机械深孔钻井法在长调水电站接地工程中的应用[J]. 中国水能及电气化, 2009(4): 23-24.

大直径超长 MC 劲性复合桩穿越密实砂层的装备改进和研发

曹欣，金超奇，丁朝日

（浙江易通特种基础工程股份有限公司，浙江 宁波 315000）

摘　要： 针对在穿越密实砂层、软硬层相互交替等复杂地质条件下，大直径超长 MC 劲性复合桩施工缺乏经验，施工常面临传统搅拌钻机难以进尺、桩身垂直度难以控制、欠送情况频发等一系列难题，开展了关于大直径超长 MC 劲性复合桩的装备改进和研发，采用自研 ZM 数智化植桩机进行加压式施工，并对钻头、钻杆的形式进行创新结构设计。最后，基于数智化物联全域监测控制系统，分析建立了大直径超长劲性复合桩施工参数指导，旨为后续类似工程提供可靠经验。

关键词： MC 劲性复合桩；密实砂层；软硬层交替；钻头；钻杆；ZM 数智化植桩机

0 引言

劲性复合桩是一种兼具散体桩、柔性桩及刚性桩特性的新桩型，具有施工扰动小、施工速度快、成本低等优势[1-4]。例如，在水泥土桩中插入钢筋混凝土预制桩，形成的 MC 劲性复合桩既可以发挥钢筋混凝土预制桩的高承载力优点，又可以显著降低工程成本，因此在工程中受到了广泛关注和广泛使用[5-7]。

然而目前对于大直径超长的 MC 劲性复合桩而言，尚缺乏足够的施工经验和理论支持，尤其在穿越密实砂层、软硬层相互交替等复杂地质条件下，施工常面临传统搅拌钻机难以进尺、桩身垂直度难以控制、欠送情况频发等一系列难题。

为此，本文开展了关于大直径超长 MC 劲性复合桩穿越密实砂层的装备改进和研发，基于唐山文丰劲性复合桩项目对钻头、钻杆的形式进行创新结构设计，并进行现场对比试验。除此之外，采用自研 ZM 数智化植桩机进行加压式施工，突破了地域限制，最后基于数智化物联全域监测控制系统，分析建立了大直径超长劲性复合桩施工参数指导，旨为后续类似工程提供可靠经验。

1 项目概况

1.1 地质及水文条件

项目场地整体属于平原地貌，为第四纪全新世冲洪积交互沉积形成，稳定地下水水位埋深 1.4～5.3m。根据野外钻探、原位测试及室内土工试验结果进行分层，相关土体参数详

作者简介：曹欣，中级工程师，E-mail: 1157029000@qq.com；金超奇，硕士研究生，E-mail: 1466744371@qq.com。

见表1。

土体物理参数总汇表

表1

编号	土层名称	层厚/m	标贯击数N/击	承载力f_{ak}/kPa
2	粉质黏土	2.8	3.3	70
3	粉土	4.9	4.4	110
4	粉质黏土	8.4	5.9	90
5	粉土	10.6	9.8	120
6	粉质黏土	4.7	6.2	110
7	细砂	3.3	35.1	180
8	粉土	10.0	11.0	200
9	细砂	18.0	61.5	280

1.2 桩基及造价信息

本文研究主要针对该区域典型桩型 1000（800）型 MC 劲性复合桩，即外芯为直径 1000mm 的水泥土搅拌桩，内芯为直径 800mm 的预制管桩。具体配型为 PHC800 AB150-C80 + PHC800 AB150-C80 + PHC800 AB130-C80，总桩长为49m。长径比大于50，直径大于800mm，属于大直径超长桩。单桩设计承载力为6820kN，成孔深度约为51m，如图1所示。

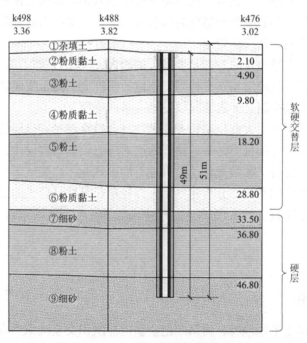

图1 土层及桩基示意图

除此之外，方案初期拟选用钻孔灌注桩或者劲性复合桩作为桩基方案，两者造价概算详见表2。

<table>
<tr><td colspan="3" style="text-align:center">造价信息对比表　　　　　　　　　　　　　　　表2</td></tr>
<tr><td>项目</td><td>工程量/万 m</td><td>造价/万元</td></tr>
<tr><td>钻孔灌注桩</td><td>134.68</td><td>61677</td></tr>
<tr><td>劲性复合桩</td><td>105.88</td><td>47373</td></tr>
</table>

由表可以发现，选用劲性复合桩相比钻孔灌注桩方案预计节约造价 1.43 亿元，经济性提升 23%，故最终选用劲性复合桩作为项目桩基方案。

1.3 植桩设备介绍

ZM 系列智能植桩机由浙江易通特基与中锐重工自行研发，如图 2 所示，能够兼顾软硬土层施工特性，加压力大，可穿透中风化岩层，动力强劲。同时全电控控制，设备智能化、信息化、链接物联平台，实现施工、装备数据同步传输，配备数据存储终端，实时监控施工状态、物料用量。

对 ZM 智能植桩机进行了 C40 混凝土试块试钻试验，成孔后孔壁光滑完整，孔壁粗骨料基本呈现被切削状态，说明即使该设备面对硬土层也具有一定的扩孔成孔能力。

图 2　ZM 智能植桩机

2　施工重难点分析

2.1　穿越密实细砂

本工程桩基需穿透⑦层细砂（$N = 35.1$）、⑧层粉土（$N = 11$）、⑨层细砂（$N = 61.5$），搅拌桩的成孔具有较高难度，常规搅拌钻机无法施工，仅依靠钻头自重难以进尺。为此，本项目选用 ZM 系列智能植桩机进行主动加压施工。

2.2　软硬层交替

除此之外，该地区地质软硬层交替成孔垂直度难以保证，尤其是在倾斜交界处，钻头容易偏离预定轨迹，造成孔斜，为后期植桩桩底标高控制埋下严重隐患，如图 3 所示。

同时在有效桩长范围内存在黏性土层，有常见的糊钻难题，因此对于钻机钻杆、钻头的选择有较高要求。针对这种情况，技术工程人员创新钻头、钻杆结构设计，结合数智化物联终端对工艺参数进灵活调整，以确保成桩质量与工效。

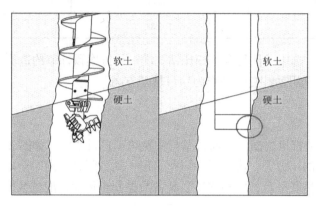

图 3 成孔垂直度影响植桩

2.3 桩底标高及垂直度控制

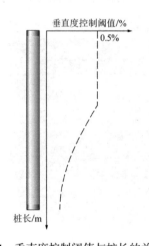

图 4 垂直度控制阈值与桩长的关系

本项目中劲性复合桩长径比大于 50，直径大于 800mm，属于大直径超长桩，常规施工垂直度误差要求 0.5%，已不能满足实际施工需求，为此本文建立了垂直度误差控制阈值，如图 4 所示，进一步严格要求植桩施工，垂直度误差控制阈值可按下式计算：

$$\gamma = \begin{cases} \Delta = \dfrac{\dfrac{(D_z - D)}{2} - w}{L}, \Delta < 0.5\% \\ 0.5\%, \Delta \geqslant 0.5\% \end{cases} \quad (1)$$

式中，γ 为垂直度误差控制阈值（%）；L 为单桩设计总桩长（m）；D_z 为钻孔直径（m）；D 为管桩外径（m）；w 为静压机定位误差（mm）。

3 现场试验研究

3.1 施工工艺及参数控制

传统搅拌桩工艺的施工参数不明确，进尺速度、搅拌钻速以及喷浆流量等缺乏明确的指导参数，施工过程中只能依赖于施工单位的技术水平和相关经验，存在一定的局限性和不确定性，从而难以确保施工质量的一致性和可靠性，进而导致搅拌均匀性差、浆液分布不均匀、桩身强度差异，最终影响承载力性能的发挥。

因此，本文基于 ZM 智能植桩机，配备的数智化全域监测控制系统，构建一个集成信息化、数字化、可视化的监控平台，以实现对施工过程的实时监控与数据分析，寻求最佳施工参数组合，实现"过程智能化，决策科学化"。并将施工参数指导通过技术交底，应用于实际工程，如图5所示。

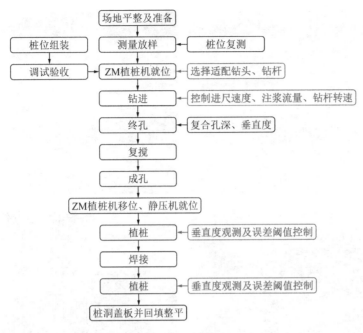

图5 大直径超长劲性复合桩施工工艺流程

3.2 垂直度控制及钻杆优化试验

为了保证成孔垂直度，尤其是在倾斜交界处，钻头容易偏离预定轨迹，造成孔斜，本文对钻杆结构进行优化，增大搅拌叶片直径，增添扶正器装置，进一步保证成孔质量，如图6所示。并与优化后的钻杆开展植桩欠送率对比试验。

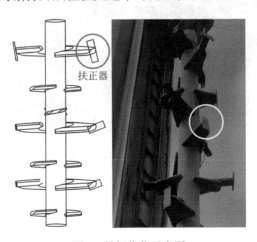

图6 钻杆优化示意图

3.3 钻头对比试验

为了寻找到该区域地层最适宜钻头，提高施工效率，创造价值利润，本文根据经验选取不同钻头，如图7所示，依次为长鱼尾钻、短鱼尾钻、双翼螺钉钻（大合金）、三翼螺钉钻（大合金）、双翼螺钉钻（宝峨齿）、四翼螺钉钻（大合金），对上述钻头开展现场成孔工效对比试验。

图7 不同钻头结构形式

4 试验成果分析

4.1 施工参数指导

采用 ZM 系列智能植桩机进行主动加压成孔。配备数智化物联终端，对工艺参数进行灵活调整，以确保钻孔和成桩质量。为此，选取施工质量优秀的 3-840、3-880、3-39、3-54、14-18 钻孔施工记录进行回溯，针对进尺速度、转速、流量进行分析。

图 8 为钻孔进尺深度随土层深度变化的曲线，可以发现浅层土（层厚约 18m）范围内进尺速度为 1.0～2.0m/min，为保证成孔垂直度，进入硬层⑤粉土（层厚约 9m）范围内适当放缓速度，进尺速度为 0.3～0.6m/min；⑥粉质黏土（层厚约 6m）范围内进尺速度为1.3～1.5m/min；⑦细砂（层厚约 7m）范围内进尺速度为 0.1～0.5m/min；⑧粉土（层厚约 10m）范围内进尺速度为 0.5～1.0m/min；⑨细砂（层厚约 1m）范围内进尺速度为 0.1～0.5m/min。

图 9 为转速随土层深度变化的曲线，进入土质较软的浅层土、⑥粉质黏土、⑧粉土范围内转速为 30～35r/min，进入硬层⑤粉土、⑦细砂、⑨细砂范围内转速为 25～30r/min。

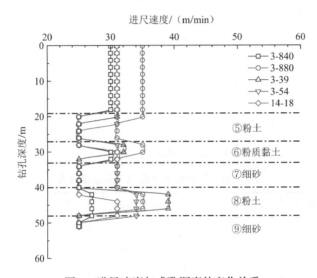

图 8 进尺速度与成孔深度的变化关系

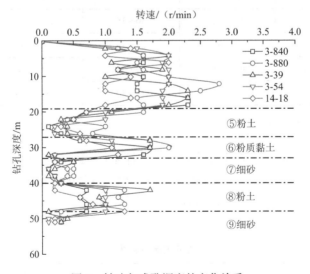

图 9 转速与成孔深度的变化关系

图 10 为流量随土层深度变化的曲线，可以发现浅层土（层厚约 18m）范围内流量为100～150L/min，进入中层⑤粉土、⑥粉质黏土范围内流量为 130～190L/min，进入深硬层

⑦细砂、⑧粉土、⑨细砂范围内流量为 180～250L/min。综上所述，基于数智化物联终端所上传的数据通过大数据分析，编制成大直径超长桩劲性复合桩施工参数指导表见表 3，旨在指导后续施工，并为其提供可靠经验数据。

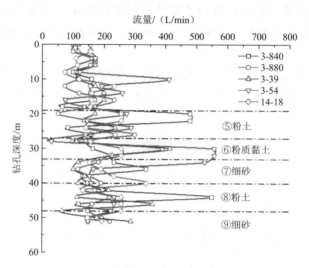

图 10　流量与成孔深度的变化关系

大直径超长桩劲性复合桩施工参数指导表　　　　　　　　　　　　　　表 3

项目	层厚/m	进尺速度/（m/min）	转速/（r/min）	流量/（L/min）	钻孔耗时/min
①杂填土 ②粉质黏土 ③粉土 ④粉质黏土	18	1.0～2.0	30～35	100～150	20～25
⑤粉土	9	0.3～0.6	25～30	130～190	10～14
⑥粉质黏土	6	1.3～1.5	30～35	130～190	14～20
⑦细砂	7	0.1～0.5	25～30	180～250	50～55
⑧粉土	10	0.5～1.0	30～35	180～250	15～20
⑨细砂	1	0.1～0.5	25～30	180～250	25～30

4.2　钻杆优化试验结果

表 4 为钻杆优化前后的植桩欠送对比，钻杆未优化前，统计施工 107 根劲性复合桩，欠送根数 17 根，欠送率 16%；优化后统计施工 1280 根劲性复合桩，欠送根数 15 根，欠送率 1%。可以发现，优化后的钻杆能现场降低植桩欠送率，有效提高了植桩的标高控制。

植桩欠送统计表　　　　　　　　　　　　　　表 4

钻杆类型	统计量/根	欠送量/根	欠送率/%
未优化	107	17	16
优化后	1280	15	1

4.3 钻头对比试验结果

表 5 为不同钻头下的成孔时间，短鱼尾钻头共统计 60 根劲性复合桩，平均成孔时间 180min；长鱼尾钻头共统计 139 根劲性复合桩，平均成孔时间 173min；双翼螺钉钻（宝峨齿）钻头共统计 57 根，平均成孔时间 205min；双翼螺钉钻（大合金）钻头共统计 433 根，平均成孔时间 156min；三翼螺钉钻（大合金）钻头共统计 421 根，平均成孔时间 155min；四翼螺钉钻（大合金）钻头共统计 190 根，平均成孔时间 154min。此外，增加钻头翼数对于成孔效率提高并不明显，均为 155min 左右。

综上所述，采用螺钉钻成孔效率大于鱼尾钻，能提高工效约 22min，其次针对本项目地层钻齿形式，不宜采用宝峨齿，宜选用大合金形式。

钻头成孔时间统计表　　　　　　　　　　　　　　　　　　　表 5

钻头类型	统计量/根	成孔时间/min
短鱼尾钻	60	180
长鱼尾钻	139	173
双翼螺钉钻（宝峨齿）	57	205
双翼螺钉钻（大合金）	433	156
三翼螺钉钻（大合金）	421	155
四翼螺钉钻（大合金）	190	154

4.4 大直径超长劲性复合桩施工工效统计

为了更好地对未来施工管理提供更高效的指导，本文还对项目施工工效过程进行统计。图 11 为大直径超长桩劲性复合桩平均成孔时间，统计对象仅考虑成孔必须消耗时间，不考虑施工损失时间，有效统计量共计1896根，平均成孔时间为161min，成孔工效为0.32m/min。

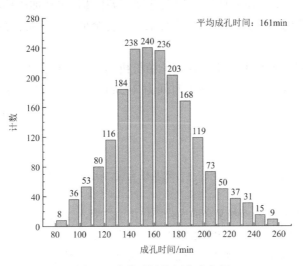

图 11　成孔时间的频率直方图

图 12 为大直径超长桩劲性复合桩单桩综合施工时间，综合工效包含移机时间、复搅时间、接/拆杆时间以及成孔时间。统计对象仅考虑单桩综合施工必须消耗时间，不考虑施工损失时间，有效统计量共计 1783 根，本项目平均单桩综合施工时间为 242min，综合工效为 0.2m/min，约 6 根/d。

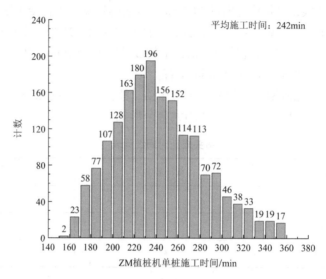

图 12　单桩综合施工时间的频率直方图

5　结语

本文针对大直径超长 MC 劲性复合桩穿越密实砂层的关键施工工艺展开研究，对钻头、钻杆的形式进行创新结构设计，得到以下结论。

（1）优化后的钻杆，能大幅降低由于软硬层交替导致的植桩欠送问题，欠送率由原有的 16%降至 1%。

（2）对于密实砂层，常规搅拌钻机难以进尺，应用具有主动加压功能的搅拌钻机施工。除此之外，钻头宜选用螺钉钻，钻齿形式宜采用大合金形式，以提高施工工效，平均成孔时间为 155min。

（3）本项目研究工艺基于 ZM 系列智能植桩机的大直径超长桩劲性复合桩施工工效统计，平均成孔时间为 161min，综合施工时间为 242min，成孔工效为 0.32m/min，单桩综合工效为 0.2m/min，约 6 根/d。

参考文献

[1]　叶观宝, 蔡永生, 张振. 加芯水泥土桩复合地基桩土应力比计算方法研究[J]. 岩土力学, 2016, 37(3): 672-678.

[2]　邓亚光, 郑刚, 陈昌富, 等. 劲性复合桩技术综述[J]. 施工技术, 2018, 47 (S4): 262-264.

[3]　刘汉龙. 岩土工程技术创新方法与实践[J]. 岩土工程学报, 2013, 35(1): 34-58.

[4]　钱于军, 许智伟, 邓亚光, 等. 劲性复合桩的工程应用与试验分析[J]. 岩土工程学报, 2013, 35 (S2): 998-1001.

[5] 朱家祥, 陈征宙. 基坑支护的混凝土芯搅拌桩有限元分析[J]. 岩土力学, 2004, 25 (S2): 333-337.

[6] 董平, 陈征宙, 秦然. 混凝土芯水泥土搅拌桩在软土地基中的应用[J]. 岩土工程学报, 2002, 24(2): 204-207.

[7] 钱于军, 许智伟, 邓亚光, 等. 劲性复合桩的工程应用与试验分析[J]. 岩土工程学报, 2013, 35 (S2): 998-1001.

旋挖钻机在软土和岩溶二元地层结构的施工工艺研究

郑云峰, 豆巨擎, 冯彦华

（中冀建勘集团有限公司, 河北 石家庄 050200）

摘　要： 旋挖钻机在桩基础成孔中被广泛应用, 但在淤泥层和岩溶地层成孔困难。本文以某化工厂桩基施工为例, 该场地为深厚的淤泥质软土层和岩溶地层结合的地层, 介绍了旋挖成孔施工工艺在这种二元地层结构中的应用, 简述了其在成孔过程中相应的技术措施, 对类似的淤泥质软土和岩溶二元地层桩基施工有一定的现实借鉴意义。

关键词： 淤泥质软土；岩溶；旋挖成孔；技术措施

0　引言

旋挖钻机因为其施工工艺相对简单、适应性强、成孔速度快、环保、成孔质量好等优点在桩基础施工中被广泛应用。旋挖钻机在淤泥质软土中施工时, 由于淤泥灵敏度高、力学强度低以及旋挖钻具对淤泥层的扰动等因素, 缩径、吸钻、塌孔等不良工况时有发生, 淤泥地层一直是旋挖钻机施工的一个难点；另外, 岩溶在我国南方地区分布较广, 长期受到地下水和地表水的侵蚀, 形成了较多的溶洞、溶槽、溶沟等自然现象, 旋挖钻机在岩溶地区施工时, 极易造成塌孔、卡钻、漏浆、斜孔等事故。

本文以某化工厂桩基施工为例, 就淤泥质软土和岩溶相结合的二元地层结构的旋挖钻机施工工艺进行了研究, 针对如何保证在淤泥层中的成孔质量、预防以及处理岩溶质量事故等做了简单的介绍, 提出针对性的技术措施, 攻克了施工过程中的技术难点, 取得了较好的效果, 供同行借鉴参考。

1　工程概况

某化工厂桩基施工项目施工场地地貌单元属冲沟、堆积地貌, 场区原始地形多为湖泊、水塘, 后进行了大规模的回填, 现地形稍有起伏, 场地标高在 17.30～19.72m 之间（1985国家高程基准）, 最大高差为 2.42m。施工场地整体地形较平坦。由于场地回填地层较厚、淤泥层厚, 且场地较大, 涉及频繁转场, 加之工期紧张, 采用旋挖钻机施工。本工程钻孔灌注桩按桩径不同分为 600mm、800mm, 桩长为 10～40m, 桩数为 8973 根, 其中直径 600mm桩为 1864 根, 直径 800mm 桩为 7109 根。

作者简介：郑云峰, 高级工程师。E-mail: zhengdgd@163.com。

2 工程地质和水文情况

2.1 工程地质条件

本工程位于武穴市田镇马口工业园，地势起伏不大。地貌单元属堆积平原处于大别山与扬子准地台的接触部，场区的区域地质构造部位于海口湖-马口湖复式向斜之葛麻塘倒转向斜、笠儿脑倒转背斜中段，区域构造构造线总体走向为北西南东向，由一系列褶皱、断裂组成。场区未发现大的断层通过，新构造活动升降幅度不大，属相对稳定地带。场区及附近出露地层有三叠系灰岩、白垩系泥质粉砂岩及第四系地层。各地层的岩性特征与分布特征，见表1。

主要地层情况表   表1

时代成因	地层代号	岩土名称	岩性特征	分布特征
Q^ml	①	素填土	杂色，松散，主要为黏性土组成，黏性土以软塑粉质黏土为主，未碾压密实，固结沉降未完成，呈湿、松散状态，填土本身不具湿陷性	全场分布
	②	淤泥质黏土	灰褐色为主，韧性较低，流塑偏软塑状态，局部夹薄层淤泥质黏土和粉土	局部分布
Q^al	③	红黏土	棕红、棕黄色，见有少量灰白色高岭土条纹和坡残积岩石碎块，含量约10%，干强度高，韧性高，硬塑偏可塑	局部分布
K-E	④	强风化泥质粉砂岩	砖红色，稍湿，泥质结构，层状构造，属极软类岩类，基本质量等级为V类	局部分布
	⑤	中风化泥质粉砂岩	岩石坚硬程度为软岩，岩体完整程度为较完整，岩体基本质量等级为Ⅳ级	局部分布
T1d	⑥	中风化灰岩	灰白色，隐晶质结构，稍湿，中厚层状构造，基本无吸水反应，岩体较破碎，属较硬岩类，岩体基本质量等级为Ⅳ级	局部分布

2.2 气象及水文情况

该工程地处武穴属亚热带季风性湿润气候，气候的主要特点为一年内日均温等于或大于10℃，植物生产期长，雨量较多。

场地地下水主要类型为表层上层滞水和下部岩溶裂隙水。上层滞水：水位埋深为2.00～8.90m，对应标高为9.85～16.30m，局部填土中有一定的水量。岩溶裂隙水：基岩灰岩层中岩溶裂隙较发育，含岩溶水裂隙水，受区域地下水补给，其水位埋深较大。

3 旋挖钻机成孔

3.1 施工难点

（1）施工区域存在埋深较大的淤泥质软土，顶面埋深0.9～13.5m，平均厚度4.3m，淤泥韧性低，流塑，灌注桩的成桩过程易出现断桩、夹泥、缩颈和扩颈等质量问题，旋挖孔灌注的清渣及成桩质量较难控制，普通施工方式难以保证正常成孔，且存在较大的塌孔风险。

（2）施工区域存在溶洞，地勘钻孔 152 个，14 个见溶洞，钻孔见洞率达 9.2%，超前钻施工勘察见洞率达 10.7%，溶洞高度 0.3～13m 不等。溶洞为半充填，充填物为可塑状黏性土，轻微掉钻，易于发生漏浆、埋钻、卡钻以及塌孔情况。

3.2 应对措施

1. 针对淤泥质软土的处理措施

通过汇总超前钻的施工数据，掌握了每根桩孔的地层分布。配备了 10～16.5m 不等的长护筒辅助施工，根据地层分布，选择不同长度的护筒，穿过淤泥质软土层，达到稳定的黏土层或者岩面。

长护筒下配备 600 型打拔机，下设长护筒（图 1），对护筒的垂直度要求高，采用水平靠尺在两个方向测量，确保护筒垂直，不影响成孔质量。制作了防脱钩装置，防止长护筒掉落伤人。

对于深厚淤泥质软土层，通常打拔机施工深度不够的，采用 16.5m 长钢护筒，配合膨润土造浆，调整好泥浆黏度，辅以"缓慢、均匀提钻下钻""每次少进尺、勤提钻"的原则，减少钻头对已形成泥皮造成破坏，保证成孔质量。

图 1　打拔机下设护筒

2. 针对岩溶发育的处理措施

（1）掰齿预防：钻进溶洞前需要加固钻齿焊接并经常检查钻头各部件焊接处，察看是否有焊缝开裂的情况，同时采用"低钻速慢加压"的原则。

（2）斜孔预防：先使用筒钻钻进，形成导向并制造自由面，再由嵌岩钻头钻进捞渣，避免斜孔。加高筒钻、加强导向，预防斜孔。

（3）卡钻预防：施工前，在方头筋板上补焊导向筋板，避免钻头从方头顶部至钻筒顶部之间与岩体接触的部位从上至下有明显的台阶，最大限度保证平滑过渡。

（4）漏浆预防：提前预估漏浆量，准备充足的泥浆，泥浆泵功率要能保证快速补浆；

准备好膨润土、锯末、胶泥，发现泥浆面下降，快速大量放入，下钻头反转，直至浆面不再下降。

（5）塌孔处理：通过多次捞渣直至孔壁稳定，对于长时间捞渣仍不能解决的，需要回填散状黏土或块状胶泥至严重塌孔位上方 0.5～1m，钻机反转压实稳定一段时间后，再重新钻进。

（6）溶洞灌注大量超方处理：

对于矮溶洞（1m 以内）且周围没有溶洞分布，成孔后直接灌注混凝土填充。

对于稍高溶洞（1～4m），采用黏土、胶泥填充后再次钻进。

对于较高溶洞（4m 以上），采用回填水泥砂浆或者低强度等级的混凝土，要待其初凝后方可再次钻进。

3. 针对岩溶情况复杂，旋挖勘岩进尺慢、效率低的处理措施

通过对筒钻截齿损坏情况的分析，将传统截齿筒钻进行改进优化，不仅增强了钻头的耐用性、而且提高了破岩进尺效率，使用效果良好，大大降低了钻具的消耗支出。具体措施如下：

（1）增加筒钻的截齿个数，适当减小单个截齿承受的压力，延长其使用寿命。调整内齿、中齿、外齿的数量分配，因外齿切削面积大，增加外齿的数量；内齿切削面积小，内齿数量较外齿数量要少。以直径 800mm 筒钻为例，普通筒钻布齿为 3-3-3（内齿、中齿、外齿），勘岩筒钻布齿为 4-4-5（内齿、中齿、外齿），见图 2、图 3。

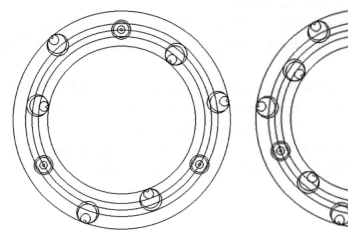

图 2 普通布齿形式 3-3-3　　　　　图 3 勘岩布齿形式 4-4-5

（2）调整合适的截齿布置角度，通过研究钻具的破岩机理和截齿在切削时的运动轨迹，结合截齿自身的结构尺寸，一般合理的布齿角度取值为：轴向方向的切削倾角宜为25°～30°；径向方向的切削倾角宜为 25°～30°。

（3）优化了布齿的角度之后，还要选择合适的截齿形式，这两个条件必须同时满足才能达到最优的破岩效果。截齿在钻进切削岩石时，主要是进行冲击振动破碎，所以选择的截齿应具备的性能有：刀体强度要高且抗冲击、合金材质耐磨耐冲击、合金的直径和锥角要适宜等，结合本项目的地质情况，钻头选取的截齿型号为 60-28T 和 60-30T。表 2 中介绍了几种常用的截齿产品，针对其适应地质条件，可选取使用。

序号	产品品类	产品型号	实物图	适用性
1	光尖系类	60-28T		适合（硬岩 30～100MPa）
		60-30T		适合（硬岩 30～120MPa）

4　混凝土超方控制

岩溶地区地质条件复杂，本就易造成混凝土超方，本工程又处于深厚的淤泥质软土层，混凝土浇筑完成，护筒提出后护筒外壁上附着 1～3cm 厚的淤泥，护筒提出后形成的空间要由混凝土来充填；另外，护筒提拔是在振动锤的激振力作用下进行的，振动对护筒内混凝土的振密作用和护筒提出后混凝土对周围流塑状淤泥层的压缩也是造成混凝土超方的原因。本项目采取以下措施减少混凝土超方的情况：

（1）通过减小护筒直径，减少长护筒引起的超方。护筒外径 820mm，能保证成桩直径，也能够减小混凝土消耗。施工时，要避免钻头剐蹭护筒底口，这就对操作手控制钻机的能力提高了要求。

（2）改小钻头直径。最初钻头采用 770mm 钻头施工，超方严重，系数一度达到 1.3～1.4。通过调整钻头直径为 740～750mm，减小了混凝土消耗。通过现场试验，成桩直径也能够满足设计要求。既保证了实体质量，也能减少混凝土损耗。

（3）通过要求搅拌站适当降低坍落度，控制在 200mm 以内，减小了混凝土下降的量；另外，在能够保证质量和现场护筒周转的前提下，浇筑完成的桩，静置 0.5h 后再提拔护筒，也有一定的效果，能够保证桩头的超灌。

5　结语

（1）旋挖钻机在灌注桩施工中得到广泛应用，很重要的原因就是旋挖钻机施工速度快、成孔质量好。

（2）打拔机下设长护筒，能够较好地解决旋挖钻机在淤泥质软土层中的成孔问题，保证了成孔质量，改进施工用钻头，入岩施工效率增加近一倍，且节约钻具损耗。最重要的是通过项目的控制措施，在确保质量和安全的前提下，施工的成本降低近 20%，项目实施效果较好。

（3）岩溶地区水文地质复杂，在旋挖桩施工前，应该认真分析工程的工程地质、水文地质情况，制定合理的施工方案，减少潜在施工事故的发生。

（4）本文以工程实例分析了软土与岩溶结合地层施工措施，对类似的二元地层桩基工程有一定的现实借鉴意义。

参考文献

[1] 陈武, 袁敬, 潘品德. 厚淤泥地层中旋挖灌注桩成孔工艺研究[J]. 山西建筑, 2018, 44 (32): 91-93.

[2] 覃媛媛, 王堂锐, 张娜. 某岩溶地区旋挖桩基础施工处理方案[J]. 江西建材, 2021(2): 161-162.

[3] 徐丽丽, 韦捷. 岩溶场地内旋挖桩施工控制要点研究[J]. 广西城镇建设, 2021(3): 61-63.

[4] 聂庆科, 王国辉, 张春来. 沿海巨厚淤泥地层中旋挖钻进施工技术实践[J]. 探矿工程 (岩土钻掘工程), 2005(S1): 75-78.

三、设计与试验方法

考虑全粘结锚杆加筋与遮拦作用的
支护设计理论及应用

周同和 [1,3]，高伟 [2]，侯思强 [3]

（1. 黄淮学院，河南 驻马店 463000；2. 郑州大学综合设计研究院有限公司，河南 郑州 450002；

3. 河南省城乡规划设计研究总院股份有限公司，河南 郑州 450000）

摘　要： 基于全粘结锚杆加筋作用对滑块土体内摩擦角和黏聚力的影响、全粘结锚杆支护的遮拦作用（减重效应）对滑块土体重力的影响，以及库仑土压力理论模型，提出排桩全粘结锚杆支护结构的桩侧土压力计算模型和参数取值方法，并将其应用于工程实践。

关键词： 排桩；全粘结锚杆；工作机制；土压力

0　引言

近年来，全粘结锚杆已逐步应用于基坑支护工程中。与设置自由段的普通锚杆相比，全粘结锚杆除端部较小范围外，全长与土体产生粘结，破裂面两侧均有粘结段，施工时可以进行预应力张拉，但与普通预应力锚杆相比，张拉锁定值较小。全粘结锚杆与排桩组成复合支护结构时，支护最大深度已达 20m 以上，与排桩-预应力锚杆相比，在不降低结构安全度的前提下，可达到减少排桩桩径、缩短锚杆长度的效果，展现了良好的经济和社会效益[1,2]。

对于全粘结锚杆复合支护结构的研究目前还处于起步阶段，主要集中于排桩复合土钉的内力及变形的研究，如陈占鹏等[1]介绍了排桩复合土钉支护技术概念，提出了基于桩锚结构设计模型内力调整的排桩复合土钉支护结构的简化设计方法；郭院成等[3]建立有限元模型，对分排桩复合土钉结构变形内力进行分析研究，得出了土钉受排桩-面层系统的拉拔作用，钉头轴力较大，土钉起到了"弱锚杆"作用，改变排桩变形和受力性状；李永辉等[4]分析了排桩复合土钉支护结构中土钉预应力施加对结构变形、内力及稳定性的影响。

实际上，全粘结锚杆在基坑主动区对土体的加固作用，接近加筋土挡墙的加筋作用。目前针对加筋土挡墙的研究，主要考虑"侧壁摩擦"对滑动面内土体重力的影响。对全粘结锚杆对主动区的加筋和遮拦作用暂无系统研究，现行的各类基坑支护设计规程规范中均没有涉及具体设计计算方法。

基于此，本文首先考虑全粘结锚杆加筋作用对滑块土体内摩擦角和黏聚力的影响，提出等效土体内摩擦角和黏聚力的表达式；其次，考虑全粘结锚杆支护的遮拦作用（减重效应）对滑块土体重力的影响，推导出等效土体重力折减计算表达式。最后，在库仑土压力理论模型的基础上，提出排桩全粘结锚杆支护结构的桩侧土压力计算模型和参数取值方法。该研究可作为相关规范的补充，为类似项目设计提供参考。

1 全粘结锚杆工作机制

1.1 全粘结锚杆的加筋作用

排桩-全粘结锚杆支护结构中，全粘结锚杆轴力分布类似于土钉，在施加预应力后，锚杆将产生轴向位移，锚杆将直接与主动区土体相互作用（图1）。此时，由于锚杆锚固体与土体界面的抗剪强度和变形刚度远远大于土体，锚杆与土体之间的力学性质差异将反作用于土体，使主动区土体的整体力学性质得到提升，该作用可称为"加筋"作用。

另外，由于锚杆和主动区土体的摩阻力影响，使锚杆轴力沿长度方向呈"两端小，中间大"的规律，相同条件下与设置自由段锚杆相比，端部的支点力有所降低。因此，可能仅需设置锚板或板带，即能满足荷载传递要求（图2）。

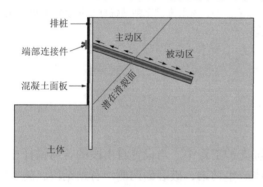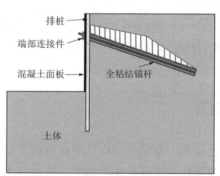

图1　全粘结锚杆加筋作用 　　　　图2　排桩全粘结锚杆支护锚杆轴力
　　　　　　　　　　　　　　　　　　　　　　分布示意

1.2 全粘结锚杆的遮拦作用

全粘结锚杆在滑裂面内的筋体材料能够与注浆体形成有效粘结，随着基坑开挖深度的不断增加，主动区土体有沿滑裂面滑移的趋势，因锚杆水平间距较小，主动区内全粘结锚杆体对有下滑趋势的土体形成了阻力，从而形成所谓的"遮拦效应"（图4），减小了支护土体向坑内移动的趋势，达到减少重力作用的效果，进而降低了作用在排桩和面板上的土压力。

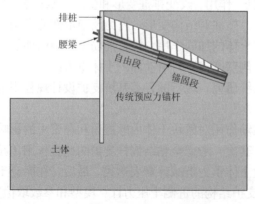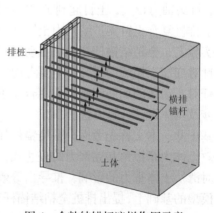

图3　桩锚预应力锚杆轴力分布示意 　　　　图4　全粘结锚杆遮拦作用示意

2 排桩全粘结锚杆复合支护体系

基于全粘结锚杆的加筋和遮拦作用，研发了一种利用混凝土面板作为主要受力构件，通过设置的连接件（图6）与排桩、锚杆形成"篱笆墙"锚拉支护体系。排桩-全粘结锚杆支护结构的土压力主要由混凝土面板和排桩共同承受，并通过锚杆支点处的连接件传递给锚杆。

全粘结锚杆支护与自由段锚杆荷载传递方法比较，见图5。

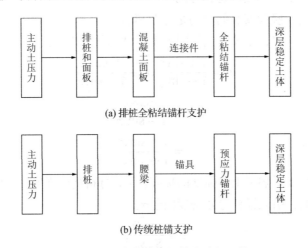

(a) 排桩全粘结锚杆支护

(b) 传统桩锚支护

图5 两种支护结构的传力路径比较

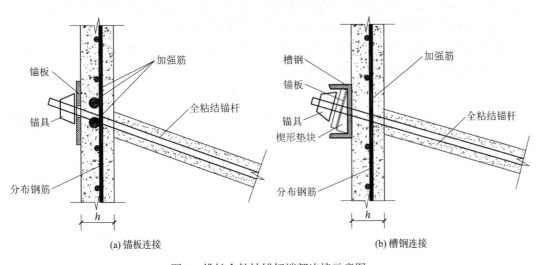

(a) 锚板连接

(b) 槽钢连接

图6 排桩全粘结锚杆端部连接示意图

3 基于加筋与遮拦效应计算理论

3.1 加筋效应

孙学毅[5]指出群锚的加固效果远超于单锚效果简单的叠加，经锚固的岩土体形成了复合材料，其变形性能和强度均显著提高，相比未加锚的岩土体，锚固后的性能得到了显著改善。

为了研究全粘结锚杆加筋对土体的加固作用，把群锚加固后的土体视为均匀、连续、强度参数增强的等效材料，并将锚杆的加筋作用视为土体黏聚力c和内摩擦角φ的增强，并进行如下基本假定：

（1）等效材料服从 Mohr-Coulomb 屈服准则。

（2）等效材料是均匀的、连续的。

（3）锚杆与土体之间的变形是相容的。

（4）锚杆的横向、竖向安装间距均是等距离。

根据主应力屈服轨迹，土体达到极限平衡条件的数学表达式可表示为：

$$\sigma_1 = \frac{1+\sin\varphi}{1-\sin\varphi}\sigma_3 + \frac{2c\cos\varphi}{1-\sin\varphi} \tag{1}$$

$$\sigma_c = \frac{2c\cos\varphi}{1-\sin\varphi} \tag{2}$$

$$k = \frac{1+\sin\varphi}{1-\sin\varphi} \tag{3}$$

锚杆布置密度直接影响了土体强度的提高。等效材料抗剪强度计算中，基于 Indraratn[6] 提出的锚杆密度参数，引入锚杆等效密度因子α：

$$\alpha = \frac{2\pi dD}{S_h S_v}\psi \tag{4}$$

式中，d为全粘结锚杆半径（m）；S_h为锚杆水平间距（m）；S_v为锚杆竖向排距（m）；ψ为锚杆与土体的摩阻系数，一般取$\tan\varphi$，φ为锚杆注浆体摩擦角。

由此可得，设置全粘结锚杆后等效材料的主应力坐标系中屈服轨迹和土体强度包线的变化可采用式(5)、式(6)表示（图7、图8）。

$$k' = (1+\alpha)k \tag{5}$$

$$\sigma_c' = (1+\alpha)\sigma_c \tag{6}$$

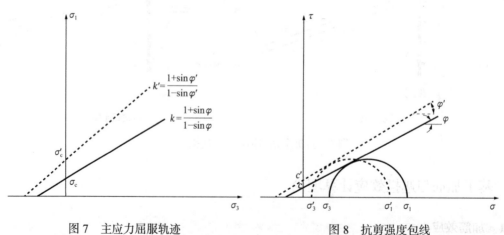

图7　主应力屈服轨迹　　　　　　　　图8　抗剪强度包线

由式(1)～式(3)可得，全粘结锚杆加筋作用下等效材料抗剪强度表达式：

$$\varphi' = \arcsin\left[\frac{(1+\sin\varphi)\alpha + 2\sin\varphi}{(1+\sin\varphi)\alpha + 2}\right] \tag{7}$$

$$c' = \frac{c(1+\alpha)(1-\sin\varphi')\cos\varphi}{(1-\sin\varphi)\cos\varphi'} \tag{8}$$

3.2 遮拦效应

全粘结锚杆的遮拦作用类似于土钉支护中的土拱效应，全粘结锚杆安装后与土体形成等效材料。基坑开挖过程中，桩侧土体会发生变形，由于全粘结锚杆与滑裂面土体有着良好的接触，当同一横排两个锚杆之间的土体下滑时，锚杆锚固体表面产生向上的侧摩阻力来限制土体下滑，达到减小锚杆上部土体的自重应力效果，如图9和图10所示。

为简化分析锚杆的遮拦作用，本节做如下假定：

（1）全粘结锚杆按方格状布置，不考虑锚杆自重。

（2）同一竖排的锚杆与相邻锚杆之间土体为支撑墙体，不考虑墙体变形。

（3）等效材料符合库仑破坏准则，运用等效内摩擦角表示黏聚力的影响。

（4）同一横排锚杆之间的土体达到极限平衡状态。

（5）地表作用均布荷载q。

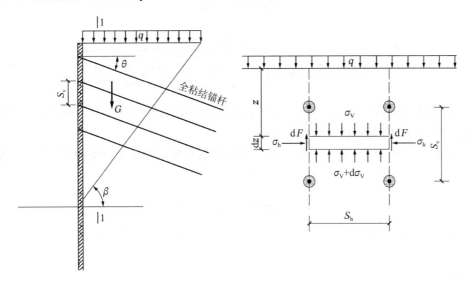

图 9　全粘结锚杆支护剖面图　　　图 10　全粘结锚杆布置立面图

全粘结锚杆安装后，遮拦作用示意图如图10所示，在距离地表z处取一单元厚度为dz的单元体，当单元体产生向下的位移时，单元体两侧的支撑墙体通过侧摩阻力dF来影响单元体的位移，沿σ_h方向传递单元体的下滑力，引起应力传递现象，侧摩阻力dF的公式表达式如式(9)所示。

$$dF = \tan\varphi_D \cdot dz \cdot \sigma_h \tag{9}$$

$$\varphi_D = \arctan\left(\tan\varphi' + \frac{c'}{\gamma H}\right) \tag{10}$$

式中，c'为加固后的黏聚力（kPa）；φ'为加固后的内摩擦角（°）；γ为土体重度（kN/m³）；

φ_D为等效内摩擦角（°）；σ_h为水平方向应力（kN/m^2）；H为基坑深度（m）。

分析图10可知，单元体在竖直方向的静力平衡方程如下：

$$\sigma_v \cdot S_h + \gamma \cdot S_h \cdot dz = (\sigma_v + d\sigma_v)S_h + 2K'\sigma_v \tan\varphi_D \, dz \tag{11}$$

根据假定的边界条件，求得全粘结锚杆遮拦作用下，加筋土体竖向应力表达式：

$$\sigma_v = \frac{\gamma S_h}{2K'\tan\varphi_D} + \left(q - \frac{\gamma S_h}{2K'\tan\varphi_D}\right)e^{\frac{-2K'\tan\varphi_D z}{S_h}} \tag{12}$$

其中，土压力系数计算参照 Jacobs[7]的研究成果，考虑摩擦引起的垂直应力得到侧向土压力系数：

$$K_h = \frac{\sigma_h}{\sigma_v} = \frac{K_2}{2}(1 + K_a) \tag{13}$$

$$K' = \frac{K_h}{S_v} \tag{14}$$

式中，K'为侧向土压力系数；K_2为中主应力土压力系数；K_a为主动土压力系数。

3.3 土压力计算理论

基于库仑土压力理论模型进行桩侧土压力计算，如式(15)和式(16)所示。

$$E_a = \frac{1}{2}\gamma H^2 K_a \tag{15}$$

$$K_a = \frac{\cos^2(\varphi_D - \alpha)}{\cos^2\alpha\cos(\alpha + \delta)\left[1 + \sqrt{\dfrac{\sin(\varphi_D + \delta)\sin(\varphi_D - \beta)}{\cos(\alpha + \delta)\cos(\alpha - \beta)}}\right]^2} \tag{16}$$

式中，α为墙背与竖直墙线间夹角（°）；β为地表面与水平面间的夹角（°）；δ为墙背与土体间的摩擦角（°）；K_a为库仑主动土压力系数。

将式(4)、式(10)计算结果代入后，即可求得排桩全粘结锚杆复合支护结构土压力值E_a。当不考虑墙背摩擦时，即为朗肯土压力表达式：

$$E_a = \frac{1}{2}\gamma H^2 \tan^2\left(45° - \frac{\varphi_D}{2}\right) \tag{17}$$

提出了排桩-全粘结锚杆复合支护结构计算中的土体等效抗剪参数的计算公式。

4 工程应用

4.1 深厚杂填土基坑工程

郑州市西南部某基坑工程，地表30m深度范围内均为前期取土坑回填的杂填土或素填土，地下水位在33m以下。基坑深度约16.5m，周边邻近市政道路，基坑东南角局部有变压器无放坡空间，基坑工程安全等级为一级。

该项目杂填土采用推剪试验确定抗剪强度，素填土采用直剪试验确定抗剪强度，试验结果表明，素填土内摩擦角φ值离散性相对较小，经统计修正后标准值为15.89°，可作为设计参考值；杂填土摩擦角φ标准值为55.05°，实际采用值为35°。

通过本文方法对排桩复合全粘结锚杆支护（图 12）进行设计计算，在上部无放坡空间部位采用，桩径 1200mm，间距 1.5m，设置 7 排锚杆，竖向间距 2m，锚杆长度 21～29m，直径 180mm。锚板尺寸 200mm×200mm×20mm，面层厚度 100mm，内配φ8@200mm 钢筋网，锚头部位设置 2φ14 加强筋。支护剖面，见图 11。

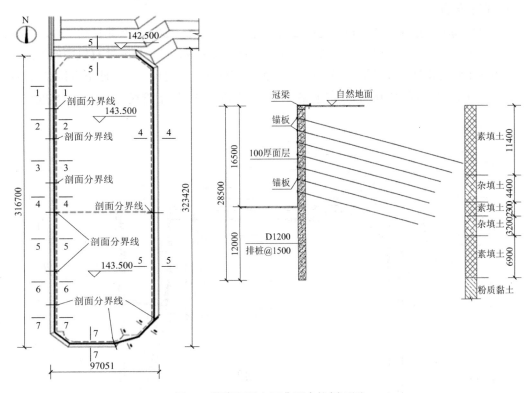

图 11　滨湖国际六区典型支护剖面图

图 12　排桩全粘结锚杆支护现场照片

于 2016 年 5 月开始施工，2016 年 12 月开挖至基坑底，目前已超期使用近 3 年。根据变形监测资料，基坑顶部最大沉降量 13mm，支护结构最大水平位移量 18mm，全粘结锚杆预应力损失最大值 50kN，面层无剪切破坏和整体裂缝情况，变形满足规范及设计要求。

4.2 软土基坑工程

郑州凯旋广场项目位于郑州市花园路与农科路交叉口西北角(图 13),总占地 34175m²,总建筑面积约 27 万 m²,该项目包括 2 栋 32 层超高层建筑(高度 141.3m)、多栋商业裙房以及 3 层整体地库。

本项目基坑开挖深度 19.4m,局部 23m,基坑东西宽约 150m,南北长约 210m。基坑侧壁上部 13m 左右主要由 Q_4 地层的粉质黏土、粉土层构成,13~16m 处有较厚的淤泥层;16~30m 主要为粉砂、细砂层;30m 以下为 Q_3 地层的粉土、粉质黏土。地下水位在自然地面下 9~10m。基坑周边四面邻城市道路,其中主干道两条,地下管线复杂,支护难度较高。

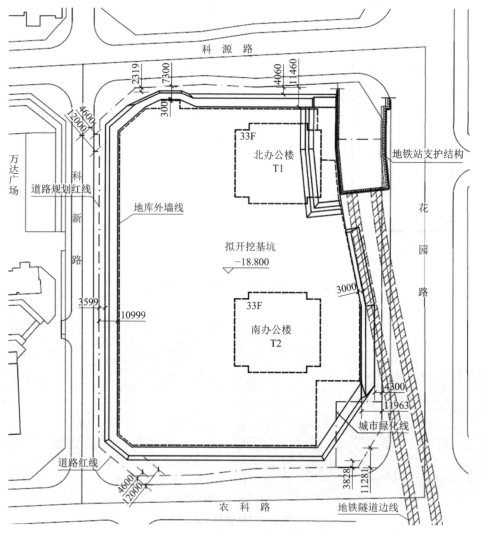

图 13 基坑工程总平面图

基坑南侧东段支护结构设计采用排桩-全粘结锚杆支护形式(排桩桩径 800mm,4 排全粘结锚杆),西段采用传统桩锚支护形式(桩径 1m,3 排预应力锚杆)。两种支护典型剖面如图 14、图 15 所示。不同支护形式支护结构侧壁水平位移对比,见图 16。现场开挖至基底,见图 17。

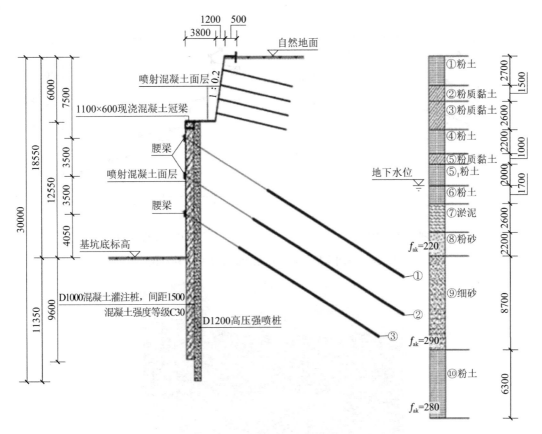

图 14　传统桩锚支护剖面

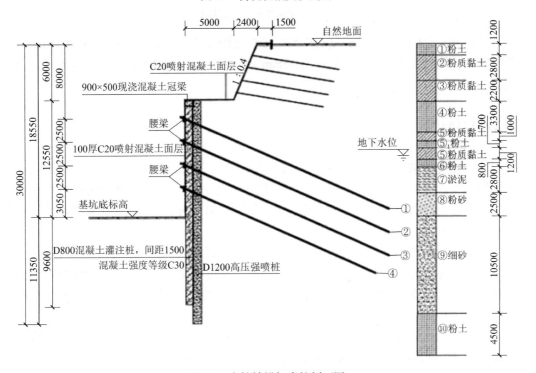

图 15　全粘结锚杆支护剖面图

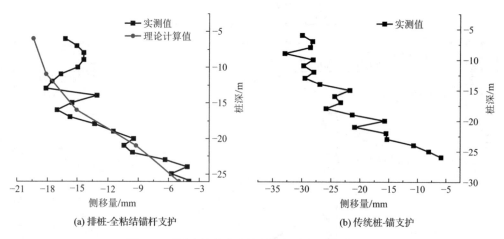

(a) 排桩-全粘结锚杆支护   (b) 传统桩-锚支护

图16　不同支护形式支护结构侧壁水平位移对比

图17　现场开挖至基底照片

　　基坑南侧、北侧采用的排桩复合全粘结锚杆支护形式变形监测最大值小于25mm，为相邻位置的传统桩锚支护结构位移（约35mm）的2/3，工程造价节省约1000万元，节省工期约3个月。

5　结论与建议

　　（1）与传统桩锚支护结构的设置自由段锚杆相比，全粘结锚杆能够加强滑动面内土体的力学性能，起到加筋和遮拦作用。加筋作用能够提高等效土体的黏聚力和内摩擦角，遮拦作用则通过锚杆锚固体表面对土体起到"减重"作用，两者均可减小排桩全粘结锚杆支护结构的桩侧土压力。

　　（2）排桩全粘结锚杆支护结构中，混凝土面板起到加强支护桩的整体工作性能的"篱笆墙"作用，与传统桩锚支护结构中型钢或混凝土腰梁相比，对限制排桩弯曲变形、控制支护结构变形起到关键作用，使排桩全粘结锚杆支护结构更适用于对位移有严格要求的基坑工程。

　　（3）本文提出的改进土压力计算方法相较于朗肯主动土压力，能够较好地反映排桩全粘结锚杆支护结构桩侧土压力及其分布规律，工程应用验证了该改进方法的合理性和适用性。

参考文献

[1] 卢光辉. 深基坑工程发展现状综述[J]. 西部探矿工程, 2006(8): 50-51.

[2] 周同和, 郭院成. 岩土工程技术现状及发展展望[J]. 河南科学, 2003, 21(5): 515-519.

[3] 孙超, 郭浩天. 深基坑支护新技术现状及展望[J]. 建筑科学与工程学报, 2018, 35(3): 104-117.

[4] 孙静. 我国基坑工程发展现状综述[J]. 黑龙江水专学报, 2010, 37(1):50-53.

[5] 孙学毅. 边坡加固机理探讨[J]. 岩石力学与工程学报, 2004, 23(16): 2818-2823.

[6] Indraratna B, Kaiser P K. Design for grouted rock bolts based on the convergence control method[C]// International Journal of Rock Mechanics and Mining Sciences & Geomechanics Abstracts. Pergamon, 1990, 27(4): 269-281.

[7] Jacobs F, Ruiken A, Ziegler M. Investigation of kinematic behavior and earth pressure development of geogrid reinforced soil walls[J]. Transportation Geotechnics, 2016, 8: 57-68.

坡顶超载下抗滑桩＋框架预应力锚索复合支护结构力学性能研究

朱彦鹏 [1,2,3]，李飞虎 [1,2,3]

（1. 兰州理工大学土木工程学院，甘肃 兰州 730050；

2. 西部土木工程防灾减灾教育部工程研究中心，甘肃 兰州 730050；

3. 甘肃省土木工程防灾减灾重点实验室，甘肃 兰州 730050）

摘　要：通过开展 2 组不同支护结构（框架预应力锚索、抗滑桩＋框架预应力锚索）加固单级黄土边坡的模型试验，测得不同支护结构的边坡变形、结构内力及土压力，对不同支护结构的受力形式、内力分布及破坏模式进行对比分析。结果表明：相较于框架预应力锚索，抗滑桩＋框架预应力锚索复合支护的单级黄土边坡能够承受更多的坡顶荷载；框架预应力锚索支护下的单级黄土边坡的水平位移呈现坡肩位移大、坡脚位移小的"倒三角形"形态；框架连接成整体的抗滑桩弯矩分布更加合理，正负弯矩极值点处的弯矩绝对值大致相等，整体呈"反 S"形；框架预应力锚索复合支护下的单级黄土边坡，坡顶超载产生的附加应力的传递深度仅为边坡高度的一半，而对于抗滑桩＋框架预应力锚索复合支护下的单级黄土边坡，坡顶超载产生的附加应力的传递深度较深，能够到达边坡坡脚水平高度处。研究结果可为黄土边坡支护中的抗滑桩＋框架预应力锚索复合支护设计理论提供技术支撑。

关键词：黄土高边坡；组合支挡结构；模型试验；抗滑桩；框架预应力锚索

0　引言

近年来，随着我国经济实力的不断增长，国家日益重视基础设施建设，高陡边坡在公路工程、建筑工程等诸多领域大量出现，但由此引发的滑坡事故层出不穷，西部黄土地区边坡失稳更是尤为普遍，其失稳可能堵塞道路和阻断交通，甚至威胁人民生命财产安全，是一种严重的地质灾害。这不仅关系到工程建设质量的好坏，还进一步影响着人民生命财产安全，因此在工程建设中对于边坡问题应引起足够的重视。

为此，国内外许多学者进行了大量研究，并取得了丰富的研究成果。杨奎斌等[1]针对采用极限平衡法进行边坡稳定性分析时较难考虑土体应力应变状态的问题，提出了坡面卸荷应力等效的思路，将坡面按照半无限边界考虑，利用弹性理论分析坡体应力，并根据滑面应力进行稳定性及安全系数计算。张涛等[2]通过对比模型试验，发现相较于普通抗滑桩，锚杆抗滑桩会产生两个弯矩极值点，存在双铰破坏的可能；Zhang JJ 等[3]通过振动台试验，发现在地震作用下，预应力锚杆框架梁加固的边坡破坏主要集中在滑坡体的顶部以及边坡的自由面；李丹枫等[4]以实际工程案例为背景，发现锚拉桩-锚索框架梁组合结

作者简介：朱彦鹏，教授，硕士、博士生导师，主要从事支挡结构、地基处理等方面的研究工作。E-mail：zhuypl@163.com。

构在支护高边坡方面的效果显著。吴李泉等[5]依据饱和-非饱和渗流原理，构建了一个有限元数值模型，专门用于分析降雨条件下边坡的稳定性。史彦文[6]、付晓等[7]、陈宇等[8]、陈建峰等[9]、李伟伟等[10]通过进行模型试验，探索了各种组合支护结构的受力性能和支护效果。

现有支护形式的广泛应用在很大程度上解决了诸多工程问题[11]，但对于复杂的边坡情况，依然难以完全满足需求[12]。针对现有支护形式存在的局限性，提出了一种新型有效地用于高边坡的抗滑桩＋框架预应力锚索复合支护结构，该结构将桩设置在坡顶，不仅可以承受水平侧向力，还能承担框架位移产生的水平拉力，这与传统的坡体侧压力全部由框架锚索承受具有明显不同[13]。

本文主要介绍坡顶超载下抗滑桩＋框架预应力锚索复合支护、框架预应力锚索支护加固黄土边坡的 2 组试验研究对比成果，为黄土边坡支护提供更多的设计方向。

1 抗滑桩＋框架预应力锚索复合支护结构试验设计

1.1 试验原理

边坡模型采用兰州典型黄土分层夯实填筑[2]，并在坡顶分级施加均布荷载，直至边坡模型整体破坏。通过布置土压力计、应变计、位移计传感器，监测结构内力变化规律、分布形式及模型变形情况，从而确定抗滑桩弯矩、锚索轴力和边坡变形随荷载的变化规律。本次试验共设计 2 组模型试验，分别为试验组即抗滑桩＋框架预应力锚索复合支护和对照组即框架预应力锚索室内缩尺模型试验。在满足模拟材料相似的条件下，采用几何相似为 1∶15 来模拟工程中常用的截面为 400mm×400mm 的框架梁柱。模型示意图，见图 1。

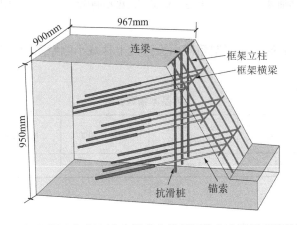

图 1　抗滑桩＋框架预应力锚索支护单级黄土边坡原型效果图

1.2 试验准备

锚索作为重要的支护结构，其模拟的准确性和合理性对于试验结果至关重要。考虑到锚索在实际工作中主要是发生弹性变形，因此试验中选择了直径为 2mm 的钢绞线作为锚索的相似材料。

锚固段作为细长类构件，为制作时保持锚固段笔直，选用内径 20mmPVC 管作为模具。锚固段直径 $D = 20$ mm、长 $L = 450$ mm，用 M15 水泥砂浆浇筑。在脱模后的杆件表面粘接细砂以增大侧摩阻力，模拟实际工况中的杆件受力，如图 2 所示。

框架作为支护结构中的重要受弯构件，为缩尺模型制作时满足相似比的要求，框架梁和框架柱截面尺寸均为 30mm × 30mm，使用 4 根直径为 1.5mm 的 Q195 镀锌铁丝作为受力筋并使用 M15 水泥砂浆浇筑，如图 3 所示。

抗滑桩作为支护结构中的重要受弯构件，为缩尺模型制作时满足相似比的要求，选用内径为 30mmPVC 管作为模具，使用 4 根直径为 1.5mm 的 Q195 镀锌铁丝作为受力筋并使用 M15 水泥砂浆浇筑。在脱模后的杆件表面粘结细砂以增大侧摩阻力，模拟实际工况中的杆件受力，如图 4 所示。

 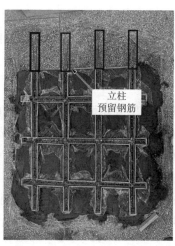 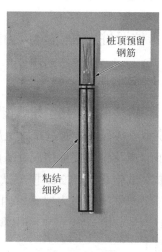

图 2　锚固段粘结细砂　　　图 3　框架缩尺模型制作　　　图 4　抗滑桩缩尺模型制作

边坡为黄土分层填筑，在模型箱侧面涂抹凡士林减小侧摩阻力，其模型的土体基本物理力学参数，见表 1。

土体基本物理参数　　　　　　　　　　　　　　　　　　表 1

重度/（kN/m³）	泊松比	最大干密度/（g/cm³）	黏聚力/kPa	内摩擦角/°	弹性模量/（kPa）
17	0.35	1.66	27	25	8000

1.3　测试内容

在抗滑桩表面粘贴应变片，以监测在坡顶荷载作用下抗滑桩的弯矩变化；在锚索和锚杆锚固段粘贴应变片，以监测在坡顶荷载作用下锚索的轴力；在坡体内和坡面布设土压力盒，以监测在坡顶荷载作用下坡体内和坡面的土压力变化；在坡面和坡顶布置千分表，以监测在坡顶荷载作用下坡面的水平位移和坡顶的沉降位移。以抗滑桩 + 框架预应力锚索复合支护结构试验为例，其监测点布置见图 5。

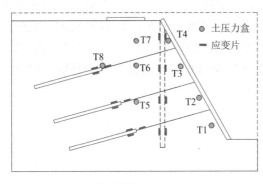

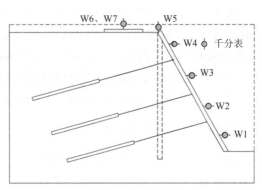

(a) 土压力传感器和应变片位置　　　　　　　　　(b) 千分表位置示意图

图 5　测点布置图

1.4　加载设计

加载前，对锚索施加预应力至 0.5kN，待数据稳定后使用数显式液压千斤顶在坡顶施加均布荷载，单次加载量为 25kPa，测得数据稳定后再进行下一级荷载的施加，直至边坡模型整体变形破坏。其中，框架预应力锚索共施加 300kPa 的荷载，抗滑桩＋框架预应力锚索复合支护结构共施加 350kPa 的荷载。

2　试验结果对比分析

2.1　极限承载力对比分析

2 组试验坡顶超载下的坡顶沉降曲线，如图 6 所示。

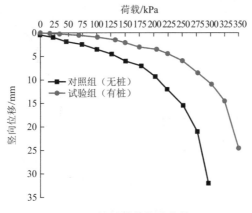

图 6　坡顶荷载位移曲线

从图 6 可知：

（1）在同级荷载作用下，抗滑桩＋框架预应力锚索复合结构支护边坡的竖向沉降值始终小于框架预应力锚索支护边坡的竖向沉降值。

（2）对于框架预应力锚索支护结构，当荷载为 0～175kPa 时，沉降曲线近似呈直线形分布；当荷载为 175～275kPa 时，沉降曲线近似呈圆弧状；当荷载大于 275kPa 后，沉降曲线骤然增大，说明支护结构失效。对于抗滑桩＋框架预应力锚索复合支护结构，呈整体剪切破坏类型；当荷载为0～225kPa时，沉降曲线近似呈直线形分布；当荷载为225～325kPa时，沉降曲线近似呈圆弧状；当荷载达到350kPa后，沉降曲线骤然增大，说明支护结构失效。

（3）框架预应力锚索支护边坡的极限承载力为 300kPa，抗滑桩＋框架预应力锚索复合支护边坡的极限承载力为 350kPa，承载力明显提高。

2.2 坡面水平位移对比分析

图7、图8为2组试验中坡面各监测点水平位移分布图，表2为各测点水平位移差值比例分析表。

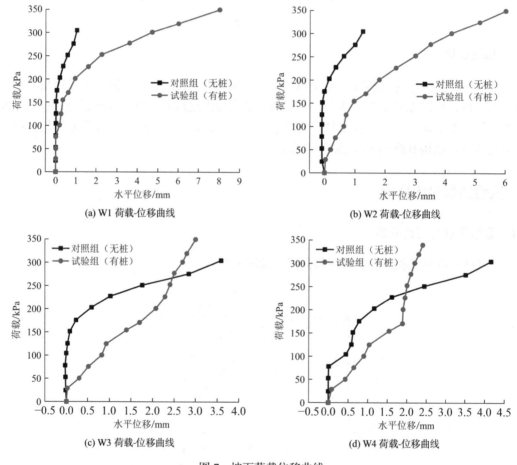

(a) W1 荷载-位移曲线

(b) W2 荷载-位移曲线

(c) W3 荷载-位移曲线

(d) W4 荷载-位移曲线

图 7　坡面荷载位移曲线

水平位移对比　　　　　　　　　　　　　　　　　　表 2

监测点	W1	W2	W3	W4
对照组/mm	1.033	1.256	3.5835	4.157
试验组/mm	4.7	4.2	2.7	2.4
差值/mm	3.667	2.9	−0.8835	−1.757
差值比例/%	354	230	−24	−42

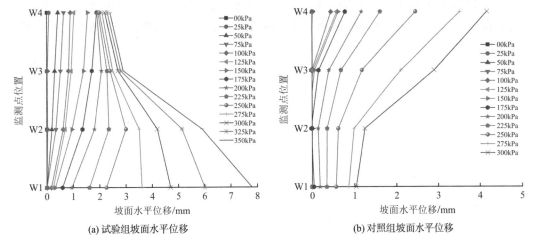

(a) 试验组坡面水平位移　　　　　　　　(b) 对照组坡面水平位移

图 8　坡面水平位移

通过对比分析 4 个监测点处的荷载-位移曲线，得到以下结论：

（1）对比各测点的最大水平位移值，对照组（无桩）的坡面水平向位移呈现出坡顶位移大、坡顶位移小的"倒三角形"现象[14]；试验组（有桩）的坡面水平向位移呈现出坡顶位移小，坡底位移大的"三角形"趋势。

（2）由表 2 可知，在位于坡脚的 W1 测点处，试验组水平位移比对照组水平位移增大了 354%；在位于坡肩的 W4 测点处，试验组水平位移比对照组水平位移减小了 42%。

（3）在对照组（无桩）试验中，由图 8（b）可知，在加载前期，坡面水平向位移增长不大，基本呈现直线形；随着荷载的增加，各测点的水平向位移逐渐增大，且越靠近坡顶，增速越大；在加载的全程中，测点 4 始终是位移最大的点，且在加载的后期，该测点的水平位移骤然增大。

（4）在试验组（有桩）中，由图 8（a）可知，在加载前期，坡面水平向位移增长不大；随着荷载的增加，各测点的水平向位移逐渐增大，且越靠近坡底，增速越大；在加载的过程中，位于坡底的测点 W1 和 W2 的位移增速明显大于位于坡顶的测点 W3 和 W4，且在加载后期，测点 W1 的位移超越测点 W2 的位移。抗滑桩 + 框架预应力锚索复合支护下的单级黄土边坡坡面水平位移，相较于普通的框架预应力锚索支护的边坡，坡面的水平位移分布形式发生了很大的变化。最大位移位置由坡顶降至坡底，且坡底位移较大；坡顶部的水平位移，由于抗滑桩的限制，远小于普通的框架预应力锚杆支护的水平位移。

2.3　坡面土压力对比分析

图 9 为 2 组试验中坡面土压力的分布图。

通过对比分析 4 个监测点处的土压力变化曲线，得到以下结论：

（1）在抗滑桩 + 框架预应力锚索支护下，边坡坡面的土压力值整体上小于框架预应力锚索支护下边坡土压力值。分析认为，是由于抗滑桩的存在，减小了潜在滑动面内土体的相对滑动，使坡面处的土体水平向位移减小。

（2）T3 测点处土压力在加载后期出现持续增长现象，认为是在该水平高度处抗滑桩存在一个弯矩极值点且挠度最大，更多的滑坡推力由框架锚索承担。

（3）T4 测点处的土压力在加载至一定荷载水平后，就保持不变，不再增长。分析认为，是由于在坡顶加载下，加载钢板逐渐下沉，该测点的土压力传感器位于附加应力扩散角之外，土体应力不再增加。

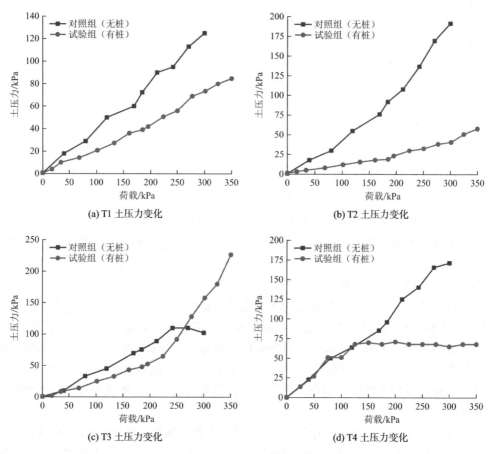

(a) T1 土压力变化

(b) T2 土压力变化

(c) T3 土压力变化

(d) T4 土压力变化

图 9 荷载下坡面土压力变化

2.4 锚索轴力对比分析

图 10 为 2 组试验中锚索轴力的分布图。

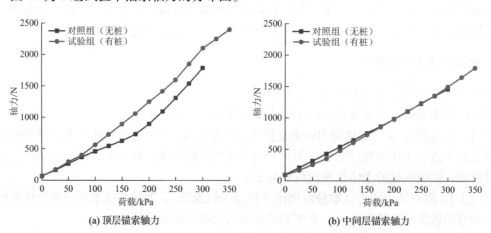

(a) 顶层锚索轴力

(b) 中间层锚索轴力

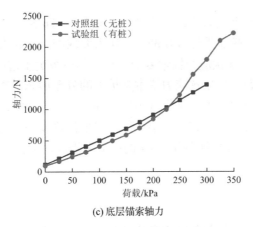

(c) 底层锚索轴力

图 10 锚索轴力变化

通过对比分析三层锚索轴力在坡顶超载下的变化，得到以下结论：

（1）在加载前期，试验组底层锚索轴力小于对照组底层锚索轴力，在加载中后期，试验组底层锚索的轴力快速增大并超越对照组底层锚索轴力。分析认为，在加载前期，滑坡推力主要由抗滑桩承担，随着荷载的不断增加，框架锚索和抗滑桩进入协同工作阶段，抗滑桩承担的滑坡推力比例减小，框架预应力锚索承担的推力比例增加。

（2）中间层锚索轴力在试验组和对照组中的数值大小基本相当。

（3）顶层锚索轴力在试验组中的数值大小明显大于对照组，出现反常现象。从图 7 可知，坡肩附近的 W4 测点的试验组水平位移小于对照组的水平位移。由此可以做出合理推测，试验组顶层锚索的轴力应该小于对照组顶层锚索轴力，然而轴力实测数据却出现了反常现象。分析认为，是由于抗滑桩的存在，约束了土体的侧向变形，使加载板下的竖向沉降量更大，并带动锚索产生更大的竖向沉降，使锚索产生了更大拉力。

2.5 坡体内土压力对比分析

图 11 为 2 组试验中坡体内土压力的分布图。

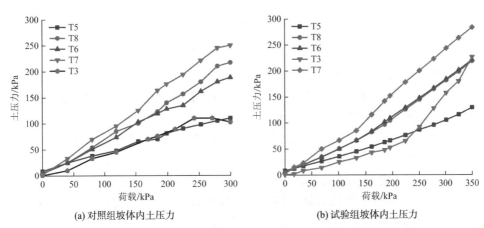

(a) 对照组坡体内土压力   (b) 试验组坡体内土压力

图 11 坡体内土压力分布图

通过对比分析坡体内土压力在坡顶超载下的变化，得到以下结论：

（1）随着顶部荷载的逐渐增加，附加应力逐渐从坡顶向坡体内扩散，逐渐呈现出同一竖直面上土压力距坡顶越近应力值越大的趋势，即 T7 > T6 > T5。各监测点的土压力值随荷载的增加而不断增大，越靠近边坡顶部，土压力曲线的斜率越大。

（2）对于抗滑桩＋框架预应力锚索复合支护下的单级黄土边坡，除了 T3 测点外，其坡体内的土压力分布形态与框架预应力锚索支护下的分布形态基本类似。分析认为，在加载后期，增长的速率有很大区别，越靠近边坡顶部，土压力曲线的斜率越大的原因在于：框架与抗滑桩桩顶连接成整体，致使框架上部的水平位移较小。与此同时，坡体内潜在滑动面已经形成，土体产生了绕滑面圆心旋转的趋势但被坡面的框架限制了位移，导致了 T3 测点的土压力急剧增大。

2.6 抗滑桩弯矩分析

试验中通过粘贴在抗滑桩两侧的应变片应变值确定弯矩大小，弯矩值通过下式计算得到，抗滑桩弯矩分布随荷载的增大变化规律如图 12 所示。

$$M = EI \frac{(\varepsilon_1 - \varepsilon_2)}{D}$$

式中，M 为截面弯矩；E 为桩的弹性模量；I 为桩的惯性矩；ε_1、ε_2 为抗滑桩的桩前应变和桩后应变；D 为抗滑桩直径。

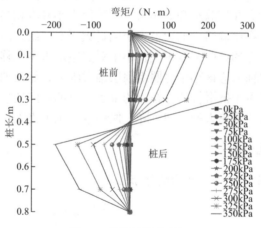

图 12　抗滑桩桩身弯矩

通过分析坡顶超载下的桩身弯矩，得到以下结论：

（1）自桩顶向下桩身弯矩始终呈"反 S"形分布，各测点的弯矩差值随荷载的增加而不断增加，弯矩零点位于桩顶以下 0.4m 处。

（2）与普通的抗滑桩相比[15]，通过与框架连接成整体的抗滑桩的桩身受力得到改善，弯矩分布更加均匀。该抗滑桩在滑面以上出现的弯矩极值点的位置略高于普通抗滑桩在滑面以上区域出现的弯矩极值点的位置[16]。

（3）复合支护结构下的抗滑桩桩体在桩前和桩后两个弯矩极值点的弯矩大小处于同一水平，变形更加协调，能够承受更大的滑坡推力。

2.7 破坏过程分析

通过 2 组对比模型试验，可得出抗滑桩＋框架预应力锚索复合支护边坡的破坏模式。

在加载的初始阶段，荷载数值较小，土体处于压密线性变形阶段，由此产生的推力主要由抗滑桩承担。随着荷载的继续增大，桩顶产生微小位移，框架和桩进入协同工作状态，抗滑桩分担较大部分的推力，框架承担较小比例的推力。

加载至175kPa后时，框架承担推力的比例不断增大。对于框架预应力锚索支护下的单级黄土边坡，由于没有抗滑桩分担推力，坡面处的土压力变得更大，坡面土体被挤压，致使在坡面的中上部产生了一条水平贯通裂缝，如图13所示，而复合支护下的单级边坡没有出现裂缝，如图14所示。与此同时，对于框架预应力锚索支护下的单级黄土边坡，由于坡面中上部土压力较大，在推力作用下使框架顶部与土体产生脱空区，坡肩形成一条竖向裂缝，如图15所示。而在同级荷载作用下，对于抗滑桩+框架预应力锚索复合支护下的单级黄土边坡，由于有了抗滑桩的支护和桩顶对框架的位移限制，坡面不存在明显的裂缝。两种结构支护下，坡面水平位移均受到限制，致使坡体内的土压力增大，坡体后缘的土体产生了轻微隆起，并出现了竖向细小裂缝，如图16、图17所示。

坡顶超载值继续增加，两种结构支护下的坡面水平位移均增大，但分布形式有所区别。对于框架预应力锚索支护下的单级黄土边坡，坡肩处水平位移大，坡脚处水平位移小，整体呈倒三角形分布。对于抗滑桩+框架预应力锚索复合支护下的单级黄土边坡，坡肩处水平位移小，且小于框架预应力锚索支护下边坡的坡肩处水平位移；坡脚处水平位移大，且远大于框架预应力锚索支护下边坡的坡脚处水平位移，整体呈三角形分布。分析认为，对于框架预应力锚索支护的单级黄土边坡，坡顶超载产生的附加应力虽向土层下部传递，但传递的深度却不足以到达边坡的坡脚处，仅为边坡高度的一半左右，这也是该结构支护下边坡的坡面水平位移呈倒三角形的原因。对于抗滑桩+框架预应力锚索复合支护的单级黄土边坡，坡顶超载产生的附加应力向土层下部传递，并且由于抗滑桩的支护作用，使其传递至更深土层，到达坡脚水平高度附近，致使该结构支护下的坡面水平位移呈三角形。

直至加载到破坏阶段，坡顶的竖向位移持续增大，并出现骤降。开挖后发现，抗滑桩+框架预应力锚索复合支护结构的锚索锚固段已经出现了裂缝，其中以底层锚索锚固段破坏最为严重，如图18所示。

图13 对照组坡面裂缝

图14 试验组坡面

图15 对照组坡肩水平裂缝

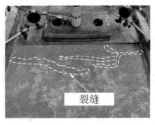
图16 对照组坡面后缘裂缝

图 17　试验组坡面后缘裂缝　图 18　试验组底层锚索
破坏形态

3 结论

根据 2 组模型试验对比研究，可得到抗滑桩 + 框架预应力锚索复合支护结构加固单级黄土边坡的受力机制和破坏模式，所得结论适用于黄土地区的单级支护边坡，主要有以下几点：

（1）相较于框架预应力锚索，抗滑桩 + 框架预应力锚索复合支护的单级黄土边坡能够承受更多的坡顶荷载。在同级坡顶荷载作用下，抗滑桩 + 框架预应力锚索复合支护下的单级黄土边坡坡顶竖向沉降均小于框架预应力锚索加固下的单级黄土边坡坡顶的竖向沉降。

（2）框架预应力锚索支护下的单级黄土边坡的水平位移呈现坡肩位移大、坡脚位移小的"倒三角形"形态。最大水平位移出现在坡面的中上部。抗滑桩 + 框架预应力锚索复合支护下的单级黄土边坡的坡面水平位移呈现出坡肩位移小、坡脚位移大的"三角形"分布形态。

（3）抗滑桩 + 框架预应力锚索复合结构支护的边坡，底层锚索轴力承担更大比例的坡面土压力。

（4）框架连接成整体的抗滑桩弯矩分布更加合理，正负弯矩极值点处的弯矩绝对值大致相等。桩顶下出现的第一个弯矩极值点的位置相较于普通抗滑桩略有升高[17]。

（5）框架预应力锚索复合支护下的单级黄土边坡，坡顶超载产生的附加应力的传递深度仅为边坡高度的一半，而对于抗滑桩 + 框架预应力锚索复合支护下的单级黄土边坡，坡顶超载产生的附加应力的传递深度较深，能够到达边坡坡脚水平高度处。

参考文献

[1] 杨奎斌, 朱彦鹏. 基于坡面卸荷的土质边坡应力状态及稳定性分析[J]. 工程力学, 2021, 38(11): 95-104.

[2] 张涛, 门玉明, 石胜伟, 等. 锚杆抗滑桩与普通抗滑桩加固黄土滑坡的对比试验研究[J]. 长江科学院院报, 2017, 34(7): 70-76.

[3] Zhang J J, Niu J Y, Fu X, et al. Failure modes of slope stabilized by frame beam with prestressed anchors[J]. European Journal of Environmental and Civil Engineering, 2020, 26: 2120-2142.

[4] 李丹枫, 王连俊, 葛宝金, 等. 缓倾顺层高边坡锚框桩组合结构抗滑分析[J]. 北京交通大学学报, 2014, 38(4): 137-142.

[5] 吴李泉, 张锋, 凌贤长, 等. 强降雨条件下浙江武义平头村山体高边坡稳定性分析[J]. 岩石力学与工程学报, 2009, 28(6): 1193-1199.

[6] 史彦文. OVM 高强预应力锚索抗滑桩和预应力锚杆联合支护在高边坡滑坡治理中的应用[J]. 公路, 2003(3): 125-128.

[7] 付晓, 张建经, 廖蔚茗, 等. 组合支护结构加固高边坡的地震动响应特性研究[J]. 岩石力学与工程学报, 2017, 36(4): 831-842.

[8] 陈宇, 李舒阳, 刘威勤, 等. 植被混凝土板墙与锚索组合结构防护边坡稳定性研究[J]. 金属矿山, 2023(10): 205-213.

[9] 陈建峰, 杜长城, 陈思贤, 等. 地震作用下抗滑桩-预应力锚索框架组合结构受力机制[J]. 地球科学, 2022, 47(12): 4362-4372.

[10] 李伟伟, 钱建固, 黄茂松, 等. 等截面抗拔桩承载变形特性离心模型试验及数值模拟[J]. 岩土工程学报, 2010, 32(S2): 17-20.

[11] 廖鸿, 徐超, 杨阳. 某机场飞行区土工格栅加筋高边坡优化设计[J]. 水文地质工程地质, 2021, 48(6): 113-121.

[12] 唐秋元, 邓继辉, 吴小宁. 重庆地区边坡工程典型事故分析[J]. 重庆大学学报, 2022, 45(S1): 7-11.

[13] 曹利宏, 刘振华, 张沛云. 框架锚杆加固黄土边坡模型试验研究[J]. 兰州工业学院学报, 2019, 26(2): 13-18.

[14] 苗晨曦, 任景瑞, 李耀峰, 等. 坡顶超载下含软弱结构面锚固边坡承载特性[J]. 广西大学学报 (自然科学版), 2023, 48(3): 519-528.

[15] 敖贵勇, 张玉芳, 赵尚毅, 等. 埋入式抗滑桩承担的滑坡推力分析[J]. 工程力学, 2020, 37(S1): 187-192.

[16] 戴自航, 张晓咏, 邹盛堂, 等. 现场模拟水平分布式滑坡推力的抗滑桩试验研究[J]. 岩土工程学报, 2010, 32(10): 1513-1518.

[17] 李梅, 贺国宇, 韩高升, 等. 抗滑桩桩后滑坡推力分布形式研究[J]. 铁道工程学报, 2017, 34(12): 1-5+17.

软土地区复杂环境条件深基坑工程
三维分析

宗露丹[1,2]，徐中华[1,2]，王卫东[2,3]

（1. 华东建筑设计研究院有限公司上海地下空间与工程设计研究院，上海 200002；

2. 上海基坑工程环境安全控制工程技术研究中心，上海 200065；

3. 华东建筑集团股份有限公司，上海 200011）

摘　要： 借助大型岩土工程有限元软件 PLAXIS3D，采用能考虑土体小应变特性的 HS-Small 模型参数，对邻近老旧浅基础住宅的上海黄浦文化中心项目超深基坑工程的施工过程进行了模拟分析。基于工程实测和数值分析结果，研究了基坑在各个施工工况下的围护结构变形、周边土体变形、支撑轴力及邻近浅基础建筑物变形规律。结果表明：连续墙变形形态呈纺锤形，变形呈现出显著的空间效应；墙后地表沉降呈凹槽形，基坑长边地表沉降明显大于短边沉降；支撑轴力以基坑长边中部对撑受力为主；邻近浅基础住宅呈现出靠近基坑长边中部处沉降值最大，并向两侧逐步减小的趋势。三维有限元分析结果和实测数据均能较好吻合，表明采用 HS-Small 本构模型的三维数值分析能够较好地预测软土地区复杂环境条件下深基坑的变形性状。

关键词： 深基坑；软土；复杂环境；围护墙变形；建筑物沉降

0　引言

　　基坑工程是土与结构相互作用的复杂受力体系，其变形性态与基坑规模及挖深、支护体系刚度、开挖工序、地下水抽降水方式、坑外环境条件等诸多复杂影响因素密切相关，为基坑实施前提前预判环境影响程度带来较大挑战。采用合理的本构模型及参数的有限元分析方法可以较为全面地模拟复杂敏感环境条件下的基坑总体实施过程，以期达到指导安全设计施工及环境保护的目的。

　　诸多学者研究表明[1-5]，能考虑土体小应变特性的本构模型能够更好地分析基坑围护结构和土体的变形及对周边环境的影响。笔者团队已形成了一套完整的上海软土地区典型土层的 HS-Small 小应变模型参数取值方法[6]。相应的本构模型及取值已应用于诸多上海软土地区邻近敏感环境基坑工程模拟分析中，例如邻近地铁区间隧道采用分区施工的上海世博片区绿谷一期深大基坑工程[7]，邻近采用锚杆静压桩托换基础的历史保护建筑外滩深基坑工程[8]，邻近铁路轨道的虹杨变电站基坑[9]，邻近黄浦江防汛墙及历史保护建筑的北外滩贯通和综合改造项目[10]，此外针对超深基坑[11,12]、超大规模基坑群[13,14]、顺逆作交叉实施基坑[15]等复杂基坑工程的全施工过程模拟也得到成功应用。

　　本文以邻近浅基础老式住宅的上海黄浦文化中心基坑工程为背景，采用大型岩土工程

　　　作者简介：徐中华，教授级高工，博士，主要从事基坑工程、地下工程等领域设计与科研工作。E-mail: xzhjmf@qq.com。

有限元软件PLAXIS3D建立考虑土与结构共同作用的基坑工程三维有限元计算模型并详细模拟了施工过程，土体采用能考虑小应变特性的HS-Small本构模型，分析了基坑围护结构变形、周边土体位移、支撑轴力、邻近建筑物沉降，将计算结果和实测数据进行对比，验证了分析方法的适用性和可靠性。

1 工程简介及基坑支护方案

1.1 工程概况

黄浦文化中心项目为新建综合性文化单体建筑项目，地上10层、地下5层，采用桩筏基础形式，工程桩采用直径700mm的钻孔灌注桩，有效桩长30m，桩端持力层为⑦$_2$层粉砂。本项目基坑形状基本呈矩形，基坑总面积为5030m²，周长约为277m，基坑普遍区域挖深为24.1m，贴边局部落深区域挖深为25.25～25.45m。

本工程用地范围处于迎勋路以东，江阴街以北，河南南路以西，中华路以南的合围地块中，四周紧邻市政道路、市政管线及建筑物，基坑环境平面如图1所示。基坑北侧的老式住宅小区为地上2层的砖木结构，采用浅基础，墙体存在0.1～9.0mm的裂缝损伤，距离基坑最近25.1m，环境条件十分敏感、保护要求高。

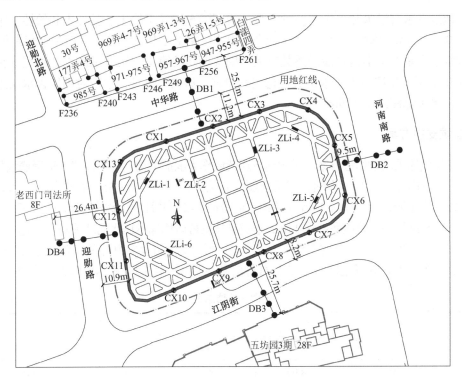

图1 基坑平面及监测点布置图

1.2 工程地质概况

本工程位于长江三角洲滨海平原。从地表至约18m深范围内主要分布有软弱的填土、呈流塑的淤泥质黏土层，18～38m深范围内则以软塑状的粉质黏土为主，为典型的上海软土层；其下约 30m 深为⑦$_2$层、⑨层粉砂层，标贯击数分别约为 49.2、68.5，P_s值分别约为 20.1MPa、22.1MPa。地基土有关物理力学指标，见表 1。

土层物理力学性质指标 表 1

地层	名称	$\gamma/$（kN/m³）	$w/\%$	$c/$kPa	$\varphi/°$	$K_h/$（cm/s）	$E_{s0.1-0.2}/$MPa
①$_1$	人工填土	18.0	—	—	—	—	—
③	淤泥质粉质黏土	17.6	41.7	12	21	2.7×10^{-6}	4.18
④	淤泥质黏土	16.7	51.3	10	10.5	9.5×10^{-8}	2.12
⑤$_{1-1}$	黏土	17.4	40.9	14	11	1.1×10^{-7}	2.90
⑤$_{1-2}$	粉质黏土	18.0	34.9	15	18	8.1×10^{-7}	3.81
⑤$_3$	粉质黏土	18.1	33.5	16	21	9.8×10^{-7}	4.41
⑤$_4$	粉质黏土	19.9	21.7	43	18.5	1.1×10^{-7}	7.50
⑦$_2$	粉细砂	19.1	24.7	3	34	1.5×10^{-3}	11.65
⑨	粉细砂	19.0	25.2	3	33.5	—	10.94

注：γ 为土的天然重度；w 为含水率；c、φ 分别为直剪固结快剪黏聚力和内摩擦角；K_h 为土体水平向渗透系数；$E_{s0.1-0.2}$ 为压缩模量。

场地地下水有潜水和承压水两种类型。浅部潜水赋存于填土、黏性土和粉性土中，水位埋深 0.5～1.4m。深部⑦$_2$层、⑨层分别为第Ⅰ、第Ⅱ承压含水层，⑦$_2$层与⑨层相连通，承压含水层水量补给丰富且渗透系数较大，勘察期间的第Ⅰ、第Ⅱ承压水含水层水头埋深约为 5.5m，不满足坑内承压水抗突涌稳定性要求，基坑实施过程中需对承压含水层进行减压降水，水头降深需求为 9m。

1.3 基坑支护方案

本基坑整体采用顺作法方案，采用地下连续墙作为围护结构，竖向设置 5 道钢筋混凝土水平支撑。地下连续墙采用"两墙合一"的形式，混凝土强度等级为 C35，墙厚为 1m，墙体受力段嵌固深度为 17m，同时设置 14m 长的构造配筋止水段，共计入土深度 55m，进入⑦$_2$层粉细砂约 18m，较减压井滤管段底部深 10m，形成悬挂帷幕以增加承压水的绕流路径。基坑支护结构剖面图，如图 2 所示。本基坑工程平面基本呈矩形，支撑布置采用对撑、角撑、边桁架体系，混凝土强度等级为 C40。各道混凝土支撑杆件信息，见表 2。普遍区域支撑平面图，如图 1 所示。

支撑杆件信息表 表 2

序号	中心标高/m	围檩 m × m	主撑 m × m	八字撑 m × m	连杆 m × m
1	−1.45	1.2 × 0.8	1 × 0.7	0.9 × 0.7	0.6 × 0.6
2	−6.7	1.2 × 0.9	1.2 × 0.9	1 × 0.8	0.8 × 0.8
3	−11.9	1.6 × 1	1.6 × 1	1.1 × 0.9	0.8 × 0.8
4	−16.55	1.6 × 1	1.6 × 1	1.1 × 0.9	0.8 × 0.8
5	−20.75	1.2 × 0.9	1.2 × 0.9	1 × 0.8	0.8 × 0.8

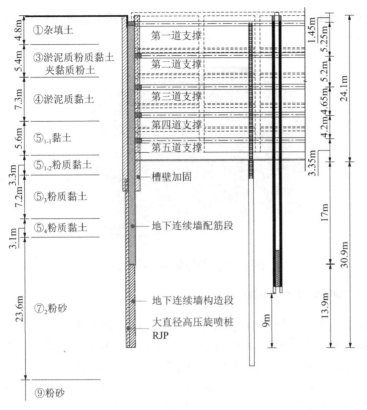

各土层名称（图左侧标注）：
①杂填土 4.8m
③淤泥质粉质黏土夹黏质粉土 5.4m
④淤泥质黏土 7.3m
⑤₁₋₁黏土 5.6m
⑤₁₋₂粉质黏土 3.3m
⑤₃粉质黏土 7.2m
⑤₄粉质黏土 3.1m
⑦₂粉砂 23.6m
⑨粉砂

第一道支撑 1.45m
第二道支撑
第三道支撑
第四道支撑
第五道支撑
槽壁加固 3.35m
地下连续墙配筋段
地下连续墙构造段
大直径高压旋喷桩RJP

5.25m 5.2m 5.2m 4.65m 4.2m 24.1m
17m 30.9m
13.9m 9m

图 2   基坑支护体系剖面图

2   基坑开挖三维有限元分析

2.1   三维有限元模型

采用 PLAXIS3D 软件建立考虑土与结构共同作用的基坑三维有限元模型进行分析，计算模型包括土体、围护墙、支撑体系、邻近浅基础建筑物。基坑的三维计算模型见图 3，地下连续墙及水平支撑体系的计算模型如图 4 所示。土体采用 10 节点楔形体实体单元模拟，基坑围护墙体及结构楼板采用 6 节点三角形 Plate 壳单元模拟，临时支撑采用 3 节点 beam 梁单元模拟。

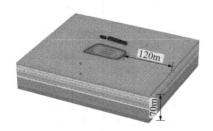

图 3   三维有限元计算模型图

模型水平向边界距离基坑约取 5 倍的基坑开挖深度，模型深度约为 3 倍开挖深度，足够囊括基坑周边土体变形影响范围。模型侧边约束水平位移，底部同时约束水平和竖向位移。渗流边界条件为侧边采用常水头渗流边界，底部为不透水边界。整个模型共划分 179015 个单元、286456 个节点。

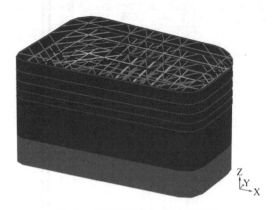

图 4   支护结构整体模型示意图

2.2   小应变土体本构模型计算参数

为更精确地分析土体与结构的变形，本工程采用能考虑土体小应变特性的 HS-Small 本构模型。HS-Small 模型能刻画土体剪切刚度随剪应变从小应变到大应变连续变化的衰减规律，可准确模拟基坑工程中不同区域土体不同应变下的土体力学性质。模型包含了 11 个 HS 模型参数和 2 个小应变参数，本次分析中⑦$_2$层以上的各黏土层参数根据文献[6]的方法确定。对于本工程场地下部涉及的⑦$_2$层、⑨层砂土层，其模型参数采用王浩然[16]基于工程实测数据反演分析得到的 HS-Small 模型参数的确定方法计算获得。结合上述取值方法，确定本工程各土层具体参数如表 3 所示。

各土层计算参数信息表   表 3

参数	重度γ/ (kN/m³)	E_{oed}^{ref}/MPa	E_{50}^{ref}/MPa	E_{ur}^{ref}/MPa	G_0^{ref}/MPa	c'/kPa	φ'/°	ψ/°	$\gamma_{0.7}$	ν_{ur}	p^{ref}/kPa	m	K_0	R_f
②	18.5	4.3	5.1	25.7	89.8	5	28	0	2.7×10^{-4}	0.2	100	0.8	0.54	0.9
③	17.6	3.8	4.5	30.1	99.3	2	31	0	2.7×10^{-4}	0.2	100	0.8	0.49	0.6
④	16.7	1.9	2.3	15.3	42.7	4	23	0	2.7×10^{-4}	0.2	100	0.8	0.61	0.6
⑤$_{1-1}$	17.4	2.6	3.1	15.7	62.6	4	22	0	2.7×10^{-4}	0.2	100	0.8	0.63	0.9
⑤$_{1-2}$	18.0	3.4	4.1	20.6	53.5	4	31	0	2.7×10^{-4}	0.2	100	0.8	0.49	0.9
⑤$_3$	18.1	4.0	4.8	23.8	95.3	5	31	0	2.7×10^{-4}	0.2	100	0.8	0.48	0.9
⑤$_4$	19.9	6.8	8.1	40.5	162.0	20	36	0	2.7×10^{-4}	0.2	100	0.8	0.41	0.9
⑦$_2$	19.1	11.7	11.7	46.6	233.0	1	35	5	2.7×10^{-4}	0.2	100	0.5	0.43	0.9
⑨	19.0	10.9	10.9	43.8	218.8	1	35	5	2.7×10^{-4}	0.2	100	0.5	0.43	0.9

注：表中E_{oed}^{ref}为固结试验的参考切线模量、E_{50}^{ref}为三轴固结排水剪切试验的参考割线模量、E_{ur}^{ref}为三轴固结排水卸载-再加载试验的参考卸载再加载模量、R_f为破坏比、c'为有效黏聚力、φ'为有效内摩擦角、ψ为剪胀角、K_0为静止土压力系数、G_0^{ref}为小应变刚度试验的参考初始剪切模量、$\gamma_{0.7}$为当割线剪切模量G_{sec}衰减为 0.7 倍的初始剪切模量G_0时对应的剪应变、ν_{ur}为卸载再加载泊松比、m为与模量应力水平相关的幂指数、p^{ref}为参考应力。

2.3 结构模型及计算参数

计算中基坑地下连续墙、临时支撑和邻近建筑物结构楼板均采用弹性模型模拟。地下连续墙弹性模量取 3.15×10^7 kPa，厚度为 1.0m，采用 PLAXIS3D 软件中的接触单元模拟地下连续墙与土体之间的接触界面，墙体与黏土、砂土之间的界面折减系数分别为 0.65、0.70，弹性模量取 3.25×10^7 kPa。为了简化计算，基坑北侧老式住宅上部结构参照建筑的整体重量及楼面荷载等效成每层 15kPa 的面荷载，结构楼板、底板厚分别为 0.12m、0.5m，弹性模量为 3.0×10^7 kPa。所有结构单元的泊松比均取 0.2。

2.4 模拟工况

通过有限元软件的"单元生死"功能模拟基坑工程地下连续墙施工、土体的分层分区开挖以及各道支撑体系的施工过程。为模拟开挖降水的实际工况，每皮土方开挖均将坑内潜水水位降至开挖面、承压水水头降至安全水头，并进行渗流分析。计算中黏土采用不排水分析，砂土采用排水分析。具体模拟的施工工况，如表 4 所示。

模拟的施工工况　　　　　　　　　　　　　　　　　　　表 4

工况	施工内容
Stage0	初始地应力场计算
Stage1	激活邻近浅基础建筑物
Stage2	地下连续墙施工
Stage3	基坑开挖至2.3m深，形成第一道支撑
Stage4	基坑开挖至7.6m深，形成第二道支撑
Stage5	基坑开挖至12.9m深，形成第三道支撑
Stage6	基坑开挖至17.5m深，形成第四道支撑
Stage7	基坑开挖至21.6m深，形成第五道支撑
Stage8	开挖至基底（挖深24.1～25.45m），浇筑底板

3 计算结果及与实测对比分析

3.1 地下连续墙侧向变形

图 5 为基坑开挖至基底工况下的地下连续墙变形云图，可以看出由于受空间效应的影响，地下连续墙的侧向变形最大值呈现出中间大、角部小的特点。地下连续墙侧向变形沿深度方向的分布呈顶端和底部小、中间大的鼓胀形态。计算得到的地下连续墙最大侧移发生在基坑南侧中部位置，最大侧向位移量为 122.4mm，与开挖深度的比值为 0.51%。

将各侧中部位置典型监测点（图 1）的地下连续墙实际监测侧移与有限元分析结果对比，如图 6 所示。各测点的变形量均随着开挖深度增加而逐步增大，且发生最大变形的位置逐渐下移，变形整体形态为"纺锤形"。从图 6 可看出，由于 stage2～stage4 工况下的土方开挖厚度相对较大（为4.7～5.2m），且对应工况的开挖土层以①₁层人工填土、③层淤泥质粉质黏土夹黏质粉土、④层淤泥质黏土的流塑状软弱土层为主，因此相应的墙体侧向位移增量明显较大。随后的stage5～stage6开挖工况下的土方开挖厚度减小（约为3.4～4.2m），且土方开挖范围内呈软塑状的⑤₁层黏土物理力学性质相对浅层土较好，故对应工况的墙体侧向位移增量相对减小，但增量仍不可小觑。

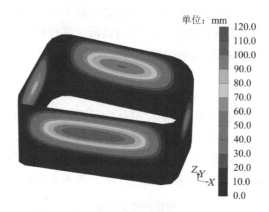

图5　最后工况的地下连续墙变形云图

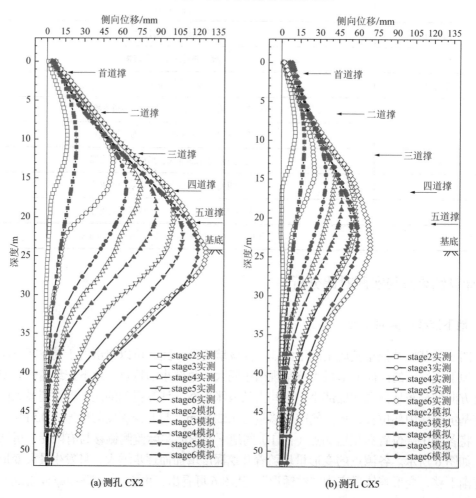

(a) 测孔 CX2　　　　　　　　　　　　　　　(b) 测孔 CX5

298

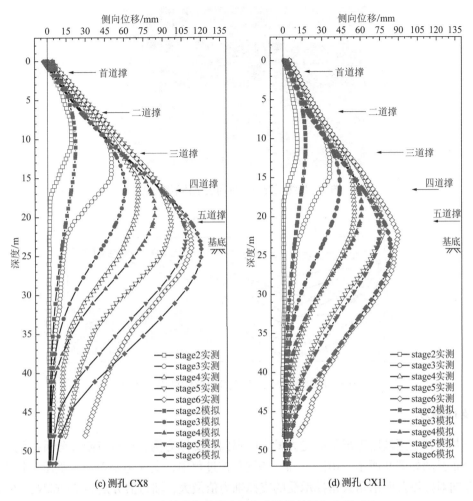

(c) 测孔 CX8   (d) 测孔 CX11

图 6   地下连续墙各阶段水平位移计算结果与实测对比

各边中部典型测点在各工况下的地下连续墙实测变形形态及变形量与计算结果均能较好地吻合，开挖至坑底的工况下最大侧移计算值与实测值之间的误差范围为 5.1%~13.9%，平均误差约为 8.2%，说明计算得到的地下连续墙变形与实测值高度一致，采用基于 HS-Small 模型的三维有限元方法能够较好地预测围护结构变形。

3.2 坑外地表沉降

图 7 为基坑开挖至基底工况下周边土体沉降云图。从图中可以看出，受空间效应的影响，基坑开挖对周边地表沉降的影响范围与基坑边长相关，南北两侧长边方向的地表沉降量和影响范围明显大于东西向的短边方向，南侧最大地表沉降量为 94mm。

以地表沉降影响最大的南侧为例，计算得到各个工况下的地表沉降曲线与实测值的对比如图 8 所示。从图中可以看出计算得到的和实测的地表沉降形态均呈凹槽形，最大沉降值基本发生在距离基坑 0.5 倍挖深附近。墙后地表沉降的实测最大值为 67mm，对应有限元分析得到的最大值 94mm，实测值比有限元分析所得各工况最大沉降量偏小，可能是由于现场四周地面及周边市政道路路面硬化的硬壳层影响，对地表沉降发展产生约束作用。

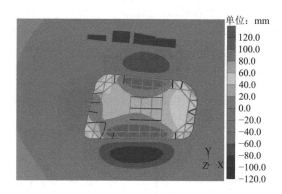

图7 最终工况下基坑周边土体沉降云图

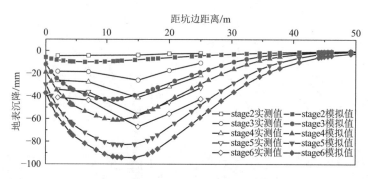

图8 南侧连续墙后地表沉降计算值与实测对比

3.3 支撑轴力

以基坑开挖至基底工况下的受力最大的第四道支撑为例,通过有限元分析得到的支撑轴力分布云图如图9所示。由图可知,基坑开挖过程中,支撑主要表现为受压,长边中部的南北向对撑以及西南角大角撑承受的支撑轴力值最大,轴力值分别为7386kN、9680kN。

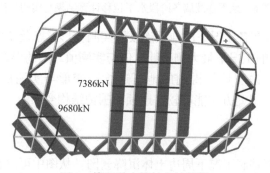

图9 第四道支撑轴力计算值

计算和实测得到的各道支撑各测点的支撑轴力对比以及计算误差值,如图10所示。由图可知,计算值和实测值均揭示了第四道支撑轴力最大,第二、第三道轴力次之,第一、第五道最小的分布规律。且各道支撑轴力分布均以位于对撑及西南角大角撑的轴力测点ZL2、ZL3、ZL6最大。除首道和第五道支撑误差较大外,各测点轴力计算值与实测值的误差范围基本为6%~54%,平均误差约为28%。总体而言,计算值与实测值吻合较好,说明采用基于小应变土体本构模型的三维有限元分析不仅能较好地模拟基坑变形,还能较好地模拟基坑受力状况。

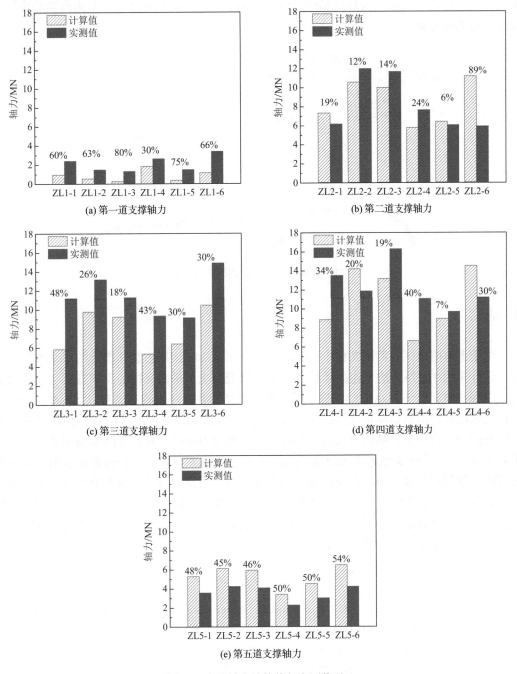

图 10   支撑轴力计算值与实测值对比

3.4   邻近建筑物沉降变形

基坑北侧最近的浅基础建筑物的沉降计算值与实测值分布如图 11 所示，由图可知，受空间效应影响，靠近基坑北侧长边中部位置的沉降值较靠近角部的沉降值明显偏大。实测和有限元分析得到的建筑物最大沉降值分别为 27.1mm、54.1mm，建筑物最大倾斜率分别为 1.0‰、1.3‰，初步考虑可能是受路面硬化及建筑物结构整体性约束作用，实测值比有限元分析所得各工况最大沉降量和倾斜值略微偏小，且基坑实施过程中监测得到的建筑物裂缝未见明显发展。

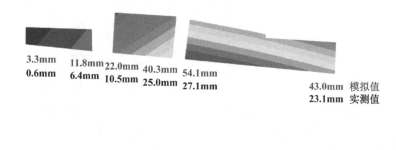

3.3mm 11.8mm 22.0mm 40.3mm 54.1mm
0.6mm 6.4mm 10.5mm 25.0mm 27.1mm

43.0mm 模拟值
23.1mm 实测值

基坑工程

图 11　建筑物沉降计算值与实测值对比

4　结论

位于上海闹市区的黄浦文化中心基坑工程挖深达 24m，周边紧邻敏感的浅基础老式住宅，设计采用 1m 厚的地下连续墙结合 5 道钢筋混凝土水平内支撑的支护方式。采用大型岩土工程有限元软件 PLAXIS3D 建立了考虑土与结构共同作用的三维有限元模型，土体本构模型采用能模拟剪切模量随剪应变衰减行为的 HS-Small 小应变土体本构模型，分析了基坑的开挖全过程中支护结构以及周边环境的变形和受力规律。对计算结果与实测数据进行了对比分析，三维有限元模拟和实测分析得到的规律基本一致，围护体侧向变形、坑外地表沉降、紧邻建筑物沉降均表现出明显的空间效应，支撑轴力值表现为第四道最大、第一道及第五道最小，计算值与实测值误差较小。总体而言，基于 HS-Small 模型以及配套参数取值方法的三维有限元分析能够较好地模拟基坑的变形和受力规律，为邻近敏感环境条件的深基坑工程提供了可靠的分析手段。

参考文献

[1]　Jardine R J, Potts D M, Fourie A B, et al. Studies of the influence of non-linear stress-strain characteristics in soil-structure interaction[J]. Géotechnique, 1986, 36(3): 377-396.

[2]　Mair R J. Developments in geotechnical engineering research: application to tunnels and deep excavations[J]. Journal of Periodontology, 1993, 93(1): 759-762.

[3]　Simpson B. Development and application of a new soil model for prediction of ground movements[A]. Proceedings of the Wroth Memorial[C]. Thomas Telford, Oxford, London, 1993: 628-643.

[4]　Stallebrass S E, Taylor R N. The development and evaluation of a constitutive model for the prediction ground movements in overconsolidated clay[J]. Géotechnique, 1997, 47(2): 235-253.

[5]　Kung T C. Surface settlement induced by excavation with consideration of small strain behavior of Taipei silty clay[D]. Taipei: Taiwan University of Science and Technology, 2007.

[6] 王卫东, 李青, 徐中华, 等. 软黏土小应变本构模型参数研究与应用[J]. 地下空间与工程学报, 2023, 19(3): 844-855.

[7] 张娇, 王卫东, 李靖, 等. 分区施工基坑对邻近隧道变形影响的三维有限元分析[J]. 建筑结构, 2017, 47(2): 90-95.

[8] 李靖, 徐中华, 王卫东, 等. 基础托换对基坑周边建筑物变形控制作用的三维有限元分析[J]. 岩土工程学报, 2017, 39(2): 157-161.

[9] 徐中华, 李靖, 张娇, 等. 基于小应变土体本构模型的逆作法深基坑三维有限元分析[C]//第九届全国基坑工程研讨会论文集. 2016.

[10] 顾正瑞, 徐中华, 王卫东, 等. 顺逆作结合的临江深基坑变形性状三维分析[J]. 建筑科学, 2024, 40(9): 102-111.

[11] 宗露丹, 王卫东, 徐中华, 等. 软土地区 56m 超深圆形竖井基坑支护结构力学分析[J]. 隧道建设 (中英文), 2022, 42(7): 1248-1256.

[12] 朱殷航, 徐中华, 王卫东, 等. 软土地层超深基坑支护结构变形特性三维分析[J]. 地下空间与工程学报, 2023, 19(S2): 767-777.

[13] 顾正瑞, 徐中华. 缓冲区宽度对同步开挖基坑群变形影响分析[J]. 地下空间与工程学报, 2023, 19(S1): 269-277+293.

[14] 顾正瑞, 徐中华, 宗露丹. 软土地层基坑群周边地表沉降性状研究[J]. 施工技术 (中英文), 2024, 53(17): 137-143.

[15] 宗露丹, 徐中华, 翁其平, 等. 小应变本构模型在超深大基坑分析中的应用[J]. 地下空间与工程学报, 2019, 15(S1): 231-242.

[16] 王浩然. 上海软土地区深基坑变形与环境影响预测方法研究[D]. 上海: 同济大学, 2012.

软土区域深基坑多级支护变形及
破坏机制探讨

熊宗海 [1,3]，冯晓腊 [2,3]，莫云 [3]，谢武军 [3]，张晓华 [3]

（1. 武汉科技大学环资源与环境工程学院，湖北 武汉 430081；

2. 中国地质大学（武汉）工程学院，湖北 武汉 430074；

3. 武汉丰达地质工程有限公司，湖北 武汉 430223）

摘 要：目前，大面积深基坑工程考虑采用多级支护技术，本文借武汉新河大桥实例，采用"围堰体系＋过渡体系＋内坑支撑体系"组成的复合多级支护体系。通过研究内坑与外坑围堰的相互作用关系，采用荷载等效模型、坑中坑模型和坑中坑结构弹性支点法联合求解模型，引入新参数深宽比 $X = B/H$，考虑变量过渡区段宽度 B，对比分析多级支护体系的受力、变形状态。得到分析曲线结合多级支护破坏理论，定量判别整体式、关联式和分离式破坏模式。为软土地区深基坑多级支护的变形及破坏机制分析提供了新的研究方法，具有较大的工程实用性。

关键词：多级支护；计算模型；过渡区段；深宽比；破坏模式

0 引言

深基坑多级支护结构是一种适用于软土地区大面积深基坑的新型支护技术，不仅可以很好地约束支护结构的变形，而且能够节省工程造价、加快工期。近些年来，多级支护技术得到了广泛应用。

近些年来，已有一些学者对基坑多级支护结构进行相关研究。郑刚[1]等发现无支撑多级支护体系在方案合理的情况下，次级支护结构可以有效抑制主要支护结构被动区塑性剪切带的开展，失稳破坏后最终形成一个经过主要支护结构下部的圆弧形滑动面，破坏模式类似于重力式悬臂厚挡墙；任望东[2]等对深基坑多级支护破坏模式及主要几何参数的影响进行了数值计算分析；郑刚[3]等对大面积基坑多级支护结构进行研究，发现当两级支护之间宽度较小时，可产生整体式破坏；而随着多级支护之间的宽度增大，可能产生关联式破坏；当多级支护的宽度足够大时，则会产生分离式破坏；冯晓腊[4]等基于武汉中心工程实例，通过有限元模拟坑中坑变形及位移，分析多级柔性支护体系下超深坑中坑的现象。总结多种形式的坑中坑支护形式，对其设计进行优化，并总结稳定性规律。

本文依托武汉新河大桥桥墩深基坑工程，采用荷载等效模型和坑中坑模型，结合"天汉"和"启明星"岩土设计软件，研究过渡段的宽度 B 对多级支护各级单独的影响。研究过渡段的开挖对内、外坑的支护结构受力变形的影响时，引入深宽比 $X = B/H$，其中 B 为过渡段的宽度，H 为内坑的开挖深度，通过控制单因子变量的方法进行分析，为类似工程提供参考。

1 多级支护失稳破坏模式

在工程实践中，限于坑内、外的环境保护要求，常常采用排桩式多级支护。根据主被动破坏面进行分类[5]，确定其破坏模式为整体式、关联式或者分离式。

1.1 整体式破坏模式

多级支护体系到极限平衡状态时，土体破坏面仅发生图 1 所示破坏面。两级支护之间的土体不产生破坏面，前后排桩与其间土体形成整体发生破坏，即两级支护同时达到极限平衡状态，不会单独发生某一级支护的失稳破坏。

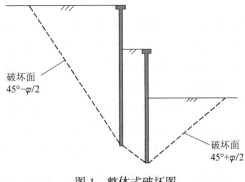

破坏面
45°−φ/2

破坏面
45°+φ/2

图 1　整体式破坏图

1.2 关联式破坏模式

多级支护体系达到极限平衡状态时，土体破坏面仅发生图 2 所示破坏面。前后排桩在达到极限平衡状态时，两级支护之间的土体也产生破坏面。当其中一级支护达到极限平衡状态而发生稳定破坏时，引起另一级支护的失稳。

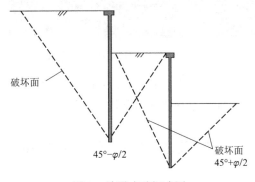

破坏面

45°−φ/2

破坏面
45°+φ/2

图 2　关联式破坏式图

1.3 分离式破坏模式

多级支护体系达到极限平衡状态时，土体破坏面仅发生图 3 所示破坏面。其中一级支护首先达到极限状态而发生稳定破坏，但并不引发另一级支护的破坏。

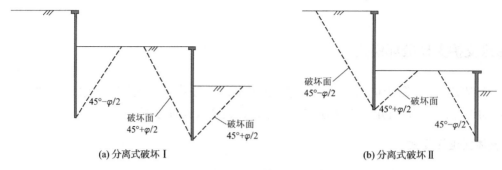

(a) 分离式破坏 Ⅰ   (b) 分离式破坏 Ⅱ

图 3　分离式破坏图

2　工程概况

武汉市汉口至阳逻江北快速路（二七长江大桥—余泊大道）工程是武汉市交通规划"四环十七射"的重要组成部分，承担着城市北向快速交通走廊的功能。其中新河大桥段为该快速路的重要组成部分，新河大桥位于长江北岸新河河口处，基坑东北侧为新河，新河岸边为整平的填筑土，作为后期的施工平台使用。基坑东北侧为新河，新河岸边为整平的填筑土，作为后期的施工平台使用；基坑东南侧为新河河岸，岸边为整平的填筑土，作为后期的施工平台使用；基坑西南侧为正在建设的新河大桥的引桥结构，引桥结构距离基坑最近约为 39m；基坑西北侧为既有鱼塘，鱼塘右侧为既有的鱼塘堤坝，如图 4 所示。

图 4　11 号桥墩基坑周边环境图

11 号桥墩基坑位于新河岸边，呈矩形，长为 66m，宽为 18m，面积为 1188m²，基坑的最大开挖深度达 16.68m。综合考虑基坑周边环境、开挖深度和地层条件，该项目重要性等级按一级考虑。

根据工程地质勘察报告，基坑侧壁第四系覆盖层厚度为 16~35m，围堰地区土层分布情况如表 1 所示。

				地层参数表		表 1
土层	状态	重度/（kN/m³）	黏聚力/kPa	内摩擦角/°
①₁ 杂填土	松散	18.0	10.00	10.00
②₁ 粉砂	松散—稍密	19.9	0.00	25.00

続表

土层	状态	重度/（kN/m³）	黏聚力/kPa	内摩擦角/°
③₁ 粉质黏土	软塑—可塑	19.2	10.00	16.00
③₂ 黏土	可塑	19.8	13.00	15.00
③₃ 黏土	可塑—硬塑状	19.4	17.24	9.51

　　工程区地处长江中游江汉冲湖积平原，属河漫滩平原地貌，拟建桥梁处河谷为宽缓"U"形河谷形态，两岸为长江一级岸阶地。

　　据府澴河武汉关水文站（下距新河河口江咀 17km）资料，新河洪水期为 5～10 月，枯水期主要为 11 月～翌年 4 月。历史最高水位为 27.64m（黄海高程，1954 年 8 月 18 日），枯水期日平均最高水位 21.83m（黄海高程，1954 年 11 月）。

　　地表水系为长江、新河，两岸地下水主要受大气降水或相邻地区地下水补给，枯水期长江为最低排泄基准面，地下水补给江河水，洪水期长江水倒灌入新河，江水补给地下水。

　　地下水按其埋藏条件可分为孔隙潜水、孔隙承压水和基岩裂隙水。勘察期间，钻孔中地下水位与新河水位相差不大，枯水期赋存于砂层中的孔隙水一般不具承压性，在洪水期堤防内侧地下水具有一定的承压性，堤外岸坡部分地下水与长江水持平。

　　11 号桥墩基坑工程开挖面积不大，但是受到深厚软土、高水位、挖深大、工期紧、季节因素等的影响，基坑工程总体设计不仅需要考虑基坑支护体系的安全、稳定和变形控制，同时应结合桥墩整体结构的部署。为有效减少开挖深度，以及满足后期施工空间的需要，采用"围堰体系＋过渡体系＋内坑支撑体系"组成的复合多级支护体系。典型多级支护断面和相关各设计参数，如图 5 所示。

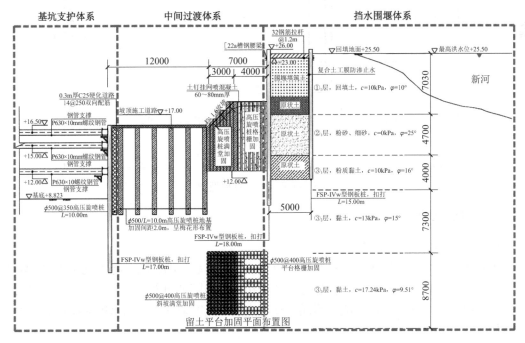

图 5　11 号基坑多级支护典型剖面图

3 多级支护计算模型

由于目前国内工程运用基坑支护设计软件无法实现一个支护断面同时分析前、后支护体系的各种状态。本文考虑采用"天汉"软件坑中坑模型和"启明星"软件坑中坑结构弹性支点法联合求解模型分析多级支护体系的受力、变形和稳定性的状态。

3.1 荷载等效模型

研究分析双排钢板桩"围堰体系"对"内坑支护体系"的影响时，考虑将双排钢板桩"围堰体系"设置为实体单元，计算过程中将其作为"坑内支护体系"上的设计超载，即考虑采用"荷载等效"模型。示意图，如图6所示。

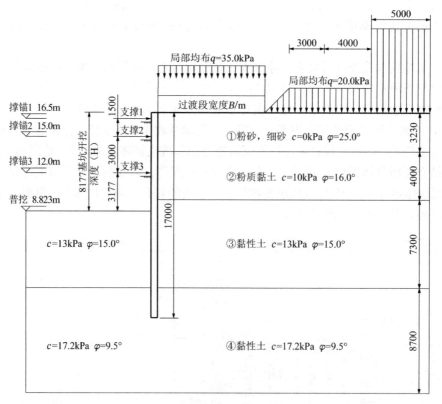

图6 荷载等效计算模型图

3.2 "坑中坑"模型

1. 天汉软件"坑中坑"模型

研究基坑"内坑支护体系"对双排钢板桩"围堰体系"的影响，将内坑作为坑中坑考虑，将外坑双排钢板桩围堰的背水面钢板桩采用"桩锚式"[6]计算模型进行模拟。采用天汉软件"坑中坑"模型，分析外坑在不同"过渡体系"宽度条件下，挡水围堰体系的受力、变形状态。

天汉软件"坑中坑"计算模型，如图7所示。

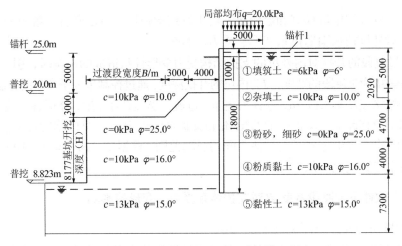

图 7　天汉软件"坑中坑"计算模型图

2. 启明星"坑中坑结构弹性支点法求解模型"

内外坑采用支挡结构进行支护，启明星软件（FRWS）采用"坑中坑结构弹性支点法联合求解模型"，即内外坑的桩墙按有一定刚度的梁考虑，作用在外坑梁上的荷载为基坑外坑外侧土的水平荷载，作用在内坑梁上的荷载为内坑桩墙外侧土的水平荷载；梁上的约束主要包括外坑内侧被动区土体弹簧、内外坑桩墙相互作用弹簧、内坑被动区土体弹簧以及内外坑支撑弹簧；作用在外坑梁上的水平荷载，可以根据常规基坑水平荷载的计算方法采用静止土压力或朗肯土压力；作用在内坑梁上的水平荷载，由于其外侧土体处于卸载过程，其应力路径与天然土体不同，因此计算方法也必然不一样。

本计算模型考虑桥墩基坑作为坑中坑进行计算，外侧围堰体系作为外坑进行计算，外坑堰体采用背水面桩锚式计算模型分析。基于本工程的"启明星"软件坑中坑结构弹性支点法联合求解模型图，如图 8 和图 9 所示。

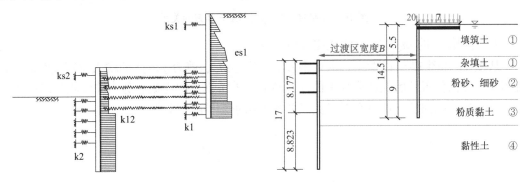

图 8　坑中坑结构弹性支点法联合求解模型示意图　　图 9　"启明星"软件"坑中坑"计算模型图

4　多级支护受力、变形影响分析

多级支护的形成，主要取决于过渡段区域建（构）筑物和施工布置的功能。对于内坑来说，过渡段为土压力主动区，又是变形、稳定性的控制区域；对于外坑来说，过渡段为土压力被动区，为外坑体系提供被动抗力，确保外坑的变形控制和稳定性满足要求。本文采用"天汉"软件坑中坑模型和启明星"坑中坑结构弹性支点法联合求解模型"分析多级支护过渡段对外坑挡水围堰体系变形、受力的影响。

在研究过渡段的开挖对内外坑的支护结构受力变形性状造成的影响时，引入深宽比$X = B/H$参数，其中B为过渡段的宽度，H为内坑的开挖深度，通过控制单因子变量的方法进行分析。

内坑开挖深度$H = 8.177 \text{m}$，令其为定量，过渡段宽度B为变量，分析各个典型剖面支护结构最大水平位移δ_{max}、支护桩的弯矩M_k和支护桩的剪力Q_k，整体稳定性$K_{q,s}$、抗隆起稳定性$K_{q,he}$的变化，来确定多级支护体系间的影响范围。根据$X = B/H = 1 \sim 10$的计算结果，分析上述各个参数变化关系。

4.1 "天汉"软件下过渡段宽度B对支护体系受力、变形的影响

1. 支护体系的δ_{max}与深宽比X的关系

从图10可得，随着X的增大，内、外坑支护结构的水平位移是逐渐减小的，且内坑和外坑的δ_{max}曲线分别在$X = 2.5$和$X = 1.5$位置时开始收敛趋于水平，这说明内坑的最大水平位移δ_{max}对过渡段宽度的变化较外坑更为敏感。同时，当$X \geqslant 2.5$后，调整过渡段的宽度B对最大水平位移δ_{max}不产生影响。

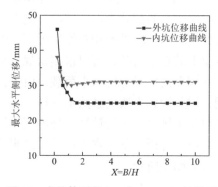

图10 支护体系的δ_{max}与$X = B/H$的关系

2. 支护体系的M_k、Q_k与深宽比X的关系

从图11和图12可以看出，内坑钢板桩的弯矩M_k、剪力Q_k随X的增大弯矩逐渐减小，且到某一数值位置开始收敛成水平曲线；然而，外坑钢板的弯矩、剪力曲线相对内坑的平缓得多，这说明内坑支护体系对过渡段的宽度B的变化更为敏感。

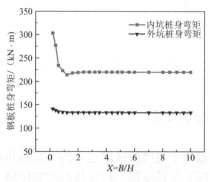

图11 支护体系的M_k与深宽比X关系

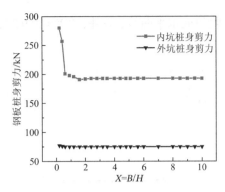

图 12　支护体系的 Q_k 与深宽比 X 关系

由于分析内坑支护体系的受力情况采用等效荷载法，所以超载没有考虑外坑支护结构作用，过渡段的宽度 B 越小，超载通过扩散角引起的附加应力越大，从而内坑受力越大；而外坑采用"坑中坑"计算，由于堰体坑内反压力的作用，为坑外的支护体系提供被动区抵抗力，且坑外超载没有变化。

同时，从图 11 和图 12 发现当 $X \geqslant 2.4$ 后，调整 B 对坑内的 M_k、Q_k 不产生影响；当 $X \geqslant 1.2$ 后，调整 B 对坑外的 M_k、Q_k 不产生影响。

4.2　"启明星"软件下过渡段宽度 B 对支护体系受力、变形的影响

与"天汉"软件模型不同的是，"启明星"软件计算模型可以将过渡段看作等效土弹簧，分析前后支护体系的相互作用，其余参数设置一致。

1. 支护体系的 $\delta_{q,max}$ 与深宽比 X 的关系

由于内、外开挖深度的不同，支护结构的水平位移不同。从图 13 可以看出，外坑支护体系的 $\delta_{q,max}$ 随着 X 的增大，逐渐减小，且到某一数值位置开始收敛成水平曲线；而内坑支护体系的 $\delta_{q,max}$ 先逐渐变小，再随着 X 的增大，逐渐增大，同样到某一数值位置开始收敛成水平曲线。

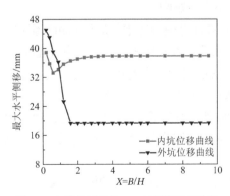

图 13　支护体系的 $\delta_{q,max}$ 与深宽比 X 关系

另外，在 $X = 0.9$ 时，内、外坑支护体系的 $\delta_{q,max}$ 曲线相交。同时，发现当 $X \geqslant 1.6$ 时，调整 B 对坑外的 $\delta_{q,max}$ 不产生影响；当 $X \geqslant 3.5$ 时，调整 B 对坑内的 $\delta_{q,max}$ 不产生影响。

2. 支护体系的 $M_{q,k}$、$Q_{q,k}$ 与深宽比 X 的关系

从图 14、图 15 可以看出，外坑支护体系的 $M_{q,k}$ 和桩后的 $Q_{q,k}$ 随着 X 的增大弯矩逐渐减

小，且到某一数值位置开始收敛成水平曲线；另外，在 $X \approx 0.9$ 时，内、外坑支护体系的 $M_{q,k}$ 曲线相交。

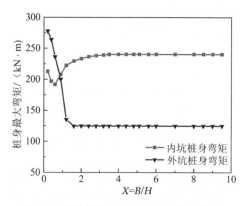

图 14　支护体系的 $M_{q,k}$ 与深宽比 X 关系

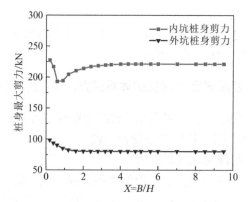

图 15　支护体系的 $Q_{q,k}$ 与深宽比 X 关系

同时，图中发现当 $X \geqslant 3.5$ 后，调整 B 对内坑的 $M_{q,k}$、$Q_{q,k}$ 不产生影响；当 $X \geqslant 2.0$ 后，调整 B 对外坑的 $M_{q,k}$、$Q_{q,k}$ 不产生影响。

由于采用"启明星"软件计算模型考虑前后坑的相互影响，因此内、外支护体系受力和变形较"天汉"软件计算模型存在一定的差异，其主要差异体现在内坑的 $M_{q,k}$、$Q_{q,k}$ 曲线均存在一个拐点，且均随着 X 的增大，先变小再变大，最后趋于稳定。

3. 支护体系的 $K_{q,s}$，$K_{q,he}$ 与深宽比 X 的关系

"启明星"软件计算模型考虑前后坑的相互影响，通过改变 B 的取值，分析各个典型剖面，分析整体稳定性 $K_{q,s}$、抗隆起稳定性 $K_{q,he}$ 的变化，相应的变化曲线见图 16、图 17。

从图 16、图 17 可以看出，多级支护的支护体系的 $K_{q,s}$ 和 $K_{q,he}$ 随着 X 的增大逐渐增大，且到某一数值位置开始收敛成水平曲线。当 $X \geqslant 4$ 后，调整 B 对整体基坑的 $K_{q,s}$ 不产生影响；当 $X \geqslant 2$ 后，调整 B 对整体基坑的 $K_{q,he}$ 不产生影响。

由于过渡段的距离 B 不断增大，相当于对整个大基坑进行分级卸载，卸载效应随着 B 不断增大越来越明显，$K_{q,s}$ 和 $K_{q,he}$ 值越来越大，只是 $K_{q,he}$ 曲线收敛得更快；当 B 增大到一定程度，$K_{q,s}$ 和 $K_{q,he}$ 值不再发生改变，各级支护各自成体系，形成分离式的破坏模式。

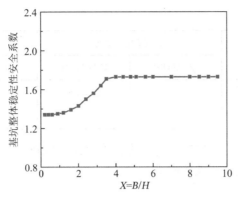

图 16　支护体系的$K_{q,s}$与深宽比X关系

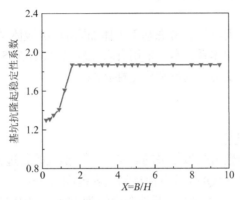

图 17　支护体系的$K_{q,he}$与深宽比X关系

5　多级支护破坏模式的分析与判定

通过以上分析过程可知,过渡段的距离B对多级支护各单级体系的变形、受力均有较大影响。而且,过渡段的距离B的变化过程也对应多级支护的稳定性破坏模式。通过调整过渡段的距离B,对应的深宽比X的变化引起受力、变形和稳定性的曲线存在急剧变化区、缓慢变化区和稳定区,可以理解为上述区域分别对应着整体式破坏模式、关联式破坏模式和分离式破坏模式。各个参数从表 2 对比分析,考虑取最不利的情况计算结果,可得出基于本工程多级支护的整体式破坏模式的过渡段区间为$X=0\sim1.5$,关联式破坏模式的过渡段区间为$X=0\sim4.0$,分离式破坏模式的过渡段区间为$X\geqslant4.0$。

"启明星"软件计算模型分析结果表　　　　　　　　　表 2

计算参数	急剧变化分段点		稳定分段点	
	天汉软件	启明星软件	天汉软件	启明星软件
内坑$\delta_{q,max}$	$X=1.0$	$X=1.0$	$X=1.5$	$X=3.5$
外坑$\delta_{q,max}$	$X=0.9$	$X=1.5$	$X=2.5$	$X=1.6$
内坑$M_{q,k}/Q_{q,k}$	$X=1.0$	$X=1.5$	$X=1.2$	$X=3.5$
外坑$M_{q,k}/Q_{q,k}$	$X=1.0$	$X=0.5$	$X=2.4$	$X=2.0$

计算参数	急剧变化分段点		稳定分段点	
	天汉软件	启明星软件	天汉软件	启明星软件
整体$K_{q,s}$	—	$X = 1.5$	—	$X = 4.2$
整体$K_{q,he}$	—	$X = 1.5$	—	$X = 2.0$

本工程内坑开挖深度为 8.177m，过渡段的宽度$B = 12.0$m，则$X = 1.46$。因此，可以判定本工程多级支护属于整体式破坏模式。

6 基于多级支护的三维有限元分析

目前常规的设计软件无法综合考虑基于土体加固的"围堰体系 + 过渡体系 + 内坑支撑体系"组成的复合多级支护体系，本文采用有限元软件 ABAQUS 进行数值模拟施工过程，进一步分析多级支护体系受力、变形和稳定性状态。

6.1 模型的建立

1. 三维计算模型的建立

考虑边界效应对三维数值模拟结果的影响，三维模型的各边界尺寸要满足大于或等于开挖深度的 3 倍。本次 ABAQUS 计算模型的边界范围为 150m × 110m × 62m（长 × 宽 × 高）。从围堰顶部标高算起，基坑的总开挖深度约为 16.6m，围堰迎水侧钢板桩距模型边界为 42m，基坑底部距模型边界为 61.7m，它们均约为开挖深度的 4 倍。多级支护体系均按照实际工程参数设置结构截面尺寸、长、宽、高。边界约束条件为：模型四周分别添加与坐标轴平行方向的约束，模型底部施加X，Y，Z三个方向的约束，模型顶部不添加约束。考虑实际施工过程中外坑已经开挖，模型从内坑顶部开始计算，因此必须开始时对模型进行初始地应力场分析，保证模型开挖前变形为 0。本构模型采用修正剑桥模型，结构单元与土体的接触面，其法向设置为硬接触，切向的摩擦系数为 0.35。拉杆与双排桩之间的连接采用"绑定"方式。钢板桩采用板单元，圈梁、支撑采用梁 B21 单元。土体采用考虑孔压的实体单元 CPE4P 模拟。模型最小单元尺寸为 2m，最大单元尺寸为 8m，总单元数 250000。三维数值模型，如图 18 所示。

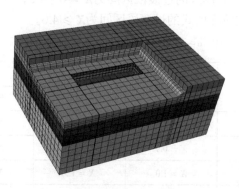

图 18　基坑三维有限元模型图

2. 模型土层计算参数

新河大桥桥墩基坑区域土层从上往下依次为：回填土、粉砂（细砂）、粉质黏土、黏土、黏土。支护结构和基坑底部均处于软土层中。由于双排钢板桩围堰与防水膜的隔渗作用，且钢板均插入③₂层黏土中，理论上坑内、外无法形成水力联系，在模拟基坑开挖过程中未考虑地下水渗流的问题。模型中还有钢板桩、钢管支撑、拉杆等单元。土体本构模型采用修正的剑桥计算模型。土层计算参数，如表3所示。

基于修正剑桥模型的土层计算参数表　　　　　　　　　　　表3

土层	γ/（kN/m³）	c/kPa	φ/°	E_s/MPa	e_0	μ	λ	κ	M
①₁杂填土	18.0	10.00	10.00	5.60	1.01	0.3	0.11	0.0031	0.37
②₁粉砂	19.9	0.00	25.00	15.90	0.74	0.26	0.02	0.0078	1.42
③₁粉质黏土	19.2	10.00	16.00	9.60	0.93	0.3	0.13	0.0033	0.61
③₂黏土	19.8	13.00	15.00	8.10	0.89	0.3	0.11	0.0035	0.72
③₃黏土	19.4	17.24	9.51	10.8	0.95	0.3	0.11	0.0043	0.85

注：γ为重度，c为黏聚力，φ为摩擦角，E_s为压缩模量，e_0为孔隙比，μ为泊松比，λ、κ、M均是修正剑桥模型的参数。

6.2 基坑开挖的施工工况（表4）

考虑到在有限元软件中建立模型时，整块土体为最初始状态，是相对"松弛"的，而现实中土体已经在自重和周边建筑物的应力作用下发生了一定的沉降。因此，在建立模型后需要对初始地应力场进行分析，以保证模拟开始前的变形为0。模型计算的大致步骤为：先对整个模型添加重力荷载，再分段设置每个土层上下边界的应力值来模拟未开挖时原始土层的预应力场，以消除土体因自重应力而产生的变形；通过土体和构件的激活和删除来模拟基坑的施工过程。

基坑开挖的施工工况一览表　　　　　　　　　　　　表4

工况	施工项目	工况	施工项目
Stage1	施工双排钢板桩	Stage4	开挖土层二、施工第二道撑
Stage2	开挖上覆土层、施工钢板桩	Stage5	开挖土层三、施工第三道撑
Stage3	开挖土层一、施工第一道撑	Stage6	开挖土层四至基坑底部

6.3 三维数值模拟的结果分析

最不利工况为stage6"挖土层四至基坑底部"，选择该工况作为分析对象，对应基坑整体和钢板桩的变形云图如图19所示。

由图19可知，基坑的第一、二级支护和过渡段三者的水平向位移值较竖向位移值大。从变形云图上明显可以看出，基坑开挖至基底时，各级支护区域的变形云图颜色均处在深红色区域，由此可知一、二级支护和过渡段的变形影响区域是相互关联的，形成一个整体。

统计Stage3～6工况各级支护的钢板桩最大变形模拟结果，如表5所示。

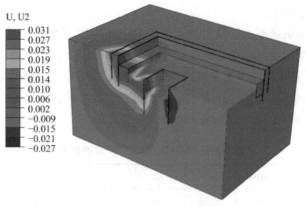

(a) 开挖至底部处水平位移图

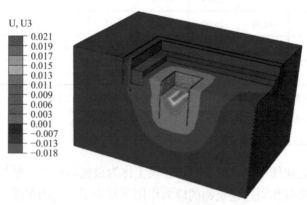

(b) 开挖至底部处垂直位移图

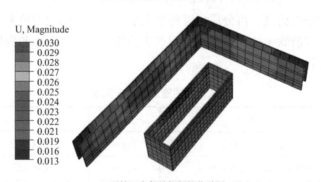

(c) 开挖至底部处钢板桩位移图

图 19　开挖至底部三维数值模拟结果云图

　　从表 5 可知，在三维模拟基坑开挖的过程中，围护结构的位移量和地表沉降量是逐步增大的，它们均在基坑开挖到底部时达到最大。其中，双排钢板桩围堰的 X 方向最大位移值为 31.21mm，Y 方向最大位移值为 6.84mm；内坑支护钢板桩的 X 方向最大位移值为 29.62mm，Y 方向最大位移值为 6.16mm；地表最大沉降量为 23.41mm，均满足基坑设计有关变形规范的要求。另外，内坑支护钢板桩的 X、Y 方向最大位移值均比外侧围堰钢板桩小，但是两者相差不大。开挖至基底时，X 方向内、外最大位移相差 5.1%；Y 方向内、外最大位移相差 10%。

Stage3～6工况变形位移极值统计表 表5

施工工况	围堰钢板桩		内坑支护钢板桩		基坑周围地表最大沉降量/mm	基坑底部最大隆起量/mm
	X向最大位移/mm	Y向最大位移/mm	X向最大位移/mm	Y向最大位移/mm		
挖至支撑一处	19.61	3.54	9.75	3.14	3.32	5.12
挖至支撑二处	22.12	4.75	15.22	4.12	9.24	8.53
挖至支撑三处	27.35	5.82	24.55	5.25	16.52	12.82
挖至基坑底	31.21	6.84	29.62	6.16	23.41	20.54

从最不利工况的位移变形云图深红色区域分布和X、Y方向最大位移相差值，可知本文论述的基坑多级支护体系的破坏模式属于整体式。同时，表明借助常规基坑支护设计软件来判定多级支护破坏模式的方法是可行的。

7 工程实施效果

新河大桥11号桥墩基坑从基坑支护结构施工到桥墩基础施工完毕历经45d，规避了长江汛期水位上涨工程的影响。整个施工过程中，围堰体系的钢板桩最大水平位移值为55mm，内坑桩撑体系的钢板桩最大水平位移为29.8mm，整个基坑施工过程均处于安全可控状态。利用多种常规设计软件，采用荷载等效模型、"坑中坑"分析模型和三维数值分析相结合的方式分析多级支护体系是合理的，具有工程实用性。

项目采用"围堰体系＋过渡体系＋内坑支撑体系"组成的复合多级支护体系，不仅安全可靠、经济合理，还能有效节约工期。实施效果，如图20所示。

图20 11号桥墩基坑工程实施效果

8 结论

（1）本文利用多种常规设计软件，采用荷载等效模型、"坑中坑"分析模型和三维数值分析相结合的方式分析多级支护体系是合理的，具有工程实用性。

（2）本文论述的项目采用"围堰体系＋过渡体系＋内坑支撑体系"组成的复合多级支护体系，不仅安全可靠、经济合理，还能有效节约工期，具有工程实践借鉴性。

（3）本文分析表明"过渡体系"的宽度B对多级支护中单级支护结构有较大影响。通过调整过渡段的距离B，对应的深宽比X的变化，引起受力、变形和稳定性的曲线存在急剧变化区、缓慢变化区和稳定区，上述区域分别对应整体式破坏、关联式破坏和分离式破坏。得出多级支护的整体式破坏模式的过渡段区间为$X = 0 \sim 1.5$，关联式破坏模式的过渡段区间为$X = 0 \sim 4.0$，分离式破坏模式的过渡段区间为$X \geqslant 4.0$。结合本文讨论的工程设计参数，深宽比$X = 1.46$，可以判定本工程多级支护属于整体式破坏模式。

（4）采用基于修正剑桥本构模型的三维数值模拟分析，结合最不利工况的位移变形云图深红色区域分布和X、Y方向最大位移相差值，进一步论证了本文论述的基坑多级支护体系的破坏模式属于整体式，也表明借助常规基坑支护设计软件来判定多级支护破坏模式的方法是可行的。

参考文献

[1]　郑刚，程雪松，刁钰. 无支撑多级支护结构稳定性与破坏机理分析[J]. 天津大学学报, 2013, 46(4): 304-314.

[2]　任望东，张同兴，张大明，等. 深基坑多级支护破坏模式及稳定性参数分析[J]. 岩土工程学报, 2013, 35(S2): 919-922.

[3]　郑刚，聂东清，刁钰，等. 基坑多级支护破坏模式研究[J]. 岩土力学, 2014, 38(S1): 313-322.

[4]　冯晓腊，张睿敏，熊宗海，等. 多级柔性支护体系下超深坑中坑支护结构稳定性研究[J]. 施工技术. 2016, 45(7): 45-49.

[5]　中国土木工程学会.软土大面积深基坑无支撑支护设计与施工技术指南: CCES 02—2016[S]. 北京: 中国建筑工业出版社, 2016.

[6]　杨光煦. 岩土工程关键技术研究与实践[M]. 北京: 中国水利水电出版社, 2016.

深厚承压含水地层深基坑地下水
控制方案选择

周鼎[1,2]，徐中华 [1,2]，宗露丹 [1,2]，陈永才 [1,2]

（1. 华东建筑设计研究院有限公司上海地下空间与工程设计研究院，上海 200011；

2. 上海基坑工程环境安全控制工程技术研究中心，上海 200011）

摘　要： 随深基坑工程不断涌现，深层承压水控制问题得到广泛关注，并逐渐成为基坑工程设计与施工面临的难点之一。为合理解决承压水突涌问题，需采取可靠的基坑降水影响评估方法结合环境及地质条件针对不同承压水处理方式选型。本文以位于长江漫滩地貌单元的南京世界贸易中心项目的基坑减压降水工程为例，结合现场群井抽水试验反演分析所得的水文地质参数及沉降经验系数，采用 Visual Modflow 三维有限差分计算软件模拟减压降水期间基坑内外地下水位分布及周边环境沉降影响，从而为分析基坑隔水帷幕设计提供直接依据。

关键词： 深基坑；承压水；群井抽水试验；坑内减压降水；坑外环境影响

0　引言

近年来，随着深基坑工程不断涌现，地下水尤其是深层承压水对基坑工程与周边环境的影响受到广泛关注，并成为基坑工程设计与施工面临的难点之一。由于承压含水层水量丰富、水头高、压力大、渗透性强，且分布与补给情况非常复杂，因承压水处理不当而引起的工程事故也时有发生[1,2]，承压水处理给软土深基坑工程带来了较大挑战。为合理解决承压水突涌问题，常用的处理方法有隔断、降压和封底等[3]，需根据基坑环境保护要求、承压含水层分布情况进行帷幕选型。因此针对复杂承压水含水层系统，需采用合理的水文地质参数及可靠的基坑降水影响评估方法方能有效模拟减压降水期间基坑内外地下水位分布[4]，从而为选择安全可控的基坑降隔水设计方案提供依据。

本文以位于长江漫滩地貌单元的南京世界贸易中心项目的基坑减压降水工程为例，项目场地下部存在深厚的承压含水层，结合现场群井抽水试验反演分析所得的水文地质参数及沉降经验系数，采用 Visual Modflow 三维有限差分计算软件模拟减压降水期间基坑内外地下水位分布及对周边环境沉降影响，为基坑隔水帷幕设计提供直接依据，最后简要介绍了优选的承压水控制方案及实施效果。

1　项目概况及地质条件

1.1　项目概况

南京世界贸易中心位于南京市河西地区河西大街以南、庐山路以西、白龙江东路合围

基金项目：上海市白玉兰人才计划浦江项目（23PJ1420800）；上海市自然科学基金项目（23ZR1414700）；上海市青年科技英才扬帆计划资助（22YF1409600）。

地块，整体设 3 层地下室。基坑面积约 40000m²，普遍区域挖深为 15.5m，酒店式公寓挖深 16.5～17.0m，办公楼基坑挖深约为 18.0m。基坑北侧为地铁 1 号线区间隧道，与基坑最近距离约 12.0m；隧道为钢筋混凝土现浇箱形结构，宽度约 10m，埋深约 11.5m。基坑北侧、东侧、南侧为道路及众多市政管线，且管线与基坑的距离较近。基坑西侧与新鸿基基坑之间留设 50m 宽的下沉式广场区域，并待两侧基坑回筑完毕之后再施工。基坑环境平面，如图 1 所示。

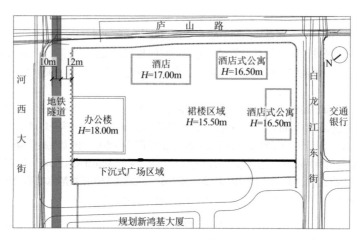

图 1　基坑环境平面图

1.2　工程地质及水文地质条件

项目场地属长江漫滩地貌单元。勘察揭示，表层①为人工填土，其下为第四系全新统 Q₄ 新近沉积的黏土、淤泥质黏土；中部为一般沉积的粉细砂、中细砂，下部为 Q₃ 上更新统沉积的砂砾石层；下覆基岩为白垩统浦口组（K₂p）粉砂质泥岩。自上而下可分为 5 大工程地质层，10 个亚层，分别为①₁杂填土、①₃素填土、饱和—软塑的②黏土、饱和—流塑的③淤泥质粉质黏土、中密的④₁粉细砂、密实的④₂中细砂、局部夹软—可塑的④₂ₐ粉质黏土、密实的④₃含砾中细砂、结构已破坏的⑤₁强风化粉砂质泥岩、结构基本未破坏的⑤₂中—微风化粉砂质泥岩层。场地典型地质剖面，如图 2 所示。

场地地下水可分为两类：一类为孔隙潜水，赋存于上部①层填土中，富水性一般，水量一般，水位变化主要受大气降水和地表水流补给影响。勘察测得该水位埋深在 0.95m 左右。另一类为承压水，主要赋存于④₁粉细砂、④₂中细砂、④₃含砾中细砂中，其中④₁粉细砂顶

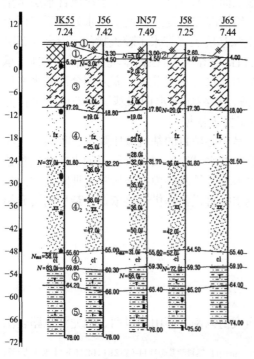

图 2　典型地质剖面图

板埋深 15.2~19.1m,层厚 11.4~16.3m;④$_2$ 中细砂顶板埋深 29.7~50.8m,层厚 2.6~26.7m;④$_3$ 含砾中细砂顶板埋深 52.7~59.8m,层厚 1.5~7.1m。总体上,承压含水层具有水平沉积层理,层厚巨大、富水性好、透水性强、水量丰富,水位变化主要受侧向径流补给影响,补给来源主要为长江,勘察阶段承压水位埋深 7.0m。其余各岩土层含水微弱,为相对隔水层。

2 基坑承压水控制初步设计方案

2.1 承压水减压降水需求分析

本工程普遍区域开挖深度约 15.5m,塔楼区域开挖深度约 18.0m,开挖面已接近或直接揭露承压含水层,开挖面以上相对隔水层厚度不满足相关规范规定的基坑抗突涌稳定性需求,因而在基坑开挖过程中需针对承压水含水层进行减压降水。按照勘察阶段确定的承压水初始水头埋深 7.0m 考虑,经验算可知,基坑普遍区域、塔楼区域的降压深度为 9.8m、12m,且需开启减压降水井的临界开挖深度为 10.3m。可见本工程开挖深度较大、承压含水层埋藏深度浅,故对应的承压水降压深度比较大。结合工程场地的潜水、承压水复合含水地层条件,需于坑内分别采用疏干井和减压井两套独立系统进行潜水疏干降水和承压水减压降水。

2.2 群井抽水试验

为保障基坑降水设计及周边帷幕设计满足坑内抗突涌稳定性及坑外环境保护双重需求,需开展承压水降水对周边环境影响的分析,为了提高分析的可靠度,在基坑实施前针对承压含水层开展了现场群井抽水试验,以确定合理的水文地质参数及沉降计算经验参数。

抽水试验场地布置在拟建办公楼区域,共设 6 口抽水井(井号 J1~J6),呈六边形布置,井距 18~20m,进行群井抽水试验,J1/J4、J2/J5、J3/J6 井深分别 33.0m、35.5m、38.0m(图 3)。且为获取准确的水文地质参数和研究上部含水层与④$_1$ 层的水力联系,观测井分别布置在④$_2$ 层(井号 G1)、④$_1$ 层(井号 G2、G4~G6)、③层(井号 G3)。

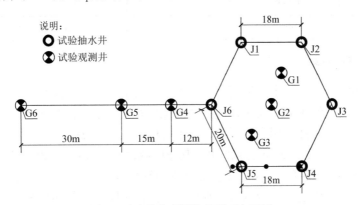

图 3 试验井和观测井的平面布置图

开启 J1~J6 六口井持续抽水 6d,J1~J6 井的平均出水量为 32m³/h,此后同时加开 G1

井为抽水井继续降水 4d, J1~J6、G1 井的平均出水量为 50m³/h。抽水周期内的观测井 G2~
G6 的水头降深时程曲线如图 4 所示，随着降水的开展，各观测井水位逐步下降；降水结束
后，水位快速恢复，抽水期间 G2~G6 井内最大水位降深分别为 6.0m、1.6m、4.2m、3.3m、
2.5m。位于群井围成区域内部的 G2 井水位降深明显大于位于外部区域的 G4、G5、G6 的
降深；G3 位于③淤泥质粉质黏土层中，其降深仅 1.6m，说明浅部的弱透水层与承压含水
层存在一定的水力联系。

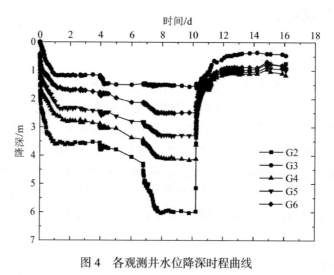

图 4　各观测井水位降深时程曲线

　　基于群井抽水试验成果，利用 Visual Modflow 软件建立三维数值分析模型进行反演分
析，确定的承压含水层水文地质参数如表 1 所示。且根据地表沉降监测点监测所得的抽水
区域中心位置实测最大沉降约 47.7mm，利用分层总和法计算预估短期降水引起地表沉降
的经验系数值为 0.23。

反演分析所得的水文地质参数

表 1

层号	土层名称	渗透系数平均值/（m/d）		贮水系数 S
		水平向	竖向	
④$_1$	粉细砂	25.0	21.8	2.3×10^{-3}
④$_2$	中细砂	28.0	24.3	2.4×10^{-3}

2.3　坑内降水设计方案

　　为满足坑内潜水疏干需求，采用真空深井作为潜水疏干井，按照每 250m² 布设 1 口疏
干井考虑，疏干井井深 15m，滤头设置在③淤泥质黏土层中。根据前述群井抽水试验，坑
内深部承压水减压井同样采用真空深井，其中塔楼区域设置 28 口深度为 35m 的减压井，
酒店区域设置 23 口深度为 33m 的减压井，其他区域设置 59 口深度为 31.5m 的减压井。同
时考虑备用和观测，坑内布置 18 口应急备用井，坑外观测井暂时利用抽水试验阶段的观测
井。在坑内承压水降水过程中观测坑外水位，检测止水帷幕的封闭性和地下水的绕流、渗
流情况，防止降水对坑外环境产生不良影响。减压井和观测井的平面布置和井的结构大样
图，如图 5 和图 6 所示。

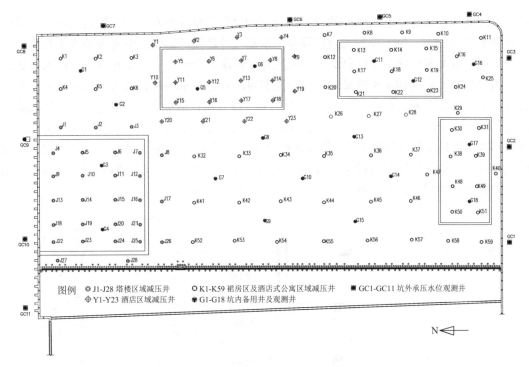

图 5　减压井平面布置图

图例　◎ J1-J28 塔楼区域减压井　　○ K1-K59 裙房区及酒店式公寓区域减压井　　■ GC1-GC11 坑外承压水位观测井
⊕ Y1-Y23 酒店区域减压井　　● G1-G18 坑内备用井及观测井

N

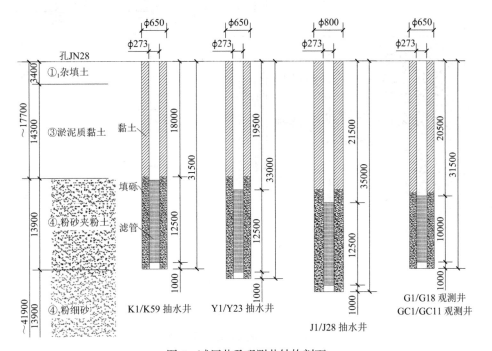

图 6　减压井及观测井结构剖面

2.4　帷幕体系初步设计方案

由于基坑挖深较深且面积巨大，基坑总体选型采用地下连续墙结合三道钢筋混凝土支撑（塔楼区局部增设第四道钢支撑）的支护形式。经基坑稳定性验算，普遍区域地下连续墙插入深度进入基底以下 12.0m 即可。结合详勘报告及群井抽水试验，确定基坑内普遍减压井深度为 31.5m，为了控制坑内抽降承压水对坑外环境的影响同时考虑节省工程造价，初步考虑基坑普遍区域止水帷幕深度较减压井底部深 7.5m 左右，即止水帷幕插入基底之下约为 22.5m，以起到止水帷幕对坑内降压和对坑外地下水的遮拦效果，考虑进一步节省造价，地下连续墙进入基底以下 12m 部分的隔水段采用构造配筋。此外，为控制基坑降水对北侧邻近隧道的影响，北侧以及庐山路侧向南延伸 95m 范围的地下连续墙考虑采用隔断帷幕形式，即地下连续墙进入⑤₁强风化粉砂质泥岩层至少 0.5m。此外，为防止地下连续墙成槽过程中槽壁坍塌对地铁 1 号线隧道的不利影响，该侧地下连续墙采用三轴水泥土搅拌桩进行槽壁加固。普遍区域基坑围护剖面，如图 7 所示。

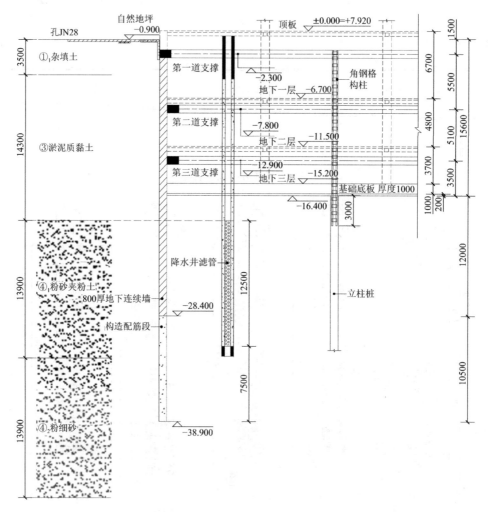

图 7　普遍区域支护结构剖面图

3　基坑承压水减压环境影响分析

为评估基坑施工阶段减压对周边环境产生影响和确定合理的截水帷幕深度，在根据群井抽水反分析取得的计算参数和制定的基坑降压初步设计方案的基础上，利用 Visual

Modflow 软件建立基坑施工阶段降压降水的三维整体渗流模型，进行基坑降水计算分析，预测评估基坑施工阶段在一定隔水边界条件下坑内减压对周边环境条件的影响，并通过计算分析确定更合理的截水帷幕深度。

3.1 分析模型

为考虑抽降承压水过程中上覆弱透水层将与下伏承压含水层组之间发生水力联系，将上覆弱透水层及下伏承压含水层组一起纳入模型参与计算，并将其概化为三维空间上的非均质各向异性水文地质概念模型[5]。将浅部①填土、②黏土、③淤泥质粉质黏土层统一概化为 18m 厚的弱透水黏土层；深部依次为埋深 18～32m 的④₁粉细砂、埋深 32～56m 的④₂中细砂、埋深 56～60m 的④₃含砾中细砂；为保证计算渗流场分析的模拟精度，于 35m、38m 深度处增加亚层分层，提高网格划分密度；底部埋深 60～70m 范围为⑤₁强风化粉砂质泥岩。模型以整个基坑的边线范围为基准各边再往外扩约 1000m 距离，即实际计算平面尺寸为 2250m × 2150m。每层剖分为 137 行、175 列，剖分网格共 191800 个，离散三维模型和坑内减压井模型，如图 8 和图 9 所示。

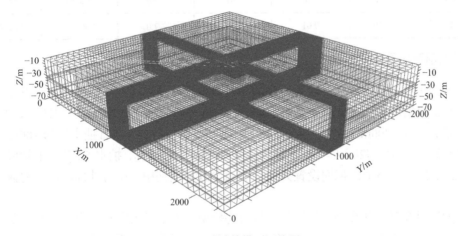

图 8　三维计算模型网格图

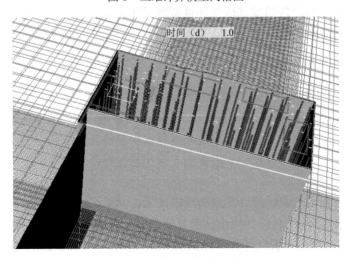

图 9　坑内减压井模型图

3.2 计算参数

分析中①～③、④₃和⑤₁层土的水文地质参数根据勘察报告或经验确定，最重要的④₁层和④₂层的参数采用前述群井抽水试验反演分析得到的参数，具体参数如表2所示。原勘察报告测得的承压水位埋深为7.0m，受长江水位变化影响，群井抽水试验期间测得承压水水头埋深约为10.5m，考虑最不利影响，承压水水头仍取值为7.0m。

模型计算参数　　　　　　　　　　　　　　表2

土层	层厚/m	渗透系数/（m/d）		初始水位/m	贮水系数S	数据来源
		水平	竖向			
①～③黏土层	18	1.3×10^{-3}	8.4×10^{-4}	−7.0	1.8×10^{-4}	勘察报告
④₁粉细砂	14	25.0	21.8	−7.0	2.3×10^{-3}	群井抽水试验
④₂中细砂	24	28.0	24.3	−7.0	2.4×10^{-3}	群井抽水试验
④₃含砾中细砂	4	50	40	−7.0	1.0×10^{-2}	经验取值
⑤₁粉砂质泥岩	10	0.01	0.001	−7.0	1×10^{-4}	经验取值

3.3 汇源项及边界条件

分析中主要需对各减压井设置合理的参数。减压井的过滤器参数根据初步设计方案确定，出水量根据群井抽水试验结果确定如下：基坑普遍区域59口减压井（K1～K59）的单日抽水量为120～200m³；酒店式公寓23口减压井（Y1～Y23）单日抽水量为180m³；办公楼28口减压井（J1～J28）单日抽水量为140～180m³。经试算，抽水5d基本上就可以达到稳定状态，因此将整个模拟期设置为5d。在每个计算周期中，所有外部源汇项的强度保持不变。

模型边界在降水井影响边界以外，故可将模型边界定义为定水头边界，水位不变。基坑四周设置了止水帷幕，帷幕深度根据初步方案确定，帷幕渗透系数设置为1.0×10^{-10}m/d。此外，位于本基坑西侧的新鸿基基坑邻地铁范围采用嵌入岩层的地下连续墙围护体，且地下连续墙已于本基坑降水前施工完成，故考虑设置该侧隔水帷幕。

3.4 三维渗流分析结果及环境影响分析

计算结果表明，基坑降水5d后可以将坑内承压水位降至安全水位面以下，坑内及周围环境的承压水头降深模拟结果如图10所示。由图可以看出，北侧地下连续墙进入基岩层隔断了承压水，但由于南侧地下连续墙未隔断承压水引起绕流，导致坑外承压水最大降深为2.0m，坑内外水位降深比约为6:1；南侧由于采用悬挂帷幕，坑外承压水降深达6.0m，坑内外水位降深比约为2:1。

根据基坑减压降水数值模拟计算分析所得的④₁、④₂、④₃层的水头降深结果，采用分层总和法计算地表沉降。结合群井抽水试验反演分析所得的短期降水沉降计算经验系数$\xi = 0.23$，计算所得基坑周边地表沉降预测等值线如图11所示。由图可以看出，北侧地铁范围的地表沉降达16～25mm，而南侧和东侧地表沉降达到45～50mm。

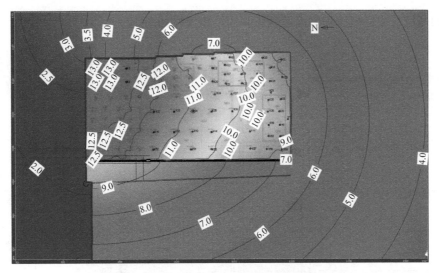

图 10　预测减压井运行 5d 后的水头降深分布图

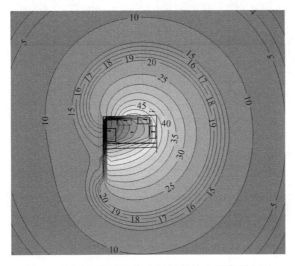

图 11　预测基坑减压降水引起的地表沉降分布图

4　承压水控制方案调整及实施效果

4.1　隔水帷幕设计调整

根据前述三维渗流数值分析计算结果可知，当基坑北侧采用隔断帷幕、东侧及南侧采用悬挂长度为 7.5m 的悬挂帷幕时，基坑北侧邻近地铁侧、东侧庐山路侧、南侧白龙江东路侧的地表短期沉降均较大，考虑实际降水时间可能达到 120d，长期地表沉降会更大。而应地铁管理部门的要求，基坑北侧的地铁 1 号线范围地表沉降的变形控制指标值为 20mm，可见通过渗流分析及分层总和法计算所得的地铁顶部地表沉降变形不能满足相关保护要求。

为进一步控制基坑抽降承压水对邻近运营中的地铁 1 号线的影响，考虑调整增加地下连续墙构造段深度至 61.4～64.5m，以保证基坑各侧地下连续墙底部全部进入⑤₁强风化粉砂质泥岩层至少 0.5m，以完全隔断基坑周边承压水。坑内降水井的平面布置如图 5 所示，调整后的基坑普遍区域围护剖面及减压井的结构大样如图 12 所示。

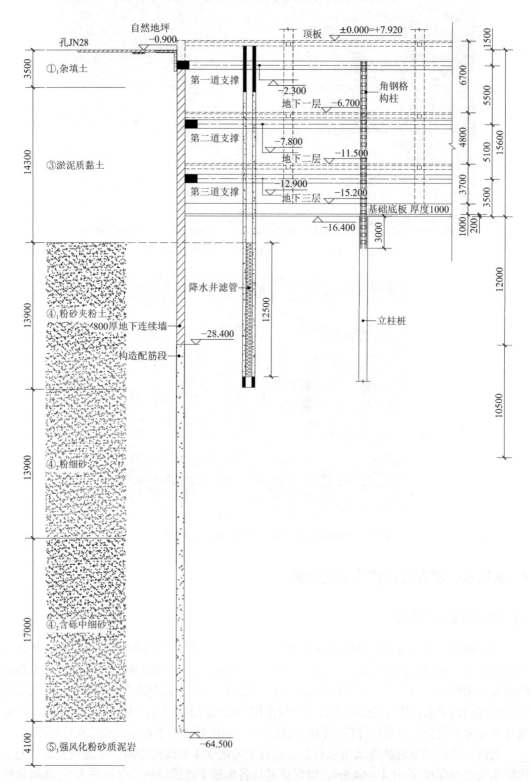

图 12　调整后的普遍区域支护结构剖面图

4.2 基坑正式实施期间的隧道变形控制效果

基坑按照上述调整后的承压水控制方案实施。基坑实施期间，基坑北侧邻近的地铁 1 号线中轴线上方地表共布设了 7 个沉降监测点，各监测点沉降随时间的变化曲线如图 13 所示。由图可知，随基坑降水及土方开挖工况发展，隧道上方地表沉降基本呈线性增长，并在施工底板阶段趋于稳定，监测所得地铁中轴上方最大地表沉降量基本控制在 20mm 以内，保障了运营中的地铁 1 号线的安全。这说明调整后的承压水控制方案是合理的。

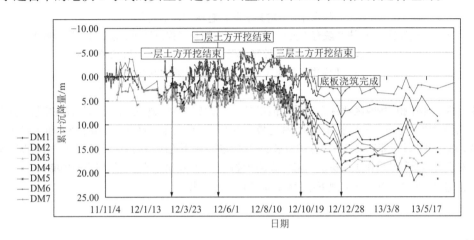

图 13　邻近地铁隧道上方地表沉降历时曲线

5　结语

南京世界贸易中心项目属长江漫滩地貌单元，基坑开挖深度较大，涉及深厚承压含水层的承压水处理问题。在基坑实施之前开展了群井抽水试验，查明了抽水引起承压水水位变化的趋势，并获得了水文地质参数及沉降计算经验系数。基于勘察报告及群井抽水试验结果，确定坑内减压降水井设计及周边帷幕深度初步方案。并进一步建立基坑地下水三维渗流分析模型，计算分析坑内抽降承压水对坑外环境影响，从而进一步将基坑周边隔水帷幕调整为断承压含水层的方案，为项目顺利实施提供可靠依据。工程实施表明，调整后的承压水控制方案是合理的并保障了邻近地铁的安全。

参考文献

[1]　叶向前. 深基坑工程承压水突涌事故规律与防范措施实例分析[J]. 勘察科学技术, 2014(5): 38-41.

[2]　谭佳, 涂文博, 张鹏飞. 岩溶发育区地铁穿越断裂带基坑承压水突涌应急处理技术[J]. 广东土木与建筑, 2020, 27(1): 71-74.

[3]　刘国彬, 王卫东. 基坑工程手册[M]. 北京: 中国建筑工业出版社, 2009.

[4]　姚天强, 石振华. 基坑降水手册[M]. 北京: 中国建筑工业出版社, 2006.

[5]　吴林高, 李国, 方兆昌. 基坑工程降水实例[M]. 北京: 人民交通出版社, 2009.

紧邻地铁车站及居民建筑的
深大基坑变形控制设计

陈永才[1,2]，翁其平[1,2]，赵玲[1,2]，刘芸[3]

（1. 华东建筑设计研究院有限公司 上海地下空间与工程设计研究院，上海 200011；

2. 上海基坑工程环境安全控制工程技术研究中心，上海 200011；

3. 上海申元岩土工程有限公司，上海 200011）

摘　要：葛洲坝国际广场南区项目位于武汉市江岸区，周边邻近两个地铁车站以及居民住宅楼，其中基坑北侧和西侧紧邻的地铁车站及东南角居民住宅楼为本工程的重点保护对象。介绍了该基坑工程的总体设计方案，重点说明针对邻近地铁隧道保护所采取的超深嵌岩地下连续墙、隔离桩以及地下水处理等关键技术，并对主要的监测结果作了分析，实施结果表明设计方案有效地保护了基坑周边的环境。

关键词：基坑；地铁车站；嵌岩地下连续墙；后排桩；承压水

0　引言

　　基坑工程是支护结构施工、降水以及基坑开挖的系统工程，其对环境的影响主要分如下三类：支护结构施工过程中产生的挤土效应或土体损失引起的相邻地面隆起或沉降；长时间、大幅度降低地下水可能引起地面沉降，从而引起邻近建（构）筑物及地下管线的变形及开裂；基坑开挖时产生的不平衡力、软黏土发生蠕变和坑外水土流失而导致周围土体及围护墙向开挖区发生侧向移动、地面沉降及坑底隆起，从而引起紧邻建（构）筑物及地下管线的侧移、沉降或倾斜[1,2]。深大基坑工程实施过程中，可能会影响邻近地铁车站的正常运营以及居民住宅楼的正常使用[3,4]，因此深基坑工程设计必须考虑其对地铁车站以及居民住宅楼的影响。

　　本文以葛洲坝国际广场南区项目基坑工程为背景，探讨武汉深厚承压含水层区域深基坑工程对地铁车站的保护措施，从而可为类似地层的基坑工程实施提供参考。

1　工程概况

1.1　工程信息概况

　　葛洲坝国际广场南区项目位于武汉市江汉区青年路航侧村，由一栋商务办公塔楼（190m），一栋 LOFT 居家办公塔楼（170m），以及 5～6 层商业裙楼组成。基坑面积约为32000m²，周长约为847m，整体设置 4 层地下室。裙楼区域开挖深度20m，塔楼区域开挖

　　作者简介：陈永才，硕士，主要从事地基基础与地下工程的设计研究。E-mail：yongcai_chen@arcplus.com.cn。

深度 21.6m。

1.2 环境概况

工程场地环境，如图 1 所示。基坑南侧、西侧和北侧为市政道路，市政道路下方埋设有较多的市政管线，东侧为待建空地，东南角为多层居民住宅楼。居民住宅楼（宇济花园）与基坑的最近距离约为 14m。基坑西侧为青年路，其下有地铁 2 号线范湖站及大量的市政管线。基坑北侧为马场角小路，其下有地铁 3 号线范湖站及大量的市政管线。

地铁 2 号线范湖站沿青年路布置，车站为地下 2 层车站，外包总长 224m，标准段宽 18.5m。范湖站主体基坑埋深约为 17m，采用 0.8m 厚地下连续墙作为车站围护结构，车站标准段地下连续墙有效深度 25.8m。本工程与范湖站最近距离约 31.8m，距离车站附属楼梯约 8m。地铁 2 号线范湖站与本工程地下室关系，如图 2 所示。

由于地铁 2、3 号线线路在青年路交叉，地铁 3 号线范湖站站前区间从 2 号线范湖站站前区间下方穿过，导致车站轨面埋深较大，车站为地下 3 层车站，站后设单渡线，外包总长 265.4m，标准段宽 21.7m。车站主体为三跨三层箱形钢筋混凝土结构，标准断面外包尺寸为 21.6×20.91m，顶板覆土约 3.6m，采用 C30、P8（地下 3 层为 P10）防水钢筋混凝土。地铁 3 号线范湖站主体基坑埋深约为 25m，采用 1m 厚地下连续墙作为车站围护结构，车站标准段地下连续墙深 49m，入岩不小于 2m。本工程与地铁 3 号线范湖站最近距离约 12m。地铁 3 号线范湖站与本工程地下室关系，如图 3 所示。

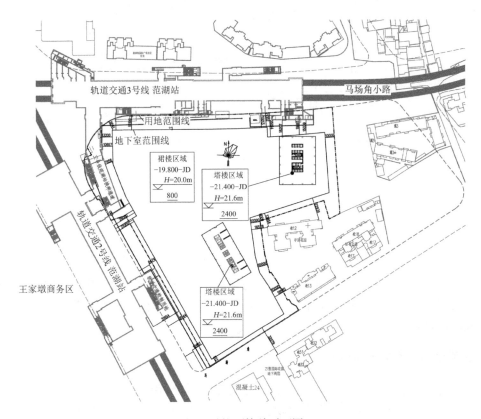

图 1　基坑环境总平面图

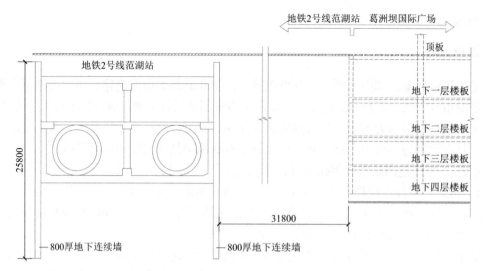

图 2　地铁 2 号线范湖站与本工程地下室剖面关系图

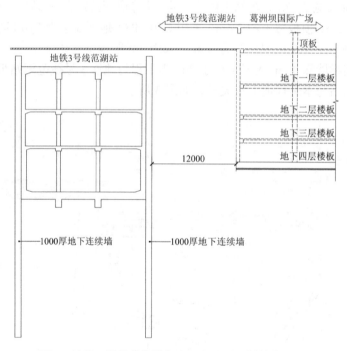

图 3　地铁 3 号线范湖站与本工程地下室剖面关系图

　　基坑北侧为地铁 3 号线范湖站,西侧为地铁 2 号线范湖站,相关管理部门对其变形控制要求极高,参照国内类似相关工程对地铁轨道变形的控制标准:地铁范湖站结构变形控制在 6mm 以内。

1.3　工程地质与水文地质概况

　　本场地除表层分布有杂填土外,上部土层为第四系全新统冲积成因一般黏性土及淤泥,中部土层为第四系全新统冲洪积成因砂性土(局部夹黏性土薄层),下伏基岩为志留系中统砂岩及泥岩。土层物理力学性质指标,见表 1。

土层物理力学性质指标   表 1

层序	土层名称	重度γ/（kN/m³）	φ/°	c/kPa	含水率w/%
①	杂填土	19.0	18.0	8.0	
②₁	黏土	18.71	10.0	17.0	31.4
②₂	淤泥质粘土	17.56	5.5	8.0	42.8
②₃	粉质黏土夹粉土	18.18	10.0	14.0	35.2
③₁	粉砂	19.0	32.0	0.0	
③₂	细砂	19.5	36.0	0.0	
③₃	砾砂	19.5	40.0	0.0	

场区内地下水类型主要为上层滞水和第四系孔隙承压水，其中上层滞水赋存于①层杂填土中，受大气降水和地表水影响，水量一般不大。第二层组黏性土属微透水层，为相对隔水层。第四系孔隙承压水赋存于下部砂性土层中，渗透系数 K 为 13.00m/d，影响半径 R 为 166m，主要接受侧向补给，与长江存在较密切水力联系，呈互补关系，年变化幅度为 3～4m。本工程基坑基底已进入承压含水层，抗承压水稳定性安全系数不满足相关规范要求，基坑工程将面临严峻的承压水影响问题，在基坑支护结构设计时必须对承压水层采取针对性措施。

2 基坑支护总体设计方案

本工程基坑面积巨大，基坑开挖深度也较大，周边环境极为复杂，在综合考虑技术、经济、工期以及环境保护的基础上，最终确定基坑周边采用地下连续墙作为围护体[5]，基坑内部设置三道钢筋混凝土支撑系统的顺作法设计方案。为控制承压水降水对周边环境的影响特别是对地铁车站的影响，基坑周边地下连续墙全部进入基岩，切断坑内外承压水的水力联系。总体设计方案剖面，如图 4 所示。

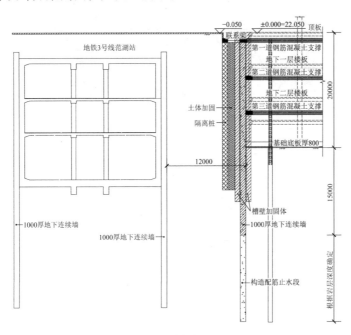

图 4 地铁侧剖面图

3 周边环境保护的针对性设计

在基坑支护设计过程中主要采取以下针对性措施：

（1）基坑支护设计采用刚度较大厚度为1000mm的地下连续墙；为控制地下连续墙施工对地铁车站的影响，在地下连续墙两侧设置三轴水泥土搅拌桩槽壁加固，防止地下连续墙成槽施工期间坍槽。地下连续墙节点，如图5所示。

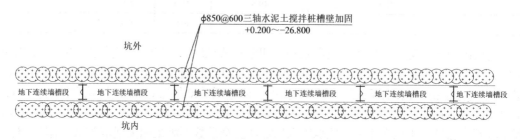

图 5　地下连续墙节点图

（2）采用刚度较大的钢筋混凝土支撑，竖向设置3道钢筋混凝土支撑，最大限度地增加地铁侧的支撑刚度，控制围护结构变形。

本工程基坑形状类似箭头，支撑布置采用直径 96m 的圆环结合两角部的对撑角撑系统，为加强圆环刚度，设置双圆环系统，内外圆环间距8m。由于圆环位于箭头部分，正对着两角部的径向杆件无法直接支顶到地下连续墙上，因此径向杆件通过两榀对撑过渡，以满足圆环均匀受力需要。两栋塔楼位于两角部，支撑采用对撑角撑布置，支撑杆件避开塔楼的所有竖向构件，达到不拆支撑即可向上施工塔楼结构的目的，从而加快塔楼的工期，如图6所示。

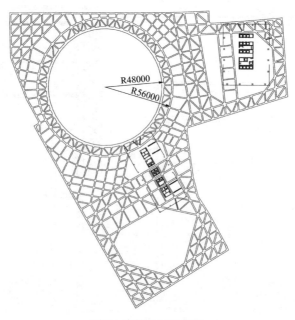

图 6　支撑平面示意图

（3）在地铁车站与隧道接口位置以及紧邻地铁附属结构区域设置直径1000mm的隔离桩，隔离桩中心间距2000mm，隔离桩底部进入地铁3号线基底下3m；隔离桩与地下连续墙槽壁加固之间土体全部进行加固处理。

（4）基坑开挖深度较大，需降低坑内的承压水头，为控制抽降承压水对保护对象的影响，采用落底式帷幕进行隔水，落底式地下连续墙帷幕进入中风化岩不小于0.5m。

（5）对基坑开挖对保护对象的影响进行数值模拟分析，计算结果显示，总位移能满足地铁规范的要求，即地铁隧道结构处于安全状态；围护结构最大变形为24.1mm，基坑开挖引起的地铁车站最大位移值出现在范湖站出口通道处，位移值为4.31mm；基坑开挖引起的地铁车站主体结构最大位移值为3.18mm，如图7~图9所示。

图7　有限元分析模型

图8　围护结构变形分析结果

图9　地铁车站变形分析结果

（6）对地铁车站及隧道布置监测点，并在施工过程中加强观测，根据监测结果及时调整施工参数，做到真正的信息化施工，确保地铁车站及隧道的安全。

4 承压水降压对重要及敏感环境影响的设计及技术对策

4.1 基坑面临的承压水问题

本工程承压水赋存于③₁层以下砂性地层及基岩裂隙中，含水量丰富且渗透系数较大，与长江水系有紧密的水力联系，并受其调节和控制，水文地质条件复杂。本工程基坑开挖面位于③₁层粉砂中，基坑开挖过程中会因揭露承压含水层而产生突涌现象，在基坑支护结构设计时必须对承压水层采取针对性措施。

若敞开降水，则对周边环境影响较大，特别是地铁车站及隧道区域，降水引起的变形将超出地铁的变形允许范围；并且本基坑工程面积较大，开挖深度亦较大，需要降水的时间较长，降水造成的环境影响将更大。

4.2 地下水处理方案

结合武汉地区基坑降水的工程经验以及本基坑工程降水引起的地面沉降预测可知，在未对地下水进行隔断的前提下即对承压水进行降水，将造成较大的地面沉降，且降水引起的变形将超出地铁的变形控制要求。为降低降水对周边环境的影响，本工程地下连续墙底部进入中风化泥岩不小于 0.5m，将基坑内外的地下水隔断。基坑内部布置了 40 口深度为 40m 的降水井，基坑开挖到底时仅需在塔楼深坑区域开启一口降水井，即可满足深坑开挖需要。

根据武汉众多基坑工程实践经验，采用落底式地下连续墙可有效地隔断坑内外的承压水水力联系，减小坑内降水对周边环境的影响。因此，在理论上可避免降水对地铁车站及隧道的影响。武汉绿地中心裙楼区域基坑面积 2.35 万 m²，基坑开挖深度 23.2m，采用落底式地下连续墙隔断坑内外的承压水，地下连续墙进入中风化岩不小于 0.5m，坑内设置 32 口降水井。基坑开挖至基底时，仅开启 5 口降水井，即可将坑内的地下水位维持在 27m。

5 基坑实施及监测结果分析

为了实时监控基坑本身的状态和对周边环境的影响，本工程对基坑和周边环境实施了全面监测，以指导基坑工程顺利实施。监测项目主要包括地下连续墙的深层位移、深层土体位移、支撑轴力、立柱沉降、地铁车站和周边市政管线的沉降和位移等。

本工程基坑开挖及支撑施工历时 8 个月，地下结构施工历时 5 个月，在此期间，地下连续墙墙身测斜最大为 12.3mm，坑外深层土体位移最大为 10.4mm，地铁车站最大水平位移 2.5mm，地铁隧道最大沉降约 3.5mm，收敛变形 0.3mm，道路和周边市政管线最大沉降 8.5mm，周边居民住宅楼最大沉降 7.5mm。抽降承压水期间，坑外承压水位变化在 500mm内。部分变形曲线，如图 10～图 13 所示。

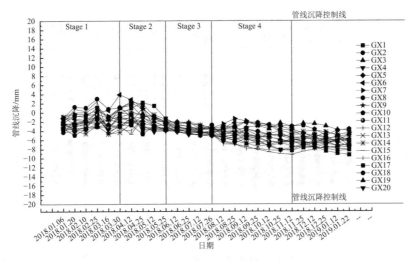

图 10 周边管线沉降历时曲线图

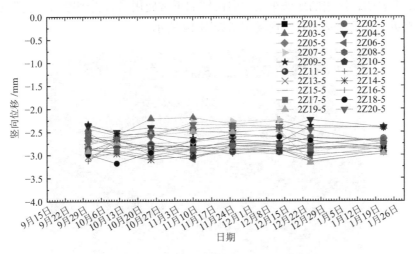

图 11 2 号线左侧隧道拱顶沉降时程曲线图

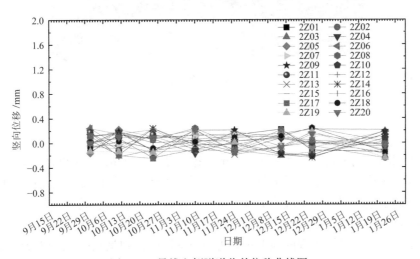

图 12 2 号线左侧隧道收敛位移曲线图

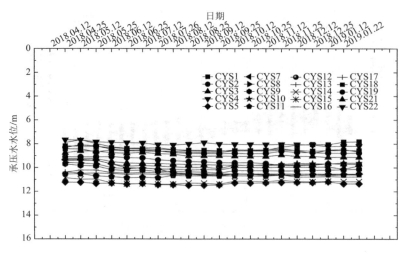

图 13 坑外承压水水位历时曲线图

监测结果表明，周边的地铁车站和居民楼的正常使用没有受到影响，说明本基坑工程设计非常成功。开挖至基底时，现场实景如图 14 所示。

图 14 现场实景

6 结语

葛洲坝国际广场项目基坑面积 3.8 万 m²，挖深 20～21.6m，西侧和北侧紧邻地铁车站，东南角紧邻居民住宅楼，环境保护要求高。针对周边环境的保护要求以及承压水控制采用了超深嵌岩地下连续墙作为基坑围护体，基坑竖向设置 3 道钢筋混凝土水平支撑，同时采用坑外隔离桩、地下水控制以及三维模拟分析等关键技术，对基坑工程施工进行了全过程的监测。结果表明，基坑工程的施工对周边环境的影响特别是地铁车站以及居民住宅楼的影响在可控范围内，本工程的设计和实施可作为同类基坑工程的参考。

参考文献

[1] 上海市住房和城乡建设管理委员会. 基坑工程技术标准: DG/TJ 08—61—2018[S]. 上海: 同济大学出版社, 2018.

[2] 刘国彬, 王卫东. 基坑工程手册[M]. 2 版. 北京: 中国建筑工业出版社, 2009.

[3] 王卫东, 沈健, 翁其平, 等. 基坑工程对邻近地铁隧道影响的分析与对策[J]. 岩土工程学报, 2006, 28(167): 1340-1345.

[4] 王卫东, 吴江斌, 翁其平. 基坑开挖卸载对地铁区间隧道影响的数值模拟[J]. 岩土力学, 2004, 11(S2): 251-255.

[5] 翁其平, 王卫东, 周建龙. 超深圆形基坑逆作法 "两墙合一" 地下连续墙设计[J]. 建筑结构学报, 2010, 31(5): 188-194.

杭州软黏土地区四层地下室开挖对地铁微变形控制设计与实测

何彦承[1]，刘红梅[2]，童磊[1]，楼恺俊[1]，彭宏[2]，刘兴旺[1]

（1. 浙江省建筑设计研究院有限公司，浙江 杭州 310006；

2. 殷隆置业（杭州）有限公司，浙江 杭州 310005）

摘 要：本文以杭州嘉里城项目商业地块四层地下室项目为例，提出地铁运营微变形控制要求下地下室基坑设计及分坑开挖方案，采用现场实测方法对深厚软黏土地质条件下基坑工程围护结构变形和内力进行分析。分析结果表明，设计阶段提出的地下空间开发控制性界限对地铁微变形保护起到了指导性作用，后期施工阶段采用多项措施使基坑围护结构实测变形与设计预测值较为吻合，落实了地铁微变形保护控制要求。

关键词：深基坑；围护结构；微变形保护

0 引言

近年来，随着城市地铁运营线路的不断增长以及核心区可利用空间的持续下降，地铁设施周边的建设开发强度不断提高，涌现出大量紧邻地铁设施的深大基坑工程。深大基坑工程在实施期间将改变周边岩土体应力场，引起相应的位移场，并影响地下水的赋存、运移状态，进而改变邻近地铁设施所处的岩土环境，打破其现有平衡状态，使其产生附加的结构应力、应变，最终可能导致结构病害的产生。软黏土由于其强度低、灵敏度高等特征，其受外部工程建设影响后将产生较一般土层更为广泛且持久的应力、应变影响。因此，深厚软黏土中工程建设对邻近地铁设施的保护已成为城市建设过程中的重点问题[1-5]。

图 1 杭州嘉里城项目商业地块
效果图

本文以杭州嘉里城项目商业地块（图 1）四层地下室为例，在地铁微变形控制要求下，提出地下空间控制性开发界线及深基坑设计、施工专项技术，并将施工实测结果与设计前期预测结果相对比。研究成果可为深厚软黏土地质中地铁设施微变形控制保护技术提供参考。

1 工程概况

1.1 项目概况

杭州嘉里城项目紧邻杭州地铁 5 号线杭氧站，其总建筑面积 25.4 万 m²。其中商业地

基金项目：浙江省建设科研项目（2023K090）。

通讯作者：童磊，博士，正高级工程师，E-mail：tonglei@ziad.cn。

块下设四层地下室,如图 2 所示,基坑面积约 27700m²,标准开挖深度 20.5m,最深处 25.0m。

基坑与地铁车站最近距离 16.9m,盾构隧道最近距离 26.8m,设两处连通道与地铁出入口对接,出入口最近距离 12.4m。

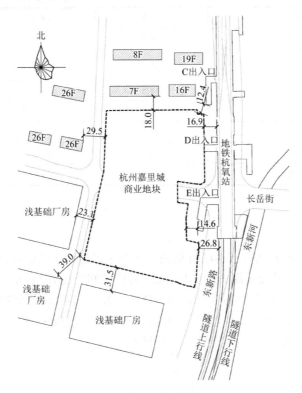

图 2　基坑周边环境(单位:m)

1.2　地质概况

结合工程地质勘察报告,场区地层条件复杂,地基场地类别为Ⅲ类,属软弱土场地。场地地层主要由填土、淤泥质黏土、粉质黏土和圆砾等组成,其中邻地铁侧淤泥质软黏土厚度约 16~24m,具有含水量高、孔隙比大、压缩性高、抗剪强度低、灵敏度高的特点。场区地下水主要为潜水与承压水,潜水水位埋深 0.47~1.90m,承压水赋存于⑨₃层圆砾中,水位高程-4.56~-4.26m。各土层物理性质参数,如表 1 所示。

土层主要物理力学参数　　　　　　　　　　　　　　　表 1

土层名称	天然重度γ/(kN/m³)	直剪固快	
		黏聚力c/kPa	内摩擦角φ/°
①₁杂填土	(18.5)	(5)	(12.5)
①₂素填土	(18.2)	(10)	(12.0)
①₃淤填土	(16.5)	(8)	(8.0)
②粉质黏土夹黏质粉土	18.5	14.3	16.1
④₁淤泥质黏土	16.5	8.8	8.5
④₂淤泥质粉质黏土夹粉土	17.7	12.3	13.2

土层名称	天然重度γ/（kN/m³）	直剪固快	
		黏聚力c/kPa	内摩擦角φ/°
④₃淤泥质粉质黏土	17.7	14.5	12.7
⑤₁粉质黏土	18.7	38.6	18.1
⑤₂粉质黏土夹黏质粉土	18.4	41.0	18.2
⑦₁粉质黏土	18.5	39.5	17.8
⑦₂粉质黏土夹粉砂	19.2	34.5	19.9
⑧粉质黏土	17.9	24.6	14.7
⑨₁粉质黏土	18.9	38.2	18.9
⑨₂含砂粉质黏土	19.3	24.5	22.8

注：括号内为经验值。

1.3 地铁设施概况

杭州地铁 5 号线杭氧站位于本项目东侧，车站主体为地下两层双柱三跨型车站，站长 483.6m，站宽 21.3m，底板埋深 16.3～18.4m。盾构区间外径 6200mm，内径 5500mm，衬砌采用 C50 混凝土错缝拼装，壁厚 350mm，环宽 1.2m，连接采用 M30 螺栓，埋深 10.1～12.0m。附属结构中，D、E 出入口正对本基坑，底板埋深约 9m，无桩基，原围护 SMW 工法桩 H 型钢已拔除。地铁设施典型剖面，如图 3 所示。

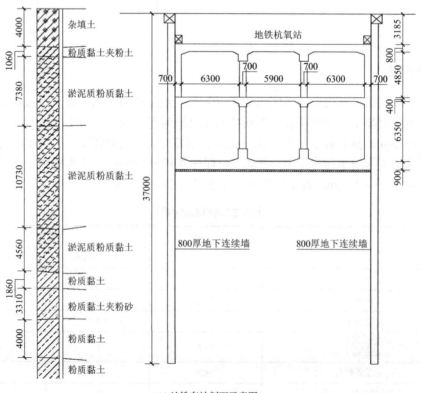

(a) 地铁车站剖面示意图

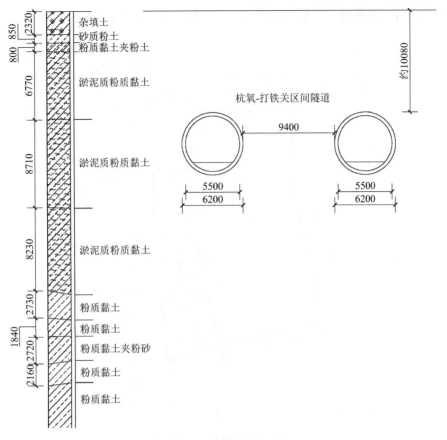

(b) 地铁区间隧道剖面示意图

图 3　地铁设施典型剖面图（单位：mm）

前期地铁施工期间，邻近本项目的杭氧站基坑围护墙深层水平位移平均值为 4.06‰H，极值为 6.74‰H。如项目实施期间出现类似变形，经试算，地铁盾构变形将达到 16～21mm 水平位移，地铁运营将遭遇重大挑战。根据本项目地铁安全预评估报告要求[6]，本项目轨交设施变形控制标准严格，如表 2 所示，因此针对该微变形保护要求对基坑设计与施工提出了精细化控制的要求。

地铁设施变形控制标准　　　　　　　　　　　表 2

保护对象	控制标准/mm		
	水平变形	竖向变形	收敛变形
车站主体	±5	±5	—
盾构隧道	±8	±10	±8

2　基坑设计及施工方案

2.1　基坑设计方案

为充分利用深基坑时空效应，降低地铁设施旁侧基坑卸荷的影响，本项目基坑共划分为 5 个分坑，分 3 批次施工。基坑平面尺寸及分坑设置，如图 4 所示。

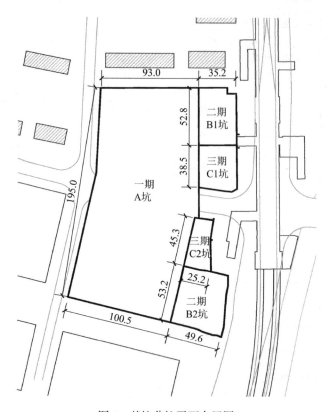

图 4　基坑分坑平面布置图

本项目基坑围护主要采用地下连续墙结合四道内支撑的形式，顺作法施工。地下连续墙厚度 1000～1200mm（其中 5-2、5-3 分坑邻地铁一侧墙厚 1200mm，并采用 TRD 作为邻地铁侧止水帷幕），墙底进入⑨₁粉质黏土或⑨₂含砂粉质黏土层。

A 分坑的第 1～3 道支撑为钢筋混凝土支撑，第 4 道支撑为钢筋混凝土支撑与预应力型钢组合支撑相结合；其中对撑区域设有可供车辆由地面行驶至第 4 道支撑标高的环形栈桥坡道。B1、B2、C1、C2 分坑第 1～2 道支撑为钢筋混凝土支撑，第 3～4 道支撑为预应力型钢组合支撑。

本项目型钢组合支撑一般采用单层拼装布置，邻近地铁区间隧道的 B2 分坑第 4 道型钢组合支撑则采用双层拼装布置。型钢组合支撑杆件及型钢围檩均采用规格为 H400×400×13×21 的型钢，钢材材质均为 Q345b。所有钢构件均以 10.9 级 M24×8.0 高强螺栓连接，螺栓材料为 20MnTiB。型钢支撑预应力分级施加，依次为总预应力的 20%、50% 和 30%。型钢支撑轴力伺服系统具备 24h 实时监控以及低压自动补偿、高压自动报警等功能。伺服系统由无线分布式泵站组成，独立控制各油路通道，实现对千斤顶进行油压和行程的双控。

基坑另设有软黏土层被动区土体加固、地中壁（A、B2 分坑）以及基坑底被动区加强措施。

基坑支撑平面布置及邻地铁侧基坑围护剖面，如图 5、图 6 所示。

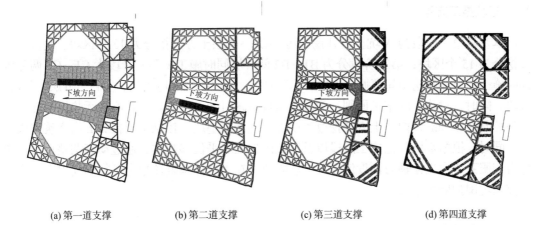

(a) 第一道支撑   (b) 第二道支撑   (c) 第三道支撑   (d) 第四道支撑

图 5　基坑各道支撑平面图

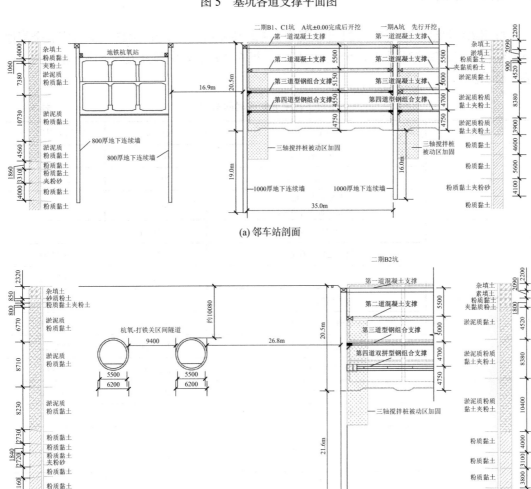

(a) 邻车站剖面

(b) 邻盾构隧道剖面

图 6　基坑围护剖面设计方案

2.2 基坑施工方案

本基坑第一阶段为 A 坑土方开挖，其中第 1～4 层土方开挖分为 13 个区块，底板土方开挖分为 15 个区块；第二阶段分为 B1、B2 两分坑同时施工；第三阶段为 C1、C2 两分坑同时施工。土方开挖期间遵循"先撑后挖"原则，按照时空效应理论，实行"分层、分段、分块、限时、对称"的施工原则。为减少基坑暴露时间，控制环境影响，无垫层基底暴露面积控制在 250m² 以内，土方开挖过程中随挖随浇捣垫层，控制垫层在 24h 内浇筑完成。

同时，根据基坑开挖施工阶段以及基坑围护墙水平位移数据，通过动态调整钢支撑预应力伺服系统中支撑轴力预设值以及波动限值，在支撑体系整体稳定可靠的前提下，有效管控基坑围护墙水平变形。

3 项目实施效果

杭州嘉里城商业地块于 2021 年 1 月开始基坑围护桩施工，至 2023 年 6 月完成全部地下室结构施工，整个项目地下室施工共用时 2 年 6 个月。其中部分关键工序起止时间，如表 3 所示。

基坑工程主要阶段时间节点 表 3

分坑	施工阶段	起始时间	结束时间
A 分坑	围护结构施工	2021.01	2021.05
	土方开挖至坑底	2021.06	2021.12
	基础底板施工 至完成地下室结构	2021.12	2022.07
B1、B2 分坑	围护结构施工	2021.04	2021.06
	第三道钢支撑施工	2022.09	2022.09
	第四道钢支撑施工	2022.09	2022.10
	基础底板施工	2022.10	2022.11
	第四道钢支撑拆除	2022.11	2022.11
	第三道钢支撑拆除	2022.11	2022.12
	地下室顶板施工完成	2023.01	2023.01
C1、C2 分坑	围护结构施工	2021.04	2021.06
	第三道钢支撑施工	2023.02	2023.02
	第四道钢支撑施工	2023.02	2023.03
	基础底板施工	2023.03	2023.03
	第四道钢支撑拆除	2023.03	2023.04
	第三道钢支撑拆除	2023.04	2023.04
	地下室顶板施工完成	2023.05	2023.06

本项目实施期间，通过对时空效应的充分利用，深大基坑开挖过程中围护墙水平变形

及对周边环境的影响得到了较好的控制。

根据本项目基坑围护监测数据：A 分坑实施期间邻地铁侧围护墙深层水平位移最大值为 42.89mm；B1、C1 分坑实施期间邻地铁侧围护墙深层水平位移最大值为 40.08mm，对应位置地表沉降约 4.65mm；B2、C2 分坑实施期间邻地铁侧围护墙深层水平位移最大值为 37.26mm，对应位置地表沉降约 9.69mm。综上，邻地铁车站位置以及邻盾构隧道围护墙最大深层水平位移与基坑开挖深度的比例分别为 1.96‰、1.82‰，变形控制成果总体较为理想。

邻近地铁盾构隧道的 B2 坑东侧围护墙深层水平位移测点（编号 CX5-5）以及地铁设施变形监测点的平面位置，如图 7 所示。

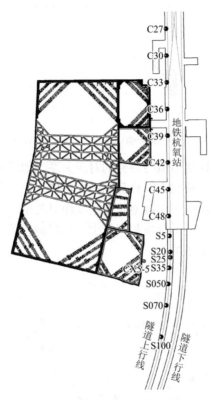

图 7　基坑及地铁典型监测点位布置

各主要工况下 B2 坑东侧围护墙深层水平位移（编号 CX5-5）沿深度分布的曲线，如图 8 所示。该剖面采用 1200mm 厚地下连续墙，第 1～2 道为钢筋混凝土支撑、第 3～4 道为预应力型钢组合支撑。由图可见，第三、四道型钢组合支撑架设完成并按设计要求施加预应力后，基坑围护墙变形较小（约 17.0mm）；支撑拆除阶段，围护墙在约 10～15m 深度范围内发生一定的水平位移增量，并在地下室结构施工完成后基本达到稳定。

在本项目实施后，地铁车站及盾构隧道的最大累计变形均未超地铁安全评估控制值，具体如下所述。地铁杭氧站上行线竖向位移−2.8mm，水平位移 3.2mm；下行线竖向位移 −2.3mm，水平位移 3.2mm。杭氧—打铁关区间隧道上行线竖向位移−5.8mm，水平位移 4.4mm，水平收敛 6.0mm；下行线竖向位移−2.8mm，水平位移 2.9mm，水平收敛 3.3mm。由此可见，邻近本项目的上行线地铁设施最终累计变形值较下行线普遍更大，以下主要对上行线地铁设施的变形进行进一步分析。

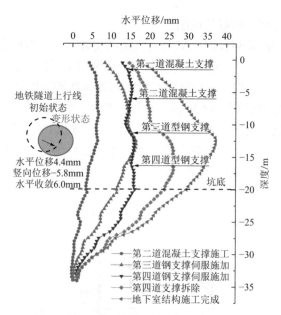

图8 基坑围护墙深层水平位移（CX5-5）

上行线地铁设施最终累计变形值与环号的对应关系，如图9所示。地铁车站结构由于外围地下连续墙的隔离作用以及较大的自身刚度，整体水平、竖向位移值均较小；采用预制管片并经螺栓拼接而成的地铁盾构隧道总体刚度相对较小，其变形值在 B2 分坑正投影对应范围（环号 S5～S50）的变形数据相对较大，且竖向位移、水平位移收敛变形三项数据的绝对值在空间上基本呈正相关。

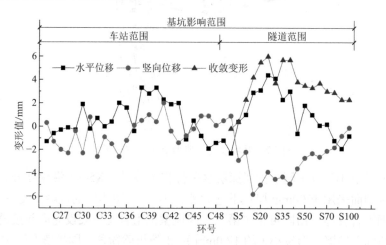

图9 上行线地铁设施变形值与环号关系

此处以各项变形数据均较大的 S25 隧道测点为典型样本，梳理其各项变形数据随本项目施工工序推进的时程曲线，如图10所示。

由图10可见，本项目围护结构施工以及远离地铁的 A 坑实施期间，地铁盾构隧道变形数据基本稳定，竖向位移控制在±2mm 内，水平位移及收敛变形均控制在±4mm 内。随着邻地铁侧 B2、C2 分坑的施工，各项变形数据进入了增长区间；尤其是最邻近盾构隧道的 B2 分坑实施期间，各项数据均有约 3mm 增量。

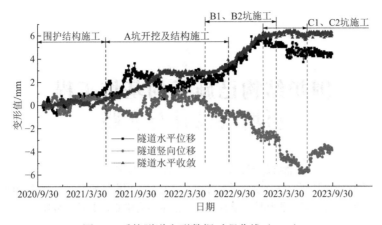

图 10　盾构隧道变形数据时程曲线（S25）

4　结语

　　本文以位于杭州市区的嘉里城商业地块四层地下室深基坑工程为例，为有效控制软黏土中深基坑工程实施期间的围护结构变形及对周边地铁设施的影响，通过合理设计基坑分坑、环形栈桥坡道等手段充分利用了时空效应，并采用动态跟踪围护结构变形、实时调整轴力预加值的预应力伺服钢支撑系统以针对性补偿地铁侧土体水平位移场。基坑工程完成后，其围护墙的最大深层水平位移由早期预测的 4.06‰H（根据相邻地铁车站基坑实施期间围护墙深层水平位移平均值计算）控制到实测的 2.00‰H 以内。

　　同时，根据早期开展的本项目对地铁设施影响可行性研究：邻近地铁设施的深厚软黏土基坑在围护结构水平变形控制到 2.0‰H 以内时，尚应有足够的安全距离以确保地铁设施的变形符合其运营保护要求。本项目在建筑设计阶段采纳了可行性研究阶段的地下室建筑边线涉地铁退界建议，为基坑与地铁设施之间预留了合理的缓冲空间。

　　最终，本项目实施期间地铁车站及盾构隧道的各项累计变形数据均小于地铁安全评估阶段的控制值，取得了较理想的地铁设施保护成果。

参考文献

[1]　翁其平, 王卫东. 软土超深基坑工程关键技术问题研究[J]. 地基处理, 2024(1): 6.

[2]　王卫东, 沈健, 翁其平, 等. 基坑工程对邻近地铁隧道影响的分析与对策[J]. 岩土工程学报, 2006, 28(B11): 6.

[3]　饶勤波, 过锦, 俞建霖. 大型基坑开挖对邻近隧道的影响分析[J]. 地基处理, 2022(5): 4.

[4]　郑刚. 软土地区基坑工程变形控制方法及工程应用[J]. 岩土工程学报, 2022, 44(1): 1-36.

[5]　郑翔, 汤继新, 成怡冲, 等. 软土地区地铁车站深基坑施工全过程对邻近建筑物影响实测分析[J]. 建筑结构, 2021, 51(10): 128-134.

[6]　杭政储出[2019]31 号地块 (城市之星) 项目施工对既有轨道交通设施影响安全预评估报告[R]. 杭州: 中国电建集团华东勘测设计研究院有限公司, 2020.

[7]　徐中华, 王卫东. 敏感环境下基坑数值分析中土体本构模型的选择[J]. 岩土力学, 2010, 31(1): 258-264.

围护结构已施工的基坑工程
再增层设计与实践

常林越 [1,2]，周鼎 [1,2]，戴斌 [1,2]，聂书博 [1,2]
（1. 华东建筑设计研究院有限公司上海地下空间与工程设计研究院，上海 200011；
2. 上海基坑工程环境安全控制工程技术研究中心，上海 200011）

摘　要： 九江市中心某深基坑面积约 1.88 万 m²，开挖深度 13.95～19.15m，距长江最近仅 300m，是当时九江地区规模最大的深基坑工程。基坑形状不规则，基底上下分布有较厚淤泥质粉质黏土，深层圆砾存在需要降压控制的微承压水，基坑周边环境保护要求高。在基坑周边围护体大部分已施工完成的情形下，地下室结构由两层调整为三层，基坑开挖深度由 11.55～17.45m 增加到 13.95～19.15m。针对此变更，设计通过支撑体系加强、隔水帷幕补强等措施实现了已施工围护体满足受力、稳定性和潜水降水的控制要求，并对深层承压水降水进行了现场抽水试验和数值模拟分析，满足了承压水按需降压和周边环境的保护要求。该深基坑工程的成功实施为当地类似项目积累了经验，具有较高的借鉴意义。
关键词： 深大基坑；淤泥质土；地下室增层；承压水控制；环境影响

0　前言

本项目位于九江市中心，距离长江约 300m。项目是集办公（地上 36 层）、酒店（地上 22 层）和商业的综合体，总建筑面积约 17.6 万 m²，整体设置 3 层地下室，是九江市首座超高层综合体。基坑面积约 1.88 万 m²，开挖深度 13.95～19.15m。基坑形状不规则，基底开挖面上下为平均厚度 15m 的流塑状淤泥质粉质黏土，周边环境条件复杂，且实施过程中主体地下室结构设计发生变更，给基坑工程后续实施带来挑战。针对地下室结构调整引起的挖深增加以及现场施工现状，从设计角度提出系列应对措施，以保障基坑工程的安全。该工程是当时九江地区规模最大的基坑工程，项目的顺利实施为当地类似基坑工程积累了经验。

1　工程概况

1.1　环境概况

基坑平面及周边环境，如图 1 所示。基坑北侧地下室周边邻近多栋建筑物，如表 1 所示，其中电力大酒店采用条形基础，距基坑最近仅约 7.1m。基坑西侧为市政道路，距基坑最近约 8.2m；道路下埋设有 2 根市政给水管，距基坑最近约 10m；道路外建筑物采用桩基础，距基坑最近约 32.2m。基坑南侧为市政道路，距基坑最近约 10m；道路下埋设市政给水管和电缆，距基坑最近约 10.6m；道路外侧建筑物较多，距基坑最近约 35m。基坑东侧为市政道路，距基坑最近约 9.5m；道路下埋设有多条电缆管线，距基坑最近约 2.1m；道路外侧建筑物较多，距基坑最近约39m。总体而言，基坑周边环境条件复杂，北侧建筑物和其余侧市政道路及管线均位于2倍基坑开挖深度范围，是基坑实施期间的重点保护对象[1]。

图1　基坑环境平面示意图

基坑北侧建筑物信息　　　　　　　　　　　　　　　表1

建筑物名称	建设年代	层数	结构体系	基础类型	外观	距基坑距离/m
电力大酒店	20世纪80年代初	3	砖混	条基	无开裂	7.1
中海大酒店	2007年	7~8	框架	桩基	无开裂	12.3
电力宾馆	20世纪80年代初	8	框架	桩基	无开裂	18.6

1.2　地质概况

基坑工程所在场地距长江最近约300m，属长江Ⅰ级阶地。据勘察钻探揭露，场地由浅至深分布①层杂填土、②$_1$层和②$_2$层粉质黏土、②$_3$层淤泥质粉质黏土、②$_4$层圆砾、③层粉质黏土，下卧基岩为全风化粉砂岩、强风化及中风化灰质砾岩，地层分布如图2所示，主要物理力学指标如表2所示，表中E_s为土体压缩模量，c为土体直剪固结快剪黏聚力，φ为土体直剪固结快剪内摩擦角。基坑开挖基底上下分布有较厚的②$_3$层淤泥质粉质黏土层，平均厚度约15m，该土层压缩性高、含水量大，呈流塑状，对基坑工程安全和变形控制不利。②$_4$层圆砾为微承压含水层，渗透系数较大，初步验算局部深坑区域不满足抗承压水突涌稳定性要求，需要对承压水进行针对性处理。

土层物理力学指标　　　　　　　　　　　　　　　表2

土层	平均层厚/m	重度/（kN/m³）	E_s/MPa	c/kPa	φ/°
①	3.5	18.0	—	—	—
②$_1$	6.7	19.0	5.6	21.3	10.8
②$_2$	2.7	19.5	7.5	28.7	19.3
②$_3$	15.0	18.2	4.0	6.1	8.5
②$_4$	3.2	18.0	—	0	30.0
③	7.8	19.6	11.6	48.3	19.8

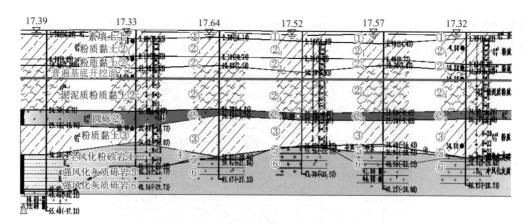

图 2   地层剖面图

2   地下结构调整前基坑支护方案

该项目地下室原整体设置两层，基坑总体分为 A、B 两个区域，如图 3 所示，A 区普遍区域挖深 11.55～12.25m，酒店公寓区域挖深 13.45～16.45m，塔楼区域挖深 14.05～17.45m；B 区挖深 13.25～13.75m。结合基坑轮廓形状、场地地质条件以及周边环境保护要求，基坑总体选用顺作实施方案，周边采用钻孔灌注桩结合三轴水泥土搅拌桩隔水帷幕作为围护体，基坑内部整体设置两道钢筋混凝土水平支撑，局部落深坑区域设置第三道支撑。

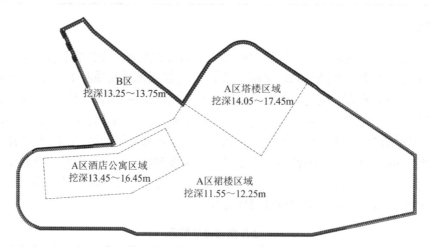

图 3   地下结构调整前基坑挖深平面示意图

2.1   原围护结构设计

本工程基底上下存在较厚的②₃层淤泥质粉质黏土层，物理力学性质差，是基坑围护结构设计的控制性地层。根据规范[2]中基坑各项稳定性控制要求和基坑变形控制要求，结合各区域开挖深度，采用直径 1000～1200mm 的钻孔灌注桩作为围护结构，桩端进入②₄层圆砾不少于 1.5m。灌注桩外侧设置三轴水泥土搅拌桩作为隔水帷幕，帷幕进入基底以下不小于 6.0m，基坑典型围护剖面如图 4 所示。

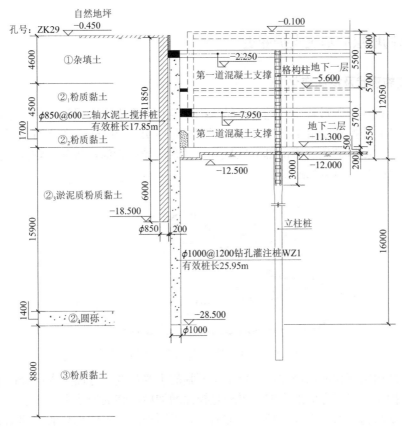

图4 基坑支护剖面图

2.2 原支撑结构设计

结合围护结构变形控制要求，基坑内部整体设置两道钢筋混凝土支撑，A区塔楼和B区挖深较大处增设第三道支撑。首道支撑结合施工栈桥进行设计，如图5所示，基坑北侧不规则区域通过设置东西向对撑提升支护结构的整体刚度。

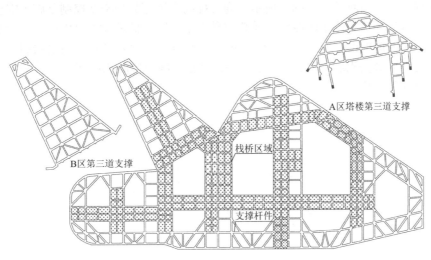

图5 支撑平面示意图

3 地下结构增层后基坑支护变更

3.1 基坑实施现状及挖深变化

在基坑围护体施工过程中，地下室结构因建筑功能需求发生设计变更，整体由两层调整为三层，基底开挖深度由 11.55～17.45m 增加到 13.95～19.15m，如图 6 所示。此时除邻近 A 区塔楼和 A 区酒店公寓的部分区域外，其余区域围护灌注桩和三轴搅拌桩隔水帷幕（按原地下两层设计）均已施工完毕。

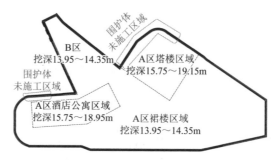

图 6　地下结构调整后基坑挖深平面示意图

地下室结构层数和埋深增加后基坑工程面临的主要难题一方面是大部分按地下两层挖深设计的围护体已施工完成的影响，另外是挖深增加后面临的地下水（浅层潜水和深层微承压水）控制问题。因此需复核挖深增加后已施工围护灌注桩的承载能力和稳定性，并采取有效地增强措施；另外需采取措施对已施工的隔水帷幕作接长加深，同时需分析挖深增加后承压水降水对周边环境的影响[3]。

3.2 已施工围护桩受力及稳定性复核

考虑到地下室结构调整后，基坑开挖深度普遍达到 14m 以上，基坑支撑道数由普遍两道增加为普遍三道，第三道支撑如图 7 所示。在 A 区塔楼区域和酒店公寓区域局部增加第四道落深坑支撑，剖面示意如图 8 所示，通过提高支撑道数和刚度控制已施工围护桩的变形和受力。本工程基底位于较厚淤泥质粉质黏土中，围护桩桩长主要由坑底抗隆起稳定性指标控制，原围护桩设计嵌入②$_4$圆砾层不少于 1.5m。经复核计算，通过增加支撑道数以及围护桩已嵌入②$_4$圆砾层的设计控制条件，已施工围护桩的长度和受力满足开挖深度增大后的稳定性和承载要求。

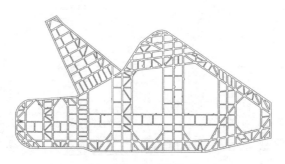

图 7　增加的第三道支撑平面示意图

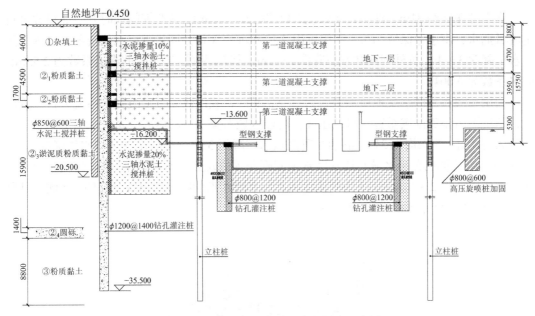

图 8　地下室调整后塔楼区支护剖面示意图

3.3　已施工隔水帷幕补强设计

基坑开挖深度增加后，普遍区域已施工隔水帷幕相比贴边承台底仅深 3.7m。为控制基坑浅层潜水降水隔水帷幕插入深度的需求，需加深隔水帷幕长度，为此在已施工围护桩和隔水帷幕间增加直径 1000mm 的高压旋喷桩加深隔水帷幕，如图 9 所示，高压旋喷桩竖向标高范围为基础底板顶面至基底以下 7m。高压旋喷桩施工采用三重管法[4]，以确保成桩质量。

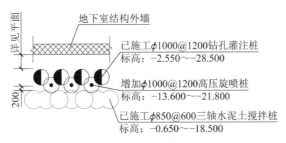

图 9　隔水帷幕补强示意图

3.4　微承压水控制降水设计

场地②₄层圆砾为微承压含水层，地下室调整后局部深坑开挖深度达 19.15m，承压含水层顶面埋深约 25.30m，实测微承压水水头埋深约 6.8m，基坑不满足抗承压水突涌稳定性要求，需要对承压水进行针对性处理。考虑到②₄层圆砾平均厚度约 3.2m，地层物理力学性质较好，原基坑方案未采用隔水帷幕隔断该地层，考虑采用减压深井进行"按需降水"，从而实现对承压水的控制。为评估基坑挖深增加后承压水降水对周边环境的影响，首先利用降水井开展了群井抽水试验，而后基于群井抽水试验反演得到的水文地质参数开展三维渗流分析和沉降计算[5]。

降水井深度约 31m，滤头置于②₄层（深度 25～30m）。试验期间同时开启 3 口井进行定流量抽水，出水量保持 2t/h，利用坑内 2 口和坑外 3 口井同步进行水位观测，坑内观测井水位降深 3～4m，坑外观测井水位降深 2～3m，反演得到②₄层圆砾的渗透系数为 2.5m/d，贮水系数为 0.0015。

利用反演得到的水文地质参数，通过 ModFlow 软件建立了基坑降水渗流分析三维模型，基坑酒店公寓区域布置 6 口减压井，塔楼区域布置 7 口减压井，基坑东南侧布置 1 口观测兼备用井，井深均为 31m。酒店公寓区域水位降深 3.2～8.2m，塔楼区域水位降深 3.3～7.7m。图 10 为酒店公寓区域承压水降水期间降深等值线分布图，北侧浅基础建筑物分布区域水位最大降深 2～3m。图 11 为塔楼区域承压水降水期间降深等值线分布图，北侧浅基础建筑物分布区域水位最大降深 0～1m。

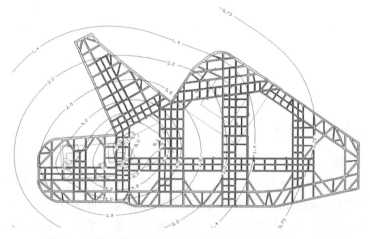

图 10　酒店公寓区域承压水降深等值线图（单位：m）

图 11　塔楼区域承压水降深等值线图（单位：m）

根据降水引起的坑外水位变化，利用分层总和法进一步预测坑外土体的沉降，如图 12 所示，基坑周边土体最大沉降 2～3cm，北侧浅基础建筑物分布区域地面沉降 1～2cm，均在可控范围内，因此基坑挖深增加后采用按需降压的方案满足周边环境的保护要求。

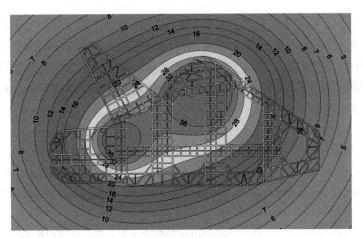

图 12 基坑降水引起地面沉降预测（单位：mm）

4 基坑实施效果

该项目基坑已实施完成，基坑实施期间对周边环境影响总体安全可控，图 13 为本项目基坑开挖至基底后施工实景照片。基坑北侧邻浅基础建筑区域围护桩最大水平位移约 5～6cm，电力大酒店（天然基础）最大沉降约 4cm，电力宾馆（桩基础）最大沉降变形约 0.8cm。

图 13 基坑实施照片

5 结语

该项目是当时九江地区规模最大的深基坑工程，在基坑周边围护体大部分已施工完成的情形下，地下室结构由整体两层调整为三层，基坑开挖深度由 11.55～17.45m 增加到 13.95～19.15m。针对此变更，设计采用将支撑体系由整体两道增加为三道（局部深坑增设第四道）、围护桩和搅拌桩之间增设高压旋喷桩加深帷幕等措施实现了已施工围护体满足受力、稳定性和潜水降水的控制要求；对深层微承压含水层开展了群井抽水试验，得到了关键水文地质参数，并开展了基坑降水影响的模拟分析，为基坑挖深增加后承压水按需降压和周边环境保护提供了依据。基坑工程已安全顺利实施完成，基坑北侧邻浅基础建筑区域围护桩最大水平位移约 5～6cm，浅基础建筑最大沉降约 4cm。本项目的成功实施为当地类似基坑工程积累了经验。

参考文献

[1] Wang J H, Xu Z H, Wang W D. Wall and ground movements due to deep excavations in Shanghai soft soils[J]. Journal of Geotechnical and Geoenvironmental Engineering, ASCE, 2010, 136(7): 985-994.

[2] 住房和城乡建设部. 建筑基坑支护技术规程: JGJ 120—2012[S]. 北京: 中国建筑工业出版社, 2012.

[3] 郑启宇, 夏小和, 李明广, 等. 深基坑降承压水对墙体变形和地表沉降的影响[J]. 上海交通大学学报, 2020, 54(10): 1094-1100.

[4] 蔡德庆. 灌注桩和高压旋喷桩组合止水帷幕在邻江深基坑中的探究[J]. 建筑技术开发, 2022, 49(12): 158-162.

[5] 王卫东. 软土深基坑变形及环境影响分析方法与控制技术[J]. 岩土工程学报, 2024, 46(1): 1-25.

双排钢板桩围堰在深基坑复合支护体系中的应用

熊宗海 1,2，莫云 2，王娴婕 3，崔泽恒 3

（1. 武汉科技大学资源与环境工程学院，湖北 武汉 430074；

2. 武汉丰达地质工程有限公司，湖北 武汉 430074；3. 中国建筑国际集团有限公司，北京 100039）

摘 要：以新河大桥桥墩深基坑工程双排钢板桩围堰为背景，介绍深厚软土地基中双排钢板桩围堰在深基坑中的应用。因 11 号桥墩基础位置特殊，设计时分迎水面和背水面展开，利用不同的计算模型进行双排钢板桩各侧的稳定性、位移与变形计算。为研究双排钢板桩围堰结构安全性，考虑反压土体对围堰的影响，进行抗倾覆和整体稳定验算，并利用 ABAQUS 有限元软件对基坑开挖中围堰施工全过程进行数值分析，得到不同施工工况下钢板桩、拉杆的受力状态以及围堰变形情况，即满足各种规范要求。借此验证以上提出的计算模型是可信、可靠的。

关键词：围堰；双排钢板桩；反压土体；整体稳定性；有限元分析

0 引言

钢板桩最早于 20 世纪初在欧洲生产，并逐步在欧美、日本等国家和地区的临时性和永久性工程中得到广泛使用。1897 年德国拉森发明了钢板桩[1]；Blum[2]（1931）最早对 U 形钢板桩抗弯刚度的折减问题进行了研究。

围堰是为建造永久性水利设施修建的临时性围护结构，其作用是防止水和土进入建筑物的修建位置，以便在围堰内排水、开挖基坑、修筑建筑物。在我国，钢板桩围堰在水利工程以外的行业，主要用于深水基础施工。为了提高钢板桩围堰的稳定性，围堰通常采用双排钢板桩的形式。双排钢板桩围堰作为一种新型结构形式，不但完善单排钢板桩围堰的不足，并且在投入资金上与单排钢板桩围堰相差无几，因此具有较高的应用价值[3,4]。

国内也对此展开研究如：杜闯等[5]采用 ANSYS 有限元软件以天津海河特大桥 R 号 38 墩基础的钢板桩围堰为工程实例建立钢板桩围堰空间有限元模型，分析 4 种工况下钢板桩围堰的应力和变形；徐顺平和戴小松等[6]基于东湖通道围堰工程，对双排钢板桩围堰"前短后长"和"前长后短"两种结构形式进行变形特性分析和探讨，利用 ABAQUS 进行数值模拟，分析软土地基双排钢板桩围堰在 5 种不同抽水速率工况下变形及受力情况。

然而，本文依托武汉新河大桥桥墩深基坑工程，结合工程计算软件和数值模拟，对该多级支护体系中由双排钢板桩构成的"围堰支护体系"进行重点研究。提出多种计算模型，分析其受力、变形及稳定性，为有双排钢板桩围堰的深基坑工程提供借鉴。

1 工程概况

武汉市汉口至阳逻江北快速路（二七长江大桥至余泊大道）工程是武汉市交通规划"四

环十七射"的重要组成部分，承担着城市北向快速交通走廊的功能。其中新河大桥段为该快速路的重要组成部分，新河大桥位于长江北岸新河河口处，基坑东北侧为新河，新河岸边为整平的填筑土，作为后期的施工平台使用；基坑东南侧为新河河岸，岸边为整平的填筑土，作为后期的施工平台使用；基坑西南侧为正在建设的新河大桥的引桥结构，引桥结构距离基坑最近约为 39m；基坑西北侧为既有鱼塘，鱼塘右侧为既有的鱼塘堤坝，如图 1 所示。其中 11 号桥墩基坑位于新河岸边，呈矩形，长为 66m，宽为 18m，面积为 1188m²，基坑的最大开挖深度达 16.68m。综合考虑基坑周边环境、开挖深度和地层条件，该项目重要性等级按一级考虑。

图 1   11 号桥墩基坑周边环境图

根据工程地质勘察报告，围堰地区土层分布情况如表 1 所示。

地层参数表   表 1

土层	状态	重度/（kN/m³）	黏聚力/kPa	内摩擦角/°
①₁ 杂填土	松散	18.0	10.00	10.00
②₁ 粉砂	松散—稍密	19.9	0.00	25.00
③₁ 粉质黏土	软塑—可塑	19.2	10.00	16.00
③₂ 黏土	可塑	19.8	13.00	15.00
③₃ 黏土	可塑—硬塑状	19.4	17.24	9.51

2 围堰体系设计

2.1 围堰方案

本项目桥墩深基坑工程总体设计方案为双排钢板桩挡水围堰体系、过渡体系（反压土体加固区）和内坑深基坑支护体系组成的复合多级支护体系，本节单独分析双排钢板桩围堰单级体系。

目前，适用于水域施工基坑围堰的主要形式有土石围堰、竹笼围堰、草木围堰和钢板桩围堰等。其中，双排钢板桩围堰是软土地基上使用广泛的支护形式之一，具有体积小、影响范围小、止水可靠、施工快速、节约空间、可重复利用以及能承受较大的变形等优点。

故本工程采用双排钢板桩围堰。"围堰体系"采用的双排钢板桩型号为：NSP-ⅣW 型，迎水面设计桩长 15m，进入第一层相对隔水层粉质黏土层；背水面设计桩长 18m。竖向钢板桩外侧设置横向通长的单排匚22a 类槽钢作为腰梁，两侧竖向钢板桩之间采用 HEB400 级 E32 拉筋，水平间距为 5m，拉筋两端锚固于横向槽钢腰梁上。11 号桥墩基坑支护典型剖面，如图 2 所示。

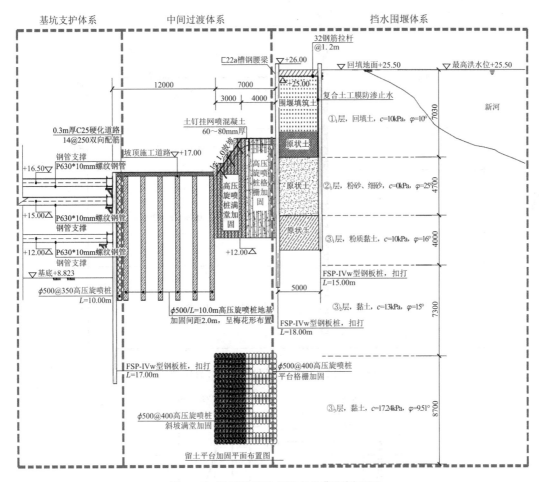

图 2　11 号桥墩基坑多级支护典型剖面图

2.2　围堰结构设计

双排钢板桩围堰，由锁口相互套接钢板桩形成的迎水侧与背水侧钢板桩板式结构组成，主要靠拉杆连成一体，耗用钢材较格形钢板桩围堰少，属几何可变结构。而双排钢板桩围堰目前没有明确的规范指导设计，在考虑其设计的时候，应对双排钢板桩迎、背水面选择不同的计算模型进行对照验算，以确保工程的安全性。

1. 双排钢板桩迎水面设计

桩底进入土层的"迎水侧"钢板桩受水压力及地基沉降影响，产生绕钢板桩底部转动，类似悬臂桩变形，故采用"悬臂式"模型进行分析计算，计算模型如图 3 所示，计算结果如图 4、图 5 所示。

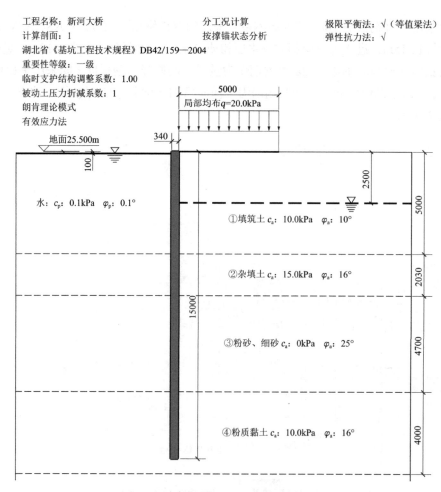

工程名称：新河大桥　　　　　　　分工况计算　　　　　极限平衡法：√（等值梁法）
计算剖面：1　　　　　　　　　　按撑锚状态分析　　　　弹性抗力法：√
湖北省《基坑工程技术规程》DB42/159—2004
重要性等级：一级
临时支护结构调整系数：1.00
被动土压力折减系数：1
朗肯理论模式
有效应力法

图3　迎水侧钢板桩"悬臂式"计算模型

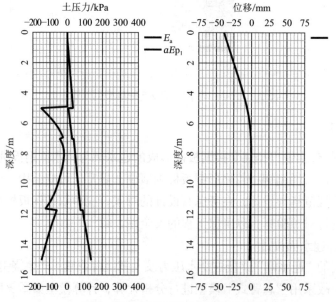

图4　迎水侧钢板桩土压力和位移图

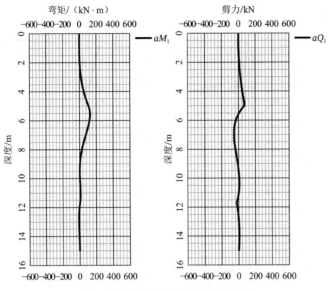

图 5 迎水侧钢板桩弯矩和剪力图

2. 背水侧钢板桩设计计算

"背水侧"钢板桩产生绕桩底部转动,类似简支梁变形[7]。故采用"桩锚式"模型,考虑水平拉杆的侧拉作用,形成桩锚式结构支护体系。计算模型如图 6 所示,计算结果如图 7、图 8 所示。

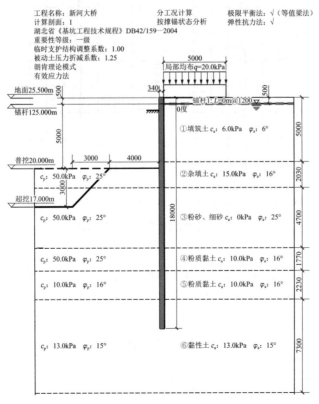

图 6 背水侧钢板桩"桩锚式"计算模型

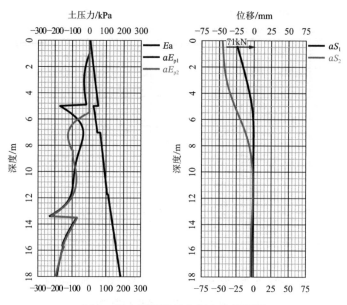

图 7 背水侧钢板桩土压力和位移图

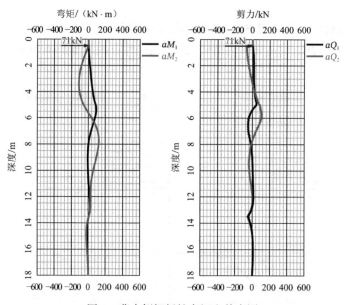

图 8 背水侧钢板桩弯矩和剪力图

3. 计算结果分析

由于迎水侧设计不考虑拉杆作用，且水体作为被动区考虑，计算开挖深度近似可取0，其变形较背水面的小；背水面在拉杆作用下，变形呈"鱼腹"形，具体结果见表2，均满足规范要求。

双排钢板桩围堰撑两侧计算结果汇总 表2

计算项目	计算结果	规范要求
迎水面被动区抗力安全系数	4.37	1.50
迎水面最大位移/mm	39	50

续表

计算项目	计算结果	规范要求
背水面被动区抗力安全系数	1.92	1.20
背水面最大位移/mm	45	50

2.3 围堰稳定性验算及分析

根据相关基坑支护的设计规范要求，一般将双排钢板桩简化为重力式挡土墙进行整体稳定、抗滑移稳、抗倾覆稳定计算。

但目前通用的计算软件对于重力式挡土墙无法考虑反压土体加固和双排钢板桩相互作用的稳定性，本节对比有、无加固体两种模式。为了安全起见，取较短钢板桩长度作为重力式挡土墙的高度，计算模型如图9所示。

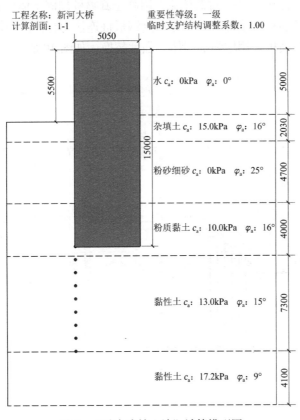

图 9 "重力式挡土墙"计算模型图

1. 基于重力式挡土墙模型的稳定性计算

双排钢板桩围堰以套接的钢板桩为围护结构，通过拉筋连接，形式"门式"结构，堰内填料为引桥桥墩开挖的黏性土，将其视为实体结构，各类稳定性验算均满足相关基坑支护设计规范要求，如表3所示。

由于围堰的支护高度达8.5m，为了改善双排钢板桩的抗变形能力和稳定性，采用设置坑内反压土体减少双排钢板桩支护高度，并考虑采用高压旋喷桩对反压土体进行加固，以改善其支挡性能。

因此，提出"喷锚""双排桩"计算模型。利用"天汉"岩土软件中相应模块，计算双排桩围堰体系的整体稳定性。

双排钢板桩围堰挡墙模式稳定性验算结果　　　　　　　　　　表3

计算项目	计算结果	规范要求
整体稳定性验算	1.45	1.30
抗倾覆验算	2.74	1.35
抗滑移验算	3.22	1.20
抗隆起验算	4.39	1.80

2. 考虑反压土双排钢板桩围堰的稳定性计算

（1）"喷锚"模型验算

"喷锚"模型提出：在考虑"过渡体系"用高压旋喷桩加固土体形成反压体情况下，将双排钢板桩之间的拉筋视为锚杆，并和背水侧钢板桩连接为整体。钢板桩采用抗滑加固体等刚度替换，高压旋喷桩采用增强加固体等强度替换，如图10所示。

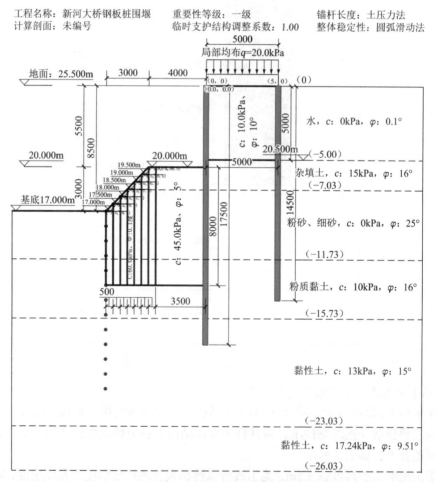

图10　"喷锚"计算模型图

计算结果，如表4所示。

366

序号	计算项目	计算结果	规范要求
1	整体稳定性验算	1.97	1.30
2	抗隆起验算	4.48	1.80

双排钢板桩"喷锚"模型验算结果表　　　　表4

（2）"双排桩"模型验算

"双排桩"模型提出：考虑反压土体的加固情况，将双排钢板桩近似等效为"双排桩"，中间拉筋等效为桩顶连梁。双排钢板桩围堰的受力模式与双排桩具有一定差异，为更能反映实际施工中双排钢板桩的受力、变形情况，采用"天汉"软件中双排桩模块（图11）进行拟合分析。

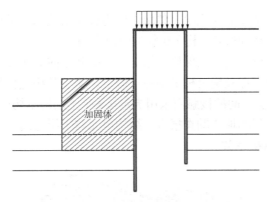

图11 "双排桩"计算模型图

计算结果，如表5所示。

双排钢板桩"双排桩"模型验算结果表　　　　表5

计算项目	计算结果	规范要求
被动区抗力安全系数	5.41	1.50
抗倾覆验算	3.49	1.35
抗滑移验算	3.28	1.20
最大位移/mm	41.4	50

3. 稳定性验算结果分析

双排钢板桩围堰总体上为几何可变结构，挡水后变形量大、收敛慢，影响因素众多，难以精确计算，但结合本次工程在其背水侧、迎水侧设置反压平台，并高压旋喷水泥土加固堰体下部软土，可进一步提供挡土能力，提高围堰体系被动区的抗力，有效减小变形。

另外，重力式挡土墙模型无法考虑留土开挖，也无法模拟反压土的加固以及实际总开挖深度，而考虑反压土采用高压旋喷桩进行加固后，围堰体被动区的抗力得到提高，喷锚模式的整体稳定性，双排桩模式的抗倾覆、抗滑移稳定性均较挡土墙模式的大，可以说明反压土的加固作用非常明显。

3 围堰变形三维有限元分析

采用有限元软件 ABAQUS 进行数值模拟，通过三维建模来模拟施工过程，预测基坑开挖过程中双排钢板桩"围堰体系"的位移变形情况。

3.1 模型的建立

本次模型的计算范围为 150m × 110m × 62m（长 × 宽 × 高）。从施工车道起算基坑开挖深度 8.177m，在模型中基坑开挖面外侧为 26m，约为基坑开挖深度的 3 倍，计算深度约为挖深的 6 倍（图 12）。

为防止模型坍塌，需要对模型的边界添加约束，左右两侧添加 X 方向的约束，前后两侧添加 Y 方向的约束，底面添加 X、Y、Z 三个方向的约束，顶面为自由边界。土体本构选取修正剑桥模型进行模拟。

考虑在有限元软件中建立模型时，整块土体为最初始状态，是相对"松弛"的，而现实中的土体已经在自重和周边建（构）筑物的应力作用下发生一定的沉降。因此，建模后，需要对初始地应力场进行分析，以保证开始工序模拟开始前的变形为 0。

钢板桩、圈梁、内支撑及旋喷桩采用弹性假定，赋予其相应材料的弹性模量、泊松比和密度。结构单元与土层之间的接触面采用绑定接触，土层的本构模型采用修正剑桥模型，参数的取值来源于该工程的地质勘查报告。结构单元与土层之间的接触面，法向设置硬接触，切向设置 0.35 的摩擦系数。

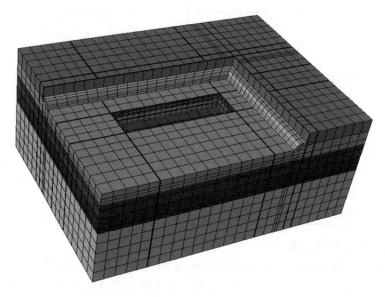

图 12　基坑三维有限元模型图

3.2 有限元结果分析

模型计算的大致步骤为：先对整个模型添加重力荷载，再分段设置每个土层上、下边界的应力值来模拟未开挖时原始土层的预应力场，以消除土体因自重应力而产生的变形；通过土体和构件的激活和删除来模拟基坑的施工过程。

由 ABAQUS 计算的位移云图可知，在 11 号桥墩基坑开挖过程中，双排钢板桩"围堰体系"，分别在水平和垂直方向产生位移。其位移大小在规范要求的范围内，如图 13、图 14 所示。

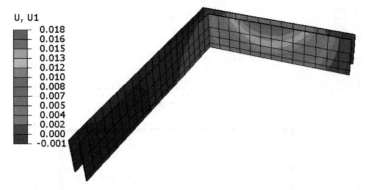

图 13 双排钢板桩"围堰体系"X向位移云图

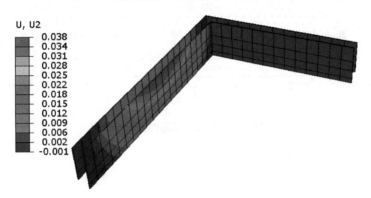

图 14 双排钢板桩"围堰体系"Y向位移云图

各种工况下的位移变形值,如表 6 所示。

双排钢板桩X,Y方向位移表　　　　　　　　　　　　表 6

模拟施工工况	围堰钢板桩	
	X向变形/mm	Y向变形/mm
挖至第一道支撑底	26	35
挖至第二道支撑底	26	35
挖至第三道支撑底	27	37
挖至基底	28	38

从模拟结果来看,最后一个工况挖至基底时位移变形最大,X向至 28mm,Y向至 38mm。基于三维的模拟计算具有明显的空间效用,与二维计算模型计算结果相比较小。

4 监测

项目实施完成后,为评价方案的可行性,实施工程监测。监测包括坑内立柱桩的沉降或隆起、支护结构的水平位移、支撑梁轴力以及围堰体系的位移等,本节选取围堰体系作为重点分析对象。具体布控点,如图 15 所示。

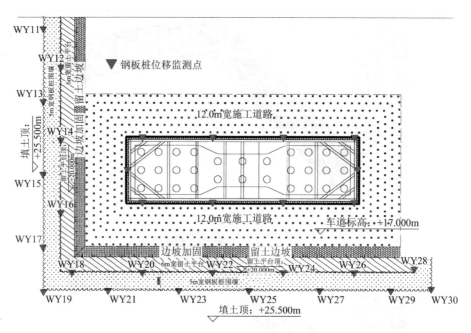

图 15 基坑及围堰监测点平面布置图

监测结果，如图 16 所示。

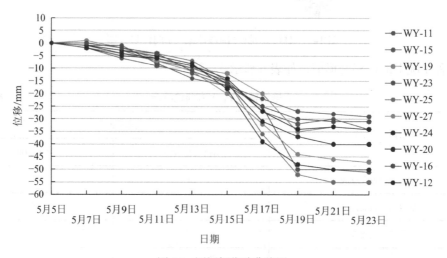

图 16 围堰侧位移曲线图

从监测结果位移曲线图可得，桥墩围堰的位移随着开挖深度的增加而缓慢增大最后趋于平缓，当开挖至基底时，WY-25 监测点达到最大位移变形值 55mm；结合监测资料和有限元模拟分析，可以发现两者中围堰位移的变化趋势大致相同，且实测值及计算值均在规范限制之内。但实际监测水平位移结果均较模型偏大，也反映实际工程中制约因素更多、影响范围更大，需进一步分析。

新河大桥 11 号桥墩基坑从基坑支护结构施工到桥墩基础施工完毕历经 45d，规避了长江汛期水位上涨工程的影响。采用双排钢板桩围堰多级支护体系，不仅安全可靠、经济合理，还能有效节约工期，实施效果如图 17 所示。

图17　11号桥墩基坑工程实施效果

5　结论

（1）双排钢板桩围堰属于几何可变结构，受力十分复杂，对于有双排钢板桩组合的复合多级支护体系，其迎水侧和背水侧设计模式不同，迎水面可以采用"悬臂式"模型计算，背水面可以采用"桩锚式"模型计算。

（2）围堰体系支挡高度过高的填方，采用大量堆积松散的土方形成，难以确保堆积堰体的稳定性和隔水性能。需考虑反压土体加固，可利用本文所提出的"喷锚"结合"双排桩"计算模型，进行稳定性计算。结果是安全可靠的，具有一定的参考价值。

（3）基于三维数值模拟可知，在基坑开挖过程中，多级支护中的双排钢板桩的位移不断变化，水平方向和竖直方向都产生位移，体现出明显的"空间效应"，结合现场监测结果，位移随时间的变化趋势大致相同，从设计、稳定性验算、模拟及监测4方面，实测值及计算值均在规范限制之内，再次论证方案的可行性。

参考文献

[1]　刘树勋. 日本双排钢板桩围堰的设计[J]. 港工技术通讯, 1979(6): 67-84.

[2]　Blum. Einspannung sverhaeltnisse bei Bohlwerken[J]. Berlin: Wilhelm Ernst &Sohn, 1931.

[3]　张玉成, 杨光华, 姚捷, 等. 基坑开挖卸荷对下方既有地铁隧道影响的数值仿真分析[J]. 岩土工程学报, 2010, 32(Z1): 109-115.

[4]　杨德健, 王铁成, 尹建峰. 双排桩支护结构受力特征与土压力计算分析[J]. 建筑科学, 2007, 23(9): 12-15.

[5]　杜闯, 丁红岩, 张浦阳, 等. 钢板桩围堰有限元分析[J]. 岩土工程学报, 2014, 36(S2): 159-164.

[6]　徐顺平, 戴小松, 张安政, 等. 软土地基双排钢板桩围堰稳定性分析及应用[J]. 施工技术, 2017, 46(1): 13-17.

[7]　杨光煦. 岩土工程关键技术研究与实践[M]. 北京: 中国水利水电出版社, 2016.

长距离两端耦合轴力伺服钢支撑体系
设计与实践

高君杰[1,2]，周延[1,2]，侯胜男[1,2]

（1. 华东建筑设计研究院有限公司上海地下空间与工程设计研究院，上海 200011；

2. 上海基坑工程环境安全控制工程技术研究中心，上海 200002）

摘　要：轴力伺服钢支撑体系因绿色环保、施工快、扰动小、可重复利用，在软土地区基坑支护中广泛应用。长距离两端耦合伺服钢管支撑组合结构体系，采用两端伺服长距离大直径钢管支撑，突破传统邻近地铁基坑分区宽度限制，解决了分区多、分缝多、防水隐患多、工期长及造价高的问题，严控基坑施工围护体变形，减少对周边环境影响。本文依托某邻近地铁车站项目，以"敏感环境重点控制、长距离分区实施"为设计思路，采用长距离两端耦合轴力伺服钢支撑体系等措施，有效控制围护结构变形，保障地铁运营安全，可为软土地区类似项目应用提供有益参考。

关键词：长距离钢支撑；两端耦合伺服系统；分区施工；主动变形控制

0　引言

随着上海城市基础设施建设的飞速发展，邻近地铁隧道、地铁车站的地下空间规模呈现"深、大、近、难、险"的发展趋势，大规模基坑群施工开挖对地铁结构的影响日益显著。为减小基坑开挖对地铁结构的变形影响，钢支撑轴力伺服系统首次应用于紧邻地铁的深基坑工程[1]，钢支撑取代混凝土支撑，优化了养护时间加快施工工期；伺服钢支撑通过主动加载和动态调控，有效地解决了普通钢支撑在受力过程中应力松弛的问题。

近年来钢支撑轴力伺服系统在邻近地铁的基坑工程中广泛应用，保证了地铁生命线的运营安全，社会效益和经济效益显著。第一代钢支撑伺服系统已广泛应用于环境保护等级较高的深大基坑场景[2,3]，但仍存在技术局限：传统钢支撑刚度偏小，为保证支撑稳定性，邻近地铁划分不大于 20m 的窄条基坑，限制了基坑分区的宽度；千斤顶的行程和顶力偏小，动态调整的空间较小。基于第一代钢支撑伺服系统的弊端和市场的大量需求[4]，第二代长距离钢支撑轴力伺服系统投入使用[5]，将基坑划分宽度由 20m 提升至 50～70m，增加了基坑分区的灵活性和自由度，带来了巨大的经济价值。

本文依托上海地区某紧邻地铁车站的基坑工程，创新性地采用了长距离两端耦合轴力伺服钢支撑体系，实现了紧邻地铁深大基坑微变形控制目标，保障了地铁运营安全，并打破常规邻近地铁窄条基坑设计的固有思路，节约工程造价和工期。

基金项目：上海市优秀技术带头人计划（编号 23XD1430100）。

作者简介：高君杰，助理工程师，主要从事基坑工程设计。E-mail：1104836413@qq.com。

1 工程概况

1.1 基坑概况

上海航空智谷金沙江支路 200 号项目地上为 8 幢 3～10 层研发办公与生活配套商业楼，整体设置两层地下室。基坑面积约 31870m²，基坑开挖深度为 10.35～11.95m。场地周边环境情况如图 1 所示，北侧紧邻轨道交通 13 号线丰庄站地铁车站及附属结构，车站基底埋深约 17.0m，附属结构及出入口埋深约 10.15～11.56m。基坑边线与地铁附属结构最小距离为 9.9m，在一倍基坑开挖深度范围之内，车站结构外墙距离基坑围护边线最近约 16.10m。局部设置连通道实现与运营中地铁车站的贯通，最小距离仅为 0m。

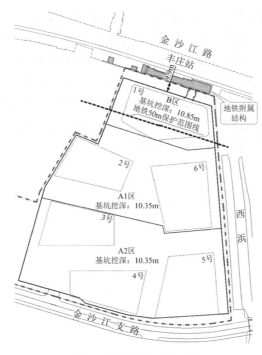

图 1　场地周边环境情况

1.2 工程地质条件

场地土层主要由填土、高压缩性流塑—可塑的黏性土、粉土及砂土组成。场地浅层分布杂填土及明暗浜，其下为黏质粉土、淤泥质黏土、粉质黏土和粉砂夹粉质黏土等。本项目基坑开挖面位于较为软弱的④层淤泥质黏土中。土层物理力学性质，如表 1 所示。

<table>
<tr><td colspan="5" align="center">土层物理学性质指标　　　　　　　　　　　　　　　　　　　　表 1</td></tr>
<tr><td rowspan="2">层序</td><td>重度</td><td colspan="2">固结快剪</td><td>渗透系数</td></tr>
<tr><td>γ/（kN/m³）</td><td>c/kPa</td><td>φ/°</td><td>k/（cm/s）</td></tr>
<tr><td>②₁</td><td>19.2</td><td>7.0</td><td>24.5</td><td>2.0E-04</td></tr>
<tr><td>②₃</td><td>19.1</td><td>5.0</td><td>25.0</td><td>2.0E-04</td></tr>
</table>

层序	重度	固结快剪		渗透系数
	$\gamma/$ (kN/m³)	$c/$kPa	$\varphi/°$	$k/$ (cm/s)
④	16.8	14.0	10.5	4.0E-07
⑤$_{1-1}$	17.7	16.0	12.5	5.0E-07
⑤$_{1-2}$	18.1	17.0	18.5	5.0E-06

2 基坑围护方案

2.1 基坑分区实施流程

常规紧邻地铁车站及区间隧道的基坑，一般多采用划分狭长形小基坑的传统方式进行保护，但同时也带来了分区多、结构分缝多，后期防水隐患多，工期长、造价高等缺点。由于本工程 1 号主楼位于地铁 50m 保护范围之内，主楼宽度约 45m，为保证建筑主楼功能的完整性，地铁侧划分尺寸宽 48m 的基坑。结合周边复杂环境和基坑重难点，采用"敏感环境重点控制、长距离分区实施"的设计思路，采用四分区三阶段的总体方案，将本工程分为 A1、A2、B 区和连通道四个分区，其中紧邻地铁的 B 区基坑面积约 4440m²，南北向跨度达 48m，本项目基坑的施工流程如图 2 所示。

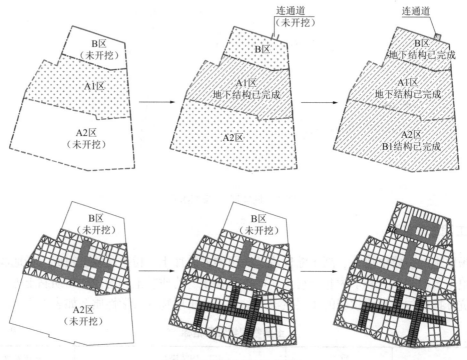

图 2　基坑施工流程示意图

2.2 围护变形控制措施和地铁保护对策

考虑到对地铁 13 号线丰庄站及附属结构的保护，基坑总体采用板式支护体系。A1、

A2 区采用钻孔灌注桩排桩结合两道水平支撑的围护结构体系。靠近地铁的 B 区采用地下连续墙结合三道支撑作为围护体，为减小地下连续墙成槽阶段对地铁的影响，地下连续墙两侧设置三轴水泥土搅拌桩槽壁加固。

为减小基坑开挖对 13 号线丰庄站和地铁附属结构的影响，紧邻地铁 B 区采用"一混凝土两钢"的支撑布置形式，近地铁的 A1 区采用刚度较大的十字对撑的布置形式。为减小分区实施的时空效应对周边环境的叠加影响，按照距地铁先远后近的原则分区卸荷，B 区采取微扰动卸载措施，基坑土方限时开挖完成，并快速形成结构底板。基坑围护结构与地铁结构的剖面关系，如图 3 所示。

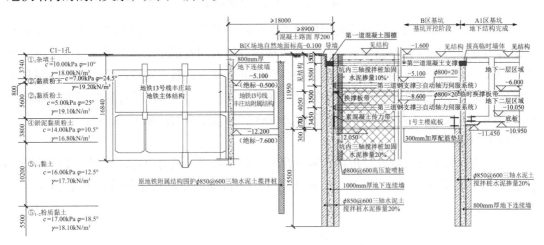

图 3　基坑围护结构与地铁结构的关系

2.3　长距离两端耦合轴力伺服钢支撑体系

B 区首道为钢筋混凝土支撑，第二、三道为钢管支撑，首道支撑采用对撑、角撑的形式，第二、三道采用长距离两端耦合轴力伺服钢支撑体系。

传统伺服钢支撑为无围檩体系，千斤顶的不均匀加载可能导致相邻地下连续墙产生差异变形，从而引发地下连续墙接头位置的渗漏风险。本项目第二、三道长距离伺服钢支撑系统设置双拼 H700×300×13×24 型钢围檩，围檩与地下连续墙间采取灌浆料填实，通过预埋件和抗剪件与混凝土角撑连接，确保支撑体系的完整性，有效控制相邻地下连续墙的差异变形。

B 区中部南北向设置长度约 45m 的型钢对撑，每组型钢对撑由两根间距 2～3m 的 ϕ800×20 钢管组成，每组型钢对撑间距 3～4m，两两并联。同时，采用固定式和套筒式连接构件有效地提高了支撑构件的整体刚度、承载能力和稳定性。支撑中部采用固定式连接以减小支撑长细比，两端采用套管式连接以施加钢支撑侧向约束。采用装配式的安装方法，提高了邻地铁基施工效率，显著缩短基坑暴露时间，有利于保护周边环境。有效改进了传统伺服钢支撑较密集、土方开挖困难和影响工期等问题。

B 区东西侧非伺服侧采取混凝土角撑，计算变形相对较大，因此对角撑区域采取封板措施加强支撑刚度，以减小基坑变形对周边环境的影响。同时，为解决钢支撑与混凝土支撑的刚度差异，在混凝土角撑区域设置预埋构造措施。B 区基坑支撑平面布置，如图 4 所示。

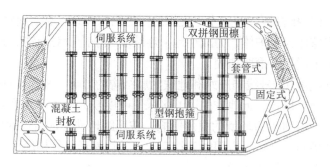

图4　B区基坑支撑平面布置图

传统的钢支撑轴力伺服系统采用单路液压控制，单个千斤顶行程和顶力小，难以应对长距离钢支撑的压缩和温差变形。长距离两端耦合轴力伺服钢支撑体系采用两端多组同步耦合伺服控制系统和应用于钢支撑伺服的高性能液压系统，基于现场网络的分散控制和集中管理，提高了伺服支撑轴力施加的同步性和动态调整能力。液压千斤顶的最大预加轴力提升至约4800kN，千斤顶的行程提升至250mm，有效地应对长距离钢支撑的压缩和温差变形过大问题。

通过支撑轴力进行耦合分析得出钢支撑轴力伺服系统的轴力设定值和围护变形的分级控制指标，如图5所示。第二、三道钢支撑采用自动加压伺服系统分级施加预应力至2000kN/根[6]。

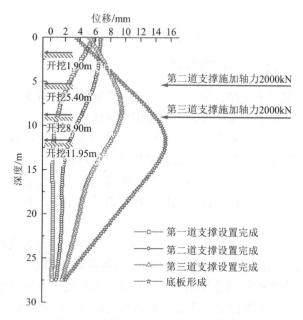

图5　围护体变形和支撑轴力计算结果

2.4　半盆式土方开挖

B区基坑施工时，南侧A1区地下结构已施工完成，土方开挖遵循由南向北开挖的顺序（图6）。钢支撑区域从中间向两侧跳仓对称平衡开挖，考虑到混凝土支撑的养护时间，为加快施工工期，角撑与钢支撑区域同步开挖，由南向北退挖。为减小土方开挖对地铁的影响，B 区钢支撑区域采取半盆式开挖的原则，北侧加固土留土护壁。各分块先施工南侧，待南侧钢支撑就位后再开挖北侧，北侧留土区域开挖后限时形成对撑。

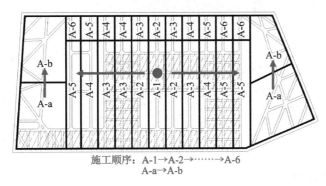

施工顺序：A-1→A-2→⋯⋯→A-6
A-a→A-b

图 6　B 区土方开挖顺序示意图

3　基坑实施与监测

3.1　实施工况

本文着重分析 B 区基坑开挖对地铁 13 号线丰庄站及其附属结构的影响。自 A1 区基坑开挖至该区顶板完成共用时约 7 个月；B 区施工开挖至首道支撑拆除完成共用时约 60d，共划分为 6 个工况。基坑施工工况，见表 2。

工况实施一览表　　　　　　　　　　　　　　　　　　　　　表 2

分区	施工步序	施工内容
B 区施工	stage1	开挖第二皮土（−5.500m），设置第二道伺服支撑
	stage2	开挖第三皮土（−9.000m），设置第三道伺服支撑
	stage3	开挖至基底（−12.050m）
	stage4	底板养护完成
	stage5	拆除第三道支撑，地下一层结构浇筑完成
	stage6	第二道支撑拆除完成

3.2　监测结果分析

本文筛选出典型位置的监测数据进行分析，包括围护体深层水平位移监测点、地铁隧道结构竖向位移监测点和地铁附属结构竖向位移监测点，如图 7 所示。根据地铁主管部门要求，13 号线丰庄站及其附属结构竖向位移报警值为连续 3d 同方向日变化量达到 0.5mm，变化累积量不超过 5mm。

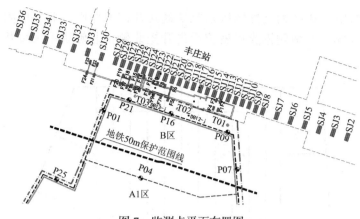

图 7　监测点平面布置图

1. 围护体变形监测

本项目开挖至基底围护体侧移如图 8 所示，B 区开挖至坑底时[7,8]，北侧围护体变形为 18.5mm，东侧、西侧角撑区域围护体变形为 21.5mm。角撑区域相较于长距离轴力伺服钢支撑区域围护体变形增加 3mm。结合基坑特点，通过围护体变形累计值的对比，表明长距离两端耦合轴力伺服钢支撑体系在控制基坑围护体侧移方面效果更为显著。

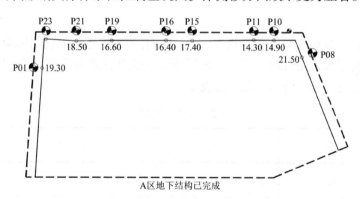

图 8　B 区 stage3 围护体变形情况图

混凝土角撑区域围护体变形曲线为纺锤形，随开挖深度递增，围护墙侧移逐渐增长，与工况开挖面深度相对应。采用长距离轴力伺服钢支撑区域的围护体变形累计值为 18.4mm（0.15%*H*），变形曲线呈"M"形（图 9）。采用混凝土角撑区域最大变形位置发生在 13.5m，采用长距离轴力伺服钢支撑区域最大位移位置发生在 14.5m。可见由于钢支撑伺服系统的主动变形控制作用，对围护体变形控制效果明显，钢支撑区域围护体测斜有明显回缩趋势，但是相应围护体最大变形产生下移。

2. 地铁结构竖向位移监测

从 B 区第二皮土方开挖至底板浇筑完成，共历时 42d。地铁车站基础形式为桩基础，由于周边基坑大面积卸荷，正对基坑投影范围地铁车站结构竖向位移整体呈现隆起趋势，最大隆起变形约 4.65mm，基坑投影范围之外车站结构呈现沉降趋势，车站结构竖向位移变化如图 10 所示。地铁附属结构隆沉规律不明显，最大沉降为 5.58mm，隆起为 5.37mm，地铁附属结构位移变化如图 11 所示。地铁车站结构和附属结构竖向位移变化均满足地铁变形要求。

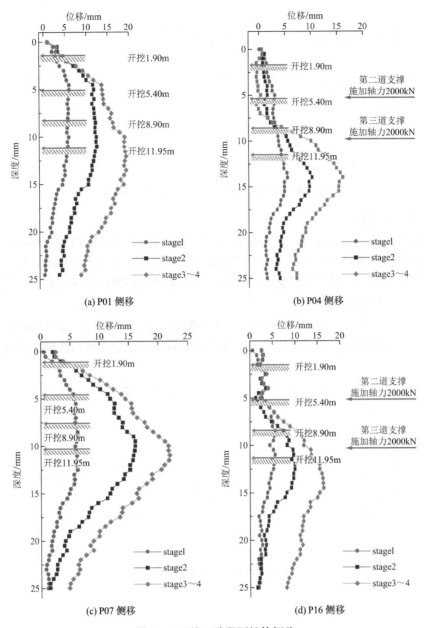

(a) P01 侧移

(b) P04 侧移

(c) P07 侧移

(d) P16 侧移

图 9   B 区施工阶段围护体侧移

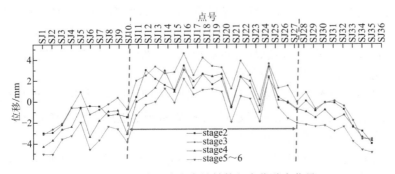

图 10   B 区施工阶段车站结构竖向位移变化量

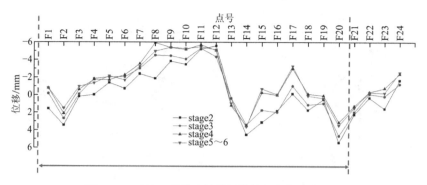

图 11　B 区施工阶段地铁附属结构竖向位移变化量

3. 墙后地表沉降

文献[9]提出相较于窄条基坑，基坑宽度增加的同时深大基坑周边地表沉降最大值显著增加，沉降影响范围也随之增大。由于狭窄基坑深层土体滑移带无法形成，基坑影响范围和程度较小，但是随着基坑开挖宽度的扩大，深层土体滑移带随之逐步扩大，其变形的影响范围和程度也显著增大。

在 B 区开挖过程中墙后地表沉降见图 12，墙后最大地表沉降发生在 DB12-1 处距离基坑 3m 区域。与文献[10]、[11]提出的上海地区深基坑周边地表变形特性高度吻合。

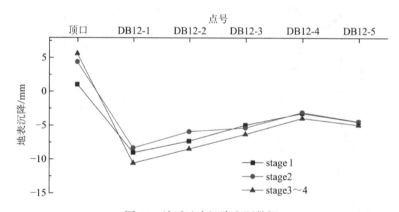

图 12　墙后地表沉降实测数据

4　总结

本文依托上海软土地区紧邻地铁车站的深基坑工程实例，针对基坑工程周边环境复杂、施工工况统筹要求高的特点，合理进行总体方案设计，严格控制北侧 13 号线丰庄站及附属结构敏感环境的变形，采用"敏感环境重点控制、长距离分区实施"的设计思路和四分区三阶段的总体方案，保障了工程的顺利实施。

采用合理的围护体系结合长距离两端耦合轴力伺服钢支撑体系，实现紧邻地铁深大基坑微变形控制目标，保障了地铁运营安全[12]；打破常规邻近地铁窄条基坑设计的固有思路，确保了主楼不分缝；节省了工期和造价。

长距离两端耦合轴力伺服钢支撑体系具有环境友好、高效装配等特点，对今后类似敏感环境地区的超大面积基坑的变形控制设计具有较好的参考价值。

参考文献

[1] 翟杰群. 长距离格构式轴力伺服钢支撑体系的实践研究及分析[J]. 隧道与轨道交通, 2021(S1): 12-16.

[2] 李瑛, 唐登, 朱浩源. H型钢构建的绿色深基坑支护体系初探[J]. 科技通报, 2017, 33(2): 177-180+230.

[3] 代兴云, 应卫超, 孙海明. 伺服钢支撑在杭州软土基坑中的应用[J]. 城市道桥与防洪, 2023(12): 246-249+253+31.

[4] 刘兴旺, 童根树, 李瑛, 等. 深基坑组合型钢支撑梁稳定性分析[J]. 工程力学, 2018, 35(4): 200-207+218.

[5] 裴一楠. 深基坑工程大跨度格构式双向伺服轴力钢支撑技术研究[J]. 建筑施工, 2024, 46(8): 1293-1296+1306.

[6] 贾坚, 谢小林, 罗发扬, 等. 控制深基坑变形的支撑轴力伺服系统[J]. 上海交通大学学报, 2009, 43(10): 1589-1594.

[7] 刘磊, 贾坚. 地中壁工法控制邻近地铁深基坑变形的机理及应用[J]. 城市轨道交通研究, 2010, 13(4): 70-74.

[8] 赖冠宙, 房营光, 史宏彦. 深基坑排桩支护结构空间共同变形分析[J]. 岩土力学, 2007(8): 1749-1752.

[9] 贾坚, 谢小林, 翟杰群, 等. 软土基坑变形控制的微扰动技术[J]. 上海交通大学学报, 2016, 50(10): 1651-1657.

[10] 王卫东, 徐中华, 王建华. 上海地区深基坑周边地表变形性状实测统计分析[J]. 岩土工程学报, 2011, 33(11): 1659-1666.

[11] 徐中华, 宗露丹, 沈健, 等. 邻近地铁隧道的软土深基坑变形实测分析[J]. 岩土工程学报, 2019, 41(S1): 41-44.

[12] 魏文韬. 长距离钢支撑伺服系统在深基坑支护中的应用[J]. 建设监理, 2021(8): 75-78.

齿形帷幕双排预制桩一体化支护工作性状

张祎凡[1]，张鼎浩[1,2]，崔哲琪[1,3]，李永辉[1]

（1. 郑州大学土木工程学院，河南 郑州 450001；2. 河南交投中原高速郑洛建设有限公司，河南 郑州 450001；3. 河南省公路工程监理咨询有限公司，河南 郑州 450001）

摘 要： 齿形帷幕双排预制桩一体化支护结构是基于齿形与条形帷幕墙中植入双排预制桩形成的无支撑支护体系。为探究该新型支护结构的工作性状，利用 PLAXIS 有限元软件对该结构进行了数值建模，对不同开挖深度下的桩侧水平位移、前后排桩身弯矩以及墙土间剪应力进行了模拟分析。结果表明：齿形帷幕预制桩一体化支护体系前后排桩桩侧水平位移较小，变形控制效果较好；齿墙与压顶板的存在改变了双排桩的受力性状，使桩身弯矩呈 S 形分布，降低了最大弯矩，提高了结构的整体性与承载能力；齿墙与土间产生的剪应力可抵消部分土压力，具有减载效果。

关键词： 基坑支护；预制桩；齿形帷幕；工作性状；数值模拟

0 引言

随着我国城市化不断推进，城市深基坑工程不断涌现，基坑围护结构设计向着顺应时代、追求经济性、技术领先、施工简易快捷、质量可控以及节能减排等方向发展。双排桩因其支护强度的优势尤为突出，同时兼具施工周期短、施工简便、无需内部支撑、整体受力性能优良及经济成本合理等优点，成为深基坑支护结构的一种重要方案[1,2]。此外，另一种预制桩与帷幕墙相结合的支护形式具有挡土、止水效果好、施工质量可控等特点，且提高了地下工程的预制装配化程度，有利于节能减排，相比于传统围护结构更加绿色环保，也因此在城区复杂条件深基坑工程中逐渐得到了广泛应用[3,4]。

但传统的预制桩与帷幕墙相结合的支护方式往往支护深度有限，为提升基坑支护深度或控制变形，通常需要增设内支撑或锚杆[5]。内支撑造价高，且作为临时构件，拆除时易产生大量固体废弃物和噪声[6,7]，同时内支撑占用坑内大量空间，影响基坑出土效率；而锚杆应用受限于场地红线，且易对邻近地下建（构）筑等设施产生影响。而双排桩则因结构本身不具备防水性能，在遇到水分含量高、渗透性强的土壤时，可能会面临渗水问题，导致基坑内部积水，这不仅会影响施工进程，还可能对周边环境造成不良影响。

基于此，本文提出一种齿形帷幕双排预制桩一体化围护结构，考虑将双排预制桩与帷幕墙通过压顶板连接结合而形成一个整体结构，使其拥有良好受力性能的同时兼具止水效

基金项目：河南省重点研发专项（231111322100）。

作者简介：张祎凡，硕士，E-mail：zhangyf201721@163.com。

果。通过数值模拟分析其工作性状，以期为该类支护结构工程实践及推广应用提供理论参考与技术支撑。

1 支护技术简介

1.1 支护结构组成

齿形帷幕预制桩一体化支护结构主要由条形帷幕墙、齿墙、双排预制桩及压顶板等组成，结构如图1所示。

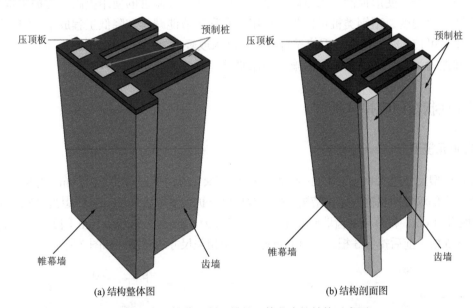

(a) 结构整体图　　　　　　　　(b) 结构剖面图

图1　齿形帷幕预制双排桩一体化支护结构示意图

其中，条形帷幕墙和齿墙可采用水泥土搅拌桩或高压旋喷桩施工工艺，也可采用长螺旋取土或铣槽机成槽后，注入预拌流态固化土成墙；齿墙沿条形帷幕墙长度方向排列且与条形帷幕墙垂直；前排预制桩被嵌入条形帷幕墙与对应齿形帷幕墙的交汇处，后排预制桩则设置在各齿形帷幕墙后端；压顶板构造浇筑于支护结构顶部，以增强支护结构的整体性，并可限制齿形帷幕墙间土体顶面的雨水渗入，也可作为后期型钢类桩回收的施工平台。

1.2 施工过程

该围护结构的施工过程分为以下四个步骤：（1）定位：确定条形帷幕墙与齿形帷幕墙的具体位置；（2）墙桩施工：设备就绪后，根据预定位置切割或挖掘土体至设计深度，根据具体工程条件选择合适的成槽方式，随后在条形帷幕墙与齿形帷幕墙衔接处植入前排预制桩，齿形帷幕墙末端植入后排预制桩，并灌注混合料形成墙体，将压顶板连接钢筋插入墙体内部；（3）移机操作：移动机械设备至下一个施工点，重复步骤（2）的操作，依次逐段完成条形帷幕墙、齿形帷幕墙、前排预制桩和后排预制桩的建造；（4）浇筑压顶板：进行压顶配筋施工，随后搭建模板并浇筑压顶板。

1.3 技术特点

相较于现有技术，齿形帷幕双排预制桩一体化支护结构具有如下技术特点：（1）齿形帷幕墙与墙体之间夹持的土体形成类似重力式围护结构的效应，显著减少了支护结构承受的土压力，在不增设内部支撑构件或锚杆的情况下也能满足支护要求，有利于坑内开挖及地下结构施工，或避免在坑外产生地下障碍物。（2）帷幕墙与预制桩及压顶板共同构成了一个整体，在减载的同时兼备良好的止水功能。（3）前、后排桩及压顶板共同形成了空间门架式结构，能够有效控制围护体系的变形，具有更高的安全性，适于开挖深度更大、周围环境条件复杂、变形控制要求更高的基坑工程。（4）预制桩的使用提高了支护工程的预制化和装配化程度，型钢类桩可回收再利用，有利于节能减排和降低工程成本。（5）预制桩生产质量可控，现场施工只需依靠自身重量沉入或轻度外力插入工法墙中，施工效率高，且噪声和振动污染小，满足城区内施工环保要求。

2 工作性状数值模拟分析

2.1 有限元模型

计算模型尺寸选取 60m × 4.8m × 40m（长 × 宽 × 高），基坑开挖深度为 9m，宽度取 20m，采用齿形帷幕双排预制桩一体化结构支护。双排桩支护模型取桩长 18m，排距为 2.8m，同排桩桩间距取 1.6m，帷幕墙和齿墙厚 0.8m，盖板尺寸为 4.8m × 3.6m × 0.15m（长 × 宽 × 厚）。双排桩共 6 根，前后排各 3 根，呈矩形布置。模型相关尺寸示意图，如图 2 所示。

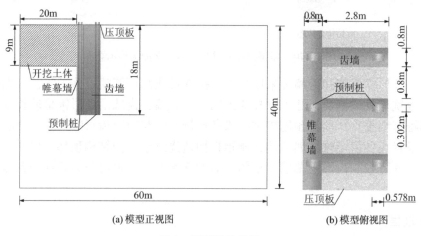

| (a) 模型正视图 | (b) 模型俯视图 |

图 2   模型结构参数

建立得有限元计算模型见图 3，其中模拟土层取为单一的粉质黏土，采用 HSS-小应变土体硬化模型，土层的主要物理力学性质参数如表 1 所示。

土体 HSS 模型参数取值表

表 1

γ/（kN/m³）	E_{50}^{ref}/MPa	$E_{\text{oed}}^{\text{ref}}$/MPa	$E_{\text{ur}}^{\text{ref}}$/MPa	c'_{ref}/kPa	φ'/°	G_0^{ref}/MPa	$\gamma_{0.7}$	R_{inter}
18.7	6.75	5.58	34.76	9.66	28.5	48.2	3.87×10^{-4}	0.6

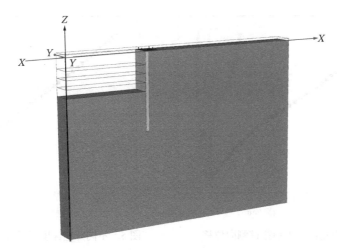

图3　计算模型示意图

模型帷幕墙和齿墙采用水泥土材料，结构参数如表2所示。模型中盖板和双排桩结构均采用板单元模拟，排桩结构根据刚度等效原则[8]等效为宽0.302m，厚0.578m的板单元模拟，具体参数如表3所示。开挖过程为在深度为3m、5m、7m、9m时进行分段模拟开挖。

基坑水泥土参数取值表　　　　　　　　　　　　　　　表2

材料名称	重度/（kN/m³）	弹性模量/MPa	泊松比	R_{inter}
水泥土	18	151.86	0.2	0.6

基坑盖板、排桩参数取值表　　　　　　　　　　　　　表3

名称	厚度/m	重度/（kN/m³）	弹性模量/GPa	泊松比
盖板结构	0.15	23.5	30	0.2
排桩结构	0.578	78.5	206	0.25

3.2　计算结果与分析

分别提取模拟结果中的双排桩侧向位移、桩身弯矩和齿墙剪应力进行分析，以探究齿形帷幕双排预制桩一体化支护结构在工作时的受力变形性状。

（1）双排桩侧向位移分析

图4和图5分别为不同开挖深度下前后排桩侧向位移图，由图可以看出，前排桩的水平位移表现出了类似"鼓肚式"的变化趋势，最大水平位移发生在桩顶位置，数值为21.46mm，前排桩的水平位移曲线在上部呈现正向弯曲，而在下部反转为反向弯曲形态；后排桩的水平位移规律更接近于悬臂桩的特性，最大水平位移同样出现在桩体顶部，最大位移为21.44mm，整体位移曲线呈反向弯曲。前后排桩顶端位移基本相同且处于安全范围，整体水平位移与开挖深度呈正相关，桩顶位移最大，随着深度的增加而向桩底收敛，且可以看出齿形帷幕双排预制桩一体化支护体系的变形控制效果较好。

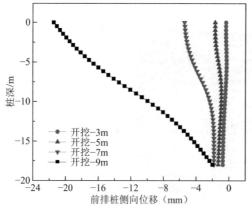

图4 不同开挖深度下前排桩侧向位移　　　图5 不同开挖深度下后排桩侧向位移

（2）双排桩桩身弯矩分析

图6和图7显示了双排桩前后排桩弯矩随开挖深度的变化情况。由图可知随着开挖深度的增加，支护结构前后排桩最大弯矩值也越来越大，且沿排桩深度增加弯矩变化基本呈S形分布。沿桩顶往下，弯矩先正向增大达到最大值，而后逐渐减小，在开挖面附近位置桩身弯矩值减小至零，从该点往下，弯矩由正值变成负值，后反向增大，负弯矩达到最大值，至桩底逐渐减小为零。

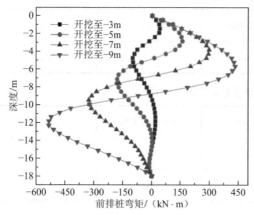

图6 前排桩不同开挖深度下桩身弯矩　　　图7 后排桩不同开挖深度下桩身弯矩

S形弯矩分布的原因可归结为压顶板和齿形帷幕墙对前后排桩的约束作用，在盖板连接下，前排桩顶部主要受到拉力作用，后排桩受到桩后土体向前的推力，前后排桩拉力方向相反，并随着桩深的增加而增大，从而使桩身弯矩从正值逐渐转变为负值。此外，不同于一般的双排桩，加入了前排帷幕墙和齿形帷幕墙的双排桩支护体系中，后排桩的弯矩值通常会小于前排桩，这是由于齿形帷幕墙能够提高基坑侧壁土体和双排桩前后桩之间土体的变形模量，使前后排桩协同齿形帷幕墙作为整体共同承担荷载，因而提高了围护结构的承载能力。

（3）齿墙剪应力分析

将不同开挖深度工况下齿墙侧面竖向和横向剪切应力云图分别整理至图8与图9。由图可知，齿墙侧面竖向剪应力最大值从基坑开挖至开挖深度−5m时集中在齿墙底部远离基坑的位置，随着开挖深度变深，最大竖向剪应力位置逐渐上移。而齿墙侧面横向剪切应力在基坑从开挖至开挖深度−7m 时，最大值位于齿墙一侧的底部中心位置，待开挖深度至−9m 时，齿墙底部和靠近后壁位置整体承担墙后主动土压力。可以看出，当基坑开挖深度较小时，齿墙部分主要靠底部的横竖向剪应力抵抗墙后产生的主动土压力，且随开挖深度增加，主要剪切部位逐渐向齿墙后壁以及上部移动，从而发挥其减载作用。

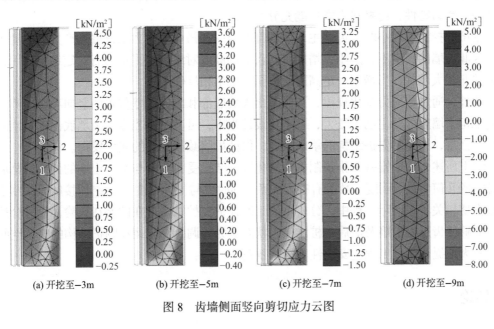

(a) 开挖至−3m   (b) 开挖至−5m   (c) 开挖至−7m   (d) 开挖至−9m

图 8　齿墙侧面竖向剪切应力云图

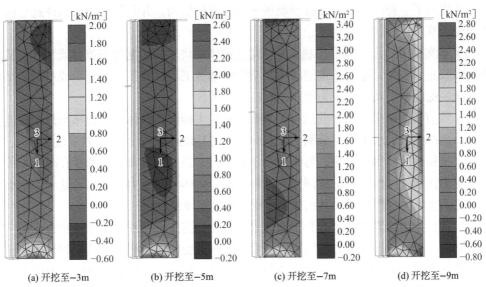

(a) 开挖至−3m   (b) 开挖至−5m   (c) 开挖至−7m   (d) 开挖至−9m

图 9　齿墙侧面横向剪切应力云图

3　工程设计分析

数值模拟结果表明齿形帷幕双排预制桩一体化支护体系具有良好的支护效果。本节将基于研究发现，进一步对齿形帷幕双排预制桩一体化支护体系在工程中的设计与应用提出相关建议以供参考。

根据桩身水平位移变化规律，前排桩最大水平位移处于地面以下 2.8m 的位置，后排桩则出现在桩体顶部，后随着深度增加向桩底收敛。可以看出，后排桩通过顶部的压顶板对前排桩有明显的向后约束作用。因此，在实际工程中，可通过将前后桩设置为不同的桩长来调整其受力特性，使材料力学性能充分发挥。

基坑开挖深度较小时，齿墙主要靠底部的竖向和横向剪应力抵抗墙后产生的主动土压力，因此齿墙的高度不宜过小，增加桩间齿墙的高度对结构水平位移有一定约束作用，但效果并非越大越好，当增至一定高度后甚至会产生相反作用。

此外，通过剪应力变化规律，可以看出齿墙底部和靠近后壁位置的竖向和横向剪应力共同承担了墙后部分主动土压力，在工程设计当中，可考虑适当增大齿墙底部以及墙后部分内部强度，以提高支护结构的承载能力，保证齿墙减载作用的充分发挥。

综上所述，齿形帷幕双排预制桩一体化围护结构受力变形与水泥土墙的齿形帷幕墙和双排桩的几何参数、刚度参数等有很大关系，同时也与土体强度、土-结构接触面的刚度等参数密切相关。在实际工程中，分析不同工况评估支护结构存在的潜在风险，设计合适的参数能够使齿形帷幕墙及前后排桩的受力状态更为协调，充分调动围护结构的整体空间效能，极大地提升基坑工程的安全性和经济效益。

4 结论

本文提出了一种齿形帷幕双排预制桩一体化支护结构，并利用有限元软件进行模拟，深入研究了其工作性状。主要结论如下：

（1）本文提出的齿形帷幕预制桩一体化支护体系将双排预制桩与帷幕墙结合，兼具支护强度以及止水效果，适用于地层环境复杂的深基坑工程，施工工期短、成本低、绿色环保且预制装配化水平高，可以为类似工程提供参考。

（2）数值模拟结果表明，前后排桩顶端位移基本相同，整体水平位移与开挖深度呈正相关，前后排桩最大水平位移分别为 21.46mm 与 21.44mm，变形控制效果较好。

（3）模拟中计算得后排桩的弯矩值小于前排桩，说明齿形帷幕墙的存在改变了传统双排桩的受力性状，使前后排桩连同齿形帷幕墙作为整体共同受力，提高了基坑侧壁土体和双排桩之间土体的变形模量，从而提高了围护结构的承载能力。

（4）前后桩两者弯矩呈 S 形分布，具体表现为前排桩顶部主要承受拉力作用，后排桩则受到桩后土体向前的推力作用，前、后排桩弯矩变化规律相似。其原因是压顶板和齿形帷幕墙的共同作用引发了前后排桩身剪力的变化。此外，齿墙与土体间的剪切作用主要发生在墙底以及后壁，承担了部分主动土压力，具有减载作用。

（5）前后桩设置为不同的桩长、适当增大齿墙高度、增加齿墙底部以及墙后的强度等措施均有助于提高齿形帷幕双排预制桩一体化支护结构的支护效果。在实际工程中，综合考虑各方面因素，设计合理的参数，才能充分发挥齿形帷幕双排预制桩一体化支护结构的效能。

参考文献

[1] Zhu Q, Mo H. Calculation method for retaining structures with double-row piles with the stiffness of the top beam being considered[J]. International Journal of Advancements in Computing Technology, 2012, 4(12): 343-350.

[2] Cao J, Jiang K Y, Gui Y, et al. Research on calculation theory of double-row piles retaining structure[J]. Advanced Materials Research, 2013, 671-674: 251-256.

[3] 谷淡平, 凌同华. 悬臂式型钢水泥土搅拌墙的水泥土承载比和墙顶位移分析[J]. 岩土力学, 2019, 40(5): 1957-1965.

[4] 臧梦梦, 彭泉, 王翠英. 水泥土挡墙内置管桩在软土地区基坑支护中的应用研究[J]. 安全与环境工程, 2022, 29(4): 211-219.

[5] 周爱其, 龚晓南, 刘恒新, 等. 内撑式排桩支护结构的设计优化研究[J]. 岩土力学, 2010, 31(S1): 245-254+260.

[6] 汪小林. 复杂环境条件下的超大超深基坑工程施工技术[J]. 建筑施工, 2017, 39(7): 952-954.

[7] 刘学增, 朱合华. 支撑拆除过程对墙体变形与内力的影响分析[J]. 地下空间, 2000(1): 47-50+80.

[8] 肖芝兰. H型钢的截面剪应力计算方法研究[J]. 五邑大学学报: 自然科学版, 2004, 18(4): 1-4.

软土地层紧邻地铁隧道深基坑变形
控制设计

彭良生 [1,2]，蔡忠祥 [1,2]，童园梦 [1,2]

（1. 华东建筑设计研究院有限公司上海地下空间与工程设计研究院，上海 200011；

2. 上海基坑工程环境安全控制工程技术研究中心，上海 200002）

摘　要： 以上海某紧邻运营地铁隧道的深基坑项目为背景，介绍了本基坑工程变形控制设计和实施情况。本工程位于上海张江地区核心开发地带，周边环境较复杂，基坑西侧有与本工程同步实施的基坑，北侧为地铁 13 号线区间隧道，为减少基坑开挖对地铁隧道以及周边道路、管线的影响，本工程采用合理的分区施工方案。基坑总体采用"2 个大基坑结合 2 个小基坑"的设计方案。北侧邻地铁划分为 2 个窄条形分区，以减小大面积卸载对隧道的影响。远离地铁划分为 2 个大基坑，每一分区尽可能保持各地块建筑功能完整性，缩短总工期并兼顾工程经济性。基坑实施过程监测分析表明，邻近地铁隧道的大坑基坑施工对尚未开挖的紧邻地铁的窄条基坑围护体侧移影响不容忽视。以本工程为例，A1 区基坑开挖到底至回筑阶段，紧邻地铁 B 区围护体测斜约占 A1 区围护体测斜累计变形 17%～20%；该阶段测斜占 B 区总测斜约 45%。基坑采取了合理的设计方案和围护体选型，通过坑内加固、钢支撑自动轴力伺服补偿系统和临时换撑等措施，有效控制了基坑施工对地铁隧道的影响，可为类似工程项目提供参考。

关键词： 地铁隧道；深基坑；基坑分区设计；隧道收敛变形

0　引言

随着城市建设高速发展，城市交通方面往往出现拥堵现象，地下轨道交通的出现恰好解决了这一问题。随着地下轨道交通越来越发达，不免出现紧邻地铁基坑工程施工，在密集型城市，甚至面临紧邻地铁的大面积基坑群同时开挖，这将会给地铁隧道带来不可避免的影响。因此相邻基坑的施工协调和合理设计至关重要[1,2]。如何既能保证基坑工程的顺利实施，又能保证地铁的正常运营以及减小基坑开挖对周边环境的影响，往往是这类工程重点考虑因素。近年来，已有诸多学者对软土地区紧邻地铁深基坑设计与实践进行相关报道[3-6]。

本文以上海市某紧邻地铁运营区间隧道的深基坑项目为依托，对紧邻地铁深基坑工程实施作了详细介绍，并对整个基坑开挖过程监测数据进行整理分析，总结了基坑开挖对隧道变形影响的规律，为类似紧邻地铁的深基坑工程设计和施工提供参考。

1　工程概况

1.1　主体结构与基坑概况

本项目位于张江核心地区，地下整体设置两层地下室，地下室基础形式为桩筏基础，地库区域底板厚度 1000mm，塔楼区域底板厚度 1500～2000mm，地库区域工程桩为直径 700mm 钻孔灌注桩，有效桩长 41m，塔楼区域工程桩为直径 800～850mm 钻孔灌注桩，有效桩长 71m。项目地上建设 4 幢 10～22F 办公楼。

本项目基坑面积约 17100m²，基坑外围周长约 533m，基坑普遍区域开挖深度为 12.80～13.50m，塔楼区域基坑开挖深度为 13.50～14.00m。

1.2 环境概况

场地周边环境较为复杂，如图 1 所示，基坑西侧为与本地块同时施工的邻近基坑工程，北侧为运营中的地铁 13 号线。西侧基坑与本工程基坑仅一路之隔，两地块之间距离约 35.5m。基坑分区的难点在于既要保证分区建筑功能完整性，又要与相邻地块穿插施工，尽可能缩短工期和减少成本。

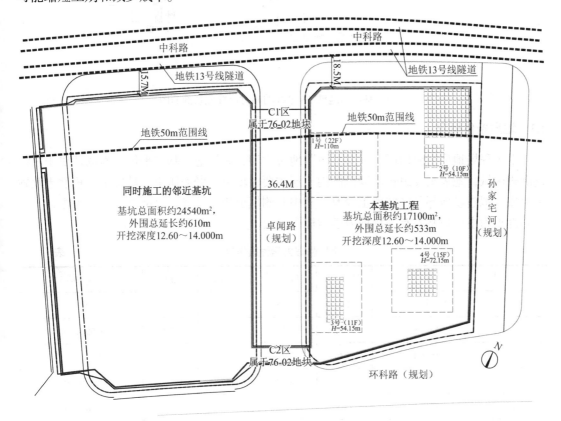

图 1　场地周边环境情况

基坑北侧为中科路，其道路下方为地铁 13 号线，学林路至张江路区间隧道是本工程重点保护对象。该区间隧道外径 6.6m，内径 5.9m，隧道管片厚度约 350mm，基坑北侧范围内的隧道长度约为 100m，隧顶埋深约 15.70～16.70m，本工程基坑边线距隧道距离约 18.5～20.5m，在基坑 1～2 倍开挖深度范围之内，本工程位于地铁 50m 保护范围内。本工程围护结构与地铁隧道相对位置关系，如图 2 所示。基坑支护结构设计时应充分考虑对周边道路、既有地铁隧道的保护，同时应考虑大面积基坑群同时施工的叠加效应、基坑分区及开挖先后次序的协调等复杂条件。

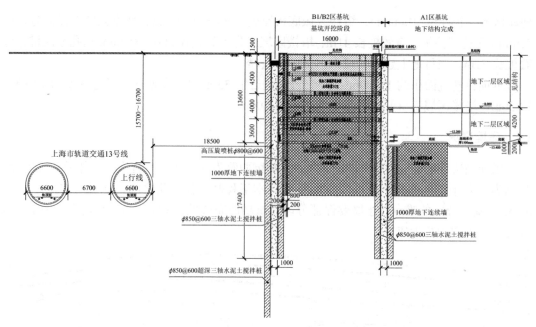

图 2　基坑与地铁 13 号线的相对位置关系剖面图

1.3　地质条件概况

本工程场地属上海地区"滨海平原"地貌类型，天然地形基本平坦，本场地属于古河道沉积区域，地表至 120m 深度范围内土层主要由填土、淤泥质土、黏性土、粉性土及砂土组成。拟建场地部分区域填土较厚，其中北侧填土相对较厚，上部以杂填土为主，下部以黏性土为主。地基土有关物理力学指标，见表 1。

土层物理力学性质指标　　　　　　　　　　　　　　　　　　　表 1

地层	名称	厚度/m	$\gamma/(kN/m^3)$	c/kPa	$\varphi/°$	$k/(cm/s)$
②	粉质黏土	1.5	18.8	22	18.5	4.00×10^{-6}
③	淤泥质粉质黏土	4.5	17.6	12	17.5	6.00×10^{-6}
④	淤泥质黏土	9.1	16.9	13	11.5	4.00×10^{-7}
⑤$_1$	黏土	6.6	17.3	17	13	5.00×10^{-7}
⑤$_{3-1}$	黏土夹粉质黏土	13.1	18.2	19	18.5	3.00×10^{-5}
⑤$_{3-2}$	粉质黏土	3.7	18.3	20	18	—
⑤$_4$	粉质黏土	3.5	19.1	38	18	—
⑦$_1$	砂质粉土	3.6	18.8	5	30.5	—
⑦$_2$	粉砂	14.5	19.2	3	34	—

本工程地下水类型主要由浅层潜水及深层承压水两种类型。潜水主要赋存于浅部填土、黏性土、粉性土、砂土中，地下水稳定水位埋深在 0.70～1.80m 之间。微承压水主要分布于⑤$_{3-1}$层，承压水主要分布于⑦、⑨层中。

2 基坑变形控制设计

2.1 基坑分区方案

本工程位于地铁 50m 保护范围内，根据地铁的保护要求，采取分区施工方案。本项目基坑总体上采用"2 个大基坑结合 2 个小基坑"的设计方案。北侧邻地铁划分为 2 个窄条形分区，宽度约为 16.0m，长度约为 50m。远离地铁划分为 2 个大基坑，每一分区尽可能保持各地块建筑功能完整性，缩短总工期并兼顾工程经济性。基坑分区示意图，如图 3 所示。

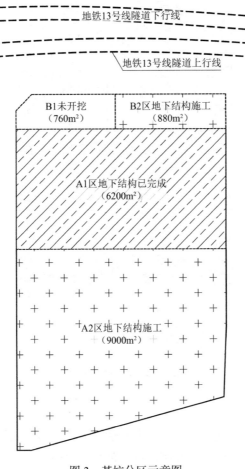

图 3　基坑分区示意图

本基坑按照"先大后小，先远后近"的原则施工。首先进行 A1 区地下结构施工，待 A1 区地下结构施工至结构顶板后，开挖距离地铁隧道较远的 A2 区基坑，同时 B2 区基坑可同步穿插施工；待 B2 区地下结构施工至结构顶板后，最后进行 B1 区土方开挖施工。

2.2 采用刚度大的支护结构

（1）考虑到基坑挖深及对区间隧道、周边在建工地及市政道路的影响，北侧邻近地铁

13号线区间隧道区域的窄条基坑四周采用1000mm厚地下连续墙，地铁保护区范围内基坑外侧及临时分隔墙均采用 800mm 厚地下连续墙，地下连续墙两侧设置三轴水泥土搅拌桩槽壁加固兼做止水帷幕；其他区域周边采用直径 950～1000mm 钻孔灌注桩结合三轴水泥土搅拌桩止水帷幕。

（2）本工程支撑体系竖向整体设置三道水平临时支撑。邻近地铁侧的大基坑（A1区）采用刚度较大的十字正交的形式布置。邻近地铁划分出来的窄条形基坑按地铁边基坑工程的常规作法顶部设置一道混凝土支撑并结合下部两道钢支撑，钢支撑采用轴力补偿体系。远离地铁的大基坑（A2区）采用对撑角撑结合边桁架的布置形式。基坑支撑平面布置，如图4所示。

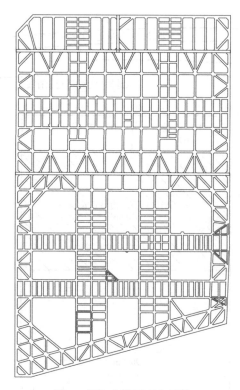

图 4　基坑支撑平面布置图

2.3　坑内加固设计

本工程挖深范围内以流塑—软塑的软弱黏性土为主，为有效控制基坑开挖阶段的围护体变形及对北侧地铁隧道的影响，在坑内设置被动区土体加固，以提高坑底被动区土体抗力。邻近地铁的窄条形基坑采用满堂地基加固，邻近地铁的大基坑在地铁侧设置被动区裙边加固。加固体采用ϕ850@600 三轴水泥土搅拌桩进行加固，加固范围为地坪标高至坑底以下 5.0m 的位置，第二道支撑以上水泥掺量 15%，第二道支撑以下水泥掺量 20%。坑内加固与槽壁加固之间采用高压旋喷桩搭接，有效搭接宽度 200mm。

2.4　微承压水的隔断设计

本工程地下水类型主要有浅层潜水和深层承压水两种类型，对本工程基坑有影响的主要为⑤_{3-1}层微承压含水层。为加强对周边环境的保护，基坑采用超深三轴水泥土搅拌桩隔断该层微承压含水层，隔断范围为基坑从北向南120m范围。为进一步减少微承压水降水对周边环境的影响，坑内微承压水降压降水应按动态、按需的抽水降压原则进行。

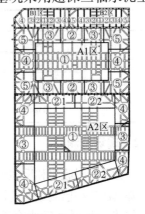

2.5 土方开挖设计

本工程基坑开挖和水平支撑的施工工序根据分区、分块、对称、平衡的原则制定，同时应保证保护地铁一侧水平支撑尽快限时形成，周边围护结构无支撑暴露宽度控制小于 20m。基坑土方开挖平面布置，如图5所示。

图5 基坑土方开挖平面布置图

3 基坑施工工况与现场监测

3.1 施工工况

本文着重分析 A1 区和 B 区基坑开挖对地铁隧道的影响。A1 区基坑从开挖至地下结构施工完成共历时半年时间，共划分为 7 个施工工况；B2 区施工开挖至支撑拆除完成共历时60d，共划分为 7 个施工工况；B1 区施工开挖至地下结构施工完成共历时34d，共划分为 7 个施工工况。基坑施工工况，见表2。

施工工况 表2

分区	工况	施工内容
A1 施工	Stage1	开挖至1.55m深，形成第一道支撑
	Stage2	开挖至6.1m深，形成第二道支撑
	Stage3	开挖至10.1m深，形成第三道支撑
	Stage4	开挖至基底（挖深12.6～14m），浇筑底板
	Stage5	拆除第三道支撑，浇筑地下一层结构
	Stage6	第二道支撑拆除完成
	Stage7	斜抛撑施工完成后拆除第一道支撑
B2 施工	Stage8	开挖至1.55m深，形成第一道混凝土支撑
	Stage9	开挖至6.2m深，设置第二道伺服钢支撑
	Stage10	开挖至10.2m，设置第三道伺服钢支撑
	Stage11	开挖至基底（挖深13.6m），浇筑底板
	Stage12	拆除第三道钢支撑，浇筑地下一层结构
	Stage13 Stage14	第二道钢支撑拆除完成 钢管换撑（−3.0m）完成后拆除第一道支撑
B1 施工	Stage15	开挖至1.55m深，形成第一道混凝土支撑
	Stage16	开挖至6.2m深，设置第二道伺服钢支撑

分区	工况	施工内容
B1 施工	Stage17	开挖至 10.2m，设置第三道伺服钢支撑
	Stage18	开挖至基底（挖深 13.6m），浇筑底板
	Stage19 Stage20 Stage21	拆除第三道钢支撑，浇筑地下一层结构 第二道钢支撑拆除完成 钢管换撑（−3.0m）完成后拆除第一道支撑

3.2　现场监测

为了及时收集和反馈围护结构、周边土体及地铁隧道在施工中的变形信息，限于篇幅，本文筛选出典型监测数据进行分析包括：A1 区和 B 区围护体深层水平位移监测点，地铁隧道水平位移、竖向位移和收敛变形监测点。隧道水平和竖向位移报警值为单次不超过 5mm，累计不超过 15mm；隧道收敛报警值为单次不超过 5mm，累计不超过 20mm。各测点平面布置，见图 6。

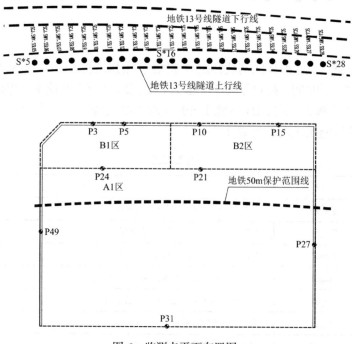

图 6　监测点平面布置图

隧道变形监测通过选择远离基坑影响范围隧道作为基准点，并定期和场外基准点进行引测修正。基坑开挖影响区域的上下行线隧道内设置独立的控制网，隧道管壁布置棱镜测点，并采用智能全站仪进行全自动化数据监测。

4　实测变形分析

本文监测结果分析的侧重点为基坑开挖对围护体变形和地铁隧道的影响。在 A1 区和 B2 区施工完成后，及时对实测数据分析，对后续施工的 B1 区采取动态施工调整，并加强施工要求。

4.1 A1 区施工阶段围护体深层水平位移

A1 区施工阶段，环境保护要求较为宽松的基坑西侧和南侧围护体侧移累计最大变形约 100mm，东侧和北侧约 70mm。A1 区基坑开挖到地下结构回筑完成，引起 B 区北侧紧邻地铁的围护墙测斜约 15～26mm。

表 3 为 A1 区施工阶段各工况下中隔墙测斜累计最大变形（P21 测点）及正对应 B 区围护墙（P10 测点）侧移累计变形数据。从变形相对比例关系来看，A1 区施工阶段 B 区围护体测斜变形约占 A1 区累计变形 5.6%～20%，其中基坑开挖到底至回筑阶段变形占比约 17%～20%；从变形增量看，stage4 底板浇筑到地下结构回筑完成 stage7 历时较长，B 区分隔墙测斜仍在逐步增加，从 11.6mm 增长到 14.6mm。。

A1 区基坑开挖对中隔墙和 B 区围护体变形　　　　　　　　　　　表 3

工况	中隔墙累计变形峰值/mm	B 区围护体累计变形/mm	B 区围护体变形占中隔墙变形比例/%
Stage2	15.9	0.9	5.6
Stage3	34.7	3.3	9.5
Stage4	67.7	11.6	17.1
Stage5	69.8	14	20
Stage6	72	14.2	19.7
Stage7	74.3	14.6	19.6

图 7 给出了地下连续墙典型监测点在 A1 区施工阶段的侧向变形。从图中可看出，随着基坑开挖深度的增加，围护体侧移变形量也在逐步增大，且发生最大变形的位置逐渐下移，近似对应各层开挖面深度，整体变形形态为"纺锤形"。由于基坑开挖工况下对应的开挖土层以①$_{1-1}$ 杂填土、①$_{1-2}$ 素填土、③淤泥质粉质黏土、④淤泥质黏土的流塑状软弱土层为主，因此相应的墙体侧向位移增量明显较大。

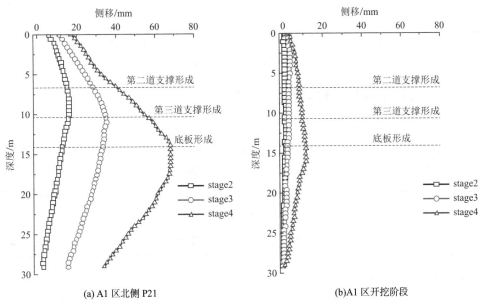

(a) A1 区北侧 P21　　　　　　　　　　(b)A1 区开挖阶段

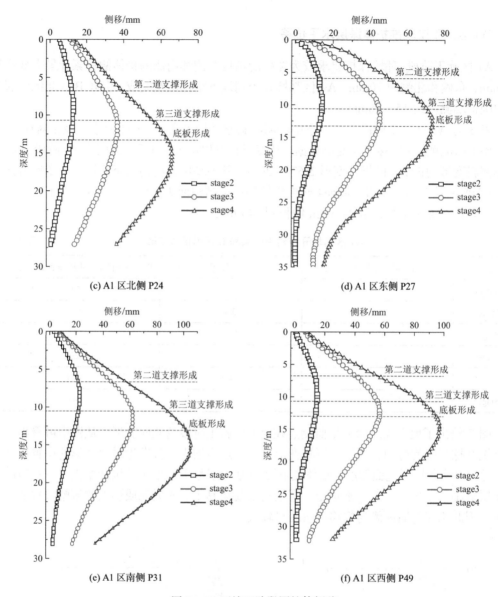

(c) A1 区北侧 P24

(d) A1 区东侧 P27

(e) A1 区南侧 P31

(f) A1 区西侧 P49

图7　A1 区施工阶段围护体侧移

4.2　B 区施工阶段围护体深层水平位移

最先施工的窄条坑 B2 区围护体最大累计变形约为 58.9mm，其中包括 B2 区开挖前受到 A1 区施工诱发最大侧移累计变形约 26.3mm，占累计测斜约 45%；B2 区开挖和回筑阶段侧移变形增量约 32.6mm。表4 为 B2 区施工阶段各工况下围护体最大累计变形及考虑 A1 区施工阶段引起 B2 区围护体累计变形叠加影响数据一览表。B2 区施工阶段围护体侧移，见图8。

B2 区施工阶段各工况下对围护体最大累计变形　　　　　　　　　　表4

工况	A1 区和 B2 区施工阶段围护体测斜最大累计变形/mm	B2 区施工阶段围护体最大累计变形/mm
Stage9	29	2.7

工况	A1 区和 B2 区施工阶段围护体测斜最大累计变形/mm	B2 区施工阶段围护体最大累计变形/mm
Stage10	31.9	5.6
Stage11	43.9	17.6
Stage12	45.1	18.8
Stage13	51.6	25.3
Stage14	58.9	32.6

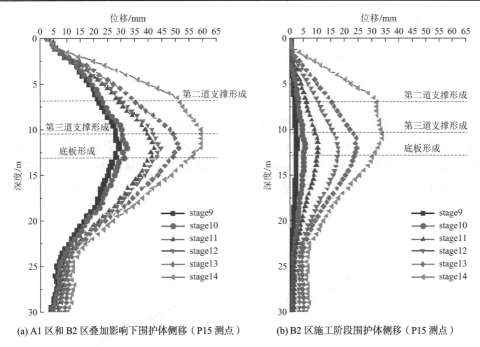

(a) A1 区和 B2 区叠加影响下围护体侧移（P15 测点） (b) B2 区施工阶段围护体侧移（P15 测点）

图 8　B2 区施工阶段围护体侧移

4.3　隧道水平和竖向位移

A1 区施工过程中紧邻运营区间隧道上行线竖向位移如图 9 所示，隧道整体表现为隆起趋势。A1 区基坑开挖至基底，隧道最大隆起约 9mm。从图 10 隧道水平位移图可以看出，A1 区施工阶段隧道最大水平位移约 0.98mm，向基坑方向变形。

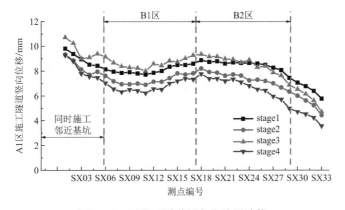

图 9　A1 区施工隧道竖向位移累计值

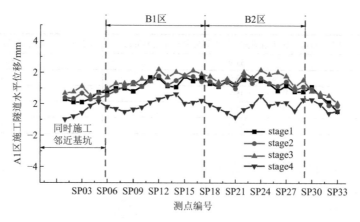

图 10　隧道水平位移累计值

B2 区施工过程隧道竖向位移如图 11 所示，B2 区基坑开挖至基底阶段，隧道产生的最大隆起变形约 11mm。本工程西侧为同时施工的邻近基坑，考虑两地块同时施工的叠加影响，隧道产生的最大隆起约 14mm。从图 12 隧道水平位移图可以看出，B2 区施工阶段隧道水平最大位移约 5mm，向基坑方向位移，基坑跨中的 SP15～SP24 测点变化较为明显。

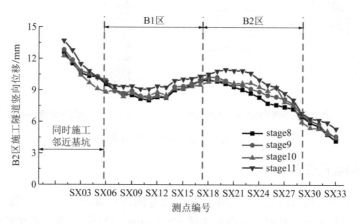

图 11　B2 区施工隧道竖向位移变化量

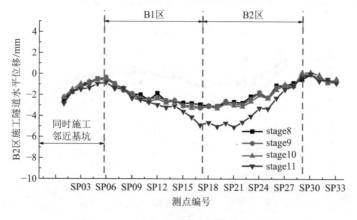

图 12　B2 区施工隧道水平位移变化量

B1 区施工对隧道竖向位移的影响如图 13 所示，从 B1 区基坑开挖至基底阶段，隧道产生的最大隆起变形约 10mm。考虑到西侧同时施工的邻近基坑的叠加影响，隧道产生的最大隆起约 12mm。从图 14 可见，B1 区基坑开挖至基底整个阶段隧道水平位移变化量在 0.5～5mm 之间，向基坑方向位移。

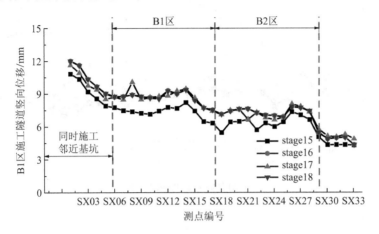

图 13　B1 区施工隧道竖向位移变化量

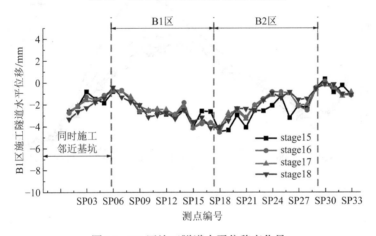

图 14　B1 区施工隧道水平位移变化量

从上述隧道位移监测结果可以得到以下几点结论和规律：（1）A1 区施工阶段，隧道由于基坑卸荷以竖向隆起变形为主，水平变形较小，邻近基坑的隧道上行线向基坑方向水平位移。（2）B 区施工阶段隧道变形以水平位移为主，这与郑刚[7]提出的隧道位移等值线分布规律相吻合；本基坑位于隧道变形过渡区，且隧道最大水平和竖向位移均在 10mm 位移等值线以内。（3）距离隧道越近的基坑开挖，引起隧道水平位移变化越明显，因此对于邻近隧道的基坑开挖需设定严格的施工要求并采取可靠措施使变形满足控制标准。

4.4　隧道收敛变形

图 15 表示各分区基坑开挖到底过程中隧道收敛变形，A1 区施工过程中隧道收敛变形约 10mm，收敛变形最大点位于基坑中部 SL14～SL18。B2 区施工过程中，隧道收敛累计最大变形为 25.5mm。B1 施工过程中隧道收敛累计最大变形为 25.5mm，收敛变形最大点位

于基坑中部 SL10～SL12。

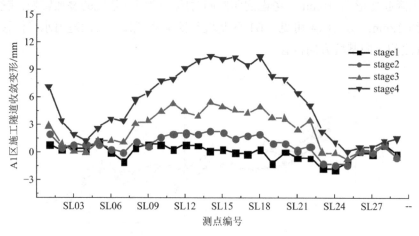

(a) A1 区施工隧道收敛累计值

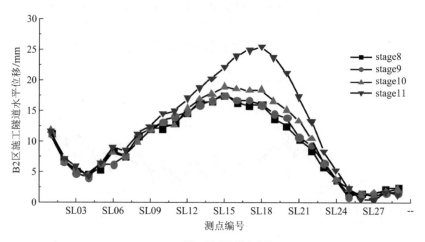

(b) B2 区施工隧道收敛变化量

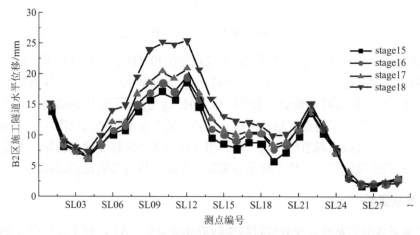

(c) B1 区施工隧道收敛变化量

图 15　各分区基坑施工阶段隧道收敛变形

5 总结

本文基于上海市某紧邻地铁隧道的深基坑设计实践，采取有效的基坑分区设计方案，减少大范围土体卸载对地铁隧道的影响，同时各分区之间按照"先大后小，先远后近"的原则施工。与周边相邻地块采取对角同步施工的措施。项目现已成功实施完成，结合深基坑实施过程和监测数据系统分析，得到如下主要结论：

（1）本工程采取了合理的分区，各分区之间按照"先大后小，先远后近"的原则施工，并与相邻地块分坑对角同步施工，不仅缩短了总工期，同时也满足了各分区地块建筑功能的完整性。通过分区施工，更有效地控制了基坑开挖对地铁隧道的影响。

（2）地下连续墙侧向变形均随着开挖深度增加而逐步增大，最终变形形态为"纺锤形"。基坑的变形空间效应显著，位于基坑角部地下连续墙侧移量明显小于位于基坑中部的侧移量。

（3）邻近地铁隧道的大坑基坑施工对尚未开挖的紧邻地铁的窄条基坑测斜影响不容忽视。以本工程为例，A1 区基坑开挖到底至回筑阶段，紧邻地铁 B 区围护体测斜约占 A1 区围护体测斜累计变形 17%～20%；该阶段测斜占 B 区总测斜约 45%。

（4）基坑在回筑阶段，由于支撑拆换撑影响及楼板回筑阶段时间较长，围护结构变形仍在逐步增长，应进一步加快结构回筑，以有效减少围护结构变形。

参考文献

[1] 贾坚, 谢小林. 上海软土地区深大基坑卸荷变形机理[J]. 上海交通大学学报, 2009, 43(6): 1005-1010.

[2] 贾坚, 谢小林, 罗发扬, 等. 控制深基坑变形的支撑轴力伺服系统[J]. 上海交通大学学报, 2009, 43(10): 1589-1594.

[3] 徐中华, 宗露丹, 沈健, 等. 邻近地铁隧道的软土深基坑变形实测分析[J]. 岩土工程学报, 2019, 41(S1): 41-44.

[4] 王卫东, 李青, 徐中华. 软土地层邻近隧道深基坑变形控制设计分析与实践[J]. 隧道建设 (中英文), 2022, 42(2): 163-175.

[5] 闫静雅. 邻近运营地铁隧道的深基坑设计施工浅谈[J]. 岩土工程学报, 2010, 32(S1): 234-237.

[6] 刘波, 范雪辉, 王园园, 等. 基坑开挖对临近既有地铁隧道的影响研究进展[J]. 岩土工程学报, 2021, 43(S2): 253-258.

[7] 郑刚, 杜一鸣, 刁钰, 等. 基坑开挖引起邻近既有隧道变形的影响区研究[J]. 岩土工程学报, 2016, 38(4): 599-612.

中心岛斜撑式支护在超大面积软土基坑中的设计实践

宗晶瑶

（华东建筑设计研究院有限公司上海地下空间与工程设计研究院，
上海 200002）

摘　要： 无锡某基坑面积约 51700m²，基坑周边延长约 1020m，普遍开挖深度约 5.45～6.05m，属超大面积基坑工程。本项目总体采用"中心岛"结合斜抛撑式支护体系，基坑内部普遍采用"中心岛"＋钢斜抛撑支护，支撑工程量小、节约工程造价；架设斜抛撑有效控制基坑变形，减少基坑施工对周边环境的影响；同时基坑放坡开挖加快挖土进度，缩短工期。基坑开挖过程中，通过对基坑监测数据分析，本基坑设计方案在满足业主造价及工期要求的同时也确保了基坑的安全实施。

关键词： 大面积基坑；软土地区；中心岛；钢斜撑；变形控制

0　引言

随着国内城市建设的高速发展，地下空间工程开发的规模与面积也在日渐增长，因此产生了大量的超大面积基坑工程，对基坑工程设计提出了严峻挑战。

面积大但开挖深度一般的基坑工程，常规可考虑采用悬臂桩支护、重力坝支护或板式支护（支撑或锚杆体系）等支护体系。对于软土地区基坑工程，如采用悬臂桩支护或重力坝支护形式变形控制差，不适于有一定环境保护要求的基坑；桩锚支护可确保坑壁土体变形可控[1]，但常常受限于用地红线及周边邻近管线；而常规地按整个基坑平面布置临时水平支撑的板式支护方案，将带来巨大的工程量，且施工工期较长[2]，在施工后期临时支撑的拆除既影响工期也易给环境带来不利影响[3]。在这种情况下，采用"中心岛"结合斜抛撑的基坑支护方案一般具有较优的安全性及经济性。

无锡某基坑面积约 51700m²，基坑周边延长约 1020m，普遍开挖深度 5.45～6.05m，属超大面积软土地区基坑工程。基坑周边主要保护对象有已建地铁区间隧道、过街通道、市政道路及管线等，具有一定保护要求；项目工期要求高；场地局部区域浅部存在较厚的杂填土，力学性质差，不利于围护结构受力与变形控制。本项目基坑采用"中心岛"结合斜抛撑支护方案：基坑中部首先放坡开挖，完成中部基础底板；随后开槽架设斜抛撑支撑围护体，最后开挖盆边土，施工剩余部分基础底板和地下室主体结构。基于基坑实施的监测数据表明，本基坑实施方案在满足业主造价和工期要求的同时也确保了基坑的安全实施。

作者简介：宗晶瑶，硕士，工程师，主要从事基坑工程等方面的研究。E-mail：jingyao_zong@arcplus.com.cn。

1 基坑工程概况

1.1 超大面积基坑

本项目基坑面积近 5.2 万 m²，项目整体土方开挖量超 30 万 m³，超大面积土方如考虑一次性开挖卸荷，基坑回弹量大，往往对工程造成较大影响[4]。

1.2 环境条件复杂

本工程场地北侧及东西两侧邻近市政道路，道路下密布市政管线，最近处供电管线距离基坑开挖边线仅有 4.3m，需考虑对邻近管线的保护。场地北侧有已建成的地铁 4 号线区间隧道，隧道顶部埋深 10.793～14.596m，隧道直径约 6.2m，近侧隧道中心线与本工程基坑内边最近约 21.1m，基坑位于地铁安全保护区内；场地东北角有一过街通道顶管始发工作井（结构已完成），与本工程主体基坑开挖边线最近距离约 29m，基坑实施过程中需要对地铁及工作井进行一定保护。场地南侧现状为荒地，环境保护要求较为宽松。

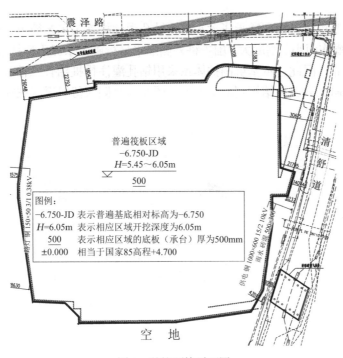

图 1 基坑环境平面图

1.3 工程地质复杂

本次基坑普遍开挖深度涉及土层中，①层杂填土力学性质较差，应考虑其对围护结构的不利影响，采取可靠的处理措施；基坑开挖面普遍在③层粉质黏土夹粉土层，③、④层软土地层力学性质差，变形控制差；且③、④层土层透水性较好，涉及微承压含水层，基坑支护工程设计与施工均应注意采取妥善的止水措施。场地普遍区域存在②层粉质黏土，土体物理力学性质较好，有利于基坑变形控制。具体土层参数，见表 1。

土层参数信息表

表 1

| 层号 | 土层名称 | 重度γ | 直剪固结快剪c_q | | 状态 |
		kN/m³	c_k/kPa	φ_k/°	
①	杂填土	(17.5)	(5.0)	(8.0)	松散
②	粉质黏土	19.4	49.4	15.7	可—硬塑
③	粉质黏土夹粉土	19.1	25.9	14.9	可—软塑
④₁	粉质黏土夹粉土	18.8	14.6	12.6	软塑
④₂	粉土夹粉质黏土	18.7	10.3	18.8	稍—中密
④₃	粉质黏土	18.8	13.0	11.6	软—流塑
⑤₁	粉质黏土	19.4	50.7	14.5	可—硬塑

2 基坑总体方案

2.1 总体设计

本工程基底开挖面已揭穿微承压含水层，钻孔灌注桩施工工艺简单，质量易控制，且施工较为灵活、操作面小、刚度大。围护桩外侧隔水另行施工水泥土搅拌桩作为隔水帷幕，止水效果更为可靠。因此，本基坑围护体系采用钻孔灌注排桩结合三轴水泥土搅拌桩止水帷幕。图2为普遍区域支护结构剖面示意图，图3为北侧保留斜撑区域穿墙节点图。

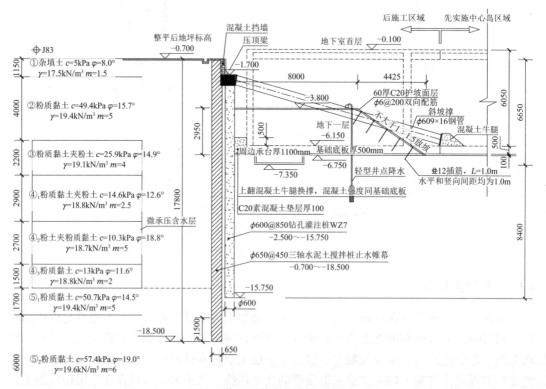

图 2　普遍区域支护结构剖面图

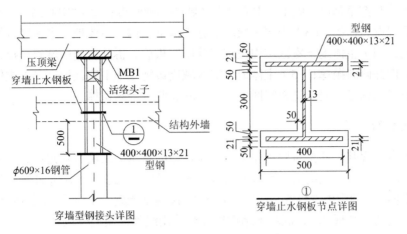

图 3　北侧保留斜撑区域穿墙节点图

支撑体系采用"中心岛"结合斜抛撑体系，支撑面积小，工程量小，可节约工程造价；中心岛区域先开挖避免了超大面积土方一次性卸荷，并通过及时形成的中心岛区主体结构底板压重，架设斜抛撑后再开挖坑边土，可有效控制各工况下基坑变形，减小基坑施工对周边环境的影响；且中心岛区域的无支撑放坡开挖，大幅加快了挖土进度，从而实现尽早施作中部主体结构，缩短了施工工期。图 4 为支撑体系平面布置图。

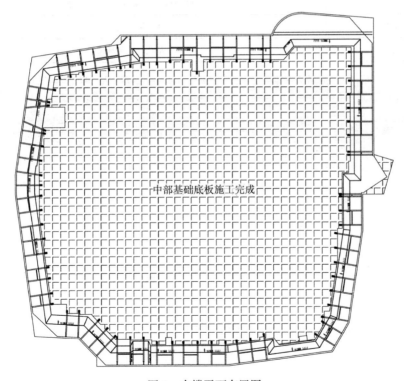

图 4　支撑平面布置图

2.2　工况流程

本工程主体基坑内部采用"中心岛"＋钢斜抛撑支护。主要工况流程为：（1）大基坑周边留土放坡开挖至基底,施工"中心岛"区域的基础底板;(2)"中心岛"区域基础底板施工完成后架设斜抛撑;(3)中部区域向上施工地下结构,主体地下室区域分块、对称开挖周边留土;(4)主体地下室区域周边施工基础底板后,拆除普遍区域斜抛撑,保留北侧邻地铁及工作井侧斜抛撑;(5)主体地下室区域周边施工地下室顶板;(6)主体地下室区域周边地下室结构施工完成且密实回填后,拆除北侧剩余斜抛撑。

2.3 有限元计算分析

为分析本工程基坑开挖对周边环境、地铁隧道的影响,采用有限元计算软件 PLAXIS 对邻近地铁隧道基坑开挖剖面进行数值模拟(表2、图5～图7)。有限元计算分析中土体采用能考虑土体小应变特性的 HS-Small 本构模型,该模型能刻画土体剪切刚度随剪应变从小到大连续变化的衰减规律[5],混凝土结构构件则采用线弹性模型模拟。

工况流程表   表 2

工况	内容
工况一	初始平衡状态应力场计算
工况二	隧道开挖
工况三	施工基坑围护体
工况四	基坑中心岛区域开挖,施工底板
工况五	施工第一道支撑
工况六	基坑开挖至基底

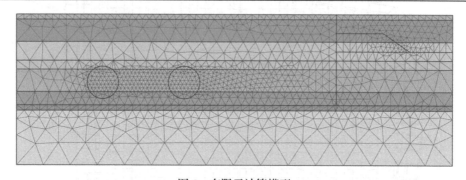

图 5 有限元计算模型

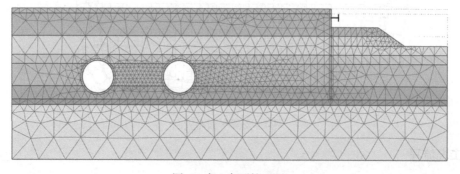

图 6 中心岛开挖工况

408

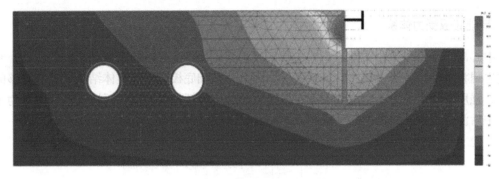

图 7　有限元计算土体水平位移云图

通过有限元计算分析，基坑实施过程中对邻近地铁隧道产生的水平、竖向位移均小于 5mm，均在可控范围内，说明本基坑采用中心岛方案可行，在基坑实施中尚应结合监测数据进行信息化施工，做好相应的监测和保护工作。

4　关键技术

4.1　周边留土放坡

放坡土体作为中心岛工法的支护结构，首先要保证土体自身稳定性[6]。本基坑普遍区域采用一级放坡，北侧邻地铁侧保护要求较高区域采用二级放坡。支护桩悬臂控制在 3m，普遍区域放坡平台宽 8m，采用不大于 1：1.5 放坡，坡面采用 80mm 厚钢筋混凝土喷射面层，内配双向 $\phi8@200$ 钢筋网，配筋面层混凝土设计强度等级 C20。坡面设置 $\phi20$ 插筋，插筋长度 1m，插筋与坡面垂直，水平与竖向间距均为 1.0m，增强坡体稳定性。坡顶设置轻型井点进行坡体疏干降水。

基坑实施过程中严格落实"先架设支撑后开挖土方"，围护桩无支撑暴露时间应控制在 48h 之内，开挖面围护桩无支撑暴露长度不大于 30m。采用"盆式、分层、分段、对称、平衡"的原则。中心岛放坡坡度不应大于 1：1.5，坡体开挖施工时应分区、分段、分层开挖，且及时完成护坡面层的处理。

4.2　斜抛撑架设

主体地下室基坑普遍采用"中心岛"结合斜抛撑作为围护结构，基坑周边放坡中部开挖至基底，先施工中部基础底板，在中部基础底板与围护桩压顶梁之间架设斜抛撑，斜抛撑架设完成后进行周边留土开放开挖和结构施工。斜抛撑采用 $\phi609 \times 16$ 钢管斜撑，分别撑于基础底板与周边压顶梁间，通过钢筋混凝土牛腿与基础底板连接。支撑间距约 7～9m，每根钢支撑须施加 200kN 预应力，分 100kN、100kN 二级施加，以确保支撑两端顶紧。钢管撑间设置 H400 × 400 × 13 × 21 的型钢连杆。

由于基坑北侧邻近地铁隧道具有一定保护要求，为控制围护结构变形对周边环境的影响，该侧斜抛撑保留，穿过地下室外墙处设置 H 型钢穿墙节点，待地下室结构回筑完成后拆除斜撑。斜撑穿墙节点，见图 3。

3.3 基础底板受力体系

中心岛实施过程中，斜抛撑支撑在基础底板与压顶梁上，以约束围护结构的位移，并通过牛腿将坑外水土压力传递给基础底板。因此，基础底板应形成整体结构，具有足够的刚度、强度承受水平力，后浇带中需要设置可靠的传力杆件以连接各区块底板。图 8 为本基坑中后浇带设置的型钢换撑示意图。

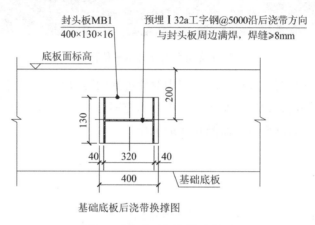

图 8 后浇带型钢换撑示意图

基础底板后浇带位置采用预埋 I 32a 工字钢换撑，工字钢通过封头板 MB1 与底板连接，工字钢与埋板连接处均满焊，焊缝高度 h_f 不小于 8mm，并采取有效措施确保封头板与底板混凝土接触紧密。

4 实测数据分析

本工程实施工况如表 3 所示，基坑实施过程中基坑围护桩典型工况水平位移实测及计算数据如图 9 所示。计算结果与实测结果反应围护桩变形整体呈现为"胀肚形"，围护桩最大侧向位移发生在开挖面以上位置。通过图 9 可以看出，基坑实施过程中围护桩侧向位移满足基坑变形控制需求。

"中心岛"区域实施进程表 表 3

施工步	内容
Stage0	施工工程桩、围护排桩、三轴水泥土搅拌桩止水帷幕、坑内土体加固等
Stage1	围护体及压顶梁施工完成且达到设计强度 80%后，周边留土放坡开挖至基底，施工"中心岛"区域的基础底板
Stage2	待"中心岛"区域基础底板施工完成，且达到设计强度 80%后，在周边留土放坡区域开槽架设钢斜撑，钢斜撑两端分别撑于基础底板与压顶梁上
Stage3	待周边基础底板及换撑体系施工完成，且达到设计强度 80%后，拆除普遍区域钢斜撑，保留北侧邻隧道侧及部分落深区域斜撑，继续向上施工地下结构
Stage4	待地下室整体施工完成且结构顶板达到设计强度 80%后，拆除剩余斜撑，周边回填密实

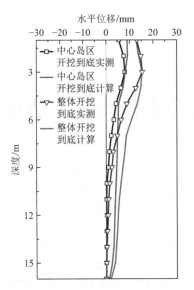

图9 围护结构典型工况水平位移计算结果与实测对比

根据对基坑实测与计算数据的分析表明，本项目所设计的相关方案满足实际控制变形需求，保障基坑工程安全实施。

5 结论

无锡某超大面积软土地区深基坑工程，采用了"中心岛"结合斜抛撑支护方案，得到了成功实践。

采用中心岛支护方案，能够节省大量的支撑材料、提高挖土效率，在工期和造价方面具有一定优势；大面积基坑采用中心岛支护方案避免了一次性大面积土方卸荷，并通过斜抛撑约束周边围护变形，变形控制较好。这一设计方法的成功实践也为超大面积软土地区基坑工程的设计、施工和研究提供了参考和借鉴。

参考文献

[1] 朱彦鹏, 杨校辉, 周勇, 等. 兰州地铁车站深基坑支护选型分析与数值模拟研究[J]. 水利与建筑工程学报, 2016, 14(1): 55-59.

[2] 林巧, 钟铮, 佘清雅, 等. 中心岛斜撑支护在软土地区超大面积基坑中的工程实践[C]. 2012.

[3] 邸国恩, 王卫东. "中心岛顺作、周边环板逆作" 的设计方法在单体 50000m² 深基坑工程中的实践[J]. 岩土工程学报, 2006(S1): 1633-1637.

[4] 朱火根, 孙加平. 上海地区深基坑开挖坑底土体回弹对工程桩的影响[J]. 岩土工程界, 2005, 8(3): 43-46.

[5] 宗露丹, 徐中华, 翁其平, 等. 小应变本构模型在超深大基坑分析中的应用[J]. 地下空间与工程学报, 2019, 15(S1): 231-242.

[6] 董雪, 李爱民, 柯静懿, 等. 超大超宽深基坑放坡开挖中心岛施工基坑围护结构设计[J]. 岩土工程学报, 2008, 30(S1): 619-624.

[7] 刘国彬, 王卫东. 基坑工程手册[M]. 北京: 中国建筑工业出版社, 2009.

H型钢组合支撑在软土基坑中的应用

刘秀珍[1]，阎超[2]

（1. 中机三勘岩土工程有限公司，湖北 武汉 430000；2. 武汉地质勘察基础工程有限公司，
湖北 武汉 430000）

摘　要： H型钢组合支撑具有可回收、高强连接、可施加预应力、可靠性高等优点，在国内的应用不断增多。以武汉某基坑工程为背景，介绍了H型钢组合支撑在狭长形房建基坑中的应用。通过工程分析和设计计算、施工工序分析以及实施效果，验证了H型钢支撑体系的安全性以及在基坑工程中应用的可行性，且钢支撑施工工期短、成本低，有效提高绿色施工水平，可为其他类似基坑工程提供指导和参考。

关键词： 深基坑；H型钢组合支撑；支护结构；软土；监测

0　引言

H型钢组合支撑是一种新型装配式水平内支撑体系，具有可回收、高强连接、可施加预应力、可靠性高等优点，属于典型的绿色岩土施工工艺。李潇等[1]对比分析了地铁基坑中应用H型钢组合支撑和圆管支撑，得出在满足相同受力情况下，H型钢组合支撑可以取得更大的经济收益的结论。

H型钢组合支撑工艺符合节能、减排的社会发展潮流[2]，其组合截面形式灵活多样，不仅能适应不同的支撑间距及跨度，组合后的截面还具有较大刚度，从而能调节和优化围护结构内力分布并有效控制基坑变形[3]。刘兴旺等[4]对深基坑组合H型钢支撑梁体系开展了稳定性分析，认为支撑梁承载力由横梁刚度控制。方兴杰等[5]认为H型钢支撑形成的组合结构，刚度大、稳定性好；与混凝土支撑相比，H型钢支撑具有施工方便、节省工期、对基坑变形及周边环境控制效果好等优点。张双[6]对装配式预应力型钢组合支撑的基坑分层开挖进行了模拟分析。

H型钢组合支撑体系能够实现模块化、标准化设计与施工，近年来在基坑支护工程领域得以大范围应用。胡琦等[7]介绍了应用于深大基坑施工的型钢组合支撑基本构造以及其中关键节点设计。郭永成等[8]将装配式预应力型钢组合支撑在邻近地铁深基坑中的应用进行了研究和总结；汪海生，陶言祺[9]针对软土地层中船闸基坑，对装配式H型钢内支撑结合原有双排桩支护形式的安全性开展了数值分析，证明上述方案的整体稳定性、支撑轴力满足相关规范要求。

在武汉软土地区编制开挖深度6m左右的基坑支护方案，其中最令设计人员深感矛盾

作者简介：刘秀珍，毕业于西安交通大学结构工程专业，目前从事岩土工程设计、咨询工作。E-mail: 363372043@qq.com。

的是：采用混凝土悬臂桩支护，桩顶位移往往难以满足规范要求；设置被动区加固，不仅极大提高了造价，而且很难控制质量；采用传统钢筋混凝土支撑体系，虽然质量可控，但仍然会有造价高、支撑下施工作业面小、土方作业功效低、工期长等问题。

为此，以武汉软土地区某深基坑工程为例，在设计可靠度、工程造价、工期等方面，对支护桩＋H 型钢组合支撑体系、悬臂桩＋被动区加固体系以及悬臂桩＋钢管支撑体系进行设计对比分析。结果表明：相较于传统混凝土支撑，H 型钢组合支撑具有体量轻、工期快、造价低等优点；相较于钢管支撑体系，它具有承载能力大、支撑间距大、跨度大、截面形式经济合理等优点，尤其适用于类似于形状规则、狭长形且变形控制要求严格的深基坑，具有较高的推广应用价值。

1 工程概况

1.1 工程简述

该项目位于武汉市东西湖区，周边环境紧张，北侧空地为土方转运场，东侧邻市政道路，基坑顶有一条直径 300mm 水管浅埋；南侧为现场项目部；西侧邻近密集别墅小区（浅基础）。四面均无放坡卸载空间。设一地下室，基坑形状呈规则矩形，尺寸 250m×68m，基坑开挖面积 17000m²，周长 640m，开挖深度 5.1～6.6m。基坑重要性等级为一级。

1.2 工程地质

工程场地地貌单元属长江 II 级阶地，基坑开挖深度范围内土层为：①层素填土，结构松散，工程性能差；②层粉质黏土，可塑状态，自稳性相对较差；③层粉质黏土，厚度 10～12m，软塑，自稳性差，承载力低（$f_{ak} = 70$kPa）。基坑底主要位于③层软塑状粉质黏土，局部位于②层可塑状粉质黏土中。基坑开挖范围内的岩土层分布及物理力学参数，见表 1。

场区对基坑开挖有影响的地下水为上层滞水，主要赋存于①层素填土中，其补给来源为大气降水及地表散水，总体有限。

基坑设计土层参数一览表　　　　　　　　　　　　　　　表 1

层序	土层名称	厚度/m	重度/（kN/m³）	c/kPa	φ/°	E_s/MPa	f_{ak}/kPa
①	素填土	1.6～6.2	17.5	10	8	—	—
②	粉质黏土	0.6～4.6	18.5	20	10	5.5	110
③	粉质黏土	5.8～12.4	18.0	14	7	3.5	70
④	粉质黏土	0.8～11.0	18.6	22	12	6	130
⑤	粉质黏土	1.1～9.5	19.5	35	14	11	250
⑤₁	粉质黏土	1.3～3.1	18.8	23	11	6.5	130

2 设计

2.1 基坑特点

本基坑有如下特点：

（1）支护深度不大，但周边环境紧张，无可利用的放坡空间。

（2）红线紧邻地下室结构边线，设计锚杆需要解决出红线问题，本项目要求支护结构尽量不超出红线。

（3）基坑侧壁及坑底土质条件差，采用悬臂桩支护难以满足变形控制要求。

（4）基坑形状规则（矩形），整体呈狭长形。若采用内支撑方案，则布撑美观，受力明确。

2.2 方案选型

方案选型阶段，分别计算了悬臂桩加被动区加固、支护桩加钢支撑两种支护方式。支护桩采用直径 0.8m 的灌注桩，桩长 17.5m，桩间距 1.2m，剖面如图 1 所示。计算结果表明，悬臂桩加被动区加固方案桩顶位移 45.6mm，西侧靠近别墅区考虑既有建筑超载，位移高达 88mm，显然不能满足一级基坑变形限值（50mm）的控制要求；支护桩加钢支撑计算位移最大值为 33.5mm，可以满足变形控制要求，故本项目选定方案为桩撑方案。

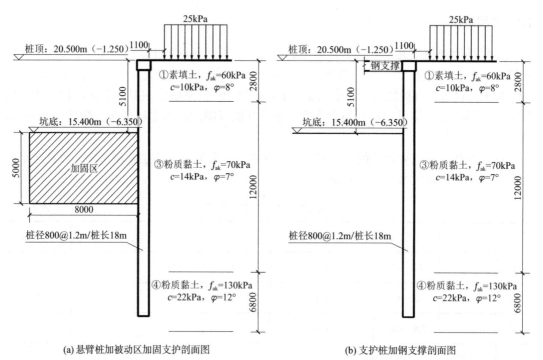

(a) 悬臂桩加被动区加固支护剖面图   (b) 支护桩加钢支撑剖面图

图 1 基坑支护剖面图

钢支撑选择上，做了支撑布置及计算对比分析。众所周知，支撑间距越大，支撑需要承受的轴向力越大，钢管支撑的承载能力上限限制了其在基坑纵向拉大支撑间距的可能性[1]。本项目中，四角设置角撑，中部设置对顶撑，型钢支撑组合间距调整至 29.4m 时，需要承担的轴力设计值约 8000kN，设置 4 根截面为 H400×400×13×21 的型钢组合可满足要求，还留有一定富余量。相同条件下需要设置 3 根直径 609mm、厚 16mm 的钢管支撑，截面质量超过 H 型钢支撑，经济上不具优势；布撑方面钢管撑每根间距按 7～8m 布置，空间上较分散，占据大量的施工空间；H 型钢支撑组合布置则可留出大片的施工空间，且较钢管支撑分散布置节省了大量辅撑。而混凝土支撑体量庞大、工期长，在一层地下室中不建议采用。故本项目选定方案为钻孔灌注桩加 H 型钢组合支撑支护体系。

2.3 平面支撑体系有限元计算

单侧对顶钢支撑长度为 47.1m，组合支撑间距 29.4m；对顶撑、角撑和八字撑 H 型钢截面为 H400×400×13×21，材质 Q355B；钢筋混凝土冠梁截面为 1000mm×700mm，混凝土强度等级为 C35；托梁及立柱采用 H 型钢，截面为 H488×300×11×18，材质 Q235B。共设置四榀角撑和六榀对顶撑，内支撑平面布置见图 2。通过对钢支撑平面内和平面外压杆稳定进行验算，该设计方案安全可靠；基坑变形也在规范范围内，设计方案可行。

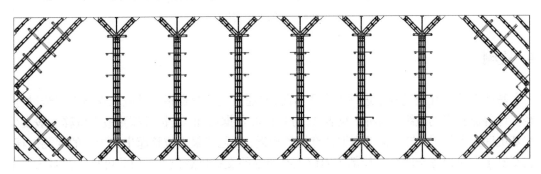

图 2　型钢组合支撑平面布置图

3　施工

型钢组合支撑安装、挖土、出土是本项目要解决的难点问题。钢支撑整体安装顺序为从南向北推进，东西两边同时施工，以形成角撑、对撑。具体顺序如下：

（1）支护桩施工完成后，先施工混凝土冠梁、牛腿（带加压端）。

（2）施工南侧角撑，使用小型挖机在支撑下掏土。

（3）安排挖机放坡挖土挖出出土便道，安装南侧 1～4 号对撑（中部不闭合），被动区留土；小型挖机支撑下方掏土，土方车转运北侧出土。

（4）小型挖机清土至设计坑底标高（挖除被动区留土），闭合对撑，南区底板结构施工。

（5）待底板与换撑达到强度后，拆除南区角撑、1～3 号对撑，重复上述步骤依次完成 5 号、6 号对撑施工（重复利用拆下来的 1 号、2 号对撑）。

（6）完成北区角撑施工（重复利用拆下来的南区角撑）。

施工步序工况模拟，见图 3；现场钢支撑拼装，见图 4。

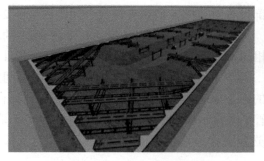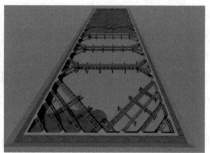

图3 施工步序工况模拟图

图4 现场支护实景

4 监测

　　基坑在整个开挖过程中进行了全程监测，并通过监测数据指导基坑工程施工的全过程。经统计各监测点的最终变形量，见表2。分析监测数据可知，支护桩深测最大位移一般发生在基坑底上下位置，与支护桩模拟计算结果相近；而冠梁最大位移超出支护桩的深测位移，主要发生在对顶撑未闭合、局部坑内留土有超挖的支护桩点位上。由此可见，在对顶撑未封闭前，足够的坑内留土反压尤其重要；单根钢支撑轴力实测值略大于计算值，但小于设计值，在安全范围内。所有数据均未超过预警值，表明支护结构在基坑开挖过程中变形及受力情况良好，达到预期目标。

支护结构与周边建筑物位移与沉降结果（累计值）　　　　表2

	冠梁		支护桩	周边建筑物	支撑轴力	边坡顶	
	最大位移/mm	最大沉降/mm	深测位移/mm	最大沉降/mm	最大值/kN	最大位移/mm	最大沉降/mm
实测值	33.90	16.98	26.40	10.27	1380	20.30	11.60
软件模拟值	32.20	—	20.30	—	1200	—	—
设计限值	40.00	40.00	40.00	30.00	1701	50.00	50.00

5 结论、建议及展望

　　本文以武汉某基坑工程为例，介绍了装配式H型钢组合支撑的应用，通过工程分析和设计计算、施工工序分析以及实施效果，得出以下结论、建议及展望，供工程人员参考和思考。

结论：（1）通过计算对比分析，设计出大跨度、大间距的 H 型钢组合内支撑截面形式，相较于传统钢管支撑具有承载能力大、支撑间距大、截面形式经济合理等优点，能很好地适应狭长形基坑的要求，具有推广应用价值。（2）H 型钢组合支撑拆撑快，无污染；标准构件可在场地内循环周转、使用，节约了运输成本。（3）通过预应力技术和信息化监测手段可有效控制基坑变形，保证周边环境的安全。

建议：（1）把握合理用钢量与安全度之间的关系。（2）加强不同形状基坑的支撑布局设计以及现场施工的组织与管理工作。

展望：（1）主动变形控制技术应用到型钢组合支撑体系中，可解决变形控制问题和环境保护问题，并可将型钢组合支撑技术的应用前景推向更为广阔的空间。（2）型钢组合支撑结构与装配式组合钢桩支护结构相结合，可实现基坑支护体系的全标准化、全装配化、全可回收化、全智能控制化。（3）H 型钢组合支撑以及装配式基坑支护体系属于绿色岩土范畴，目前已在武汉市得到一定的运用，但与沿海地区相比，使用程度还有待提高。适合于武汉地区特殊地质条件的相关设计方法与指导规程，还有待进一步完善。

参考文献

[1] 李潇, 蔡璐. H 型钢组合支撑在地铁基坑中的应用研究[J]. 岩土工程技术, 2021, 35(2): 84-87.
[2] 李瑛, 唐登, 朱浩源. H 型钢构建的绿色深基坑支护体系初探[J]. 科技通报, 2017, 33(2): 177-180+230.
[3] 赵媛. 预应力型钢组合内支撑在基坑工程中的应用研究[D]. 南京: 东南大学, 2018.
[4] 刘兴旺, 童根树, 李瑛, 等. 深基坑组合型钢支撑梁稳定性分析[J]. 工程力学, 2018, 35(4): 200-207+218.
[5] 方兴杰, 孙旻, 王浩, 等. 基坑双拼双层 H 型钢支撑施工技术与效果评价[J]. 施工技术, 2019, 48(18): 95-98.
[6] 张双. 基于装配式预应力型钢组合支撑的基坑分层开挖过程模拟分析[J]. 市政工程, 2023, 41(6): 121-128.
[7] 胡琦, 施坚, 方华建, 等. 型钢组合支撑在深大基坑施工中的应用[J]. 建筑施工, 2019, 41(5): 751-753.
[8] 郭永成, 朱利平, 李建杰, 等. 装配式预应力型钢组合支撑在临近地铁地下空间深基坑中的应用研究[J]. 建筑结构, 2020, 50(S1): 1064-1068.
[9] 汪海生, 陶言祺. 装配式 H 型钢支撑在超深厚软土基坑中的应用[J]. 水运工程, 2020(11): 161-165.

基于状态空间法的 DJC 桩力学响应分析

孙红海[1]，袁立凡[2]，李卿辰[3]，王金昌[4]，孙雅珍[5]

（1. 浙江交工路桥建设有限公司，浙江 杭州 311305；2. 沈阳建筑大学土木工程学院，辽宁 沈阳 110168；3. 四川省地质工程勘察院集团有限公司，四川 成都 610072；4. 浙江大学交通工程研究所，浙江 杭州 321025；5. 沈阳建筑大学 交通与测绘工程学院，辽宁 沈阳 110168）

摘　要： 为快速准确分析潜孔冲击高压旋喷复合预制桩（DJC 桩）的力学响应特性，基于 Euler-Bernoulli 梁理论和状态空间法，建立了综合考虑桩-土相互作用、桩身轴力和桩侧摩阻力随桩身自重和深度线形变化的力学模型及其状态方程，推导出组合荷载作用下桩身任意截面处的内力和变形值，通过与已有文献中幂级数解进行对比，验证了该解析方法的正确性。本文研究成果为 DJC 桩变形和内力的预测提供了一种快速简洁的方法。

关键词： DJC 桩；状态空间法；Euler-Bernoulli 梁理论；桩-土相互作用

0　引言

潜孔冲击高压旋喷复合预制桩（简称 DJC 桩）是一种创新的地基加固技术，它结合了潜孔冲击和高压喷射注浆的优势，特别适用于复杂地层条件。通过在块石地层、卵石地层、岩层中成孔，同时喷射高压水泥浆进行护壁和扩径，有效解决了传统施工方法在这些地层中面临施工速度慢、承载能力差、耗费资源多等难题。

目前针对组合荷载作用下的单桩理论分析，主要采用 m 法[1]和 C 法[2]等方法，上述方法在求解计算时，由于待定系数较多等因素使得计算过程繁琐。而状态空间法则以能量对偶的内力和位移作为状态向量，不仅可以避免高阶微分方程的求解，计算效率较高，而且方便处理桩-土之间的相互作用，目前已在土木工程领域得到较为广泛的应用[3,4]。

综上所述，本文将 DJC 桩等效为相同刚度的欧拉直梁，基于 Winkler 地基和 Euler-Bernoulli 梁理论建立了综合考虑桩-土相互作用、桩身轴力和桩侧摩阻力随桩身自重和深度线性变化的力学模型，利用状态空间法及相邻状态向量间的传递关系，求得整个桩基任意截面处的内力和变形。最后，将本文解析解与幂级数解的计算结果进行对比，验证了本文分析方法的有效性。

作者简介：孙红海，高级工程师，E-mail：475158682@qq.com。

基金项目：浙江交工协同创新联合研究中心项目（ZDJG2021004）。

1 DJC 桩力学响应解析计算

1.1 基本假定

组合荷载作用下 DJC 桩的受力分析如图 1 所示，其中桩顶作用水平力 H，竖向力 V 和弯矩 M_0，并进行如下基本假定：

（1）桩为线弹性材料，采用 Euler 梁理论描述其力学行为；

（2）采用 Winkle 地基模型模拟桩-土相互作用，桩身土反力与桩身水平位移关系如下所示：

$$p = bm(z_0 + z)^n w \tag{1}$$

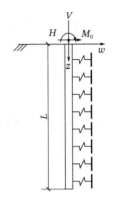

式中，p 为桩身土反力；b 为桩径；z_0 为地面处当量深度；m 为比例系数；n 为指数；w 为桩身水平位移。

（3）桩身轴力随桩身自重及桩侧摩阻力随深度线性变化：

$$N = N_0 + f_1 z \tag{2}$$

图 1　组合荷载下桩基的模型

式中，f_1 为桩身轴力增长系数，根据相关文献[5]，$f_1 = \gamma A - \mu \tau / 2$，其中 γ 为桩基重度，μ 为桩身周长，τ 为桩侧土的极限侧摩阻力。

1.2 状态方程的建立及求解

任取桩身某微段进行分析，如图 2 所示，其中 Q 和 M 分别为桩的剪切力和弯矩，p 为地基土反力。桩长、截面面积、惯性矩和弹性模量分别为 L、A、I 和 E。

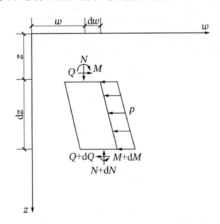

图 2　桩身单元受力分析示意图

由水平向力的平衡得：

$$Q = Q + \mathrm{d}Q + p\,\mathrm{d}z \tag{3}$$

化简后得：

$$\frac{\mathrm{d}Q}{\mathrm{d}z} = -p = -kbw \tag{4}$$

式中，k 为地基反力系数，再根据力矩平衡得：

$$M + Q\,\mathrm{d}z = M + \mathrm{d}M + N\,\mathrm{d}w + \frac{1}{2}p(\mathrm{d}z)^2 \tag{5}$$

略去高阶小量后得：

$$Q = \frac{\mathrm{d}M}{\mathrm{d}z} + N\frac{\mathrm{d}w}{\mathrm{d}z} \tag{6}$$

由 Euler 梁理论，桩身截面转角ψ和弯矩M为：

$$\psi = \frac{\mathrm{d}w}{\mathrm{d}z} \tag{7}$$

$$M = EI\frac{\mathrm{d}^2w}{\mathrm{d}z^2} \tag{8}$$

将桩身等分成S份，假定每小段上的地基反力系数k为常数，根据积分中值定理可得：

$$
\begin{aligned}
k_i &= \frac{m\displaystyle\int_{\frac{(i-1)L}{S}}^{\frac{iL}{S}}(z_0+z)^n\,\mathrm{d}z}{\dfrac{L}{S}} \\
&= \frac{Sm\left\{\left(z_0+\dfrac{iL}{S}\right)^{n+1}-\left[z_0+\dfrac{(i-1)L}{S}\right]^{n+1}\right\}}{(n+1)L}
\end{aligned}
\tag{9}
$$

根据文献[6]，可假定$z_0 = 0$，m、$n = 1$，则：

$$k_i = \frac{S\left\{\left(\dfrac{iL}{S}\right)^2-\left[\dfrac{(i-1)L}{S}\right]^2\right\}}{2L} \tag{10}$$

将式(4)、式(6)、式(7)和式(8)整理成矩阵形式的状态方程，即：

$$\frac{\mathrm{d}x_i}{\mathrm{d}z} = Ax_i \tag{11}$$

式中：

$$x_i = [w_i \quad \psi_i \quad M_i \quad Q_i] \tag{12}$$

$$A = \begin{bmatrix} B & C \\ D & B \end{bmatrix} \tag{13}$$

$$B = \begin{bmatrix} 0 & 1 \\ 0 & 0 \end{bmatrix},\, C = \begin{bmatrix} 0 & 0 \\ \dfrac{1}{EI} & 0 \end{bmatrix},\, D = \begin{bmatrix} 0 & -N \\ -k_i b & 0 \end{bmatrix} \tag{14}$$

为保证计算的稳定性，对式(11)进行无量纲化，得到无量纲状态方程：

$$\frac{\mathrm{d}\overline{x}_i}{\mathrm{d}z} = \overline{A}\overline{x}_i \tag{15}$$

式中：

$$\overline{x} = \begin{bmatrix} \overline{w}_i & \psi_i & \overline{M}_i & \overline{Q}_i \end{bmatrix} \tag{16}$$

$$\overline{A} = \begin{bmatrix} \overline{B} & \overline{C} \\ \overline{D} & \overline{B} \end{bmatrix} \tag{17}$$

$$\overline{B} = \begin{bmatrix} 0 & 1 \\ 0 & 0 \end{bmatrix}, \overline{C} = \begin{bmatrix} 0 & 0 \\ \dfrac{1}{\overline{I}} & 0 \end{bmatrix}, \overline{D} = \begin{bmatrix} 0 & -\overline{N} \\ -k_i b & 0 \end{bmatrix} \tag{18}$$

$$N = EA\overline{N}, M = EAR\overline{M}$$
$$I = AR^2\overline{I}, Q = EA\overline{Q} \tag{19}$$
$$w = R\overline{w}, b = \frac{1}{R^2}\overline{b}, k = EA\overline{k}$$

根据矩阵理论，式(15)的解为：

$$\overline{x}(\overline{z}) = \overline{T}(\overline{z} - \overline{z}_0)\overline{x}_0 \tag{20}$$

式中，$\overline{x}_0$ 为梁始端的状态向量；$\overline{T}(\overline{z} - \overline{z}_0)$ 为 $\overline{z}_0$ 到 $\overline{z}$ 的传递矩阵，具体形式为：

$$\overline{T}(\overline{z} - \overline{z}_0) = \mathrm{e}^{\overline{A}(\overline{z} - \overline{z}_0)} \tag{21}$$

当式(20)取 $\overline{z} = \overline{z}_1$ 时，可得梁始末两端状态向量的传递关系，即：

$$\overline{x}_1 = \overline{T}(\overline{z}_1 - \overline{z}_0)\overline{x}_0 \tag{22}$$

相邻梁段之间的状态向量为连续传递，即：

$$\overline{x}_{i-1,1} = \overline{x}_{i,0} \tag{23}$$

式中，$\overline{x}_{i,j}$ 为第 i 段梁始端或末端的状态向量，j 表示梁的始末端，0 为始端，1 为末端。

联立式(20)和式(23)，可得到桩顶与桩端状态向量的传递关系：

$$\overline{x}_{n,1} = \overline{T}_n\overline{x}_{n,0} = \overline{T}_n\overline{T}_{n-1}\overline{x}_{n-1,0} = \cdots = \overline{T}_n\overline{T}_{n-1}\cdots\overline{T}_1\overline{x}_{1,0} \tag{24}$$

1.3 边界条件

式(24)中含有 8 个未知数，但仅有 4 个方程，需再补充 4 个边界条件。对于单桩基础，通常采用桩顶与桩端均为自由的约束条件，即：

$$Q_{1,0} = Q; M_{1,0} = M_0; Q_{n,1} = 0; M_{n,1} = 0 \tag{25}$$

将式(25)整理为统一的矩阵形式：

$$\overline{H}\overline{x}_0 + \overline{K}\overline{x}_n = Z \tag{26}$$

式中：

$$\overline{H} = \begin{bmatrix} 0 & 0 & 1 & 0 \\ 0 & 0 & 0 & 1 \\ 0 & 0 & 0 & 0 \\ 0 & 0 & 0 & 0 \end{bmatrix} \tag{27}$$

$$\overline{K} = \begin{bmatrix} 0 & 0 & 0 & 0 \\ 0 & 0 & 0 & 0 \\ 0 & 0 & 1 & 0 \\ 0 & 0 & 0 & 1 \end{bmatrix} Z = \begin{bmatrix} M_0 \\ Q \\ 0 \\ 0 \end{bmatrix}$$

联立式(24)和式(26)，求得桩顶的状态向量，之后结合式(20)和式(23)并通过迭代计算求出桩身任意截面处的状态向量。

2 算例验证

为了验证本文方法的准确性，利用 MATLAB 软件编写计算程序，将计算结果与幂级数解[5]的计算结果进行对比。某桥梁桩长$L = 30$m，桩径$b = 1.8$m，梁的抗弯刚度$EI = 9.275 \times 10^6$kN/m²，比例系数$m = 6 \times 10^3$kN/m⁴，轴力增长系数$f_1 = 20.48$kN/m，水平力$H = 300$kN，弯矩$M_0 = 6000$kN·m，轴向荷载$V = 10000$kN。

图 3 为利用本文方法得到的 DJC 桩变形和内力的解析解，其中本文得到的水平位移和桩身弯矩的解析解与幂级数解吻合良好，两者的变化趋势基本一致，验证本文解析方法的正确性。

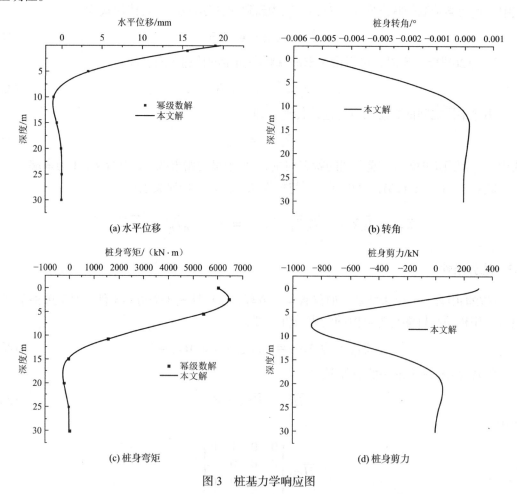

图 3 桩基力学响应图

3 参数分析

本节以算例验证中的 DJC 桩为例，探究不同桩长和桩径对 DJC 桩变形响应的影响。

422

3.1 桩长的影响分析

设置桩长分别为10m、20m、30m和40m，其余参数均保持不变，分析不同桩长对DJC桩水平位移的影响，计算结果如图4所示。从图4可以看出，随着桩长的不断增加，桩身水平位移曲线逐渐变缓，最大水平位移值出现在桩顶处，当桩长从10m增加到40m时，最大水平位移值分别减小了2.66mm、1.24mm和0.28mm，减小幅度逐渐变小；当桩长大于30m时，继续增大桩长对桩身水平位移影响不大。

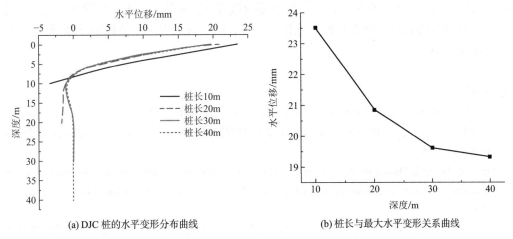

(a) DJC桩的水平变形分布曲线 (b) 桩长与最大水平变形关系曲线

图4　桩长与DJC桩变形的关系

3.2 桩直径的影响分析

设置桩直径分别为1.2m、1.5m、1.8m和2.1m，其余参数均保持不变，分析不同桩直径对DJC桩水平位移的影响，计算结果如图5所示。从图5可以看出，桩直径的变化对桩顶水平位移影响较大，当桩直径从1.2m增加至2.1m时，桩顶水平位移分别减小了3.63mm、1.93mm和0.65mm。这是因为当桩直径增加时，桩身横截面面积也增加，桩身的承载能力随之提高，有效抵抗外部荷载。

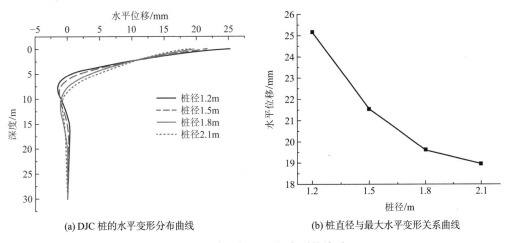

(a) DJC桩的水平变形分布曲线 (b) 桩直径与最大水平变形关系曲线

图5　桩直径与DJC桩变形的关系

4 结语

（1）基于 Euler-Bernoulli 梁理论，采用 Winkler 地基模型模拟桩土-相互作用，建立了考虑组合荷载下 DJC 桩基结构的简化分析模型，利用状态空间法推导出桩身截面任意位置处的变形和内力。

（2）本文所采用的简化分析模型能综合考虑桩身轴力随桩身自重及桩侧摩阻力随深度线性变化的影响，并将本文所得解析解与幂级数解进行对比，验证了分析方法的有效性。

（3）参数分析表明，随着桩长和桩径的增大，DJC 桩最大水平位移值不断减小，但减小幅度逐渐变小。

参考文献

[1]   戴自航, 陈林靖. 多层地基中水平荷载桩计算 m 法的两种数值解[J]. 岩土工程学报, 2007(5): 690-696.

[2]   赵明华, 徐卓君, 马缤辉, 等. 倾斜荷载下基桩 C 法的幂级数解[J]. 湖南大学学报 (自然科学版), 2012, 39(3): 1-5.

[3]   Sun Y Z, Zheng Z, Huang W M, et al. Analytical solution based on state-space method for cracked concrete pavement subjected to arbitrary concentrated loading[J]. Construction and Building Materials, 2022, 347: 128612.

[4]   王金昌, 范卫洲, 黄伟明. 基于状态空间法的无柱型类矩形隧道分析模型[J]. 沈阳建筑大学学报 (自然科学版), 2022, 38(2): 193-201.

[5]   王哲, 龚晓南. 轴向与横向力同时作用下大直径灌注筒桩的受力分析[J]. 苏州科技学院学报(工程技术版), 2005(3): 31-37.

[6]   张磊. 水平荷载作用下单桩性状研究[D]. 杭州: 浙江大学, 2011.

基于黄土—再生骨料型流态固化土试验研究

朱彦鹏[1,2]，葛浩杰 [1,2]，黄安平 [1,2]，王浩 [1,2]，何欣煜 [1,2]，黄涛 [1,2]
（1. 兰州理工大学甘肃省土木工程防灾减灾重点实验室，甘肃 兰州 730050；
2. 西部土木工程防灾减灾教育部工程研究中心，甘肃 兰州 730050）

摘　要：本文以西北地区普遍存在的基础上开挖黄土作为研究目标，为了改善黄土再利用问题、减少回填工程费用，提出了一种黄土—再生骨料型流态固化土。利用正交试验设计，研究流态固化土在不同细粗比情况下流动性和无侧限抗压强度变化规律。结果表明：细粗比与流动性是负相关，随细粗比的升高，拌合物流动性逐渐变得黏稠；当细粗比相同时，流动度试验和稠度试验得出的数据随掺水量变化而呈现相同的上升或下降，但是流动度和稠度的变化率有所不同；无侧限抗压强度随细粗比的升高，先增大后减小，在细粗比 = 75%：25%时达到强度的峰值；通过极差分析，综合比较不同细粗比条件下各因素对 28d 强度的影响程度，得出影响细粗比强度的主次顺序为：膨润土 > 水 > 泵送剂 > 水泥；通过方差分析得出，影响强度最显著的因素为膨润土。本文通过研究湿陷性黄土—再生骨料型流态固化土的细粗比，提高了湿陷性黄土和建筑垃圾的再利用，降低了回填工程的造价，为实际回填工程提供了可靠依据。

关键词：建筑垃圾；正交试验；流动性；无侧限抗压强度；显著性分析

0　引言

在旧建筑的拆除和新建筑的建造过程中必然会产生建筑垃圾[1]，而建筑垃圾的不断增加和随意堆放[2]已经对我国城市发展造成了很大的阻碍。合理地选择适合的方法来减少建筑垃圾的堆积[3]，以实现保护生态和改善居民生活质量已成为一个不可忽视的问题。而对建筑垃圾的再利用[4-7]进行研究是解决这一问题的重要途径。

建筑垃圾经过处理后得到的再生骨料具有强度高、价格便宜、绿色环保等优点[8]。在西部大开发的大环境下，国内众多学者针对黄土改良[9-12]问题进行了很多研究，但针对建筑垃圾生产再生骨料用于黄土湿陷性去除方面的研究还较少。张海伟[13]在固定水泥掺量和龄期的情况下，随着再生骨料取代率不断增加，无侧限抗压强度整体呈现不断增大的趋势。张荣华[14]通过试验测得抗压强度值主要取决于再生骨料的自身强度，当龄期小于 60d 时，随着再生骨料取代率增大会导致其抗压强度增大。王奇[15]研究发现当建筑废料细粒料中含有大量木屑时，有机物含量会超过规范允许值，应剔除以消除有机物降解后的不利影响。张亚飞[16]通过分析试验结果试块受压时的破坏特征，立方体抗压强度和棱柱体抗压强度随

基金项目：国家自然科学基金面上项目（51978321）；教育部长江学者和创新团队支持计划项目（IRT_17R51）。

作者简介：朱彦鹏，教授，博士生导师，主要从事地基处理、支挡结构和工程事故分析与处理等方面的研究。E-mail：zhuyp@lut.cn。

通讯作者：葛浩杰，硕士，主要从事岩土工程方向的研究。E-mail：2422094740@qq.com。

再生细集料取代率增加的变化规律，并建立了三者之间的关系模型。吴凤明[17]提出随着水泥掺入比的增加，抗压强度的增长速率减小。在水泥掺入比相同的情况下，压实度越大，抗压强度越大。孙阳海[18]提出当取代率为20%～50%时，无侧限抗压强度随着粒径的增大而减小。当含石量为60%时，无侧限抗压强度值随着粒径的增大先减小后增大。Dimitriou[19]提出再生骨料和天然骨料的主要区别在于粘结在再生骨料上的砂浆，用再生骨料作为混凝土混合物的内养护剂，可以提高混凝土的力学性能和耐久性。Grant[20]认为膨润土质量对工程质量有很大影响，结果表明实验室内配制的膨润土-水泥土浆力学性能良好，强度随着时间延长而增大。Khera[21]用钠基膨润制备不同配比的水泥复合土时发现，当膨润土掺量为15%时，用矿渣部分替代水泥，渗透系数下降，强度增加，强度随着炉渣与水泥的比值增加而增加。朱龙飞[22]提出了灰土比和流态固化土无侧限抗压强度呈正相关，增大灰土比对提高其力学性能有很好的作用。马强[23]提出采用预拌流态固化土进行肥槽填筑时存在着施工便捷、没有明显收缩等问题，可有效地避免因夯实不均造成的沉陷。卞成龙[24]提出随着水固比的增加，流态固化土的无侧限抗压强度逐渐降低，流动度增大比较快，水稳系数随着水固比的增大而降低。吴良良[25]在肥槽回填时发现，预拌流态固化土的回填强度可达0.6MPa且不存在干缩变形现象，远符合常规的要求，从而避免回填土出现大的沉降现象。

鉴于之前学者的研究，本文将西北地区常见的湿陷性黄土与建筑垃圾生成的再生骨料作为主要集料，借助于正交试验，对黄土—再生骨料型流态固化土开展流动度试验、稠度试验和无侧限抗压强度试验。通过试验，分析了泵送剂、膨润土、水泥等不同掺量对不同黄土和再生骨料配比的影响变化规律及呈现变化规律的成因，为提高建筑垃圾的高效利用和扩大黄土—再生骨料型流态固化土在工程中的应用提供可靠的理论依据。

1 试验概况

1.1 试验材料物理性质

（1）集料物理性质：本文试验所用黄土取自兰州市某工地，建筑垃圾取自某高校旧建筑拆除工程。根据《土工试验方法标准》GB/T 50123—2019[26]和学者的研究，将黄土过2mm孔径方孔筛后，取筛余使用，如图1所示；黄土主要物理性质，见表1；建筑废料先初步筛选去掉明显木制品和铁制品，再经过鄂式破碎机破碎，将破碎好的再生骨料过2～5mm孔径方孔筛后再使用，如图2所示；再生骨料主要物理性质，见表2。

图 1　湿陷性黄土　　　　　　　　图 2　再生骨料

（2）外加剂性质：膨润土选用纳基膨润土，主要以蒙脱石为主，具有良好的粘结性、膨胀性，膨润土主要矿物成分质量分数见表3；水泥采用兰州市祁连山水泥有限公司生产的 P·O42.5 普通硅酸盐水泥，水泥相关物理力学性质见表4；泵送剂选用缓凝型，具有较好的缓凝保塑性能。

黄土试样物理性质 表 1

天然含水率/%	孔隙比	塑限/%	塑性指数	液限/%	液限指数
8.11	1.02	16.72	8.89	25.19	0.13

再生骨料试样物理性质 表 2

细度模数	堆积密度/（kg/m³）	24h 吸水率/%	含泥量/%	表观密度/（kg/m³）
3.0	1368	10.8	0.8	2469

膨润土主要矿物成分的质量分数（单位：%） 表 3

蒙脱石	斜发沸石	长石	方解石	石英
54.1	21.2	16.8	4.1	3.8

水泥物理力学性质 表 4

凝结时间/min		（抗压/抗折强度）/MPa	
初凝	终凝	3d	28d
114	201	25.7/5.1	48.4/8.2

1.2 正交试验设计

对无侧限抗压强度影响因素进行研究时，其影响因素很多，且每一个因素都具有几个水平。若以各种因素为测试变量，测试组数多，易造成测试误差，因此利用正交试验设计优化试验方案。本试验设计方案以 65%～80% 湿陷性黄土为细集料，以 20%～35% 的再生骨料作为粗集料，粗细集料比例设计见表5；初步确定泵送剂、钠基膨润土、水、水泥四个因素，分别用 A、B、C、D 来表示，按照四因素三水平进行正交试验设计，见表6。

细粗集料比例设计 表 5

比例编号	湿陷性黄土（细集料）比例/%	再生骨料（粗集料）比例/%
1	80	20
2	75	25
3	70	30
4	65	35

正交试验表 表 6

配比编号	泵送剂（A）/%	钠基膨润土（B）/%	水（C）/%	水泥（D）/%	试验方案
1	0.1	5	35	5	$A_1B_1C_1D_1$
2	0.1	7	40	6	$A_1B_2C_2D_2$

配比编号	泵送剂（A）/%	钠基膨润土（B）/%	水（C）/%	水泥（D）/%	试验方案
3	0.1	9	45	7	$A_1B_3C_3D_3$
4	0.3	5	40	7	$A_2B_1C_2D_3$
5	0.3	7	45	5	$A_2B_2C_3D_1$
6	0.3	9	35	6	$A_2B_3C_1D_2$
7	0.5	5	45	6	$A_3B_1C_3D_2$
8	0.5	7	35	7	$A_3B_2C_1D_3$
9	0.5	9	40	5	$A_3B_3C_2D_1$

注：各因素掺量百分比为总质量百分比，当各配比掺量总和超过100%时，乘以相关系数进行调整。

1.3 流动度及稠度试验

稠度试验可以反映拌合物流动性，但无法评价拌合物的均匀性与稳定性，因此有必要与流动度试验相配合，对拌合物的流动性进行综合评价。通过《水泥土配合比设计规程》JGJ/T 233—2011[27]对试样制备要求进行制备。将黄土和再生骨料两种集料与胶凝材料先进行干拌，然后加入普通自来水进行均匀拌合。将拌合物按照《水泥胶砂流动度测定方法》GB/T 2419—2005[28]中的试验方法装入截锥圆模。在截锥圆模垂直提起时，测得流态固化土在25s以后相互垂直两方向直径均值以判断配合比流动度。将同配比的拌合物用稠度仪按照《建筑砂浆基本性能试验方法标准》JGJ/T 70—2009[29]进行稠度试验，稠度仪测拌合物稠度见图3。

图3 稠度仪测拌合物稠度

1.4 无侧限抗压强度试验

根据试验需要，试块尺寸采用70.7mm×70.7mm×70.7mm的立方体试块，用万能试验机进行无侧限抗压强度试验。将拌合好的混合料装进标准立方体试模进行振捣密实，在自然环境下养护24h后脱模，随后将制备好的试块放入恒温（20±2）℃、相对湿度95%的养护箱内养护。通过万能试验机进行无侧限抗压强度试验，以28d的无侧限抗压强度试样作为检测标准，每龄期各取3个样本，并以所测各组3个平行试样的平均值为测试的最后结果，整套试验一共36组配合比，共108个试样，制作和试验过程见图4。

(a) 70.7mm 立方体试模

(b) 装模

(c) 脱模

(d) 万能试验机

图 4　制作试样和试验过程

2　试验结果分析

2.1　流动度及稠度

不同细粗集料比例的流动度及稠度变化情况见图 5，流动度与稠度随细粗比的降低表现为陆续升高，这主要是由于再生骨料颗粒有驱动拌合物流动的作用，而骨料带动拌合物移动的距离主要是靠骨料间浆液的作用，浆液起到润滑作用，但过多的浆液会使润滑适得其反。既要提高拌合物的流动性又要减少离析和分层现象，所以控制细粗比和胶凝材料的比例变得至关重要。随着流态固化土中再生骨料掺入比例越来越多，流动度和稠度随掺水量变化而呈现相同的上升或下降，但是流动度和稠度的变化率有所不同，主要是骨料和细集料之间间距变化导致的。

随着再生骨料掺入比例的增加，当掺水量为 35%时，配合比 $A_1B_1C_1D_1$ 的流动度从 165.7mm 增加到 180.7mm，变化率为 9.05%；稠度从 75.4mm 增加到 89.8mm，变化率为 19.1%；流动度变化不大主要是由于掺水量较少，垂直抬起试模时尖锐颗粒间摩擦加剧，颗粒间黏聚性增强，从而使流动度变化率降低。当掺水量为 40%时，配合比 $A_3B_3C_2D_1$ 的流动度从 201.6mm 增加到 224.1mm，变化率为 11.16%；稠度从 86.1mm 增加到 105.0mm，变化率为 21.95%；掺水量的增加使再生骨料之间的摩擦力显著减小，再生骨料之间的浆液填充变多，流动度和稠度明显增加。当掺水量为 45% 时，配合比 $A_1B_3C_3D_3$ 的流动度从 185.1mm 增加到 228.2mm，变化率为 23.28%；稠度从 93.6mm 增加到 117.5mm，变化率为 25.53%；在进行再生骨料掺量为 25% 的流动度试验时，均质性和保水性较好；而随着粗骨料及水掺量继续增大，在稠度试验中，部分粗骨料堆积在锥形桶的底部，拌合物浆液析出，拌合物的黏聚性受到影响。

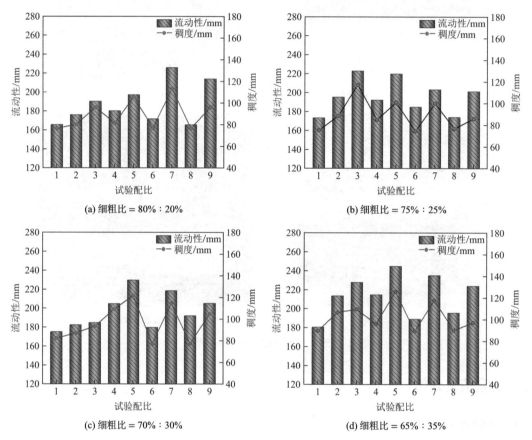

图 5　流动度与稠度变化情况

2.2　无侧限抗压强度

对试件进行 28d 标准养护后无侧限抗压强度的正交结果变化情况，见图 6。由图 6 可以得出，综合考虑 9 个试验配比，细粗比从 1.9（65%：35%）～3（75%：25%）时，强度呈现逐渐增加的趋势；细粗比从 3（75%：25%）～4（80%：20%）时，强度呈现降低的趋势；细粗比 75%：25% 时，即湿陷性黄土的掺量 75% 和再生骨料的掺量 25% 时其无侧限抗压强度最大。发生拐点的主要原因是粗集料过多，细集料很难充分填充在空隙中，从而使强度下降。由图 6（c）得出，细粗比 = 75%：25% 中 $A_1B_1C_1D_1$ 的强度最高，主要是因为掺水量较少，泵送剂不能产生气泡，抑制了泵送剂的泵送作用，使拌合均匀后颗粒之间粘结紧密，让水泥和膨润土充分配合，共同提高了拌合物的强度；细粗比 = 75%：25% 中 $A_3B_1C_3D_2$ 强度最低，因为泵送剂和水的掺量过高，使泵送剂的作用发挥到了最大，产生的气泡抑制了水泥对于拌合物强度的增强作用，也从侧面反映出膨润土掺量不多时，水对于膨润土效果的发挥具有抑制作用。

1. 极差分析

极差分析法又称 R 值法，能够简单直观地反映试验因素对于强度的影响，其中 K_i（$i=1,2,3$）表示对应强度的结果之和，k_i（$i=1,2,3$）表示对应因素的强度结果均值，R 表示 K_i 最大值与最小值的差值，极差越大则该因素对强度影响越大。对 28d 无侧限抗压强度正交试验结果进行极差分析，见表 7 和表 8。由表分析得出，当养护龄期为 28d 时，各因素对细粗比为 80%：20%强度影响的主次顺序为：水 > 水泥 > 膨润土 > 泵送剂；各因素对细粗比为 75%：25%强度影响的主次顺序为：膨润土 > 水泥 > 泵送剂 > 水；各因素对细粗比为 70%：30%强度影响的主次顺序为：膨润土 > 水泥 > 水 > 泵送剂；各因素对细粗比为 65%：35%强度影响的主次顺序为：泵送剂 > 膨润土 > 水 > 水泥。

各因素对不同细粗比 28d 强度的影响程度见图 7，随着细粗比的增加，泵送剂对强度的影响先降低再增加而后再降低；膨润土和水泥对强度的影响先增加再降低而后再上升；水对于强度的影响先增加后降低，在细粗比 75%：25%时发生转折。这说明膨润土和水泥对细粗比 65%：35%～细粗比 70%：30%及细粗比 75%：25%～细粗比 80%：20%这两个阶段的强度具有增强作用，而泵送剂此时对强度是减弱作用。

对于细粗比 65%：35%～细粗比 70%：30%这个阶段，水的影响增强，再生骨料的掺入比减小，拌合物中骨架变少，膨润土和水泥与细粗集料的反应变得充分，这是两个因素在这个阶段影响较大的原因，泵送剂的影响不明显是因为粗骨料占比依然较高，骨料棱角之间浆液较少，泵送剂很难发挥最大作用。对于细粗比 70%：30%～细粗比 75%：25%这个阶段，随着水的影响继续增强，泵送剂的影响也增强，这是因为细集料占比增加，细集料恰到好处的填充在有棱角的粗集料之间，减小了摩擦阻力，颗粒级配逐渐达到最优，给泵送剂提供发挥作用的空间。此阶段的膨润土和水泥影响降低是因为泵送剂产生的气泡使膨润土和水泥的作用降低。对于细粗比 75%：25%～细粗比 80%：20%这个阶段，细集料占比过大，水的影响降低，摩擦阻力主要是细集料提供，粗集料分散在细集料之间，间距变大，这是泵送剂影响降低的原因。泵送剂产生的气泡变少，给膨润土和水泥提供了反应的机会，这是膨润土和水泥影响增强的原因。

通过综合比较不同细粗比条件下各因素对 28d 强度的影响程度（R 值），综合得出影响细粗比强度的主次顺序为：膨润土 > 水 > 泵送剂 > 水泥。

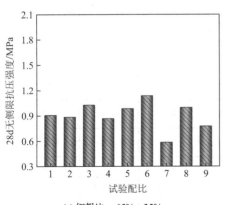

(a) 细粗比 = 65%：35%

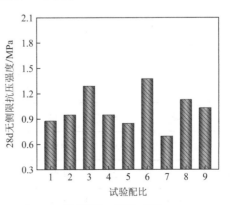

(b) 细粗比 = 70%：30%

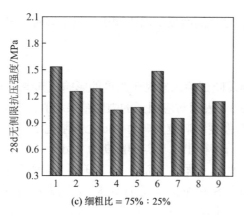

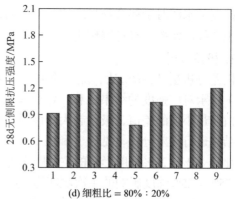

(c) 细粗比 = 75%∶25%　　　　　　　　(d) 细粗比 = 80%∶20%

图 6　无侧限抗压强度变化情况

细∶粗 = 80%∶20%及细∶粗 = 75%∶25%正交试验结果极差分析　　表 7

	细∶粗 = 80%∶20%的正交极差分析				细∶粗 = 75%∶25%的正交极差分析			
	泵送剂 （A）	膨润土 （B）	水 （C）	水泥 （D）	泵送剂 （A）	膨润土 （B）	水 （C）	水泥 （D）
K_1	3.25	3.26	2.95	2.92	4.09	3.55	4.38	3.77
K_2	3.17	2.90	3.67	3.19	3.62	3.69	3.46	3.71
K_3	3.20	3.46	3.00	3.51	3.46	3.93	3.33	3.69
k_1	1.08	1.09	0.98	0.97	1.36	1.18	1.46	1.26
k_2	1.06	0.97	1.22	1.06	1.21	1.23	1.15	1.24
k_3	1.07	1.15	1.00	1.17	1.15	1.31	1.11	1.23
R	0.08	0.56	0.72	0.59	0.63	0.38	1.05	0.08

细∶粗 = 70%∶30%及细∶粗 = 65%∶35%正交试验结果极差分析　　表 8

	细∶粗 = 70%∶30%的正交极差分析				细∶粗 = 65%∶35%的正交极差分析			
	泵送剂 （A）	膨润土 （B）	水 （C）	水泥 （D）	泵送剂 （A）	膨润土 （B）	水 （C）	水泥 （D）
K_1	3.12	2.53	3.39	2.76	2.83	2.37	3.05	2.68
K_2	3.18	2.93	2.93	3.03	3.00	2.88	2.54	2.62
K_3	2.86	3.70	2.84	3.37	2.37	2.95	2.61	2.90
k_1	1.04	0.84	1.13	0.92	0.94	0.79	1.02	0.89
k_2	1.06	0.98	0.98	1.01	1.00	0.96	0.85	0.87
k_3	0.95	1.23	0.95	1.12	0.79	0.98	0.87	0.97
R	0.32	1.17	0.55	0.61	0.63	0.58	0.51	0.28

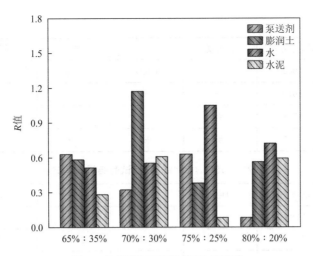

图 7　各因素对不同细粗比的影响

2. 方差分析

虽然极差分析很直观，但是缺点也很明显，对于试验数据的波动，不能确定是由试验条件引起的还是试验误差导致。方差分析能够弥补极差分析的缺点，能够区分试验数据的变化是由各因素不同掺量引起的还是试验误差导致的。极差分析能将影响强度的原因放大，对影响强度的因素进行显著性分析。计算因素的自由度 df_A 及误差自由度 df_e，选取的显著性水平 $\alpha = 0.05$，由公式 $F_\alpha(df_A, df_e)$ 确定 F 分布表中 F 临界值。用 SPSS 软件对数据进行显著性分析，见表 9～表 12，将得出的 F 比与 F 临界值进行对比，作为判断显著性的标准。若 F 比大于 F 临界值，表示该因素对试验结果有显著影响；若 F 比小于 F 临界值，则影响不显著。

细：粗 = 65%：35%的正交试验结果方差分析　　　　　表 9

方差来源	列差平方和	自由度	均方	F比	F临界值	显著性
截距	7.471	1	0.025	—	—	—
泵送剂（A）	0.071	2	7.471	5.00	6.39	—
膨润土（B）	0.067	2	0.035	4.71	6.39	—
水（C）	0.051	2	0.033	3.57	6.39	—
水泥（D）	0.014	2	0.025	1.00	6.39	—
误差	0.007	—	—	—	—	—
总计	7.681	9	—	—	—	—
修正后总计	0.21	8	—	—	—	—

细：粗 = 70%：30%的正交试验结果方差析　　　　　表 10

方差来源	列差平方和	自由度	均方	F比	F临界值	显著性
截距	9.323	1	0.047	—	—	—
泵送剂（A）	0.019	2	9.323	1.00	6.39	—
膨润土（B）	0.236	2	0.010	11.80	6.39	显著
水（C）	0.058	2	0.118	2.90	6.39	—

方差来源	列差平方和	自由度	均方	F比	F临界值	显著性
水泥（D）	0.062	2	0.029	3.10	6.39	—
误差	0.010	—	—	—	—	—
总计	9.708	9	—	—	—	—
修正后总计	0.385	8	—	—	—	—

细：粗 = 75%：25%的正交试验结果方差分析　　　表 11

方差来源	列差平方和	自由度	均方	F比	F临界值	显著性
截距	13.863	1	0.039	—	—	—
泵送剂（A）	0.071	2	13.863	36.00	6.39	显著
膨润土（B）	0.025	2	0.036	12.00	6.39	显著
水（C）	0.218	2	0.012	109.0	6.39	显著
水泥（D）	0.001	2	0.109	1.00	6.39	—
误差	0.001	—	—	—	—	—
总计	14.179	9	—	—	—	—
修正后总计	0.316	8	—	—	—	—

细：粗 = 80%：20%的正交试验结果方差分析　　　表 12

方差来源	列差平方和	自由度	均方	F比	F临界值	显著性
截距	10.28	1	10.28	—	—	—
泵送剂（A）	0.001	2	0.001	1.00	6.39	—
膨润土（B）	0.054	2	0.027	27.00	6.39	显著
水（C）	0.108	2	0.054	54.00	6.39	显著
水泥（D）	0.058	2	0.029	29.00	6.39	显著
误差	0.001	—	—	—	—	—
总计	10.50	9	—	—	—	—
修正后总计	0.222	8	—	—	—	—

由表 9 得出细粗比 = 65%：35%的 F 比的大小为 $F_A > F_B > F_C > F_D$，即影响无侧限抗压强度的先后顺序为泵送剂 > 膨润土 > 水 > 水泥，这与极差分析得出的结论相一致，但四个因素对于细粗比 = 65%：35%的强度影响并不显著。由表 10 得出细粗比 = 70%：30%的 F 比的大小为 $F_B > F_D > F_C > F_A$，即影响无侧限抗压强度的先后顺序为膨润土 > 水泥 > 水 > 泵送剂，这与极差分析得出的结论相一致，其中膨润土对于细粗比 = 70%：30%的强度影响显著，泵送剂、水、水泥对于强度影响不显著。由表 11 得出细粗比 = 75%：25%的 F 比的大小为 $F_C > F_A > F_B > F_D$，即影响无侧限抗压强度的先后顺序为水 > 泵送剂 > 膨润土 > 水泥，这与极差分析得出的结论相一致，其中泵送剂、水、膨润土对于细粗比 = 75%：25%的强度影响显著，水泥影响不显著。由表 12 得出细粗比 = 80%：20%的 F 比的大小为 $F_C > F_D > F_B > F_A$，即影响无侧限抗压强度的先后顺序为水 > 水泥 > 膨润土 > 泵

送剂，这与极差分析得出的结论相一致，其中膨润土、水、水泥对于细粗比＝80%：20%的强度影响显著，泵送剂影响不显著。由表9～表12分析得出，膨润土对于不同细粗比试样的无侧限抗压强度影响最大，其他因素的影响顺序为水＞泵送剂＞水泥，这与极差分析得出的结论相一致。

3 最佳配合比的确定

在实际回填工程中，工程的造价是首先需要考虑的问题。将湿陷性黄土和建筑废料充分利用的同时，也要考虑流态固化土的流动性和强度。建筑废料破碎形成的再生骨料具有提高流动性的作用，但破碎的处理过程提高了回填成本，而从基坑中开挖出来的湿陷性黄土在去除杂质后，可以直接作为细集料应用，无形中节约了成本。为降低工程成本，在确保流动性和强度满足回填的前提下降低建筑废料破碎量和增加湿陷性黄土使用量。

随着细粗比的升高，整体流动性不断增高，再生骨料掺量为20%时部分配比的流动性能够满足施工流动性要求；再生骨料掺量为25%时所有配比均满足施工流动性要求，均质性和稳定性也最好；再生骨料掺量为30%和35%时发生不同程度的分层和离析现象。无侧限抗压强度在再生骨料掺量为20%～25%时，强度呈现上升状态；在再生骨料掺量为25%～30%时，强度呈现降低状态，在再生骨料掺量为25%时强度达到峰值。综合考虑流动性和无侧限抗压强度的影响，选择湿陷性黄土掺量为75%，再生骨料掺量为25%时作为最优细粗比。

在确定最优配比时，优先选择较好流动性的配比，再根据最优流动性确定满足无侧限抗压强度条件的配比。在细粗比＝75%：25%中，稠度最大值为117.5mm，对应的配比为$A_1B_3C_3D_3$；流动度峰值为223.1mm，对应的配比也是$A_1B_3C_3D_3$，两个流动性试验的数据峰值相同，而$A_1B_3C_3D_3$的无侧限抗压强度为1.29MPa，远满足回填土的强度要求。最终确定最优配比为湿陷性黄土掺量75%、再生骨料掺量25%、泵送剂掺量0.1%、膨润土掺量9%、水掺量45%、水泥掺量7%。为方便实际回填工程的计算，按总量100%进行换算，则各因素掺量占比分别为湿陷性黄土掺量46.55%、再生骨料掺量15.52%、泵送剂掺量0.06%、膨润土掺量5.59%、水掺量27.93%、水泥掺量4.35%。

4 结论

本文通过正交试验研究湿陷性黄土和再生骨料不同比例情况下泵送剂的掺量、膨润土的掺量、水的掺量和水泥的掺量对其流动性、稠度和无侧限抗压强度的影响，得出以下结论：

（1）湿陷性黄土中加入再生骨料可以提高流态固化土的流动性，随着细粗比的降低，流动性逐渐增强。在细粗比固定时，流动度试验和稠度试验得出的数据随水的掺量呈现相同的升与降，但是上升和下降的变化率不相同是因为稠度试验中锥形桶底部骨料堆积，浆液和骨料分层，锥形锤很难下移。

（2）黄土—再生骨料型流态固化土既可以提高拌合物的强度也可以降低强度；在细粗比＝65%：35%～细粗比＝75%：25%这个阶段，强度呈现逐渐增加的趋势；在细粗比＝

75%∶35%～细粗比 = 80%∶20%这个阶段，强度呈现逐渐降低的趋势；在细粗比 = 75%∶25%时强度达到峰值。

（3）在无侧限抗压强度试验中，水泥掺量、膨润土掺量与泵送剂掺量成负相关，膨润土掺量和水泥掺量增加时能提高拌合物的强度，当泵送剂掺量增加时降低拌合物的强度。通过极差分析，综合比较不同细粗比条件下各因素对 28d 强度的影响程度，得出影响细粗比强度的主次顺序为：膨润土 > 水 > 泵送剂 > 水泥；通过显著性分析得出，膨润土对于强度的影响最显著，其他因素显著性先后顺序为水 > 泵送剂 > 水泥，这与极差分析得出的结论一致。

（4）在考虑实际工程造价的同时，选择满足回填工程流动性和强度要求的配合比，具体配比如下：湿陷性黄土掺量为 46.55%、再生骨料掺量为 15.52%、泵送剂掺量为 0.06%、膨润土掺量为 5.59%、水掺量为 27.93%、水泥掺量为 4.35%。

（5）通过控制旧建筑拆除产生的建筑废料和地下开挖的湿陷性黄土的比例，加入不同掺量的胶凝材料进行试验，提高了两种工程废料的再利用，达到节约工程成本和保护生态环境的目的。

参考文献

[1] 陈华. 浅析建筑垃圾再生成材料的研究与应用现状[J]. 城市道桥与防洪, 2023(4): 232-233+245+26.

[2] 马荣才. 加快治理农村建筑垃圾[J]. 北京观察, 2019(5): 47.

[3] 张雅鑫. 我国建筑垃圾资源化处理产业发展现状[J]. 再生资源与循环经济, 2023, 16(4): 22-24.

[4] Janani R., Kaveri V. A critical literature review on reuse and recycling of construction waste in construction industry[J]. Materials Today: Proceedings, 2020 (prepublish).

[5] 符娜. 建筑垃圾处置技术与回收再利用研究[J]. 资源再生, 2022(7): 21-23.

[6] Yokohamas. Feasibility of total system for ground protection-power generation - construction waste material reusing: Energy geotechnics[J]. Japanese Geotechnical Society Special Publication, 2021, 9(9): 418-423.

[7] 刘永峰. 西咸新区探索建筑垃圾再利用的思考[J]. 现代商贸工业, 2020, 41(10): 197-198.

[8] 乔宏霞. 废旧瓷砖骨料再生混凝土抗冻融循环性能及可靠性分析[J]. 功能材料, 2019, 50(7): 7139-7144+7151.

[9] 朱彦鹏, 王浩, 刘东瑞, 等. 基于正交设计的风化砂岩流态固化土抗剪强度试验研究[J]. 岩土工程学报, 2022, 44(S1): 46-51.

[10] 李春雨. 水泥改良青海黄土的力学性能研究[J]. 河北建筑工程学院学报, 2023, 41(1):75-80.

[11] Zhan L T, Centrifuge Modelling of Retardation of Pb^{2+} Migration in Loess-amended Soil-benonite Barriers[J]. International Journal of Physical Modelling in Geotechnics, 2022.

[12] 朱彦鹏, 王浩, 房光文, 等. 强风化岩流态固化土压缩特性正交试验研究[J]. 长江科学院院报, 2023,40(12): 103-109+117.

[13] 张海伟. 废弃混凝土路面再生骨料路用性能试验研究[D]. 郑州: 郑州大学, 2019.

[14] 张荣华. 废弃混凝土在水泥稳定碎石基层中的应用研究[D]. 西安: 长安大学, 2020.

[15] 王奇. 建筑废料回填地铁车站基坑设计与应用研究[D]. 福州: 福建农林大学, 2019.

[16] 张亚飞. 再生细集料富含砖粒再生混凝土基本性能试验研究[D]. 邯郸: 河北工程大学, 2019.

[17] 吴凤明. 宝兰湿陷性黄土工程特性试验研究[D]. 石家庄: 石家庄铁道大学, 2015.

[18] Sun Y S. Influence of Different Particle Size and Rock Block Proportion on Microbial-Solidified Soil-Rock Mixture[J]. Applied Sciences, 2023, 13(3).

[19] Dimitriou. Enhancing mechanical and durability properties of recycled aggregate concrete[J]. Construction and Building Materials Construction And Building Materials, 2018: 228-235.

[20] Grant W H. Quality of bentonite and its effect on cement-slurry performance[J]. SPE Production Engineering, 1990, 5(4): 411-414.

[21] Khera Raj P. Calcium bentonite, cement, slag and fly ash as slurry wall materials[J]. Geotechnical Special Publication, 1995, 46(2): 1237-1249.

[22] 朱龙飞. 建筑垃圾渣土制备流态固化土及其性能研究[J]. 市政技术, 2023, 41(5): 246-250+255.

[23] 马强. 预拌流态固化土基坑肥槽回填技术应用[J]. 建筑技术开发, 2023, 50(1): 155-157.

[24] 卞成龙. 流态固化土工程性能试验研究[D]. 合肥: 合肥工业大学, 2022.

[25] 吴良良. 剧院坑中坑狭窄肥槽回填预拌流态固化土施工技术[J]. 建筑技术, 2022, 53(5): 585-587.

[26] 住房和城乡建设部. 土工试验方法标准: GB/T 50123—2019[S]. 北京: 中国计划出版社, 2019.

[27] 住房和城乡建设部. 水泥土配合比设计规程: JGJ/T 233—2011[S]. 北京: 中国建筑工业出版社, 2011.

[28] 中国国家标准化管理委员会. 水泥胶砂流动度测定方法: GB/T 2419—2005[S]. 北京: 中国标准出版社, 2005.

[29] 住房和城乡建设部. 建筑砂浆基本性能试验方法标准: JGJ/T 70—2009[S]. 北京: 中国建筑工业出版社, 2009.

碱激发作用下流态固化土无侧限抗压强度
正交试验研究

朱彦鹏[1,2]，黄涛[1,2]，黄安平[1,2]，成栋[1,2]，吴林平[1,2]，冉国良[1,2]

（1. 兰州理工大学 甘肃省土木工程防灾减灾重点实验室，甘肃 兰州 730050；2. 兰州理工大学
西部土木工程防灾减灾教育部工程研究中心，甘肃 兰州 730050）

摘　要： 为了实现工程废弃土的再利用，将兰州某工程开挖出的湿陷性黄土和红砂岩作为集料，掺入一定比例的水泥、粉煤灰、石灰和 NaOH 进行固化改良，制备了一种流态填筑材料。通过正交设计，对不同配比的流态固化土进行无侧限抗压强度试验研究，分析了不同因素对流态固化土无侧限抗压强度的影响规律，得到各因素的最佳配比，并得到了无侧限抗压强度的回归方程；同时，对水固比、龄期与无侧限抗压强度的关系进行了研究。试验结果表明：对无侧限抗压强度影响最显著的因素是水泥掺量，其次是粉煤灰掺量；各因素对无侧限抗压强度影响的主次顺序为：水泥掺量→粉煤灰掺量→湿陷性黄土与红砂岩质量之比→NaOH 掺量→石灰掺量；流态固化土无侧限抗压强度随水固比增加而减小，随龄期以对数函数增长。研究结果为湿陷性黄土、红砂岩地区流态固化土的制备提供了一定的参考价值。

关键词： 无侧限抗压强度；流态固化土；正交试验；湿陷性黄土；红砂岩；配合比

0　引言

目前常见的回填工程主要包括基坑肥槽回填、综合管廊回填、地下管网铺设回填等，这类工程常常在主体结构施工完成后进行，因其施工作业面狭小、支护结构下方难以夯实等特点，采用传统回填工艺很难满足回填土的密实度要求[1]。如回填土不密实，后期将会产生过大的压实沉降以及湿陷沉降，进而造成室外散水、人行台阶等发生沉降、开裂现象，甚至还会引起连带的工程抗浮问题[2]。因此，狭小和不规则作业面下的沟槽回填问题亟待解决。

流态固化土是一种自密实、自流平填充材料，不仅可以解决狭小和不规则作业面下的沟槽回填问题，而且还可以将建设过程中产生的废弃土重新利用，达到节能减排的效果。自流态固化土概念被提出以来，已被国内外学者广泛研究。刘旭东[3]将预拌流态固化土技术运用于地下综合管廊基槽回填工程，为管线管廊的回填提出了新方法。梁志豪等[4]提出用工程废弃泥浆制作流态固化土，为我国工程废料处理和资源再利用提出了新思路。陈荣华等[5]为了将挖方产生的废弃土用于填方工程中，以开挖过程中产生的粉质黏土、水泥和粉煤灰为制备流态固化土原料，研究了水泥、粉煤灰掺量和龄期对流态固化土无侧限抗压

基金项目：国家自然科学基金面上项目（51978321）；教育部长江学者和创新团队支持计划项目（IRT_17R51）。

作者简介：朱彦鹏，教授，博士生导师。主要从事支挡结构、地基处理和工程事故处理与分析等方面研究工作。E-mail：
zhuyp@lut.cn。

通信作者：黄涛，男，硕士。E-mail：2510914637@qq.com。

强度的影响。王艳等[6]利用郑州地铁开挖的废弃土和水泥为原料，在考虑流动度和抗压强度的同时，研究了流态固化土的破坏模式。朱彦鹏等[7]对湿陷性黄土和风化砂岩等材料制备的流态固化土进行抗剪强度试验研究，根据正交试验分析了不同改良剂掺量对黏聚力和内摩擦角的影响程度。国金珠等[8]对比了常用工程素土与建筑垃圾土在强度、流动性和水稳性方面的区别，证明了建筑垃圾土同样具有优良的流态固化性能。王聪聪等[9]用水泥、钢渣粉和工业固废赤泥制备流态固化土，提高了流态固化土的力学性能，减少了水泥用量。刘丽娜等[10]通过研究流态固化土胶凝材料的掺入比和养护龄期，揭示了流态固化土的强度特征和破坏特征。尽管以上学者已经对流态固化土的影响因素和性能进行了深入研究，但关于掺入碱激发剂的流态固化土的研究仍然相对缺乏，尤其是对同时掺入两种碱激发剂的流态固化土的研究更是稀少。

流态固化土作为重塑土的一种，抗压强度是评价其土体性能的重要指标之一，是判断其能否应用于工程的重要依据。本文尝试用兰州某工程开挖后产生的废弃湿陷性黄土和红砂岩作为流态固化土的集料，以水泥、粉煤灰作为胶凝材料，用石灰和NaOH作为碱激发剂，在保证流动度的前提下，通过正交试验定量分析了湿陷性黄土与红砂岩质量之比、水泥、粉煤灰、石灰以及NaOH掺量对流态固化土无侧限抗压强度的影响规律；同时对流态固化土无侧限抗压强度与水固比和龄期的关系进行了研究，为流态固化土在西北湿陷性黄土及红砂岩地区的应用提供了理论依据。

1 试验材料及试验设计

1.1 试验材料

试验所用湿陷性黄土和红砂岩为兰州某工程开挖过程中所产生的废弃土，对湿陷性黄土用2mm筛过掉杂质作为细骨料，对红砂岩用破碎机进行破碎，分别过2mm和5mm筛，取2~5mm粒径作为粗骨料，图1为湿陷性黄土颗粒级配图，图2为湿陷性黄土与红砂岩XRD检测结果。试验所用水泥为P·O 42.5普通硅酸盐水泥，粉煤灰为Ⅰ级粉煤灰，石灰的CaO含量为95%，NaOH纯度为98%，试验用水为兰州本地自来水。试验材料的物理性质、化学成分见表1~表5。

试验所用湿陷性黄土基本物理性质　　　　　　　　　　　　　表 1

天然含水率/%	液限/%	塑限/%	塑性指数	液性指数
7.98	25.19	16.43	8.85	0.12

试验所用红砂岩基本物理性质　　　　　　　　　　　　　　　表 2

密度/（g/cm³）	相对密度	孔隙率	黏聚力/kPa	内摩擦角/°
1.75	2.60	1.42	23.10	32.35

水泥、粉煤灰化学成分　　　　　　　　　　　　　　　　　　表 3

成分	CaO	Al_2O_3	SiO_2	Fe_2O_3	Others
水泥/%	62.87	4.49	23.15	2.84	4.63
粉煤灰/%	2.66	32.79	56.36	4.43	4.41

石灰化学成分

表 4

成分	CaO	含盐量	碱金属	烧失量	其他
百分比/%	95.7	0.25	0.37	3.2	0.42

NaOH 化学成分

表 5

成分	NaOH	碳酸盐	碱金属	其他盐类	其他
百分比/%	98.6	0.20	0.11	0.09	0.06

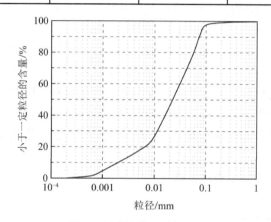

图 1　湿陷性黄土颗粒级配

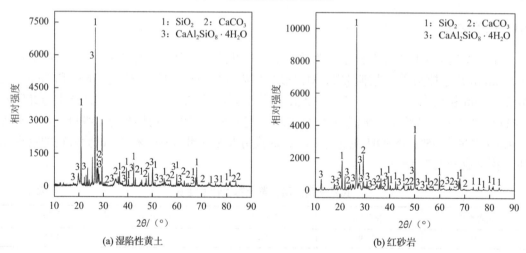

(a) 湿陷性黄土　　　　　　　　(b) 红砂岩

图 2　湿陷性黄土、红砂岩 XRD 检测结果

1.2　正交试验设计

为了探究不同因素对流态固化土无侧限抗压强度的影响，本文采用正交试验设计法安排试验，确定 5 个考察因素：因素 A 为湿陷性黄土与红砂岩质量之比，因素 B 为水泥掺量，因素 C 为粉煤灰掺量，因素 D 为石灰掺量，因素 E 为 NaOH 掺量。水泥和粉煤灰掺量为各材料占集料质量的百分比，石灰和 NaOH 的掺量为各材料占粉煤灰质量的百分比。每个因素各取 5 个水平，采用 $L_{25}(5^5)$ 正交表，正交试验方案配合比如

表 6 所示。

正交试验方案配合比   表 6

水平	因素 A	因素 B/%	因素 C/%	因素 D/%	因素 E/%
1	80∶20	4	3	0	0
2	75∶25	5	6	4	2
3	70∶30	6	9	8	4
4	65∶35	7	12	12	6
5	60∶40	8	15	16	8

1.3 试样制备与试验方法

试样制备过程中，将石灰和 NaOH 溶于事先称好的水中，再将其倒入搅拌均匀的湿陷性黄土、红砂岩和粉煤灰混合材料中，充分搅拌。为了保证流态固化土的流动性，本文用内径和高均为 80mm 的圆柱形亚克力筒进行测试，根据预试验，从水固比 0.37 开始，以 0.01 为增量持续加水，直至目标流动度不小于 160mm，如图 3 所示。

无侧限抗压强度根据《水泥土配合比设计规程》JGJ T233—2011[11]规定选用 70.7mm × 70.7mm × 70.7mm 立方体试模，试样脱模后，在标准养护条件下（温度：20℃±2℃，湿度：95%以上）进行养护，养护龄期设置为 3、7、14、28、60、90d，同一配合比下每个龄期制备 3 块试样，取试验结果的平均值。待达到龄期，采用 WHY-3000 型微机控制压力试验机进行试验，控制压力机速度为 1mm/min，直至试样破坏。试样破坏后的形态，如图 4 所示。

图 3   流动度试验   图 4   试样破坏后的形态

2 试验结果分析

2.1 正交试验结果分析

本文以 28d 无侧限抗压强度为指标，首先用直观分析法对试验结果进行分析，然后用极差分析法和方差分析法将试验数据进行处理，从而确定 5 种因素对试验指标影响的显著性及其对不同指标的影响规律，试验数据结果见表 7。

1. 直观分析

由表 7 可知，第 18 组试样的无侧限抗压强度在 25 组试验中最大，此时湿陷性黄土与红砂岩质量之比为 65∶35，水泥掺量为 6%，粉煤灰掺量为 15%，石灰掺量为 8%，NaOH 掺量为 4%，即使流态固化土无侧限抗压强度达到最大的组合为 $A_4B_3C_5D_3E_3$。这说明掺入水泥、粉煤灰、石灰和 NaOH 可以显著提高流态固化土的无侧限抗压强度。

正交试验结果

表 7

样品编号	因素 A	因素 B/%	因素 C/%	因素 D/%	因素 E/%	28d 无侧限抗压强度/MPa
1	A_1	B_1	C_1	D_1	E_1	0.55
2	A_1	B_2	C_5	D_4	E_5	1.19
3	A_1	B_3	C_4	D_2	E_4	1.31
4	A_1	B_4	C_3	D_5	E_3	1.59
5	A_1	B_5	C_2	D_3	E_2	1.65
6	A_2	B_1	C_3	D_3	E_4	0.83
7	A_2	B_2	C_2	D_1	E_3	1.00
8	A_2	B_3	C_1	D_4	E_2	1.09
9	A_2	B_4	C_5	D_2	E_1	1.71
10	A_2	B_5	C_4	D_5	E_5	1.87
11	A_3	B_1	C_5	D_5	E_2	1.20
12	A_3	B_2	C_4	D_3	E_1	1.21
13	A_3	B_3	C_3	D_1	E_5	1.28
14	A_3	B_4	C_2	D_4	E_4	1.64
15	A_3	B_5	C_1	D_2	E_3	1.67
16	A_4	B_1	C_2	D_2	E_5	0.88
17	A_4	B_2	C_1	D_5	E_4	1.22
18	A_4	B_3	C_5	D_3	E_3	2.28
19	A_4	B_4	C_4	D_1	E_2	1.94
20	A_4	B_5	C_3	D_4	E_1	2.08
21	A_5	B_1	C_4	D_4	E_3	1.26
22	A_5	B_2	C_3	D_2	E_2	1.49
23	A_5	B_3	C_2	D_5	E_1	1.50
24	A_5	B_4	C_1	D_3	E_5	1.23
25	A_5	B_5	C_5	D_1	E_4	1.59

2. 极差分析

为了判断不同因素对无侧限抗压强度影响的显著性，对试验结果进行极差分析，分析结果如表 8 所示。其中：K_i（$i=1,2,3,4,5$）为某个因素第 i 个水平的试验结果之和，$\overline{K_i}$ 为 K_i 的均值，R 为极差，即 K_i 最大值与最小值之差，两者差值越大，则表示某种因素对无侧限抗压强度影响越显著。由表 8 可知，各因素对无侧限抗压强度影响的主次顺序为：水泥掺量→粉煤灰掺量→湿陷性黄土与红砂岩质量之比→NaOH 掺量→石灰掺量。

经正交试验分析后，可求出每一因素各个水平下的无侧限抗压强度平均值，各因素与无侧限抗压强度的关系如图 5 所示。

由图 5（a）可知，当因素 A（湿陷性黄土与红砂岩质量之比）减小时，28d 无侧限抗压强度表现出先增大后减小的趋势，在 A_4（65：35）时表现出最大值 1.68MPa，比 A_1、A_2、A_3、A_5 分别高出 0.42、0.38、0.28、0.27MPa，也可看出因素 A 对无侧限抗压强度的影响从大到小为 $A_4 > A_5 > A_3 > A_2 > A_1$。以上情况是因为湿陷性黄土和红砂岩比例为 65：35 时有较大的堆积密度和较小的空隙率，这不仅可以使流态固化土的密实度增加，还可以减少胶凝材料的用量和水固比，使流态固化土的无侧限抗压强度得到提高；当集料未达到最佳配比时，容易造成流态固化土流动性变差，以至于需加入更多的水来维持流动性，使流态固化土的无侧限抗压强度有所降低。

正交试验极差分析结果　　　　　　　　　　　　　　　　表 8

K_i 值	因素 A	因素 B/%	因素 C/%	因素 D/%	因素 E/%
K_1	6.29	4.72	5.76	6.36	7.05
K_2	6.50	6.11	6.67	7.06	7.37
K_3	7.00	7.46	7.27	7.20	7.80
K_4	8.40	8.11	7.59	7.26	6.59
K_5	7.07	8.86	7.97	7.38	6.45
$\overline{K_1}$	1.26	0.94	1.15	1.27	1.41
$\overline{K_2}$	1.30	1.22	1.33	1.41	1.47
$\overline{K_3}$	1.40	1.49	1.45	1.44	1.56
$\overline{K_4}$	1.68	1.62	1.52	1.45	1.32
$\overline{K_5}$	1.41	1.77	1.59	1.48	1.29
R	2.11	4.14	2.21	1.02	1.35

从图 5（b）、图 5（c）中可以看出，无侧限抗压强度均随水泥和粉煤灰掺量的增加而增大，但水泥掺量对无侧限抗压强度的影响较粉煤灰更显著，当水泥掺量从 4% 增加到 8%、粉煤灰掺量从 3% 增加到 15% 时，流态固化土无侧限抗压强度分别提高了 87.7%、38.4%，且两者均与无侧限抗压强度呈现良好的线性关系。这是由于土体中的空隙被水泥水化产生的胶凝物质所填充，当水泥掺量越高时，水化生成的胶凝物质越多，被填充的程度也就越大，宏观上表现出流态固化土的无侧限抗压强度也就越高。粉煤灰的掺入，在前期流态固化土拌和过程中起到"球轴承"的作用，降低了各种颗粒之间的内摩擦，缓解了絮体的团聚和破碎，释放了锁死的水，使流态固化土具有更好的流动性和和易性，而在后期对无侧限抗压强度的提高有至关重要的作用。

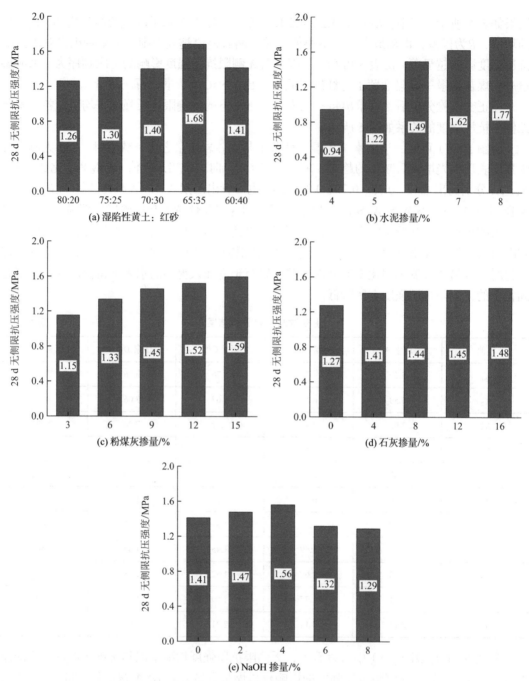

图5 各因素与无侧限抗压强度关系图

　　由图5（d）可知，随着石灰掺量的增加，无侧限抗压强度呈增高趋势，当石灰掺量从0增加到4%时，无侧限抗压强度提高11%；当石灰掺量从4%增加到16%时，无侧限抗压强度值仅提高了4.5%。这是由于流态固化土拌和过程中存在离子交换作用，水泥水化产生的氢氧化钙（CH）被土样吸收，致使流态固化土中的CH浓度达不到饱和状态，以致用于产生水化硅酸钙凝胶（C—S—H）的Ca^{2+}和OH^-的量有所降低，从而降低了C—S—H的生成量，导致流态固化土无侧限抗压强度降低；加入石灰后补充了所缺失的Ca^{2+}和OH^-，使无侧限抗压强度提高，但当石灰掺量超过 4% 时，流态固化土中用于产生 C—S—H 的 Ca^{2+} 和 OH^- 已达到饱和状态，所以掺入更多量的石灰对无侧限抗压强度的提高并不明显。

由图 5（e）可知，流态固化土无侧限抗压强度随着 NaOH 掺量的增加呈先增大后减小的趋势，当 NaOH 掺量从 0～4%，无侧限抗压强度逐渐升高，从 4%～8% 时无侧限抗压强度开始降低，在 4% 掺量时达到最大值 1.56MPa，这与 Lee 等[12]的研究结论（固体 NaOH 的适宜掺量为总胶凝材料用量的 2.5%～4.5%）相一致。这是因为加入少量的 NaOH 可以激发粉煤灰的活性，使之生成更多的水化铝酸钙（C—A—H）和硅铝酸盐（CA—S—H），宏观上表现出无侧限抗压强度的提高；当 NaOH 掺量超过最佳掺量继续增加时，流态固化土土体结构开始被 NaOH 破坏，无侧限抗压强度表现出降低趋势。

由表 9 可知，对以湿陷性黄土和红砂岩为集料的流态固化土无侧限抗压强度影响的主次顺序为：水泥掺量→粉煤灰掺量→湿陷性黄土与红砂岩质量之比→NaOH 掺量→石灰掺量，与极差分析所得结论是一致的。

无侧限抗压强度方差分析表　　　　　　　　表 9

因素	偏差平方和	自由度	均方	F 值	统计显著性
A	0.532	4	0.133	2.029	0.255
B	2.012	4	0.503	7.680	0.037
C	0.627	4	0.157	2.393	0.209
D	0.160	4	0.040	0.612	0.677
E	0.238	4	0.060	0.910	0.535
误差	0.262	4	0.065		
总和	53.647	25			

由图 5 知，不同因素在不同水平掺量下的无侧限抗压强度均有峰值出现，结合显著性、试验所测无侧限抗压强度大小，以及造价成本综合分析，得到以湿陷性黄土和红砂岩为集料的流态固化土的最佳配合比为：湿陷性黄土与红砂岩质量之比为 65∶35，水泥掺量为 6%，粉煤灰掺量为 15%，石灰掺量为 8%，NaOH 掺量为 4%，该配合比下满足流动度的水固比为 0.39。为方便实际工程应用，将除水以外材料总量按 100% 计，则因素 A～E 掺量占比依次为：81.4%、4.9%、12.2%、1%、0.5%。

2.2　回归模型建立与预测

1. 建立回归模型

为了更好地预测流态固化土的无侧限抗压强度，特建立回归方程，为流态固化土在工程上应用设计提供参考。设湿陷性黄土与红砂岩质量之比、水泥、粉煤灰、石灰以及 NaOH 掺量的回归模型为：

$$Y = a_1 + b_1x_1 + b_2x_2 + b_3x_3 + b_4x_4 + b_5x_5 + b_6x_1^2 + b_7x_2^2 + b_8x_3^2 + b_9x_4^2 + b_{10}x_5^2 \quad (1)$$

式中，Y 为无侧限抗压强度；x_1 表示湿陷性黄土与红砂岩质量之比；x_2 表示水泥掺量（%）；x_3 表示粉煤灰掺量（%）；x_4 表示石灰掺量（%）；x_5 表示 NaOH 掺量（%）；a_1，b_1，b_2，b_3，b_4，b_5，b_6，b_7，b_8，b_9，b_{10} 为回归系数。根据分析表 7 得到以下回归方程：

$$Y = -0.68 + 0.256x_1 + 0.375x_2 + 0.222x_3 + 0.151x_4 + 0.180x_5 -$$
$$0.031x_1^2 - 0.028x_2^2 - 0.019x_3^2 - 0.018x_4^2 - 0.037x_5^2 \qquad (2)$$

无侧限抗压强度对应的修正卡方值为 0.0397，这意味着拟合模型与观测数据的吻合度相对较好，故回归方程也是有效可靠的。

2. 验证回归模型

为了检验回归方程的准确性，将回归方程的预测值与实测值进行了比较。由图 6 可知，预测值与实测值基本接近，其残差平均值为 11.3%，这对于岩土试验来说是完全可以满足要求的。

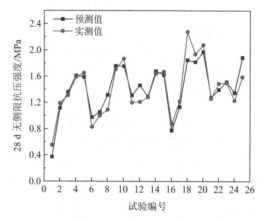

图 6　无侧限抗压强度实测值与预测值关系图

2.3　水固比对无侧限抗压强度的影响

流态固化土的无侧限抗压强度不仅受粗、细骨料和胶凝材料的影响，拌合所需水（水固比）也是决定无侧限抗压强度的重要因素。本文以最佳配合比为例，研究了不同水固比对无侧限抗压强度的影响，无侧限抗压强度与水固比的关系见图 7。水固比从满足最佳配合比流动度的最小值 0.39 增加到 0.42，28d 无侧限抗压强度降低了 0.47MPa，这是因为水固比增加导致流态固化土中的水过多，远远超过胶凝材料参与各种化学反应所需的水。因此，胶凝材料反应形成的凝胶产物分散在流态固化土中，无法有效胶结，导致流态固化土中存在许多孔隙，严重影响胶凝材料反应产物与土体之间骨架的形成，致使抗压强度降低。

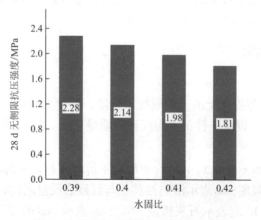

图 7　水固比与无侧限抗压强度关系图

2.4 龄期对无侧限抗压强度的影响

养护龄期也是影响流态固化土无侧限抗压强度的重要因素，以最佳配合比为例，对比单掺 6%水泥和复掺 6%水泥、15%粉煤灰的流态固化土，对无侧限抗压强度与养护龄期的关系进行探究，图 8 显示了无侧限抗压强度与龄期存在着一定的关系，其可表示为对数函数：

$$f_t = a\ln(t+b) + c \tag{3}$$

式中，a、b、c 为试验常数，t 为养护龄期。可以看到公式拟合度 R^2 均大于 0.990，表明用该对数函数描述本流态固化土的无侧限抗压强度随龄期变化关系有高置信度，可用来预测流态固化土的长期无侧限抗压强度。

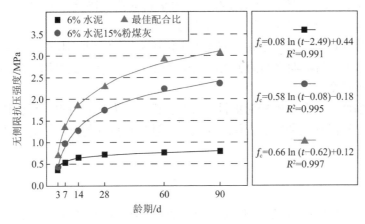

图 8　无侧限抗压强度与龄期的关系

由图 8 可知，单掺水泥的流态固化土无侧限抗压强度在前期增长最迅速，7、14、60、90d 分别为 28d 的 76%、90%、107%和 111%。这是因为单掺水泥的流态固化土抗压强度主要由水泥水化所生成的胶凝物质提供，随着龄期的增长，水化反应逐渐结束，抗压强度也趋于稳定。

相比之下，复掺 6%水泥、15%粉煤灰的流态固化土在 7d 和 14d 的无侧限抗压强度分别为 28d 的 56%、73%，然而超过 28d 后，无侧限抗压强度继续大幅增加，60d 和 90d 的无侧限抗压强度分别达到 28d 的 129%、135%。这主要是因为复掺 6%水泥、15%粉煤灰的流态固化土前期抗压强度主要由水泥和部分粉煤灰水化提供，当龄期增长时，水泥和粉煤灰的火山灰反应持续进行，抗压强度在不断增长；当龄期超过 90d 时，火山灰反应进入后期阶段，抗压强度虽有增长，但增速减小。

对于最佳配合比下的流态固化土，7d 和 14d 的无侧限抗压强度分别为 28d 的 60%和 81%，较复掺 6%水泥、15%粉煤灰的流态固化土增长速率快。这是因为除了水泥水化提供抗压强度以外，最佳配合比下的流态固化土中 NaOH 和石灰激发了粉煤灰活性，使其更早提供更高的抗压强度；随着龄期增长，碱激发作用逐渐减弱，抗压强度增长速率逐渐与复掺 6%水泥、15%粉煤灰对流态固化土相一致。

3　结论

本文通过正交试验研究了湿陷性黄土与红砂岩质量之比、水泥、粉煤灰、石灰以及

NaOH 掺量对流态固化土无侧限抗压强度的影响，并对最佳配合比下流态固化土的无侧限抗压强度与水固比、龄期的关系进行研究，得到如下结论：

（1）流态固化土的无侧限抗压强度随着水泥、粉煤灰和石灰掺量的增加而增大，同时与水泥和粉煤灰的掺量呈现出良好的线性相关性；随湿陷性黄土与红砂岩质量之比、NaOH掺量的增加，呈现出先增后减的趋势。总体而言，对无侧限抗压强度影响的主次顺序为：水泥掺量→粉煤灰掺量→湿陷性黄土与红砂岩质量之比→NaOH 掺量→石灰掺量。

（2）结合试验结果与造价成本等因素，得出以湿陷性黄土和红砂岩为集料的流态固化土的最佳配合比为：湿陷性黄土与红砂岩质量之比为 65：35，水泥掺量为 6%，粉煤灰掺量为 15%，石灰掺量为 8%，NaOH 掺量为 4%，水固比为 0.39。

（3）提出了预测以湿陷性黄土和红砂岩为集料的流态固化土无侧限抗压强度的回归方程，并通过与实测值的对比验证了该公式的精确性。

（4）在最佳配比下，流态固化土的无侧限抗压强度随着水固比的增大而减小，但随着龄期的增长而增大；与龄期之间的关系可以用式(3)表示，该公式可用于预测流态固化土的长期无侧限抗压强度。

（5）以湿陷性黄土和红砂岩为集料、水泥和粉煤灰为胶凝材料、石灰和 NaOH 为激发剂的流态固化土不仅有效利用了工程废弃土，而且具有良好的抗压性能，作为工程回填材料具有一定的可行性。

参考文献

[1] 周保生，江建，陈智斌. "基坑狭窄区域回填密实方法" 的技术效益分析[J]. 中国市政工程, 2016(3): 93-95+99+128.

[2] 黄瑞，张孝斌，朱彦鹏等. 红砂岩浮力折减系数研究[J]. 水利与建筑工程学报, 2022, 20(2): 15-21+26.

[3] 刘旭东. 预拌流态固化土技术在地下综合管廊基槽回填工程中的应用[J]. 建筑技术开发, 2018, 45(4): 61-62.

[4] 梁志豪，唐健娟. 工程废弃泥浆处理与再利用技术研究[J]. 科学技术创新, 2020(27): 124-125.

[5] 陈容华，甄朋民. 基于粉质黏土的预拌流态固化土的影响因素分析[J]. 重庆建筑, 2020, 19(9): 32-36.

[6] 王艳，杨虎，杨满满，等. 黄泛区地铁渣土制备高流动土试验研究[J]. 地球科学, 2022, 47(12): 4698-4709.

[7] 朱彦鹏，王浩，刘东瑞，等. 基于正交设计的风化砂岩流态固化土抗剪强度试验研究[J]. 岩土工程学报, 2022, 44(S1): 46-51.

[8] 国金珠，王健，李晓宁，等. 建筑垃圾土流态固化研究[J]. 工业建筑, 2023, 53(S1): 695-697+728.

[9] 王聪聪，刘茂青，宋红旗，等. 赤泥-钢渣粉-水泥固化流态土性能试验研究[J]. 硅酸盐通报, 2023, 42(07): 2488-2496.

[10] 刘丽娜，高文生，徐彤，等. 预拌流态固化土强度特征及其模型研究[J]. 建筑科学, 2023, 39(09): 98-103.

[11] 住房和城乡建设部. 水泥土配合比设计规程: JGJ/T 233—2011[S]. 北京: 中国建筑工业出版社, 2011.

[12] Lee N K, Kim H K, Park I S, et al. Alkali-activated, cementless, controlled low-strength materials (CLSM) utilizing industrial by-products[J]. Construction and Building Materials, 2013, 49: 738-746.

不同阳离子硫酸盐侵蚀下气泡轻质土
宏细观特性演化规律

张振[1,2]，张雪[1,2]，叶观宝[1,2]，沈鸿辉[1,2]，万勋[1,2]

（1. 同济大学土木工程学院，上海 200092；2. 同济大学岩土及地下工程教育部重点实验室，

上海 200092）

摘 要： 气泡轻质土在沿海或高含盐地区服役时，将受到化学环境的侵蚀。本文开展硫酸盐溶液浸泡下气泡轻质土侵蚀试验，考虑 Mg^{2+} 和 Na^+ 离子对气泡轻质土侵蚀过程的影响，通过单轴抗压试验与 X-CT 扫描试验分析侵蚀后气泡轻质土的宏细观参数的演化规律。试验结果表明，气泡轻质土的抗压强度和割线模量均随着浸泡时间增加而降低。相同 SO_4^{2-} 浓度下，$MgSO_4$ 溶液腐蚀的气泡轻质土力学性能衰减程度不及 Na_2SO_4 溶液。气泡轻质土的孔隙度及其特征孔隙随浸泡时间增加而增大，Na_2SO_4 溶液会加剧孔隙的增大速率。宏细观参数大致呈现反比关系，孔隙度或特征孔隙增大越显著，强度等力学指标下降越剧烈。

关键词： 气泡轻质土；硫酸盐侵蚀；阳离子；耐蚀系数；孔隙结构

0 引言

气泡轻质土是一种新型土工材料，主要由水泥、发泡剂及水通过一定配比混合而成浆液，有时亦可加入黏土或砂，随后通过浇筑与养护固化，形成内部含大量封闭气孔的轻质结构体。在实际工程中，可根据工程需要调整各组分的配比，有效调控气泡轻质土的密度与力学性能（陈忠平，2003）。因此，气泡轻质土在路基建设、桥台背土回填、边坡加固、挡土墙后土回填以及管道铺设、道路建设及矿山修复等工程领域有着广泛的应用前景（杨琪，2018）。

在施工过程中，轻质土的强度会受到发泡方式、含水量、掺料性质以及养护方式等因素的影响（朱伟，2007）。在服役过程中，其强度又会受到荷载特征的影响（高玉峰，2007）。叶观宝等（2020）研究发现气泡轻质土在循环荷载作用下动强度明显低于静强度，并基于人工神经网络的机器学习方法建立了气泡轻质土动强度预测模型。除受荷载影响外，气泡轻质土的力学特性也受到服役环境的影响，如温度、湿度、化学侵蚀等。刘楷等（2015）研究指出经过 120d 硫酸钠溶液浸泡后，水泥基气泡轻质土表现出开裂破坏的迹象，而地聚合物轻质土仍基本完好。然而，对于硫酸盐对气泡轻质土侵蚀的研究尚未考虑阳离子对侵蚀过程的影响。针对混凝土的研究表明，不同阳离子硫酸盐的侵蚀作用存在明显差异（梁咏宁，2007；杨永敢，2019）。

基于此，本文开展硫酸盐溶液浸泡下气泡轻质土侵蚀试验，考虑 Mg^{2+} 和 Na^+ 离子对气泡轻质土侵蚀过程的影响，通过单轴抗压试验与 X-CT 扫描试验分析侵蚀后气泡轻质土的

基金项目：国家自然科学基金面上项目（42377165&42372317），上海市自然基金面上项目（22ZR1466600）。

作者简介：张振，副教授，博士生导师，工学博士，主要研究方向为地基处理、土工合成材料。E-mail：dyzhangzhen@126.com。

通讯作者：叶观宝，教授，博士生导师，工学博士，主要研究方向为地基处理、软土工程。E-mail：ygb1030@126.com。

宏细观参数的演化规律，并建立侵蚀环境下气泡轻质土宏观力学特性与细观结构的相关关系。研究成果对于指导气泡轻质土的工程应用和安全评价具有理论价值和工程意义。

1 试验方案设计

1.1 试样材料与制备

根据《气泡混合轻质土填筑工程技术规程》CJJ/T 177—2012 的规定，气泡轻质土的密度一般在 0.5～1.5g/cm³ 之间，本次试样的密度确定为 0.9g/cm³。气泡轻质土的原材料采用水泥、发泡剂和水。水泥为海螺牌复合硅酸盐水泥，发泡剂为南方化工厂生产的植物蛋白型混凝土发泡剂，水为实验室提供的自来水。研究表明，合理的水灰比范围在 0.4～0.8（Nambiar EK, 2007；Jo Seon-Ah, 2012）之间，经过预试验确定水灰比为 0.45。本文采取干法制备泡沫，相较于湿法，干法发泡获得的泡沫更为稳定，泡沫在水泥硬化前能够抵抗来自浆液的压力（Ramamurthy K, 2009）。发泡剂与水按照 1：20 的比例混合形成液体发泡剂，通过塑料管接入发泡机，与发泡机中产生的空气充分混合生成泡沫。用刻度桶量取一定体积的泡沫，加入到水泥浆液中用搅拌机（双山杆）搅拌 7min 左右，使得气泡与水泥浆体均匀混合。在模具内壁涂上凡士林。模具是内直径为 38mm，高度为 80mm 的三瓣模具。将混合后的泡沫水泥浆缓缓灌入模具，边灌入边振捣，直至灌入浆液应高出模具表面。用保鲜膜包裹住模具，以防止水分蒸发影响水化作用。在室温环境下放置 24h 后脱模，置于标准养护室（温度在 25℃左右，湿度为 95%）养护 28d（Yu DW, 2010）。

1.2 试验方案与试验步骤

为了分析不同阳离子硫酸盐对气泡轻质土的侵蚀规律，试验选取了质量分数分别为 5% 的 Na_2SO_4 溶液和 4.24% 的 $MgSO_4$ 溶液（保持 SO_4^{2-} 浓度一致）。试验步骤，如图 1 所示。试样养护 28d 后，将试验浸泡在硫酸盐溶液中 28d 和 56d。留下两组不浸泡，直接进行 X-CT 扫描与无侧限抗压试验，作为对照组。在达到浸泡时间后，对试样先进行 X-CT 扫描试验，而后进行单轴抗压试验。试验设备主要为 GDS 三轴仪和 X-CT 扫描试验机（XTH320）。单轴抗压试验采用位移控制加载方式，加载速率为 0.2%/min。

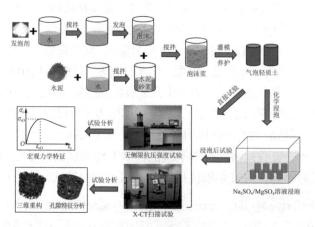

图 1　试验步骤示意图

2 试验结果与分析

2.1 应力应变曲线

图 2 为气泡轻质土在浸泡前后进行单轴抗压试验所得的应力-应变曲线。整体而言，在初始加载阶段，随着应变的增加应力迅速上升，达到峰值强度后迅速下降，然后逐渐趋于稳定。浸泡时间和硫酸盐溶液类型会对气泡轻质土的应力-应变曲线变化规律产生影响。随着浸泡时间的增加，试样的力学性能逐渐下降，峰值强度不断减小。当试样浸泡 56d 时，其初始阶段应变达到 2%～3% 后，应力才开始迅速上升，表明长时间浸泡在溶液中会导致试样表面更加疏松。此外，Na_2SO_4 浸泡的试样应力-应变曲线基本在 $MgSO_4$ 溶液浸泡曲线的下方，说明在 SO_4^{2-} 浓度相同时，$MgSO_4$ 溶液对试样侵蚀程度小于 Na_2SO_4 溶液。

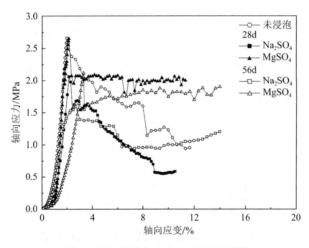

图 2　气泡轻质土应力-应变关系曲线

2.2 力学参数的劣化

图 3 和图 4 分别统计了试样的单轴抗压强度 f_{cu} 与割线模量 E_{50}。割线模量 E_{50} 为应力-应变曲线中，峰值应变的一半点所对应的割线模量。相对于未浸泡情况，在 $MgSO_4$ 和 Na_2SO_4 溶液中浸泡 28d 后，试样峰值强度分别减小了 0.3% 和 22.4%，割线模量分别下降了 7.7% 和 48.6%，而浸泡 56d 后峰值强度分别下降了 20.20% 和 39.15%，割线模量分别下降了 73.8% 和 66.8%。总体而言，Na_2SO_4 溶液具有更强的侵蚀能力。

为进一步研究气泡轻质土的耐蚀性能，引入耐蚀系数指标，其定义为试样在硫酸盐溶液浸泡前后的力学参数的比值。耐蚀系数取值范围为 0～1，数值越接近 1，表示试样的耐侵蚀能力越强。图 5 为耐蚀系数随浸泡时间变化的规律。结果显示，随着浸泡时间的增加，气泡轻质土峰值强度和割线模量的耐蚀系数均呈现下降趋势，说明气泡轻质土的力学性能逐渐劣化。此外，硫酸盐溶液中的阳离子种类对气泡轻质土力学性能的影响存在差异。在 SO_4^{2-} 浓度相同时，$MgSO_4$ 溶液对气泡轻质土的影响要小于 Na_2SO_4 溶液。推测原因为 $MgSO_4$ 进入气泡轻质土中会与其中物质发生反应生成 $Mg(OH)_2$，$Mg(OH)_2$ 溶解度较低，在静水环境中会附在气泡轻质土表面形成保护膜，极大降低了 $MgSO_4$ 渗入试样内部的速率（梁咏宁，2007）。

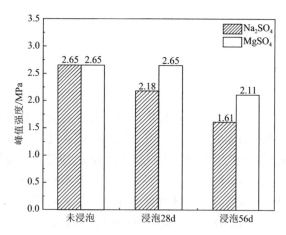

图 3 不同浸泡时间时气泡轻质土的峰值强度

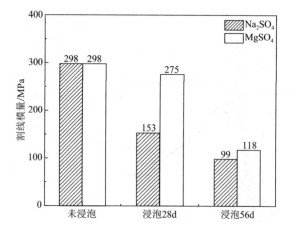

图 4 不同浸泡时间时气泡轻质土的割线模量

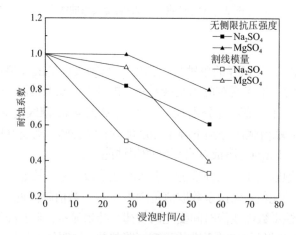

图 5 耐蚀系数随浸泡时间的变化

2.3 孔隙结构演化

X-CT 扫描试验获得气泡轻质土在经历浸泡试验前后的孔隙特征，分析孔隙结构的变化规律并定量评估微观结构对宏观力学特性的影响。气泡轻质土的孔隙结构主要关注孔隙度与特征孔隙的变化。图6呈现了气泡轻质土在不同化学介质中浸泡不同时间后的孔隙体积累计频率分布曲线。孔隙体积分布范围较广，主要集中在0.01～0.3mm³的范围内。随着浸泡时间的延长，累计频率分布曲线整体向右移动，表明孔隙体积总体呈现增大趋势。不同化学介质对气泡轻质土孔隙结构的影响呈现出差异性。在Na_2SO_4溶液的作用下，气泡轻质土的整体孔隙体积在初期显著增加，而后期增长速率放缓。$MgSO_4$溶液侵蚀下的试样孔隙体积变化也遵循这一规律，但总体增长速率低于Na_2SO_4溶液，表现为相同浸泡时间内曲线向右移动的幅度较小。

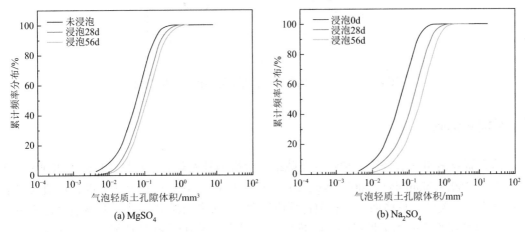

(a) $MgSO_4$　　　　　　　　　　(b) Na_2SO_4

图6　不同浸泡龄期下气泡轻质土孔隙体积累计频率分布

图7和图8分别为孔隙度与孔隙特征值随浸泡时间的变化示意图，其中V_{10}、V_{50}、V_{90}依次表示相应体积以下占比为10%、50%及90%。由图可知浸泡时间越长，试样内部孔隙体积的孔隙特征值也相应增大。已有研究表明，硫酸盐溶液中的SO_4^{2-}离子与气泡轻质土中的钙离子反应生成石膏，石膏再与水化铝酸钙反应生成钙矾石，导致试样内部膨胀，进而孔隙体积增大（宁宝宽，2006）。在相同浸泡时间下，$MgSO_4$溶液引起的试样各项孔隙指标均低于Na_2SO_4溶液。如浸泡56d后，$MgSO_4$溶液的V_{10}、V_{50}、V_{90}分别为0.0313mm³、0.1196mm³、0.4033mm³，均小于Na_2SO_4溶液侵蚀试样对应的0.0542mm³、0.2347mm³、0.7075mm³。这表明$MgSO_4$溶液对气泡轻质土孔隙的膨胀作用较弱于Na_2SO_4溶液。

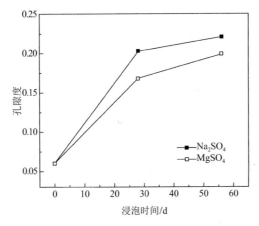

图7　气泡轻质土的孔隙度随浸泡时间的变化

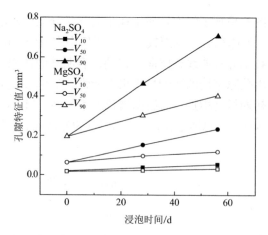

图 8   气泡轻质土的孔隙度特征值随浸泡时间的变化

3   宏细观机制

前人研究表明气泡轻质土独特的孔隙结构会影响其宏观力学特性（Frost，2000；E.P. Kearsley，2002；Nambiar，2007；Nguyen，2017；张振，2020）。图 9 为孔隙特征值与单轴抗压强度的相关性。总体而言，孔隙特征值越大，单轴抗压强度越小，基本呈反比关系。V_{90} 与单轴抗压强度的相关性最好，V_{50} 次之，V_{10} 最次。图 10 为孔隙特征值与割线模量的相关性。所体现的规律与孔隙特征值对单轴抗压强度的相关性类似，孔隙特征值与割线模量的相关性程度，V_{90} 最好，V_{50} 次之，V_{10} 最次。

为进一步研究硫酸盐侵蚀引起的气泡轻质土孔隙结构的变化与其宏观力学特性劣化的内在关系，定义孔隙结构参数和力学参数的变化率，即试样侵蚀后的孔隙结构参数和力学参数与未侵蚀情况下相应参数的比值。图 11 为孔隙度变化率与宏观参数变化率关系图。由图可知，两者基本呈反比关系。随着孔隙度变化率的增大，单轴抗压强度与割线模量的变化率在不断减小，且当孔隙度变化率大于 3 时，单轴抗压强度与割线模量变化率急剧减小。即孔隙度越大时，单轴抗压强度与割线模量不断下降，且下降幅度随孔隙度增大而加速增大。

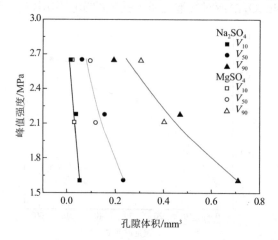

图 9   孔隙特征值对气泡轻质土的峰值强度的相关性

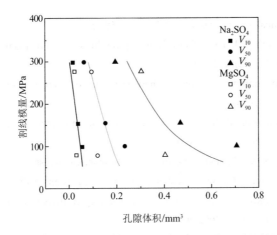

图 10 孔隙特征值对气泡轻质土的割线模量的相关性

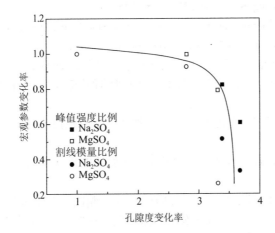

图 11 孔隙度变化率与宏观参数变化率的相关性

4 结论

（1）硫酸盐侵蚀作用下，气泡轻质土的单轴抗压强度、割线模量随浸泡时间的增加呈下降趋势。相同 SO_4^{2-} 浓度下，$MgSO_4$ 溶液浸泡的气泡轻质土力学性能衰减程度不及 Na_2SO_4 溶液。

（2）硫酸盐侵蚀作用下，气泡轻质土的孔隙度与孔隙特征值随浸泡时间增加而增大，表现为大孔隙的增多，$MgSO_4$ 溶液对气泡轻质土孔隙的膨胀作用较弱于 Na_2SO_4 溶液。

（3）气泡轻质土孔隙结构的变化与其宏观力学特性劣化存在反比例关系，随着孔隙度变化率的增大，单轴抗压强度与割线模量的变化率在不断减小，且当孔隙度变化率大于 3 时，单轴抗压强度与割线模量变化率急剧减小。

参考文献

[1] Frost J D, Jang D J. Evolution of sand microstructure during shear[J]. Journal of Geotechnical and Geoenvironmental Engineering, ASCE, 2000, 126(2): 116-130.

[2] Jo S A, Lee C, Lim Y, et al. Geotechnical Characteristics of an Aerated Soil-Stabilizer Mixture as Backfill

Material[J]. Geotechnical Testing Journal, 2012, 35(4): 586-595.

[3] Kearsley E P, Wainwright P J. The effect of porosity on the strength of foamed concrete[J]. Cement and concrete research, 2002, 32(2): 233-239.

[4] Nambiar E K K, Ramamurthy K. Air-void characterisation of foam concrete[J]. Cement and concrete research, 2007, 37(2): 221-230.

[5] Nambiar E K K, Ramamurthy K. Influence of filler type on the properties of foam concrete[J]. Cement and concrete composites, 2006, 28(5): 475-480.

[6] Nguyen T T, Bui H H, Ngo T D, et al. Experimental and numerical investigation of influence of air-voids on the compressive behaviour of foamed concrete[J]. Materials & Design, 2017, 130: 103-119.

[7] Otani J, Mukunoki T, Kikuchi Y. Visualization for engineering property of in-situ light weight soils with air foams[J]. Soils and Foundations, 2002, 42(3): 93-105.

[8] Ramamurthy K, Nambiar E K K, Ranjani G I S. A classification of studies on properties of foam concrete[J]. Cement and concrete composites, 2009, 31(6): 388-396.

[9] Wang Y D, Fan X C. Experimental research on physical and mechanical properties of steel fiber high-strength concrete[J]. Advanced Materials Research, 2011, 168: 1061-1064.

[10] 陈忠平, 王树林. 气泡混合轻质土及其应用综述[J]. 中外公路, 2003, 23(5): 117-120.

[11] 高玉峰, 王庶懋, 王伟. 动荷载下砂土与 EPS 颗粒混合的轻质土变形特性的试验研究[J]. 岩土力学, 2007, 28(9): 1773-1778.

[12] 刘楷, 李仁民, 杜延军, 等. 气泡混合轻质土干湿循环和硫酸钠耐久性试验研究[J]. 岩土力学, 2015, 36(S1): 362-366.

[13] 梁咏宁, 袁迎曙. 硫酸钠和硫酸镁溶液中混凝土腐蚀破坏的机理[J]. 硅酸盐学报, 2007, 35(4): 504-508.

[14] 杨永敢. 硫酸盐环境下损伤混凝土的劣化机理与寿命预测[D]. 南京: 东南大学, 2019.

[15] 杨琪, 张友谊, 刘华强, 等. 一种气泡轻质土路基受载-破坏模型试验[J]. 岩土力学, 2018, 39(9): 3121-3129.

[16] 叶观宝, 刘江婷, 张振, 等. 循环荷载作用下气泡轻质土动强度及预测模型[J]. 施工技术, 2020, 49(9): 50-53.

[17] 张振, 饶烽瑞, 叶观宝, 等. 基于 X-CT 技术的气泡轻质土孔隙结构研究[J]. 建筑工程学报, 2020, 23(5): 1104-1112.

[18] 住房和城乡建设部. 气泡混合轻质土填筑工程技术规程: CJJ/T 177—2012[S]. 北京: 中国建筑工业出版社, 2012.

[19] 朱伟, 姬凤玲, 李明东, 等. 轻质土密度、强度与材料组成的关系研究[J]. 岩土力学, 2007, 28(7): 1411-1414.

[20] 张振, 洪旸, 叶观宝, 等. 硫酸钠溶液侵蚀下气泡轻质土的动静强度劣化特性[J]. 地基处理, 2024, 1-7.

我国古建筑和历史建筑地基基础典型病害类型及机理分析综述

郑文华[1,3]，刘林[1,2]，张广哲[1,2]，李翔宇[1,2]

（1. 建筑安全与环境国家重点实验室，北京 100013；2. 中国建筑科学研究院有限公司地基基础
研究所，北京 100013；3. 住房和城乡建设部防灾研究中心，北京 100013）

摘　要： 近年来随着地下水位的回升以及自然灾害的频繁发生，古建筑和历史建筑面临的地基基础病害问题日渐严重。但是，目前对地基基础病害机理的研究尚不充分，修缮工作存在一定的盲目性。本文通过大量的资料调研，发现我国古建筑基础主要有夯土基础、碎砖黏土基础、天然石基础、灰土基础、砌筑基础、筏形基础和桩基础 7 大类。地基基础常见病害类型包括风化病害、碳化病害、倾斜或不均匀沉降病害、裂缝病害、潮湿病害等；病害产生的机理主要分为建筑场地或设计施工不合理、自然作用下的破坏、人为因素的破坏 3 大类别。较上部结构而言，建筑地基基础处于地下，其病害发生的概率稍小，但一旦发生，危害巨大。经调研分析发现，倾斜、开裂、倒塌等严重病害的发生多是由于外部条件改变导致的，特别是地基不均匀沉降和地下水的影响，进而引发基础和上部结构的倾斜、开裂。此外，分析总结了故宫神武门城台、苏州虎丘塔塔基及云南崇圣寺三塔塔基病害的产生机理，发现古建筑和历史建筑地基基础的病害一般是多种因素共同导致的，且各因素之间相互影响。

关键词： 古建筑；历史建筑；地基基础病害机理；倾斜；不均匀沉降；裂缝

0　引言

古建筑和历史建筑具有鲜明的时代特征，同时因建设年代较早，经过长时间的日常损耗和风雨侵蚀，建筑本身存在不同程度的损伤，可靠度大幅降低，存在较大的安全隐患。特别是近年来随着地下水位的回升以及洪涝、暴雨、地震等自然灾害发生频率增大，古建筑和历史建筑面临的地基基础病害问题日渐严重[1-3]。

早在 1985 年，我国学者赵怡元[4]就开展了古建筑地基基础的加固研究工作，指出古代房屋在自然状态下可以存在两三百年，经过修葺和维护后，甚至能够存在千年以上。古建筑发生毁坏的原因除了人为的直接损坏（如焚烧、拆除、不合理改建、使用不当等），一般毁坏的原因主要有三个方面：一是构件朽坏；二是年久失修，屋顶渗漏；三是基础不均匀沉降。其中，基础出现问题大多因地震、地基附近排水不畅、山石滑坡、附近地下空穴塌陷等导致。

本文首先通过大量的资料调研，整理古建和历史建筑地基基础病害类型；其次结合实际工程，分析地基基础各类型病害的机理，为后期加固处理提供依据，为减小或消除地基基础的病害提供参考。

基金项目：国家重点研发计划资助（项目编号：2022YFC3803500）。

作者简介：郑文华，博士，副研究员。主要从事地基基础及地下结构性能研究工作。

1 古建筑和历史建筑基础分类

我国古建筑和历史建筑的地基基础主要由基础、地基和台基组成。台基是指各种建筑物的承台基座，地面以上的部分称为"台明"，地面以下的部分称为"埋头"。台基主要起防潮隔湿和承重作用。柱础受力传至基础，础石隔潮；柱根平搁简支于础石之上，具有减震功效[5]。对于正式的建筑物来说，在基础建造过程中要经过几个必要的程序，分别是"取正、定平、立基、筑基"[6]。从我国古建筑和历史建筑地基基础的发展历程中，可以看出基础类型主要有夯土基础、碎砖黏土基础、天然石基础、灰土基础、砌筑基础、筏形基础和桩基础7大类。

1.1 夯土基础

夯土基础是一种古老而实用的建筑基础，主要是通过将泥土压实，形成结实、密度大且缝隙较小的压制混合泥块，用作基础材料。夯土基础在我国建筑工程中的使用久远，从新石器时代到二十世纪五六十年代，我国广泛使用这种夯土基础。素土夯实做法是明代以前建筑基础的常用处理方法，到了清代，素土夯实技术不能满足结构的承载力要求，在大型建筑中已不多见，但一些次要建筑或临时构筑物还是常采用素土夯筑基础。在近代工程中也有素土夯筑的做法，但一般多用在基底，在素土中略加石灰经夯筑而成。采用素土夯实的基础对土质的要求不太严格，黏性土或砂土均可，但应比较纯净[7]。如早期宫殿遗址河南省偃师二里头商代宫殿基址殿堂的基础比周围挖得深，夯土打得也比较结实；实存夯土总厚度达 3.1m，每层夯土厚 4～5cm；在夯土的底部还铺垫了三层鹅卵石，以加固基础[5]。此外，商末河南安阳小屯宫殿遗址[8]、陕西岐山凤雏村西周建筑基址[9]、山西襄汾县陶寺遗址[10]等也是夯土基础，南京古城墙部分地段为粉质黏土夯土基础[11]。

1.2 碎砖黏土基础

碎砖黏土基础是对夯土基础的进一步改进和提高，不再以素土直接夯实，而是在其中加入石渣、碎砖、瓦片等废弃粗骨料，以提高基础的抗压强度。在战国和汉初时期的城墙夯土中就已含有瓦片，这种筑基做法在北京故宫内随处可见，宫殿、门座、宫墙、城墙等明代建筑都采用这种基础。如东华门城台地下基础深 2m，由灰土和碎砖层层夯实而成[12]；南三所宫门东侧墙体基础埋深 0.9m，灰土与碎砖交替逐层夯筑的地下基础厚约 2.4m[13]。碎砖黏土基础的具体操作方法是建筑基槽内从下到上，碎砖和夯土分层布置，待每层夯实后继续下一层的夯实。梁思成在《营造法式注释》[14]中指出战国时期的城墙基础在进行夯实时就掺杂了碎砖黏土用来提高地基的强度。而位于山西省五台山的南禅寺，在柱下地基的处理中加入了瓦片以及碎砖等物[15]。

1.3 灰土基础

灰土基础是由石灰、土和水按比例配合，经分层夯实而成的基础；具有一定的强度，不易透水，可作建筑物的基础和地面垫层等。灰土基础在我国南北朝时期就已出现，如南京西善桥的南朝大墓封门前地面即为灰土夯实而成。北京故宫也大量应用了灰土基础，其中有纯灰土基础，也有灰土和碎砖交替分层的基础。故宫东城墙基础、武英殿东侧十八槐建筑遗址地基均为一层灰土、一层碎砖的交替做法；而景运门以南的建筑遗址地基由 4 层灰土组成，为纯灰土基础，每层厚度 0.1～0.4m 不等[16]。在我国其他地区，古建筑中采用灰土基础的也非常常见，如在 1898 年建成的总督府野战医院基础上改造的青岛大学附属医院检验楼，距今已有 115 年。该建筑的墙下是灰土基础，基础深度 1.5m[17]。为了增加层间结合力，在灰土基础中，有时会加入一定的糯米汁，俗称糯米汁灰土基础，故宫基础就是按此法筑成[18]。静宁清真寺建筑的基础为灰土基础，灰土是用白灰和黄土按 3∶7 的比例混合均匀后分步夯打而成，灰土层厚度约 30cm，建筑基础保存较好，未发现明显的沉降[19]。

1.4 天然石基础

天然石基础是一种利用自然岩石作为建筑基础的形式。这种基础比较特殊，在使用时必须掌握岩石的构成和承载能力，以保证上部建筑结构的稳固。如山西五台山的佛光寺，利用山坡修建殿宇时，会凿岩开山，将地下的岩石凿成柱础。这种方式利用了石材的高抗压强度，且因地制宜[20]。

1.5 砌筑基础

砌筑基础最早见于明代建筑，主要指砖基础和毛石基础。即砌筑基础常为砖或用石材（卵石、方石）砌筑的礅墩以及砖礅之间砌筑的拦土墙，也有满堂砌筑的。用于砌筑基础的灰浆比一般为 3∶7 或者是 4∶6。清代德惠寺，开槽都在地面 1.5m 以下（超过冻层），经过人工处理后，砌筑基础，并高于地面 1.2～1.7m[21]。北京旧城区不同历史时期文物古建筑的基础埋深均较浅，一般在 2～3m 以内，据史料记载，明代北京城垣地基坐入地面 2m 深，最深处约达 3m。旧城区文物古建基础基本为灰土砌筑的砖石基础，不具有抗弯、抗扭剪能力，因此对地基不均匀沉降十分敏感[22]。如北京雍和门，房屋基础为直方形台基，台帮及台面均由石材砌成，台明高度 1.05m[23]。

1.6 筏形基础

古建筑也有采用筏形基础的，底部是木桩，木桩顶上纵向、横向铺着两层木排，构成承台。在故宫内一座建筑的遗址基础就是筏形基础，每根桩和木排的直径大约为 200m。筏形基础在现代建筑中有一个专业术语叫作"承台"，方形或者是圆形的断面形式，基础是整齐的排水。筏形基础适用于土质条件不好且上部建筑重量偏大的建筑物，可以有效防止建筑物地基的不均匀沉降[9]。

1.7 桩基础

桩基础可分为端承桩和摩擦桩两类，一般使用在泥土中或者是土质相对比较柔软土层中。从我国隋朝的郑州超化寺，五代的杭州湾大海堤以及南京的石头城和上海的龙华塔等就已使用了比较原始的桩基础[24]。桩基础在现代建筑中非常常见，但不同的是在古代建筑中多采用木桩[25]，而现代建筑中多采用钢筋混凝土桩。如北京故宫城墙的桩基，在地面 4m 以下，采用的是柏木桩，桩直径 100mm 左右，木桩的排列方式为梅花形，即"梅花桩"，木桩间距为 500mm，桩尖削三面成形。木桩在古建筑中的应用非常普遍，但是由于引起木材物理损害的因素很多，有时并不是某一单一元素造成的，而是在长年累月的承受荷载过程中，与化学、生物因素综合作用，导致的腐朽、变形；因此，在使用木桩时还应注意一定的保护措施[26]。

古建筑基础形式的选择首先要考虑建筑物的承载要求，同一时期，不同的建筑下基础形式也有所不同。如故宫博物院内有明清时期古建筑 8000 余座，是我国木构古建筑的典型代表，具有重要的文物和历史价值。故宫中常见的基础包括碎砖黏土基础、灰土基础、桩基和承台基础[27]。故宫古建基础构造的特征主要表现为每座古建筑的基础均采用人工处理的方法，包括碎砖与夯土的交错分层、水平与竖向木桩的使用，做法与宋朝李诫《营造法式》中的相关规定相似。另外，古建筑基础形式的选择也要充分考虑所处的环境条件，如在古代北方建造建筑物一般采用挖沟夯土下铺条石作为建筑物的基础，而在南方由于雨水比较充足一般采用木桩作为建筑物的基础[24]。

2 地基基础病害类型划分

地基基础是建筑物的最下部结构，是建筑物传递荷载给地基的部分，在做病害分析研究时需把地基和基础紧密联系在一起，称为地基基础病害。在进行地基基础病害分析前，需先对古建筑做详细的调研工作，常用方法包括：建筑物结构调查、测绘，岩土工程勘察，裂缝清绘编录，沉降现状调查，变形观测等[28]。通过对我国古建筑和历史建筑常见病害资料的整理分析，统计得到地基基础病害类型主要包括风化病害、碳化病害、倾斜或不均匀沉降病害、裂缝病害、潮湿病害等。

2.1 风化

风化作用一般分为物理风化、化学风化和生物风化三类。风化是指古建筑中的土或砖、石块体在温度变化、水的危害、大气及生物作用等长期影响下发生的破坏作用。物理风化作用是指岩石在温度变化、冻融、水、风和重力等物理机械作用下崩解、破碎成大小不一碎屑和颗粒的过程。岩石中的矿物成分在氧、二氧化碳以及水的作用下，常常发生化学分解作用，产生新的物质；这种改变原有化学成分的作用，称为化学风化作用。生物风化作用是指生物对岩石产生的机械和化学破坏作用，如植物根素的生长、洞穴动物的活动、植物体死亡后分解形成的腐植酸对岩石的分解作用等。

2.2 碳化

混凝土的碳化是指环境中的 CO_2 与水泥水化产生的 $Ca(OH)_2$ 作用，生成碳酸钙和水，从而使混凝土碱度降低的现象。当碳化超过混凝土的保护层时，钢筋会失去碱性环境的保护，容易发生锈蚀。碳化是桩基础特别是桥梁桩基础中普遍存在的病害问题，由于桩基础结构暴露于空气中，无法避免发生碳化现象；碳化会减弱桩基础结构的耐久性，长时间碳化可造成混凝土黏合性失效，破坏建筑物的整体性。

2.3 倾斜或不均匀沉降

通过对建筑物倾斜成因的研究分析可知，建筑物倾斜或不均匀沉降通常是由于地基处理不当或长期受力不均导致的。在我国古建筑中，古塔发生倾斜或者不均匀沉降病害很常见，典型代表有西安大雁塔、苏州虎丘塔、山西应县木塔等。当建筑物倾斜或不均匀沉降达到一定程度时，便会引起建筑结构的开裂[24]。

2.4 裂缝

裂缝可分为结构性裂缝和非结构性裂缝。就混凝土结构而言，结构性裂缝通常是由负荷、变形或设计问题引起的，它们可能会对混凝土结构的强度、稳定性和耐久性造成严重影响，甚至导致结构失效或损坏。非结构性裂缝则通常是由于混凝土自身的干缩、收缩或温度变化引起的，一般不会对结构的整体强度和稳定性产生显著影响，但可能会导致水分渗透和化学物质侵入混凝土内部，从而加速混凝土的老化和损坏。因此，在实际工程中，也应该注意对非结构性裂缝进行合理的控制和修复，以确保混凝土结构的长期使用寿命和耐久性。

2.5 潮湿

建筑潮湿病害问题往往影响范围大、作用时间长、诱发因素众多。潮湿病害问题可直观地反映在建筑的外观上，造成建筑构件颜色变化、表皮空鼓等问题，会缩短建筑物的使用寿命，该病害常诱发其他的病害如生物破坏和腐蚀等。砌体建筑的潮湿病害主要分为物理作用、化学作用和生物作用三种。物理作用包括潮湿浸润、风化龟裂、低温冻害、碎裂剥落和错位变形等。化学作用包括泛碱结晶、溶解消失和颜色变化等。生物作用包括虫蚁蛀蚀、真菌寄生和植物附着等[29]。冯楠[30]开展了潮湿环境下砖石类文物风化机理与保护方法研究，发现在潮湿环境的气象特征诸因素中，水包括地下水、地面水、雨水加之温暖潮湿的环境是引起砖石类文物风化病害的最主要因素，各种病害都因水的参与而产生或加剧。

3 地基基础病害机理分析

地基基础病害产生的机理主要分为三种类别：一是建筑场地或使用设计施工不合理，如软弱土、液化土、附近地下有空穴或局部塌陷等不利地段。二是自然作用下的破坏，如地震作用、地下水作用、风化作用等。三是人为因素破坏，如战争破坏、周边建筑施工、改变建筑使用荷载等[31]。

3.1 风化病害机理

（1）物理风化病害机理

温度变化是基础发生物理风化病害的主要原因。在温度升高时，由于基础的导热性较差，使得基础表层和内部不能同时受热膨胀，在内外层之间产生与表面方向垂直的拉力，而当气温下降时，内外层之间不能亦同时收缩。因此，在反复拉张力作用下，产生与基础表面平行及垂直的裂缝。同时由于基础反复增温，也增强了质点热运动，削弱了质点间的连接能力。在上述各种方式作用下，基础便从表层开始向内部发生层层剥落破坏。此外，降雨引起渗透水不断渗入基础，使基础中原有空隙增大。由于降雨的间断性，基础产生干、湿交替变化，进一步加快基础表层的风化脱落。冬季空隙中的水结成冰，体积膨胀可达 9%，对周围介质产生压力，促使基础空隙扩大。随着冻融循环的反复进行，基础的空隙将逐步增多、扩大，致使基础崩裂。

（2）化学风化病害机理

化学风化对基础的危害主要表现在基础内的水（包括裂隙水、孔隙水、毛细水等）与气态的氧气、二氧化碳、二氧化硫等共同进行水化、氧化、还原、碳酸化等综合作用，逐渐使其中矿物（如长石等）变成松散的黏土矿物胶结物或碳酸钙溶蚀，造成石质基础表面风化解体。此外，地下水或地表水中可溶盐随水渗入基础，并由于毛细作用随水分迁移至基础表面，水分蒸发后溶盐在表面析出或沉积在基础的空隙中。

（3）生物风化病害机理

植被对基础风化作用的影响主要为植被既可直接影响生物风化作用，又可间接地影响物理、化学风化作用的过程。此外，木质材料普遍存在的糟朽问题也是生物作用的结果。

实际工程中，三种风化作用常同时发生且相互影响。如高昌故城遗址主要病害形式有墙体基础掏蚀凹陷破坏、墙体开裂失稳破坏、盐蚀破坏、表面风化风蚀破坏以及生物、人为破坏等[32]。沈阳清昭陵因为年代久远，不同材料之间粘结力下降；此外，受到酸性雨水侵蚀、水盐活动等因素影响，石构件表面强度降低，出现酥碱风化现象，酥碱程度不断深化，致使构件局部残损、缺失[33]。某明城墙的东、北墙风化面积各占约25%，西、南墙的风化面积各占约18%；其风化产生的原因与生态环境和古建筑材料本身富含的碱性物质有关，还与环境温度、湿度引起的冻融循环、干湿循环、生物侵蚀等自然作用有关，是一系列的物理-化学-力学-生物共同作用效应引起的病害[34]。

3.2 碳化病害机理

造成混凝土碳化的因素主要包括气候因素、混凝土成分、施工质量和保护措施等。气温和湿度是影响混凝土碳化的重要因素，高温高湿的环境有利于二氧化碳的渗透和反应；混凝土中钙离子含量越高，越容易发生碳化反应；施工技术不当、施工环境不佳或施工完成后未采取有效的保护措施，如覆盖、密封等，均会加速混凝土的碳化。

上海某建筑始建于1935年，房屋年久失修，且使用环境不佳。屋面及外墙防水材料损毁严重，渗水普遍；板钢筋大部分裸露，钢筋表层剥落，局部钢筋锈断，钢筋锈蚀概率大于90%，楼梯板开裂普遍且严重。其中，当混凝土的碳化深度延伸至钢筋时，混凝土所处碱性环境发生变化，引起钢筋锈蚀，导致钢筋混凝土结构的耐久性下降[35]。

3.3 倾斜或不均匀沉降

对于古建筑和历史建筑而言，倾斜或不均匀沉降病害产生的机理多样，建筑场地或使用设计施工不合理、自然作用、人为作用三种类别都存在。具体来说，常见的有建筑使用设计施工不合理、地基厚薄不均、人为因素导致周边环境改变、地下水位变动等。

（1）建筑使用设计施工不合理

建筑结构使用荷载偏心或使用施工不合理均会导致基底附加应力不均匀，进而发生不均匀沉降。同时，基础设计不合理，无扩大或基础埋深浅等，也会造成建筑倾斜或不均匀沉降。此外，在寒冷地区还应根据当地冰冻线考虑基础埋深，并注意地下水的埋藏条件和动态[36]。

古代砖石结构都不设专门基础，承重墙体直接砌筑在简易地基上，并且结构形式不尽合理，施工质量有缺陷。砖石材料具有脆性性质，变形能力差，加之工艺原因，古代砖石结构强度普遍较低[37]。因此，常产生地基承载力不足或局部沉降导致的建筑倾斜、裂缝等病害。汕头英国领事署旧址主附楼两座相邻建筑的地基基础出现不均匀沉降，其主要原因是原结构设计缺陷[38]。一是建筑场地离海岸线不足60m，未充分考虑软弱土的流塑性对基础的长期影响；二是原设计中上部结构产生的竖向应力、双向联系和刚度分布不均匀。此外，刘滔[39]等指出西安大雁塔倾斜的原因一方面是设计不当，采用了过大的基底压力和过分简单的地基处理方案；另一方面是施工质量，基础砌体和地基处理质量上的差异是发生倾斜的主要原因，而水的影响造成了后期倾斜的继续发展。

（2）地基厚薄不均

地基原因包括地层厚薄不均、软硬不均、特殊土处理不足、地基稳定性差等。如黏性土厚薄不均，则在上部荷载作用下，土层发生蠕变变形不等，导致上部结构逐渐倾斜；倾斜会引起建筑物重心偏移，进一步加大蠕变量，加剧倾斜。

苏州虎丘塔向东北方向倾斜，经勘察和论证发现倾斜的主要原因是塔体基础下土层厚度不均，此外基础底面积较小，基底压力过大。塔基持力层为可塑至软塑状态的粉质黏土，西南薄，东北厚，当时的工匠没有充分认识到黏土沉降变形的长期性[40]。

（3）周边环境改变

周边环境改变包括旁边堆载、修建地铁、基坑开挖、地表水渗漏或浇灌等。很多古建筑屹立百年，未发生问题，然而在其周边修建建筑或者种植绿植，一旦新建建筑发生地表水渗漏或绿植的长期浇灌，会引起地基土强度降低，导致建筑倾斜甚至倒塌。此外，在建筑周边堆载会增加地基附加应力，使得堆载方向处地基土变形较不堆载方向大，导致建筑发生不均匀沉降或倾斜。对于淤泥或饱和软黏土，如果对周边建筑进行拆除，会导致地基失衡，从而诱发建筑倾斜；而在周边开挖基坑，产生土体卸荷，地基土发生朝基坑方向的水平位移，同样导致不均匀沉降或朝基坑方向倾斜。

陕西眉县净光寺塔[41]，因在塔基附近修建公共厕所，污水渗漏引发地基土不均匀沉降，造成古塔倾斜；兰州白塔因频繁利用黄河水进行灌溉造成倾斜[42]。北京地铁4号线下穿万松老人塔[43]，南京中山门公路隧道开挖[44]等都采取了相应措施，防止古建发生倾斜。而沈阳隆恩殿是由于后期的人工挖掘导致建筑地基不均匀沉降，且周围场地排水不通畅，墙体出现裂缝和坍塌[45]。

（4）地下水影响

由于地基基础多位于地表以下，因此受地下水的影响显著，包括大量抽取地下水、地下水回升等。如地下水位下降，有效应力增大，地基土产生沉降，导致历史建筑出现倾斜。而对于湿陷性黄土地区，地下水位上升，改变地基土的含水量，使土体产生湿陷变形，导致建筑产生不均匀沉降。

西安大雁塔就曾一度因周围大量抽取地下水造成塔身倾斜，后来采取回灌增补地下水，古塔倾斜有所恢复。开封市玉皇阁近年来因单侧抽取地下水引起地基不均匀沉降，导致墙体出现倾斜[46]。东莞南社村孟俦公祠的祠堂大门内侧水土流失，导致基础出现不均匀沉降[47]。金豪杰[48]在对温州历史建筑的病害调研分析中发现，温州建筑的地基基础病害中，除人为因素外，多为水灾和酸雨腐蚀等因素导致。一般而言，倾斜及不均匀沉降也是多种因素导致的。如山西应县木塔北侧两个松软弱化区域与地下水长期径流排泄有关；木塔向西北和东北方向的倾斜与地基北侧的沉降运动、阶基外层承载力较低、地震影响和木料变形等多方面因素有关[49]。

3.4　裂缝病害机理

裂缝是建筑结构的常见病害，造成裂缝的原因复杂多样，例如温差、受力、工艺等均会引起裂缝现象。此外，当倾斜或不均匀沉降达到一定程度后，建筑结构也会产生裂缝。

（1）地基不均匀沉降

地基不均匀沉降是造成古建筑基础产生裂缝的最主要原因。古代工匠受当时条件所限，无法对地基进行精确勘测，因此建筑结构有时会建于十分复杂的地质条件上；此时，若建筑物的使用荷载较大，地基就会产生不均匀沉降，不均匀沉降达一定程度时，基础就会发生错位，上部结构也会产生裂缝[50]。此外，在古建筑使用过程中，外界条件变化导致地基产生不均匀沉降，进而引发开裂的现象也时有发生[22]。

安徽省亳州市的曹操运兵道[51]病害现象主要为墙体裂缝、灰缝劣化、泛碱、青苔等。其中，墙体裂缝是由地基不均匀沉降、局部应力过大而引起，主要有竖向裂缝、横向裂缝及斜向裂缝三种表现形式。此外，土层分布不均匀或存在不良地基均会导致地基产生不均匀沉降，在墙体中易出现正八字形或倒八字形的斜向裂缝[52]。如青海省海东市某清真寺古建筑八字影壁墙由于建造时工艺所限、黄土湿陷性和年代失修等因素，基础出现不均匀沉降，导致墙体倾斜[53]。南京中山门出现明显裂缝、墙体倾斜和雨季严重渗（漏）水等多种损伤现象，除了材料老化导致防排水系统失效外，主要是由于地基土不均匀沉降的长期累积，内部夯土结构遇水发生湿陷性软化，加之在附近进行工程开挖[50,54]。

（2）温度变化

由于建筑材料的热胀冷缩性质，当建筑物的外表面随温度发生变化时，裂缝就会随之增加或扩展加深。特别是在我国寒冷地区，建筑的冻害现象比较严重。陈思[55]通过对寒地建筑冻害现状分析发现冻害发生的最根本要素是水力侵蚀（即湿环境的影响）与冻融侵蚀（温度条件的影响）的共同作用。在冻融循环过程中，液态水变成固态冰体积发生膨胀，形成较大膨胀应力，破坏砖内孔隙壁结构，形成微裂缝进而引起砖面分层甚至脱落，影响结构的耐久性[56]。

我国呼和浩特地区近90%的古建筑存在冻害，产生墙体裂缝、墙体酥碱和墙体灰缝脱落三种主要冻害形式[56]。耿新然[57]在对东北地区20世纪建筑遗产中砖构建筑保护与修缮研究中，发现由于受到东北地区寒冷气候的影响，墙体较厚，在长期冰雪冻融及自然风化的作用下，部分墙体受潮酥碱，基础出现不均匀沉降等导致墙体或台基开裂。

（3）水分变化

水分变化包括降水、干湿度变化等。地基土壤由于含水量升高而膨胀，将建筑基础向上抬起，建筑表面会出现上大下小的裂缝；如地基土壤因含水量降低而收缩，则建筑基础随地基向下凹陷，表面会出现上小下大的裂缝[58]。

我国西部古建筑基座多采用"砖包土"形式，受降水影响较大，降水造成水分入侵，基础在渗透压力作用下出现开裂渗漏现象。如西安某古建筑基座出现渗漏病害[59]。此外，木材受含水量变化影响较大，应防止因水分的蒸发而造成开裂。如贵州增盈鼓楼产生干缩及湿胀裂缝，裂缝宽度范围为1～3mm，深度范围为5～8mm[60]。

（4）震动（振动）或人类活动

震动（振动）破坏是造成砖石结构建筑裂缝的重要原因。震动（振动）有很多种，最严重的为地震，轻则造成建筑开裂，重则倒塌。

李铁英等[61]研究了山西应县木塔在不同地震烈度下的损伤程度；陈平等[62]研究了西安大雁塔等砖石类古塔的抗震机理。方东平等[63]采用数值计算方法研究了西安北门箭楼在不同状态下的振动模态。唐思[64]调研分析了汉昭烈庙建筑群受地震影响墙体开裂的状况。另外，邻近建筑施工影响也不容忽视，如杭州市城建陈列馆[65]为一浅基础古建筑，在邻近杭州嘉里中心大型城市综合体项目建设过程中，城建陈列馆出现了不同程度的地基沉降和结构开裂。

（5）材料老化

材料老化特别是防水材料的老化，会形成渗漏通道，导致基础渗水，造成结构开裂。

如西安钟楼古建筑原有的基座顶部防水材料老化、失效，基座顶部台阶缝隙及外墙体存在渗漏通道；降雨造成外墙及券门内部产生泛碱、起皮掉渣等现象[55,66,67]。我国辽北近代历史建筑也出现了开裂、脱落、泛碱与污斑等病害现象，主要是由于气候环境、生活习惯、材料老化等造成水分渗入、冻融循环和微生物侵蚀等[68]。

此外，古建筑在建造过程中，若是施工材料或措施选用不当，也会造成开裂现象。如灰缝的砂浆过薄可能会引起所连接的石材出现裂缝和碎裂现象等。

3.5 潮湿病害机理

对于地基基础而言，潮湿病害产生的原因主要包括防潮层或外墙防水失效、供水管道漏水、结构微裂缝渗水及冷凝水等。潮湿水分来源的主要途径有建筑气候环境[69]、人类生活环境、工业环境和生物环境四个方面。

重庆大学"七七抗战"大礼堂最突出的病害为潮湿病害。如外墙表面真菌和藻类滋生，出现大片绿色污损；室内墙体砖砌体表面出现灰缝粉化，有大片泛霜现象；严重的部位因晶体膨胀、板结导致墙皮脱落。此外，屋顶漏雨造成木构件普遍开裂、腐朽[70]。吕海平等[71]对沈阳葵寻常小学旧址进行了病害调研分析，发现其砖墙体、屋架、屋面、楼地面等主要结构和维护构件存在不同程度的老化和病害。病害问题主要是砌体墙因水汽问题、植物问题等产生的受潮、腐蚀现象。

4 典型建筑病害研究

在实际工程中，古建筑和历史建筑的地基基础病害一般是多种因素共同导致的。如故宫神武门城台、苏州虎丘塔、云南崇圣寺等。

4.1 故宫神武门城台病害研究[72]

故宫神武门城台内部是垫层砖，一层白灰一层砖，上下交叉砌筑，起到内部填充和承载上部建筑的作用。城台出现的病害主要包括不均匀沉降、拱形门洞顶部潮湿渗漏、涂料起皮泛碱、城墙表面下陷和面砖拔缝、北面城台地砖长青苔等。神武门东西两侧城墙出现了不同程度的沉降，城墙上面层砖出现局部下陷，城墙步道表面不平；新维修过的面层砖缝出现拔缝，沿城墙方向出现东西向明显大裂缝。神武门城台下的内部结构常年潮湿，雨水通过城台表面的面层砖向神武门内部逐渐渗透。由于拱形门洞处的结构最薄，由城台表面渗下来的雨水最先从拱门处渗出，造成涂料起皮和剥落。潮湿墙体内的水分会将可溶性的无机盐类带到墙体表面，即出现了比较严重的泛碱现象。由于雨水的浸润作用，城墙地基出现一定程度的下陷，造成城墙表面的不均匀沉降，从而使原本平整的面层砖出现开裂，局部砖缝加大。城墙面层不平整和面砖拔缝是城墙内土芯沉降的表现形式，而雨水的浸润是造成城墙内沉降的主要原因。虽然我国传统建筑一般采用三合土来防水，但是在施工过程中，由于三合土夯实程度的差异，密实度不一，整体性差，局部产生宽窄不等裂缝，极易渗水。此外施工效果未达到预期，面层砖的吸水性依然很强，导致了城台北面地砖常年潮湿，返潮和青苔非常明显。

4.2 苏州虎丘塔塔基病害研究

苏州虎丘塔建于公元 959 年，为国务院重点保护文物。国家文物局和苏州市政府于1978—1981 年间组织专家和技术人员对虎丘塔进行了周密勘测和论证，分析了不均匀沉降的主要原因。经过勘测发现到 1981 年，塔顶已向北偏东偏移达 2.34m，塔的重心至塔底中心的偏移达 0.97m。由于长期不均匀沉降使塔身倾斜，并导致北面几个砖墩向北移动，一、二层出现劈裂，内墩上裂缝增多，底层地坪内十字通道上圆钢也被拉断。塔墩底部由于潮湿的侵蚀及长期处于高压应力下，砖块被压碎压酥，东西北壶门拱顶的过梁及回廊顶挑梁木，均已压碎或腐朽[40]。通过详细勘察分析发现，塔身产生向北偏东倾斜的主要原因是塔基的黏土层厚薄不均，地基土持力层北厚南薄，产生了不均匀的压缩变形，导致了塔身倾斜。此外，塔墩基础设计构造不完善，直接砌筑在人工填土地基上，基底应力过大。塔基及其周围地面未作妥善处理，造成地表水渗入地基。由于渗流到土层中的水流带走了填土层中的细颗粒[73]，使塔北人工填土层产生较多孔隙造成不均匀沉降的进一步发展。塔体由黏性黄土砌筑，灰缝较宽，塔身倾斜后形成偏心压力，加剧了不均匀压缩变形[40]。因此，苏州虎丘塔采用了"围""灌""盖""换"等加固修缮方法。

4.3 云南崇圣寺三塔塔基病害研究[74]

我国砖石古建筑产生倾斜的原因是多方面的，主要分为下部地基方面和上部塔体结构方面。在地基方面，塔身荷载在基础平面内分布不均匀，外部因素引起塔体地基性态发生改变，进而引起塔体发生倾斜。在上部塔体结构方面，塔体结构及其在外部因素影响下发生损坏并引起倾斜。云南崇圣寺南北小塔产生不均匀沉降，通过勘察研究发现塔体荷载较大，作用于软弱粉质黏土层的附加应力接近土层的承载力允许值，使土层产生较大压缩变形，塔体基础下局部出现塑性变形区；塔下及其周围压缩层范围内土层厚薄不均，粉质黏土压缩层因含卵砾石引起土层力学性质的差异，产生了不均匀的压缩变形，造成塔身倾斜。此外，三塔位于地震多发区和多风区，动荷载的作用将加重土体发生不均匀沉降变形。地震使得塔体结构上局部发生破坏，塔体本身发生变形，增大了塔体的总体倾斜量形成偏心，加剧了地基的不均匀压缩变形。同时，我国古代塔体多采用黏性黄土砌筑，灰缝较宽，塔身倾斜后产生偏心压力，进一步造成不均匀压缩变形加剧。

5 结语

本文通过对我国古建筑和历史建筑地基基础病害的调研分析，得到以下结论：

（1）地基基础常见病害有风化病害、碳化病害、倾斜或不均匀沉降病害、裂缝病害、潮湿病害等病害类型，各种类型病害产生的机理各不相同，但总体上主要分为建筑场地或使用设计施工不合理、自然作用下的破坏、人为因素破坏三大类别。

（2）建筑地基基础处于地下，其病害发生的概率较上部结构稍小，但一旦发生，危害巨大；并且倾斜、开裂、倒塌等严重病害的发生多是由于外部条件改变导致的，特别是地基不均匀沉降和地下水的影响，进而引发基础和上部结构的倾斜、开裂。

（3）通过分析总结故宫神武门城台、苏州虎丘塔塔基及云南崇圣寺三塔塔基病害的产生机理，可以发现古建筑和历史建筑地基基础的病害一般是多种因素共同导致的，且各因素之间相互影响。

（4）在实际工程中进行病害调研时，宜选用对古建筑和历史建筑影响小的非开挖手段，并结合以往病害产生的机理，通过上部结构的病害现象来推断地基基础的病害。此外，还应注意随着时间积累，建筑周围水文地质条件变化可能引发的地基基础病害。

参考文献

[1] 王紫. "水"对武当山砖石建筑遗产的病害作用机理与潜藏危害分析[D]. 武汉: 华中科技大学, 2020.

[2] 郑建国, 徐建, 钱春宇, 等. 古建筑抗震与振动控制若干关键技术研究[J]. 土木工程学报, 2023, 56(1): 1-17.

[3] 李治敏. 晋祠古建筑防灾保护研究[D]. 太原: 太原理工大学, 2019.

[4] 赵怡元. 古建筑基础的加固[J]. 文博, 1985(3): 76-80.

[5] 唐松林, 姚侃, 邓飞华. 古建筑复合地基基础构造技术[J]. 建筑工人, 2009(10): 10-13.

[6] 刘怀瑞. 关于古建筑地基处理的方法讨论[J]. 山西建筑, 2015, 41(1): 61-62.

[7] 王萌薇. 基于周期性理论的古建筑地基基础动力特性研究[D]. 北京: 北京交通大学, 2015.

[8] 邓其生. 中国古代建筑基础技术[J]. 建筑技术, 1980(2): 61-64.

[9] 雷文亮. 木结构古建筑地基基础的构造做法[J]. 山西建筑, 2014, 40(17): 64-65.

[10] 高江涛, 何努, 王晓毅. 山西襄汾县陶寺遗址Ⅲ区大型夯土基址发掘简报[J]. 考古, 2015(1): 30-39+2.

[11] 张鹤年, 刘松玉, 洪振舜. 现代城市建设对古建筑的影响与加固措施[J]. 施工技术, 2007(5): 32-34.

[12] 时以亮. 北京故宫东华门城台分布式光纤监测研究[D]. 南京: 南京大学, 2016.

[13] 周乾. 故宫古建基础构造特征研究[J]. 四川建筑科学研究, 2016, 42(4): 55-61.

[14] 梁思成. 营造法式注释[M]. 北京: 中国建筑工业出版社, 1983.

[15] 柴泽俊. 南禅寺大殿修缮工程技术报告[C]//文物保护技术 (1981~1991). 北京: 科学出版社, 2010.

[16] 周乾. 紫禁城古建筑土作技术研究[J]. 工业建筑, 2021, 51(5): 204-211+203.

[17] 赵丹枫. 百年建筑的检测鉴定与改造加固设计研究[D]. 青岛: 青岛理工大学, 2016.

[18] 陈明达. 营造法式大木作研究[M]. 北京: 文物出版社, 1981.

[19] 齐洋. 古建筑的保护与修缮技术研究[D]. 兰州: 兰州交通大学, 2020.

[20] 蔡昶. 隋唐时期宫殿建筑台基与基础营造研究[D]. 杭州: 浙江大学, 2016.

[21] 罗显明, 李秀梅. 论清代蒙古贞地区喇嘛寺庙的建筑特色及影响[J]. 满族研究, 2002(3): 68-71.

[22] 叶大华, 王军辉. 北京地铁规划中对旧城古建筑地基基础的评估与保护对策研究[J]. 城市勘测,

2012(1): 156-160.

[23] 张涛, 杜德杰, 黎冬青, 等. 北京市清代雍和门结构检测鉴定[J]. 文物保护与考古科学, 2016, 28(2): 53-59.

[24] 孟晋杰. 古建筑地基基础稳定性数值分析研究[D]. 太原: 太原理工大学, 2010.

[25] 李合群. 中国古建基础木桩加固技术[J]. 科技通报, 2017, 33(3): 130-135.

[26] 付雨竺. 20 世纪遗产建筑木结构劣化定量分析与修复技术研究[D]. 北京: 北京工业大学, 2016.

[27] 李子琪. 三台基础的动力特性研究[D]. 北京:北京交通大学, 2020.

[28] 齐志诚. 文物保护建筑地基基础病害调查分析实例[C]//全国岩土与工程学术大会论文集(下册). 北京: 人民交通出版社, 2003.

[29] 郑杰宏. 砌体建筑中潮湿病害问题的实验研究[D]. 武汉: 华中科技大学, 2013.

[30] 冯楠. 潮湿环境下砖石类文物风化机理与保护方法研究[D]. 长春: 吉林大学, 2011.

[31] 张风亮. 中国古建筑木结构加固及其性能研究[D]. 西安: 西安建筑科技大学, 2013.

[32] 赵胜杰. 高昌故城土遗址病害分析及化学保护研究[D]. 西安: 西安建筑科技大学, 2008.

[33] 牟虹霏, 王肖宇. 沈阳清昭陵病害现状勘察与保护修缮[J]. 中外建筑, 2023(5): 126-130.

[34] 朱才辉, 周远强. 某在役明城墙病害调研及评估方法[J]. 自然灾害学报, 2019, 28(2): 60-73.

[35] 陈东阁. 上海某历史保护建筑的结构加固与修缮设计[J]. 未来城市设计与运营, 2022(2): 36-38.

[36] 赵东家. 浅析建筑工程裂缝与地基基础病害原因和防治[J]. 科技信息, 2013(2): 432-434+436.

[37] 曹书文. 基础托换在砖石古建筑保护中的应用研究[D]. 西安: 西安建筑科技大学, 2014.

[38] 林瑞宗. 汕头英国领事署的修缮技术研究[D]. 广州: 广州大学, 2020.

[39] 刘滔, 刘明振. 大雁塔倾斜原因分析[C]//中国地质学会工程地质专业委员会. 中国地质学会工程地质专业委员会 2007 年学术年会暨"生态环境脆弱区工程地质"学术论坛论文集. 2007.

[40] 陶逸钟. 苏州虎丘塔——中国斜塔的加固修缮工程[J]. 建筑结构学报, 1987(6): 1-10.

[41] 王珑. 环县塔病害原因及纠倾加固技术研究[D]. 兰州: 兰州大学, 2018.

[42] 凌均安. 组合纠偏法扶正兰州白塔[J]. 施工技术, 1999(2): 11-13.

[43] 冯长胜. 地铁盾构下穿古建筑的地表沉降原因分析及控制措施[J]. 科技资讯, 2009(10): 99.

[44] 盛仁声. 南京市中山门公路隧道施工——穿越古城墙大跨度隧道修建技术[J]. 世界隧道, 1999(2): 37-46.

[45] 房俞含, 王肖宇, 王佳宁, 等. 沈阳清昭陵隆恩殿病害勘察与修缮保护措施[J]. 建筑安全, 2022, 37(1): 72-75.

[46] 李灵通. 玉皇阁结构受力分析和预加固技术研究[D]. 西安: 西安建筑科技大学, 2010.

[47] 陈璧璇. 东莞南社村文物建筑特色与修缮研究[D]. 广州: 广州大学, 2020.

[48] 金豪杰. 温州历史建筑的病害分析[J]. 温州文物, 2015(1): 92-100.

[49] 冯锐, 阎维彰, 冯国政, 等. 层析技术用于考古—山西应县木塔的基础结构[J]. 地震学报, 1998(2): 90-98.

[50] 王忆雪. 浅谈历史建筑的裂缝成因及其修复[J]. 施工技术, 2011, 40(S2): 294-297.

[51] 王凯, 崔龙雨, 范一鸣. 古地下运兵道常见病害及修复措施研究[J]. 安徽建筑, 2022, 29(6): 39-41.

[52] 李张荣, 宋曰新, 张杰胜, 等. 历史建筑墙体病害及修复方法研究[J]. 工程建设与设计, 2024(5): 19-21.

[53] 李枫. 湿陷性黄土区某古建筑墙体地基加固技术[J]. 甘肃科技, 2018, 34(19): 127-129.

[54] 邓春燕. 砖土拱城门结构的安全性分析及加固技术研究[D]. 南京: 东南大学, 2004.

[55] 陈思. 寒地文物建筑冻害的机理与防治研究[D]. 哈尔滨: 哈尔滨工业大学, 2018.

[56] 郝煜, 王玉清, 王涛, 等. 内蒙古中部地区古建筑冻害与机理研究[J]. 山西建筑, 2019, 45(10): 1-4.

[57] 耿新然. 东北地区 20 世纪建筑遗产中砖构建筑保护与修缮研究[D]. 长春: 吉林建筑大学, 2021.

[58] 万龙雨. 干、湿气候环境下文物建筑病害裂损机理研究[D]. 武汉: 华中科技大学, 2018.

[59] 朱才辉, 马帅. 古建筑夯土基座渗漏机制试验研究[J]. 建筑结构学报, 2021, 42(4): 157-165.

[60] 王诗若. 中国古建筑木结构病损分类研究——以贵州增盈鼓楼为例[J]. 建筑遗产, 2023(4): 92-100.

[61] 李铁英, 魏剑伟, 张善元, 等. 高层古建筑木结构——应县木塔现状结构评价[J]. 土木工程学报, 2005(2): 51-58.

[62] 陈平, 姚谦峰, 赵冬. 西安大雁塔抗震能力研究[J]. 建筑结构学报, 1999(1): 46-49.

[63] 方东平, 俞茂鋐, 宫本裕, 等. 木结构古建筑结构特性的计算研究[J]. 工程力学, 2001(1): 137-144.

[64] 唐思. 成都地区文物古建筑维修工程修缮施工研究[D]. 成都: 西南交通大学, 2018.

[65] 汤恒思, 刘凯仁, 郭光远. 淤泥地质中沉降开裂的古建筑加固设计与施工[J]. 建筑施工, 2016, 38(4): 487-488.

[66] 朱才辉, 李宁, 马帅, 等. 基于模型试验的古建筑夯土基座抗渗措施研究[J]. 岩土力学, 2021, 42(12): 3281-3290.

[67] 马帅. 某古建筑台基渗漏病害模型试验研究[D]. 西安: 西安理工大学, 2019.

[68] 程世卓, 朱海玄. 辽北近代历史建筑中混凝土材料的劣化机理研究[J]. 混凝土, 2017(8): 8-11.

[69] 卢亦庄. 重庆山地湿热环境砖砌历史建筑劣化检测评估研究[D]. 重庆: 重庆大学, 2019.

[70] 卢亦庄, 王鹏程, 胡斌. 山地湿热环境历史建筑病害评估暨原国立中央大学"七七抗战"礼堂保护修缮[J]. 建筑技艺, 2022, 28(6): 106-109.

[71] 吕海平, 郝梦桐, 于恩海. 基于现状病害分析的葵寻常小学旧址保护研究[J]. 沈阳建筑大学学报(社会科学版), 2020, 22(3): 217-224.

[72] 张卫东. 神武门城台防渗漏治理应用研究[J]. 古建园林技术, 2016(2): 88-91.

[73] 袁铭, 钱玉成, 凡亦文. 苏州虎丘塔塔基变形分析[J]. 测绘通报, 2002(4): 35-37.

[74] 刘建辉. 云南崇圣寺三塔塔基变形分析及纠偏方案研究[D]. 北京: 中国地质大学, 2008.

大面积填筑荷载下软基不同处理方法工后沉降计算及影响因素分析

刘猛 [1]，吴梦龙 [1]，孙晓芳 [1]，侯文诗 [1]，康景文 [1,2]

（1. 北京中岩大地科技股份有限公司，北京 10000；

2. 中国建筑西南勘察设计研究院有限公司，四川 成都 610052）

摘　要：碎石桩复合地基改善软基性状的设计计算在国内外均处于半理论半经验状态，对复合地基沉降固结机理研究、分析计算仍存在不足。本文基于软基勘察和填海成陆过程典型位置的沉降监测等资料，通过规范法和数值法对软基不同处理方式在大面积填筑荷载作用下工后沉降进行对比分析，验证处理方案合理性的同时，对固结沉降计算影响因素进行了讨论，分析表明，在相同条件下，淤泥层厚度波动对工后沉降的影响不如碎石层厚度影响显著；地层的有效内摩擦角 φ' 和回弹指数 C_s 对工后沉降影响较为明显。

关键词：大面积填筑荷载；软土地基；碎石桩；固结沉降

0　引言

　　碎石桩复合地基是一种行之有效的软基处理方法，施工简单、技术成熟。该法通过在软土内按一定的间距打设碎石桩形成复合地基，在施加上覆荷载作用一定时间内排出土体中的孔隙水，达到提高土体排水固结度和抗剪强度的效果，以实现减少地基工后沉降的目的。

　　碎石桩复合地基处理软土地基及其联合运用在大量工程实践中，国内外学者进行过深入研究。杨坪等[1]研究了在不同压力下，采用碎石桩与塑料排水板联合对冲填土进行排水固结试验，获得了沉降量与固结压力、碎石桩与排水板组合关系和桩间距的经验关系；杨涛等[2]利用表层沉降、深层水平位移和工后沉降等监测，对比分析了排水板和碎石桩两种软基处理方法的处理效果，探讨了对地基工后沉降的影响和土体水平位移变化的规律；孔郁斐[3]研究了碎石桩和强夯法处理对软弱土地基变形影响，结果表明，碎石桩处理地基在施工期变形大于强夯法，而工后变形较强夯法小；胡龙[4]利用 PLAXIS 建立软土本构模型，模拟了碎石桩和排水板两种地基处理方式下软土地基沉降的过程及变化规律，并与现场监测数据进行对比，发现模拟值与实测值具有一定的有效性。

　　由于目前对碎石桩复合地基固结沉降机理研究、分析计算方法仍处于半经验状态，对该法进行深入研究尤为重要，有助于推动岩土工程理论研究的进步。本文基于某填海成陆工程过程中的监测资料，利用现行规范公式法和数值方法，对软基不同处理方法和在堆载作用下的场地地基土固结沉降计算方法及其影响因素进行分析探讨，以期为今后类似工程提供参考。

1 工程场地概况

某填海造地工程场地距海岸约 2km，通过填筑形成建设用地，采用长 4.1km、宽 100m 的通道与陆地相连。陆域形成方法包括清淤、水上抛石、水下爆夯、陆上推进回填、爆破挤淤、土石方回填等。其中直接填筑成陆域面积约 3.92km²，填料为开挖山体形成的土石混合料。本文主要针对直接填筑区开展研究。

1.1 场地工程地质条件

场地为陆相沉积层、海陆交互沉积层、海相沉积层，其固结时间和力学性质存在显著差异，勘探深度内的地层主要包括三类：

（1）海相沉积层（Q_4^m），包括：①$_1$粉土混淤泥：松散，局部混砂及贝壳，局部分布，层顶高程 $-5.64\sim-5.80$m，分层厚度 $1.30\sim3.60$m；①$_2$淤泥质土：流塑，土质较均匀，局部混砂及贝壳碎屑，分布较连续，层顶高程 $-5.00\sim-8.66$m，分层厚度 $1.30\sim5.70$m；①$_3$淤泥：流塑，局部混砂及贝壳碎屑，分布连续，层顶高程 $-8.60\sim-12.64$m，分层厚度 $5.80\sim9.50$m。

（2）海陆交互沉积层（或陆相沉积层 I，Q_4^{al+pl}），包括：②黏土：可塑偏硬，土质较均匀，分布较连续、见于淤泥层底部，层顶高程 $-15.50\sim-19.46$m，分层厚度 $0.90\sim1.50$m；③黏土：局部为粉质黏土，软塑，土质较均匀，局部夹粉土或砂薄层，分布连续，层顶高程 $-16.50\sim-20.64$m，分层厚度 $3.80\sim5.60$m；④$_1$粉质黏土：可塑，土质较均匀，局部夹粉土或砂薄层，分布连续，层顶高程 $-21.00\sim-25.79$m，分层厚度 $2.00\sim6.30$m；④$_2$黏土：局部为粉质黏土，可塑，土质较均匀，局部夹粉土或砂薄层，分布连续，层顶高程 $-24.00\sim-30.62$m，分层厚度 $2.10\sim7.70$m；⑤$_1$粉质黏土：可塑，天然状态为硬—坚硬，土质不均，局部夹粉土或砂薄层，局部见砾石、含量不均，分布连续，层顶高程 $-31.19\sim-40.78$m，分层厚度 $5.00\sim14.40$m；⑤$_2$黏土：可塑，天然状态为硬—坚硬，土质较均匀，局部夹粉土或砂薄层，分布连续，层顶高程 $-32.18\sim-37.22$m，分层厚度 $3.40\sim9.60$m。

（3）陆相沉积层（或陆相沉积层 II，Q_4^{al+pl}），包括：⑥$_1$粉质黏土：可塑，天然状态为硬—坚硬，土质不均，局部夹粉土或砂薄层，局部见砂砾石，非连续状分布，层顶高程 $-46.78\sim-48.34$m，分层厚度 $7.70\sim12.70$m；⑥$_2$黏土：可塑，天然状态为硬—坚硬，土质不均，局部混砂，底部见砾石、分布不均，分布较连续，层顶高程 $-49.10\sim-60.68$m，分层厚度 $1.00\sim13.00$m；⑦$_1$全风化板岩（P_t）：原岩风化强烈，岩芯大多呈土状，少量碎片、碎块状，局部分布，层顶高程 $-55.49\sim-65.76$m，揭露层厚 $1.20\sim2.10$m；⑦$_2$强风化板岩（P_t）：原岩风化较强烈，岩芯呈碎块状为主，块径为 $2\sim7$cm 不等，分布较连续，层顶高程 $-46.20\sim-74.48$m，揭露层厚 $1.80\sim5.70$m。

1.2 地基土排水条件

场地地下水与海水连通，地下水位受潮汐影响。根据规范[5]中第 7.2 节的相关要求，地基沉降计算的地下水位宜采用低水位，结合既有资料，本文统一取设计地下水位为标高 -1.39m。

总体而言，上部地层的孔隙比大于下部地层。从钻孔揭示情况来看，存在⑤₁粉质黏土和⑤₂黏土互层。水平渗透系数普遍大于垂直渗透系数（表1）。上部淤泥层采用换填后碎石桩进行处理，排水通道仅为垂直向上的单向排水。

地层的孔隙比和渗透系数　　　　　　　　　　　表 1

地层	e_0	K_v /（m/s）	K_h /（m/s）
①₁粉土混淤泥	0.773	—	—
①₂淤泥质土	1.140	3.32×10^{-9}	3.14×10^{-9}
①₃淤泥	1.769	1.70×10^{-9}	3.40×10^{-9}
②黏土	1.018	8.20×10^{-10}	5.10×10^{-11}
③黏土	1.190	1.37×10^{-10}	2.08×10^{-10}
④₁粉质黏土	0.730	1.83×10^{-9}	4.80×10^{-10}
④₂黏土	0.836	3.65×10^{-10}	4.90×10^{-10}
⑤₁粉质黏土	0.680	8.17×10^{-10}	1.59×10^{-9}
⑤₂黏土	0.782	4.50×10^{-10}	5.81×10^{-10}
⑥₁粉质黏土	0.702	2.27×10^{-10}	4.08×10^{-10}
⑥₂黏土	0.756	1.38×10^{-10}	2.84×10^{-10}
⑦₁全风化板岩	—	—	—
⑦₂强风化板岩	—	—	—

1.3　地基土应力历史

根据地勘资料，地基土应力历史曲线见图1。地层在沉积开始时应力状态位于A点，并经过数万年沉积，先期固结应力不断增大，应力状态位于B点并处于相对稳定状态。在先期填筑施工开始后，对于清淤换填应力状态沿BC-CD-DE趋势变化；对于清淤未换填，则沿BC趋势变化；而对于挤淤，则沿BE趋势变化。因此，依据勘察提供的e-p曲线难以判断地层的应力历史，本文结合不同阶段的资料，对场地近十年以来的应力历史进行综合分析。

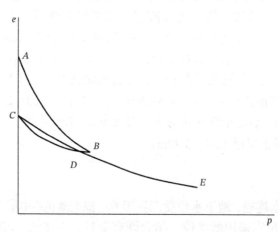

图 1　典型的e-p曲线

1.4 直接填筑区工况

现有勘察资料揭示其上部淤泥层厚度差别较大。本文选取勘察报告提供的 YZDJ0002、YZDJ0001、YZDJ00015 共计 3 个钻孔考虑不同的淤泥层厚度，并划为 3 个工况（表 2）。

填筑区的计算工况 表 2

孔号	先期		当前	后期		工后	
	先期施工	先期固结	当前标高	后期施工	地面超载	竣工标高	工后沉降计算时间
YZDJ0002	3 月	71 月	4.32m	6 月	20kPa	6.90m	15 年
YZDJ0001	3 月	71 月	3.98m	6 月	20kPa	6.90m	15 年
YZDJ00015	3 月	71 月	4.07m	6 月	20kPa	6.90m	15 年

2 固结沉降计算方法分析

2.1 前期沉降观测结果

根据既有沉降观测资料显示，对场地进行清淤后陆续埋设了沉降观测点（表 3），进行换填后强夯处理，随后开始先期固结和沉降观测。沉降观测历经 84 月，从第 55 月开始，沉降变化速率显著减缓（图 2）。表 3 中所有观测点平均沉降速率为 0.50mm/月，预计近 24 个月沉降 12mm，先期固结时间延长 24 个月的沉降预计为 31mm，随着土体的不断固结，地层参数持续提升，实际沉降量较小。

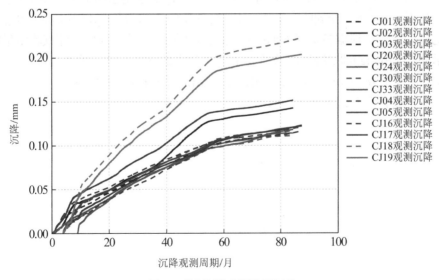

图 2 现有沉降观测数据汇总

各观测点当前沉降 表 3

观测点编号	当前单次沉降量/mm	当前沉降速率/（mm/月）
CJ1	2.46	0.36
CJ2	3.89	0.56

观测点编号	当前单次沉降量/mm	当前沉降速率/（mm/月）
CJ3	3.14	0.46
CJ4	4.25	0.62
CJ5	2.75	0.40
CJ16	5.05	0.73
CJ17	5.33	0.77
CJ18	5.67	0.82
CJ19	3.32	0.48
CJ20	4.31	0.63
CJ24	3.77	0.55
CJ30	0.70	0.10
CJ33	0.40	0.06

2.2　规范计算法

固结沉降计算包括：主固结沉降S_c、瞬时沉降S_d、次固结沉降S_s、任意时刻的地基沉降S_t和地基的总沉降S。

1. 主固结沉降 S_c

采用e-$\lg p$曲线方法计算主固结沉降S_c的主要流程包括：

（1）选择相应的钻孔，依据地层厚度Δh_i、重度和地下水位深度，依次计算各地层中点的自重应力（有效自重应力）P_{0i}（kPa）。

（2）依据各地层中点的先期固结压力P_{ci}（kPa），各地层的调整系数β（本文中均有β取值1.0），判别各地层是正常固结和欠固结土（$P_{0i} \geqslant \beta P_{ci}$）或是超固结土（$P_{0i} < \beta P_{ci}$）。

（3）依据各地层的e-$\lg p$曲线数据，计算各地层的压缩指数C_{ci}以及各地层中点在P_{0i}下的孔隙比e_{0i}。此外，根据各地层的回弹指数C_{si}按文献[6]方法，侧限压缩试验结果除用e-p曲线表示外，可用e-$\lg p$曲线表示（图3）。在压力较大的部分，e-$\lg p$关系接近直线，其直线段的斜率（压缩指数）$C_c = -\Delta e/\Delta(\lg p)$；卸载段和再加载段的平均斜率（回弹指数）$C_s$远远小于$C_c$（一般黏性土$C_s \approx (0.1\sim0.2)C_c$）。

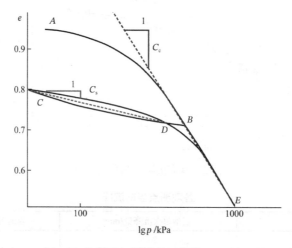

图 3　土的e-$\lg p$曲线

（4）根据实际工况和土质、地面超载相关参数，计算各地层中点的附加应力增量ΔP_i（kPa）。

（5）对于正常固结和欠固结土（$P_{0i} \geqslant \beta P_{ci}$），图3中沿$ABE$路径固结，相应的主固结沉降为：

$$S_{ci} = \frac{\Delta h_i}{1 + e_{0i}} C_{ci} \lg\left(\frac{P_{0i} + \Delta P_i}{P_{ci}}\right) \tag{1}$$

（6）对于超固结土（$P_{0i} < \beta P_{ci}$），且自重应力与附加应力之和超过了先期固结应力（$P_{0i} + \Delta P_i \geqslant P_{ci}$），图3中沿$CD$-$DE$路径固结，相应的主固结沉降为：

$$S_{ci} = \frac{\Delta h_i}{1 + e_{0i}} \left[C_{si} \lg\left(\frac{P_{ci}}{P_{0i}}\right) + C_{ci} \lg\left(\frac{P_{0i} + \Delta P_i}{P_{ci}}\right) \right] \tag{2}$$

（7）对于超固结土（$P_{0i} < \beta P_{ci}$），且自重应力与附加应力之和仍然未超过先期固结应力（$P_{0i} + \Delta P_i < P_{ci}$），图3中沿$CD$路径固结，相应的主固结沉降为：

$$S_{ci} = \frac{\Delta h_i}{1 + e_{0i}} C_{si} \lg\left(\frac{P_{ci}}{P_{0i}}\right) \tag{3}$$

（8）上述（1）～（7）仅用于计算原状地层，而对于采用复合地基处理的地层，如本文中的碎石桩处理淤泥层，依据碎石桩的桩径D、间距B，计算复合地基的面积置换率$m = 0.907(D/B)^2$（碎石桩等边三角形布置时）。此外，还需依据碎石桩的有效桩长h_i及压缩模量E_P、淤泥层的压缩模量E_s、桩土应力比n，按复合模量法计算复合地基的主固结沉降：

$$S_{ci} = \frac{1}{1 + (n-1)m} \cdot \frac{\Delta P_i}{mE_P + (1-m)E_s} h_i \tag{4}$$

（9）按分层总和法，将各土层的主固结沉降求和，得到总的主固结沉降：

$$S_c = \sum_{i=1}^{n} S_{ci} \tag{5}$$

2. 地基总沉降

目前规范两种地基总沉降S的计算方法为：

（1）公式法：地基的总沉降S包括主固结沉降S_c、瞬时沉降S_d、次固结沉降S_s三者之和。勘察资料提供了各地层的次固结系数C_{ai}用于计算次固结沉降S_s，尚需要主固结沉降完成（次固结沉降开始）的月份数t'_1。场地存在多年的换填固结和二次堆载，应力历史较为复杂，确定t'_1存在较大的主观性，因此本文未采用公式法计算沉降。

（2）经验系数法：$S = m_s S_c$。沉降系数m_s宜根据现场沉降观测资料确定。根据现场沉降观测数据，对其进行了整理并拟合确定了m_s，即：

$$m_s = 0.123\gamma^{0.7}(\theta H^{0.2} + VH) + Y \tag{6}$$

式中，γ为填料重度（kN/m³）；θ为地基处理类型系数（堆载预压$\theta = 0.9$）；H为堆载中心高度（m）；V为加载速率修正系数；Y为地质因素修正系数。由于现场沉降观测数据仅集中于清淤换填区，直接填筑区并不能直接利用该数据，因此直接填筑区的m_s采用经验公式进行计算，其结果通常大于1.0。

3. 任意时刻的地基沉降

与地基的总沉降S计算方法类似，规范提供了公式法和经验系数法计算任意时刻的地基沉降S_t。本文采用文献[7]给出的经验系数法：

$$S_t = (m_s - 1 + U_t)S_c \tag{7}$$

$$U_t = 1 - (1 - U_v)(1 - U_r) \tag{8}$$

式中，U_t 为地基总的平均固结度。当 $U_t = 1$ 时，地层完全固结，此时 $S_t = m_s S_c = S$。对于天然地基，软件仅考虑竖向固结度 U_v，忽略其水平固结度 U_r，并按文献[6]、[7]等所述的基本假设，采用平均固结度法计算 U_v。

2.3 数值计算法

ABAQUS 是一套功能强大的工程模拟有限元软件，解决从相对简单的线性分析到许多复杂的非线性问题。拥有丰富的岩土相关本构模型，可以考虑固结、渗流、稳定、开挖、填方等众多问题。

剑桥模型和修正剑桥模型（Modified Cambridge Model）是建立较早、较完善、目前应用最广的适用于正常固结和轻微超固结黏土的弹塑性模型之一。模型参数均可通过室内试验获得。在修正剑桥模型中，土体在 $p'oq$ 平面内的屈服轨迹方程为：

$$f = p'^2 + \frac{q^2}{M} - p'p_0' \tag{9}$$

由此得到增量本构方程为：

$$d\varepsilon_v = \frac{1}{v}\left[(\lambda - \kappa)\frac{2\eta\,d\eta}{M^2 + \eta^2} + \lambda\frac{dp'}{p'}\right] \tag{10}$$

$$d\varepsilon_s = \frac{\lambda - \kappa}{v}\left(\frac{2\eta}{M^2 - \eta^2}\right)\left(\frac{2\eta\,d\eta}{M^2 + \eta^2} + \frac{dp'}{p'}\right) \tag{11}$$

本文中，③黏土、④₁粉质黏土、④₂黏土、⑤₁粉质黏土、⑤₂黏土均采用该模型进行模拟。在 ABAQUS 中，修正剑桥模型的关键参数为对数体积模量 κ、对数硬化模量 λ、破坏常数 M、孔隙比截距 e_1。根据已有研究成果，可按下列公式计算参数：

$$\lambda = C_c / \ln 10 \tag{12}$$

$$\kappa = C_s / \ln 10 \tag{13}$$

$$M = \frac{6\sin\varphi'}{3 - \sin\varphi'} \tag{14}$$

式中，C_c 为压缩指数；C_s 为回弹指数；φ' 为有效内摩擦角。根据 e-p 曲线绘制 e-$\lg p$ 曲线，并将直线段进行线性拟合，直线在应力 $p = 1\text{kPa}$ 的孔隙比即为 e_1。以上参数均可通过勘察资料中的室内试验结果确定。

3 两种方法计算结果分析

利用两种计算方法验算直接填筑区是否满足"地面设计工作年限内（15 年）容许工后沉降值小于等于 0.30m"的要求。

3.1 规范法计算结果

（1）YZDJ0002 钻孔

挤淤后，淤泥层剩余厚度为 1.40m。先期回填厚度 20.30m，3 个月内施工完成，将场地平整至 YZDJ0002 钻孔现状地面标高 4.32m，固结时间按最不利情况考虑（共计 71 月）。

无碎石桩方案：直接回填 2.58m，将场地强夯并平整至标高 6.90m，6 个月内施工完成，施工和使用期间的地面超载为 20kPa，工后固结计算时间为 15 年（180 月）。根据此工况的计算结果无需采用碎石桩进行加固。

（2）YZDJ0001 钻孔

淤泥层剩余厚度共计 15.40m，未清淤。先期回填厚度 5.40m，3 个月内施工完成，将场地平整至 YZDJ0001 钻孔现状地面标高 3.98m，固结时间按照最不利情况考虑（共计 71 月）。

无碎石桩方案：直接回填 2.92m，将场地强夯并平整至标高 6.90m，6 个月内施工完成，施工和使用期间的地面超载为 20kPa，工后固结计算时间为 15 年（180 月）。

有碎石桩方案：在现状地面标高 3.98m 施工碎石桩，总桩长 17.40m，计算有效桩长 12.00m，桩直径 1.2m，桩间距 2.5m。随后回填 2.92m，将场地强夯并平整至标高 6.90m，6 个月内施工完成，施工和使用期间的地面超载为 20kPa，工后固结计算时间为 15 年（180 月）。

（3）YZDJ00015 钻孔

淤泥层厚度共计 16.20m，未清淤。先期回填厚度 2.80m，3 个月内施工完成，将场地平整至 YZDJ00015 钻孔现状地面标高 4.07m，固结时间按照最不利情况考虑（共计 71 月）。

无碎石桩方案：直接回填 2.83m，将场地强夯并平整至标高 6.90m，6 个月内施工完成，施工和使用期间的地面超载为 20kPa，工后固结计算时间为 15 年（180 月）。

有碎石桩方案：在现状地面标高 4.07m 施工碎石桩，总桩长 11.80m，计算有效桩长 9.00m，桩直径 1.2m，桩间距 2.5m。随后回填 2.83m，将场地强夯并平整至标高 6.90m，3 个月内施工完成，施工和使用期间的地面超载为 20kPa，工后固结计算时间为 15 年（180 月）。

计算结果，见表 4 和图 4。

各钻孔工后 15 年沉降计算结果（单位：m）　　　　表 4

	YZDJ0002 钻孔		YZDJ0001 钻孔		YZDJ00015 钻孔	
	有无碎石桩	工后 15 年沉降	有无碎石桩	工后 15 年沉降	有无碎石桩	工后 15 年沉降
规范计算	无	0.292	无	0.513	无	0.558
	有		有	0.252	有	0.271

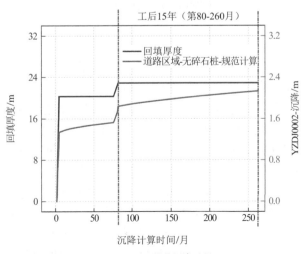

(a) YZDJ0002 钻孔沉降时程

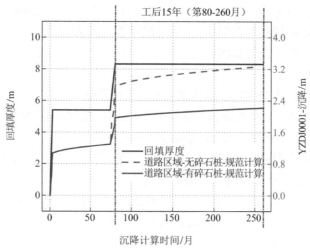

(b) YZDJ0001 钻孔沉降时程

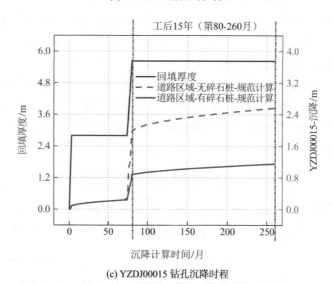

(c) YZDJ00015 钻孔沉降时程

图 4　各钻孔位置工况的沉降时程变化

3.2　数值法计算结果

根据选取钻孔场地形成历程和地层条件等不同分别建模,验算直接填筑区处理后是否满足"地面设计工作年限内(15 年)容许工后沉降值小于等于 0.300m"的要求。

各钻孔建模总体过程:(1)假定初始状态下,原状地面平均标高−5.78m。取宽度 1.00m、总深度为 H 土体,自上而下依次为淤泥层、③黏土、④₁粉质黏土、④₂黏土……⑦₂强风化板岩,地层厚度按 YZDJ0002 钻孔,参数采用报告[2]中 F5 孔资料且⑦₂强风化板岩的厚度为 10.00m。地下水位−1.39m。整个模型底面固定且不排水,仅有顶面排水进行初始地应力平衡。(2)模拟由原状地面挤淤至标高−15.98m,淤泥层剩余厚度为 1.40m,地应力得到释放;然后进行先期填筑强夯,碎石换填层厚度 20.30m,回填至标高 4.32m。假定在 3 个月内施工完成,并假定回填材料在强夯作用下充分密实,其变形仅发生在施工期间。(3)在先期固结过程中,基于上述假定,认为回填材料沉降在施工期间已完成,将其按有效重度等效为附加荷载P_1，模型固结时间按照最不利情况考虑，取极小值（共计 71 月），如此考虑工后沉降的计算结果是偏大和偏保守。（4）无碎石桩方案：直接进行后期填筑（包括碎石层和路面结构材料）2.58m，将场地强夯并平整至标高 6.90m，6 个月内施工完成，同样假定回填材料沉降在施工期间已完成；有碎石桩方案（如需）：在现状地面标高 4.32m 施工碎石桩。随后进行后期填筑（包括碎石层和路面结构材料）2.58m，将场地强夯并平整至标高 6.90m，6 个月内施工完成，同样假定回填材料沉降在施工期间已完成。（5）后期回填和使用期间的地面超载为 20kPa，将地面超载和后期回填共同等效为附加荷载P_2。施工完毕时，模型的附加荷载为$P_1 + P_2$，开始工后固结，分别计算 4a 和 4b（如需），工后固结计算时间为 15 年（180 月），将结果进行对比。

填筑区计算结果，见表 5 和图 5。

填筑区的工后 15 年沉降 表 5

有无碎石桩	YZDJ0002	YZDJ0001	YZDJ00015
无碎石桩	0.239	0.569	0.607
有碎石桩	—	0.239	0.243

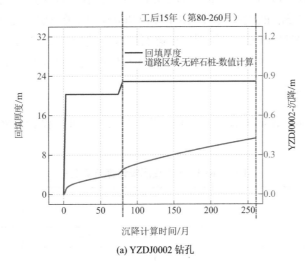

(a) YZDJ0002 钻孔

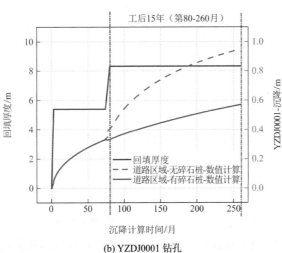

(b) YZDJ0001 钻孔

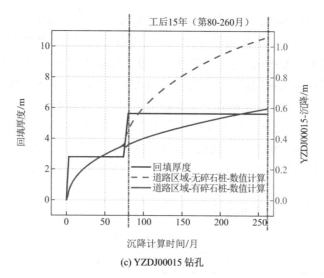

(c) YZDJ00015 钻孔

图 5 直接填筑区无碎石桩和有碎石桩方案的沉降时程变化

由结果可以看出，YZDJ0001 和 YZDJ00015 两个钻孔工况采用碎石桩加固均可满足工后 15 年沉降不超过 0.3m 的设计要求，由于 YZDJ00015 的淤泥层厚度更大，其计算结果也略大于 YZDJ0001。YZDJ0002 的先期回填碎石层厚度达到了 20.30m，类似于在先期回填期间采用了碎石桩加固，因此该工况下不采用碎石桩加固即可满足工后 15 年沉降要求。

3.3 两种计算结果对比

本文工后沉降预测结果基本满足了上述设计要求，验证了设计方案的合理性，具体结果见表 6。

工作年限 15 年工后沉降计算结果汇总 表 6

工况	碎石桩长度/m	工后沉降/m	
		规范法	数值法
YZDJ0002 钻孔	无	0.305	0.252
YZDJ0001 钻孔	无	0.518	0.574
YZDJ0001 钻孔	17.40	0.257	0.244
YZDJ00015 钻孔	无	0.561	0.610
YZDJ00015 钻孔	11.80	0.274	0.246

4 固结沉降计算讨论

为便于对比且限于篇幅，本文以 YZDJ0001 钻孔有碎石桩的当前工况作为基本模型进行分析。

4.1 模型参数变异性

通常情况下，岩土工程设计时，仅选取若干个典型的断面、工况，并认为足够包络整个工程的各种最不利情况。而依据设计要求和勘察报告，往往仅采用固定的地层参数和荷载组合。事实上，勘察报告仅能通过有限数量的勘察钻孔揭示地层的变化情况，受限于样本数量、地层变异性、操作人员水平等因素，室内试验确定的地层参数往往波动较大。此外，施工和使用期间同样可能面临新的问题，例如：勘察未能揭示出连续薄弱地层，上部结构、工法的变更导致附加荷载增加。总之，厘清各个因素的变化范围，并研究每个因素对研究对象（即工后最大沉降）的影响规律，为工程建设提供控制工后最大沉降的关键建议。

4.2 淤泥层厚度对工后沉降的影响

直接填筑区的面积最大，工况也更为复杂。在不同的先期回填施工方法影响下，场地的淤泥层厚度呈现起伏变化；由于淤泥层工程性质差，需要碎石桩复合地基处理才能达到沉降控制要求。在现状地面施工碎石桩，其总桩长为 l，当前位置的先期回填厚度为 l_g 时，说明施工碎石桩的引孔深度为 l_g，则有效桩长 $l_e = l - l_g$，代表厚度为 l_e 的淤泥层被加固。根据既有资料，随后场地开始先期回填施工，施工完毕的 YZDJ0001 钻孔标高为 $h_1 = 3.98\mathrm{m}$。可以看出：（1）如在标高 h_0 直接回填，则 $l_g = h_1 - h_0$，在此附加荷载 P_1 开始先期固结；（2）如爆夯导致挤淤，淤泥层厚度增加，形成新的附加荷载 $P_1' > 0$，同时回填厚度 l_g 减少，附加荷载 P_1 反而降低；（3）如爆夯导致挤淤，淤泥层厚度减少导致地应力释放，等价于新的附加荷载 $P_1' < 0$，同时回填厚度 l_g 增加，附加荷载 P_1 反而增加。

因此，当 $l = 18\mathrm{m}$、$h_0 = -5.78\mathrm{m}$、$h_1 = 3.98\mathrm{m}$，l_e 与 l_g、P_1 与 P_1' 均呈现此消彼长的关系。其他条件不变，取有效桩长 $l_e \in [0,18]\mathrm{m}$ 作为变量，逐一计算工后 15 年沉降。显然，当 $l_e = 13\mathrm{m}$ 时，先期回填厚度为 $l_g = 5\mathrm{m}$，对应于基础模型的计算结果见图 6。

当 $l_e = 14\mathrm{m}$ 时，先期回填厚度 $l_g = 4\mathrm{m}$，此时淤泥层完全位于计算地下水位 $-1.39\mathrm{m}$ 以下，先期回填材料完全位于 $-1.39\mathrm{m}$ 以上，综合的附加荷载较小，工后 15 年沉降接近极小值。在极小值点左侧的曲线斜率较大，而在极小值点右侧的曲线斜率较小，主要原因是：l_e 增大对应于淤泥层厚度增加，而碎石层厚度则相应地降低，淤泥层重度小于碎石层重度，因此在极小值点左侧，碎石层引起的附加荷载下降为主导因素，而随着其进一步下降，在极小值点右侧，淤泥层引起的附加荷载增加变为主导因素，但这种影响并没有碎石层那么显著。

当 $l_e \geqslant 9\mathrm{m}$ 时，工后 15 年沉降均能满足要求；而 $l_e < 9\mathrm{m}$ 时，通常需要进一步增加有效桩长和置换率，或改用其他地基加固手段。

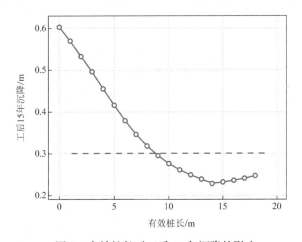

图 6　有效桩长对工后 15 年沉降的影响

4.3 地层参数对工后沉降的影响

地层参数的变异性，即由于地层深度变化、取样和室内试验条件、试验误差的影响，使各次测定值有所不同。每个地层的大部分室内试验参数均存在变异性，逐一分析其影响，工作量是巨大的。

根据勘察资料中③₁粉质黏土室内试验参数，用于数值模拟相关的部分见表7。

③₁粉质黏土的部分室内试验参数　　　　　　　　　　　表7

	孔隙比e_0	压缩指数C_c	回弹指数C_s	有效内摩擦角φ'
最大值	1.334	0.613	0.082	18.5
最小值	0.974	0.378	0.052	10.0
平均值	1.190	0.481	0.063	13.0
标准差	0.10	0.08	0.01	——
变异系数	0.08	0.16	0.17	——

初步观察各个参数的波动范围，选取±20%并根据第3.1节计算得到模型材料参数，分别计算单个参数波动时的工后15年沉降（表8）。

记地表沉降$s(p_1, p_2, \cdots, p_n)$由n个因素共同影响，当第i个因素由p_i^0水平变化至p_i^1时，其敏感性水平记为：

$$S_i = \frac{\dfrac{s(p_i^1) - s(p_i^0)}{s(p_i^0)}}{\dfrac{p_i^1 - p_i^0}{p_i^1}} \tag{15}$$

据此，依次求得各个参数的敏感性水平为：7.4%、约0%（位移变化小于1mm）、14.7%、36.4%。说明压缩指数C_c（对应于λ）对沉降几乎不存在影响，回弹指数C_s（对应于κ）尽管绝对值较小，但对沉降影响仅次于有效内摩擦角φ'（对应于M）。需要指出，位移变化的绝对值与计算地层的厚度正相关，如③₁粉质黏土的厚度为4.9m，此处暂时忽略地层厚度的波动。结果表明：当前工况时，有效内摩擦角φ'和回弹指数C_s的测试和取值应尽量科学、准确。

地层参数波动对工后15年沉降的影响　　　　　　　　　表8

	波动范围				
	−20%	−10%	0%	10%	20%
孔隙比e_0	0.952	1.071	1.190	1.309	1.428
沉降/m	0.235	0.237	0.238	0.240	0.242
压缩指数C_c	0.385	0.433	0.481	0.529	0.577
沉降/m	0.238	0.238	0.238	0.238	0.238
回弹指数C_s	0.050	0.057	0.063	0.069	0.076
沉降/m	0.231	0.235	0.238	0.241	0.245

	波动范围				
	−20%	−10%	0%	10%	20%
有效内摩擦角φ'	10.4	11.7	13	14.3	15.6
沉降/m	0.231	0.234	0.238	0.245	0.273

地层参数不仅在空间上存在变异性，在时间上也存在非线性变化。根据图1，随着荷载p不断增加，孔隙比e呈非线性减小，这在地层固结中体现为土体更加密实，密度、内摩擦角增大，含水量降低，最为重要的是，水分在土颗粒之间的传输路径减少，渗透系数降低；而渗透系数的降低进一步导致固结速率降低，孔隙比e下降速率减缓。在整个过程中，这些因素影响耦合，导致地层参数的非线性变化。非线性固结的存在有利于机场跑道使用期内的工后沉降控制，然而这种非线性规律难以测定和应用，导致现有理论计算的工后残余沉降计算结果往往偏大，对应于设计施工成本的增加。

4.4 荷载和工期对工后沉降的影响

数值法中的附加荷载，在实际工程中以多种形式体现。如回填强夯厚度、地下水位的潮汐变化、地上结构形式、车流量和轴重，等等。以基础模型的附加荷载值为基准点，在[−20,40]kPa 范围内逐步改变附加荷载，观察工后 15 年沉降的变化规律。对于当前工况，附加荷载每改变 10kPa，工后 15 年沉降改变 0.024m，两者呈线性正相关（图7）。

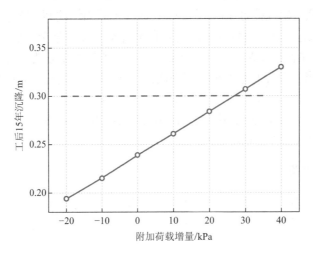

图 7 附加荷载增加对工后 15 年沉降的影响

当前工况先期回填固结时间暂按较小值71个月考虑，然而场地面积较大，不同区域的先期回填完成时间间隔长达数月（甚至数年），在未有场地确切工期安排情况下，先期固结时间的波动是较大的。先期固结时间越长，场地固结越充分，同等条件下，工后 15 年沉降越小。对于当前工况，先期固结时间增加 24 个月，工后 15 年沉降仅能减少 0.031m，且近似呈线性关系，说明先期固结是较为充分的，场地初步达到了稳定，与场地现有监测资料吻合（图 8）。

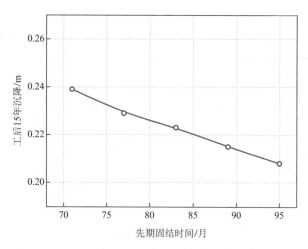

图 8 先期固结时间对工后 15 年沉降的影响

4.5 差异沉降原因分析

对比数值法和规范法计算结果，总体而言，两种计算方法对于工后沉降量预测比较相近，然而其沉降时程变化曲线的差异却十分明显，主要原因：（1）假定暂不考虑强夯引起的回填施工的沉降量，则计算模型在回填土方持续增高的过程中，其变形速率应该是连续变化，即沉降时程变化曲线整体上应接近于平滑。数值法基于变分原理和加权余量法，该过程是连续可导的，结果曲线也较平滑。而规范法基于式(7)，其计算的地基总平均固结度 U_t 存在较强的非线性：在施工期间，施工时间较短，U_t 总量不大，但增长速率大，导致施工期间的沉降"阶跃"幅度接近于 $(m_s-1)S_c$；而在工后固结期间，固结时间较长，U_t 增长总量有限，因而增长速率小，曲线将缓慢爬升直至 $U_t=1.0$，即整个工后沉降从约 $(m_s-1)S_c$ 最终增加至 $m_s S_c$ 达到完全固结。从这个角度而言，数值法结果较为合理。（2）采用经验系数法的规范法，相当于以经验系数 m_s 对主固结沉降 S_c 进行了调整。而当采用公式法时，相当于以瞬时沉降 S_d、次固结沉降 S_s 对主固结沉降 S_c 进行了调整。假定考虑强夯引起的回填施工的沉降量，数值计算对场地瞬时沉降的估计是不足的。从场地的总沉降量角度而言，规范计算的结果更为接近实测值。

4.6 碎石层的工后沉降

在前述计算分析中，为了计算原状地层的工后沉降，对清淤换填、直填的碎石层均假定回填材料在强夯作用下充分密实，其变形仅发生在施工期间。因此将碎石层按其重度等效为附加荷载，并未考虑其工后荷载。

根据文献[8]第 5.3.3 条条文说明，"一般多层建筑物在施工期间完成的沉降量，对于碎石或砂土可认为其最终沉降量已完成 80%以上"。因此，在使用荷载作用下，碎石层仍可能存在少量的工后沉降。场地的碎石层采用回填并强夯的方法进行施工。根据前期现场试验和测试结果，为简化分析，碎石层可以划分为两层：已加固层的上层碎石在自重和夯击能双重作用下变得更加密实，物理力学性质得到提升；未加固层的夯击能的影响深度有限，无法显著地改变下层碎石的物理力学性质，该层仅能在自重作用下密实。

查阅不同强夯能级处理后的影响深度及重型动力触探击数 $N_{63.5}$；根据文献[9]表

C.0.6-1，将$N_{63.5}$换算为变形模量E_0；根据文献[10]公式(C.0.3-1)，采用分层总和法计算碎石层工后沉降，其中，附加应力$p_{0i} = 20kPa$。计算结果，见表9。需要指出的是，碎石层的渗透系数、颗粒尺寸均比原状地层高许多数量级，颗粒之间几乎不存在黏聚力，且根据现场钻孔揭示情况，颗粒尺寸差异较大，级配分布连续。在使用荷载作用下，微观上表现为碎石颗粒长期的蠕变，而不是超孔隙水压力的消散；宏观上则表现为碎石层永久的工后沉降，而不是可复原的弹性变形。采用数值法模拟显然不合适。应该注意到，由于直接填筑区未考虑$3000kN \cdot m$对浅层碎石的加固作用，这样是偏于保守的。

碎石层的工后沉降 表9

区域	工况	夯击能/（kN · m）	碎石层厚度/m		工后沉降/m
			已加固层	未加固层	
航站区道路与地面停车场（直接填筑区）	YZDJ0002 钻孔	3000	0	22.88	0.013
	YZDJ0001 钻孔	3000	0	8.32	0.005
	YZDJ00015 钻孔	3000	0	5.63	0.003

5 结论

本文选取了场地范围内有代表性的断面、工况，综合了现有勘察、设计、监测资料，考虑了场地地层的应力历史，利用规范法和数值法对场地的工后沉降进行预测，形成如下结论：

（1）数值法、规范法及沉降观测数据总体上吻合较好。

（2）碎石桩复合地基处理方案可以满足工作年限内（15年）容许工后沉降值控制要求。

（3）在相同条件下，淤泥层厚度波动对工后沉降的影响通常不如碎石填筑层厚度影响显著。

（4）有效内摩擦角φ'和回弹指数C_s对工后沉降影响较为明显，其测试和取值应相对准确。

（5）应严格控制施工和使用期间的地面超载不超出设计方案水平，采用适宜的检测与监测手段对处理质量进行过程控制以验证预测结果的符合性。

参考文献

[1] 杨坪，安新，王建秀. 碎石桩与塑料排水板联合处理冲填土排水固结沉降分析[C]//Proceedings of 2011 AASRI Conference on Information Technology and Economic Development (AASRI-ITED 2011 V3). 2011.

[2] 杨涛，艾长发，张晓靖. 塑料排水板与碎石桩处理软土地基作用效果对比分析[J]. 公路，2013(5): 89-93.

[3] 孔郁斐. 机场高填方土石混合料长期变形规律研究[D]. 北京：清华大学，2017.

[4] 胡龙滇. 西应用技术大学总部建设工程软土地基加固方法及沉降规律研究[D]. 昆明：昆明理工大学，2018.

[5] 中国民用航空局. 民用机场填海工程技术规范: MH/T 5060—2022[S]. 北京: 中国民航出版社，2022.

[6]   李广信, 张丙印, 于玉贞. 土力学[M]. 3 版. 北京: 清华大学出版社, 2022.

[7]   交通运输部. 公路软土地基路堤设计与施工技术细则: JTG/T D31—02—2013[S]. 北京: 人民交通出版社, 2013.

[8]   住房和城乡建设部. 建筑地基基础设计规范: GB 50007—2011[S]. 北京: 中国建筑工业出版社, 2011

[9]   辽宁省住房和城乡建设厅. 建筑地基基础技术规范: DB21/T 907—2015[S]. 沈阳: 辽宁科学技术出版社, 2015.

[10]   住房和城乡建设部. 高层建筑岩土工程勘察标准: JGJ/T 72—2017[S]. 北京: 中国建筑工业出版社, 2017.

碎石桩联合排水板处理软基工后沉降预测方法研究

刘兴华[1]，陈必光[1]，宋伟杰[1]，吴梦龙[1]，刘猛[1]，康景文[1,2]

（1. 北京中岩大地科技股份有限公司，北京 100041；

2. 中国建筑西南勘察设计研究院有限公司，四川 成都 610052）

摘　要： 在机场建设过程中软土地基如何处理以及工后沉降如何预测的问题被视为重要的工作。本文基于某机场跑道区建设过程中的试验区结果，研究了软土区域在填方堆载下，碎石桩＋塑料排水板在软土地基中的处理效果，依据监测资料分析软土地基沉降变形规律，同时采用双曲线法、线性神经网络算法、数值模拟对软土地基的工后沉降进行预测对比分析。结果表明，软土地基在碎石桩＋排水板地基处理后，沉降逐渐稳定，利用双曲线法及线性神经网络算法对软土地基沉降进行预测，均满足机场工后变形要求。

关键词： 碎石板＋塑料排水板；填方堆载；工后变形；数值计算；软基处理；工后沉降；沉降处理

0　前言

西部大开发战略近几年正如火如荼进行，根据国内民用机场规划布局，截至 2020 年，西南地区正在建设的机场达 52 个。由于西南地区地势复杂，且地层多种多样，软土厚度大，给机场建设带来一定的困难，尤其是地基沉降工后沉降问题[1]。山区机场为了前期形成良好的高填方地基，一般需要削山填谷，机场飞行区为满足场地的设计要求及飞行要求，通常要开山填谷和深挖高填；填方区需在原地基上填筑包括砂泥岩混合料或者碎石料等，填方区一般高度较高，填方量较大。填筑体和原地基在施工过程中会产生一定的沉降，使用过程中也会产生一定的变形[2,3]。机场跑道的工后变形需要严格控制在一定范围内，机场建设的关键点在于如何控制工后变形[4,5]。因此，建设中软土地基如何处理以及区域沉降预测问题至关重要。

碎石桩＋排水板技术通过加速固结过程来处理软弱可压缩性软土，即在软土上部施加上覆荷载，在软土内部按一定的间距打设塑料排水板与碎石桩组合形成复合地基，在一定时间内排出土体中的孔隙水，达到提高土体排水固结的效率和增加土体的抗剪强度的效果，并能达到减少地基工后沉降、差异沉降的目的。随着碎石桩＋排水板在工程实践中的大量应用，复合地基沉降变形也取得了很大发展。Huang S[6]建立了多级荷载作用下的碎石桩复合地基的控制解。通过分离变量，分别导出了加载阶段和维持加载阶段的相应固结度解，根据卡里略定理，求得整个复合地基平均总固结度的解，最后对比现场实测的固结曲线，验证了本解的合理性；Peng J[7]等用径向距离的指数函数来描述涂抹区土壤的水平渗透系

作者简介：刘兴华，硕士，高级工程师，主要从事岩土工程设计及施工。E-mail: tjliuxh@163.com。

通信作者：宋伟杰，博士，高级工程师，主要从地基基础研究工作。E-mail: songweijie1990@126.com。

数，并提出了一种考虑涂抹区内水平渗透系数非线性分布的真空预压固结解，并与以往的解析解和数值解进行了比较，结果表明，所提出的解与数值解具有很好的相关性，比以往的解析解更精确；杨坪等[8]研究了在不同压力下，碎石桩与塑料排水板组合关系和桩间距，采用碎石桩与塑料排水板联合对冲填土进行排水固结试验，获得了沉降量与固结压力、碎石桩与塑料排水板组合关系和桩间距的经验关系式；杨涛等[9]利用表层沉降、深层水平位移和路堤工后沉降等监测手段，对比分析了塑料排水板和碎石桩两种软基处理方法的处理效果，并探讨各自对地基工后沉降的影响和土体水平位移变化的规律；胡龙[10]利用 PLAXIS 建立软土本构模型，模拟了碎石桩和排水板两种地基处理方式下软土地基沉降的过程以及变化规律，并与现场监测数据进行对比，发现模拟值与实测值相差不大。

近几年在国内外各种地基处理方式中，碎石桩联合排水板地基处理方法被多项工程广泛采用，但因技术引进国内时间不长，且对复合地基沉降固结机理研究、分析计算仍存在不足之处，碎石桩＋排水板地基处理效果以及碎石桩复合地基沉降固结理论在国内外研究较少，尤其上覆荷载从地基上部传递到下部与时间关系研究得更少。运用预测方法来反映软土地基实际的固结沉降量以及沉降变化趋势，是目前亟待解决的问题。本文针对某机场三条跑道不同位置软土厚度、深度等差异特点运用碎石桩联合排水板地基处理方法进行软土地基处理试验，同时在监测资料基础上对软土原地基及填筑体沉降变化规律进行分析，采用三种不同的预测方法对机场西一、东一、北一三条跑道处理区软土固结沉降进行计算预测，分析三种方法对于工后沉降的适用性，为工程计算中软土地基的固结沉降长期预测提供可靠的预测方法，为评价地基稳定性提供依据。

1 场区工程概况

1.1 软弱土分布

沟谷软弱土在场区内主要分布在填方区丘间谷槽内，全场地均有分布；场区沟谷软弱土总面积约 560 万 m²，与场区总面积占比为 26.3%，与场区软弱土总面积占比 95%。

1.2 软弱土特性

勘察资料显示，场区分布的可塑粉质黏土和可塑土为中—高压缩性土，淤泥、淤泥质黏土、软塑粉质黏土属于高压缩性土。基本特征是含水率高、渗透系数小、易压缩、固结时间长等，若直接进行回填或者用作建（构）筑物基础的持力层因土体的稳定性而存在安全隐患。

结合地区现有的工程经验，根据对场区勘察所取得的地基岩土主要物理力学性质指标、原位测试指标，各岩土层的工程特性指标汇至表 1～表 3。

1.3 地基均匀性

总体来看，场地的地基岩土均匀性较差，为典型的不均匀地基。

（1）北一跑道区。该区地势设计标高约为 432.0～438.0m。填方区面积比挖方区面积大，主要分布在跑道两侧冲沟及平坝区，原地基土层依次为冲洪积粉质黏土（厚度 0.50～

12.40m）、黏土（厚度 0.70～11.70m），局部存在淤泥质黏土（厚度 0.50～2.90m），最大填方厚度约 30.0m。跑道覆盖多个填方区、挖方区，填方区填土、原土变形大，因此填方区产生差异沉降的可能性大。

（2）东一跑道区。该区地势设计标高约为 437.0～440.0m，填方区面积较挖方区大，主要分布在跑道两侧冲沟及平坝区，原地基土层依次为冲洪积黏土（厚度 0.50～12.20m），局部有淤泥、淤泥质黏土（厚度 1.10～6.90m），最大填方厚度约 25m。跑道中填方区填土、原土变形相对较大，因此填方区产生的差异沉降可能性大。

（3）西一跑道区。该区地势设计标高约为 432.0～437.0m，填方区面积较挖方区大，主要分布在跑道两侧冲沟及平坝区，原地基土层依次为冲洪积粉质黏土（厚度 0.50～9.60m）、黏土（厚度 0.50～8.50m），局部有淤泥质黏土（厚度 0.50～9.70m），最大填方厚度约 28.0m。跑道覆盖多个填方区、挖方区，填方区填土、原土变形较大导致土体产生差异沉降的可能性大。

软弱土物理力学指标　　　　　　　　　　　　　　　　　表1

地层	天然含水率 $w/\%$	孔隙比 e	压缩系数 a_{1-2}/MPa^{-1}	直接快剪指标	
				黏聚力 c/kPa	内摩擦角 $\varphi/°$
③₁淤泥	50.2～73.8	1.306～1.601	0.94～1.49	7～18	4.9～7.0
③₂淤泥质黏土	36.1～56.7	1.033～1.551	0.64～1.10	4～16	2.8～8.8
④₁软塑粉质黏土	27.2～47.0	0.769～1.293	0.59～0.86	4～37	2.8～16.1
④₂可塑粉质黏土	20.1～31.6	0.603～0.911	0.19～0.62	4～51	2.2～19.2
⑤₁软塑黏土	29.9～43.2	0.852～1.322	0.15～1.08	2～46	2.8～9.5

各岩土层固结、压缩参数表　　　　　　　　　　　　　　表2

土层名称	水平各级压力下/kPa 固结系数 $(c_h) \times 10^{-3}/ (cm^2/s)$				垂直各级压力下/kPa 固结系数 $(C_v) \times 10^{-3}/ (cm^2/s)$						压缩指数 C_c	回弹指数 C_s
	50	100	200	300	50	100	200	300	400	600		
③₁淤泥	50	100	200	300	50	100	200	300	400	600	0.500	0.050
③₂淤泥质黏土	2.40	0.90	0.80	0.70	0.50	0.20	0.15	0.13	0.10	0.15	0.400	0.045
④₁粉质黏土—软塑	3.50	1.60	1.50	1.40	0.55	0.30	0.25	0.23	0.20	0.40	0.300	0.020
④₂粉质黏土—可塑	9.50	8.00	7.50	4.00	1.60	1.20	0.80	0.60	0.30	0.50	0.250	0.015
④₃粉质黏土—硬塑	11.50	8.50	8.00	6.00	2.40	2.10	1.80	1.40	0.80	1.80	0.200	0.010
⑤₁黏土—软塑	18.00	17.50	9.00	6.50	2.80	2.50	1.90	1.60	0.85	2.60	0.300	0.025
⑤₂黏土—可塑	7.50	3.00	2.50	3.00	1.20	0.60	0.45	0.30	0.35	0.50	0.250	0.020
⑤₃黏土—硬塑	15.50	8.50	5.00	4.00	3.30	1.90	1.35	0.75	0.40	1.30	0.200	0.015

各岩土层渗透系数、压缩参数及复合地基参数表 表3

土层名称	水平渗透系数k_h	垂直渗透系数k_v	复合地基侧阻力特征值	各级压力下/kPa 孔隙比						
	（10^{-7}cm/s）	（10^{-7}cm/s）		0	50	100	200	300	400	600
③₁淤泥	1.5	1.2	—	1.73	1.52	1.40	1.27	1.18	1.10	1.03
③₂淤泥质黏土	1.6	1.4	—	1.20	1.00	0.95	0.82	0.76	0.72	0.67
④₁粉质黏土—软塑	462.0	337.0	20	1.01	0.95	0.90	0.83	0.78	0.75	0.70
④₂粉质黏土—可塑	217.0	154.0	25	0.77	0.73	0.71	0.68	0.65	0.63	0.59
④₃粉质黏土—硬塑	4.0	3.8	40	0.65	0.62	0.60	0.57	0.55	0.53	0.50
⑤₁黏土—软塑	3.2	3.0	20	1.05	0.97	0.92	0.85	0.79	0.74	0.70
⑤₂黏土—可塑	3.0	2.5	30	0.86	0.82	0.79	0.75	0.72	0.71	0.67
⑤₃黏土—硬塑	1.5	1.0	45	0.75	0.69	0.68	0.64	0.63	0.61	0.58

2 碎石桩联合塑料插板处理试验

为了研究机场在施工过程中和工后的沉降问题，按实际软土厚度不一的区域进行不同地基处理方案，在机场道面区选取部分区域进行地基处理试验。旨在验证拟选用的地基处理效果和土石方填筑方法对于场地适用性、优化施工工艺、修改设计参数及检验指标等的效果，为全场区土石方工程设计、地基处理施工提供依据。

2.1 碎石桩＋塑料排水板

在软土厚度和填料厚度都大于 5m 区域，进行碎石桩＋塑料排水板处理。碎石桩间距在跑道、滑行道范围内为 1.5m，在其他区域为 1.8m，布桩形状为正三边形，在桩间三角形的形心铺设塑料排水板。碎石桩桩体碎石材料的级配满足要求，含泥量不超过 3%。碎石桩穿透软、可塑层及硬塑夹层，桩体碎石充盈系数超过 1.2。插板参数，见表4。

插板参数 表4

分区	软弱土厚度/m	插板间距/m	布置形式
航站区工作区	≥2	1.1	正三边形
规划道面影响区	≥2	1.3	正三边形
土面区	≥5	1.5	正三边形

2.2 土石方填筑设计

利用填土作为预压荷载，飞行区土面区软弱土厚度超过 5m 时，填筑工艺及压实控制指标见表5。

功能区	地势设计面以下深度/m	填料	压实工艺	压实度/%
道面影响区	0～0.6	中风化石料	冲击碾压	96
	0.6～H	强风化石料	冲击碾压、振动碾压	95
土面区	0～2	强风化石料、土料	冲击碾压、振动碾压	90
	2～H	中风化石料、强风化石料	冲击碾压、振动碾压	93
	堆载体	土料、强风化石料	分层排压	85

2.3 碎石桩检测

重型动力触探、载荷试验、标贯测试、桩间土测试在地基处理完成3～4周后进行。

（1）大部分桩体在0.5～2.0m范围内锤击数较大，表现出的密实度较好。施工垫层采用挖方区强风化石料，振动碾压至90%的压实度，可产生较大的侧向压力，约束碎石桩鼓胀变形的发展。

（2）在2.0～6.0m的范围内锤击数低（约2～3击），分析锤击数偏低的原因，桩体开挖发现桩体存在夹泥现象，该处存在软塑黏土，成桩后桩间土对桩体的侧限小，碎石料易发生侧向鼓胀，甚至软塑土挤压至桩体里致使动力触探锤击数低，影响碎石桩排水功能。

（3）6m以下的桩体，随着深度的增加锤击数变大，说明该部位桩体密实度良好。

（4）桩体全深度范围内均匀性差异性较大，地质情况和施工情况对其影响较大。

经过三次试桩，使得施工工艺得到优化，桩身重型动力触探平均值超过8击；修正后的桩身重型动力触探最小值不小于3击；加固面以下2～6m范围，桩身重型动力触探平均值不小于5击。

2.4 复合地基载荷试验

试验采用慢速加载维持法，用于测定载荷板下应力主要影响范围内土层和桩体的复合承载力，计算变形模量，相关试验数据见表6。

载荷试验统计表　　表6

参数测点	I区	II区		大面积			平均值
	1号	2号	3号	4号	5号	6号	
特征值/kPa	70	74	80	80	80	70	76
极限值/kPa	140	148	160	160	160	140	151
变形模量/MPa	5.8	5.4	4.5	5.6	5.4	4.9	5.3

（1）碎石桩处理三区一共进行了6点复合地基载荷试验，试验结果比较接近，均出现测点位置（载荷板下）地基下沉明显，土体发生剪切破坏，测点P-S曲线有明显拐点，承载力特征值介于70～80kPa之间，变形模量介于4～6MPa之间，承载力较地基处理前（f_{ak} =

50kPa）提高 1.4~1.6 倍。

（2）试验一区碎石桩区域共进行了 4 点复合地基载荷试验，结果比较接近，破坏形式与试验三区相同，承载力特征值介于 90~110kPa 之间，变形模量介于 7.4~9.0MPa 之间，由于该区域原地面以上填筑厚，压实度按 95%控制，长时间搁置（近 60d）后进行碎石桩施工，开挖至原地面进行载荷试验，该区域承载力较地基处理前（$f_{ak} = 50$kPa）提高明显，约 1.8~2.2 倍。

2.5 原地基沉降监测分析

试验场地内共布置原地面监测点 107 个，用于监测软土地基的沉降量，选取东一跑道堆载 9、西一跑道堆载 28-2、北一跑道堆载 50 三个堆载区内地面点进行分析，共监测 910d 由表 7 和图 1 可以看出原地基沉降与加载之间具有如下特征：

（1）在原地基上部刚加载时，由于软土主要由软塑性粉质黏土组成，压缩模量以及孔隙比较大，沉降剧烈增加，在堆载间歇期内沉降速率减小，二次加载时沉降速率增大，不再施加上覆荷载时沉降逐渐稳定，这段时间沉降主要为主固结，待稳定后不再增加时主要发生蠕变沉降。

（2）沉降收敛后卸掉堆载至道面标高，原地面沉降会出现回弹，不再卸载时，沉降仍会随预压时间的增加而逐渐趋于平缓，沉降受上部填筑体荷载作用使原地基发生压缩变形，上部填土厚度增加时原地基沉降值增大，且填筑体顶部堆载会加速软土沉降。填筑以及堆载施工期间主要为原地基的主固结压缩阶段，随工后时间的推移为蠕变沉降，即长期变形过程，沉降会增加。

原地面监测数据表 表7

跑道（堆载区）	监测点号	软土厚度/m	填筑高度/m	堆载高度/m	地基处理方式	910d 累计沉降量/mm
西一跑道（堆载 9）	DM25	6.3	12.8	2.0	碎石桩 + 1.5m 排水板	−325.6
东一跑道（堆载 28-2）	DM74	7.2	10.6	3.5	碎石桩 + 1.8m 排水板	−515.8
北一跑道（堆载 50）	DM114	7.4	15.8	7.0	碎石桩 + 1.5m 排水板	−820.1

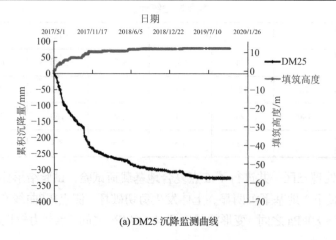

(a) DM25 沉降监测曲线

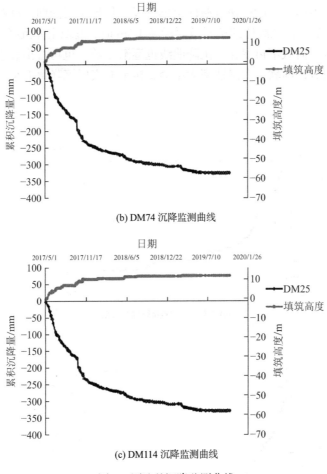

(b) DM74 沉降监测曲线

(c) DM114 沉降监测曲线

图 1   原地基沉降监测曲线

2.6   表层沉降监测分析

堆载区表层沉降点埋设采用沉降监测板及测杆，测量仪器、方法和精度同原地面沉降监测。

对西一跑道（堆载 9）、东一跑道（堆载 28-2）、北一跑道（堆载 50）三个堆载区内表层点进行分析，监测历时约 690d，荷载-沉降曲线如图 2 所示。由图 2 可看出土体沉降规律划分为三个阶段：

（1）从开始加载到第一个拐点，该阶段未超出土体的临界荷载，土体沉降较小且趋于平缓。且随着堆载高度的增加，土体沉降趋势较陡，即沉降量较大，故刚开始堆载到第一阶段堆载完成对应为土体的瞬时沉降，这是在施加荷载后立马发生的，且涉及土体恒定体积下的剪切变形。

（2）第一阶段加载后的间歇期，沉降较小，间歇期结束后继续施工，二次加载，已超出土体的临界荷载，沉降继续增大，这个阶段主要为固结沉降。

（3）堆载恒定后，随着固结的不断进行，沉降速率不断增大，固结完成后，沉降量会因沉降速率逐渐减小而趋于稳定，沉降趋势逐渐收敛，土体在这个阶段的变形主要为次固结沉降。即由于在基本恒定的有效应力下重新调整粒子间接触而导致的时间依赖性沉降。

由图 2 可以看出前三个阶段该堆载区土体沉降变化规律与前两个堆载区基本一致，在土体沉降趋于稳定后，将堆载体卸载至道面标高 1.5m 时，发现土体沉降会发生回弹，且堆载高度不再减少时，荷载不再变化，沉降曲线也逐渐收敛，也可看出表层沉降规律与原地面沉降变化规律相似，即软土沉降速率大小会直接影响表层沉降值大小。

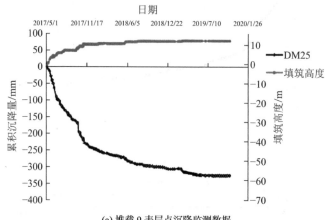

(a) 堆载 9 表层点沉降监测数据

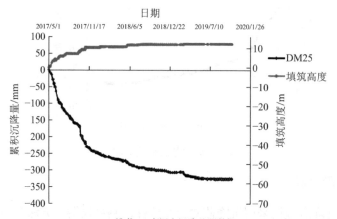

(b) 堆载 28 表层点沉降监测数据

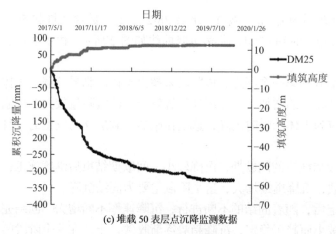

(c) 堆载 50 表层点沉降监测数据

图 2　表层点沉降监测曲线

2.7 分层沉降监测分析

分层沉降监测目的是观测软基处理后即加固区和填筑体分层压缩的情况，并根据表层沉降大小，推断各层土体压缩变形的性质。表 8 和图 3 为各区分层沉降监测结果，可以看出：

（1）由堆载 9 各分层号沉降可看出，地表下 5.3～8.3m 沉降量最大，且沉降−330～−427mm，堆载 28 地表下 12.7～15.7m 沉降量较大，为−464～−660mm；堆载 50 地表下−15.3～−18.3m 沉降较大，为−803.3～−855.3mm。分析可知距离地表较近处分层沉降监测点埋设在填筑体内，该处沉降包括填筑体沉降＋软土沉降，相比距地表较远处原地面以下软土内分层沉降点沉降更大。其次原地面下主要为软塑性粉质黏土和可塑性黏土，压缩模量为 3.0～6.0MPa，压缩性较大。

（2）FC21、FC70、FC110 内最后 3 个月最大平均沉降速率分别为 0.11mm/d、0.12mm/d、0.10mm/d，说明在碎石桩＋排水板地基处理后，各层土体后期逐渐趋于稳定，达到了加固的目的。

（3）由 FC110 沉降变形曲线（图 3）可以看出，土体分层沉降规律与表层沉降规律基本一致，每级加载时沉降增加，静置期沉降趋于稳定，卸载后沉降出现回弹，固结完成后沉降又趋于收敛。

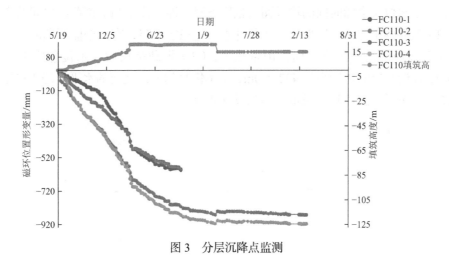

图 3 分层沉降点监测

各区分层沉降监测数据   表 8

跑道 （堆载号）	分层 监测点	监测日期	分层号	距地表深度/m	分层沉降量/mm	平均沉降速率/ （mm/d）
西一跑道 （堆载 9）	FC21	2017/5/5—2019/9/29	FC21-1	18.3	−301	0.10
			FC21-2	15.3	−325	0.10
			FC21-3	8.3	−330	0.11
			FC21-4	5.3	−427	0.11
			FC70-1	21.7	−221.0	0.11

跑道 （堆载号）	分层 监测点	监测日期	分层号	距地表深度/m	分层沉降量/mm	平均沉降速率/ （mm/d）
东一跑道 （堆载28）	FC70	2017/5/27—2019/11/25	FC70-2	18.7	−362.0	0.10
			FC70-3	15.7	−464.0	0.12
			FC70-4	12.7	−660.0	0.11
北一跑道 （堆载50）	FC110	2017/5/19—2020/3/25	FC110-1	24.3	−584.0	0.08
			FC110-2	21.3	−588.0	0.10
			FC110-3	18.3	−803.0	0.09
			FC110-4	15.3	−855.0	0.10

2.8 水位观测分析

以西一跑道堆载28中SW41监测点进行分析，水位监测历时约870d。水位大小变化见图4，由图4可以看出：（1）在软土上部每级加载时，即填筑完后堆载，施工初期，在填筑地基内部产生超孔隙水压力，地下水位都有一定幅度的上升，但在两次加载之间的预压间歇期，地下水位又会随时间的增长而大幅度下降，即与孔压和上覆荷载之间的变化规律类似；（2）最后两个加载间歇期内，水位并不一定稳定下降，有两个监测期内水位有一定幅度的上升，原因是为雨季汛期，雨量较大；（3）恒载结束后，水位急剧降低到高程432.479m，接近水位的初始高程432.000m，基本恢复到加载之前的水平且趋于稳定，从侧面反映加载结束后，土体趋于稳定，满足设计要求。

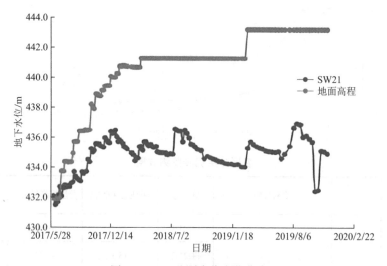

图4 SW41监测水位变化曲线图

综合上述分析，原地基沉降与软土厚度、填筑以及堆载高度成正比，每级加载时，软土沉降都会剧烈增加，在静置预压期内，沉降速率又会减小。表层沉降规律与原地基沉降规律相似，研究区软土厚度较大，软土沉降速率会直接影响表层总沉降大小。分层沉降中距离地表越近，沉降越大，各个分层点在监测后 3 个月内沉降速率均小于 0.2mm/d，即在碎石桩＋排水板地基处理后，沉降逐渐趋于收敛，达到了加固的目的。

3 沉降预测方法比较

3.1 双曲线法沉降预测

双曲线法预测是以实测值为基础，根据实测值拟合双曲线法公式中的相关参数，再在确定的参数基础上对未来进行预测，其关系式如下：

$$S_t = S_0 + \frac{t - t_0}{a + b(t - t_0)} \tag{1}$$

式中，t_0、t 为起始时刻、预测时刻；S_t、S_0 为时刻 t、时刻 t_0 对应的沉降量；a、b 为待定系数。

变换公式可以得到 a、b 与 $[(t - t_0)/(S_t - S_0)] \sim (t - t_0)$ 具有一定的线性关系，a、b 视为固定常数，且分别为 y 轴上的截距、直线斜率，可将多组实测数据代入上式，利用线性最小二乘法拟合得到参数 a、b，最后利用实测值 S_0、t_0 可以求出任意时刻的沉降量 S_t。

利用双曲线法对场地堆载区沉降值进行预测，实际是填筑至 1.5m 道面标高，根据机场设计要求 1.5m 堆载体荷载近似等于 1.5m 浇筑道面荷载。预测值是根据超载情况下的沉降量进行计算会导致总沉降量以及剩余沉降量偏大，因此根据地基的软土厚度、填筑高度、堆载高度对预测的最终沉降量进行修正，修正值即为 1.5m 等载情况下的沉降预测值。

利用现场监测数据，对碎石桩＋排水板处理区域，即西一跑道堆载 9、东一跑道堆载 28-2、北一跑道堆载 50 三个研究区原地面点进行双曲线沉降拟合预测分析，拟合曲线效果见图 5 和表 9。

<table>
<tr><td colspan="4">各区分层沉降监测数据　　　　　　　　　　　　　　　　　表 9</td></tr>
<tr><td rowspan="2">类别</td><td colspan="3">监测点</td></tr>
<tr><td>西一跑道 DM25</td><td>东一跑道 DM74</td><td>北一跑道 DM114</td></tr>
<tr><td>参数 a</td><td>−0.6355</td><td>−0.4075</td><td>−0.1617</td></tr>
<tr><td>参数 b</td><td>−0.0038</td><td>−0.0019</td><td>−0.0013</td></tr>
<tr><td>相关系数 R^2</td><td>0.9960</td><td>0.9972</td><td>0.9930</td></tr>
<tr><td>2019.10.28 沉降实测值/mm</td><td>−325.6</td><td>−515.8</td><td>−820.1</td></tr>
<tr><td>2019.10.28 沉降预测值/mm</td><td>−322.3</td><td>−519.7</td><td>−818.1</td></tr>
<tr><td>2049.10.28 沉降预测值/mm</td><td>−361.9</td><td>−615.9</td><td>−909.2</td></tr>
<tr><td>2049.10.28 沉降修正值/mm</td><td>−354.7</td><td>−597.4</td><td>−899.9</td></tr>
<tr><td>工后 30 年剩余沉降量/mm</td><td>−29.1</td><td>−81.6</td><td>−79.8</td></tr>
<tr><td>2019.10.28 预测值与 2019 实测值之差</td><td>3.3</td><td>−3.9</td><td>1.9</td></tr>
<tr><td>2019.10.28 实测值约占 2049 年修正值百分比</td><td>91.8%</td><td>86.3%</td><td>91.1%</td></tr>
</table>

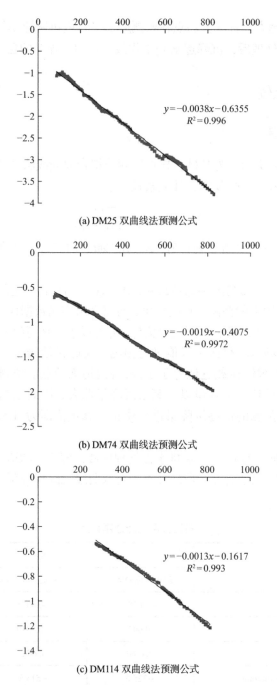

(a) DM25 双曲线法预测公式

(b) DM74 双曲线法预测公式

(c) DM114 双曲线法预测公式

图 5　原地基双曲线法预测公式

由表 9 可以看出，双曲线拟合原地基沉降量误差在−3.9～3.3mm，误差在允许范围内，在误差可控范围内预测工后 30 年剩余沉降量为−29.1～−79.8mm，满足机场工后变形要求（飞行区跑道区域工后 30 年沉降量 ≤200mm），且实测值与预测修正值占比为 86.3%～91.8%。

利用双曲线法对软土地基沉降进行预测，与实测沉降拟合误差在−3.9～3.3mm 范围内，预测工后 30 年剩余沉降量为−29.1～−79.8mm，满足机场工后变形要求（跑道区域工后 30 年沉降量 ≤200mm），且实测值与预测修正值占比为 91.1%～95.7%。

3.2 神经网络沉降预测

人工神经网络为人工智能研究中的一个重要分支，是通过构造一些"人工神经元"，并采取某种规则和形式将它们连接起来模拟人脑的某些功能。人工神经网络的基本单元中包含了人工神经元，相当于一个多输入的非线性阈值器件。各个人工神经元接收到输入信号时会形成规则的神经网络，使得各个神经元的权值和阈值符合相应的规则发生变化以满足所设计神经网络的功能要求。人工神经网络的拓扑结构以及连接形式，如图6所示。

神经网络的组成比较复杂，由多层神经元组成。图6所示的三层网络中，神经元之间以不同的权重连接反映了神经元之间影响的形式。预测神经网络执行包括学习过程和预测过程。神经网络的学习过程分为两个阶段：（1）通过建立的网络结构和前一次迭代的权值和阈值对输入已知学习的样本，从网络的第一层反向计算各个神经元的输出；（2）对权值和阈值进行修正，从最后一层开始计算由权值和阈值对总误差引起的影响梯度，通过修正减少总误差。通过两个过程反复交替计算，直到上述权值和阈值达到收敛为止。

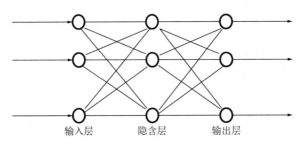

图6　三层神经网络模型

（1）线性神经网络预测

利用线性神经网络算法对研究区堆载9、堆载28-2、堆载50预测软土地基工后30年原地基沉降量，拟合曲线见图7和表10。由表10可看出原地面点拟合系数为0.97776～0.99712，预测值与监测值误差值占比为0.27%～0.55%，且前期线性神经网络预测模型与监测曲线较为吻合。对原地基点长期沉降进行预测，工后30年剩余沉降量在−7.0～−23.5mm范围内。

各区分层沉降监测数据　　　　　　　　　　　　　　　表10

类别	监测点		
	西一跑道 DM25	东一跑道 DM74	北一跑道 DM114
拟合系数R^2	0.97776	0.99712	0.99674
2019.10.28 沉降实测值/mm	−325.6	−515.8	−820.1
2019.10.28 沉降预测值/mm	−327.4	−518.3	−822.3
预测值与实测值差值占比/%	0.55	0.48	0.27
2049.10.28 沉降预测值/mm	−349.1	−539.2	−827.1
工后30年剩余沉降量/mm	−23.5	−23.4	−7.0
2019.10.28 实测值约占 2049 预测值百分比/%	93.3	95.7	91.1

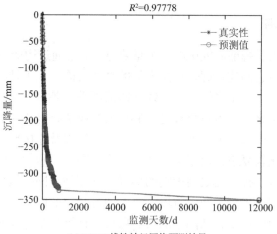

(a) DM25 线性神经网络预测结果

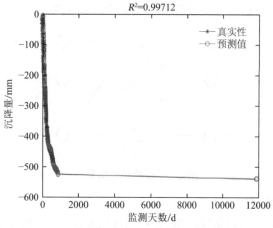

(b) DM74 线性神经网络预测结果

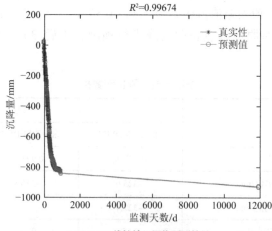

(c) DM114 线性神经网络预测结果

图 7　原地基监测点神经网络拟合及沉降预测结果

　　利用线性神经网络算法对软土沉降进行预测，原地基拟合系数都在 0.97 以上，且拟合曲线与监测曲线变化规律较为接近，预测值与监测值误差值占比为 0.27%～0.55%，工后 30

年剩余沉降量在−7.0～−23.5mm 范围内，满足设计工后沉降要求。

3.3 数值分析沉降预测

PLAXIS 是一个专门针对岩土工程的有限元软件，用于分析各种岩土工程问题的变形与稳定性，针对岩土工程学中的二维、三维的变形以及地下水渗流问题都可以进行深入计算和分析。并可以模拟隧道、桩、接触面、土工织物等结构变形、土体固结，进行加载卸载、开挖回填、稳定性分析。本文选用 PLAXIS 软件对软土区域进行土体的固结分析。主固结阶段中各层软土部分选用软土模型计算，更符合软土地基在主压缩阶段的沉降变形规律，在主压缩阶段后面跟随着一定程度的次压缩，采用软土蠕变模型、填筑体、基岩、碎石桩、堆载体等使用 HS 模型，模型见图8。

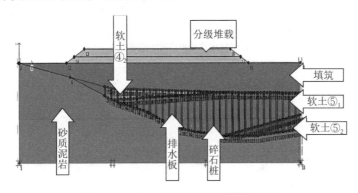

图 8　碎石桩＋排水板数值模拟示意图

（1）原地基沉降量

按实际施工工序来模拟现场，从填筑开始到堆载施工结束，将实测原地面沉降与模拟沉降进行绘制并对比见图9，可以看出两种曲线规律大致相似，大小不一，数值计算沉降值大于实测值。由表11可以看出，数值计算与实测值之间的差值范围在−37.2～−41.6mm，误差在−5.1%～−12.7%，且误差在可接受范围内，提高了软件的可信度。

原地面沉降数值误差　　　　　　　　　　　　　　　　　　表 11

原地面点	实测值/mm	数值计算值/mm	差值/mm	误差占比/%
DM25	−325.6	−367	−41.4	−12.7
DM74	−515.8	−553	−37.2	−7.2
DM114	−820.1	−862	−41.9	−5.1

误差来源于碎石桩＋排水板在软土中固结排水时，塑料排水板会存在"涂抹效应"，即长时间使用排水板致使其发生破裂、淤堵，导致排水板固结效率降低。但在数值模拟中，软土地基沉降固结时，排水板功能一直呈理想状态，不会出现淤堵和破裂等损耗，所以固结效率大于实际固结效率，沉降结果也会大于现场监测数据。另外，在数值模拟中，数值计算的精度一般与网格划分大小的平方成反比，为减少时间计算步长并未将网格全局疏密度划分过细，而使得精度降低。

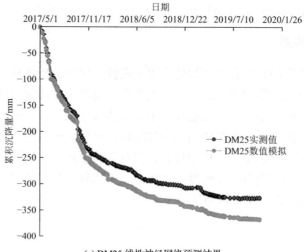

(a) DM25 线性神经网络预测结果

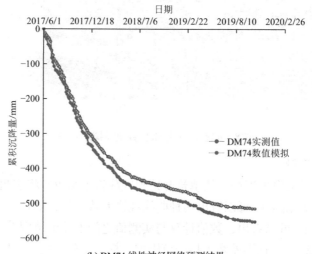

(b) DM74 线性神经网络预测结果

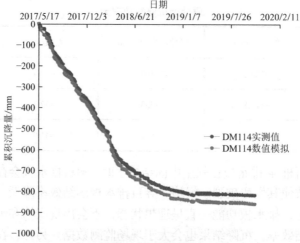

(c) DM114 线性神经网络预测结果

图 9　原地面沉降曲线对比

（2）填筑体表层沉降量

表层沉降主要由填筑体沉降与原地基沉降组成，图10中A点为数值模拟中原地面点，B点为模拟中原地面所对应的表层点，可以看出表层沉降规律和原地面沉降规律相似，模拟曲线与实测曲线较为接近，且最大沉降发生在软土厚度最大的位置。

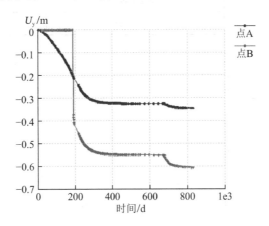

图 10　DM25 原地面与表层点对比

表层总沉降见表12，B、B1点、B2点分别代表数值计算中DM25、DM74、DM114对应的表层选点，可以看出各区填筑体总沉降量分别为−237.0mm、−174.0mm、−271.0mm，而软基沉降占总沉降为 60.76%～76.08%。由此可见在碎石桩＋排水板处理软土地基，且软土厚度大于 5m 时，表层总沉降主要由软土沉降所引起。堆载 9 中软土沉降主要发生在原地基 5～7m 处，堆载 28-2 中软土沉降主要发生在原地基中 4～8m 处，堆载 50 中软土沉降主要发生在原地基中 7～10m 处，表明碎石桩在提高地基承载力的同时，通过桩身将上部荷载传递到底部持力层，形成强度较为均匀的复合地基，使软土各层沉降相差不大，大大改善软基的排水条件，提高软土的排水效率。

数值模拟表层总沉降量　　　　　　　　　　　　　　　　　　表 12

堆载区	地基处理方式	表层点	沉降量/mm	表层沉降与原地面沉降差值/mm	原地面沉降占总沉降比/%
堆载 9	碎石桩＋排水板（1.5m 间距）	B	−604.0	−237.0	60.76
堆载 28-2	碎石桩＋排水板（1.5m 间距）	B1	−727.0	−174.0	76.07
堆载 50	碎石桩＋排水板（1.5m 间距）	B2	−1133.0	−271.0	76.08

（3）工后 30 年沉降量

在软土区域进行地基处理后，地基工后变形需要满足一定的要求，根据《民用机场岩土工程设计规范》MH/T 5027—2013，区域工后变形要求见表13。

对其堆载体进行卸载完后道面打设，并预测地基 3 年以及 30 年后的工后变形。由图 11 可以看出，堆载 9、堆载 28-2、堆载 50 工后最大剩余沉降量分别为−80mm、−130mm、−87mm，均小于 200mm，满足机场工后沉降要求；最大差异沉降分别为 1.48‰、1.30‰、0.78‰，均小于 1.5‰，满足工后差异沉降要求。

表 13

分区	工后 30 年沉降量/mm	工后差异变形（$\frac{1}{7}$）
飞行区跑道区域	≤200mm	≤1.5‰
飞行区非跑道区域	≤250mm	≤1.8‰
工作区	≤400mm	—

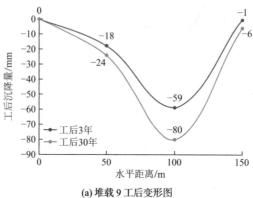

(a) 堆载 9 工后变形图

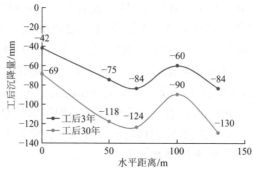

(b) 堆载 28-2 工后变形图

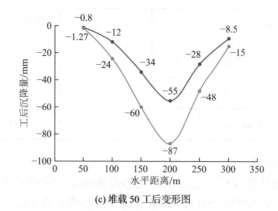

(c) 堆载 50 工后变形图

图 11　工后 30 年沉降量图

3.4　三种预测方法对比分析

三种软土地基的预测研究结果汇总见表 14，可以发现：三种方法预测的工后剩余沉降量不同，但均满足机场跑道工后 30 年变形小于 200mm 的要求。线性神经网络算法预测剩余沉降量结果比双曲线法与数值计算法预测的要小，数值计算时未考虑排水板折损且对土体参数的依赖较大，故其误差相比其他两种方法更大。线性神经网络算法需要多期数据才能保证结果的准确性，避免数据的偶然性；而双曲线法依据现场监测数据，不需要复杂的土体参数，模拟了真实的沉降变化过程。利用曲线拟合法中最优曲线来预测其沉降变化趋势，精度较为准确。

三种预测方法预测结果对比 表 14

研究区	监测点	双曲线法（S剩余/mm）	线性神经网络算法（S剩余/mm）	Pla 数值计算（S剩余/mm）
西一跑道（堆载 9）	DM25	−29.1	−23.5	−80.0
东一跑道（堆载 28-2）	DM74	−81.6	−23.4	−130.0
北一跑道（堆载 50）	DM114	−79.8	−7.0	−87.0

4 结论

本文以西南某机场地基处理及土石方变形监测项目为依托，分别以三条跑道中部分软弱土地基堆载区为研究对象，在碎石桩 + 排水板软基处理后，对原地面沉降、表层和分层沉降、水位升降进行监测，通过现场监测数据分析其变化规律。利用双曲线法、神经网络算法、数值计算法分别计算软土地基 3 年工后剩余沉降以及 30 年工后剩余沉降，并将结果进行对比。得出主要成果如下：

（1）原地基沉降、表层沉降受堆载高度、填筑高度、软土厚度影响较大，加载期间软土沉降都会剧烈增加，在静置期内，沉降速率又会减小。分层沉降中距离地表越近，沉降越大，各个分层点在监测后 3 个月内沉降速率均小于 0.2mm/d，即软土地基在碎石桩 + 排水板地基处理后，沉降逐渐稳定，达到了加固的目的。

（2）利用双曲线法对软土地基沉降进行预测，与实测沉降拟合误差在 −3.9～3.3mm 范围内，预测工后 30 年剩余沉降量为 −29.1～−79.8mm，满足机场工后变形要求，且实测值与预测修正值占比为 86.3%～91.8%。

（3）利用线性神经网络算法对研究区软土沉降进行预测，原地基拟合系数都在 0.97 以上，且拟合曲线与监测曲线变化规律较为接近，拟合度较高，预测值与监测值误差值占比为 0.27%～0.55%，工后 30 年剩余沉降量在 −7.0～−23.5mm 范围内，满足机场工后沉降要求。

（4）利用数值计算，最大剩余沉降量为 −97～−130mm，均小于 200mm，满足机场工后沉降要求；最大差异沉降分别为 1.48‰、1.3‰、0.78‰，均小于 1.5‰，满足工后差异沉降要求。数值计算原地基沉降与实测值之间的差值范围在 −37.2～−41.6mm，误差占比为 −5.1%～−12.7%，误差来源于碎石桩 + 排水板复合地基中，数值模拟排水板会忽略在实际工程中存在的"涂抹效应"而一直呈理想状态，且数值模拟本身计算也存在一定的误差，导致数值计算结果偏大。软土沉降占表层总沉降的 60.76%～76.08%，在软土厚度较大时，软土沉降占大部分，且软土底部因持力层压缩量较大而沉降较大，表明碎石桩通过桩身将上部荷载传递到底部形成强度较为均匀的复合地基，提高地基承载力的同时，也加快软土地基的固结效率。

（5）三种方法中，数值模拟受参数影响较大，神经网络算法不需要大量的土体参数，但预测精度的提高是建立在多期监测数据之上，相比前两种方法而言，修正后的双曲线法依据现场实测数据进行预测，更符合软土地基沉降规律且预测精度更为精确。

参考文献

[1]   王萌. 某机场高填方边坡稳定性数值法和极限平衡法对比分析[J]. 地基处理, 2022, 4(S1): 65-71.

[2]   吴红刚, 冯文强, 艾挥, 等. 山区机场高填方边坡工程实践与研究[J]. 防灾减灾工程学报, 2018, 38(2): 385-400.

[3]   于永堂, 张继文, 董宝志, 等. 黄土填方场地强夯与分层碾压施工过程的内部沉降监测方法[J]. 地基处理, 2023, 5(S2): 54-61+68.

[4]   张鹏恒, 马立杰, 聂亚伟. 机场工程地基处理技术方案对比分析[J]. 地基处理, 2022, 4(2): 139-144.

[5]   穆永亮, 沈云如, 姜建伟. 某机场跑道真空联合堆载预压法地基处理试验研究[J]. 地基处理, 2021, 3(5): 382-387.

[6]   Huang S, Feng Y, Liu H, et al. Consolidation Theory for a Stone Column Composite Foundation under Multistage Loading[J]. Mathematical Problems in Engineering, 2016, 20167652382.1-7652382.1.

[7]   Peng J, He X, Ye H. Analytical solution for vacuum preloading considering the nonlinear distribution of horizontal permeability within the smear zone.[J]. PLoS ONE, 2017, 10(10): e0139660.

[8]   杨坪, 安新, 王建秀, 等. 碎石桩与塑料排水板联合处理冲填土排水固结沉降分析[C]//Intelligent Information Technology Application Association.Proceedings of 2011 AASRI Conference on Information Technology and Economic Development (AASRI-ITED 2011 V3). Intelligent Information Technology Application Association: 智能信息技术应用学会: 247-250.

[9]   杨涛, 艾长发, 张晓靖, 等. 塑料排水板与碎石桩处理软土地基作用效果对比分析[J]. 公路, 2013(5): 89-93.

[10]   胡龙. 滇西应用技术大学总部建设工程软土地基加固方法及沉降规律研究[D]. 昆明: 昆明理工大学, 2018.

沿海工程 PHC 管桩耐久性研究综述

潘文曜 [1]，许程程 [2]，杨勇 [2]，曹轶 [1]，周杰 [2]，张日红 [2]

（1. 中核汇能有限公司，北京 100071；2. 宁波中淳高科股份有限公司，浙江 宁波 315000）

摘　要： 预应力高强混凝土管桩（PHC 管桩）在沿海建筑基础工程中应用广泛，但长期性能受耐久性挑战，特别是氯离子、硫酸根离子等环境因素导致的混凝土腐蚀与钢筋锈蚀。本文综述了 PHC 桩耐久性研究现状，聚焦氯离子、碳化及硫酸盐侵蚀机制，并从电化学修复、表面涂层和结构材料设计三个方面总结了现有的耐久性防护措施，分析了目前耐久性研究方面存在的问题与不足之处，根据当下发展情况提出了耐久性研究在未来的发展方向，以支撑 PHC 管桩的耐久性设计、施工与维护。

关键词： 管桩；耐久性；研究综述；侵蚀机制

0　引言

预应力高强混凝土管桩（Prestressed High-strength Concrete Pipe Pile，PHC 管桩）作为现代建筑基础工程的关键材料，凭借其高承载性能与施工便捷性，在沿海地区基础设施建设中得到广泛应用。然而，PHC 管桩长期服役于高腐蚀性海洋环境时，其耐久性面临严峻挑战：氯离子渗透、碳化侵蚀与硫酸盐腐蚀等多因素耦合作用导致混凝土基体劣化与钢筋锈蚀，引发结构性能退化甚至失效。众所周知，结构的可靠性分为安全性、适用性和耐久性。人们往往关注建筑的安全性和适用性，但对于耐久性的重视远远不够[1]。据统计，我国沿海地区 PHC 管桩因耐久性问题导致的年均经济损失高达 12.7 亿元[2]，其耐久性研究已成为土木工程领域的重要课题。

PHC 管桩的耐久性问题是一个复杂问题，涉及环境、材料、工艺、设计与规范等多个方面，而 PHC 管桩的耐久性问题研究最主要就在于钢筋锈蚀问题，Mehta[3] 总结了耐久性问题的主要原因，其中钢筋锈蚀位列首位。而沿海地区的钢筋混凝土结构受到的侵害尤为严重，位于潮汐、浪溅区的混凝土结构，长期遭受海水的循环侵蚀，是沿海地区耐久性问题最为突出的区域。

尽管国内外学者已针对单一侵蚀因素开展系统性研究，但对实际服役环境下多因素协同作用机制的认识仍存在显著不足。本文聚焦沿海地区 PHC 管桩的耐久性问题，从侵蚀机理、防护技术及工程应用三个维度系统梳理研究进展，揭示当前理论模型与工程实践的局限性，并提出未来研究方向，以期为 PHC 管桩的长寿命设计提供理论支撑。

1　氯离子侵蚀

1.1　侵蚀机理

氯离子对 PHC 管桩的侵蚀过程呈现三阶段动态耦合特征（图 1）：扩散渗透阶段、钝化膜破坏阶段、腐蚀-开裂耦合阶段。

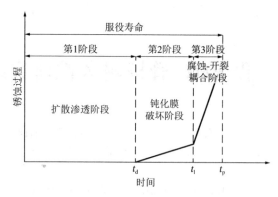

图 1　氯离子引起钢筋锈蚀过程

（1）扩散渗透阶段

氯离子侵入混凝土管桩的初始阶段遵循 Fick 第二定律的非稳态扩散规律[4]：

$$\frac{\partial C}{\partial t} = D_{\text{eff}} \cdot \nabla^2 C$$

式中，C 为氯离子浓度；D_{eff} 为有效扩散系数（与孔隙率 ϕ、曲折因子 τ、温湿度条件显著相关）。试验表明，混凝土水灰比（W/C）在一定范围内增加时，D_{eff} 可会相应随之提高[5]。潮汐区管桩因干湿循环形成的"泵吸效应"，使氯离子渗透速率较静态浸泡提高 40%～70%。

（2）钝化膜破坏阶段

当氯离子富集至临界浓度 C_{crit}（按胶凝材料质量计 0.05%～0.1%）时，钢筋表面 $\gamma\text{-Fe}_2\text{O}_3$ 钝化膜发生局部破坏：

$$\text{Fe}_2\text{O}_3 + \text{Cl}^- \longrightarrow \text{O}^{2-} + \text{FeCl}_3$$

此过程触发电化学腐蚀链式反应：

阳极反应：

$$\text{Fe} \longrightarrow \text{Fe}^{2+} + 2\text{e}^-$$

阴极反应：

$$\text{O}_2 + 2\text{H}_2\text{O} + 4\text{e}^- \longrightarrow 4\text{OH}^-$$

腐蚀电流密度 i_{corr} 与 Cl⁻ 浓度呈指数关系，当 $[\text{Cl}^-]/[\text{OH}^-] > 0.6$ 时，i_{corr} 激增 3～5 倍。

（3）腐蚀-开裂耦合阶段

腐蚀产物［如 $\text{Fe(OH)}_3 \cdot n\text{H}_2\text{O}$］体积膨胀率达 250%～600%[4]，产生径向膨胀应力，当膨胀应力超过混凝土抗拉强度（通常 2～5MPa）时，保护层发生开裂、剥落，形成"腐蚀—开裂—加速侵蚀"正反馈循环，最终造成混凝土结构力学性能退化与耐久性失效。

2.2　研究进展与不足

Collepardi 等[6]基于 Fick 第二定律建立的氯离子扩散模型为早期研究奠定理论基础。近年研究逐步纳入环境因素影响：关博文[7]用建立交变荷载作用下氯离子扩散解析模型；李强等[8]通过数值模拟揭示了温度梯度对扩散速率的非线性调控规律。然而，现有研究仍存在以下局限：

（1）多场耦合模型缺失：氯离子扩散与力学荷载、干湿循环的耦合作用缺乏量化描述；

（2）规范适用性不足：现行规范（如《水运工程水工建筑物检测与评估技术规范》JTS 304）假设参数恒定，未考虑动态化学结合（如 Friedel 盐生成）对扩散系数的影响；

（3）区域差异化研究薄弱：内陆盐渍土与海洋环境的临界氯离子浓度阈值差异未被充分考量。

2　碳化侵蚀

2.1　侵蚀机理

碳化侵蚀本质是 CO_2 与水泥水化产物的多相反应过程：

$$Ca(OH)_2 + CO_2 \longrightarrow CaCO_3 + H_2O$$

该反应持续消耗碱性物质，导致孔隙液 pH 值从初始 12～13 降至 9 以下，引发钢筋表面致密 $\gamma\text{-}Fe_2O_3$ 钝化膜分解：

$$Fe_2O_3 + 6H^+ \longrightarrow 2Fe^{3+} + 3H_2O$$

去钝化作用使钢筋暴露于活化态，在氧气与水分共同作用下触发电化学腐蚀。继而产生腐蚀产物（如 $Fe(OH)_3$）体积膨胀引发保护层开裂。碳化产物 $CaCO_3$ 沉积虽可暂时降低孔隙率（15%～30%），但长期导致 C—S—H 凝胶脱钙与界面过渡区（ITZ）弱化，最终降低混凝土抗渗性。

2.2　研究进展与不足

关于碳化理论方面的研究，2014 年，高攀祥等[9]优化 BP 神经网络建立各影响因素与部分碳化区长度的关系模型，为混凝土结构耐久性设计等提供科学指导。2015 年，齐广政[10]研究得出碳化虽然降低了混凝土孔隙率，但不利于混凝土耐久性。同年，赵庆新等[11]通过水胶比和粉煤灰掺量建立数学模型确保高粉煤灰掺量下混凝土碳化深度符合要求。2021年，李阳阳[12]通过研究再生骨料取代率对混凝土碳化深度和抗压强度的影响，建立了再生混凝土碳化深度预测模型。

关于抗碳化措施方面的研究，2021 年，陈晨等[13]研究了水胶比、再生粗骨料替代率、矿物掺和料取代率对再生混凝土的影响。通过试验得出，水胶比的增大会使混凝土的抗碳化性能降低，而采用复掺不同外掺粉体，能充分提高混凝土的抗碳化性能，且养护环境对混凝土抗碳化性能影响较大。2022 年，孟光荣[14]通过调整高性能混凝土外掺剂比例，得出不同比例复掺外掺剂对混凝土多项性能有不同程度提高，其中粉煤灰和矿渣粉复掺比例为 8：2 时抗碳化性能较优。

混凝土抗碳化耐久性研究已经取得了一系列进展，诸多试验和研究成果揭示了影响混凝土碳化的多种因素，如配合比、骨料类型和替代率、外掺剂的使用等。然而，现有研究依旧存在较大局限性：

（1）加速试验偏差。现有的加速碳化试验依靠提高 CO_2 的浓度来达到加速的效果，其与自然碳化的孔隙演变机制存在显著差异；

（2）规范滞后性。现行标准（如《既有混凝土结构耐久性评定标准》GB/T 51355）仅支持大气区碳化侵蚀计算，未涵盖沿海地区侵蚀严重的浪溅区、潮汐区。

3 硫酸盐侵蚀

3.1 侵蚀机理

硫酸盐对 PHC 管桩的侵蚀是典型的化学-力学耦合劣化过程，可分为三阶段：

（1）离子传输阶段。硫酸根离子（SO_4^{2-}）通过毛细吸附与扩散作用侵入混凝土，混凝土中硫酸根离子的一维非稳态扩散方程为[15]：

$$\frac{\partial C}{\partial t} = \frac{\partial}{\partial x}\left(D_{eff}\frac{\partial C}{\partial x}\right) - \frac{dC_{SO_4^{2-}}}{dt}$$

式中，C 为距表面 x 处时刻的离子浓度；D_{eff} 为硫酸盐有效扩散系数（约 $2.1 \times 10^{-12} m^2/s$）；$dC_{SO_4^{2-}}/dt$ 为硫酸根离子的反应速率；负号表示离子浓度的消耗。

（2）化学反应阶段。SO_4^{2-} 与水泥水化产物发生多重反应：

钙矾石生成：

$$C_3 + 3C\bar{S}H_2 + 26H \longrightarrow C_6A\bar{S}_3H_{32}$$

石膏形成：

$$Ca(OH)_2 + SO_4^{2-} + 2H_2O \longrightarrow CaSO_4 \cdot 2H_2O + 2OH^-$$

反应产物体积膨胀率达 120%～250%，引发内部结晶压力。

（3）开裂劣化阶段：膨胀应力（$\sigma_e = E_c \cdot \varepsilon_{exp}$）超过混凝土抗拉强度时，产生网状裂缝（宽度 > 50μm），形成离子传输快速通道，使 SO_4^{2-} 扩散系数提升 3～5 倍[16]。

3.2 研究进展与不足

关于抗硫酸盐腐蚀理论的研究，2009 年，左晓宝[17]根据 Fick 第二定律建立了硫酸根离子在混凝土中的非稳态扩散反应方程；2015 年，乔宏霞[18]采用 Fick 第二扩散定律描述了硫酸盐在混凝土中的扩散过程。2016 年，宁逢伟[19]基于表面接触溶蚀模型，建立了硫酸盐侵蚀与渗透溶蚀耦合作用的微分方程；2020 年，Wu[20]提出可应用傅里叶变换红外光谱，对掺石灰石粉水泥净浆腐蚀产物进行定量分析；同年，Chen[21]采用基于耐久性的极限状态函数预测了硫酸盐引起的开裂时间。

关于抗硫酸盐方法的研究，2017 年，王强[22]认为在高炉镍铁渣粉掺量 30%的范围内，随着掺量的增加，抗硫酸盐侵蚀性能提高；2019 年，曹雁峰等[23]通过试验得出，不同掺合料复掺可以改善混凝土的孔隙结构与水化产物结构,明显提高混凝土的抗硫酸盐侵蚀能力。2020 年，白周林等[24]研究发现，掺入硅灰能明显提升混凝土抗硫酸盐侵蚀能力。2021 年，肖鹏震[25]研究发现粉煤灰掺量为 20%时，混凝土抗硫酸盐侵蚀性能最好；同年，段亚伟[26]研究得出高吸水性树脂掺量 0.2%时可有效降低混凝土各深度处的 SO_4^{2-}。

一是对复杂环境下多因素耦合作用机理研究不深入，与其他侵蚀因素相互影响机制尚不明确；二是现有措施存在局限性，成本高、长期效果待验证且地区适用性需研究；三是目前仅《既有混凝土结构耐久性评定标准》GB/T 51355—2019 中有一般大气环境下的硫酸盐侵蚀耐久性年限计算方法，缺乏更为全面的系统性评估方法和标准衡量混凝土在复杂环境下的耐久性。目前，硫酸盐侵蚀研究在理论和措施方面取得了一定成果。然而，研究仍存在不足：

（1）多离子耦合机制不明确：Cl^-—SO_4^{2-}—CO_3^{2-}竞争反应对膨胀产物的影响尚未量化，与其他侵蚀因素相互影响机制尚不明确；

（2）现有措施存在局限性，成本高、长期效果待验证且地区适用性需研究；

（3）标准体系不完善：现行规范（《既有混凝土结构耐久性评定标准》GB/T 51355）仅考虑一般大气环境下单一硫酸盐侵蚀，未涵盖海洋环境下的氯硫协同作用。

4 管桩耐久性研究

管桩作为重要的基础工程材料，其耐久性对于工程的安全性和使用寿命至关重要。近年来，国内外学者在管桩耐久性方面开展了大量研究，并取得了显著成果。

国外对管桩耐久性的研究起步较早。1994年，R J Detwiler[27]提出，通过改善混凝土的组成和配比可以有效提高预应力高强混凝土（PHC）管桩的耐久性，并指出矿物掺合料在高温养护条件下能够显著提升混凝土的抗渗性能。此后，国外学者在混凝土耐久性方面进行了深入研究，如 Mehta 等总结了耐久性的主要影响因素，这些研究为管桩耐久性研究奠定了基础。

我国在管桩耐久性研究方面起步较晚，但近年来取得了显著进展。2011年，冷发光等[28]系统论述了滨海盐渍土环境下钢筋混凝土桩的腐蚀机理和耐久性劣化规律；同年，张季超等[29]结合工程实践，分析了预应力高强混凝土管桩基础的耐久性问题及处理措施。2013年，汪冬冬等[30]基于氯盐腐蚀寿命预测模型，得出了 PHC 管桩的氯盐腐蚀曲线。2016年，吴峰等[31]建立了大管桩寿命预测模型并开发了相应软件。2021年，高超等[32]研究了三种表面涂层对管桩混凝土耐久性的影响，发现这些涂层均能显著提升管桩的耐久性。

尽管国内外在管桩耐久性研究方面已取得显著成果，但仍面临一些挑战。当前研究大多集中在单一影响因素上，而实际工程中管桩耐久性受到多种因素的综合影响。此外，针对特殊环境（如高温高湿、海洋环境等）下的耐久性研究仍显不足。例如，现有研究对预应力混凝土管桩在多因素综合作用下的寿命预测模型缺乏深入探讨。

未来应继续加强管桩耐久性研究，特别是针对复杂环境下的耐久性问题。需要进一步探索更有效的耐久性提升技术和方法，如优化混凝土配合比、开发新型防腐材料等。同时，应加强多因素综合作用下的耐久性研究，建立更准确的寿命预测模型。通过这些努力，可以更好地保障工程的安全性和使用寿命。

5 防护措施与工程应用

钢筋锈蚀作为 PHC 桩耐久性问题的主要原因之一，大部分海工结构出现问题都与它脱不开关系。钢筋锈蚀胀裂，从而导致了外部混凝土大面积产生裂缝，直至失去原有保护作用与承载能力。因此，提高 PHC 桩的结构耐久性，增强其抗环境腐蚀的能力，可从电化学防护、混凝土表面涂层和设计等角度采取有效的措施。

5.1 电化学修复技术

电化学修复技术（表1）是一种提高钢筋混凝土结构耐久性和抗腐蚀能力的有效方法，它通过施加电场来促进混凝土中氯离子的迁移，从而减少钢筋的腐蚀。

电化学修复技术 表 1

技术类型	作用机制	工程局限性
电化学除氯（ECR）	电场驱动 Cl^- 迁出混凝土	能耗高（> 30kWh/m²）
阴极保护	极化钢筋至钝化电位	需持续供电，维护成本高
双向电渗	同步迁出 Cl^- 与迁入阻锈剂	大截面管桩电场分布不均

5.2 混凝土表面涂层

表面涂层能够有效防止 Cl^-、CO_2、水分等有害介质向混凝土内部侵入，一般有聚氨酯/聚脲（SPUA）、有机硅憎水渗透剂、防腐蚀涂料等防护材料[33]。

然而，这种涂料使得外界空气与混凝土之间的交换完全隔绝，易引起混凝土脱落和气泡；此外，混凝土被覆盖后，若出现其他缺陷则很难被检测到，后期维修时涂层的除去也较为困难。所以，在使用过程中需要经过多次论证，选择合适的部位使用。

5.3 结构与材料优化

为延长氯离子达到临界浓度、海洋环境下氯离子渗入钢筋表面的时间，可以从结构设计层面适当增大保护层厚度。根据《工业建筑防腐蚀设计标准》GB/T 50046—2018 中相关规定，腐蚀性强度为强时，宜采用预应力高强混凝土桩，保护层厚度不小于 35mm。

根据《水运工程结构耐久性设计标准》JTS 153—2015 中相关规定，海洋环境下，以胶凝材料总用量的 0.1%作为混入氯离子的界限值，对于预应力结构则是 0.06%。此外，增强混凝土抗渗性和增加密实度是改善混凝土耐久性的关键。

通过减少水灰比、使用萘系减水剂或聚羧酸减水剂等[34]能够有效提高其和易性、抗渗性和密实度。适量的矿物掺合料能有效提高水泥密实度和抗环境腐蚀能力[35]，如掺入适量的硅粉有利于阻断毛细孔，有效减少内部空隙；磨细矿粉的合理使用能够减少水化热和水胶比，促使水化产物二次反应，明显降低水泥石孔隙率；将适量阻锈剂掺入混凝土内以及选用环氧树脂涂层钢筋或不锈钢筋，也可以有效防止钢筋的锈蚀[36-38]。

混凝土配制所用水泥要符合抗渗性好、抗冻性优、耐腐蚀能力强等要求，配制高性能混凝土能有效提高混凝土抗腐蚀能力，如由武汉理工大学、宁波中淳高科股份有限公司等单位联合开发的高铁相高抗蚀硅酸盐水泥拥有更优异的抗氯离子侵蚀性能和抗冲磨性能[39]。

6 结语

6.1 研究总结

作为沿海工程中的关键基础材料,其耐久性问题直接关系到工程的安全性与使用寿命。

氯离子、碳化和硫酸盐侵蚀作为沿海地区耐久性退化的三大主要因素，学者们对这三方面一直进行着深入研究。氯离子侵蚀呈现扩散渗透、钝化膜破坏和腐蚀-开裂耦合的动态过程，碳化侵蚀通过降低混凝土孔隙液 pH 值导致钢筋钝化膜分解，硫酸盐侵蚀则通过化学-力学耦合机制引发混凝土内部膨胀与开裂。尽管国内外学者在单一侵蚀因素的研究上取得了显著成果，但多因素耦合作用机制的认识仍不完善，尤其是在实际服役环境下，多种侵蚀因素的协同作用对 PHC 管桩耐久性的影响尚未得到充分揭示，缺少综合考虑多种因素及复杂环境作用下对于 PHC 管桩耐久性评估的耐久性年限计算模型。

现有的防护措施包括电化学修复技术、表面涂层和结构与材料优化。电化学修复技术虽然有效，但能耗高、维护成本高且存在电场分布不均的问题；表面涂层能够有效阻止有害介质的侵入，但存在施工难度大、后期维修困难等局限性；结构与材料优化是提高耐久性的根本途径，通过增大保护层厚度、优化混凝土配合比、掺入矿物掺合料和研发新型材料等措施，能够显著提升 PHC 管桩的抗腐蚀能力。然而，这些措施在实际应用中仍面临成本、施工工艺和长期效果验证等方面的挑战。

6.2 未来展望

针对 PHC 管桩的耐久性问题，未来发展应聚焦以下方向：

（1）深化钢筋锈蚀防护体系：探索新型抗锈蚀材料与技术，结合长期性能监测，以延缓钢筋锈蚀，提升耐久性。

（2）多因素耦合作用机制：开发整合温湿度、力学荷载及化学侵蚀的多场耦合试验平台，深层次探究混凝土变化机制，揭示复杂环境下的侵蚀规律。

（3）规范体系完善：综合外部环境如温度、湿度、酸碱度等多因素，构建可靠的具有权威性的耐久性年限计算模型，同时区分大气区、浪溅区、水下区、泥下区等不同环境对 PHC 管桩的耐久性影响，全面评估 PHC 管桩在复杂环境下的长期性能，提供科学指导。

参考文献

[1] 侯敬会. 土壤与地下水环境下混凝土结构耐久性若干问题的研究[D]. 杭州: 浙江大学, 2005.

[2] 马旭. 预应力高强混凝土管桩基础耐久性研究[D]. 广州: 广州大学, 2013.

[3] Mehta P K. Durability-critical issues for the future[J]. Concrete International, 1997, 20(7): 27-33.

[4] 余红发, 孙伟. 混凝土氯离子扩散理论模型[J]. 东南大学学报 (自然科学版), 2006(S2): 68-76.

[5] Zhu J H, Liu J, Xing F, et al. A novel approach for determining the chloride ion diffusion in concrete[J]. Construction and Building Materials, 2024, 350: 121746.

[6] Collepardi M, Marcialis A, Turriziani R. Penetration of chloride ions into cement pastes and concrete[J]. Journal of the American Ceramic Society, 1972, 55(10): 534-535.

[7] 关博文, 杨涛, 於德美, 等. 干湿循环作用下钢筋混凝土氯离子侵蚀与寿命预测[J]. 材料导报, 2016, 30(20): 152-157.

[8] 李强, 陈志林, 刘龙龙, 等. 炎热海洋环境下混凝土桥梁抗氯离子侵蚀耐久性研究[J]. 公路交通科技, 2023, 40(5): 72-77.

[9] 高攀祥, 于军琪, 牛荻涛, 等. 神经网络在混凝土碳化深度预测中的研究应用[J]. 计算机工程与应用, 2014, 50(14): 238-241.

[10] 齐广政, 元成方, 牛荻涛. 碳化对混凝土微观结构的影响研究[J]. 山西建筑, 2015 ,41(18): 23-25.

[11] 赵庆新, 齐立剑, 潘慧敏. 基于混凝土碳化耐久性的粉煤灰临界掺量[J]. 建筑材料学报, 2015, 18(1): 118-122.

[12] 李阳阳. 再生骨料掺量对混凝土碳化性能影响研究[D]. 陕西: 西安科技大学, 2021.

[13] 陈晨, 卫海, 彭涛, 等. 低碳自密实再生混凝土抗碳化性能试验研究[J]. 江苏建筑, 2021(S1): 118-121.

[14] 孟光荣, 白涛. 复掺矿物掺和料对高性能混凝土耐久性能影响分析[J]. 福建交通科技, 2022(2): 44-47.

[15] 侯绍雯, 魏杰, 孟烁, 等. 基于侵蚀损伤演化机理的硫酸根离子扩散模型[J]. 绿色环保建材, 2017(7): 244.

[16] 高润东, 赵顺波, 李庆斌, 等. 干湿循环作用下混凝土硫酸盐侵蚀劣化机理试验研究[J]. 土木工程学报, 2010, 43(2): 48-54.

[17] 左晓宝, 孙伟. 硫酸盐侵蚀下的混凝土损伤破坏全过程[J]. 硅酸盐学报, 2009, 37(7): 1063-1067.

[18] 乔宏霞, 师莹莹, 陈丁山, 等. 混凝土在硫酸盐溶液中的腐蚀模型[J]. 重庆大学学报, 2015, 38(6): 130-137.

[19] 宁逢伟, 丁建彤, 白银, 等. 基于硫酸盐侵蚀与溶蚀耦合作用的混凝土硫酸根传输过程[J]. 材料导报, 2016, 30(Z1): 153-157.

[20] Wu M, Zhang Y, Ji Y, et al. A comparable study on the deterioration of limestone powder blended cement under sodium sulfate and magnesium sulfate attack at a low temperature[J]. Construction and Building Materials, 2020, 243:118279.

[21] Chen Z, Wu L, Bindiganavile V, et al. Coupled models to describe the combined diffusion-reaction behaviour of chloride and sulphate ions in cement-based systems[J]. Construction and Building Materials, 2020, 243:118232.

[22] 王强, 石梦晓, 周予启, 等. 镍铁渣粉对混凝土抗硫酸盐侵蚀性能的影响[J]. 清华大学学报 (自然科学版), 2017, 57(3): 306-311.

[23] 曹雁峰, 曾力, 王旭, 等. 矿物掺合料对西北盐渍土地区混凝土耐腐蚀性的影响[J]. 长江科学院院报, 2019, 36(8): 170-174.

[24] 白周林. 粉煤灰与矿渣、硅灰复掺混凝土干湿循环下抗硫酸盐侵蚀性能研究[J]. 粉煤灰综合利用, 2020, 34(2): 101-104.

[25] 肖鹏震. 西北地区冻融与硫酸盐耦合作用下混凝土劣化规律及寿命预测研究[D]. 兰州: 兰州交通大学, 2021.

[26] 段亚伟. 盐渍土地区内养护自免疫混凝土抗腐蚀性能研究[D]. 兰州: 兰州交通大学, 2021.

[27] Detwiler R J. Use of supplementary cementing materials to increase the resistance to chloride ion penetration of concretes cured at elevated temperatures[J]. ACI Materials Journal, 1994, 91(1): 63-66.

[28] 冷发光, 马孝轩, 丁威, 等. 滨海盐渍土环境中暴露 17 年的钢筋混凝土桩耐久性分析[J]. 建筑结构, 2011(11): 148-151+144.

[29] 张季超, 唐孟雄, 等. 预应力混凝土管桩耐久性问题探讨[J]. 岩土工程学报, 2011, 33(S2): 490-493.

[30] 汪冬冬, 朱颖, 王成启. PHC 管桩的抗氯离子渗透性[J]. 中国港湾建设, 2013, 190(6): 41-45.

[31] 吴锋, 汪冬冬, 时蓓玲, 等. 后张法预应力混凝土大直径管桩耐久性与寿命预测研究[J]. 土木工程学报, 2016, 49(3): 122-128.

[32] 高超, 宋冰泉, 王毓晋, 等. 不同表面涂层对管桩混凝土耐久性的提升研究[J]. 建材世界, 2021, 42(1): 38-41.

[33] 孟召辉. 涉海混凝土桥梁腐蚀裂化与防护措施研究[J]. 黑龙江水利科技, 2022, 50(4): 101-103.

[34] 朱文伟, 曹伟伟, 杨林, 等. 聚羧酸减水剂在管桩混凝土中的应用[C]//CCPA 预制混凝土桩分会 2017-2018 年年会论文汇编. 2018.

[35] 许远荣, 向安乐, 舒佳明, 等. 高强高性能预制桩混凝土耐久性的试验研究[J]. 混凝土与水泥制品, 2016(11): 32-35.

[36] 王晓光. 抚顺县农村水利工程现状、存在问题及建议[J]. 水土保持应用技术, 2013(2): 32-34.

[37] 姜峰. 基于裂缝控制技术及配合比优化设计的混凝土应用研究[J]. 黑龙江水利科技, 2020(1): 206-211.

[38] 毕冬旭. 北方大型闸坝水工混凝土施工温控特性分析及防冻裂措施研究[J]. 地下水, 2020(1): 218-220.

[39] 张克昌. 高铁相高抗蚀硅酸盐水泥的制备及性能研究[D]. 武汉: 武汉理工大学, 2021.

单桩承载力估算方法比较与实例分析

罗军[1]，谌越 [1,3]，陈利军 [2]，黄致兴 [1,3]，赵林爽 [4]

（1. 中冶建筑研究总院（深圳）有限公司，广东 深圳 518055；2. 珠海市建设安全科学研究院
有限公司，广东 珠海 519060；3. 中国京冶工程技术有限公司，广东 深圳 518055；
4. 汕头大学 土木与智慧建设工程系，广东 汕头 515063）

摘　要： 桩基础作为最为古老且应用广泛的基础形式，其合理设计是确保建设项目高效和安全的核心保障。本文以深圳市坪山区某桩基检测项目的单桩静载试验结果为分析案例，采用不同估算方法（包括戴维森法、规范经验参数法、FHWA 规范法、梅耶霍夫分析法和 Chin 法）进行对比分析，探讨了各方法的适用性及其估算结果的准确性。结果表明，戴维森法与实际测量值最接近，误差最小，可尝试用于桩承载力的估算；规范经验参数法和 FHWA 规范法需结合当地实际进行修正；梅耶霍夫分析法和 Chin 法存在较大的不确定性。本文推荐在实际工程设计中优先采用戴维森法，并结合其他方法进行综合分析。

关键词： 桩基础；承载力估算；静载试验；分析法；经验法

0　引言

桩基础（又称桩，基桩，桩基）是一种最为古老且应用最广泛的基础形式[1]，近年来使用的各式桩在 500 万根以上[2]。作为将上部结构荷载传递至持力土层的主要结构，基桩的合理设计是确保建设项目高效和建筑物安全的关键[3]。随着对精细化设计和项目造价控制的进一步要求，更加准确地估算桩承载力特征值已成为业内亟待解决的重要问题[4-6]。基桩可以从多个角度进行分类，其中根据竖向受力组成，可分为端承桩和摩擦桩（图 1）。桩承载力由桩端阻力（tip resistance，Q_t）和侧摩阻力（sharft resistance or side friction，Q_s）组成[7,8]。工程师通过直接或间接的方式对其进行估算，以确定桩的承载力。桩承载力估算可追溯至 20 世纪中期[9]，主要分为直接检测法[10]，间接基于桩身尺寸和土体参数的分析法[11-14]，以及考虑土工试验测试结果回归分析经验法[15-18]。

检测法是最为直接且能直观反映桩体实际工况的方法（如图 2 所示静载试验）。我国现行的规范体系建立了一套系统化的流程，通过合理规划试验桩的数量和位置，结合相应的检测试验，准确反映现场桩承载力的极限值[10,19,20]。与普通静载试验不同，Osterberg 于 1989 年提出了自平衡法[21]，该方法可以分别测量侧摩阻力和端阻力，具有测试荷载大、过程简便、结果可靠等优点。该方法于 20 世纪 90 年代中期引入国内，在一定程度上解决了承载

作者简介：罗军，硕士，高级工程师，主要从事岩土工程检测和检测的研究工作。E-mail：116862510@qq.com。

通讯作者：赵林爽，博士，副教授，主要从事岩土工程本构关系和不确定性分析等领域的研究工作。E-mail：lshzhao@stu.edu.cn。

基金项目：国家重点研发计划（2022YFC3800901）。

力测试的难题[22]。除了自平衡法外，学者们对桩承载检测技术和方法也进行了多方面的研究。例如，张玉龙等[23]在某大桥项目中，采用不同基桩检测方法进行交叉比对，讨论了基桩承载力的现场检测流程，为类似工程提供了检测经验。辛军霞[24]通过 PTA 动测系统检测 DX 桩的桩身完整性，并通过静载试验证明 DX 桩的承力盘在加载过程中承担了显著的荷载。然而，由于施工难度或现场作业条件等限制，现场检测可能无法完全反映桩的极限承载力，因此需要通过其他手段进行间接判断，存在一定的局限性。

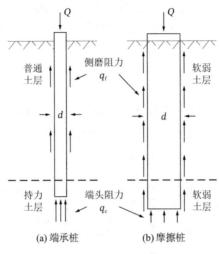

图 1　按荷载传递分类方式

图 2　静载试验示意图（5000t 级）

分析法基于土工参数和基桩的物理参数，遵循物理原理进行推导。虽然分析法中也会涉及部分经验取值，但相较于经验法，分析法对经验值的依赖较少。常见的方法如梅耶霍夫（Meyerhof）法[25]，该方法将端阻力与桩端有效应力和基桩尺寸、侧摩阻力与有效应力、基桩尺寸及桩土摩擦力进行关联。周兰芳[26]结合梅耶霍夫的深基础理论分析了我国不同规范，并结合临界深度得出砂土地基大直径桩的承载力公式。然而，由于岩土工程问题的离散性和土层分布的不均匀性，分析法在实际问题中的应用较少。

经验法是目前业界最常用的承载力估算方法。例如，通过标贯测试（Standard Penetration

Test，SPT）[27]或静力触探（Cone Penetration Test，CPT）[28]的试验结果估算桩承载力。Davisson 结合桩身变形特性，采用作图法估算桩极限承载力[29-31]。Chin 根据静载试验结果，采用双曲线假设法推估极限承载力[32,33]。这些方法通过总结相似规律，可以高效且相对准确地估算桩的承载力。然而，由于岩土工程的地域差异性和复杂性，经验法的应用和推广需要大量的当地经验进行分析和讨论。

为了探讨上述三类方法在承载力估算方面的差异性及可能存在的偏差，本文以深圳某处的静载试桩试验为研究对象。通过采用不同方法对该桩的极限承载力进行计算并交叉比对，结合对该桩计算结果的讨论，探索更优的估算方法，为工程设计提供参考。

1 工程概况

试桩项目位于深圳市坪山区，为现浇混凝土抗压桩，桩径 1200mm，桩长 30m，桩采用 C40 水下混凝土。设计桩底土层为块状强风化，灌注桩单桩竖向承载力设计特征值 12000kN。场地资料及桩身位置示意图，如图 3 所示。

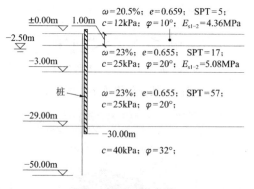

图 3　场地基本参数

静载试验过程遵循《深圳市建筑基桩检测规程》SJG 09—2020。本次静载试验所施加的荷载使试桩达到了破坏，Q-S 曲线如图 4 所示，受检桩单桩竖向抗压承载力检测值为 18000kN，最大沉降量 80.78mm，卸载后残余沉降量 62.3mm，卸载后回弹率 22.88%。

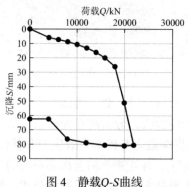

图 4　静载 Q-S 曲线

在该项目中，通过使用应变感测光纤光缆，测量静载试验过程中的桩身应变情况，并结合桩身物理参数计算相应时间的侧摩阻力。图 5 展示了在 14000～22000kN 荷载下的侧摩阻力分布情况。由于光纤信号直接反映了荷载作用下桩体的变形特征,计算所得的侧摩阻力与土层分布、桩身质量和光纤布置情况密切相关。结合图4,试验桩在18000kN下开始破坏,在图5中可以看到侧摩阻力在18000kN前后发生了重分布,证明了该试桩在超过极限状态后受力情况发生了改变。

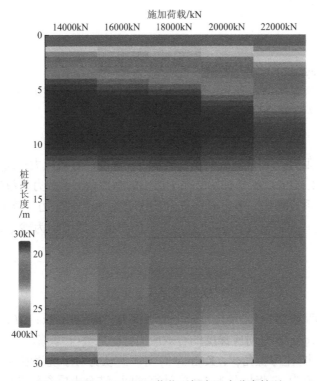

图5 14000～22000kN荷载下侧摩阻力分布情况

图6展示了静载试验过程中,桩在不同土层中侧摩阻力的平均值变化情况。从图中可知,该桩在浅层位置的粉质黏土层侧摩阻力较大,而对于深层土,随着上部荷载的增加其摩擦力逐渐增大。当桩承载力达到极限情况(18000kN)后,顶部摩擦力首先由静摩擦变为滑动摩擦,所测的摩擦力下降,深层摩擦力随着荷载进一步增加逐渐下降。

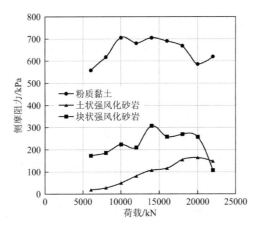

图6 试桩各层在不同荷载下侧摩阻力的变化情况

2 理论分析和计算

本节采用行业中较为常用的 5 种桩承载力估算方法，对同一桩承载力试验进行计算分析。

2.1 分析法

梅耶霍夫（Meyerhof）分析法[25]

梅耶霍夫分析法是当前接受程度较广的经验法。该方法将桩承载力进一步分为端阻力和侧摩阻力，其中对于砂土，端阻力由下式计算：

$$Q_t/A_p = \sigma' \times N_q^* \leqslant 0.5 \times P_a \times N_q^* \times \tan\phi' \tag{1}$$

式中，Q_t 是端阻力；A_p 是桩截面积；σ' 是端头深度的有效应力；N_q^* 是承载力系数；P_a 是标准大气压（101.3kPa）；ϕ' 是桩端所在土层土的摩擦角。承载力系数 N_q^* 由梅耶霍夫构建的与土摩擦角的关系式确认。本文取承载力系数 N_q^* 为 60，端阻力计算值为 2148kN。

侧摩阻力则进一步区分黏土和砂土，在本例中桩身周围均为砂土，侧摩阻力由下式计算：

$$\begin{cases} f = K \times \sigma' \times \tan\varphi' \\ Q_s = \sum f \times p \times \Delta L \end{cases} \tag{2}$$

式中，Q_s 是侧摩阻力；f 是单位桩长上的摩擦力；p 是桩周长；ΔL 是单位桩长；K 是土压力系数（$\approx 1 - \sin\phi$）；σ' 是对应深度的有效应力；φ' 是桩-土摩擦角。

式(2)中，对于桩-土摩擦角 φ'，Kulhaway 等[34-36]认为对于现浇混凝土桩，桩-土摩擦角和土体摩擦角的比值为 1。将桩分为 1m 的计算区间，结合土层参数进行计算得到该方法下侧摩阻力 Q_s 值为 5899.69kN。

在分别计算出桩端阻力和侧摩阻力后，桩的极限承载力 Q_u 则为：

$$Q_u = Q_t + Q_s = 8047.91\text{kN} \tag{3}$$

2.2 经验法

经验法 1：戴维森（Davisson）图形法[29-31]

戴维森法是在静载试验中较为常用的通过图形判断极限承载力的方法之一。该方法以静载试验的 Q-S 图像为基础，结合桩体本身弹性变化情况，通过作图方式确定桩的极限承载力。

例如荷载为 4000kN 时，计算在给定荷载下的变形偏移量 Δ 为 38.84mm。

$$\begin{aligned} \Delta &= 0.12D_r + 0.1D/D_r + PL/AE \\ &= 0.12 \times 300 + 0.1 \frac{1200}{300} + 4000 \frac{30}{1.13 \times 4.34E3} \\ &= 38.84\text{mm} \end{aligned} \tag{4}$$

式中，D_r 为参考直径（300mm）；D 为桩直径；P 为静载试验的荷载值；A_p 为桩横截面积；E 为桩身弹性模量。

在计算出偏移量后，将静载试验中各荷载下的位移偏移量相连得到一条直线，该直线与原Q-S曲线的交点则为该静载试验中的极限承载力Q_u的值（图7）。

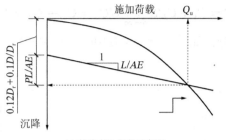

(a) 戴维森法判定示意图

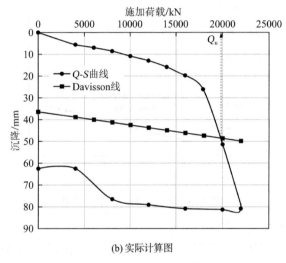

(b) 实际计算图

图7　Davisson 方法示意图

经验法2：Chin 方法[32,33]

与戴维森法类似，Chin 的方法同样基于静载试验的Q-S结果。该方法假设Q-S关系近似于双曲线模型，进而根据双曲线特征，推得该桩极限状态下承载力的值。

将Q-S图像进行如图8所示的变换，此时回归线方程则为：

$$S/P = C_1 \times S + C_2 \tag{5}$$

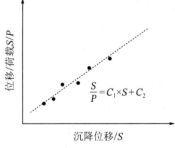

图8　Chin 方法示意图

式中，S为沉降位移；P为静载试验施加的荷载；C_1，C_2为常数。将式(5)重新整理得：

$$1/P = C_1 + C_2/S \tag{6}$$

当荷载超过极限承载力时，S趋于无穷大。则根据式(6)，极限承载力为：

$$1/P = C_1 + C_2/S \xrightarrow{S \to \infty} 1/Q_u = C_1 \to Q_u = 1/C_1 \tag{7}$$

在试桩试验中，回归分析如图 9 所示。其中$C_1 = 0.00004$，$C_2 = 0.0004625$。极限承载力为 1/0.00004 = 25000kN。

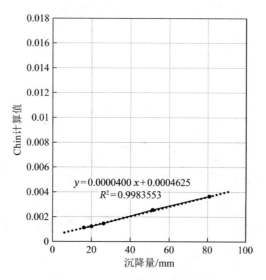

图 9　Chin 方法的回归分析结果

经验法 3：FHWA 规范法[37]

美国高速管理局（FHWA）对桩承载力的经验估算与前叙中的分析法类似，将承载力分为端阻力与侧摩阻力。其中端阻力与标贯值相关：

$$Q_t = 0.6 \times N_{60}（\text{tsf}）\times 95.76（\text{kPa/tsf}）\times A_p \tag{8}$$

式中，N_{60}为标贯值；95.76 将原公式的单位（吨每平方英尺，tsf）转换为千帕（kPa）；A_p为桩横截面积。

侧摩阻力计算过程与式(2)较为类似，如下式所示：

$$\begin{cases} f = \beta \times \sigma' \\ Q_s = \int f \times p \times \Delta L \end{cases} \tag{9}$$

式(9)中的β值定义与前叙方法差异较大，其计算方法如下式所示：

$$\beta = \begin{cases} 1.5 - 0.245\sqrt{z} \\ [0.25, 1.2] \end{cases} \tag{10}$$

式中，z为侧摩阻力对应的深度；β被限定在 0.25～1.2 之间。

根据图 3，取N_{60}（SPT）为 57，则端阻力Q_t为 3704kN，侧摩阻力Q_s计算得 9263kN，极限承载力Q_u为 12966.5kN。

经验法 4：经验参数法（《建筑桩基技术规范》JGJ 94—2008）[28]

我国桩基础相关规范也对单桩承载力进行了描述和分析。例如行业标准《建筑桩基技术规范》JGJ 94—2008 中第 5.3.6 条描述，大直径桩单桩极限承载力标准值，宜按下式估算：

$$Q_{uk} = Q_{tk} + Q_{sk}$$
$$= u\sum\psi_{si}q_{sik}l_i + \psi_t q_{tk}A_p \tag{11}$$

式中，q_{sik} 是桩侧第 i 层土的极限侧阻力标准值；q_{tk}（原文中为 q_{pk}）为极限端阻力标准值；ψ_{si} 和 ψ_t 为大直径桩侧阻力和端阻力尺寸效应系数。上数值在规范中均提供参考值以便设计分析计算。根据规范描述，考虑保守计算，取 q_{tk} 为 1400kN，q_{sik} 为 20kN 和 140kN，ψ_{si} 和 ψ_t 计算后为 0.874，单桩竖向极限承载力标准值为 14490.61kN。

由于规范对标准值与极限承载力之间的转换关系并未明确，此处采用标准值作为规范给出的极限承载力计算值。

3 分析与比较

采用 5 种不同方法对同一试桩的承载力值进行了估算，总结见表 1。

不同方法下极限承载力的估算结果   表 1

估算方法	端阻力 Q_t/kN	侧摩阻力 Q_s/kN	桩极限承载力 Q_u/kN	极限承载力与测量值的差异/%
梅耶霍夫分析法	2148.22	5899.69	8047.91	55.29
Davisson 法	—	—	19700.00	9.44
Chin 法	—	—	25000.00	38.89
FHWA 规范法	3703.93	9262.57	12966.50	27.96
规范经验参数法	1383.19	13107.42	14490.61	19.50
测量值	9082.87*	8917.13	18000.00	—

注：*测量值的端阻力由极限承载减去侧摩阻力。

在表 1 中，由于该试桩已达到破坏状态，其测量值 18000kN 被视为实际极限承载力，并作为其他估算方法的参考。

根据表 1 的结果，5 种估算方法的准确性从高到低依次为戴维森法、规范经验参数法、FHWA 规范法、梅耶霍夫分析法和 Chin 法。

具体而言，戴维森法与实际测量值相差仅 9.44%。根据图 7，戴维森法在本案例中准确捕捉到了试桩在破坏附近的拐点，因此对极限承载力的估算也较为准确。事实上，戴维森法主要关注桩身的变形情况，因此在判断极限状态时，戴维森法对端承桩的判断优于摩擦桩。

规范经验参数法的估算值比测量值低 19.5%，其中端阻力比实测值低 85%，侧摩阻力则高 47%。在计算过程中，规范经验参数法对端阻力取值较为保守，如果能更准确地使用标准值，其估算准确度将提高；同时，侧摩阻力估算值较高，需要对土性进行更准确的判断以使用更为恰当的建议值。

FHWA 规范法的估算值是 5 种方法中最小的，比实际测量值低 27.96%。该方法对侧摩阻力的估算与测量值接近，仅差 3.9%，但端阻力差异较大，偏小 59.2%。这表明 FHWA 方法中的 β 值估计能较好地反映侧摩阻力，但端阻力估算误差主要在于标贯值不准确。事实上，同一种土的标贯值通常随深度增加而增加，本例中标贯值偏小导致估算值偏低。

梅耶霍夫分析法的估算值比测量值低 55.29%,其对侧摩阻力的估算比实测值低 33.8%,端阻力比实测值低 76.3%。这反映出本例中对侧摩阻力估算过程中的桩-土摩擦情况计算过于乐观,而对端阻力的承载力系数过于保守,最终导致差异。

Chin 方法的估算值比实际测量值高 38.89%。虽然方法简单,但从图 8 和图 9 可以看出,为了更好地拟合双曲线,需要将 Q-S 曲线中的初始及卸载过程部分结果删除,导致了一定的数据缺失。这些被删除的数据点反映了试验结果并非完全符合双曲线性质,因此 Chin 方法在本例中的估算结果与实际测量值差距较大。

上述 5 种方法中,梅耶霍夫分析法和 FHWA 规范法对桩身侧摩阻力进行了单独估算,估算结果与试桩在 18000kN 荷载下的侧摩阻力分布图对比如图 10 所示。光纤结果显示桩头处摩擦力最大,随着深度增加,摩擦力逐渐减小后又逐渐增大。假设桩-土始终处于良好接触状态,由于静载试验的反力装置直接作用在桩顶,该处应变最大,导致摩擦力发挥最大。随着深度增加,应变逐渐减小,对应摩擦力也减小至某一临界位置后,在土体有效应力作用下摩擦力逐渐增大至桩底。

相比之下,梅耶霍夫分析法在侧摩阻力增长阶段与光纤测量值趋势一致且平行,这意味着该方法通过等比例缩小,同时进一步处理好浅层侧摩阻力分布,可有效估算侧摩阻力。而 FHWA 规范法对侧摩阻力分布趋势与光纤数据差距较大。在本案例中,FHWA 规范法对深层侧摩阻力估算值偏大,与浅层较大的侧摩阻力互相抵消导致误差较小。考虑到 FHWA 方法对标贯数据的依赖,其适用性需要进一步讨论。

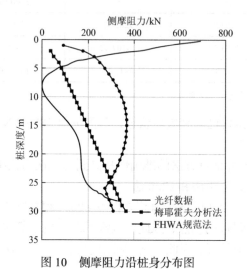

图 10　侧摩阻力沿桩身分布图

4　结论

本文基于深圳市坪山区某项目的单桩承载力试验,对桩承载力的估算方法进行了系统比较和分析,探讨了不同方法在准确性和适用性上的差异性及其背后的机制。

结果显示,在本试验中,戴维森法在估算桩承载力方面表现出较好的优越性,其估算结果与实际测量值的误差为 9.44%,显示了该方法在承载力评估中的一定潜力。相比之下,规范经验参数法和 FHWA 规范法的估算结果分别低于实际测量值 19.5% 和 27.96%。其中,

FHWA 规范法尽管在整体侧摩阻力的估算上展现了一定的合理性，但在端阻力的估算方面存在偏低现象，可能与参数选择和适配性相关。梅耶霍夫分析法和 Chin 法的估算结果则偏离较大，分别低于和高于实际测量值 55.29%和 38.89%，显示出两者在特定条件下应用的不确定性。

光纤测量结果显示，桩身侧摩阻力在浅层粉质黏土中较为显著，而在深层土体中则随着荷载的增加逐步增大。梅耶霍夫分析法的估算趋势与这一变化较为吻合，而 FHWA 规范法在深层土体侧摩阻力估算中出现偏高现象，提示其在实际应用中需结合具体土层参数进行适当调整，以提高预测的合理性。

在适用性方面，对比发现戴维森法能够通过直观的变形测量与图形分析方法判断承载力，具有较好的直观性和明确的物理意义。规范经验参数法和 FHWA 规范法虽然存在一定程度的偏差，但通过结合具体的土质条件与桩体参数进行修正，仍能为工程设计提供有价值的参考。而梅耶霍夫分析法与 Chin 法则因估算偏差较大，在应用前需进行充分的验证与调整，以减少潜在的不确定性。

综上所述，本研究表明戴维森法在本试桩单桩竖向承载力估算中的适用性较为突出，同时指出结合规范经验参数法与 FHWA 规范法等方法进行综合分析的重要性。这种组合方式有助于提高桩基设计的合理性与安全性。未来研究可扩展至更多类型的土层和桩基形式，以进一步验证并优化现有估算方法，更好地满足不同工程条件下的设计需求。

参考文献

[1] 陈希哲. 土力学地基基础[M]. 北京: 清华大学出版社, 2004.

[2] 杨松桥, 徐光苗. 几种桩基对比及现浇混凝土薄壁筒桩的应用[J]. 路基工程, 2006, 2.

[3] Poulos H G, Davis E H. Wiley, 1980. Pile Foundation Analysis and Design[M]. New York: Series in geotechnical engineering, 1980.

[4] 王伟, 卢廷浩, 宰金珉. 单桩极限承载力时间效应估算方法比较[J]. 岩土力学, 2005(S1): 244-247.

[5] 李韬. 上海地区桩端后注浆超长桩承载力估算方法研究[J]. 工程勘察, 2018, 46(4): 1-6+22.

[6] 谌越, 陆万海. 澳门地区一些基桩测试与承载力估算[C]//第七届粤港澳可持续发展研讨会.广州, 2014.

[7] Togliani G. Pile capacity prediction for in situ tests[J]. Proceedings of Geotechnical and Geophysical Site Characterization, 2008: 1187-1192.

[8] Coyle H M, Sulaiman I H. Bearing capacity of foundation piles: state of the art[J]. Highway Research Record, 1970, 333: 87.

[9] Berezantzev V G. Design of deep foundations[J]. Proc. 5th ICSMFE, Montreal, Canada, 1965, 2.

[10] 住房和城乡建设部. 建筑基桩检测技术规范: JGJ 106—2014[S]. 北京: 中国建筑工业出版社, 2014.

[11] Terzaghi K, Peck R B. Soil Mechanics[M]. New York: Engineering Practice, 1948.

[12] Meyerhof G G, Murdock L J. Thomas Telford Ltd, 1953. An investigation of the bearing capacity of some bored and driven piles in London Clay[J]. Geotechnique, 1953, 3(7): 267-282.

[13] American Petroleum Institute. American Petroleum Institute, Production Department, 1974. API Recommended Practice for Planning, Designing, and Constructing Fixed Offshore Platforms[M]. 1974.

[14] NAVFAC DM. US Department of the Navy Alexandria, VA, USA, 1984. Foundation and Earth Structures[M]. 1984.

[15] Niazi F S, Mayne P W. Springer, 2013. Cone Penetration Test Based Direct Methods for Evaluating Static Axial Capacity of Single Piles[J]. Geotechnical and Geological Engineering, 2013, 31(4): 979-1009.

[16] Kempfert H-G, Becker P. Axial Pile Resistance of Different Pile Types Based on Empirical Values[G]//Deep Foundations and Geotechnical In Situ Testing, 2010: 149-154.

[17] Fellenius B H. Calgary: Fellenius, 2016. Basics of Foundation Design[J]. 2016(2): 451.

[18] 刘俊龙. 用标贯击数估算单桩极限承载力[J]. 岩土工程技术, 2000(2): 88-91.

[19] 住房和城乡建设部. 建筑地基基础设计规范: GB 50007—2011 [S]. 北京: 中国计划出版社, 2012.

[20] 住房和城乡建设部. 建筑地基处理技术规范: JGJ 79—2012[S]. 北京: 中国建筑工业出版社, 2013.

[21] Osterberg J O. New device for load testing driven piles and drilled shafts separates friction and end bearing[C]//14th International Conference of Piling and Deep Foundation, 1989: 421-427.

[22] 龚维明, 戴国亮, 蒋永生, 薛国亚. 桩承载力自平衡测试理论与实践[J]. 建筑结构学报, 2002(1): 82-88.

[23] 张玉龙, 段林成, 李元祥. 某特大桥桩基承载力现场检测工序研究[J]. 中国战略新兴产业, 2019, 000(12): 200.

[24] 辛军霞. DX 桩单桩竖向抗压承载力及桩身完整性检测的现场试验研究[J]. 建筑技术开发, 2008, 35(2): 21-23.

[25] Meyerhof G G. American Society of Civil Engineers, 1976. Bearing Capacity and Settlement of Pile Foundations[J]. ASCE J Geotech Eng Div, 1976, 102(3): 195-228.

[26] 周兰芳. 浅议建筑物大直径桩承载力的确定方法[J]. 北京建筑工程学院学报, 1987(2): 103-109.

[27] 龚晓怡, 邓振洲, 李存兴, 等. 基于标准贯入度试验的桩基轴向承载力估算[J]. 水运工程, 2020(10): 165-171.

[28] 住房和城乡建设部. 建筑桩基技术规范: JGJ 94—2008[S]. 北京: 中国建筑工业出版社, 2008.

[29] Davisson M T. Foundations in Difficult Soils-State of the Practice Deep Foundations-driven Piles[C]//Seminar on Foundations in Difficult Soils, Metropolitan Section, ASCE, 1989.

[30] Davisson M T. ASCE, 1972. High capacity piles[J]. Proceedings of Lecture Series on Innovations in Foundation Construction, 1972, 52: 81-112.

[31] Davisson M T. Static measurements of pile behavior[C]//Proceedings of the. Conference on Installation of Pile Foundations and Cellular Structures, 1970: 159-174.

[32] Chin F K. American Society of Civil Engineers, 1971. Pile Tests—Arkansas River Project[J]. Journal of the Soil Mechanics and Foundations Division, 1971, 97(6): 930-932.

[33] Chin F K. Estimation of the ultimate load of piles from tests not carried to failure[C]//Proc.2nd Southeast Asian Conference on Soil Engineering, Singapore, 1970.

[34] Kulhawy F H, Trautmann C H, Beech J F, O'Rourke T D, McGuire W. Transmission Line Structure Foundations for Uplift-Compression Loading.[M]. Electric Power Research Institute, (Report) EPRI EL, 1983.

[35] Kulhawy F H. ASCE, 1984. Limiting Tip and Side Resistance: Fact or Fallacy?[C]//Proc. Symp. Analysis and Design of Pile Foundations, New York, 1984.

[36] Kulhawy F H, Mayne P W. Electric Power Research Inst., Palo Alto, CA (USA); Cornell Univ. Ithaca ···, 1990. Manual on Estimating Soil Properties for Foundation Design[R]. 1990.

[37] W. O'Neil M, C. Reese L. Drilled shafts: Construction procedures and design methods[R]. 1990Washington, D.C, 5(1-2).